住房城乡建设部土建类学科专业"十三五"规划教材
高等学校城乡规划学科专业指导委员会规划推荐教材
"十三五"江苏省高等学校重点教材(编号:2017-2-094)

城乡社会综合调查

苏州科技大学

范凌云 杨新海 编著

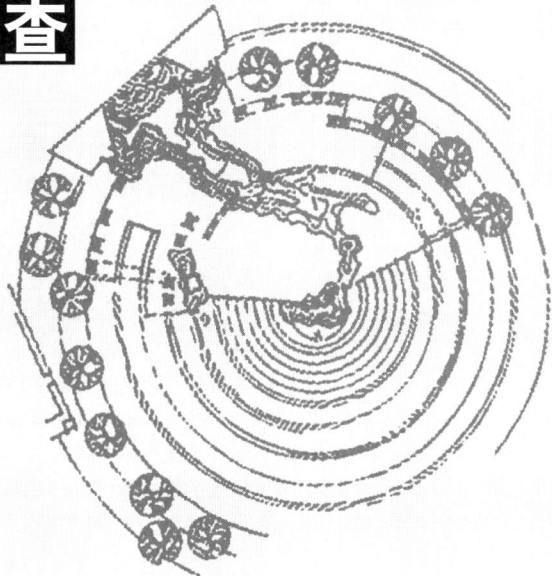

中国建筑工业出版社

图书在版编目（CIP）数据

城乡社会综合调查 / 范凌云，杨新海编著. —北京：中国建筑工业出版社，2018.8（2024.11重印）
住房城乡建设部土建类学科专业"十三五"规划教材　高等学校城乡规划学科专业指导委员会规划推荐教材
ISBN 978-7-112-22594-1

Ⅰ.①城…　Ⅱ.①范…②杨…　Ⅲ.①社会调查－调查方法－高等学校－教材　Ⅳ.①C915

中国版本图书馆CIP数据核字（2018）第200013号

本教材为住房城乡建设部土建类学科专业"十三五"规划教材、高等学校城乡规划学科专业指导委员会规划推荐教材和"十三五"江苏省高等学校重点教材（编号：2017-2-094）。本教材共分为4篇8章，主要内容包括城乡社会综合调查教学、城乡社会综合调查概述、城乡社会综合调查选题、城乡社会综合调查设计、城乡社会综合调查研究方法、城乡社会综合调查报告撰写、城乡社会综合实践获奖调研报告、城市交通出行创新实践竞赛获奖作品。

本教材可作为普通高校城乡规划、建筑学、地理等相关专业本科教材。为更好地支持本课程的教学，我们向使用本教材的教师免费提供教学课件，有需要者请与出版社联系，邮箱：jgcabpbeijing@163.com。

责任编辑：杨　虹　周　觅
责任校对：张　颖

住房城乡建设部土建类学科专业"十三五"规划教材
高等学校城乡规划学科专业指导委员会规划推荐教材
"十三五"江苏省高等学校重点教材（编号：2017-2-094）

城乡社会综合调查
苏州科技大学
范凌云　杨新海　编著
*
中国建筑工业出版社出版、发行（北京海淀三里河路9号）
各地新华书店、建筑书店经销
北京雅盈中佳图文设计公司制版
北京云浩印刷有限责任公司印刷
*
开本：787毫米×1092毫米　1/16　印张：24³/₄　字数：600千字
2018年8月第一版　2024年11月第六次印刷
定价：59.00元（赠教师课件）
ISBN 978-7-112-22594-1
　　（32695）

前　言

—Preface—

　　自城市规划学科调整为一级学科,正式更名为"城乡规划学"起,学科建设既面临新的契机,同时也面临着在社会经济转型背景下急速重构的局面。亟需通过深入的城乡社会综合调查,了解城市和乡村现状、问题及其成因,大力培养学生实践能力、奠定转型期城乡规划的认知基础;并重点关注研究城镇化质量提升、公共政策运用、人居环境建设、乡村地区发展等,逐步建立适应我国实际的城乡规划调查方法。

　　城乡空间物质与社会的双重属性,决定了城乡规划学科不仅承担着引导城乡空间健康发展的责任,更要妥善处理好城乡社会空间变迁过程中产生的种种问题。如何拓展学生城乡规划学习中的社会学视野,培养学生使其满足当今社会发展对规划人才的需求,即厚基础、宽口径、强自学、快适应;培养学生既能将空间问题置于更全面的社会条件中来把握,又能为城乡规划提供新的研究方法,为城乡规划提供实证与定量化的支撑?需要城乡社会综合调查研究发挥其重要的指导作用,这极大地体现了城乡社会综合调查研究课程设置的重要性。然而,与城乡规划学和社会学等专业课程相比,教学中与此相关的针对性教材较为缺乏,靶向性较弱。

　　教材具有以下特色:其一,应用性。针对地方性工科院校城乡规划专业该门课程的开设情况、学生特点和就业需求,教材在编写中大幅增加实践篇幅,强调动手能力,指导学生具体如何进行调查、分析、表达,并与城乡规划设计结合,突出实用性,以更好地培养学生未来参加城乡规划实际工作的应用能力。其二,全面性。不仅包含城市社会调查的教学内容,还顺应乡村规划兴起的趋势,以及目前乡村规划实践中出现的种种问题,编者结合教学研究实践经验,将大量乡村案例补充进入教材,从认知到研究方法,全面帮助学生理解城乡发展规律。其三,系统性。教材组织不局限于调查方法本身,从选题与文献综述、研究方案设计、调查方法选取、数据处理技术、图表形式表达、调查报告撰写等方面全面组织了更为系统、理性而综合的教学主线。其四，交叉性。教材吸收城乡规划、社会学相关理论，运用国内外先进技术及方法，强调"社会－空间"交叉学科教学内容。

教材编者拥有丰富的城乡社会综合调查教学与教改经历，积累了大量的教学心得与经验，指导学生社会调查作业多次获全国挑战杯、专指委调研报告竞赛一、二等奖，成为此书的编写基础。教材在《高等学校城乡规划本科指导性专业规范（2013版）》等规范、文件的指导下，借鉴其他高校规划学科教学与科研的成功经验，进行总结、凝练，为开设城乡社会综合调查课程的相关院校专业教学提供参考教材。本书共分为4篇8章，第1篇"导论"，第2篇"选题与研究设计"，第3篇"调查方法与报告撰写"，第4篇"优秀案例"。

教材撰写力求体现基础性、实用性和方法性，通过多年的城乡社会综合调查教学经验与获奖作品调研分析，在顺应现代城乡社会发展背景前提下，不断探索适合城乡社会综合调查课程的教学方法，继而将其总结整理成书。教材主要服务于城乡规划专业的重要必修课和核心课程——城乡社会综合调查，也可作为城乡规划理论、城乡规划设计等课程的参考书，同时为建筑类、地理类等相关专业课程教学提供参考。

教材由范凌云、杨新海教授编著，并负责书稿起草、校对工作，周静老师参与了教材中第5章城乡社会综合调查研究方法和第6章城乡社会综合调查报告撰写等部分编写，刘晓宇、时亦欢、胡苗苗、王淇帆、吴励智、徐昕、万晓敏、王志清等参与资料收集、文字编排及部分编写。全书由范凌云教授统稿，第4篇优秀案例部分主要收录了近年来同济大学、华南理工大学、南京大学、武汉大学、华中科技大学、中山大学、华侨大学、苏州科技大学等高校城乡规划专业学生参加城市类、乡村类城乡社会综合实践竞赛与城市交通出行创新实践竞赛，并荣获高等级奖项的社会调查报告。

教材在编写过程中，得到了各界的帮助，在此感谢中国建筑工业出版社的大力支持，同时也感谢同济大学的王兰、刘冰、汤宇卿、卓健老师；华南理工大学的王世福、赵渺希、戚冬瑾老师；南京大学的于涛、罗小龙、钱慧、张敏老师；武汉大学的周婕、魏伟、牛强、谢波老师；华中科技大学的陈征帆、彭翀、李新延、戴菲老师；中山大学的周素红、李秋萍老师；华侨大学的刘晓芳、林翔、杨思声、许俊萍老师；苏州科技大学的周静、彭锐、曹恒德老师在优秀案例提供方面的倾情帮助与支持。

最后，教材涉及范围广泛，内容庞大、体系复杂，涉及了诸多城乡社会调查基础知识与调查方法，包含了当下较为热门的大数据等技术方法，仅供读者学习参考，若有问题和不足之处，恳请广大读者能对本教材多提宝贵意见。

范凌云　杨新海

目　录

—Contents—

第1篇　导论

002　第1章　城乡社会综合调查教学
002　第1节　城乡社会综合调查背景
007　第2节　城乡社会综合调查教学思路
011　第3节　城乡社会综合调查学习方法

019　第2章　城乡社会综合调查概述
019　第1节　社会调查概念解读
023　第2节　社会调查发展简史
031　第3节　城乡规划与社会调查

第2篇　选题与研究设计

040　第3章　城乡社会综合调查选题
040　第1节　选题意义与原则
045　第2节　选题类型划分
051　第3节　选题来源与方法
060　第4节　获奖作品选题分析

072　第4章　城乡社会综合调查设计
073　第1节　调查设计原则
076　第2节　调查指标设计
081　第3节　调查设计信度与效度
089　第4节　调查方案具体设计
103　第5节　调查设计案例分析

第 3 篇 调查方法与报告撰写

108 第 5 章 城乡社会综合调查研究方法
108 第 1 节 文献资料研究
117 第 2 节 定性调查与资料分析
132 第 3 节 定量抽样调查与分析
225 第 4 节 混合方法研究
230 第 5 节 大数据分析研究

256 第 6 章 城乡社会综合调查报告撰写
256 第 1 节 调查报告类型
259 第 2 节 调查报告写作

第 4 篇 优秀案例

288 第 7 章 城乡社会综合实践获奖调研报告
289 第 1 节 城乡社会综合实践获奖调研报告（城市类）
340 第 2 节 城乡社会综合实践获奖调研报告（乡村类）

373 第 8 章 城市交通出行创新实践竞赛获奖作品

382 主要参考文献

第1篇
导论

第1章　城乡社会综合调查教学

　　随着城乡规划对城市建设的战略意义日益凸显，城乡规划已经成为国家治理体系当中的重要组成部分，城乡规划面临和需要解决的问题也越来越复杂和多样化。城乡社会综合调查方法则为城乡规划理论和实践工作提供了认知与研究的基石，在各个教学环节上都强有力地支撑了城乡规划学科的人才培养，同时也是城乡规划与其他相关学科领域进行有效交叉与融合的重要手段之一。本章内容将分为城乡社会综合调查背景、城乡社会综合调查教学思路以及城乡社会综合调查学习方法三个部分展开（图1-1）。

第1节　城乡社会综合调查背景

1　城乡规划学科背景

　　自2008年《中华人民共和国城乡规划法》的颁布与实施，从城市规划到城乡规划，城乡规划原有的内涵和范畴、理论基础和知识结构都进行了极大地延伸和拓展；2011年3月国务院学位委员会颁布新版《学位授予和人才培养学科目录》，城乡规划学从建筑学科下独立出来，正式确立为一级学科。鉴于

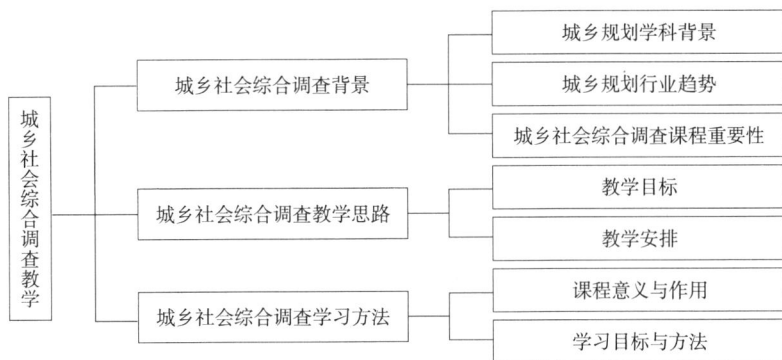

图 1-1　城乡社会综合调查教学框架图
图片来源：作者自绘

其研究对象范围、专业内容侧重以及对城乡发展中综合性问题的思辨方式，城乡规划学科已经成为在一定程度上影响城乡物质、经济和社会文化走向的科学。这也开启了城乡规划教育的全新篇章：在教学培养体系、学科设置、人才培养等方面都亟需结合社会发展趋势注入新的内容，如何培养出更加契合未来城乡发展建设与城乡规划管理的综合型人才，成为当前城乡规划专业教育发展的重大课题。

与此同时，城市社会发展问题日益严峻，并呈现出复杂化、综合化的趋势，规划实践的重心也从"增量规划"转向"存量规划"，种种复杂的城乡社会变革促使城乡规划学科积极改变教学体系，以顺应发展趋势。一方面，产业落后、人口老龄化、资源枯竭、环境污染等挑战依然严峻，对规划学科与城市生态环境、城市社会学等学科的融合提出了更高的要求；另一方面，随着 GIS 技术、复杂计量模型、多智能体模型等新技术在城乡规划编制中的应用，城乡规划方案的制定和评估等工作日趋信息化、系统化。大数据作为一种工具，给了数据模型建立与分析更高的还原性和可靠性，通过对这些数据的深入分析可以更好地了解城市运行的状况，提升城乡规划业务的科学性。结合十九大报告提出的建设"数字中国"和"智慧社会"的设想，如何在规划设计领域通过合理的技术方法实现这些设想，也是规划学科面临的又一挑战。综上诸多因素都对城乡规划教育体系和人才培养提出了新的挑战，作为认识城乡空间面貌、分析城乡社会问题的基本方法和手段，城乡社会综合调查比以往任何时候都更加重要。因此，如何完善城乡规划学科教育中关于城乡社会综合调查的知识和方法体系，加强学生对城乡规划实际问题的感知和调查能力，为社会输送更多研究能力与实际经验并举的复合型规划人才，是本教材的希冀所在。

首先，应全面正视中国城乡规划的专业教育背景：目前国内的城乡规划学科体系架构已经基本形成，但仍是以理工科类专业为基础，人文社科类的学科知识导入不足，导致学生在经济学、管理学、社会学等学科知识储备方面，以及在协调、沟通、表达、动员等规划职业技能方面普遍存在不足。[1] 例如学生们需要从过去主要掌握画图、做方案的能力转变为通晓如何在复杂多变的城乡

---

① 石楠，韩柯子.包容性语境下的规划价值重塑及学科转型 [J]. 城市规划学刊，2016（01）：9-14.

社会问题中，协调平衡各方利益主体等。此外，数据的分析和应用不应该只是作为一种基本的数据处理方法，而是将此作为一种科学系统教育，从数据的获取、运用、分析以及对现实问题的模拟等多个方面来完善教学体系。针对种种教育背景的变化，城乡规划学科教育也应更加完善教学体系，因而需要将城乡社会综合调查课程纳入城乡规划学科教育体系中，加强对学生人文社会科学知识与实际操作能力的培养。

其次，城乡规划学从建筑学科下的二级学科独立成一级学科之后，知识体系下进行了较大幅度地扩展，融入了人文地理学、城市经济学、城市社会学、城市生态学、公共管理学等多方面相关领域学科的内容，构建了现今比较完整的知识体系框架。如今，城乡规划学科体系下包含了区域发展与规划、城乡规划与设计、住房与社区建设规划、城乡发展历史与遗产保护规划、城乡生态环境与基础设施规划、城乡规划管理这六个二级学科方向，而城乡规划学下的二级学科的设置必须加强城乡规划学作为一级学科的规划核心理论和方法的研究，才能为一级学科的研究和教育确立方向[①]。因而，城乡规划学科的发展需紧扣城乡社会发展的主题，如城镇化质量提升问题、乡村地区规划研究、公共管理政策、人居环境建设等。因而，多学科融合成为城乡规划学科重构其内涵及核心理论体系的趋势，城乡社会综合调查作为一门研究方法的教学课程，对支撑城乡规划各级学科发展和核心理论体系的建立有着举足轻重的作用。

此外，城乡规划学作为研究城乡与社会发展规律的一门理性科学，却没有在国家科学体系中得到充分重视，容易导致行业高端人才的缺失。城乡规划所面临的问题与困境皆与之前有所差异，需要重新被审度与定义。因而，规划学生首先需要建立包括与城乡规划相关的建筑、社会、地理、经济等各个要素及其相互关系的框架体系。其次，多元化的城市发展空间要求城乡规划行业人才具备对城乡社会、经济、生态全面整合的理性思考能力，通过城乡社会综合调查的实践操作等加强学生分析与理性思考能力的培育，促进了学生对城乡社会问题的理解。

因此，亟需通过先进的教学理念和授课形式，提高学生的专业认知和理性思维能力，以此来加强学生挖掘城市本质和洞悉其内在发展规律的能力。由于学生对社会调查工作的科学性问题缺乏足够的系统性认知，多数人也对城乡社会综合调查存在一些认识上的误区，更有甚者认为社会调查只是选定调查题目、搜集第一手资料并形成调查报告的简单过程，或是将其等同于学术论文写作，忽视需要大量的实地调查研究来支撑内容的特质。这种忽略了社会调查自身特质、"简化"社会调查的想法是不科学、不合理的，根据《高等学校城乡规划本科指导性专业规范》（2013版）第三章明确提出的城乡规划专业人才培养的六项能力要求：前瞻预测能力、综合思维能力、专业分析能力、公正处理能力、共识建构能力和协同创新能力，[②]应帮助学生们树立正

① 《城市规划》编辑部.着力构建"城乡规划学"学科体系——城乡规划一级学科建设学术研讨会发言摘登 [J]. 城市规划，2011，35（06）：9-20.
② 高等学校城乡规划学科专业指导委员会.高等学校城乡规划本科指导性专业规范（2013年版）[M].北京：中国建筑工业出版社，2013.

确的城乡社会综合调查学习目标，继而根据城乡社会综合调查的理论体系综合学习城乡规划学、社会学、统计学等多个学科的基础知识，掌握具体的城乡社会综合调查学习方法，培养学生们分析、提炼、整合要素、发现问题、解决问题的能力等，使学生们可以从实践中加深对所学知识的领悟，自下而上地理解城乡社会发展规律。

2　城乡规划行业趋势

随着城乡规划行业的日益兴盛，城乡规划在国民经济与社会发展中所发挥作用也越来越重要，城乡规划行业根据工作对象、工作内容、方法的差异又可细化成不同领域，十分复杂，如区域规划、城市总体规划、乡村规划等。根据城市快速扩张发展方式的转变以及乡村发展的变革，城乡规划实践重心也从"增量规划"转向"存量规划"，将目光聚焦到因城乡社会多元分化带来的各类社会群体需求和资源分配的矛盾，如：城乡基础设施和公共服务设施的数量、类别等供给不平衡等。

从政策指引到行业本身发展，随着中央乡村振兴战略等口号的提出，我国乡村规划迎来了新的发展机遇，不仅覆盖领域更广，实践类型、内容以及层次也更为丰富。除了原有的镇村布局规划，以及最近提出的乡村振兴战略规划，各地还纷纷开展了新型乡村规划的实践，如江苏省就提出了特色田园乡村规划等；然而，与日益扩大的乡村规划需求相比，大多数规划从业者对乡村社会的产业结构、治理机制以及新型农业组织等了解存在严重不足，规划师缺乏规划先行意识、编制规划脱离实际、乡村规划套用城市规划编制办法……乡村规划发展出现种种乱象，尤其是规划师们将乡村规划等同于城市地区的规划设计，"照搬城市模式、脱离乡村实际"，产生一系列实用性不强、与其发展不相适应的城市化、景区化的乡村规划设计，导致出现大量乡村传统文化、面貌快速消亡的情况。此外，大量村庄被撤并，乡村用地被城镇吞噬，人口高度集中于规模庞大的农民安置区，乡村规划本位向城市本位倾斜，难以公正考虑乡村的长远发展[①]。

同时，存量规划背景下城乡社会治理、城乡环境修补与生态修复等各个方面都对城乡规划行业的工作内容提出了新诉求。在这种情况下，传统的画图式设计人才已无法应对当前复杂的存量用地的规划问题与设计桎梏，也难以靠规划图纸直接解决城乡发展中的种种社会矛盾，城乡规划行业发展顺应城乡发展的总体趋势，由传统的物质形态导向与规划实务执业导向逐步拓展至由城市研究、公共政策与社会治理等多个方向。在此背景下，城乡规划学科建设必须面对新要求、新困难，需要主动将传统建筑学背景的城乡规划教育逐步转向社会、经济、管理的兼容并蓄，将城乡社会综合调查研究能力的培养与城乡规划设计能力的培养同等重视，以掌握未来规划工作的必要职业技能，如在复杂矛盾的现实困境中展开有效调查的能力；厘清并平衡各方利益主体分歧的诉求沟通能

---

① 范凌云.城乡关系视角下城镇密集地区乡村规划演进及反思——以苏州地区为例 [J]. 城市规划学刊，
2015（06）：106～113.

力等。可见，本教材的编写结合了当下城乡规划行业的发展趋势和较热门的技术方法等，希望可以为满足城乡规划一级学科发展、应用型本科人才培养以及城乡规划行业发展的迫切要求，对培养未来足以满足市场需求的规划师提前做好了准备。

3　城乡社会综合调查课程重要性

城乡规划社会调查不仅是规划编制中基础数据的必要内容，更是对城市社会、民意、城市发展历程的调查，有助于了解城市的过去、现在，把握城市发展规律，科学展望和预测城市未来之发展。[①] 城乡社会综合调查课程对于城乡规划学科而言，其教学目标与任务应围绕着城乡社会发展实际需求展开，具体可以通过以下几方面对城乡规划教育体系实现支撑。

首先，以往的工科背景下的规划学科教育通常更为侧重培养学生规划设计能力，因而教学安排上也形成了以规划设计课程为核心，相关学科理论课程为支撑的教学体系。然而，由于城乡规划问题的复杂性，以及城乡社会问题中社会因素"软性"和"隐性"的特征，在城乡规划工作中很难准确识别和解决，导致学生对城乡规划工作本质理解有所偏差，需要通过城乡社会综合调查课程实践学习加强学生对城乡社会的感悟与理解。

其次，弗里德曼曾指出城市规划专业实践的性质主要体现为多学科知识的综合应用，即"从知识到行动"。[②] 在实施过程中，规划实践需要有意识地按照科学的规律和系统的方法，去实现既定的规划目标，即体现规划的"科学性"，因而，诸多规划工作和实践都离不开城乡社会综合调查。例如在城市规划编制实践中的资料收集、专题研究、基础分析方面，需要通过运用城乡社会综合调查研究中调研、统计、分析等方法的支撑[③]。城乡社会综合调查课程不仅可以完善学生规划知识体系，还通过层层递进、逐步加深的教学内容安排，更可以为学生学习、研究提供新的途径，最主要的是培养学生运用正确的城乡社会综合调查方法，观察并解决城乡社会的发展问题。

因此，根据《高等学校城乡规划本科指导性专业规范（2013版）》[④]，本教材提出以下培养规格要求，并从以下几个方面安排教学内容，以帮助学生在学习过程中快速提高城乡社会综合调查能力。

在培养规格上：首先，在基本素质方面，本教材以扎实的人文社会科学为基础，注重培养学生对城乡社会问题的敏感度和感知度，加强学生对社会学、经济学等人文学科知识的认知与思辨。其次，在知识结构方面，本教材从城乡社会综合调查实践角度，从选题、调查设计、研究方法选取及调查报告撰写等方面提供指导，帮助学生掌握相关调查研究方法与综合表达技能。最后，在能力结构方面，加强学生对城乡社会问题的前瞻预测能力、综合思维能力、专业

① 李浩，赵万民.改革社会调查课程教学，推动城市规划学科发展[J].规划师，2007（11）：65-67.
② 约翰·弗里德曼，刘佳燕.社会规划：中国新的职业身份?[J].国际城市规划，2008（01）：93-98.
③ 顾朝林.城市社会学[M].南京：东南大学出版社，2002.
④ 高等学校城乡规划学科专业指导委员会.高等学校城乡规划本科指导性专业规范（2013年版）[M].北京：中国建筑工业出版社，2013.

分析能力、公正处理能力、共识建构能力和协同创新能力等，并能够熟练掌握城乡社会综合调查的研究方法，作为城乡规划设计、社会调研与论文撰写的基础条件。

在教学内容上：首先，在专业知识方面，本教材不仅为城乡规划专业学生提供城乡社会综合调查所必需的基本理论知识与研究方法，还基于当下的学科发展背景和行业发展趋势，增加了诸多关于乡村规划发展的案例分析，以期提高学生们认识城乡社会事物和社会现象本质的能力。一方面，本教材结合城乡社会综合调查定性与定量研究的特点，逐步建立学生对城乡社会问题研究逻辑的基本认知；另一方面，顺应"数字中国"、"智慧城市"的建设需求，整合GIS、大数据挖掘与统计学等技术方法，并独立设置章节展开具有针对性的大数据等技术方法教学，提高学生们数据获取、分析的能力。例如以 Python 语言为基础，结合数据整理、统计学分析与 GIS 图示表现的工作流程进行示范。其次，在专业实践方面，本教材通过结合城乡认识调查、住区认识调查、专项社会调查，以及结合规划设计课程的四个调研实践单元，从实践中提高学生们的调查研究水平。最后，在创新训练方面，本教材强调培养大学生的创新思维、方法和能力，为学生参加全国高等学校城乡规划专业指导委员会设计竞赛和调查报告竞赛提供指导，推进城乡规划人才的创新训练。

第 2 节　城乡社会综合调查教学思路

1　教学目标

城乡规划的公共政策属性在如今的城市发展中不断被强化，规划师应更"富有社会责任感、团队精神和创新思维"，在教学中使学生加深对城乡规划行业维护公共利益社会职责的理解具有重要意义。因此，城乡规划学科目前培养体系中重知识、强技能、轻方法的教育情况亟待改变，本教材希望通过建立系统性的、完整的教学体系，并根据人才成长规律设立注入培养职业价值观的课程和教学环节，以此完善学生对城乡规划行业的全面认知。目前，城乡规划学科课程主要可分为知识型和体验型两种。知识型课程是指传授城乡规划领域相关理论知识，补充完善城乡规划学科知识体系，以培养学生思考城乡发展问题的全面性和科学性（如城乡生态学、城乡社会学）。体验型课程则是指学生通过实际操作过程加深对所学知识的理解，并感同身受地体会到城乡规划的职责和价值所在。因而学生可以通过城乡社会综合调查课程的学习和训练，了解不同社会群体的生活需求及规划设计、政策实施对其生活的影响。在城乡社会综合调查教学中，应当将知识型课堂与体验型课堂相结合，改进城乡规划社会综合调查课程教学方式，从而提高学生将城乡规划的工程技术知识与其他学科知识进行综合理解考虑的能力，有利于城乡规划专业培养高素质、综合性专门人才目标的实现。可见，社会调查实践是城乡规划人才培养的关键环节。

综上，以满足本科院校对应用型、创新型人才的培养要求为目的，本教材明确城乡社会综合调查课程目标如下：一是培养学生理论联系实际，从日常社会生活中发现、分析和解决问题的能力，以及将规划技术与社会学、经济学、社会治理、公众参与等多方面综合起来思考的意识；二是要求学生能够结合规划相关知识和社会调查方法进行城乡社会综合调查，熟练掌握社会调查的技术方法如历史研究法、观察研究法等，对城乡社会发展情况开展有计划的、周密的、系统的研究，并可运用相关调查研究与综合表达方法与技能；三是熟悉社会调查方案的制定、城乡综合调查研究的基本步骤与方法，尤其是需要掌握不同类型调查报告的撰写方法。

2 教学安排

城乡规划课程体系设计和教学计划制订是一项复杂的系统工程，不但与学校的专业设置和办学条件有关，还与学校的教育理念和教学方式相联系。培养方案应考虑将课堂教学、实践教学和创新训练等，通过第一、二课堂整合到一起，如集中地理论学习和与其他相关课程穿插的实践课程，三者之间应加强联系，利用联动教学[①]、翻转课堂等新颖的教学方式等，形成一个完整、开放、有特色的人才培养方案，具体从合理组织教学主线、强化分类型案例教学、创新教学方法、联动课堂内外教学等方面展开。

作者在探索城乡社会综合调查实践教学中，发现最终成绩的有效评定，是提高学生实践积极性和主动性的有效手段。传统的实践环节的成绩和考核，由课程结束后撰写的报告或规划成果的优劣来决定。显然，这种做法有失偏颇，实际上难以考查学生的真实收获和提高，容易使实践成绩的评定流于形式。因此，应建立学生成绩考核与过程考核记录制度，转变目标考核为目标考核与过程考核相结合；转变一次性考核为多次考核，在中期调查方案设计、篇章结构安排或是调查报告的撰写等阶段设立多个考核节点，增加对学生调查方法选取和方案设计上的指导；转变教师单方面考核为教师考核与学生自评以及小组成员互评相结合，体现小组分工合作的公平性（图1-2）。

图1-2 教学中的中期指导
图片来源：作者自摄

2.1 合理组织教学主线

为了更好地培养创新型研究性人才，教师应与时俱进地更新教学课件，不局限于调查方法本身，而应从选题与文献综述、研究方案设计、调查方法选取、数据处理技术、图表形式表达、调查报告撰写等方面合理建构更为系统、理性、综合的教学主线。围绕这条城乡社会科学研究的主线，结合多年教学经验，作者在教学中设置了多个相互独立又层层递进的环节（图1-3）。首先，根据各学习阶段的培养要求，在不同教学环节中制定不同的阶段目标，对学生掌握社会调查方法的要求逐步提高。其次，

---

① 范凌云，杨新海，王雨村. 社会调查与城市规划相关课程联动教学探索 [J]. 高等建筑教育，2008，17（05）：39-43.

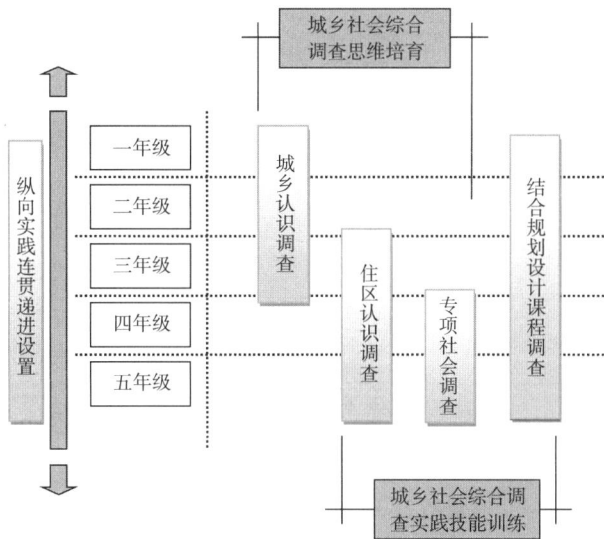

图 1-3 城乡社会综合调查教学环节的构成分析
图片来源：作者自绘

在相关课程中适当结合社会调查能力的培养教学，且在大四学年独立设置社会综合实践课程，从而使学生掌握城乡社会综合调查方法，并能够完成社会调查报告的撰写。

2.2 强化分类型案例教学

教学过程中，教师不仅可以从正面阐述应该怎么指导，也可以从反面指出常见问题与误区，这样能更好地指导本科生实际教学。由于存在多样的分类标准，城乡社会综合调查的课题类型变化多样。按课题调查的侧重点或关注点划分，即可分为学术性课题和应用性课题两大类；按课题调查研究的深度划分，可分为描述性课题、解释性课题和预测性课题三大类；按课题调查内容划分，又可分为综合性课题和专题性课题；按城乡规划工作内容划分，可分为城乡规划理论性课题、城乡规划编制性课题、城乡规划决策与管理性课题、城乡规划公众参与性课题等。因而本教材通过灵活运用各类典型案例，分析不同类型案例中城乡社会综合调查的重点所在，确定其不同层次的要求，分步骤深入解析，强化分类型案例地针对性教学。

此外，学生们还可利用假期时间，结合所学专业，开展城乡社会综合调查，或是结合参与全国社会综合实践调查报告竞赛和省、校级大学生实践创新项目、大学生科技创新项目，以及老师的科研项目开展城乡社会调查活动，如开展对社区公共空间使用情况、特定人群的交往行为等专项调查，或是开展城乡居民人居环境满意度调查、新农村建设调查、土地利用规划重点建设项目调查、农村土地流转情况调查等专业领域的社会调查。学生们通过参与专业领域的社会调查全过程，并根据最终的调研数据及分析结果，按照正规的范式撰写调查研究报告，从而培养学生逐步掌握社会调查的主要方法、手段、技能，同时培养学生惯于观察、勤于思考的专业素养，锻炼学生全面思考、综合判断的能力（图 1-4）。

图1-4 学生参加城乡社会调查
竞赛进行实地调研
图片来源：作者自摄

图1-5 作者开展现场实地教学
图片来源：作者自摄

2.3 改革创新教学方法

教学理念与教学方法上进行改革创新，构建由课堂教学、实地教学、网络教学、课外教学四个层面架构的教学方法体系。具体建议措施如下。

（1）课堂教学

在教学过程中，还可以从建构主义教学理论出发，让学生成为课堂教学过程的主体，在老师的协助下，通过自主学习来建构自身的知识体系。教师则采用"沟通式教学、激发式教学与互动式教学相结合"的方法，如：对于城乡社会综合调查中的调研结果采取课堂讨论的形式，使学生通过互相的交流与讨论来完善思考问题的角度，通过师生之间的沟通来分析调查中存在的主要问题，同时就如何在调查过程中进一步应用理论知识和技术方法展开讨论，从而提高学生开展实践的能力和水平。这种教学方式既激发学生学习的主动性，训练学生能动独立解决问题的能力，同时也推动了理论课与实践环节的衔接联动。

（2）实地教学

城乡社会综合调查教学因其综合性和特殊性，仅仅依靠课堂理论知识的传授与交流是远远不够的，必须增加实地教学的内容。教师在各个环节带领学生亲临现场进行社会实践、实地指导（图1-5），这样教师可以在教学过程中及时发现存在问题，加以纠正。

（3）网络教学

城乡社会综合调查不仅可以通过传统的教学方式开展，还可以借助网络建立学习平台，如通过大学慕课、网易学堂等平台进行辅助教学，供师生进行平等地讨论、交流，激发学生的学习兴趣和创新激情。此外，课程中包含的一些新的调查方法，如大数据、爬虫技术等，通过在网络平台上的教学，能更好地帮助学生掌握并熟练运用调查方法。除了传统的翻阅书籍等资料收集方式，还应积极鼓励学生使用QQ群、微信群、微博等大众交流平台，去获取更为全面的数据与信息。

（4）课外教学

除上述的几种教学方式之外，课外教学也是城乡社会综合调查课程教学的重要组成部分，更是亟需重视和推动发展的教学领域。将课外实践教学与设计课程的知识体系相关联，加强学生从课堂内的学习交流过程走向课外实践的真实体验和认知，能够更好地强化城乡规划专业本身具有的实践性特质。同时可以将课外大学生暑期活动实践结合到专业实践当中，聚力协同，合力提高学生城乡社会综合调查能力。此外，积极鼓励学生参加大学生挑战杯竞赛等大型城乡社会调查竞赛。通过这些课外实践教学加强学生多种理论知识的巩固和综合运用，强化学生对调研基地、城市问题的理解与分析，培养理性、系统的专业思维能力。

课外教学应采用多层次、多方向的教学方法，这样不仅鼓励学生们主动从外界获取多视角、多层次信息，对学生们构建多样学科知识体系，以及在规划实践中灵活运用城乡规划理论与方法，提供了更加丰富与多层次的思维与路径，并以更加具体化和实用性的知识点融入了城乡社会综合调查课程的理论基础知识构建、规划与设计课程和实践教学等环节。

2.4　联动课堂内外教学

在教学安排中，教师在第一课堂中主要讲授调查的基本知识和调查方法，并结合具体调查实例进行详细解析，使学生体会到城乡社会综合调查在城乡规划工作中的必要性和重要地位，初步认识科学的城乡社会综合调查的步骤和方法。而在课外的第二课堂中，教师则可以组织安排学生们分组进行各类城乡社会调研，使学生们通过自己的实际操作完成城乡社会综合调查，加深对各类调查方法的学习与领悟。如以某社区为研究对象展开的现状调查，学生们通过完成实际调查发现研究对象现状存在问题，分析其形成的各种原因，并针对性地提出问题的对策，继而完成城乡社会综合调查报告。

在此门课程的教学中，应将城乡规划原理与社会学课程中的专题知识作为基本知识、将社会调查分析方法等作为基本分析技能传授给学生。对于学生社会调查分析结果、整理设计构思则采取课堂讨论的形式，鼓励学生之间多多交流与讨论，以转换思考问题角度，而师生之间的沟通则主要是确定社会调查要解决的主要问题。通过以上教学方法培养学生从解决问题、协调多方利益主体等多个视角切入城乡社会研究和规划决策，使学生对城乡社会综合调查实际操作过程的理解从传统的技术方法转向对更深层次社会问题本质的探寻，转向为社会各群体面临转型发展中的挑战提供功能性支撑的关注，更培养了学生就如何在城乡规划专业学习过程中进一步应用社会调查方法展开讨论，从而提高学生开展社会调查活动的能力和水平。

第 3 节　城乡社会综合调查学习方法

1　课程意义与作用

城乡社会综合调查研究是关于城市空间与乡村地域社会调查研究的理论、原则、方式、方法的科学，或者说，是融合了城乡规划学、社会学及多个相关学科，针对城乡社会空间建设进行调查研究的学科。城乡社会综合调查方法体系主要分为方法论、城乡社会综合调查研究方法以及综合调查设计三个主要部分（图 1-6），将在本书的第 3 章和第 5 章详细展开。

与其他研究理论性的社会学科不同，它是一门为理论研究、政策研究及工作研究提供手段和工具的方法性学科，包括三个层次的知识结构（图 1-7）：最高层次为方法论，方法论是指人们认识、改造世界的一般方法，是人们观察

图 1-6 城乡社会综合调查方法体系
图片来源：作者自绘

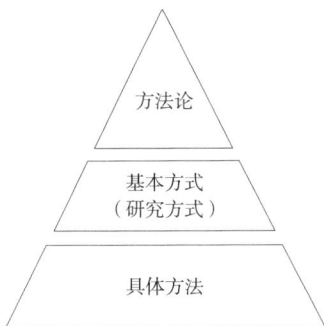

图 1-7　城乡社会综合调查知识体系图
图片来源：作者自绘

事物和处理问题的方式和方法，在城乡社会综合调查中则是指导调查研究的一般思维方法或哲学方法，应遵循理性思维。

首先，从城乡规划学科的"价值理性"角度出发，面对快速城市化背景下城乡社会发生的巨变，城乡规划需要积极发挥其公共政策属性，基于集体理性对发展问题进行公共选择；其次，城乡规划作为一门综合性的应用学科，应让"工具理性"服从价值选择，为实现我国城乡共同美好发展做出正确决策；最后，城乡社会综合调查更要用理性的思维和方法，去解决城乡社会综合调查方案制定和实践中出现的各种问题，为城乡规划研究提供有力支撑。能否掌握理性的思维方式来指导城乡社会综合调查的实践，对城乡规划学生创新实践能力的培养尤为重要。中间层次为基本方式，基本方式可划分为普遍调查、抽样调查、典型调查和个案调查四种类型[①]，每种调查方式都有着不同的适用范围及调查原则。即首先通过对城乡社会综合调查目标进行初步研判，再根据调查的实际需求进行调查基本方式的选择；最基础的层次则是具体方法，包括城乡社会综合调查研究各个阶段使用的具体方法和技术，例如文献资料研究、定性实地研究、定量抽样调查、混合方法研究等方法，还可以通过当下较为热门的大数据技术进行数据获取、分析等，具体研究方法学习参看本书第 5 章内容。

城乡社会综合调查研究方法是一整套完整的科学认识方法，通过本教材系统地学习城乡社会调查方法，不仅可以帮助城乡规划学生观察、感知到城乡社会全貌，还可以通过课程实践培养规划调查研究能力，开拓个人发展空间，并提高其对城乡社会综合调查的真伪辨别能力。无论是对个人研究思维的培养以及城乡规划专业能力的提升，还是对城乡规划学科的发展都有着重要的作用，既具有现实意义也具有长远意义。

1.1　认识城乡社会面貌

城乡社会环境是个宏大的研究范围，依靠个人的研究与理解很难感知到全貌。人们日常所感知的城乡环境，只是各种建筑物和多样的经济实体的组合，即一个人造的物质化环境。正是这些物质化的因素挡住了研究者的视线，以至于忽略了物质空间背后深层次的社会因素。实际上，任何城市都是人为设计、施工、修建和改造的，同样具有一定的社会属性。我们在研究某个特定的社会问题和现象时，不应局限于感知到的表面现象。同样的道理，城乡社会综合调查是要清楚认识城乡社会面貌，并有效地把握城乡现实社会发展状态及其发展变化趋势，因此仅有对各种事实资料和数据资料的感性认识是不够的，需要上升到理性认识的层次，运用多种技术方法进行分析研究。

只有通过城乡社会综合调查方法的学习，熟练掌握了调查城乡社会研究的基本理论与方法，才有可能对城乡的"物"与"人"的现实生活状态及其发展变化趋势做出准确描述、科学解释和可靠预测。如郑杭生先生的农村社会学思

---

① 风笑天. 社会调查方法还是社会研究方法？——社会学方法问题探讨之一 [J]. 社会学研究，1997（02）：23-32.

想研究过程，就充分地体现了这一点。郑杭生先生正是通过一次次从城郊到农村、从市县到镇村的实地调查研究，从而获得了对中国"三农"问题和城乡关系变迁的动态感知。郑杭生先生从河北定州（县）再调查到浙江临安调查，再到广东中山、南海调查，不仅提出了需要重构农民理论、政策的论断，还提炼出美丽乡村建设理论和新型城乡关系理论，构成了其中国特色的农村社会学思想体系。①

1.2 培养规划调查能力

通过城乡社会综合调查课程，可以针对性地培养学生规划调查的能力。首先，无论做何种研究工作，准确掌握客观实际情况都是首要的，"唯一的方法是向社会做调查"。社会调查作为人们有目的、有意识的一种认识活动，需要有正确的方法并按照社会调查的一整套规范去做。例如在一些关于满意度等涉及定量研究的城乡社会调查中，就需要按照数据收集、回归分析、检验等一系列完整的操作方法去进行研究。事实上，有很多社会调查或是没有真实反映实际情况，或是没有科学调查而给出结论，甚至直接或间接地为错误理论、路线做论证或辩护，都会造成不可挽回的损失。就调查者的主观因素来说，调查不深入、仅仅依据个人主观臆断就做结论、社会调查研究的理论与方法掌握不到位、没有按照社会调查的合理程序进行等，都是其中的重要原因。

其次，城乡社会综合调查是一门综合性学科，牢牢掌握城乡社会综合调查必备的相关知识和方法就成为做好调查和规划工作的基础。一项好的城乡社会综合调查研究必然离不开前期大量的资料收集，以及经过周密多方面的考虑而制定出的调查计划。众所周知，梁思成先生一生都致力于中国古建筑保护与调查研究工作，为中国的古建筑保护工作作出卓越贡献。自 1931 年到 1937 年六年间，以梁思成为首的中国营造学社成员足迹遍布河北、山西、陕西多地，测绘并整理了 200 多组分布于各地的建筑群，最终完成测绘图稿 1898 张。由于当时没有中国建筑史上重要建筑物的名录，每一次考察旅行前他们都只能在图书馆里进行前期研究，根据史书、地方志和佛教典籍等选列地点目录，再根据目录去寻找古建筑，进行拍照和测绘。梁思成先生若没有在调查前收集大量的相关资料，就无法掌握分布各地的建筑群的数量与位置，从而也就很难周全地完成遍布全国各地一千多张古建筑的测绘图稿。因此，掌握城乡社会综合调查研究方法是城乡规划工作者尤其是城乡管理工作者必须掌握的基本专业技能，城乡社会综合调查课程的设置可以帮助学生们在未来工作中很好地将理论知识与规划设计相互结合，从而更好地完成规划设计工作。

1.3 开拓个人发展空间

城乡社会综合调查的突出特色是能够调动和保持绝大多数学生的积极性和自觉性。传统课堂理论教学中学生的参与性比较低，而城乡社会综合调查教学中学生是主角，老师则是充当配角，充分发挥学生的主观能动性，让学生能够积极主动地根据社会问题去搜集相关资料，并学会整理和分析。这样做使不

---

① 杨发祥，罗兴奇. 乡村调查与郑杭生农村社会学思想研究——基于理论自觉的视角 [J]. 甘肃社会科学，2016（05）：13-18.

同水平的学生都乐于参与到社会调查的研究中去，体现"因材施教"的教学原则，开拓学生个人的发展空间。

从另一个角度来看，感兴趣的学生也可以将城乡社会综合调查作为未来的就职方向之一。目前，无论是国外还是国内，城乡社会调查研究机构都得到了蓬勃发展，出现了许多以各类城乡社会调查为主要业务的公司或机构，成为现代社会的一个极富生机的行业。政府所属的社会调查机构、社会组织设置的社会调查部门、独立经营的社会调查公司、网络调查的网站等也都需要在社会调查方面具有理论功底和实践经验的专门人才。例如，中国综合社会调查(Chinese General Social Survey，CGSS）是我国最早全国性、综合性且连续性的学术调查项目，由中国人民大学中国调查与数据中心负责执行。自2003年起，该项目遵照国际标准，每年对中国大陆各省市自治区10000多户家庭进行连续性横截面调查，首创了在中国组织大规模全国性调查的新模式。因此，学生们可以在校期间结合自己的条件和兴趣，有意识地在城乡社会综合调查上多下些功夫，在以后就业时也可以有更多选择。

1.4　提高真伪辨别能力

城乡社会综合调查作为一种常用的调研工具，一方面，在搜集基础资料、分析社会现象方面有着特定的作用与价值，其调查结果往往成为各级党政部门、企业乃至个人决策时的重要依据之一，关于社会热点的调查研究也是人们了解社会生活现状的重要渠道。然而，另一方面，各种不靠谱的城乡社会综合调查呈泛滥之势，使得城乡社会综合调查的选题意义和调查报告的权威性也存在一定问题：有些调查报告乍看似有理有据，细究起来却多是牵强附会、粗制滥造；有些更是出于利益关系，制造"伪调查"、"伪数据"。面对这样的乱象，除要加强对城乡社会综合调查的规范外，读者们也需对各类调查报告做全面的考察，如调查对象是否有代表性，涉及的概念是否科学，所用的统计方法是否正确等，去做出自己的判断。因此，需要好好学习城乡社会综合调查基本课程，熟练掌握基本知识和技术方法，才能提高对优秀的城乡社会综合调查的辨别能力。

2　学习目标与方法

2.1　明确课程学习目标

在朱熹、吕祖谦的《近思录·为学》(卷二）中写道："学之道，必先明诸心，知所往，然后力行以求至。"的确，没有明确的目标，哪来学习的劲头？城乡社会综合调查课程在对城乡社会调查的理论和方法进行系统介绍的基础上，讲述一个完整的社会调查研究程序，从选题、调查方案设计、调查研究分析方法直至完成调查报告的全过程。通过本门课程的系统讲授与学习，使学生在掌握城乡社会综合调查理论与方法的基础上，学会用严谨、科学的社会调查研究去描述、解释和预测城乡社会发展问题与现象，为学生们在未来的城乡社会研究和管理工作中作决策以及指导社会实践打下坚实基础。

近年来，基于全国高等学校城乡规划专业课程作业评优活动的特殊背景，组织学生们参赛使得教学有了不小的压力与动力，因而在教学组织过程中更加重视优秀作业的"创新性"要求，囿于本科学生们对城乡社会环境的认识不足，以及专业知识、研究方法掌握水平有限等困境，从而教学过程中出现了过于强调选题创新、片面追求评优成绩的不良倾向。实际上，对于学生们的城乡规划社会调查报告进行评判和引导时，大致可以从"选题价值"、"社会调查方法的运用"、"研究成果的创新性"、"城乡规划专业知识的体现"、"调查报告的写作水平"等方面加以评价，不应当要求其必须具有非常突出的创新性，而应把教学目标放在培养学生的城乡社会综合调查意识及对城乡规划专业社会调查各种方法的掌握和运用上。

（1）制定目标的依据

《国家中长期教育改革和发展规划纲要（2010–2020）》中明确规定："要着力培养信念执着、品德优良、知识丰富、本领过硬的高素质专门人才和拔尖创新人才。"而在《高等学校城乡规划本科指导性专业规范（2013版）》中，城乡规划学科在本科阶段主要为政府管理部门、规划设计单位、建设与开发企业培养从事城乡规划与设计的专业技术人才。作为城乡规划专业学生，应将这些要求作为自己学习的总目标，将四种学习方法，即"学会求知、学会做事、学会共处、学会做人"贯穿在每门课程中，把对"城乡社会综合调查方法"课程的学习作为迈向总目标的坚实一步。

城乡社会综合调查是一门方法性、综合性和实践性的学科，课程的主要内容是一系列的具体方法和操作技术。但在实际中，没有一项课题是完全遵照标准的方法去开展城乡社会综合调查的，每项研究都需要研究者自己依据实践情况来调整调查研究的方法，而不是墨守成规地运用某一种方法。因此在学习的过程中首先要掌握这些基础的研究方法，同时要加强实践操作、创新思考、与人合作的能力。

（2）学习的具体目标

具体来说，城乡社会综合调查课程的学习目标可按照循序渐进的原则进行设立，按照城乡规划专业的学习特点与教学安排，结合城乡规划相关专业的课程学习，逐步加深对城乡社会综合调查课程的理解与学习，提高运用社会综合实践调查方法的能力。

其一，学生应对城乡规划学科专业知识体系、核心知识领域、核心知识单元和相关知识点的基本了解与掌握，即学习和掌握城乡发展与城镇化、城乡经济与产业、城乡人口与社会、城乡道路与交通等方面的知识。并能够掌握城乡发展现状剖析的内容和方法，对城乡社会的面貌有正确的理解和感知，在城乡社会综合调查实践中发现问题，并提出合理的解决对策。

其二，学习该门课程还需对城乡社会综合调查课程体系有一个全面的了解。掌握城乡社会综合调查研究的基本概念和基本原理，熟悉城乡社会综合调查的科学程序、主要途径与方法，掌握定量分析和定性分析等城乡社会综合调查研究方法的基本知识与实际运用。[①]

---

① 高等学校城乡规划学科专业指导委员会.高等学校城乡规划本科指导性专业规范(2013年版)[M].北京：中国建筑工业出版社，2013.

其三，应掌握城乡社会综合调查方案设计的基本方法。包括选题、研究设计、问卷设计、抽样设计、搜集定量与定性资料的方法与技术、利用 SPSS 对研究区域所得数据资料进行初步的统计分析、对文字资料进行定性分析及撰写调查报告。

其四，初步具有进行城乡社会综合调查研究的能力。即能够结合当今城乡发展中面临的实际问题，选择具有研究意义的研究主题与切入视角、结合问题本身确定适合的调查类型，设计制定合理的、可操作的城乡社会综合调查方案，并正确运用调查方法开展调查研究。

其五，在"学会学习"上前进一步。集中体现在以下两个方面：第一，学习能力得到进一步提高，能够结合研究课题完善自身城乡规划理论体系中的薄弱部分，不断反思自己在学习过程中出现的错误并及时改正。第二，学会监控自己的学习，能够协调好学习本门课程与其他课程的时间安排，并对自己的学习状况进行评估，有针对性地进行调整和改进。

2.2　掌握具体学习方法

学习的根本目的是学习方法，要使用、使用、再使用，实践中才能出真知。对于"城乡社会综合调查方法"课程的学习同样适合，必须用良好的"学习方法"来学好"调查方法"。本教材对一般的学习方法不再赘述，仅结合"城乡社会综合调查方法"课程的特点提出以下学习方法，供读者参考。

（1）重视阅读

人们常说："读万卷书，行万里路"，强调的是"多见"，第一句话讲的就是阅读。其一，认真阅读教材。教材包括本书和相关参考书。参考书在精不在多，主要以社会学、调查分析新技术的参考书为主，如艾尔·巴比的《社会研究方法》、陈前虎等编著的《城乡空间社会调查——原理、方法与实践》、李和平编著的《城市规划社会调查方法》、风笑天编著的《现代社会调查方法》等，都详细地介绍了城乡规划社会调查的基本原理、方法、步骤等，并结合具体的实例进行了详细的评析。

其二，结合老师教学和小组调研课题的进程，到网上阅读相关的案例。在本教材中，每章都针对性地给出了若干个案例，对于感兴趣的可到网上查找全文。或结合自己的需要，进一步到网上查阅或下载相关资料。相对地，对于教材应精读，教材上的案例和为课题研究搜集的文献可则以有选择性地部分精读，而其他搜集到的大部分材料稍加浏览便可。通过有选择地阅读教材及其他相关资料，并抓住以下几个要点：研究的问题是什么，问题怎么提出来的，用什么方法解决的，得出哪些结论，对所用方法和结论做评析。

（2）学用结合

孔子曾经说过"吾听吾忘，吾见吾记，吾做吾悟"，就是强调"用"的重要性。对于城乡社会综合调查方法，只有在"用"的过程中才能理解教师所讲述的基本理论、才能掌握具体的调查研究方法与技术。"学"主要是指研究性学习，指在知识学习（包括书本、课堂、实践等多种学习途径）过程中，首先要以创造性思维有选择地学习知识，而不是海绵式的一概吸收；其次，对发现的问题不应满足于已有的答案，而是主动寻求各种新途径、新方法、新视角和新结论，即重视思维过程方法，不仅仅是最后的结论。简言之，不论是先提出问题，然后带着问题去学习相关知识并付诸实践，继而解决问题；还是先学习，在学习中思考、提出问题，最后并通过各种方式解决问题，即在"学"中"研究"。在学习中开展研究性学习，就是将"学"与"做"结合起来的一种有效学习方式。因为只有真正开展调研活动，才能明白为什么在正式开展调研前需要进行研究设计；只有真正去设计问卷，才会面对设计问卷时出现的问题；只有操作SPSS统计软件，才能知道如何利用它进行数据分析；只有深入实际，与被采访对象进行深度访谈，才能了解定性研究与定量研究的差异。

除上面的广义研究性学习外，还存在一种更强调学习自主性、实践性的学习方式。具体是指在课程学习的过程中，学生自己组织研究小组，开展有关调查课题的研究活动，研究过程伴随着教学过程展开。在这个过程中，小组成员之间分工合作，老师对小组的研究过程不断进行指导，最后共同完成调研课题，即在"研究"中"学"。这两种学习方式都存在可取之处，具体运用时还需要根据实际情况，自行斟酌。

2.3　强化能力培养

首先，学生通过城乡社会综合调查课程学习，接受先进的教学理念和授课形式，继而提高专业认知和理性思维能力，以此来加强挖掘城市本质和洞悉其内在发展规律的能力。其次，学生根据城乡社会综合调查的理论体系综合学习城乡规划学、社会学、统计学等多个学科的基础知识，培养对城乡社会发展进行预测的前瞻性思考能力，以及分析、提炼、整合要素、发现问题、解决问题的能力等，学生们也可以从实践中加深对所学知识的领悟，从而自下而上地理解城乡社会发展规律。最后，学生还应强化组织与协调能力、沟通能力以及交往能力的培养。由于城乡社会综合调查教学实践以小组的方式进行，小组成员之间的完美协调和良好组织是保证教学实践工作顺利开展的关键，从而使学生们在实践中加深对城乡社会综合调查的关键。

【思考与练习】

1. 结合社会发展背景以及个人发展需求说明理解城乡社会综合调查的意义。

2. 在当前城乡规划学科背景下，你认为学习城乡社会综合调查还需要具备哪些知识与方法？

3. 你认为在城乡社会综合调查课程时，应怎样与其他城乡规划理论、设计课程联动学习？

4. 什么是城乡社会综合调查的研究对象，应如何正确把握？

5. 收集各类调查报告资料，比较它们之间的差距并指出其优秀之处。

6. 通过本课程，你希望达到怎样的学习目标，请制订详细的学习安排。

7. 假如现在让你试图完成一篇城乡社会综合调查报告，你对哪个方面感兴趣，结合实际现状与兴趣条件，你会选择什么主题？

第2章 城乡社会综合调查概述

城乡社会调查是城乡规划的一项基础性工作，是对城乡社会、民意、发展历程的调查，有助于了解城乡的过去和现在，把握城乡发展规律，科学展望城市与乡村未来的发展。当前城乡规划在新型城镇化背景下，城乡建设空间的快速扩张，土地资源受到明显限制，直接导致未来城乡建设活动只能在有限空间范围内进行。在大力推行存量规划的形势下，城乡社会调查在此时期起到了重要的作用。调查研究的成果是城乡规划各个阶段、各个层次工作中定性、定量工作的主要依据。本章节从社会调查概念解读、社会调查发展简史、城乡规划与社会调查三个方面来解读城乡社会综合调查（图2-1）。

第1节 社会调查概念解读

1 社会调查概念

社会调查是针对社会生活中的某一情况、某一事件、某一问题进行透彻详尽地调查研究，接着真实确切地表述调查研究结果，以此成果达到揭露社会问题，反映事物发展规律的作用。社会调查的结果可以为人们提供经验教训和

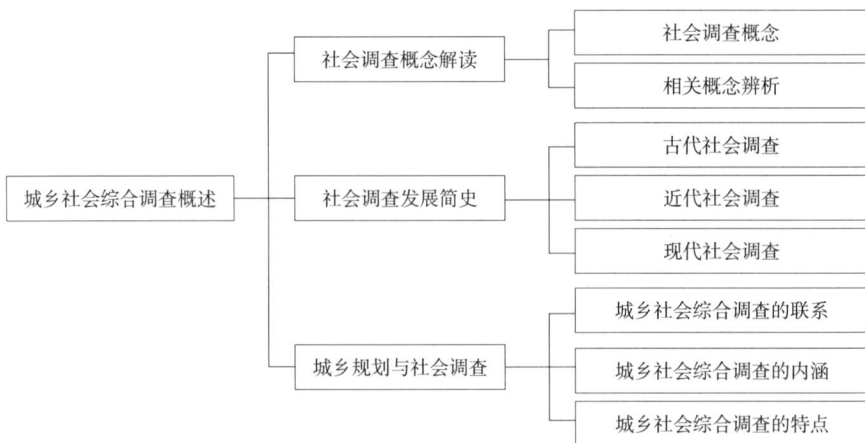

图 2-1　城乡社会综合调查概述框架图
图片来源：作者自绘

改进办法，为有关部门提供决策依据，为科学研究和教学部门提供研究资料。社会调查涉及的对象繁多、内容广泛，且各行各业运用社会调查的目的大不相同，因此国内外学者对社会调查的认识和理解也各有千秋。国外学者方面，美国社会学家艾尔·巴比（Earl Babble）在《社会研究方法》中指出"调查研究是一种在社会科学中经常使用的观察方法"。[①] 美国社会学家肯尼思·D·贝利（Kenneth·D·Bailey）认为，"社会研究（Social Research）就是搜集那些有助于我们回答社会各方面的问题，从而使用我们得以了解社会的资料"。[②] 英国的《新社会学辞典》将其定义为："Social Survey 是对生活在特定地理、文化或行政区域中的人们的事实进行系统的收集……虽然包括说明性或描述性材料，但它一般是数量性的。"[③] 而日本社会学家福武直将社会调查定义为"实证地抓获社会现象的一种方法，具有通过直接实地调查搜集所谓实在的数据并由此进行分析的特色"。国内学者方面，我国著名社会学家和社会活动家费孝通先生认为："社会研究就是运用科学的方法，有步骤地去考察社会各种现象，分析各种因素及其相互关系，解决社会问题。"风笑天在《现代社会调查方法》中指出："本书所介绍的社会调查，指的是一种采用自填式问卷或结构式访问的方法，通过直接的询问，从一个取自总体的样本那里收集系统的、量化的资料，并通过这些资料的统计分析来认识社会现象及其规律的社会研究方式。"[④] 袁方主编的《社会研究方法教程（重排本）》将其定义为："一种了解客观事物的感性认识活动。从科学的程序上看，社会调查实际上是直接收集社会资料或数据的过程，它是社会研究的一种途径和手段。"[⑤] 范伟达和范冰在《社会调查研究方法》中指出："调查研究（或全称社会调查研究），就是人们有目的、有意识地在系统地、直接地搜集有关社会现象的经验材料基础上，通过对资料的分析、

---

① （美）艾尔·巴比.社会研究方法 [M].邱泽奇，译.北京：华夏出版社，2009.
② （美）肯尼思·D·贝利.现代社会研究方法 [M].许真，译.上海：上海人民出版社，1986.
③ （英）G.邓肯·米切尔.新社会学辞典 [M].蔡振扬，译.上海：上海译文出版社，1987.
④ 风笑天.现代社会调查方法 [M].武汉：华中科技大学出版社，1996.
⑤ 袁方.社会研究方法教程（重排本）[M].北京：北京大学出版社，2004.

研究，从而科学地阐明社会现象状况及其规律的一种认识活动"。①杜智敏在《社会调查方法与实践》一书中对社会调查采用的定义是"社会调查是社会调查研究的简称，它是指人们有目的、有意识地通过对客观存在的社会现象的系统考察、了解、分析和研究，以便具体地把握现实社会状态及其发展变化趋势的一种科学认识活动。"②李丽红主编的《社会调查方法》认为："社会调查研究是指人们为了达到一定的目的而有意识地对社会现象和客观事物进行考察、了解、整理、分析，以达到对其本质的科学认识的一种社会认识活动。"③

总的来说，国内外学者对于社会调查概念众说纷纭，暂无统一定论，归纳起来主要集中在名称、认识以及知识体系构成三个方面有所差异。首先，名称不同。由于人们对社会调查的认识和理解不尽相同，造成了"社会调查"有不同的名称。有称"社会调查"的，也有称"社会调查研究"、"调查方法"、"调查研究方法"、"社会调查方法"、"社会调查研究方法"、"问卷调查方法"和"抽样调查方法"的。而国外通常的称谓是"调查方法"（Survey Method）或者是"调查研究方法"（Survey Research Method）。总的来说，国内外学者在具体名称上的认识差异并不大，但在其内容体系上，二者之间的差别比较明显。

其次，认识不一。不同学者对社会调查的界定也不尽相同。这种差异主要表现在一类是比较宽泛，一类相对较窄。例如，有的认为可以把社会调查在比较抽象的层次上看作人们认识社会的一种实践活动，有的则只在十分具体的层次上把社会调查看作社会研究的一种资料搜集方法；有的从非常宽泛的视角上把到社会中了解情况的各种不同活动都统统归入社会调查的范围，有的则从十分狭窄的视角上只把那种以自填问卷和结构式访问的方法，从一个随机样本那儿搜集资料的工作称作社会调查；有的认为社会调查的全部工作只是搜集资料，不包括对社会现象的分析研究，有的则认为社会调查不仅包括搜集资料的工作，并且包括基于搜集到的资料对社会现象进行分析研究的工作。本书中所提到的社会调查是社会调查与社会调查研究的简称，是指为了客观真实的感知社会、发现问题、探寻本质以及寻找社会发展规律，人们对各种社会事物和社会现象进行分析、判断和研究的过程。

最后，知识体系构成不一。这种差别主要体现在两个方面：第一，国内学者通常将问卷法、访谈法、观察法、实验法、文献法等并列作为社会调查中收集资料的几种常用方法，但是国外学者在社会调查中所指的资料收集方法一般只有自填问卷法和结构访问法；第二，国内学者通常将社会调查分为普遍调查、典型调查、抽样调查和个案调查四种方式，而国外学者所说的社会调查一般只是单指抽样调查；第三，关于社会调查方法和社会研究方法，很多人认为是一回事，也有学者认为是有区别的，社会研究方法中包含着社会调查方法（图2-2—图2-4）。

本书所界定的社会调查是通过观察社会现象、收集前期资料和分析解决社会问题这一系列过程，来达到客观认识社会事物和社会现象的本质及其发展规

① 范伟达，范冰.社会调查研究方法 [M].上海：复旦大学出版社，2010.
② 杜智敏.社会调查方法与实践 [M].北京：电子工业出版社，2014.
③ 李丽红.社会调查方法 [M].大连：大连理工大学出版社，2012.

图 2-2 《社会研究方法》　　　图 2-3 《新社会学辞典》　　　图 2-4 《现代社会调查方法》

律的一种活动。在这里，"调"具有计算、算度的意思，"查"是指寻找、检索、查究、查核、考察的意思。社会调查既包括定量抽样调查，也包括定性实地研究，同时也应该注意定量与定性研究方法相结合，或称之为混合研究范式的社会调查。

2　相关概念辨析

国内学术界与"社会调查"相近的概念有很多，其中最有代表性的一是社会调查与社会调查研究，二是社会调查与社会研究。虽然其本质都是对社会现象、社会问题、社会方法的了解与探究，但由于各种概念的内涵和外延不尽相同，因此学者根据不同目的和适用范围，进行概念界定。下面本书通过对此相关概念的辨析来区分，使读者对社会调查有更加明晰、深刻的认识。

2.1　社会调查与社会调查研究

对于"社会调查"与"社会调查研究"这两个概念，学术界暂时无统一的定论。一部分社会学人士主张严格区别二者；而大多数学者，尤其是非社会学界学者，仍然提出不区分二者的异同，社会调查和社会调查研究没有本质的区别，将社会调查视为社会调查研究的简称，并且不加区分地使用这两个概念。我国多数学者和已出版论著都倾向于不对社会调查和社会调查研究这两个概念做出严格的区分，根据城乡规划的学科特点，本书也持这一看法。

2.2　社会调查与社会研究

关于社会研究与社会调查的关系，无统一定论，普遍论述如下。有的学者认为社会调查是社会研究的类型之一；有的学者认为社会调查是社会研究的方式、手段，与实验研究、文献研究以及实地研究并列存在，仅包含资料搜集的工作。概括起来，调查与研究的关系是辩证统一的，调查与研究之间不仅相互作用、相辅相成，而且相互贯通。调查之中有研究，研究之中有调查。没有调查，研究就是"无米之炊"；反之，没有研究，感性认识就不可能达到理性认识事物的高度。

社会调查和社会研究由于在语义上比较相近，故容易造成读者的混淆和困惑，下面对这两个概念进行简明扼要的辨析。本书认为，社会研究指"任何有关一定社会生活现象的各种研究"，包括研究社会现象的相关学科与相关方式，既可以运用定量数据也可以通过定性描述。社会研究一般分为基础研究和应用研究两种，基础研究是寻求理论知识的纯粹科学研究，应用研究是寻找实现其理论的路径和方法。而社会调查是针对社会生活中的某一情况、某一事件、某一问题进行透彻详尽地调查研究，接着真实确切地表述调查研究结果，一次成果达到揭露社会问题，反映事物发展规律的作用。社会调查的结果可以为人们提供经验教训和改进办法，为有关部门提供决策依据，为科学研究和教学部门提供研究资料。

总的来说，社会调查是一种综合地了解客观事物的活动，是感性认识和理性研究的结合，而社会研究是一种通过对感性材料进行思维加工来探索真理的理性认识活动。除此之外，社会调查和社会研究的内容和体系是大同小异的。

第2节　社会调查发展简史

社会调查起源于奴隶制社会初期，在人类历史上，社会调查的发展大体经历了古代社会调查、近代社会调查和现代社会调查三个阶段。

1　古代社会调查

调查研究作为一种自觉的认识活动，最先产生发展于奴隶主阶级治理国家，古代社会调查主要是指奴隶社会时期到 17 世纪之间的时期。所谓古代调查研究是指前资本主义时代的社会调查，包括奴隶制时代的社会调查和封建制时代的社会调查，从其性质和特征看都是属于调查研究发展的起始阶段，既没有自觉的系统和理论指导思想，又没有准确的调查时间、项目，所使用的方法主要是简单地观察、访问和有限的文献调查，所以，古代社会调查具有很大的历史局限性，是处于萌芽阶段的调查研究活动。古代社会调查产生有两个原因，一是作为剥削和压迫的工具，通过调查作为兵役、交税的证据；二是可以作为治理国家、改良社会的产物。早期的社会调查在类型上，多以较大规模的行政统计调查为主。

在此时期，古埃及、古巴比伦、古印度和古罗马进行了一系列社会调查活动，但是在奴隶社会的科学中心转移到古希腊之后，才渐渐产生了以认识社会为目的的经验社会调查研究方法。这个阶段古希腊人提出了分析逻辑的方法，这些方法被认为是现代社会调查研究方法的来源。据史书记载，此时期古巴比伦、古印度、古罗马、古埃及都做过关于人口、土地、财产的调查。例如据史料记载最早的社会调查，大约在公元前 3000 年前，古埃及国王为了筹建金字塔举办关于人口与财产的调查。古罗马帝国每五年调查各户的人口、土地、牲畜和家奴，并根据拥有的财产多少将居民划分为贫富 6 个等级，作为征税的标准。

欧洲中世纪时期，英国的学者编写了一系列调查报告，成果颇丰，为社会调查的推进作出了杰出的贡献。如斯托（1525—1605 年）撰写的《伦敦调查》，详尽地指出中世纪向近代过渡的时期伦敦社区的社会生活全貌。

中国也是世界上较早进行社会调查的国家之一。据《后汉书·郡国志》记载，在大禹治水划分九州时就进行了人口和土地调查，当时统计的全国人口数为 13553923 人，土地为 2438 万顷，其中适垦田为 930 多万顷。

西周和汉代的采风制度标志着社会调查真正形成。西周早期就设立了采风制度，即帝王派专人负责采集四方风俗善恶、俗语歌谣，最终的成果经收集、整理形成最典型的成果就是《诗经》。战火纷飞直接造成汉代初期的社会贫困问题，为了解决战事导致的一系列社会矛盾，汉武帝继承了采风制度，"汉乐府"因此得以保留。采风制度影响深远，为后代统治者巡查民情、调查社会现状奠定了基础。

此外，春秋初期的齐国政治家管仲认为，社会调查在朝廷政事中发挥了重要作用。其所著的《管子》五书中的《问》篇，就一共提出了 60 多个急需调查的问题，内容涉及当时社会发展的经济、政治、军事等方方面面，可以看作是世界上最古老、最广泛的社会调查提纲。此外，我国古代著名军事家孙武，也非常重视社会调查在战争中的作用，《孙子兵法》里的"知己知彼，百战不殆"早已成为至理名言。自秦汉以后，历代统治者为了征兵和徭役的需要，从来没有停止过对人口的调查。《史记》是我国第一部纪传体通史，同时也是司马迁对于西汉之前古代社会现象和事实的文献考证。

明朝初年，统治者对全国土地进行了普查，根据土地调查结果制作了《鱼鳞图册》，成为当时确定土地权限和赋税的依据，该图册详尽地绘制了每块土地面积、四至、土质及田主姓名等重要信息，这是我国历史上第一次全国性的土地调查登记。我国封建社会的调查水平远超同期各国，尤其在人口普查的组织与制度化、统计调查的发展应用方面比西方早近千年，但是社会调查作为社会的科学方法、比较系统地进行研究，则从 20 世纪初才发展起来的（图 2-5）。

总的来说，古代社会调查属于社会调查发展的初期阶段，这个时期的社会调查是为了巩固政权、安抚人民，是作为为统治者服务的工具而存在的。调查方法原始、简单、直观，且没有自觉的认识和系统的理论作指导，也没有专门的调查部门，在调查者与被调查者之间往往存在难以调和的矛盾。

2　近代社会调查

随着工业化、城市化的进程加快和近代科学的高速发展，城市和乡村产生了许多社会问题，因此 17 世纪到 20 世纪这个发展阶段对社会调查有着迫切的需求。这个阶段的社会调查倾向为实用性的行政统计调查和应用性社会问题调查。由于英国、法国、德国进入工业化的时期较早，因此社会调查是先从这几个国家发展起来。

图 2-5　中国古代社会调查时间轴
图片来源：作者自绘

2.1　英国

英国进入工业化较早，因此经验调查最先是在英国开始的。欧洲的一些思想家和政治家在17世纪下半叶意识到，为了真实客观地了解社会经济状况，社会改良不可或缺。早期社会调查以了解国情为目的，较为著名的有英国威廉·配第的《政治算术》、伊顿爵士的《贫民的情况》(1795年) 和辛克莱爵士的《苏格兰统计报告》(共21卷，1791—1799年)。这些著作为以后社会调查的发展奠定了基础。

以社会改良为目的的调查主要有霍华德的《英格兰与威尔斯的监狱状况》(1777年) 和《关于欧洲主要监狱医院的报告》(1789年)，他的调查促使英国下议院通过了改革监狱管理制度的议案。此外还有曼彻斯特统计学会创始人凯·夏特沃斯所作的关于当地工人生活质量的调查，该调查最终成书名为《曼彻斯特纺织工人生活的精神条件和物质条件》。英国经验调查发达的又一例证是自1801年起，英国就实行经常性的人口普查，每十年普查一次。查尔斯·布思 (Charles Booth，1840—1916年) 的《伦敦人民的生活和劳动》是英国19世纪最著名的调查。这位被称为"经验社会学之父"的学者从1886年始，苦心奋斗18年，写成了拥有17卷本之多的鸿篇巨制，为社会调查研究方法作出重要贡献。英国政府依据查尔斯·布思的调查报告，于1908年颁布了《老年抚恤金条例》，实行了失业保险，并规定了重体力劳动的最低工资限度。由此，查尔斯·布思成为英国通史上"一位杰出的人物"。

20世纪初，英国的朗特里 (B.S.Rowntree) 继承并发展了查尔斯·布思的方法。他从生理学和营养学中的"体力效应"出发，提出了维持这种"体力效应"的最低工资，从而为制定合理的社会福利制度提供了可能性。此外，尤尼 (G.Udny) 等人还依据查尔斯·布思的调查资料做过多因回归和复相关分析。

2.2　法国

法国的经验调查发源也较早。在路易十四时期长期担任法国财政大臣的柯尔柏 (1619—1683年)，在当政期间倡导和主持了一系列大规模的社会调查，这些社会调查为以后的行政统计调查的制度化奠定了基础。1801年，法国成立了统计局，并被其他国家效仿。

法国较著名的调查有凯特勒对犯罪及"道德素质测定"的研究以及黎伯莱 (Frederic Le Play，1806—1882年) 的家庭调查。凯特勒是著名的社会统计学家，他通过对犯罪、自杀、婚姻等现象的统计和研究，发现社会生活具有一定的统计规律性。他第一个将数理统计引入社会研究,并提出了"平均人"的概念和变量分析的思想。在他看来，人的智力、道德、心理、行为倾向是可以精确测量的，通过这种测量就可以确定出所有人的"平均值"。黎伯莱则认为家庭观察较为简单易行，可为归纳推理提供可靠资料，大大优于单纯的抽象思辨。他深信家庭这一社会基本细胞是社会的各种特点及各种安定或动乱种子的发源地，通过调查家庭的收支情况可以获得有关家庭结构和功能的确切资料，并可为家庭的比较和分类提供可靠依据。黎伯莱历时20年先后调查了英、法等国数千工人家庭账簿,最后编写成书《欧洲工人》(1855年)，该书后来扩充为6卷,开创了家计调查 (亦称"居民家庭收支调查"的先例)。

黎伯莱调查的意义在于，家庭研究作为一种手段可以理解整个社会的历史发展和功能变化，从而对社会改革进行预测。与黎伯莱同期的还有维莱梅的纺织工人调查，其对于制定"童工管理法"起到了重要的推动作用。

2.3 德国

德国的经验社会调查发展受英国和法国的影响较深，主要是因为其发展的较晚。恩格尔（E.Engle，1821—1896 年）的家计研究便是一例，恩格尔原本同法国的黎伯莱一样也是矿业工程师，他后来同黎伯莱的会晤对其学术兴趣的发展起了决定性的作用。此外，恩格尔的研究受法国著名社会学家勒·普累著作《欧洲劳工》的启发，从而促使他发现了工资与生活消费的比例关系，创立著名的恩格尔法则。时至今日，我们仍可沿用"恩格尔系数"来衡量一个家庭的生活水准。

为剖析和改造资本主义社会，马克思和恩格斯在 19 世纪收集了大量的资料和文献，并把它们应用在《资本论》中。例如，马克思曾借鉴凯特勒的"平均人"概念对产业工人进行了分析，恩格斯为撰写《英国工人阶级状况》，在工厂和工人居住区对无产阶级进行了深入的观察。值得一提是德国 19 世纪的许多经验调查研究都是由著名社会学家、历史学家及经济学家完成的，如斐迪南·滕尼斯、马克斯·韦伯、阿尔弗雷德·韦伯、古斯塔夫·施穆勒等人。

2.4 中国

确切来说，中国的社会调查是从 20 世纪初开始发展的。最大的原因在于缺乏准确科学的技术指导，同时也有政治方面的原因，封建统治者的保守、僵化、官僚士大夫的"清议"之风，加之连年战乱和封建割据等，使得中国始终未能建立起完整而又成熟的体系。

中国的近代社会调查可以从 20 世纪初西方传教士和学者在中国进行的一些实地调查活动算起，大多是在外籍学者的指导下进行，促进了社会调查方法在中国的传播，构成了中国近代第一批社会调查。如 1878 年美国传教士史密斯对山东农村生活进行了调查，并著有《中国农村生活》一书；1914—1915 年美国传教士伯吉斯对北京 302 名黄包车夫进行调查；而后清华大学美籍教授狄德莫（C.G.Ditlmer）于 1917 年指导该校学生对北京西郊 195 户农民家庭的生活费用进行了调查；1918—1919 年间，上海沪江大学美籍教授古尔普曾两次带领学生去广东潮州凤凰村调查，并与 1925 年撰写了《华南乡村生活》；马伦（C.B.Malone）与戴乐仁（J.B.Taylor）合编的《中国农村经济实况》，布朗（H.D.Brown）所写的《四川峨眉山 25 个田区之调查》与《四川成都平原 50 个田区之调查》，以及卜凯（John L.Buck）的《安徽芜湖附近 102 个田区之经济及社会调查》；另外，马罗立（W.H.Mallory）所著《饥饿的中国》，记录了 1920—1921 年间，在华北闹饥荒时华洋义赈会在灾区的所见所闻。

中国学术界社会调查发展最迅速的时期是在 20 世纪 20—30 年代。此时，中国的社会调查开始走向本土化，中国学者成为社会调查的主体。如当代中国最具影响力的社会学家、人类学家和社会活动家费孝通，该时期费孝通先生阐述了对中国社会现状和将来发展道路的建议和思考，对中国的社会调查发展和

图2-6 中华教育文化基金董事会社会调查部

城乡规划建设影响深远。当时的中国社会正在经历重大变迁，急需科学的理论来化解日益严重的社会矛盾。学者们从了解本国国情入手，在社会、经济、政治等广泛领域进行了大量的社会调查。在发展方面，当时出现了一些重要的从事社会调查的机构，如北京的中华教育文化基金董事会社会调查部（图2-6），后改为社会调查所，由陶孟和、李景汉教授主持。北京的中华教育文化基金董事会社会调查部组织开展的陶孟和的《北平生活费用之分析》和李景汉的《北京郊外乡村家庭》影响深远。而其他机构中陈翰笙教授出版的《中国的地主和农民》与《工业资本和中国农民》两本著作对社会调查的发展有重要启示，这两本著作都是自1929年7月至1930年8月期间，陈教授对无锡、广东、保定进行的三次大规模的农村调查得出的研究成果。

从20世纪20—30年代到中华人民共和国成立前，这些老一辈的社会学家、民族学家等所做的社会调查代表的是学术界的社会调查。还有一类社会调查是以毛泽东、张闻天等为代表的中国共产党人在革命斗争中所做的社会调查。尤其是毛泽东同志在这个时期通过实践调研，总结经验吸取教训，摸索了一系列的调查方法，如"深入实地"、"典型调查"、"解剖麻雀"等方法，以及"没有调查，没有发言权"、"不做正确的调查同样没有发言权"、"实事求是"、"走群众路线"等观点，对我们今天的学习和从事社会调查仍然有重要的指导意义。

20世纪50年代以后，随着高等学校院系调整和社会学学科被取消，学术界的社会调查基本中断，为各级政府制定政策提供依据和材料的社会调查则在原来的框架内继续前进。直到1979年，社会学学科恢复和重建后，学术界的社会调查才恢复和发展起来。纵观这30多年的时间里，值得一提的只有少数领域的进展。中华人民共和国成立后，毛泽东依旧把社会调查摆在一个十分重要的位置，给予了实践调查高度重视。作为国家最高领导人，他亲自组织了多次大规模的社会调查活动。与此同时，毛泽东在农业合作化期间走到全国各地的农村，进行了实地考察调研，在将实践经验和理论知识结合的基础上编撰了《中国农村的社会主义高潮》。1961年初，为了克服前几年工作中的"左"的错误，毛泽东提出了"要搞个实事求是年"的号召，中共中央还专门发出了《关于认真进行调查工作问题给中央局、各省、市、区党委的一封信》，发动中央、省、市、自治区领导干部深入农村，进行了一年多时间的社会调查研究工作。

党的十一届三中全会（1978年）以来，党和国家领导人反复强调实事求是、调查研究的重要性，社会调查受到各部门、各单位、各方面人士越来越广泛的重视。1978年以后，各级党政领导机关或部门都组织了许多大规模的社会调查。如全国规模的平反冤假错案调查，农业生产责任制调查，全国农业资源调查，工人阶级状况调查，第三、四、五次全国人口普查，全国工业普查，全国城镇房屋普查，全国残疾人抽样调查，全国第三产业调查，以及经济体制改革调查、社会主义精神文明建设调查等。

同时，这个时期的社会调查在理论知识方面有了质的发展。1978 年以后关于真理标准问题的讨论，以及全国哲学社会科学规划会议的筹备和在北京召开的"社会学座谈讲座"，共同探讨社会学学科的恢复与重建问题；同年，张子毅教授等组织实施了青年生育意愿问卷调查，收回有效问卷 3921 份，后来写成《中国青年的生育意愿》一书；1980 年，费孝通、宋林飞教授等对江苏省吴江区开弦弓村（即江村）进行了调查，形成《"三访"江村》（费孝通）、《"江村"农民生活近五十年之变迁》（宋林飞）等调查报告，为了解中国农村社会的历史演变提供了丰富资料，正是这次开弦弓村调研奠定了费孝通在学术界的地位，他的导师、人类学功能学派大师马林诺夫斯基在定名为《江村经济——中国农民的生活》的论文出版序言中热情洋溢地写道："没有其他作品能够如此深入地理解并以第一手材料描述了中国乡村社区的全部生活……通过熟悉一个小村落的生活，我们如在显微镜下看到了整个中国的缩影。"1982 年，雷洁琼教授指导了北京、天津、上海、南京、成都五城市家庭婚姻调查，调查 8 个居民点、4385 个家庭、5047 名已婚妇女，撰成了《中国城市家庭——五城市家庭调查报告和资料汇编》一书出版；1988 年，中国社会科学院社会学所牵头进行了"14 省市农村婚姻与家庭情况调查"，而中共中央农村政策研究室等单位则联合组织了全国性农村问卷调查，就农民对农村改革的看法进行了研究。此外 1992 年以来关于"姓社"还是"姓资"和"公有"还是"私有"问题的争论，逐步打破了"两个凡是"的框框，冲破了教条主义的束缚。历史滚滚的车轮告诉我们，不做调查会犯错误，不做正确的调查同样会犯错误。我们必须坚持实事求是的思想，坚持大力发展生产，做有利于群众利益的事，才能有力保证社会调查的科学性和有效性。

上述社会调查紧紧围绕着中国社会的现实状况来选择所调查的内容，在方法上也都以深入实地进行访问和观察为主，总的来说，这一系列社会调查的积极开展对其发展有着极其重要的推动作用，在积累社会调查经验的同时也为社会发展的推进和社会矛盾的解决提供了有效详实的资料。

这个时期，中国的社会调查在调查方法上倾向于科学化和技术化。像典型调查、实地观察、口头访问、开调查会等过去的调查方法相对来说比较简单，可以涉及的范围较小，这一系列的问题导致社会调查难以应对现代社会。随着1978 年的改革开放，我国打开了对外学习的大门，开始向西方学习一系列优秀的现代社会调查的相关理论与科学技术，这些理论和技术都兼顾了范围广泛性、方法客观性和结果精确性等特点。

进入 21 世纪以来，社会调查这门学科日渐成熟的同时，方法体系也越来越完整，一般包括三大内容：方法论、方法和技术。如今我国的社会调查有三大特点：第一，社会调查的选题上有了很大的进步，很多选题有着深厚内涵和意义；第二，社会调查和科研部门以及高校的联系越来越紧密；第三，社会调查方法趋向科学性与技术性，提高了调查成果的准确度，大大提升了调查成果的质量。

3 现代社会调查

3.1 现代社会调查的界定

现代社会调查一般是指 20 世纪初特别是第二次世界大战以来的时期，这个阶段的社会调查最大的特点就是趋向于覆盖广泛化和科学现代化。国内学者往往把来源于以毛泽东农村社会调查和国内老一辈社会学家所作社会调查视为"传统"的社会调查研究方法，而把来自现代西方社会学的社会研究方法作为"现代"的社会调查方法。

由现代社会调查方法的改进带来现代社会调查界定的变化。不少学者把传统调查定义为以典型调查或个案调查为主，选取少量个案和典型作为研究对象，主要依靠定性分析方法处理资料的研究方式；而与之相对的设立研究假设，则是以抽样调查为主，随机选取研究对象，采用问卷或其他结构式的方式搜集资料，依靠统计分析等定量分析方法处理资料，验证理论假设的研究方式称之为现代调查的方法。

3.2 社会调查的发展趋势

现代社会调查借助其他自然和人文学科的研究手段，逐渐形成一门方法性学科，研究方法日趋程序化、规范化，变得越来越丰富，越来越科学。

（1）调查、研究广泛化

调查主体多元、调查内容多样和调查范围扩大这三个显著的特点造成调查广泛化。其一，调查主体多元，调查的主体已经不局限在小范围。在现代社会，由于社会、经济、文化多方面急剧变化，及时掌握准确的社会信息极其重要，因而社会调查涉及的主体日益增多，已经扩大到党政群团、工农商学等各种行业、单位中的实际工作者和理论工作者。其二，调查内容多样，社会调查广泛的出现在社会生活的各个领域。现代社会的每一领域——政治、经济、文化、社会等，以及人们生活等方方面面，都已成为社会调查的重要内容。其三，调查范围扩大。现代社会调查不同以往，其调查的范围往往并不是有一个单一的片区，通常涉及跨地区、跨部门和跨学科的情况，这个特点在抽样调查中体现得最为明显。此外，像基本国情调查，如涉及人口、工业、农业、第三产业等社会调查经常会在全国范围进行。

（2）方法、技术科学化

首先，社会调查方法逐渐从单一的定量方法或定性方法向混合研究方法过渡，从感性思维向理性思维发展。社会调查方法日益程序化、规范化、数量化和精确化，变得越来越丰富，越来越科学。西方社会学家在这方面作出了重要贡献，如法国社会学家迪尔凯姆（Émile Durkheim，1858—1917 年）创立的研究假设—经验检验—理论结论的实证程序，美国社会学家斯托福（Stouffer，1900—1960 年）和拉扎斯菲尔德（Paul Lazarsfeld，1901—1976 年）关于社会统计调查及变量关系分析方法的研究等，这些实验研究成果都对社会调查方法的程序化和定量研究的进程等起到了极其重要的促进作用。

此外，随着时代的发展，科学技术水平的不断提高，应用在社会调查的工具和相应的技术手段也越来越尖端多样。与此同时社会调查的程序规范、问卷设计、资料收集方式和统计方法等也都发生了翻天覆地的变化。近代以前的社会调查基本上都是采用手工方式进行，每次调查都由调查者本人或调查主持人带一批助手亲自到现场进行观察或访问，并用手工记录资料、整理汇总资料、统计分析资料。随着近代科学技术的发展，照相机、摄像机、录音机、绘图仪、电话、手机、计算器、GPS 定位仪等现代工具在社会调查中的恰当使用，大大地提升了社会调查高效化和科学性。

（3）学科、领域交叉化

一方面，现代社会调查还从其他学科、领域移植、吸收统计方法，例如从心理学中吸收了社会心理测量法，从民族学中吸收了参与观察法，从新闻学中吸收了访谈法，从数学、计算机科学中吸收了数据处理方法和技术等。另一方面，社会调查不仅在社会学学科和专业领域得以应用，在管理学、人口学、心理学、教育学、经济学、城乡规划、土木工程等各门学科领域得以应用，既促进了其他学科的发展，又能得到其他学科的反馈，反作用于社会调查，促进社会调查的发展。同时，各学科、领域人员的专业化的程度也越来越高，营业性调研机构不断涌现，相关调研团队日益壮大。

（4）数据、信息现代化

现阶段进入了大数据时代，网络信息技术的日益成熟给传统社会调查方法带来新的数据获取办法。大数据技术改变了数据的获取、处理和理解方式。数据获取方式从收集问卷或访谈变成了网络、多媒体等多技术手段的综合运用，更重要的是对象的变化，传统的方法需要科学地从母体中抽样，大数据的数据获取对象可能直接就是母体；数据处理方式从传统的属性数据分析方法，过渡到基于结构的、以智能信息处理为主的综合集成分析；数据理解方式，由传统的统计因果发展到以"相关"特别是不同信息之间关系"凸显"规律的解析。除此之外，其带来的巨量交互性数据能够为社会问题的整体性分析提供有效证据，各个部门间的数据共享推动了城乡规划编制区域内数据信息获取最大化（图2-7）。这些变革正在为社会调查重新整体性回归"社会事实"奠定新方法论基础。

同时，大数据的发展为入户调查数据带来了极大的冲击和挑战。在这种情况下，社会调查需要有新的基于中国古老智慧的管理理论，并且把大数据和

图 2-7　部门数据共享概念图
图片来源：作者自绘

图 2-8　上海轨道交通分站点居民出行轨迹特征

图 2-9　上海轨道沿线居民出行特征

图片来源：http://www.raincent.com/content-10-6665-1.html

云计算等都纳入社会调查系统，使其成为社会调查运作系统的有机构成部分。利用大数据分析技术，对社会调查过程中的行为数据进行分析和利用，可以大大提高社会调查的精准度，有效实施社会关系的精准管理，如手机数据（移动通信数据）为应用于规划领域深度认知的数据源具有捕捉个人空间活动、剖析群体活动特征的特点，通过手机数据收集获得居民出行轨迹特征（图 2-8、图 2-9）。与此同时，大数据的兴起还引起了社会治理方式的变化。在这种背景下，社会调查通过无缝整合大数据技术来精准获得微观数据，进而为社会治理提供基础性决策支持数据，提高社会决策和社会治理的能力与效率。随着大数据时代的发展，城市规划变得更加成熟，城市规划形成完整的数据体系。在未来城市规划工作中，城市规划工作者必须积极推动大数据研究与城市规划的结合运用，依据当前城市的规划研究方向，推动城市规划行业的不断发展。

第3节　城乡规划与社会调查

城乡社会综合调查，是指有目的、有意识地对城市生活中的各种社会要素、社会现象和社会问题，进行考察、了解、分析和研究，以认识城市社会系统、城市社会现象和城市社会问题的本质及其发展规律，进而为科学发展城乡规划的研究、设计、实施和管理等提供重要依据的一种自觉认识活动。是以城乡空间要素作为调查对象，按照社会科学的逻辑，通过一定的方式、方法和途径，获取有关城市相关专题的基本信息、基础资料和数据，进而把握城市现象的内在规律，揭示城市问题，并获得合理的解释。

1　社会调查在城乡规划中的作用

社会调查是城乡规划的一项基础性工作，是城乡规划的一种科学研究方法和规划方法。城乡规划的社会调查是科学进行城乡规划的重要依据，是高质量编制城乡规划方案的重要保证，是城乡规划公众参与及"动态调控"的基本手段。城市规划师开展社会调查活动应具有良好个人修养和一定程度的信息敏感，并应在社会调查的具体实施过程中坚持效益、客观、科学、系统、理论与实践相结合以及职业道德等原则。

李德华在《城市规划原理》中指出："调查研究的过程也是城市规划方案

的酝酿过程，必须引起高度的重视"①通过城市规划社会调查可以达到以下的目的：一是得到的调查研究成果是城市规划设计、决策及管理的重要前提和依据；二是能够科学地认识把握城市中起决定作用的要素，从而能够及时、合理地解决城市规划及管理政策；三是对城市规划本身的工作方式、理论和技术手段提出新的要求；四是社会调查方式中涉及问卷调查、深度访谈等方式会进一步促进城市规划的公众参与。

1.1 社会调查研究是解决城市问题的有效途径

所有城市及乡村问题本质上都是社会问题，在资源利用中的不公平行为是导致社会问题产生的根本原因，而一系列的城市病则是社会问题产生的恶果。由于不同利益集团之间的互相斗争，城市资源浪费和短缺问题日益严重。

信息不完全造成这种不合作与不公平的现象，这既受客观要素影响，又受主观原因限制。客观条件是指每个个体接受和处理信息能力的不同导致个体之间财富积聚的绝对不公平；而主观因素则指为追求不断的利益，个体不惜采取欺骗、投机、垄断等隐瞒信息或歪曲事实等一系列不正当的行为，这些行为导致个体之间收集资源的相对不公平。

重复建设和不正当的竞争直接导致了社区关系不和睦、交通堵塞和生态环境恶劣等一系列城市病的产生很大一部分原因就在于在没有事前契约的情况下，个体之间的信息不对称等自私行为导致两败俱伤，双方失利，这种情况愈演愈烈导致了集体的非理性，最终整个社会陷入了"囚犯困境"，社会矛盾因此越来越多。但如果把"囚犯困境"模型"多次往复"——这一过程大大降低了信息的不对称程度，那么囚犯终究会发现：合作比"自私"更有利；同样地，个体在面对越来越激烈的恶性竞争问题中发现，遵从某种合作规则要比通过投机欺诈或自作聪明地获得少数几次不义之财更有利。可见，充分的信息是合作得以进行的基本条件，在给定的环境下，每个当事人都必须至少了解到有关当事人的信息和需求，才能够形成一致的行为。

据此，我们可以推断出社会调查研究的基本功能。即通过各种方法手段收集资料信息，以此反映各方的偏好和可能行为（调查过程）；借助各种方法整合收集来的信息，提供需要的共同知识（研究分析过程）。在此基础上，通过在各类群体中进行交流协作，对各种不同的社会生活方式、社会文化等在空间层面上寻求解释，然后将这些内容转化为不同的土地利用形式与空间组织形态，并通过公平原则下的协商与谈判,建构起一个协同的行动纲领(规划设计过程)。同时，城乡规划的目的不仅是为了引导城市发展、解决城市问题，极为重要但容易被忽略的是城乡规划实践还意味着规划师的一种生存状态，它包括对客观环境作用的判断以及意识中批判性的自我反应，它密切的影响着"做规划"、"实施规划"、"运用科学技术"的实际意义。城乡规划实践在很大程度上影响和决定着城乡规划的成与败。城乡规划是决策—实施的连续统一，城乡规划实践中的问题或者说城乡规划自身的问题伴随着城乡规划实践的全过程。而上百年来，社会调查研究始终是国内外城乡规划采取的一种基本的方法，这是城乡规划学

---

① 吴志强，李德华. 城市规划原理 [M]. 4 版. 北京：中国建筑工业出版社，2010.

科兼有社会科学性质的特点所决定的。城乡规划的调查研究不仅是规划编制程序上数据收集清单所列举的必要内容，更重要的是城市及乡村的调查，对民意的调查，对城市发展历程的调查，从城乡的过去、现在，把握城市发展规律，科学展望和预测未来发展，只有通过准确、详实的社会调查研究，摸清社会现状及其需求内容，才能为科学进行城市规划提供前提、依据和保证。

1.2 社会调查研究是城乡规划工作的重要组成

社会调查研究是城乡空间规划设计的前提和基础，在城乡规划工作占据了十分重要的作用，但是由于规划师本身固有的工作方式对技术精英或政治精英的主观判断已经形成了强烈的依赖性，同时趋向于用技术的方法手段来诠释城乡规划的内容、任务及其作用与功能，因此规划师普遍会对社会调查工作感到陌生。

如原来的《中华人民共和国城市规划法》与《城市规划原理》教科书指出，城市规划是根据一定时期城市的经济和社会发展目标，确定城市性质、规模和发展方向，合理利用城市土地，协调城市功能布局及进行各项建设的综合部署和全面安排。毫无疑问的是城乡规划作为一门应用学科，其最重要的功能是土地与空间资源配置。但如果我们没有把城乡社会活动中的资源配置和各种利益博弈关系放在一个重要的位置，那么城乡规划的目标就无法避免地会受到相应的影响，或者方案没有说明特定的社会关系环境导致难以直面现实矛盾与问题，那么，再理想的土地利用与形态设计方案也难逃流产命运。可以这样认为，随着经济社会的持续发展转型及《城乡规划法》的深入实施，城乡规划的内涵必然会从原来狭义的空间规划设计过程，真正走向广义的社会利益关系协调过程。

毫无疑问，城乡规划首先应该是一门社会科学，而社会理论研究并不如此，其目的在于提出正确的社会规范。如果说社会科学理论处理的是"是什么（What）"与"为什么（Why）"两个问题，那么，社会规范关注的则是"应该如何（Should Be）"的问题。对城乡规划而言，前期社会调研的目的在于探索社会规律，认识客观世界；后期空间规划设计的任务则在于制定社会规范，改造客观世界。社会科学理论不能建立在价值判断上，而空间规划设计则必须在人们有了判断事物好坏的标准——价值观之后，才能对事件的进一步发展做出预测和引导；价值观受现有制度环境与技术条件的影响制约，空间规划的理论与方法也随制度和技术的时空变迁而不同。

由此可见，从社会科学视角来看，城乡规划学科内涵应该包含城乡科学与规划哲学两个层次，前者从认识论的角度探索社会规律，其基本功能在于整合信息，提供知识，促进人人合作；后者从改造论的视角探讨社会规范，在当前社会背景下，其基本功能在于调控利益，维护公平，促进社会和谐（图2-10）。

2 城乡社会综合调查的内涵

2.1 城乡规划

（1）城市与乡村

城市也叫城市聚落，是以非农业产业和非农业人口集聚形成的较大居民点。人口较稠密的地区称为城市，从社会空间上看，城市一般包括住宅区、工

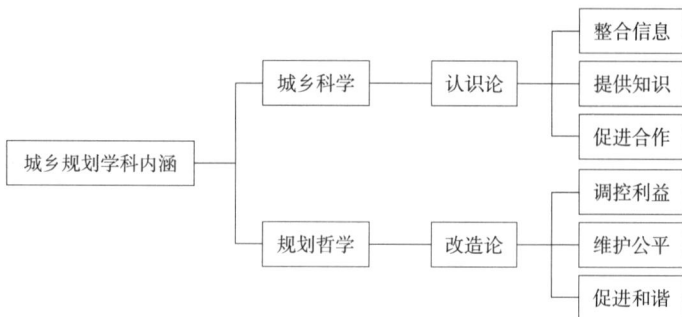

图 2-10　城乡规划学科内涵
图片来源：作者自绘

业区和商业区等，与此同时还具备行政管辖功能。城市的行政管辖功能涉及的区域更为广泛，其中有居民区、街道、医院、学校、公共绿地、写字楼、商业卖场、广场、公园等公共设施。除此之外，城市也是一种相互作用的方式。正面来说，城市的交通区位便捷，生态环境优美，相对来说是一个片区的生产、文化、经济中心；但另一个方面，快速城市化的过程中，人口的快速集聚也会导致各类城市基础设施的配置会出现落后于城市人口的快速增长，这直接导致了一系列的矛盾，如环境污染、就业困难、治安恶化等问题。

乡村具有特定的自然景观和社会经济条件，也叫农村。指以从事农业生产为主的劳动者聚居的地方，是不同于城市、城镇而从事农业的农民聚居地。乡村这个称谓是相对于城市来说的，有集镇、村落等，一般情况以农业产业（自然经济和第一产业）为主，包括各种农场（包括畜牧和水产养殖场）、林场、园艺和蔬菜生产等。与人口密集的城镇比较，乡村地区人口一般呈零星散落居住。从空间风貌上来说，乡村聚落具有农舍、牲畜棚圈、仓库场院、道路、水渠、宅旁绿地，以及特定环境和专业化生产条件下特有的附属设施等。当前，在城镇人口迅速增加和乡村人口持续减少的背景之下，我国乡村发展出现了若干制约瓶颈，如农村空心化、农业边缘化、农民老龄化、土地抛荒和社会涣散等一系列的问题。

2017 年 10 月 18 日，习近平总书记在党的十九大报告中首次提出乡村振兴战略。2018 年国务院总理李克强在做政府工作报告时提出要大力实施乡村振兴战略。在全国自上而下推进乡村振兴的大背景下，乡村建设成为城乡规划的重点，也是今后城乡社会综合调查应重点关注的区域。

（2）城乡规划

规划是一种对未来的预测、安排和谋划，城乡规划即是对一定时期内城乡的经济和社会发展、土地利用、空间布局以及各项建设的综合部署、具体安排和实施管理[①]，是以发展眼光、科学论证、专家决策为前提，对城市与乡村的经济结构、空间结构、社会结构发展进行规划。也是各级政府利用现有地图、卫星地图结合实际来开发治理历史现状，泛指统筹安排城市规划和农村交通居住消防绿化，生产生活环境建设，发展空间布局，提升品位，合理节约利用自

---

① 中华人民共和国建设部. 城市规划基础术语标准：GB/T 50280-98 [S]. 北京：中国建筑工业出版社，1998.

然资源，保护生态和自然环境。城乡规划同时也是维护社会公正与公平的重要依据，具有重要公共政策的属性。

2.2 城乡社会综合调查

社会调查是城乡规划的一项基础性工作，是城乡规划的一种科学研究方法和规划方法，城乡规划的社会调查是科学地进行城乡规划决策的重要依据，是高质量编制城乡规划方案的重要保证，是城乡规划公众参与及"动态调控"基本手段。城乡规划师开展社会调查活动应具有良好的个人修养和一定程度的信息敏感，并应在社会调查的具体实施过程中坚持效益、客观、科学、系统、理论与实践相结合以及职业道德等原则。对于城乡社会综合调查的基本概念，可以从以下几个方面进行理解。

(1) 城乡规划的基础工作

城乡社会调查不仅是城市规划工作者的基本技能，也是做好城市规划工作的基础。

城乡规划中的指标选用、建设标准的确定、分期建设目标等内容的拟定，都必须以我国现在基本的国情为依据，符合国情是城乡规划工作的基本出发点。因此，城乡社会综合调查研究成果是城乡规划研究的基本方式方法，是城乡规划的基础性工作。

(2) 认识城乡的科学方法

在理论的指导下，针对城市与乡村中的各种社会现象进行分析研究，从而得出改造城市、解决城市问题的办法，其是一项科学认识城乡社会的方法。除了要研究以人和人群共同体为重点各种社会要素和社会现象，城乡社会综合调查还要重点研究以城市和乡村的生产和生活方式为基础的城乡社会结构，其中最重要的是分析对城市系统的整体本质和整体功能具有决定作用的城乡总体联系、总体协调和总体控制有关的各种社会问题。例如，我国当前在城市快速发展中出现了各种城市问题和矛盾，如交通拥挤、住房紧张、供水不足、能源紧缺、环境污染、就业难、需求矛盾加剧等问题。

(3) 城乡研究的规划方法

城乡社会综合调查是一种规划方法，在城乡规划及管理工作中占据重要地位。邹德慈 (1934—) 先生在《论城市规划的科学性与科学的城市规划》一文中，将"调查城乡规划研究的方法"归纳为首要的"科学的规划方法"，指出"科学的规划方法和科学的规划内容同等重要"。[1] 城乡规划社会调查是采用客观的态度、运用科学的方法、有步骤地去考察社会现象、搜索资料并分析各种因素之间的相互关系，以掌握城市与乡村社会实际情况的过程，这一过程在城乡规划的规划与策划阶段起到重要的作用。

(4) 公众参与的实现途径

城乡规划应当是由公众、政府与规划技术人员相互协作沟通而形成的公共政策，而不仅仅是城乡规划从业者或者是政府部门的专利。只有实实在在的落实公众参与，才能保证城乡规划的科学性。1969 年安斯丁 (Arnstein) 提出"梯

---

① 邹德慈，马武定，陈秉利.论城市规划的科学性与科学的城市规划 [J]. 城市规划，2003，27（2）：77–79.

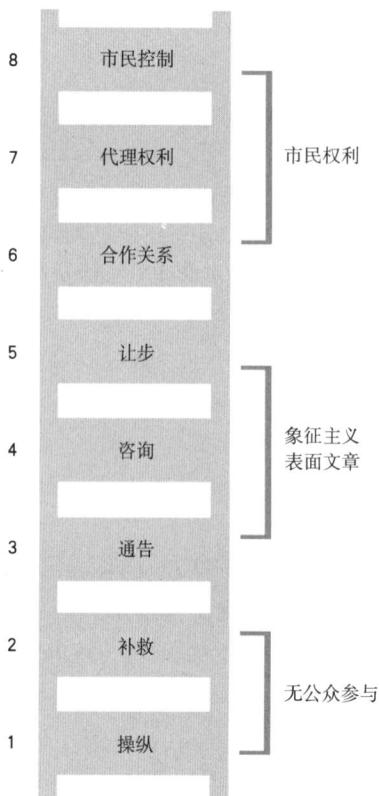

8	市民控制
7	代理权利
6	合作关系
5	让步
4	咨询
3	通告
2	补救
1	操纵

市民权利

象征主义
表面文章

无公众参与

图 2-11　梯子理论示意
图片来源：作者自绘

图 2-12　城乡规划工作中的公众参与

座谈会式　　　　问卷调查式

信访接待式　　　　投票式

图 2-13　公众参与的实现途径

子理论"，该理论为公众参与提供了基础模型，是城乡规划公众参与方式分类研究的开端（图 2-11）。安斯丁描述了三种参与状态："无公众参与"、"象征主义表面文章"与"市民权利"，按公众参与权利的大小分为操纵、补救、通告、咨询、让步、合作关系、代理权利和市民控制。城乡社会综合调查作为公众参与的实现途径，从根本上能推进公众参与达到"市民权利"的状态。公众参与是城乡规划中重要的内容，而且随着社会管理体制创新和社会自治功能的增强，公众参与在城乡规划中的作用越来越大，在维护社会稳定方面也发挥着重要作用（图 2-12）。公众参与是贯穿城乡规划全过程的，不管是规划前期的深度访谈、问卷调查，规划中期的成果展示还是规划后期的公众听证会（座谈会）和专题系列讲座（图 2-13），这一系列的公众参与活动都在城乡规划过程中起到不可或缺的作用。

3　城乡社会综合调查的特点

　　城乡社会综合调查是一个集科学性、方法性、实践性和综合性于一体的学科。通过全面地收集社会、社区、家庭等多个层次的数据与资料，总结城市和乡村中出现的社会问题和社会矛盾，探讨具有重大科学和现实意义的议题，为城乡建设和发展提供思路，促进城乡问题与矛盾的解决，推动城乡健康、高效发展。

3.1 凸显科学性

城乡社会综合调查具有科学性。城乡社会综合调查的科学性是由两方面因素决定的：①城乡社会综合调查的科学性是由其本身的科学要求所决定的。城乡社会综合调查区别于一般的社会认识活动的一个突出特点就是它必须遵循科学性原则，以此确保调查成果的客观准确性；②城乡社会综合调查方法的科学性也是方法本身的科学化所决定的，如现在广泛应用于城乡社会调查的大数据。任何没有科学性的内容，都不能称其为科学意义上的方法，充其量也不过是日常生活中所说的"方法"。

3.2 强调方法性

方法性一般分为认识方法和工作方法两大类。城乡社会综合调查不仅仅是一种认识方法，同时也是一种工作方法。虽然有重要的理论基础作为指导思想，但城乡社会综合调查最重要的部分是它的方法。总的来说，城乡社会综合调查是方法性科学，它可以为城市规划的理论研究、政策研究等提供手段和工具。方法性特点决定了城乡社会综合调查活动的灵活性，例如对于同一城市社会现象和城市社会问题开展调查研究，我们可以采取不同的方法和技术手段，而在采取不同的方法和技术手段进行社会调查的过程中，城乡社会综合调查的方法和技术手段也在实践运用中得到比较、检验、调整，获得完善和发展，从而保证城乡社会综合调查的真实可信。

3.3 推崇实践性

城乡规划是社会实践性很强的学科，而城乡社会综合调查的实践性是指在社会调查的过程中人的实践活动是不可或缺的。社会调查必须是从社会中获取第一手资料，研究课题往往来自于现实社会，利用相应的研究成果反过来服务于社会，解决社会问题，因此，城乡社会综合调查具有极其鲜明的现实性，对应的社会调查方法和技术也具有极强的可操作性。实践性决定了城乡社会综合调查活动必须坚持理论和实践相结合的原则，深入到现实的社会生活中去开展工作。城乡社会综合调查是以城乡空间要素作为调查对象，把握城市现象的内在规律，揭示城市问题，并获得合理解释的调查。

3.4 注重综合性

城乡社会综合调查的综合性体现在方方面面，其中最首要的就是要以长远的视角、科学的方法和专业的决策为前提，对城市的问题和矛盾进行多维度、宽领域的调查。通常具有引导和规范城市建设的重要作用，是城市综合管理的前期工作，是城市管理的龙头。城乡社会综合调查的综合性主要包括以下三方面：①城市的复杂系统特性决定了城乡规划是随城市发展与运行状况长期调整、不断修订，持续改进和完善的复杂的连续决策过程；②知识运用方面的综合性决定了城乡社会调查涉及的内容复杂多样，它不仅仅是城乡规划单一学科的知识，而且涉及哲学、社会学、经济学、政治学、心理学、新闻学、统计学、逻辑学、计算机科学、写作知识等多学科、跨领域的知识；③城乡社会综合调查研究方法多样性决定调查内容多样性，直接造成城乡社会综合调查需要根据不同的实务内容采用各种不同的科学方法。城乡社会综合调查可以运用多种类型的社会调查方法，如普遍调查、典型调查、个案调查、重点调查、抽样调查等，以及文献调查法、实地观察法、访问调查法、集体访谈法、问卷调查法等各种具体方法，以及绘图、录音、摄像、电脑处理、统计分析等多种技术手段。

【思考与练习】

1. 关于城乡社会综合调查的概念，你自己的理解是什么，关键点有哪些？

2. 城乡社会综合调查报告有哪些作用，随着社会科技的发展，其在调查方法与使用范围等方面可能有哪些改进的地方？

3. 城乡社会调查研究的调查方法有哪些，其工作步骤有哪些，每个步骤的主要工作是哪些？

4. 在城乡规划学科中，社会调查研究的作用有哪些？相较于社会调查研究在其他学科的应用，其在城乡规划学科中应用有哪些特点？

5. 结合社会调查发展简史，分析当代社会调查的发展趋势是怎样的。

6. 查找城乡规划学科方面的社会调查报告，参考其社会调查研究的方法与步骤，并思考其与其他学科社会调查报告的差异。

7. 社会调查与城乡规划的关系是什么，如何在城乡规划中运用好社会调查？

8. 具体谈谈城乡社会综合调查如何科学地助力于公众参与。

9. 城乡社会综合调查作为一种规划方法，如何全面地贯穿在城乡规划设计的全过程？

第2篇
选题与研究设计

第3章 城乡社会综合调查选题

选题是城乡社会综合调查的灵魂，是决定调查意义深刻动容、调查内容发人深省的关键开端。当代科学学派的创始人、英国著名科学家贝尔纳指出："课题的形成和选择，无论作为外部的经济技术要求，或作为科学本身的要求，都是研究工作中最复杂的一个阶段……评价和选择课题，便成为研究的起点。"[①] 遵循选题意义与原则，了解选题类型与特点，明确选题来源与方法，对有效开展城乡社会综合调查大有裨益（图3-1）。

第1节 选题意义与原则

1 选题意义

城乡社会综合调查研究的过程是解决发现或提出的城乡社会问题的过程。城乡社会问题不仅涉及经济社会的总体状况（如城乡经济增长、人口密度、收入水平等）、空间分布特征以及居民对建成环境（如城乡道路交通、景观环境、

---

① 英国研究·科学的科学，1955（12）.

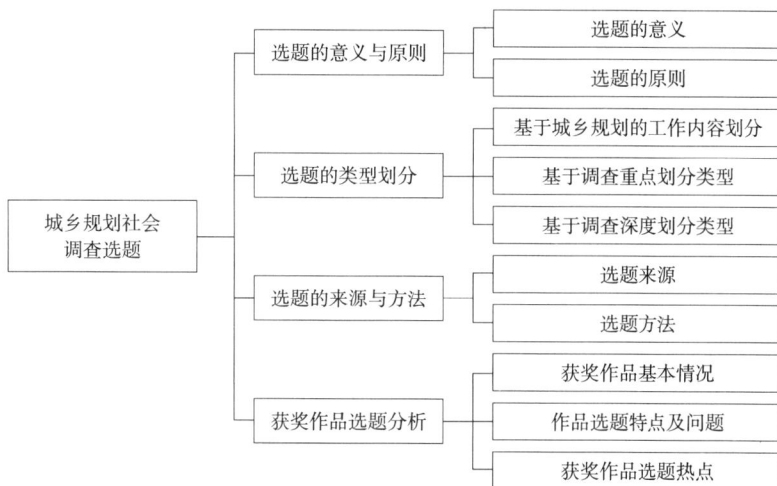

图 3-1 城乡社会综合调查选题框架图
图片来源：作者自绘

公共设施等）的评价，还需包括城乡社会发展的微观成因机制，尤其是社会个体选择对于城乡发展的具体影响（如外来务工人员对迁入城市及迁出城市的影响机制）等多个方面。

选题是开展城乡社会综合调查的第一步，也是关键性的一步，决定了整个社会调查的意义与价值，并贯穿城乡社会综合调查的全过程，对具体的后期社会调查内容和研究方法的选择有重要的引领和指向作用。

1.1 体现调查的价值

从理论上看，选题既是调查内容的高度凝练和概括，也是调查研究者理论水平、学术能力的集中体现，其研究结果具有学术上的科学价值。爱因斯坦指出："提出一个问题往往比解决一个问题更重要，因为解决一个问题也许仅是一个数学上的或试验上的技术而已。而提出新的问题、新的可能性，从新的角度去看旧的问题，都需要有创造性的想象力，而且标志着科学的真正进步。"[①] 从实践上看，重大科学选题的提出对社会发展产生了巨大的推动作用，其调研结果对实际建设工作具有重要指导意义。例如，在探索改革开放发展路径的 20 世纪 80 年代，费孝通另辟蹊径探索乡镇，通过对苏南"农村经济"和"小城镇建设"的详细调查，紧密结合主观认识与客观实际，为全国农村、小城镇发展提供了苏南乡镇企业发展模式的诸多有益经验与借鉴。

1.2 决定调查的方向

城乡社会综合调查不是一项漫无目的或突发奇想的随机活动，而是一项目标明确、指向鲜明的具体实践活动。我们通过城乡社会调查有目的、有意识地对城乡建设中各种物质和社会要素进行考察、分析和研究，以认识城乡物质系统、城乡社会现象和城乡发展问题的本质特征、演进规律、作用机理。确定好选题即决定了社会调查的整体研究方向，课题研究范围、研究对象、研究方案、

---

① （瑞士）A·爱因斯坦，L·英费尔德.物理学的进化 [M].周肇威，译.上海：上海科技学技术出版社，1962：66.

研究内容等都需针对性地围绕这一选题展开。同时，选题应尽量具体，因为即使在同一类选题中，当所涉及的学科领域、地域范围等不同时，社会调查的具体研究方向也有所不同。例如同是调查外来务工人员居住环境，社会学专业学生会从社区设施、社区管理、社区文化、社区保障等社区建设方面进行研究，城乡规划专业学生则主要从住区区位、道路系统、配套设施、景观环境等空间要素方面进行探讨；又如同是调查公共交通议题，《"村村通"公交调查》是针对乡村地区的公交问题进行调研，《商圈公交出行调查》则是针对城市商业地带。可见，针对性强、限定具体的选题有助于明确决定城乡社会综合调查的总体走向和大致趋势。

1.3 制约着调查的内容

明确城乡社会综合调查的选题方向和要解决的社会具体问题，需要利用相关科学研究方法有针对性地开展城乡社会综合调查工作。主要内容包括：选择调查对象，确定调查类型和内容，制定调查工作方案与流程，分配调查人员和时间等。

城乡社会综合调查研究的选题不同，其调查研究范围、对象、内容与途径也就大不相同。以下面三个不同的调查课题为例，课题一：《我国城市公共空间整合与营造研究》，该课题要求的调查样本必须是在全国城市范围中抽样所得，调查范围大、样本量多、周期长、工作任务重；其次，因公共空间类型多，其整合与营造涉及内容较多，所以可能也涉及大数据分析，实地观测方法多样，调查问卷设计也会相对复杂，需要对地域性有一定的考量。课题二：《上海市住区公共空间转型研究》所要求调查地域是上海市，调查对象在上海市范围中抽样所得，聚焦住区内公共空间，相对课题一研究范围小一些。同时，可以对不同住区公共空间进行分类并选择出典型样本，所以在调查样本量和工作量上，也比课题一少。其次，针对的是住区更新发展的转型研究，只研究公共空间的其中一个类型，而不像课题一所研究的整体公共空间范围那么大。因此相对课题一，课题二在调查范围和研究内容上难度要低。课题三：《上海市住区老年人休闲活动空间使用调查》，其在空间研究上更具体，主要为住区休闲活动空间；在研究对象上也更聚焦，主要为老年人；因此相对课题一和课题二，课题三研究内容也更详实，所以此类选题易操作，更有助于大学生调查报告的完成。

1.4 影响调查的质量

在现实生活中，一些社会调查质量较差的原因是多方面的，其中除了调查课题本身的层次比较低，调查人员的素质、技能比较差、调查工作进行得比较粗糙等原因外，研究者所选择的调查课题本身就不恰当、不可行，往往也是十分重要的原因之一。对于调查者来说，调查课题的恰当与合适是一些质量较高的社会调查成功的一个重要原因。因为，从某种意义上讲，选题的确定也就一定程度上规定了课题需要具备的种种条件，如果这些条件得不到满足，调查课题也就不能很好地进行，在进行的过程中必然会遇到些较大的困难，调查成果的质量就得不到保证。

对研究者来说，调查课题是否合适、是否可行是影响调查质量的一个很重要的方面。在同样的条件下，一个年轻的大学生研究者选择诸如《我国老年痴呆人群疗养空间与模式调查研究》这样的调查课题，其调查结果要达到同等质量往往比他选择做一个《针对大学校门外的路边摊调研分析》方面的调查课题更费劲。因为他对老年人的人生经历和体验的熟悉程度、对与这一课题有关的背景知识，以及他从事这一课题研究所具有的和可利用的资源、条件等，都不如后一课题。同样，一个只有很少研究经费的研究者，如果选择做《重庆市人的城镇化现状调查及对策研究》这样大规模的调查课题，即使能够做下来，其要达到同等质量也往往比做一个类似《重庆市被进城农民生活方式及居住空间环境调查》这样的调查课题难度要高得多。

不合适、不可行的调查课题，从伊始就包含了调查成果质量不高的内在因素，包含了研究者很难克服的一些障碍和困难。所以，要提高社会调查成果的质量，首要的是要慎重选择调查课题。[1]

2　选题原则

城乡社会生活复杂多样，社会问题冗杂，为了科学选好研究课题，城乡社会综合调查选题需遵循明确性、创新性、可行性、适宜性的原则，以期达到调查内容清晰明了、价值取向正确、主观条件适合、客观条件允许的目的。

2.1　明确性

明确性原则是正确选题的基本条件。该原则是指在调查研究前需将调查课题表述清楚，并将调查内容界定在具体的范围，从而把模糊不清晰的大致想法变为清楚明了的调查研究课题。然而在实际选题过程中，常常会出现贪大求全、选题不明确的问题，即选题超过调查者所能承受的能力范围，或是主客观条件不允许等情况。这时，即使选题具有深刻的社会意义、对理论和实践都有促进作用，也很难达到调查预期效果。

例如，《关于某市交通拥堵问题的调查研究》的选题，实际上并非调查课题的研究对象不明，而是研究问题的领域或者研究的主题不甚明确。这个选题虽然具有现实意义，但是选题太过宽泛，不具有针对性。如果调查研究全国的交通拥堵问题，究竟是研究交通拥堵的原因、分布范围，还是交通拥堵的后果及解决措施？选题本身并没有给出明确的界定，且还会造成样本量大，调查范围广等种种问题。因此，选题时首先得以明确性原则为基本原则。

2.2　创新性

选题的创新性则是指在阅读大量文献、搜集大量资料的基础上，尽可能选择还未调查研究过的课题，即别人没有提出过的，或虽提出来了但没有解决甚至没有完全解决的课题，以实现课题的新颖性、开拓性和先进性。因此在任何科学研究中，研究的思路或者研究的角度、研究的对象、采用的方法、依据的理论、研究的内容等某一方面或某几方面，与前人所研究的有所不同，有自己独到的、新颖的地方，该研究本身就具有一定的独创性。并且其研究结果应尽可能拓宽理论认知，或是能够指导社会实践活动，这样课题的创新性才有意义。

例如，20世纪80年代社会学家费孝通先生关注的"小城镇"问题，90年代中国兴起的"企业集群"研究，21世纪前后国内出现的信息化城市或网络

---

[1] 风笑天. 现代社会调查方法 [M]. 武汉：华中科技大学出版社，1996.

社会研究，以及最近兴起的新型城镇化、田园综合体、乡村振兴等相关研究，这些研究属于知识库里的稀缺内容，开展此类研究就具有开创性。或者采用新理论或新方法对旧的城乡社会问题进行研究，从而得出新的诠释或新的结论，这类课题也具有创新性。例如，就城市化问题可以分别从社会学、经济学、地理学等不同学科理论进行研究，社会学运用人口学原理，经济学采用劳动分工理论，地理学以构建合理的城镇体系为目标，从而产生新的概念或新的理论解释。[①] 以应用性调研课题为例，我们可以从以下几个方面入手选择具有创新性的课题。

1）规律性——探索并解释蕴藏在新事物、新现象背后的规律。

2）前瞻性——具有前瞻性的带有指导性的课题。

3）创新性——以他人的调研成果为起点，继续开拓、创新和发展。如对现有研究结论做出新的纠正、论证与补充；从新的视角、新的研究地域重新验证已被证明理论的正确性；或对理论上有争议的疑难问题、现有理论与新鲜事物之间存在矛盾的问题做实践检验，从而通过调查研究得出自己的独创结论、证明理论新的适用性以及质疑否定或部分否定原有理论。

4）经验性——以过去失败的调研为借鉴，从反面论证角度提出新问题。

2.3 可行性

可行性指的是进行或完成某一研究课题所需要的客观条件。换言之，研究者从事的城乡社会综合调查课题在现有条件下是否能够进行下去。因此，选择的调查课题必须与客观事物的成熟程度、与被调查对象的回答能力和合作意愿以及与社会环境的种种因素相符合。若对一项根本没有可能完成的课题付诸实施，只能是造成人力、物力及财力的巨大浪费。可对照以下条件，审视选题的可行性。

1）城乡社会综合调查对象的政治背景、经济环境、社会环境乃至技术条件是否满足调研要求？若不满足，则该项调研不可行。

2）城乡社会综合调查内容上是否存在违反社会伦理道德、国家政策法令或与调查对象的宗教信仰等相违背的地方？如果存在,必须进一步修改和完善，否则，该项调研不可行。

3）该项课题是否适合通过城乡社会综合调查的方法进行研究？社会现象繁杂且涉及多个方面，面对目的、范围、对象各异的问题，并非所有的问题都适合采用城乡社会综合调查的方法来完成。

4）如果该项调研需要有关单位的协助与配合,考虑是否拥有这样的资源？如果目前没有，如何通过某些措施解决这一问题？例如，老年人公共空间满意度问题，应深入社区对老年人进行访谈，若缺乏社区机构协助，难以有效进行老年人群体抽样，从而准确进行老年人公共空间满意度调查。

5）调研经费方面，如果没有下拨的课题经费，是否可以通过其他的方法或渠道解决经费问题？根据现有的人力、经费及客观环境等条件，该项调研课题是否太过宏大？能否有足够经费保证顺利完成？

---

① 陈前虎,武前波,吴一洲,等．城乡空间社会调查——原理、方法与实践 [M]．北京:中国建筑工业出版社，2015.

2.4 适宜性

适宜性是指调查者个人能否胜任这一选题的主观条件。调查者的个人兴趣、社会经历、理论学识以及所具备的各种资源条件与选题的适宜性具有密切联系。对照以下方面，判断选题对调查者自身是否适合。

1）选题应符合调查者兴趣爱好。一方面，调查者通过对不同领域现象、问题的细心观察，并对其背后的原因及规律产生研究兴趣，经过初步思考与评估，结合自身条件与意愿，最终确定相关科学而准确的选题。另一方面，在城乡社会综合调查过程中，会遇到许多困难和难处，只有研究者始终保持兴趣，才能克服所有困难，成功完成该选题的科学调查研究。

2）选题涉及领域应为调查者熟悉。首先，调查者要结合自身的社会经历判断调研涉及领域是否能够发挥自身优势。例如，调查者来自农村，更加熟悉乡村环境，选题《乡村规划建设调查》比《城市边缘区流动人口集宿区建设调查》要更符合调查者身份，有利于调查者结合自身体验，调查并完善乡村规划的不足之处。其次，调查者应结合知识结构、科研能力等自身科研素质，判断是否达到了完成该项调研所要求的水平。如大学生与博士生自身知识结构体系相差甚远，因此在选题上所涉及的调查样本、研究内容应当结合个人实际，科学、理性地进行选题。

第2节 选题类型划分

根据不同的分类标准，城乡社会综合调查的课题类型变化多样（图3-2）。基于城乡规划工作的内容划分，可分为城乡规划理论性课题、编制性课题、决策与管理性课题和公众参与性课题四大类；基于课题调查的侧重点或关注点划分，可分为学术性课题和应用性课题两大类；基于课题调查研究的深度划分，可分为描述性课题、解释性课题和预测性课题三大类；基于课题调查内容划分，可分为综合性课题和专业性课题；基于调查课题来源划分，可分为自选课题和委派课题两大类……

基于城乡社会综合调查及本书特性，将不展开阐述后两类课题类型。其一，城乡规划学科涉及内容广泛，难以划分综合性课题和专业性课题；其二，本书目标人群是学生，其理论水平和实际能力稍微欠缺，绝大多数是自选课题，少部分根据指导老师的课题选取相关子课题，调查深度各有不同。

1 基于城乡规划的工作内容划分 [①]

1.1 城乡规划理论性课题

城乡规划理论性课题是以揭示某种社会现象的本质及其发展规律为主要目的而进行的调查研究课题。城乡规划理论性课题侧重于通过调查研究，从大量的社会现象、城乡问题中找出规律，充实城乡规划学科理论知识。其主要目的是增强人们对社会事物的认识，提高人们对社会现象、城乡发展及其内在规

---

① 李和平，李浩. 城市规划社会调查方法 [M]. 北京：中国建筑工业出版社，2004.

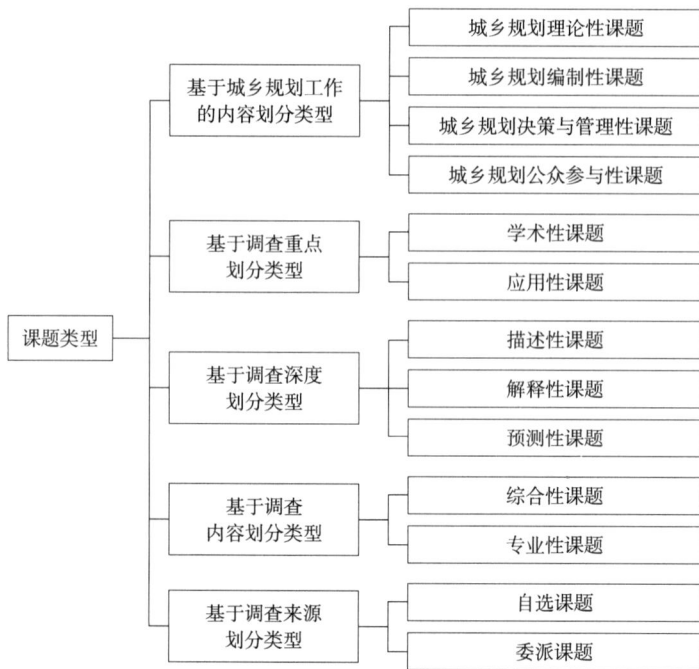

图 3-2 课题类型划分框架图
图片来源：作者自绘

律的理解。

俗话说："实践出真知"。城乡社会调查研究的过程，既是了解真实情况的过程，又是概念、判断的形成过程和推理过程。当今世界上各种城乡规划理论的形成和发展，都是这些理论的创始人和继承者在社会实践的基础上进行大量调查研究的结果。

例如美国著名城市规划家凯文·林奇 (Kevin Lynch) 从"可印象性"概念出发，通过调查美国洛杉矶、波士顿以及泽西城地区，运用访谈法对市民进行大量提问，并运用城市心理学调查方法，邀请其绘制心理地图（图 3-3），获取公众意象，提炼道路（Path）、区域（District）、边缘（Edge）、节点（Node）、地标（Landmark）五要素，进而分析了城市的可读性（Legibility）与意向性（Imaginability），为形成"城市意象"理论奠基（图 3-4）。[①] 因此，出发点和落脚点都是理论知识的这类课题称为"学术性课题"。

1.2 城乡规划编制性课题

这一类型的社会调查工作实际上就是调查规划对象或规划区域的各种社会、经济、历史和环境等资料，为城乡规划项目的规划与设计提供参考和依据的一项工作。同时，对于编制性课题来说，是一种了解现状以及规划意愿的重要研究类型，让规划与设计更贴近实际。从城乡规划与设计的实际工作情况来看，不少规划人员未能认识到社会调查工作的重要性，所做出的不少规划方案或者不符实际，好看不好用，或者反复修改，浪费了人力物力。也有的规划

---

① （美）凯文·林奇. 城市意象 [M]. 方益萍，何晓军，译. 北京：华夏出版社，2001.

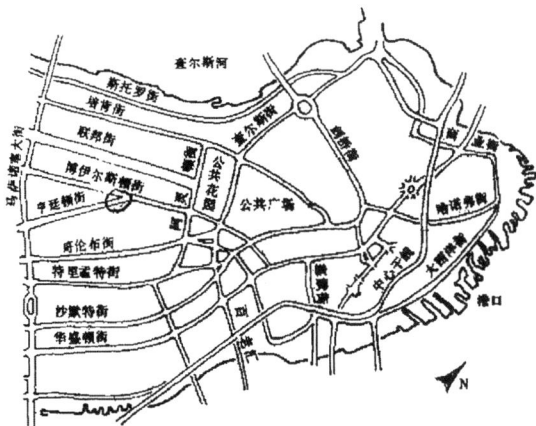

图 3-3　波士顿线描图
图片来源：（美）凯文·林奇《城市意向》

图 3-4　《城市意象》

人员在规划设计过程中仅仅把社会调查工作当作一道过场，搞形式主义，因此也就缺少对社会调查工作的预先策划、科学组织和结论研究，这将直接导致规划方案可操作性的缺失。

1.3　城乡规划决策与管理性课题

首先，城乡规划制定、实施和调整过程中很多问题的决策，涉及近期利益与长远利益、局部利益与全局利益等重大关系，必须在充分的调查研究基础上进行科学决策。

其次，城乡规划作为对未来经济社会发展的空间安排，具有显著的不确定性和复杂性。科学合理的城乡规划方案应符合多维度的要求和多主体的需求，同时，规划的基础数据和依据是来源于诸多的部门，需要将这些数据和依据通过综合分析及预测后进行规划决策，以此保障规划决策的合理性与科学性。[①]

总之，城乡发展的合理决策离不开科学的城乡规划提供有力的理论和技术支持，而支撑这些理论与技术的实施，需要大量的现状数据以及各要素的综合分析，只有通过充分的调查研究才能保障决策的科学性。所以，此类课题，在城乡规划研究中，具有十分重要的作用。

1.4　城乡规划公众参与性课题

在实际的活动中，公众参与泛指普通民众为主体参与，推动社会决策和活动实施等行为。即公众通过合法手段，参与到城乡规划过程的各个阶段，表达自己的意愿，对城乡规划施加影响的过程。公众参与城乡规划，要通过公众对规划制定和实施全过程的主动参与，更好的保证规划的公平、公正与公开性，使规划能切实实现公众利益要求，真正做到以人为本，提升规划的科学性、合理性，并确保规划的成功实施。

而公众参与的社会调查。作为一项公共政策，城乡规划应当也必须反映广大人民群众的愿望和呼声，但是出于价值观念、知识水平的差异，人民群众

---

① 吴一洲，陈前虎. 大数据时代城乡规划决策理念及应用途径 [J]. 规划师，2014，30（08）：12-18.

很难直接参与城乡规划的具体工作，这就需要一定的城乡规划人员或社会调查人员（也可称之为"城市规划师"）作为中介，进行城乡规划的（民意、愿望）上传（方针、政策）下达。

2 基于调查重点的类型划分

基于课题调查研究重点不同，对于同一城乡社会现象，或是同一调查研究题材，通常既可以找到学术性课题，同时可以找到应用性课题。学术性课题和应用性的侧重点也不相同。一般而言，学术性课题侧重于透过现象看本质，探索社会内在规律，发展学科理论；应用性课题更有针对性地提出城乡社会问题的具体解决方案。

2.1 学术性课题

学术性课题（Theoretical Problem），指的是那些侧重于发展有关对社会世界的基本知识，特别是侧重于建立或检验各种理论假设的课题。这类课题理解和解释社会世界的某一方面是如何运转和相互联系的，某一类社会事物或社会现象优势如何发生、发展和变化的。

学术性课题的调查从一定理论出发，通过观察城乡社会现象研究其本质，以建立事物之间的联系，将调查过程中获得的认识和经验加以概括和总结，提炼出现象内部存在的规律。其主要的目标是要增加人们对社会现象内在规律的理解，增加人们对社会事物的认识。[1]

这里应当将"学术性课题"与"纯理论研究"进行区分。虽然二者出发点和落脚点相同，都是理论知识研究，但是过程大相径庭，上述学术性课题实质上仍是一种经验研究，通过调查城乡社会现象和问题，获取结论；而纯理论研究以纯粹的思辨和逻辑推理为基础、以对抽象概念和命题的理性分析为主要特征。这是两类性质不同的研究类型，而后者不是本书所讨论的范围。

2.2 应用性课题

应用性课题（Applied Problem），是指那些侧重于了解、描述和探讨某种城乡社会现实问题或者针对某类城乡规划中出现的社会现象的课题。这类课题关注点往往集中体现在迅速了解城乡规划建设中遇到的实际问题，通过分析其根源、机制、特点等方面，针对性提出政策、建议、具体解决措施等，以帮助解决社会问题、制定社会政策、评估社会后果等。如上文讲述到的，与学术性课题针对补充知识不同的是，应用性课题更侧重解决实际问题，注重研究的实用性，调查的时效性方面要求较高。[2]

例如，在快速城市化背景下，特大城市发展受到空间制约，面临从以空间增长为主的增量规划向以空间优化为主的存量规划内涵式提升转型的问题，如何开展存量规划建设，引导城市顺利转型引起广泛关注。在这种现实情况下，为达到城市持续稳定发展的目的，探索切实可行的应对策略，各级人民政府、住建局、规划局应当积极开展对特大城市的调研和规划工作，这些属于应用性

---

[1] 风笑天.现代社会调查方法 [M].武汉：华中科技大学出版社，1996.
[2] 风笑天.现代社会调查方法 [M].武汉：华中科技大学出版社，1996.

课题研究的范畴。为了解决具体问题，调查者必须深入调研城市各个角落，包括空间组织、功能置换、利益协调等多个层面，分析不同功能区的优势、劣势、机遇与挑战，确定发展策略。并在此基础上，针对具体问题编制具体规划，老旧城区编制旧城更新与改造规划；历史街区和风貌区编制保护规划；工业区编制产业升级与园区整合规划等；针对事情的轻重缓急制定具体建设项目调整的时间表。

现实生活中，调研课题经常具有理论和应用双重意义。肯尼思·D·贝利认为"当然也有研究人员认为这两种研究也并不是相互排斥的：研究的最终目标是有助于解决社会问题并同时对社会科学的理论文献作出有价值的贡献。"并称之为"纯理论兼应用的研究"。[①] 因此，学术性课题与应用性课题仅相对而言，二者主要通过研究重点，即理论与应用部分占课题内容的比例不同进行区分。学术性课题既包含理论意义，又能利用理论指导实践；应用性课题解决实际问题，又能通过实践总结提炼推动理论发展。

3 基于调查深度的类型划分

针对城乡社会中特定的调查对象，不同研究者的研究目的和所采用的研究方法都不尽相同，因而造成调查深度截然不同。根据调查深度的类型区分，调查课题分为描述性课题、解释性课题和预测性课题。其中，描述性课题陈述社会现象和问题的存在事实；解释性课题揭示社会现象和问题间的因果联系；预测性（也称探索性）课题推测社会现象和问题发展的一般趋势。

三者的研究深度层层递进，即描述性课题是基础，主要对社会现象的真实情况进行具体详细地描述，难度小，层次低。但只有将社会现象观察透彻，才能进行更深入地调查研究。解释性课题是在对社会现象有一定认识的基础上，探求其背后深层次的原因，希望从源头解决社会问题，或者揭示两种或两种以上社会现象之间因果关系，此类课题层次较高，难度较大。预测性课题则是在弄清社会现象因果关系的基础上，对事物未来发展趋势和状况进行预测：首先全面、深刻了解社会现象，再根据以往规律，推导未来城乡社会的发展情况，并研究如何推进或避免未来可能发生的现象，研究层次最高，对实际工作和理论研究都有重要意义。

三者的主要区别在于：描述性课题侧重"是什么"，解释性课题侧重"为什么"，预测性课题侧重"将怎样"。具体来说，首先，描述性课题和解释性课题的研究目的是解答问题，而预测性课题研究则是发现问题、提出问题。其次，描述性课题和预测性课题研究事先没有明确的理论假设，一般都从观察入手了解和说明研究问题，而解释性课题研究则要求事先提出一些明确的研究假设，主要运用假设检验逻辑构成相关模型或因果模型。第三，描述性课题和解释性课题的研究结果常常是针对某一问题的具体回答，而预测性课题调研的结果一般只是试验性、暂时性的，或作为进一步研究的开始。例如，向行业专家咨询就是一种预测性的研究。

---

① （美）肯尼思·D·贝利. 现代社会研究方法 [M]. 许真，译. 上海：上海人民出版社，1986.

3.1 描述性课题

描述性课题是指对城乡社会现象的真实情况进行准确、具体的描写或叙述的课题，主要回答"是什么"、"怎么样"的问题，如人口普查、经济普查和农民收入状况等调查都是描述性课题。在具体操作上，描述性课题以经验观察为切入点开展调查研究，广泛收集相关资料，调查所需的大量样本，其成果质量往往取决于调查者的价值观和科学水平等综合素质。

在描述性课题调查研究过程中，还应注意"质"和"量"的问题。一方面，保证调查研究的"质优"。对城乡社会现象、基本特征、存在状态、问题的分布状况等作出精准的描述说明，以达到描述的准确性要求。另一方面，保证调查样本的"量全"。描述性课题调查结果不应是针对某一现象、问题的特定结果，而应是通过样本反映出总体一般状况的普遍现象。只有当调查样本达到一定数量，足以全面覆盖调查对象时，才能概括社会现象的发展水平和未来发展趋势。通过对"质"、"量"的精准把控，描述性课题调查结论才能达到科学准确、全面概括的水平。

例如，梁思成先生为了解读宋《营造法式》，深入多地对中国古代建筑展开实地测绘，这些大量的实测工作都属于描述性课题研究。梁思成先生曾说："近代学者治学之道，首重证据，以实物为理论之后盾，俗谚所谓'百闻不如一见'，适合科学方法……造型美术之研究，尤重斯旨，故研究古建筑，非作遗物之实地调查测绘不可。"[①] 梁思成先生在组织蓟县独乐寺观音阁山门寺实地调研期间，亲自对山门寺进行了精密测绘，分析了寺史、现状结构与制度，并对照《营造法式》等历史文献，初步探明了宋式建筑的设计规律，最终于1932年完成了《蓟县独乐寺观音阁山门寺》论文。这是中国人首次运用科学方法详细调查中国建筑的一项研究成果。在此后的几十年里，梁思成先生和营造学社的同仁们一起，实地测绘了许多古代建筑（图3-5），从中国古建的整体造型到细部构造，留下了大量描述性研究成果。

3.2 解释性课题

解释性课题，是指揭示两种或两种以上社会现象之间因果关系的课题。其重点在于揭示现象发生、变化的内在规律，不仅要探讨社会现象"是什么"、"怎么样"，还要明确"为什么会这样"。具体操作上，首先对社会现象下定义，然后在初步了解的基础上，对原因做出尝试性或假设性说明，再通过观察、调查来系统地检验假设。

相比描述性课题，解释性课题更为严谨，针对性更强，理论色彩更加浓厚。它是对各种现象或问题之间的因果关系进行调研，即要找出在这些关联中何者为"因"、何者为"果"，哪一个"因"是主要的、哪一个是次要的，各个"因"的影响程度又是多少等。

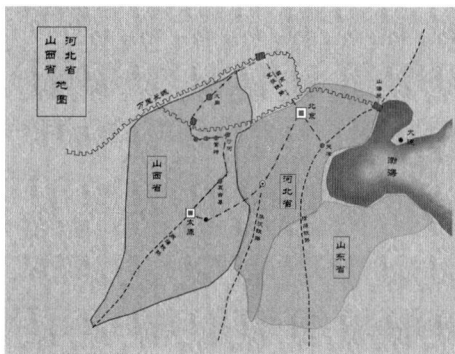

图3-5 梁思成与林徽因调查古建筑的路线图

---

① 梁思成.蓟县独乐寺观音阁山门寺.载《凝动的音乐》，天津：百花文艺出版社，2006：1.

例如在公共场所休憩或聊天的时候，人们总是选择相似的区域逗留，这个现象引发了许多研究者的兴趣。美国加州大学的研究者从此入手，在分类比较了许多令人感觉舒适的公共场所之后，总结出它们的空间位置、类型及交通流线的关系，以及在围合形式、功能分区、空间大小与质感等方面的共性，提出了人性化空间设计导则。[①]与之相反，丹麦皇家艺术学院的研究者在仔细观察、研究了这个现象后，做出了不同解释：良好的小坐场所需要在座位布局、朝向与视野、座位类型等方面进行相应处理，才能达到吸引过客驻足的目的。[②]在解释性课题中，一般对要解释的关系有一种期望。因此，研究者对研究课题必须有相当的知识，理想的状况是研究者能估计一种事件（如店内展示）是产生另一种事件（销售量的增加）的手段。解释性课题试图认定当我们做一种事情时，另一种事情会接着发生。[③]

3.3 预测性课题

预测性课题是指在阐述其因果关系及社会现象问题的基础上，预测接下来的发展趋势，主要回答"将怎样"的问题。预测性课题是先导性的调查课题，除了需要对所研究的问题或现象进行了解，以此获得对研究对象或问题初步的印象和感性认识，还要为今后更周密、更深入的研究提供基础和方向。所以，预测性课题起到的是承上启下的作用。

预测性课题所得到的结论或结果仅能作为相关城乡社会现象或问题的"初步印象"，它很难以对所研究的问题或现象提供比较满意、系统和肯定的答案。预测性课题的直接成果包括：①发展和尝试可用于更深入调查中的方法；②探讨进行更为系统、更为周密调查的可能性；③形成关于所调查现象或问题的初始命题或假设。

例如，《2030年中国老龄社会公共服务设施问题研究》就是预测性课题，根据中国人口年龄结构、公共服务设施水平、经济发展状况等多种条件和要素，探索2030年中国老龄社会公共服务设施可能遇到的状况及应当采取的措施。

第3节 选题来源与方法

如何从万千社会现象、社会问题、社会事件中挖掘与我们主观上能力匹配、客观上条件切合的选题，是开展调查研究需解决的首要问题。首先，明确选题"从哪里来"，主要在平时学习、生活中积累素材，解决调查研究前期选题无从下手的问题。其次，思考课题"要怎么选"，运用科学方法力求以最短时间、最少精力选取最合适的题目，避免选题阶段出现"走弯路、走错路"现象（图3-6）。

---

① （美）克莱尔·库珀·马库斯，（美）卡罗琳·弗朗西斯. 人性场所——城市开放空间设计导则 [M]. 俞孔坚，孙鹏，王志芳，等译.2版.北京：中国建筑工业出版社，2001：172-182.
② （丹麦）扬·盖尔. 交往与空间 [M]. 何人可，译. 4版.北京：中国建筑工业出版社，2002：156-166.
③ （丹麦）扬·盖尔. 交往与空间 [M]. 何人可，译. 4版.北京：中国建筑工业出版社，2002：156-166.

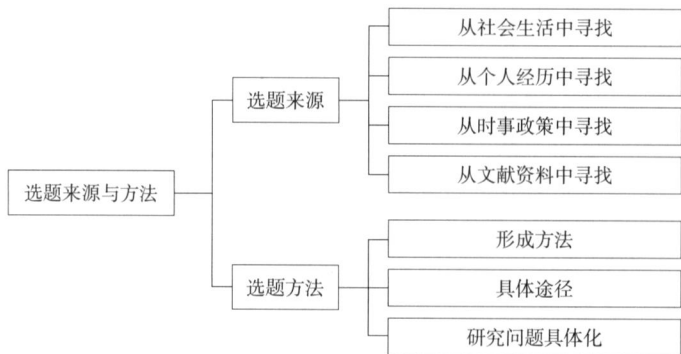

图 3-6 选题来源与方法框架图
图片来源：作者自绘

1 选题来源

掌握选题的重要性、原则、类型，能帮助我们判别课题好坏，采用针对性方法调查各类课题，却无法保证我们的选题恰到好处。实际上，选题来源是一个"到哪里找合适课题"的问题。选题首先要借鉴专业理论知识，然后强化问题意识，最后进行广泛联想。一般来说，如何选择一个有价值、有新意、切实可行的选题并没有通用的方法。有些课题可能来源于一篇文章、一本期刊，有些课题可能来源于课堂老师提到的某个知识点，有些课题甚至是调查者灵光一闪时出现的……但城乡社会综合调查往往是有针对性、有计划地做课题，怎样避免这种偶然性呢？我们可以通过所掌握的理论知识、实践经验、个人经历、书刊杂志等，快速准确地找到适合的课题。同时，在选题时还应该注意以下几个细节：①搜集与选题相关的资料，确保选题有据可依；②明确选题意义与内容，确保社会调查报告的研究价值，评估实地调查研究的可行性；③找准选题切入点，确定能针对性开展报告撰写及问卷设计工作。

那么，城乡社会研究的选题主要有哪些来源？或者说，我们可以从哪些方面或通过哪些途径去寻找一个合适的研究课题呢？答案是：社会生活、个人经历、时事政策和文献资料，这些都是城乡社会研究选题的最主要来源。

1.1 从社会生活中寻找

城乡社会是一个复杂庞大、时刻变化的有机系统，每个调查者都生活在现实社会中，对各种社会现象、社会问题、社会事件有着最直接、最真切的感受。千姿百态、形形色色的社会生活就是城乡社会综合调查选题最丰富、最常见的来源。例如，20 世纪 80 年代，机动车辆日益增长，导致交通事故激增，严重威胁老幼安全，加之道路交叉口过多、住宅朝向不好等问题，"小区规划设计"方面相关课题成为当时社会调查研究热点。随着中国城市化快速发展，早年小区建设模式遭遇瓶颈，由于大量封闭小区的建设，城市支路缺乏，交通拥堵、街道活力不足等问题层出不穷，倡导"街区制"又为现下城乡社会综合调查的热点选题之一。所以，社会生活是不断往前发展的，同一对象的选题也可以是与时俱进的。

社会生活中存在类型多样、内容丰富的课题，想要探究其真谛，必须要有一颗处处留意的心。比如在旅游过程中发现某些特殊人群的出行问题，在骑共享单车时发现的管理与停放空间等方面的问题。在社会生活中，我们要多观察、勤思考，从林林总总的社会现象、错综复杂的社会问题、纷然杂陈的社会事件中，抽取值得剖析和探究、切合实际、可行性高的调查课题。如2005 年全国高等学校城乡规划专业城乡社会综合实践调研报告竞赛一等奖作品——《南京市城区种菜现象及人群调研》，以城区种菜这一司空见惯的社会现象作为调研选题，从社会生活小事着手展开深度调研，对在校学习的本科生而言，调研实施操作性较强，调研内容丰富详实，较易形成见微知著、具有一定社会意义的调研成果。

1.2　从个人经历中寻找

个人经历和经验是人们观察各种事物、理解各种现象的基本视角和出发点，许多有价值、有创造性的课题都是从调查者个人的人生阅历和经验中发现并发展起来的。在选择调查课题时，我们可回顾、挖掘自身经历，选取熟悉事物、现象等作为素材，尽量避免陌生现象与问题，因为自己真实经历过，感受更为深刻，调研实施全过程能更好、更易掌控。

一方面，结合自身生活环境或家庭背景，调查者对相关现象与问题将更敏感，研究视角更具针对性，完成课题相对容易。例如，从小生活在老旧城区的大学生，他若选择新建城区的某种现象作为调查课题，那么在研究问题情况掌控、研究范围及对象选取等方面将有较多挑战；他若选择老旧城区的某种现象，如旧城更新改造等较为熟悉的课题展开调查，那么难度相对较低。又如，从小生活在三口之家的大学生，可结合独生子女的生活经历，选择"关于社区独生子女社交的安全活动空间调查"等这一类与独生子女密切相关的课题，因为他（她）也是独生子女，比起生活在多子女家庭的大学生，能更深刻、更有感悟地调研、解读这类课题。

另一方面，调查者个人经历过的各种体验、感受在某种程度上也决定着他对各种机遇的敏感程度及他的兴趣所在，这往往成为最初调查课题的来源。例如，"蚁族"概念创造者廉思，廉思本人是"80 后"因此他对"80 后"的生存状况就比"90 后"关注，看《中国新闻周刊》报道的人中也许有"60 后"、"70 后"的社会科学研究者，但这些人对报道的感受和对"80 后"的感情就没有廉思深，对这些大学毕业生的生存状况的敏感程度也没有廉思强，廉思抓住了这个课题，并形成了大众可读性与学术创新性并重的研究风格，成功推出了《蚁族——大学毕业生聚居村实录》、《工蜂——大学青年教师生存实录》、《中国青年评论》系列、《中国青年发展报告》系列等作品，引起社会各界强烈反响和深入探讨，名声蜚声海内外。

1.3　从时事政策中寻找

城乡规划作为一种公共政策，致力于解决城乡公共问题、协调城乡居民公共利益，满足广大群众的公共服务均等化要求。时事政策时效性强，贴近城乡规划特点，因此，从时事政策中寻找课题，一般来说可以满足城乡社会综合调查选题"创新性"的原则。例如，中央一号文件"三农问题"、《智慧健康养老产业发展行动计划》等政策引领行动。从国家或地区时事政策、《课题指南》、交通网站中选择课题。一方面，是因为时事政策是城乡社会综合选题的关键。国家的城市建设和经济发展，在一定时期内都有特定的发展方向和指导方针，因此，要想选一个好的城乡社会综合调查题目，就必须了解、掌握国家或地区的城市建设、经济发展的方针和时事政策。

在具体选题时，首先，要从宏观上了解国家或地区发展的重点与支持领域，政策的扶持范围与扶持重点对象，经济建设的优先发展对象与目标，尽可能向着国家或地区的优先发展领域、重点发展行业进行选题。其次，要从中观上了解、掌握国家机关或省市下发的《课题指南》，以此了解、掌握行业部门以及地域的发展趋势与需求，并对其进行认真的总结、剖析、分析与研究，确定研究方向，然后进行资金、人力、实施的可行性等方面综合考虑，以此聚焦研究选题。第三，要从微观角度分析某一学科的国家或地区时事政策，分析其学科的研究水平、理论与实践价值，国家或地区相关政策支持力度的大小，做到知彼知己、有的放矢。总的来说，从时事政策中寻找课题不仅满足城乡社会综合调查选题"创新性"的原则，还能抓住国家特定时期内的发展方向，此类选题更符合国家或地区城市建设与经济发展的需要，也才能为相关部门或政府政策制定提供基础资料和建议草案。

1.4 从文献资料中寻找

调查课题的想法、灵感和思维的火花，常常可以从教科书和学术著作的内容中、报纸期刊的文章或标题中、学习笔记或谈话记录中获取。尤其是各种社会科学的报刊、学术期刊，常常成为选题想法、灵感和思维火花的重要来源，从中可以遴选社会热点，同时聚焦学术前沿。我们的许多调查课题正是在此基础上慢慢完善并得以形成。

显然，从文献中寻找所需要的是另一种留心和思考。主要采用以下方法：其一，不要过于"恭敬"、"崇拜"和盲目地接受书上、文章中所说的一切，要始终带着审视、评论、提问的态度阅读各类文献，要培养思辨能力。由于研究视角、理论工具和阅读态度的不同，我们对同样的材料、同样的文献、同样的内容的看法会有所不同，就会产生一些新的思考、新的疑问，迸发出一些新的思维火花。接下来抓住这些新的思考、疑问和思维火花，从其中往往能够找到合适的课题。例如，一篇文章中提到，居住在市区的农民工与居住在城市边缘区农民工有许多不同的特点，并以此得出二者存在明显差别的结论，但文章中所提供的证据主要是几个十分特别的个案资料，并不具有有效的说服力。这时，只要我们的头脑中对这种证据多保留几个疑问，对这种结论多打几个问号，就可能会产生或形成一个与此相关的调查课题："居住在市区农民工与居住在城市边缘区农民工行为特点的比较研究"，以此来检验这篇文章的结论，揭示现实生活中的实际状况。其二，是要进行广泛的联想。我们可以从形式与内容、横向与纵向、空间与时间、对象与方法等不同层次、不同角度对所阅读的文献展开广泛的联想，由此，往往也能碰撞出一些新的思维火花和选题思路，并在此基础上综合分析后进一步提炼出有一定可行性的新调查课题来。例如，当我们在文献中读到了有关社区物质空间对居民的社区满意度产生了重大影响的调查报告或其他材料时，以此，我们可以进一步展开联想与思考分析：社区物质空间对居民的身体健康、消费行为、人际交往等方面是否也产生了同样的影响呢？

当然，在实际选题过程中，一项调查课题的选定，经常是由许多不同来源共同作用产生的结果，而不仅仅是某一个来源所产生的产物。有时在比较阅读过的结论与自己的判断时，我们会发现现有的答案不足以回答我们的疑问，这也会导致一个新的调查课题诞生，也可能探索出新的结论。

总结以上内容，从文献资料中寻找选题的类型，可以分为以下三种。

1）在文献中发现有结论但未经过社会调查，且有意义的内容，可以对其进行社会调查挖掘并做验证。

2）在文献中发现没人研究且有意义的内容，可以对其做社会调查。

3）在文献中发现有质疑的、有争议且有价值的内容，可以对其做社会调查。

2 选题方法

2.1 形成方法

(1) 紧扣课程知识、把握选题细节

通常来讲人们对于自己所学过或正在学习的课程知识，一般都比较熟悉，从所学课程的内容中分析研究也往往容易选择到合适的调查课题。例如，大部分学生在进行居住区规划设计和道路交通学习的基础上同时进行社会调查报告的撰写，因此很多题目的选择会根据所学专业课程结合起来，这样选题容易发挥专业优势，可以顺利完成城乡社会调查工作。如果选题有问题就应及时调整，对选题有困难的时候，可引导从社会环境、环境问题、生产实际、学科角度等多个方面选择切实可行的调查课题。

(2) 加强多方视野、拓展选题思路

随着社会的发展，在我国城市发展与建设过程中产生了许多新的问题，学术界的研究视野也不断开阔，新的研究领域也不断拓展，因此，调查报告选题范围也增大，同时也为调查报告提供了许多新的研究选题。一些冷门问题值得我们调查研究，因为通常来讲，此类选题很少人去研究，资料库内此类资料也较少，它本身也具有一定的创新性，可以拓宽选题者的思路。

同时，一些社会热点问题也值得我们去调查研究。社会热点问题是社会关注、议论的焦点，在选题时需要聚焦，不能太过宽泛，要有特定研究对象，体现创新性，并在研究中需要调查者给出问题的解释和答案，重视研究的效果。因此，调查者可注重增强从社会、经济、政治、文化、环境、工程建设等多角度考虑城乡问题的意识，从而提高分析问题和解决问题的综合能力。

(3) 加强文理结合、培养全局观念

现代城市具有社会与物质双重属性，因此，现代城乡规划与建设不仅仅是工程技术问题，还包括社会经济、历史文化、生态环境等各方面。现代城乡规划与建设等方面的基本问题，需要人们从社会、经济、文化、道德、环境等多层次多角度来审视，加强文理知识的结合变得非常重要。同时，必须改变传统的培养模式，优化课程体系，更新教学内容，培养学生从多层次多角度考虑问题的意识，从多个学科解读选题和内容架构。即选题不能太大，也不能太小。

太大就没有针对性，导致缺乏创新，太小则无法展开，研究内容与成果会显得单薄。同时，需要培养学生发现城乡问题与综合分析问题的能力，增强学生从社会、经济、环境、工程建设等多层次多角度考虑城乡问题意识，提高解决实际问题的综合能力。[①]

2.2 具体途径

一般来说，调查者根据已有理论知识以及日常生活中的观察与思考，会初步形成个体的选题范围。但是，为确保课题的可行性和最终质量，使调查者对课题研究的方向真正做到心中有数，还必须经过一些具体途径来形成调研课题。选取最终课题的具体途径主要有：

（1）查阅文献资料

旨在了解前人或他人对课题的相关研究成果与研究方法、过程。围绕某一课题查阅相关文献资料，具体了解：前人或他人已经研究过哪些问题，研究到什么程度，有哪些领域还没有人研究或研究得不够，有哪些领域出现了与已有研究不同的新情况、新变化等。弄清了这些情况，可以避免重复劳动和无效劳动，有助于保证课题的新意或深度，明确调查课题的起点与重点。

查阅文献资料可利用图书馆纸质书刊、资料室的检索工具、网络数据库等，应注意了解以往的调查研究成果、与课题相关的理论知识和方法技术，以及被调查地区、调查对象的历史状况等。查阅文献资料可按以下步骤进行。

1）广泛浏览文献资料，勤思考，勤动手。在浏览中注意勤做笔录或电子文档摘录，有目的、有重点地随时记录下文献资料的纲目，记录下所阅读文献资料中对自己影响最深刻的观点、论据和论证方法等，记录下自己脑海中涌现的点滴心得和体会。

2）对文献资料进行分类、排列和组合，从中寻找问题、发现问题。例如可分为以下几类：系统地介绍有关问题研究发展方向概况的文献资料；对某一问题的某一方面进行详细研究的文献资料；对同一问题的同一方面集中不同观点的文献资料，等等。

3）将自己所记录的心得体会与文献资料分别加以比较，找出哪些心得体会在文献资料中没有，或者部分没有；哪些心得体会虽然文献资料中已有，但自己对此有不同看法；哪些心得体会与文献资料基本上是一致的；哪些心得体会是在文献资料的基础上深化和发展了，等等。

经过几番文献资料查阅和深思熟虑的思考整理，可较易获得社会调查选题、研究目标及初步调研思路等。[②]

（2）实地考察社会

"纸上得来终觉浅，绝知此事要躬行"。现实社会属于一个复杂而庞大的系统，社会问题与现象丰富多彩，社会关系盘根错节，各种原因机制隐藏较深。一方面，多元化的社会问题为我们提供了较多的选题可能性，有利于选题的顺利开展；另一方面，探索与解释各种城市社会现象不能仅靠室内思索与冥想，

① 赵亮，吕学昌，秦怀鹏.城市规划三年级社会调查报告选题特征分析——对选题及其选题意识培养的教学思路探讨 [M].全国高等学校城市规划专业指导委员会年会，2008.
② 李和平，李浩.城市规划社会调查方法 [M].北京：中国建筑工业出版社，2004.

必须走到室外，走进现实社会，进行相应的实地考察，通过初步或深入的观察或访谈，从而获取具有较高社会价值的调查选题。

（3）向有关专家咨询

城乡规划某一研究领域的专家学者、老师或实际工作者，一般对其所在领域的研究现状较为了解，并有专门、深入的调查研究。"前人栽树，后人乘凉"，我们要充分利用前人的经验与成果，学会"站在巨人肩膀上"继续探索。所以我们应当多注重向有关专家学者询问、请教，向有丰富实践经验的实际工作者学习、探讨。以此得到他们的指点帮助，获得有益启迪，取长补短，从而进一步了解所选课题的研究价值、可行性及重点难点等，为后续调查研究工作奠定坚实基础。

（4）培养信息敏感性

在科学研究活动中，兴趣、直觉、灵感、顿悟、机遇和新闻敏感等非逻辑因素往往具有重大作用，调查者一时的兴趣和冲动，或者接受某些信息的刺激，有时会突发获得某些具有重要价值的调查研究课题。所以，应当在实际生活中时时留心，处处在意，准确及时地把握住这些兴趣、直觉、灵感等，增强学术敏感。借助灵感思维和信息敏感进行选题，具体方法有：

1）线索追踪。一旦有关于某一选题的火花在大脑中迸出，就立即紧急追踪调动自身最大的主观能动性，即调动各种思维活动和心理活动继续往下想，挖掘大脑深处信息，向纵深发展，力求得到其结果。

2）寻求诱引。"诱引"就是能够诱发灵感发生的有关信息，通过某一偶然事件或时间作"点火桶"，将大脑"点燃"，刺激大脑的灵感迸出、引起相关联想。在选题过程中应积极收集有关信息，随时将有关选题意向灌入各种偶然事件，以此迸发出新的火花诱发出新的灵感。

3）右脑暗示法。人的潜意识思维活动是由右脑负责，在选题的过程中，可以有意识地控制显意识活动而放任潜意识的活动，使右脑处于积极活跃的思维状态。

4）西托梦境法。一个人进入似睡似醒状态时，科学上称之为"西托"，在西托状态中梦最为活跃，最能够诱发潜意识的显现。在选题时要注意捕捉梦中的灵感，捕捉可以采取立即笔录、重复回想等方式，以免过一会梦的感觉过了，就彻底忘了。[①]

（5）进行科学论证

科学论证是指围绕选题的意义、目的、可行性及社会价值等方面进行实事求是地评论、推理或证明，以求选取意义重大、可行性强、社会价值高的研究选题。该选题途径可以基于上述方法之上，这是由于其中包含了对前人研究成果的回顾与评述、对现实社会的熟悉与了解、专家学者的咨询与访问，但其所考虑的选题将会更为全面、科学性更强、社会意义更重大。

2.3 研究问题具体化

在城乡社会调查研究的实际选择中，一个初学者或一个经验不足的调查者

① 李和平，李浩.城市规划社会调查方法 [M].北京：中国建筑工业出版社，2004.

最容易出现的情况是常常选择一个比较宽泛、笼统、模糊的问题或领域，甚至是牵涉某一类复杂的社会问题或社会现象，而不是一个明确、具体的可调查研究问题。要使这种粗略的、一般性问题，转化为焦点性的、切实可行的调查研究问题，就必须进行所调查研究问题具体化工作。

(1) 研究问题具体化的含义

所谓"研究问题具体化"，指的是通过对研究问题进行某种界定，给予明确的陈述，从而将最初头脑中比较含糊的想法，变成清楚明确的研究问题，将最初比较笼统、宽泛的研究范围或领域，变成特定领域中的特定现象或问题。通过研究问题的具体化，可以把我们的兴趣和关注点集中到研究领域中的某一具体方面，并将其潜在的、含糊的维度减少到我们所能处理的水平上。所以，这是选择研究问题过程中十分重要的一个环节。

举例来说，像《当前城市问题研究》、《社会中的老年人生活状况研究》、《农村青年的价值观研究》等一类题目实际上并非研究问题，而是问题主题或研究领域。用选题的标准来衡量，这几个问题都具有很重要的意义；但是在可行性上，由于这些问题在内涵上过于宽泛、过于一般，导致它们都比较欠缺。同样的道理，如果只说"我准备做一个有关农民工的研究"，都是很不够的，因为这种研究问题的焦点不够集中，内涵不够确切。研究问题需要进一步明确化、具体化、清晰化。你应该认真问问自己：我究竟是想了解农民工的地区分布、形成规模、居住环境，还是其他内容？只有经过研究问题的具体化工作，研究者才能十分清楚地认识到自己真正想研究的是什么，这样才有可能很好地继续下面的研究内容，不至于像"无头苍蝇乱飞"，没有明确的目标。

(2) 研究问题目具体化的途径

要使所研究的问题具体化，可以从以下两个方面入手。

1) 缩小问题的内容范围

对于初学者或一个经验不足的调查者来说，要使所研究的问题具体化，可以采取先将一般性问题转化为特定问题、将宽泛的问题转化为狭窄问题的做法，通过不断缩小问题的内容范围来达到这一目标。例如，《城市交通问题》是一个很宽泛的问题，它的内涵并不是某一个具体的社会研究所能包含的。一项具体的社会研究，通常只能选择其中某一个方面进行具体研究。所以，如果我们要继续研究上述问题，我们可以通过缩小或限制上述问题的内容范围，将《城市交通问题》转化为诸如《城市停车问题研究》或《城市交通拥堵的策略研究》等类似问题。当然，更好的研究问题是进一步缩小问题的范围，通过控制变量，限制具体研究对象，突出基本的研究变量后，得到的诸如《"善""诱""利""导"——苏州观前商业圈智能停车诱导调查》、《"右进右出"，通行无阻——苏州狮山路排堵促畅改造实行情况调查》这样的问题。于此类推，我们也可以将《我国失地农民生活状况研究》进行限定，缩小其内容范围，限制研究范围，分别转化为诸如《被选择的生活——城中村回迁安置区原住民生活状况调查》《南京被进城农民生活方式及居住空间环境调查》《四十而"惑"——上海城郊中年失地农民就业难现象调查》等问题。

在将宽泛的问题转化为小范围、对象明确的问题过程中，文献回顾往往具有十分重要的作用。比如,我们打算研究《城市交通拥堵的原因》,通过文献回顾,阅读有关文献、进行整理、分析,发现已有一些研究专门从社会发展视角、城市道路视角、城市政策视角等探讨了城市交通拥堵的原因。但是,较少有研究去探讨城市功能分区、人群活动等对城市交通拥堵的影响。这时,我们就可以限制研究地区范围,专注于这些特定因素,选择一个类似于某特定地域《城市功能与结构对潮汐交通的影响研究》或《城市功能分区与交通拥堵》这样的研究问题。

2)明确陈述研究的问题

有针对性且详细的陈述研究问题也是使研究问题具体化的十分重要的一步。对于初学者或一个经验不足的调查者来说,常常意识不到其具有的重要性。这种重要性主要体现在它使得研究者知道哪些资料必须考察,哪些资料可以放在一边,并且,它划定了与研究相关的资料范围。与此同时,这种陈述还在一定程度上帮助研究者选择和确定研究方法。好的问题陈述具有下列两种特征:一是所陈述的问题既不能太宽泛,也不能太微不足道;二是所陈述的问题必须是在调查者的能力范围之内。

具体而言,对问题进行陈述时可以考虑以下几点:

其一,提出问题必须清楚明白。在对研究问题进行陈述、界定和具体化过程中,可以采用提问的形式,并能运用变量的语言。如:《社区交往空间的配置是否明显提高了居民的人际交往频率?》。一个常用且有效的提问形式是:"现象(或变量)A 与现象(或变量)B 之间存在什么关系?" 比如:《商业空间的标识设置是否与人群流线存在什么关系?》。

其二,陈述问题至少包括两个变量。例如,前面两个问题陈述中,第一个包含了"社区交往空间的配置"与"居民的人际交往频率"两个变量,而第二个则包含了"商业空间的标识设置"与"人群流线"两个变量。通常来讲,只包含一个变量的问题陈述通常为描述性研究的问题。比如,《城市边缘区农民工的社会化发展状况究竟如何》,它就只包含了一个变量,即"社会化发展状况"。

其三,陈述问题必须是可检验的。可检验的含义指的是所研究的问题必须能够对应不止一种回答。仅有一种答案的问题陈述是不合格的。例如,《居住区环境设计与犯罪频率调研》。这个问题就可能产生不同的回答,即"居住区环境设计"与"犯罪频率"之间可能有关系,也可能没有关系;再如,《大学生择业意愿导向研究》在这个研究下,对大学生择业意愿研究的结果则既可能是"权力导向的",也可能是"金钱导向的",还可能是"声望导向的"。

总之,我们应该明白,如果在明确地定义研究问题之前,就去收集资料,这种做法尽管一定程度上是可行的,却不是有效的。因为这样做的结果常常是:在你所收集的资料中,许多是无用的甚至是错误的,导致走弯路,浪费时间,影响研究效率。因此,每一个城乡社会调研者在具体从事一项城乡社会综合调查课题时,应该首先养成将问题内涵具体化的好习惯。倘若我们运用上述知识,选择到一个有新意、有价值、切实可行、自己也很感兴趣的研究问题,同时,这一研究问题又经过了明确的界定和清楚的表述,那么,这项城乡社会调查的质量和水平以及整个调研过程的顺利进行,从一开始就有了基本的保证。

第4节 获奖作品选题分析

社会调查研究是规划师的必备技能，选题是社会调查研究的第一步。以下内容，在全国城乡社会综合实践调研报告选题方面以 2000—2017 年获奖作品为样本，在城市交通出行创新实践方面以 2014—2017 年获奖作品为样本，对选题进行基本情况分析与热点分析（为了大家把握高等级奖项之间的共性和一些发展趋势，以下主要以一等奖、二等奖、三等奖作品为样本数据）。

1 获奖作品基本情况

1.1 全国城乡社会综合实践调研报告

全国城乡社会综合实践调研报告竞赛开始于 2000 年，是一项全国高等学校城乡规划学科专业指导委员会面向所有设置城乡规划本科专业的高等院校开展的竞赛，目的是为了组织"社会综合实践调查报告"的交流及评优活动，培养城乡规划专业学生关注社会问题的职业素养，增强学生理论联系实际，将工程技术知识与经济发展、社会进步、法律法规、社会管理、公众参与等多方面结合的专业能力，培养学生发现问题、分析问题、解决问题的研究能力，提升学生文字表达水平和综合运用的能力。本竞赛要求参与者应为我国高等院校城乡规划专业的高年级（非毕业班）在校本科生，考虑专业的合作性特点，每份参评报告允许 4 人以下（含 4 人）合作完成，但每位学生只能署名参加一份参评报告；参评报告必须为参评学生所在学校本学年社会综合实践调查教学的一份课程作业；每个学校报送的参评作品不得超过 5 份。并且参赛作品选题必须从学校所在城市的实际出发，寻找已经实施的、且具有创新性的项目（或措施），并结合自己的专业知识提出改进建议。

以 2000—2017 年获奖作品为样本，做"量"、"面"以及"趋势"分析，发现获奖数量越来越多，参赛院校覆盖面越来越广，参评作业规范性加强，质量也越来越高，整体数量趋势是逐年增加。以下从获奖总量、获奖趋势、参赛院校三个方面详细分析、说明。

从获奖总量来看，2000 年至 2017 年间（2002 年、2003 年不设获奖等级），全国城乡社会综合实践调研报告总获奖数为 677 个，其中一等奖为 51 个，占总数的 7.5%，二等奖为 182 个，占总数的 26.9%，三等奖为 395 个，占总数的 58.3%。

从获奖整体数量趋势来看，近年来全国城乡社会综合实践调研报告获奖数量逐年增加（表 3-1），一、二、三等奖获奖总数量从 2000 年的 8 个，到 2009 年的 56 个，增加了约 7 倍；从 2010 年的 25 个到 2017 年的 62 个，增加了约 2.5 倍。2000 年至 2017 年间（2002 年、2003 年不设获奖等级），从获奖整体结构来看，三等奖居于主体部分，大概在 50%–80%，一等奖控制在 10%–15%，二等奖的变化比较大，20%–35% 之间不等（图 3-7）。

从参赛院校来看，参赛院校覆盖面也越来越广、数量越来越多。如 2014 年参赛院校为 77 所，作品为 305 份；2015 年参赛院校为 90 所，作品为 320 份；

2000—2017 年社会调查报告高等级获奖数量一览（篇）　　表 3-1

时间（年份）	奖项			
	一等奖	二等奖	三等奖	总获奖数
2000	0	3	5	8
2001	3	5	7	15
2002	18（未设等级）			18
2003	22（未设等级）			22
2004	2	12	14	28
2005	2	10	18	30
2006	0	6	10	16
2007	3	12	15	30
2008	4	12	23	39
2009	3	10	43	56
2010	2	8	15	25
2011	3	8	30	41
2012	4	13	38	55
2013	8	16	30	54
2014	5	20	31	65
2015	5	22	30	57
2016	5	8	43	56
2017	2	17	43	62

资料来源：根据全国高等学校城乡规划学科专业指导委员会官网 http：//www.nsc-urpec.org/ 信息，作者自绘

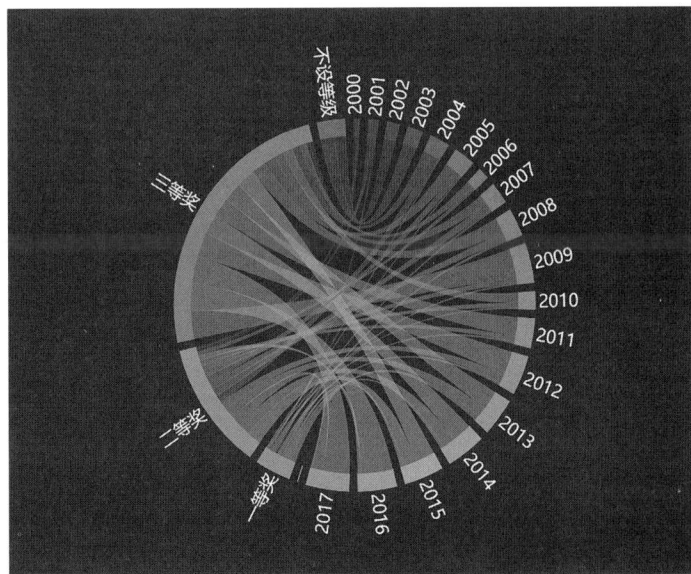

图 3-7　2000—2017 年社会调查报告高等级奖项分布图

资料来源：根据全国高等学校城乡规划学科专业指导委员会官网 http：//www.nsc-urpec.org/ 信息，作者自绘

2016 年参赛院校为 96 所，其中独立院校 4 所，作品为 344 份。至 2017 年，来自全国层面和地域的院校，参赛院校共有 96 所，作品共 379 份。同时，一等奖获奖院校也不局限于传统的"老八校"，从近几年的一等奖获奖院校来看，一些非"老八校"：中山大学、北京大学这类非传统工科院校获奖也越来越多。如 2014 年一等奖获奖院校包括中山大学、湖南大学、华侨大学和华南理工大学；2015 年一等奖获奖院校包括苏州科技大学、华侨大学、武汉大学和湖南大学；2016 年一等奖获奖院校包括武汉大学、北京工业大学、北京大学、西南交通大学和南京大学，到 2017 年一等奖获奖院校为华侨大学和天津城建大学。

从评审方式来看，2014 年之前，首先是由承办单位组织对参评作品进行技术审查和形式筛选，审查投稿作品形式、数量有无违规，有无明显出现单位、个人的文字痕迹以及其他质量不合格问题。然后为传统的会评方式，专家齐聚共同评出一等奖、二等奖、三等奖以及佳作奖。2014 年开始，城乡社会调查报告竞赛评审程序分为两部分，分别为资格审查和评优。其中在技术审查后的评选流程改为两个阶段，分别为通信评审以及专家评审。以近几年城乡社会调查报告竞赛情况分析，发现调研水平整体提高明显，学校之间作品差距缩小，参评作业整体规范性加强，在资格审查部分，所提交作品审核通过率均在 85%～90% 左右，因不符投稿要求的作品占比明显降低，所提交作品审核通过率保持在一个较高水平（表 3-2）。评优部分的第一阶段为网络通信评审阶段：遴选专家建立网络通信评审专家库，通过网络对作品进行匿名评选，从中确定入围作品。评选专家一般由各个专指委员或具有丰富社会调查教学经验的副教授职称以上的教师组成。网络评审阶段保证每份参赛作品都由 3 名专家匿名平行评阅，根据评分结果排序遴选入围作品。以近几年城乡社会调查报告竞赛第一阶段评选情况分析，发现每年第一阶段作品通过率为 40% 左右。如 2014 年 265 份合格作品在第一阶段评审通过作品数为 121 份，通过率为 46%；2015 年 297 份合格作品在第一阶段评审通过作品数为 119 份，通过率为 40%；2016 年 290 份合格作品在第一阶段评审通过作品数为 119 份，通过率为 41%；至 2017 年 337 份合格作品在第一阶段评审通过作品数为 134 份，通过率为 40%。第二阶段为现场专家会评阶段：专家对入围作品进行一等奖、二等奖、三等奖和佳作奖的具体等级评定。与之前传统评审方式相比，这种方式更为科学合理，保障了每份作品能有更多的专家进行深入阅读、评判。评审工作更为严谨，评审结果更为科学。

2014—2017 年社会调查报告参赛作品审查通过率一览表　　　表 3-2

时间	提交总数（份）	审查通过数量（份）	审查未通过数量（份）	通过比例（%）
2014	305	265	40	87
2015	320	297	23	93
2016	344	290	54	84
2017	379	337	42	89

资料来源：根据全国高等学校城乡规划学科专业指导委员会官网 http：//www.nsc-urpec.org/ 信息，作者自绘

1.2 全国城市交通出行创新实践

目前大规模的交通投资建设并没有很好地解决城市中的交通出行问题。道路越建越宽，交通越来越堵，人们在城市中的交通出行越来越困难，城市综合交通系统的整体效能也未得到充分发挥。国内外经验也表明，城市交通出行条件的改善不仅需要大规模的交通基础设施的建设，政府部门的交通政策，也需要社会各界人士的参与，采取更加有效的措施，改善交通出行。

在这种背景下，同时为响应上海世博会"城市，让生活更美好"这一主题，2010年开展了首次城市交通出行创新实践竞赛。竞赛的目的是发掘在社会组织、社区、企事业单位及普通民众之中已经存在着的许多"软性"（组织管理）的、具有创造性的解决方案，并促进这些有效的方法能够在国内外得到推广应用，最大限度地发挥城市交通基础设施的效能，有效地减少城市交通的环境问题、安全问题，同时改善社会弱势群体的交通出行条件。

竞赛主要是针对已通过全国城乡规划专业评估的规划院校而增设的竞赛项目，特邀通过评估的院校参加，各校最多可提交4份参赛提案。同时，本竞赛也向其他院校的城乡规划专业开放，未通过专业评估院校提交的参赛提案不超过2份／校。每份参赛提案的参与人数不得超过5人（含5人）。在选题上，参赛作品选题可以包括历届已获奖项目的新发展，但这类项目需要突出新的改进。

在成果要求方面，首先，要求每个参赛小组完成包含英文摘要（不少于100字）的4页A4版成果及A3版附图一张；该附图将在该年年会进行展览；然后，提交DOC格式电子文件1份，插图JPG格式（分辨率不小于300dpi），文本的字号最小为五号，图表文字最小为六号；其次，还需PDF格式电子文件1份，内容与DOC文件一致（文件量大小不大于2M）；最后，需要有参赛证明，参赛证明为单独的JPG文件，包括指导老师和参赛学生的信息，每个报告一份，并且需加盖学院或系所公章。

竞赛参赛项目必须从当地城市的实际出发，发掘适合当地情况的、已经实施的、且具有创新性的项目，并可结合自己的专业知识提出改进建议。选题视角应至少满足以下标准之一。

1）从社会公正的角度出发，考虑到各种群体的需要，特别是中低收入或特殊人群的机动性问题（如针对行动不便人群的交通服务）；

2）从交通出行的角度出发，如何使出行更舒适便捷（如多模式交通，信息系统和票制整合等）；

3）从交通需求的角度出发，如何满足日益增长的多样化的交通需求（如城市边缘地区灵活的交通服务）；

4）从环境保护的角度出发，如何更好地支持步行、自行车以及小汽车更高效使用方式（如单位同事的拼车，改善自行车的行车环境，改善居住区和城市中心的步行环境）。尤其欢迎提交跨越不同专业和视角的项目。

根据全国高等学校城乡规划学科专业指导委员会官网公布信息以及相关网站可查信息，以下选取2014—2017年获奖名单为样本分析。

从获奖总量上来看，2014年至2017年间，全国城市交通出行创新实践竞赛高等级获奖数为68个，其中一等奖为10个，占总数的14.7%，二等奖为 24 个，占总数的 35.3%，三等奖为 34 个，占总数的 50%（表 3-3）。从获奖趋势来看，近年来全国城市交通出行创新实践竞赛获奖数量相对稳定，其中三等奖居于主体部分，每年获奖大概在 40%-50%，一等奖控制在 10%-15%，二等奖在数量上没有变化，每年为 6 个，占每年获奖总数的 30%-40%（图 3-8）。

在参赛院校方面，参赛院校数量稳步提升，获奖院校比例持续稳定，一直保持在 50% 左右。如 2014 年参赛院校为 38 所，获奖院校为 20 所，占参赛院校的 53%；2015 年参赛院校为 39 所，获奖院校为 21 所，占参赛院校的 54%；至 2017 年参赛院校达到 48（2016 年 42 所），获奖院校为所 23 所（2016 年 20 所），占参赛院校的 48%。

在评审方式方面，评审程序分为两部分，分别为资格审查和评优。资格审查，由承办单位组织对参评作品进行审查，首先要审查参赛作业形式有无违规（不

2014—2017 年全国城市交通出行创新实践竞赛获奖数量一览（篇）　表 3-3

时间	奖项			
	一等奖	二等奖	三等奖	总获奖数
2017	3	6	12	21
2016	2	6	7	15
2015	2	6	6	14
2014	3	6	9	18
总数	10	24	34	68
占比	14.7%	35.3%	50%	100%

资料来源：根据全国高等学校城乡规划学科专业指导委员会官网 http：//www.nsc-urpec.org/ 信息，作者自绘

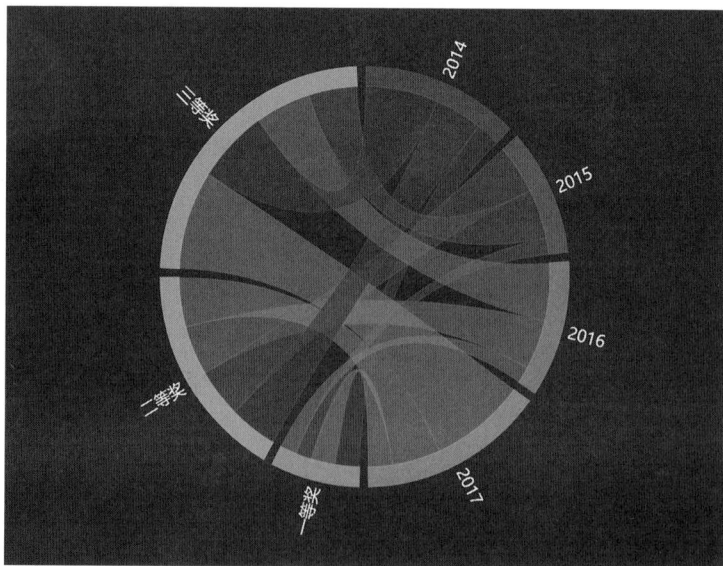

图 3-8　2014—2017 年全国城市交通出行创新实践竞赛高等级奖项分布图

资料来源：根据全国高等学校城乡规划学科专业指导委员会官网 http：//www.nsc-urpec.org/ 信息，作者自绘

规范）、有无出现单位、个人的文字（或图形）痕迹、是否附有加盖公章的正式函件扫描件及缴费证明；其次，审查参赛作品在选题上是否符合要求以及其他质量不合格问题。通过资格审查参赛者参加展览环节，进入评优程序。评优部分由专指委评优工作组对参评规划设计进行评优。其分为两个阶段，第一阶段为网络评审，入围评选：预评专家通过网络选出佳作入围作业。在网络评审环节，分为五个方面评分，分别为选题、调查研究、优化设计、报告写作和海报表达，成绩为百分制，其中选题方面占15%。 第二阶段为现场专家会评阶段：通过四轮交叉评阅选出一、二、三等奖。第一轮：交叉评阅入围作品，按比例选出一、二、三等奖候选作业，其余作业获佳作奖；第二轮：交叉评阅一、二、三等奖候选作业，按比例选出一、二等奖候选作业，其余作业或三等奖；第三轮：交叉评阅一、二等奖候选作业，按比例候选一、二等奖；第四轮为复审核定：由评优组对获奖作业及所有获奖名单复审、核定。在资格审查部分，随着近年来城市交通出行创新实践竞赛，提交作品总数持续增加，院校参与活跃度稳步提升，参赛院校对参赛要求普遍重视，提交作品合格率明显提升。如2017年参赛院校48所，比2014年多了28所，提高了140%；参赛作品共104份，比2014年多了9份，提高了9.5%，并且所提交作品合格率为100%，即全部合格。

从获奖比例来看，近年来城市交通出行创新实践竞赛，提交作品获奖总数较为稳定，占通过资格审查的作品比例也一直保持在42%左右。如2014年获奖作品总数为38份，占通过资格审查比例的42%；2015年获奖作品总数为37份，占通过资格审查比例的41%；2016年获奖作品总数为30份，占通过资格审查比例的42%；2017年获奖作品总数为43份，占通过资格审查比例的41%。

2　作品选题特点及问题

2.1　全国城乡社会综合实践调研报告

分析近几年的全国城乡社会综合实践调研报告竞赛获奖作品，发现存在一些共同特点，现整理如下，供大家选题参考。同时对投稿作品选题进行整体分析，发现部分选题存在一些问题，结合获奖作品特点和投稿作品选题存在的问题，给予了一些建议，希望能给参赛者一些借鉴与指导。

（1）获奖作品选题上具备以下三个特点

1）开拓创新。结合行业和学科发展的热点，选题有研究价值和意义，具有开拓性和创新性。

2）清晰明了。选题目标清晰，能够反映城乡规划学生的基本理论认识，且能够找出明确的实施途径，并加以完成。

3）朴实严谨。选题贴合生活实际，在组织论证调查的过程中可以严谨的构架内容框架，让读者比较容易了解作者的表达意图。

（2）投稿作品选题上存在以下四点问题

1）选题过时：缺乏研究价值和意义，无法为政府和城市建设提供有效建议。

2）选题过小：研究范围太狭窄、拓展不足，很难形成一个完整的调查报告体系。

3）选题过大：太过宏观，所研究问题无法通过调查报告来解决。

4）创新不足：一类为过于常规，选题不具有创新性；另一类选题为创新而创新，流于形式。

（3）提出以下选题建议

首先，选题要有研究价值和意义，立意要高，但着眼点要具体。可结合行业和学科发展的热点同时要有开拓性和创新性。其次，多和政府进行沟通、多和社会进行接触，了解最新时事政策与社会热点，从中挖掘、寻找有创新意义的选题。然后，提倡对城市生活、城市空间、城市形态与"城乡规划"专业相关联的调查研究。最后，选题应该有一定的针对性，避免空洞的套词导致选题与实际研究内容上的虎头蛇尾。

2.2 全国城市交通出行创新实践

分析近几年的全国城市交通出行创新实践竞赛获奖作品，发现存在一些共同特点，以下进行整理，供大家选题参考。为了接下来的参赛者不走弯路，避免出现以往雷同问题，作者对投稿作品选题进行整体分析，提炼出部分选题存在的一些问题，结合获奖作品特点和投稿作品选题存在的问题，给予了一些建议，希望能给参赛者一些借鉴与指导。

（1）获奖作品选题上具备以下五个特点

1）"新"——选题具有创新性、运用新技术与新思路

一方面，选择的提案本身具有创新性，可以促进人的机动性和创新能力。另一方面，选题能够体现出新技术或新思路，如利用信息技术来提高交通工具的效能（交友软件）或在用传统交通工具基础上，提出新思路来改善城市交通问题（通勤火车、轮渡）。

2）"行"——行得通，具有可实施性

基于选题组织调研，调查分析和优化建议具有逻辑性和实施的可能性。

3）"跨"——跨学科视角

跨学科视角的选题往往能得到专家评审的青睐，此类选题一定程度上能够从其他途径提出一些具有创造性的解决方案、找出行之有效并具有一定推广价值的方法。比如，不一定要从传统的规划设计手段来解决城市现有交通问题，也可以从城市管理层面、社会研究视角或心理学角度，来寻求解决问题之道。

4）"巧"——小成本换大效益

选题不局限于强调交通设施和系统本身的完善或技术方法的改进，通过"柔性"策略实施，能够在充分利用现有资源的条件下改善交通服务，做出创新、实践。如运用错时停车解决停车问题和通过改善交通设施及标识细节来提高交通通勤率。

5）"特"——特定交通方式的方案

针对不同地域、地形与特殊气候条件，研究特定的交通方式解决相应问题。如《江城留舫——武汉轮渡使用现状调研》和《连横桥，合纵梯——重庆上下半城"天桥＋电梯"步行捷径系统创新与优化设计》。

（2）投稿作品选题上存在以下四点问题

1）目标性泛：部分选题对问题的界定和研究目标不够清晰和聚焦。

2）表达性弱：选题文字的表达性和可持续性有待提升。

3) 逻辑性差：选题内容跳跃太大，缺乏逻辑，难以读懂。

4) 创新性低：选题雷同度较高，缺乏创新性。

5) 软性研究缺：选题过度着重对"硬性"的研究而缺乏对"软性"的研究。

(3) 提出以下选题建议

首先，进一步加深对竞赛要求及目标的解读。如对"创新"和"实践"两方面的基本要求，对最大限度利用既有设施和条件的强调，对方法的"有效性"和"推广应用价值"的把握等。其次，许多同学还没有从竞赛的优秀案例中充分吸取经验。应当多关注和总结前几年通过竞赛活动推选的优秀案例选题的特点，并加以借鉴。然后，扩大选题专业和视角，寻求不同方向、学科、维度来挖掘解决城市已存在的具有创造性的解决方案。另外，选题要有针对性，内容不能跨度太大，要有逻辑，容易读懂。不要与之前选题雷同，要有创新性、开拓性。最后，选题要有可操作性，围绕选题下的调研研究不需要大量的资金投入，却能取得比较广泛的效果。

3 获奖作品选题热点

3.1 全国城乡社会综合实践调研报告

开展社会调查是由城市空间的社会属性所决定。纵观 2000—2017 年间全国大学生城乡规划社会调研获奖作品（图 3-9），可以发现调研对象主要包括城市问题、弱势群体、道路交通、居住社区等，以城市问题和弱势群体获奖的

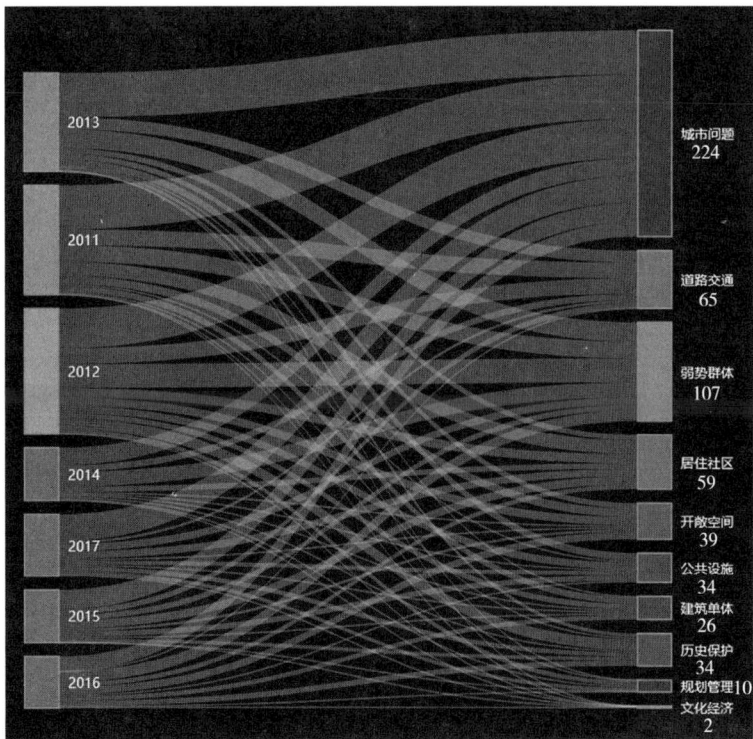

图 3-9 2011—2017 年调查报告高等级获奖各类选题数量分析图

资料来源：根据全国高等学校城乡规划学科专业指导委员会官网 http://www.nsc-urpec.org/ 信息，作者自绘

数量和等级为最多，其中城市问题在最近七年，即 2011 年至 2017 年有 224 个，其中弱势群体 2011 年至 2017 年有 107 个；道路交通和居住社区获奖数量也较高，其中道路交通 2011 年至 2017 年获 65 个，居住社区 2011 年至 2017 年获 59 个（表 3-4）；其次，关于乡村的选题，也越来越多，即 2011 至 2017 年有 37 个（表 3-5），特别是 2013 年、2014 年以及 2017 年，关于乡村的选题约占当年获奖总数的 15% 左右。随着 2017 年"乡村振兴"战略的提出，乡村成为规划热土，作者认为未来关于乡村选题的投稿作品也将增加。

2011—2017 年社会调查报告高等级获奖选题数量一览表（篇）　　　　表 3-4

时间	弱势群体	居住社区	公共设施	文化经济	规划管理	历史保护	道路交通	建筑单体	开敞空间	城市问题
2011	18	15	2		1	2	17	7	9	48
2012	26	10	8		5	12	17	6	9	43
2013	21	6	8			4	13	1	6	48
2014	16	6	1		2	2	7	2	2	19
2015	6	9	6			4	6	2	3	21
2016	12	5	2	1	1	6		5	8	16
2017	8	8	5	1	1	4	5	3	2	29
总数	107	59	32	2	10	34	65	26	39	224

资料来源：根据全国高等学校城乡规划学科专业指导委员会官网 http：//www.nsc-urpec.org/ 信息，作者自绘

2011—2017 年社会调查报告高等级获奖关于乡村的选题数量一览表（篇）　　表 3-5

时间	2011 年	2012 年	2013 年	2014 年	2015 年	2016 年	2017 年
数量	2	4	10	8	2	4	7
总数				37			

资料来源：根据全国高等学校城乡规划学科专业指导委员会官网 http：//www.nsc-urpec.org/ 信息，作者自绘

考虑 2010 年数据缺失，截取 2000—2009 年分析，在这十年中共 262 篇调查报告的选题划分为十大类别，即弱势群体、居住社区、公共设施、文化经济、规划管理、历史保护、道路交通、建筑单体、开敞空间及其他。从历年选题类型数量统计来看，针对居住社区和道路交通的研究较多，共计 88 篇，占总数量的 33.6%。其次为开敞空间、公共设施和弱势群体研究，共计 80 篇。相比其他选题，文化经济和规划管理方面研究较少，总共 27 篇，刚到总数的 10%。由此看来调查报告选题主要集中在同学们平时接触较多的几个知识面上，针对文化经济、规划管理方面等教学中的边缘学科研究则较少。

统计分析获奖调查报告的摘要和目录，发现学术性选题明显少于应用性的选题。应用性调查其主要目的及调查分析手法是获取选题的起因和研究结果之间联系的证据；而学术性调查的主要目的是通过调查研究对选题进行深入认识和理解所要解决的问题，这也正是我们教学所要培养的分析问题和解决问题的综合能力。

最后，统计分析选题热度。一方面，一些社会热点问题一直以来都得到了参赛者的青睐。且不同时期热点选题都由当时政策热点或社会热点而有所决定。比如"开放式街区"政策出来之后，就有很多参赛者选择关于"开放式街区"选题；再如"禁塑令"、"广场舞"等话题正热时，其相关选题数量也有明显上升。另一方面，随着社会的发展，在我国城市发展与建设过程中产生了许多新的问题，学术界的研究视野也不断开阔，新的研究领域也不断拓展，因此，调查报告选题范围也增大。一些冷门的方向也引发了学生的兴趣，比如同性恋活动空间、犯罪行为场所、农村红白喜事空间、创意阶层空间需求调查等主题，具有一定的创新性（表3-6）。

近年来，在我国新型城镇化发展、城市存量规划的大背景下，城乡社会综合调查的选题内容进一步丰富和扩展，如城市边缘区乡村城镇化、城市修补和生态修复、城市大数据、信息化技术及智慧城市等。以信息化系统整合方向为选题也往往能够得到评委的青睐（表3-7）。

2014—2017 年全国城乡社会综合调查报告获奖作品选题热点　　　　表 3-6

年份	选题热点
2017	城乡有机更新、城市社区营建、社会特殊群体、互联网新技术与空间共享、城乡二元融合、城市交通
2016	城市民生问题、城市空间安全、孩童与老人社会、基础设施和服务设施、城市社区营建、乡村发展、信息化整合
2015	旧城更新、城市生态优化、工业遗存改造、美丽乡村、互联网+、创客空间
2014	旧城更新、历史街区优化、城市问题、老年人社区、公共安全

资料来源：根据全国高等学校城乡规划学科专业指导委员会官网 http：//www.nsc-urpec.org/ 信息，作者自绘

2014—2017 年全国城乡社会综合调查报告以信息化系统整合方向为选题获奖作品　　表 3-7

序号	学生作品	获奖等级	时间
1	借问酒家何处有——"互联网+"对旅馆业空间分布影响调研	三等奖	2015
2	街道高效就医地图——基于信息可视化的街道健康网络优化	一等奖	2015
3	别了，旧公交时代？！——大数据时代北京公交车智慧化转型调研	三等奖	2015
4	车来了——探究智慧出行 APP 对北京城市居民生活方式的影响	三等奖	2017

资料来源：根据全国高等学校城乡规划学科专业指导委员会官网 http：//www.nsc-urpec.org/ 信息，作者自绘

3.2　全国城市交通出行创新实践

城市交通出行创新实践选题热度是由当年相关政策、社会热点所影响的。纵观 2014—2017 年以来全国城市交通出行创新实践竞赛获奖作品，可以发现调研选题种类主要包括新的信息技术、道路或交通组织优化、设施改善与完善、制度创新、政策调整和研究目标细化。以新的信息技术和道路或交通组织优化获奖的数量和等级为最，其中"新的信息技术"在最近四年，即 2014 年至 2017 年有 17 个，其中"道路或交通组织优化"类 2014 年至 2017 年有 34 个；随着"共享交通"理念的提出，"共享"成为规划热点，"顺风车"、"合乘车"、"定制公交"、"共享单车"、"共享汽车"这类研究对象成为了不少参赛者的选择，如以共享交通、微公交方向为选题较多（表3-8、表3-9）。

全国城市交通出行创新实践竞赛以共享交通方向为选题获奖作品　　表 3—8

序号	学生作品	获奖等级	时间
1	乐享"拼"途——"滴滴"打车平台的拼车功能拓展实践	佳作奖	2014
2	广州市中心区停车泊位错时共享模式探究	二等奖	2015
3	E 驱同公——EVCARD 电动汽车分时租赁对公共交通的补充作用	一等奖	2016
4	「错时停车，开放共享」——重庆市渝北区"单位＋小区"错时停车系统创新与优化设计	二等奖	2016
5	Electrical driven & e-share——苏州公共电动汽车租赁运营现状调查与优化	三等奖	2016
6	合享其乘——共享经济模式在公共出行领域的探索	三等奖	2016
7	共享单车，乐行校园——ofo 小黄车运营及其发展情况调研	佳作奖	2016
8	共享电单，助力"郊"通	一等奖	2017
9	停取有度，智享成都——成都地铁站区共享单车停放及优化	三等奖	2017
10	"共"你拥有，"想"你所享——基于人群出行需求的共享单车使用情况调查优化	佳作奖	2017

资料来源：根据全国高等学校城乡规划学科专业指导委员会官网 http : //www.nsc-urpec.org/ 信息，作者自绘

全国城市交通出行创新实践竞赛以微公交方向为选题获奖作品　　表 3—9

序号	学生作品	获奖等级	时间
1	无微不至，微动城区——苏州市微型公交实施情况调查	二等奖	2014
2	我的公交我做主	二等奖	2014
3	私人"定制"	三等奖	2014
4	无"微"不至——武汉市江汉经济开发区"微公交"运营状况调研	佳作奖	2014
5	"私人订制，不再囧途"——武汉定制交通运营状况调查与优化	一等奖	2015
6	"医"步到位——中心城区大型医院定制公交探索	三等奖	2015
7	属于你的"私人定制"——武汉某高效"民间校车"现状调研及优化	佳作奖	2015
8	载绿穿行——上海市陆家嘴 CBD 微公交系统的调查与优化	三等奖	2016
9	定制出行，末路重生——沈阳市定制公交经验总结与优化设计	三等奖	2017
10	小快灵——适用于高校社区的微公交运营模式及推广调研	佳作奖	2017
11	微行社区，绿暖苏州——苏州市微循环公交调查	佳作奖	2017
12	MiniBus : S4U——温州市广化片区社区微公交运营调研与优化	佳作奖	2017

资料来源：根据全国高等学校城乡规划学科专业指导委员会官网 http : //www.nsc-urpec.org/ 信息，作者自绘

【思考与练习】

1. 收集一些优秀的城乡社会综合调查报告，对其课题类型进行分类，比较不同课题类型之间的差异。

2. 城乡社会综合调查研究的选题来源主要有哪些？

3. 怎么完成选择调查课题的全过程？

4. 面对海量文献，如何能够快速检索到自己需要的文献，选择文献的标准是什么？如何将研究问题具体化？

5. 什么是文献，它有哪些构成要素，有哪些种类，如何快速找到合适的文献？

6. 文献综述对城乡社会综合调查研究有什么作用，如何对文献进行研读？

7. 运用本章所说的知识与方法，选择一个合适的调查课题作为进一步开展实践的例子。

8. 对于整个社会调查工作来说，选择一个恰当的调查课题具有怎样的意义？

9. 结合你所在城市所存在问题，思考值得调查研究的内容，请提出几个符合要求的选题。

10. 请思考选题与研究内容的关系，在研究过程中，如果发现选题需要调整，在内容和选题上，应该怎么协调？

第4章 城乡社会综合调查设计

　　城乡社会综合调查设计是指对整个调查研究工作的内容、方法、程序等进行规划，包括制定出探索特定社会现象和事物的具体策略，选择合适的研究方法和途径，制定详细的操作步骤及研究方案等方面内容。对城乡社会综合调查进行设计的目的包括两方面：一是搞清楚要调查什么，使之有明确的方向和目标；二是弄清楚如何通过最优途径取得调查结果，对城乡社会调查研究工作的顺利进行具有重要的指导作用（图4-1）。

　　城乡社会综合调查中最主要的部分是调查的总体方案设计。在方案设计中，首先，要遵循全面性原则、经济性原则、时效性原则以及可行性原则；其次，调查范围、调查对象（分析单位）、调查指标是调查方案设计中不可回避、具有难度的部分。同时，效度和信度关乎调查结果的可靠性和准确性，如何把握调查设计的效度信度，保证城乡社会综合调查结果最大程度接近科学，也是调查方案设计中的重要内容。

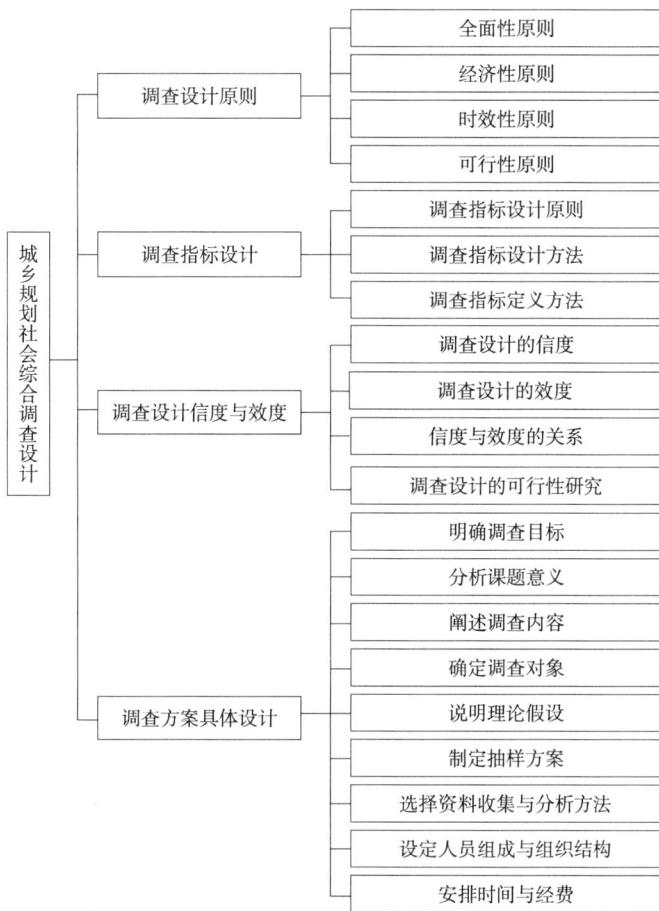

图 4-1　城乡规划综合调查设计框架图
图片来源：作者自绘

第 1 节　调查设计原则

调查设计原则贯穿了城乡社会综合调查工作的全过程，主要分为全面性原则、经济性原则、时效性原则和可行性原则。

1　全面性原则

全面性原则是指在制定城乡社会综合调查设计时，要全盘考虑调查的主客观条件、调查人员组成、调查内容以及调查方法。首先，调查人员知识面要广泛。不具备城乡规划专业素养、只会做统计分析工作的调查者，是无法将工作做好的。

其次，调查设计既要符合调查者主观要求，又要切合客观条件。在综合调查中，不能仅考虑调查者的学识水平能否承担课题，同时也要考虑课题研究的客观条件是否适合课题推进。在调查人员的组成上，根据调查人员不同的知识积累和不同的关注点，协调调查人员之间的互补性，以便形成知识交叉，凭借各人对所擅长领域的敏感性，合力进行调查研究。城乡规划又是知识庞杂的专业理论体系，此间涉及城乡空间、城乡生态、城乡产业、城乡文化、城乡发展政策等众多专业知识，需注重不同知识背景调查人员间的相互配合。

再次，调查对象要全面。有些课题在地域上，不仅涉及城市，还涉及乡村；在年龄层次上，不仅涉及儿童，还涉及老人；在性别上，不仅涉及男性，还涉及女性。因此，在制定调查方案时，应从不同时空、不同社会环境收集资料。例如，《某小区入住率调查研究》这一课题，工作日采取问卷方式随机调查小区居民，至少有两类业主的信息无法得到，一类是未入住业主，一类是工作日正常上班的业主，调查对象不够全面，结论不具有科学性。又例如，《"淘宝村"乡土社会变迁调查》这个课题是以电商淘宝为切入视角，其研究的是一个某地普通村落在电子商务进入农产品销售产业链之后，出现的一系列变化，至少需要调研 4 类人群，一类是从事电商销售人员，另一类是不进行农产品电商销售人群，还有两类是外来务工人员和普通村民。

然后，调查内容要全面。调查内容是指调查者需要调查研究并描述的具体项目和指标。城乡社会综合调查运用的知识范围广，其调查的内容不仅仅涉及城乡规划单一学科的知识，而且涉及社会学、政治学、统计学、计算机科学、哲学、文学等多种学科领域，需要调查者具备开放性的视野，从不同方面、不同角度，研究城乡社会现象的具体内容。

最后，调查方法要全面。在一个调查方案中，根据调查目的和数据的可获得情况，依据实际需要，可以不同问题运用统一调查方法，也可以同一问题运用不同调查方法。在城乡社会调查前期，应对当地的社会经济状况做出了解，在调查时，既要研究大方面的具体情况，如，可以通过文献法，查取年鉴数据，包括地方城市统计年鉴，与全国平均水平比较；也可以通过微信和微博平台等方法来获取数据，但需注意数据来源的可靠性和真实性。另一方面，也要运用调查方法对个别对象进行深入研究，如，通过访谈法，深入询问当地居民，以掌握研究情况；还可以通过问卷调查法，发放事先拟定好的调查问卷，向当地居民了解情况、征询居民意见。

2 经济性原则

设计调查方案时，要尽可能的节约人力、物力、财力和时间，争取用最经济的投入，得到最有效的调查结果。为了达到经济性原则，在不影响最终调查效果的前提下，制定多个调查方案和调查方法，选取其中最经济的调查方案予以实施。在满足调查研究要求的前提下，可以从以下方面满足经济性原则。在调查范围的选取上，相似案例点应当就近选择，不宜选择偏僻遥远的地点增加交通负担；在调查类型的选取上，通常抽样调查相较于普查，更节约投入成本；在调查人员的选取上，应当选择量少质优的人员，将调查精度提高，避免重复调查。例如，面对一个大型社区，挑选具有代表性和经济性的点进行抽样调查，可以大大提高调查方案的经济性。以《商业化背景下的住区变迁——以珠江路科技街的兴起为例》[①]这一课题来说，选取了珠江路科技街中布点均衡、具有典型性的两个住区，在调查方案中采用结构抽样调查，既满足了科学性，也符合经济性原则。

[①]《商业化背景下的住区变迁——以珠江路科技街的兴起为例》获得 2005 年全国大学生城市规划社会调查报告评优一等奖。作者：吴靖梅、张佳、张强、宋若蔚；指导教师：吴晓。

3　时效性原则

城乡社会综合调查具有很强的时效性，所以在设计方案阶段，需充分考虑不同课题的时间需求。一方面，调查研究是为了预测未来发生情况，从而对规划建设起到指导作用，例如，《居住小区交通影响评价调查研究》这一课题，通过调查交通量等一系列指标，建立交通量模型，评价某居住小区建成后对周边交通的影响，并根据评价结果调整规划方案。像这一类预测性课题，应当做超前调查，即在居住小区方案论证的同时拿出调查成果以及评价结论，否则就失去了时效，同时也失去对方案的指导作用。

另一方面，当前社会的一些热点话题或者当前社会政策颁布前后变化，这些案例调研也具有时间性。如《人潮拥挤，我拉不住你——厦门市中山路人群聚集情况及踩踏安全隐患的调研分析》[1] 这一课题即具有特定的社会背景，课题时值上海市外滩踩踏事件的社会影响，同时考虑到各类城市公共场所人群高度聚集、疏散距离较长，人群拥挤踩踏事故多发，公共空间的安全问题亟待研究。调查者通过调研分析，对划定的区域从聚集点分布、人群聚集原因、聚集类型、人群流线等多方面进行调研，总结出片区的人群聚集情况。同时也对国内其他城市公共空间的人群聚集情况的改善有一定借鉴意义。为了防止悲剧的再次发生，对人群聚集状况及踩踏事故风险的分析显得非常重要。因此，这一课题调研必须快速、及时地进行人群聚集情况及踩踏事故安全隐患的调研分析，并提出相关改进措施。

而对于另一些课题而言，并非强调短时间的时效性，而是需要立足长期视角跟踪观察。一方面，有的城乡社会综合调查工作周期较长，一定要积累一定时日调查研究结果才准确，例如《中国老年社会追踪调查》，这类课题强调持久、反复、深入地对城乡老年社会进行调查。另一方面，相关历史遗产保护的课题也不宜强调时效性，而是强调保护延续性和持久性，这类课题也往往需要进行长久、深入的调查来探究历史遗产保护的变化情况。

4　可行性原则

任何调查方案都是为了实现预测和设想，通常会与现实存在一定差距，因此，在设计调查方案时需考虑调查过程中出现突发的新情况、新问题，为此留有一定缓冲余地，使调查方案保持足够的弹性，保证调查方案的切实可行。一方面，在设计调查方案时，应当对预计的新情况、新问题做出应对预案，以免面对出现的突发状况，措手不及，打乱原有计划。例如，在调查时间的安排上，若我们对调查范围不了解，应适当多留一些时间熟悉调查范围，以防出现调查人员迷路，或者调研途中交通拥堵等情况，而占用大量时间，使后期实践太过紧迫，无法达到预期效果。另一方面，随着调研的推进，对课题的了解逐渐深入，会促使我们迸发出更多灵感。在调查方案中，可建立调查人员交流和讨论机制，及时交换信息，并对调查方案进行调整与修订。

---

[1] 《人潮拥挤，我拉不住你——厦门市中山路人群聚集情况及踩踏安全隐患的调研分析》获得2015年度全国大学生城乡社会综合实践调查报告评优一等奖。作者：郑千惠、陈毅凯、吴佳娜、黄闽；指导教师：刘晓芳、杨思声、许俊萍。

对于重大、复杂的调查课题，应从不同的侧重点出发，设计出几套调查方案，并根据可行性原则，筛选可供实施的调查方案使用。而未被选用的调查方案作为备选，随着调查现场实施情况的变化及时调整调查方案或者在不同地区采用不同方案实施现场调查。

第2节　调查指标设计

设计调查指标，必须以研究假设为指导依据，以体现研究假设的社会指标为依据。设计调查指标时，应注意：①必须符合实际情况，符合科学原则与一般常识；②必须全面、完整地反映调查对象实际情况；③必须科学准确，有统一计算与计量方法；④必须简单、明了，以说明问题为原则；⑤必须充分考虑实际调查的可能性。调查指标是调查目的、指导思想、研究假设和调查内容的具体和集中体现，因此应当认真地对调查指标进行科学设计。

1　调查指标设计原则

1.1　调查指标的概念

所谓调查指标，是指在社会调查的过程中用来反映调查对象的特征、属性或状态的项目（包括询问项目、回答项目以及有关说明），例如性别、年龄、人口数、产值、绿化率等都是常用的调查指标。调查指标一般由两部分构成：指标名称和指标值。指标名称所反映的是调查指标的内容和所属范围，指标值则具体地对调查指标的测量方法及标准等进行说明。

1.2　调查指标的设计原则

设计调查指标应遵循的基本原则：①可能性原则。设计调查指标应充分考虑实际调查操作的可能性，要注意被调查者是否可能准确知道你所要调查的情况，或者被调查者是否愿意回答你要调查的问题。调查询问内容也应当通俗易懂，避免过分专业化，以造成被调查者的不理解或误解。②准确性原则。设计调查指标应该有明确的定义。定量指标应该有统一的计算方法。例如人口这一指标，就可能有总人口、农业人口、非农业人口、常住人口、流动人口等多种理解，应予以明确界定。又比如用地面积，就可以采用平方米、平方公里、公顷等多种单位计算，在调查中应明确统一的单位标准。③科学性原则。调查指标的设计应当符合科学原则和实际情况。也就是说，调查指标额设计应当注意符合国际、国内常规惯例标准，并应结合社会的最新发展变化情况。这样便于同行之间的学习交流，也有利于调查成果应用于最新的社会实际需要。④完整性原则。设计的调查指标应全面、正确地反映调查对象的整体，应具有完备性和互斥性，即多一个不行，少一个也不行，两个指标存在交叉也不行。⑤简明性原则。调查指标要尽量简单、明了，要避免过多没有必要的语言，只要能简单扼要、准确地说明问题即可，等等。[①]

2　调查指标的设计方法

调查指标的设计方法，一般都是以一定的调查目标和研究假设为指导，设

---

① 李和平，李浩．城市规划社会调查方法 [M]．北京：中国建筑工业出版社，2004．

计出一套社会指标体系，然后再将社会指标体系中的每一个社会指标具体转化为若干个调查指标，这样就形成一个具有层次性、系统性和完整性的调查指标体系，完成调查目的向调查工作的具体落实和转化（图4-2）。

调查指标的设计过程，实际上是一个调查目标及研究假设—社会指标体系—社会指标—调查指标的分解过程（图4-3）。因此，明确的研究假设是设计社会指标和调查指标的指导思想。

3 调查指标的定义方法

在社会调查方案的设计过程中，应对每一个调查指标作出明确的定义，这样既有利于具体的调查工作操作化，也有利于统一调查标准，减少调查误差，从而实现社会调查工作的准确性和科学性要求。调查指标的定义分两个层次：抽象定义和操作定义。抽象定义是对调查指标共同本质的概括，用于揭示调查指标的内涵，概括事物本质和区分其他对象。但是抽象定义并没有解决在社会

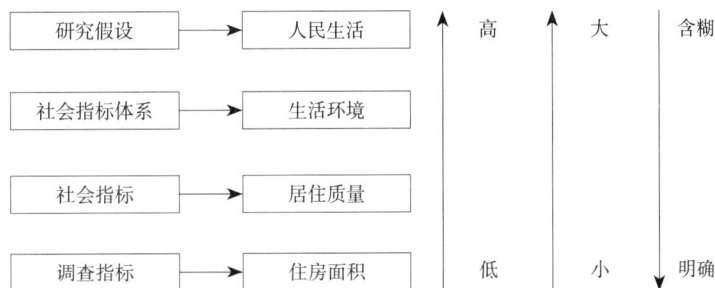

图 4-2 调查指标的设计方法示意
图片来源：作者自绘
图片来源：李和平，李浩. 城市规划社会调查方法 [M]. 北京：中国建筑工业出版社，2004.

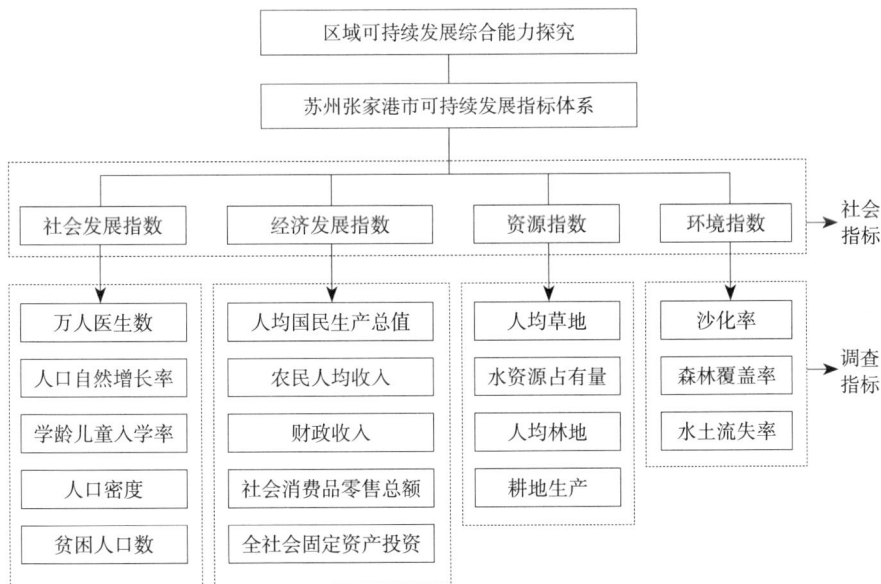

图 4-3 苏州市张家港市可持续发展指标体系设计过程
图片来源：李和平，李浩. 城市规划社会调查方法 [M]. 北京：中国建筑工业出版社，2004.

调查过程中如何进行实际操作的问题。操作定义就是用可感知、可度量的事物、现象和方法对抽象定义所做的界定或者说明。它解决了社会调查过程中如何具体操作的问题。^① 例如"每万人拥有公共交通车辆"的抽象定义为"按城市人口计算的每万人平均拥有的公共交通车辆标台数",操作定义可以是"每万人拥有公共交通车辆＝公共交通运营车标台数／（城区人口＋城区暂住人口）"。

3.1 抽象定义和操作定义

抽象定义和操作定义都是对同一类事物或现象所下的定义，是相互联系的，但二者在定义的内容、方法和着重点等方面有所不同。抽象定义是用概念来下定义的，操作定义则是用具体的事物、现象或方法来下定义；抽象定义使用的是逻辑方法，操作定义使用的是经验方法；抽象定义着重揭示调查指标的内涵和本质，操作定义着重界定调查指标的外延或操作方法。总之，抽象定义决定着操作定义的本质内容，操作定义则是抽象定义在调查过程中的进一步具体化。

3.2 操作定义的作用

在社会调查中，操作定义具有重要作用，其作用价值在于：①它有利于提高社会调查的客观性。操作定义使用具体事物、现象或方法来界定和说明调查指标，使得调查指标成为可直接感知或度量的东西。②它有利于提高社会调查的统一性。明确的操作定义有利于统一调查者和被调查者对调查指标的理解，不同的调查人员对不同的调查对象进行调查时，可以按照统一的标准、方法和程序进行调查，从而有利于减少或避免调查误差，提高调查结果的统一性。③它有利于提高社会调查的可比性。操作定义可以使得调查课题的横向对比调查研究或纵向对比调查研究成为可能，这一点对于重复调查、追踪调查等需要开展比较调查研究的课题尤为重要。

3.3 操作定义的设计方法

（1）用客观存在的具体事务来设计操作定义

通过确定具体事物的边界来设计操作定义。例如在对城市绿地面积情况进行调查时，可以将城市绿地分为包括公园绿地、生产绿地、防护绿地、附属绿地和其他绿地的面积。国家统计局中人民生活的指标解释也是属于这种操作定义方法（表4-1）。

（2）用看得见、摸得着的社会现象来设计操作定义

使用将概念或指标的内涵进一步具体化和明确化的方法来设计操作定义。例如《独创创不如众创创——南京市主城区众创空间使用情况调查》中对创业环境评价，可以通过政策支持、孵化网络、辅导培训、公共服务设施等几部分来下操作定义。其中，"政策支持"又可以用"优惠政策"、"税收支持"、"协调关系"、"融资问题"等具体感知指标来下操作定义；"孵化网络"又可以用"专业服务"、"信息中介"、"信息平台"、"项目采购"、"交流合作"、"组织活动"来反映；"辅导培训"又可以用"讲座培训"、"计划指导"、"管理帮助"、"前景分析"、"职业转型"来反映；"公共服务设施"又可以用"基本设施"、"便利条件"、"场地条件"、"休闲娱乐"、"安全保障"来反映（表4-2）。

---

① 李和平，李浩.城市规划社会调查方法[M].北京：中国建筑工业出版社，2004.

人民生活指标释义 表4-1

国家统计局关于人民生活指标的解释	
城镇家庭人口	指居住在一起，经济上合在一起共同生活的家庭成员。凡计算为家庭人口的成员其全部收支都包括在本家庭中
城镇就业面	指就业人口占家庭人口的百分比
城镇就业者负担人数	指家庭人口与就业人口之比
城镇家庭总收入	指家庭成员得到的工资性收入、经营净收入、财产性收入、转移性收入之和，不包括出售财物收入和借贷收入
城镇居民家庭可支配收入	指家庭成员得到可用于最终消费支出和其他非义务性支出以及储蓄的总和，即居民家庭可以用来自由支配的收入。它是家庭总收入扣除交纳的个人所得税、个人交纳的社会保障支出以及记账补贴后的收入。计算公式为： 城镇居民家庭可支配收入 = 家庭总收入 − 交纳个人所得税 − 个人交纳的社会保障支出 − 记账补贴
城镇家庭总支出	指家庭除借贷支出以外的全部实际支出。包括现金消费支出、财产性支出、转移性支出、社会保障支出、购房与建房支出
城镇家庭现金消费支出	指家庭用于日常生活的全部现金支出，包括食品、衣着、居住、家庭设备及用品、交通通信、文教娱乐、医疗保健、其他等八大类支出
城镇家庭收入分组方法	是将所有调查户按户人均可支配收入由低到高排队，按 10%、10%、20%、20%、20%、10%、10% 的比例依次分成：最低收入户、较低收入户、中等偏下收入户、中等收入户、中等偏上收入户、较高收入户、最高收入户等七组。总体中最低 5% 的户为困难户
恩格尔系数	指食品支出在现金消费支出中所占的比例。计算公式为： $$恩格尔系数 = \frac{食品支出}{现金消费支出} \times 100\%$$
农村住户	指农村常住户。农村常住户指长期（一年以上）居住在乡镇（不包括城关镇）行政管理区域内的住户，以及长期居住在城关镇所辖行政村范围内的农村住户。户口不在本地而在本地居住一年及以上的住户也包括在本地农村常住户范围内；有本地户口，但举家外出谋生一年以上的住户，无论是否保留承包耕地都不包括在本地农村住户范围内
常住人口	指全年经常在家或在家居住 6 个月以上，而且经济和生活与本户连成一体的人口。外出从业人员在外居住时间虽然在 6 个月以上，但收入主要带回家中，经济与本户连为一体，仍视为家庭常住人口；在家居住，生活和本户连成一体的国家职工、退休人员也为家庭常住人口。但是现役军人、中专及以上（走读生除外）的在校学生、以及常年在外（不包括探亲、看病等）且已有稳定的职业与居住场所的外出从业人员，不算家庭常住人口。家庭常住人口主要作为计算农村住户平均每人收入、消费和积累水平及分析家庭人口状况的依据
整、半劳动力	整劳动力指男子 18 周岁到 50 周岁，女子 18 周岁到 45 周岁；半劳动力指男子 16 周岁到 17 周岁，51 周岁到 60 周岁；女子 16 周岁到 17 周岁，46 周岁到 55 周岁，同时具有劳动能力的人。虽然在劳动年龄之内，但已丧失劳动能力的人，不应算为劳动力；超过劳动年龄，但能经常参加劳动，计入半劳动力数内。常住人口中的职工，若这些职工为劳动力，就包括在本户的整半劳动力中
总收入	指调查期内农村住户和住户成员从各种来源渠道得到的收入总和。按收入的性质划分为工资性收入、家庭经营收入、财产性收入和转移性收入
工资性收入	指农村住户成员受雇于单位或个人，靠出卖劳动而获得的收入
家庭经营收入	指农村住户以家庭为生产经营单位进行生产筹划和管理而获得的收入。农村住户家庭经营活动按行业划分为农业、林业、牧业、渔业、工业、建筑业、交通运输业邮电业、批发和零售贸易餐饮业、社会服务业、文教卫生业及其他家庭经营
财产性收入	指金融资产或有形非生产性资产的所有者向其他机构单位提供资金或将有形非生产性资产供其支配，作为回报而从中获得的收入
转移性收入	指农村住户和住户成员无须付出任何对应物而获得的货物、服务、资金或资产所有权等，不包括无偿提供的用于固定资本形成的资金。一般情况下，指农村住户在二次分配中的所有收入
现金收入	指农村住户和住户成员在调查期内得到以现金形态表现的收入。按来源分成工资性收入、家庭经营现金收入、财产性收入、转移性收入
农村居民家庭纯收入	指农村住户当年从各个来源得到的总收入相应地扣除所发生的费用后的收入总和。计算方法： 农村居民家庭纯收入 = 总收入 − 家庭经营费用支出 − 税费支出 − 生产性固定资产折旧 − 赠送农村内部亲友 纯收入主要用于再生产投入和当年生活消费支出，也可用于储蓄和各种非义务性支出。"农民人均纯收入"是按人口平均的纯收入水平，反映的是一个地区农村居民的平均收入水平
总支出	指农村住户用于生产、生活和再分配的全部支出。包括家庭经营费用支出、购置生产性固定资产支出、税费支出、消费支出、财产性支出和转移性支出

资料来源：国家统计局网站 http://www.stats.gov.cn/tjsj/zbjs/201310/t20131029_449516.html

创业环境评价指标体系[1]   表 4-2

	一级指标	二级指标	详情
1	政策支持	优惠政策	提供优惠政策，或代办、诠释政府的优惠政策
2		税收支持	提供相关财务税收支持
3		协调关系	有效协调与政府及其他各方面的关系
4		融资问题	帮助解决融资问题
5	孵化网络	专业服务	帮助获得人力资源、会计、法律等专业性服务
6		信息中介	提供技术、生产、销售和市场等信息中介
7		信息平台	提供能满足创业需要的信息平台
8		项目采购	向客户、供应商或者政府介绍采购项目
9		交流合作	帮助与大学、科研机构建立交流合作关系
10		组织活动	组织各种活动以满足创业需求信息的共享与交流
11	辅导培训	讲座培训	根据需要举办优质的讲座及培训班
12		计划指导	提供商业计划指导
13		管理帮助	提供管理和运作企业的帮助
14		前景分析	帮助对产品的市场前景进行分析调研
15		职业转型	帮助朝企业家的职业生涯顺利转型
16	公共服务设施	基本设施	提供所需要的所有商务及辅助设施
17		便利条件	提供便利的生活工作条件
18		场地条件	提供必要的实验条件、场地及仓储服务
19		休闲娱乐	提供休闲、健身场所
20		安全保障	提供医疗保障、劳动安保等全方位的周密服务

（3）用社会测量的方法设计操作定义

对于某些操作定义，我们可以使用社会测量的方法来进行设计，例如对社区满意度的评价，很难用具体的事物和社会现象来界定说明，但却可以使用社会测量方法来下操作定义。举例来说，在《老有"所"餐——南京市鼓楼区社区养老助餐点使用状况调查》中希望了解老年人对助餐点的满意程度，通过初步调研与资料查阅，选取了基本服务、空间环境、交往功能三大类共 17 个因子，采用李克特 5 级量表以问卷形式让在助餐点就餐的老人打分，计算各类因子均分作为满意度评价结果（图 4-4）。这个得分情况就可以作为老人对助餐点满意情况的总体评价（图 4-5）。

基本服务	空间环境	交往功能
饭菜质量 饭菜价格 卫生状况 就餐流程 服务态度 步行距离	室内采光 室内通风 环境安静 空间宽敞 无障碍设施 交通安全 绿化环境 活动/休息空间	交流空间 结识新朋友 与朋友一同前往

图 4-4　养老助餐点满意度评价因子

图片来源：《老有"所"餐——南京市鼓楼区社区养老助餐点使用状况调查》获得 2016 年度全国大学生城乡社会综合实践调查报告评优一等奖。作者：陈文涛、陈曦、王宇彤、韩俊宇；指导老师：于涛、钱慧、张敏。

---

[1] 《独创创不如众创创——南京市主城区众创空间使用情况调查》获得 2016 年度全国大学生城乡社会综合实践调查报告评优三等奖。作者：张依冉、张洁、张皓乐、徐鹤；指导老师：于涛、张敏、钱慧。

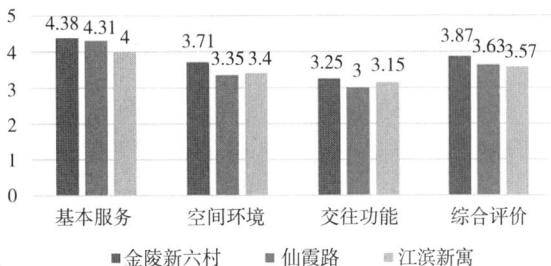

图 4-5 典型社区助餐点满意度得分比较

图片来源：《老有"所"餐——南京市鼓楼区社区养老助餐点使用状况调查》获得 2016 年度全国大学生城乡社会综合实践调查报告评优一等奖。作者：陈文涛、陈曦、王宇彤、韩俊宇；指导老师：于涛、钱慧、张敏。

第 3 节　调查设计信度与效度

　　往往在城乡社会综合调查的实践过程中，不是每次的调查都能准确地测量出预定目标。这时，我们需要对调查进行评估，评估内容包括调查设计的效度和信度两个方面。本节我们将着重讨论信度、效度以及两者之间的关系。

1　调查设计的信度

　　信度又称一致性、可靠性，是指在城乡社会综合调查中采用同样的调查方法、调查工具对同一调查对象进行反复多次的测量，其所得结果相一致的程度。信度仅代表测量调查结果前后的一致性和稳定性，不代表准确性，其目的是如何控制和减少随机误差。在城乡社会综合调查中，调查对象很多时候是人。在城乡空间中，人随着客观环境的变化而变化。在综合调查中，由于一些不可避免的外在因素和偶然因素，使得调查结果产生误差，导致信度降低。例如，在对张先生所在住区的类型进行调查，第一次的回答是安置区，第二次的回答是商业小区，由于第一次调查和第二次调查之间有时间间隔，张先生搬家了，因此产生了不同的答案，每一次张先生都是据实回答，但是信度仍旧受到影响。

　　信度是与随机误差成反相关关系。一般用相关系数表示两次或多次测量结果的相关性如何，相关系数与信度之间也成反相关关系，即（正）相关系数越大，信度越高；相关系数越小，说明几次测量结果之间没什么关系，信度越低。在城乡社会综合调查中，常见的几种测量信度的方法有：

1.1　再测信度

　　再测信度，又称为复查信度、重测信度、稳定性系数，是指对同一群对象采用同一种测量工具，例如量表或调查问卷，比较在不同的时间点先后测量两次调查结果之间的差异程度。并根据两次测量结果，计算两次结果之间的相关系数，这种相关系数就叫做所得结果再测信度。相关系数越大，两次测量的一致性越高，信度也就越高。例如调查某城镇社区居民对"开放式小区"的态度，结果同意建设开放式小区的人占 43.7%，一个月后进行复查，结果同意建设开放式小区的人占 45.4%，两次测量结果相差 1.7%，这个"1.7%"就是某城镇社区居民同意建设开放小区的复查信度。两次的调查结果较为相近，说明调查结果是稳定的，所采用的方法是可信的，社会调查的信度较高。

在评估再测信度时，需要注意以下几点。首先，必须注意重测间隔的时间。两次测量间隔时间太短的话，被调查者容易机械的回忆出上次所填答案，形成"伪信度"；时间太长的话，被调查者个人观点容易受外部影响而发生变化，从而影响调查设计的信度。其次，再测信度一般反映由随机因素导致的变化，而不反映被试行为的长久变化。再者，不同的行为受随机误差影响不同。最后，在评估再测信度时，一般间隔时间短则两周，长则 6 个月甚至一年。

再测信度的优点在于能提供有关测量结果是否随时间而变异的资料；其缺点在于前后测量结果容易受到两次测量之间的某些事件、活动的影响，从而导致后一次测量的结果在客观上发生改变，使两次测量的实际情况无法在两次结果的相关系数得到体现。例如，月初和月末调查某职工从公司回家花费的交通时间，两次时间分别为 58 分钟和 32 分钟，那么就很难区分是原有路线交通状况改善，还是选择不同路线回家。

1.2　复本信度

复本信度，是指测量结果相对另一个非常相似的调查结果的变异程度。具体操作上，将一套测量工具设计成两个或两个以上的等价的复本（如内容、难度、长度、排列等方面都相似的问卷），对同一调查对象用这两个复本同时进行测量，计算出其所得两个结果之间的相关系数，此相关系数即为复本信度。

复本信度的难处在于所使用的复本必须是在形式、内容等方面完全一致的真正复本，而计算复本信度则是为了考察两个测验复本的题目取样或内容取样是否等值。然而，在实际调查中，要使调查问卷或其他类似的测量工具达到一致十分困难。例如，大学英语四、六级考试使用的 A、B 卷即为复本，考卷是针对统一调查对象——四、六级考生，根据同一目的——测验英语水平的两套测量工具。若同一考生在六级考试中使用 A、B 卷作答得分情况相近的话，说明这两套试卷信度较高；若使用 A 卷作答得分较高，使用 B 卷得分较低，得分差异很大，那么说明这其中一套或两套试卷都缺乏信度。

复本信度的优点在于，其一，避免再测信度受时间因素影响产生的误差；其二，复本信度适用于调查研究进程长或调查的某些干涉变量对调查结果有影响的情况；其三，复本信度大大减少了城乡综合社会调查中辅导或作弊的可能性。同时，复本信度也有一定的局限性。其一，调查对象答题时间过长，可能会出现调查对象答题不认真的现象；其二，调查者需要设计两份等价样本，工作量和调查费用增加；其三，如果在调查中调查结果易受练习的影响，则复本信度只能减少这种影响而不能对其消除；其四，由于重复测量有些性质会因此发生改变。

1.3　折半信度

折半信度是指在一项调查中，把所有的题目按单双号分成两半，在单数题目的回答结果与双数题目的回答结果之间求相关系数，这种相关系数就叫做折半信度。如果调查对象在前后两部分调查中的得分的相关性很高，则可以认为这次测量是可信的。具体而言，折半信度与复本信度类似，前后两题在内在逻辑上要有一致性，调查内容应当一致，而表现形式有所不同。需要注意的是在设计调查问卷时，在原有调查项目的基础上，要增加一倍相似的调查项目。例如，在乡村旅游参与主体的利益博弈调查中，需要调查 30 个项目，采用折半法时，应总共取 60 个相似的项目，并将调查项目按照性质、难度编号为 1，3，5……59；同时再设计另设编号为 2，4，6……60 等 30 个相似的项目，再求单数题目回答结果与双数题目结果之间的相关系数，即利益博弈调查的信度。

折半信度的优点在于，与复本信度相比，社会调查只需实施一次，工作量相对减小。

2　调查设计的效度

效度是指城乡社会调查的测量工具能够准确、真实地测量事物属性的程度，或者是指所用的调查指标能够如实地反映某一概念真实含义的程度。效度与依靠计算相关系数来检验信度的方法不同，效度无法进行客观计算，只能通过主观检查来进行评估。

美国社会学家艾尔·巴比指出："调查研究的一般特征是有效度（Validity）较低而可信度（Reliability）较高。"[1]（Babbie，1986）城乡社会综合调查的这种有效度较低的特征，主要来自于它对城乡空间和社会现象进行测量的方式和效果；有效度较低的实质是，许多城乡社会综合调查中的测量并不总是在测量它真正想要测量的东西。可以说，这是城乡社会综合调查所面临的最为严重的挑战之一。

城乡社会综合调查对城乡空间的测量是间接的，即通过询问与测量空间有接触的被调查者而获得。询问中的概念、语言是调查者与调查对象之间的中介物。然而，在日常生活中，人们交流时不必对所使用的每一个概念解读进行十分明确的定义，可是，在城乡社会综合调查中（实际上在城乡社会研究中），研究者不仅必须对这样的概念进行界定，比如说，当谈到"规划质量"、"参与度"、"变迁"、"拥堵"这样一些抽象的概念时，尽管内容比较抽象，没有明确定义，人们却依然能够理解其含义，并用它们进行交流；同时，调查者还必须对这些概念进行操作化处理。而一旦涉及概念的操作化，便会产生出一系列与之相关的问题。操作化是城乡社会综合调查过程中最为困难也是最为关键的步骤之一。通常，研究者需要将经过界定的概念（或变量）操作化为一组可观测的指标，并将指标转化为城乡社会综合调查问卷重点的具体问题。一般情况下，一个抽象概念往往具有多个不同的维度，其中每一个维度代表着概念内涵重点的一个特定的侧面；而每一个维度往往又可以有多个不同的具体指标，每一个具体的指标体现着概念在这一侧面中的特定内涵。因此，从概念操作化的角度看，一个概念可能会有相当多的策略指标。如何选择一组最为全面、最为充分同时又最为合适、最为经济的测量指标，使它们对概念的测量具有很高的有效度，这对每一个调查者来说都是一种严峻的考验。

而考验主要来自三个方面的问题：其一，各种不同有关城乡规划的概念在本质上是否能完全充分地被测量的问题，或说，各种城乡规划方面的变量究竟能够在多大的程度上被测量的问题。对于有些概念，我们能够比较容易地并

---

① （美）艾尔·巴比 . 社会研究方法 [M]. 邱泽奇，译 . 北京：华夏出版社，2009：233.

且是充分地进行测量,比如住区居民的性别、职业、文化程度等概念(也可以说,这些概念的测量能够达到比较高的效度);但是,对许多更为抽象的概念我们却难以进行充分、完全的测量,比如规划质量、变迁、舒适感、拥堵等概念(这些概念的测量很难达到比较高的有效度)。这启示我们:城乡社会综合调查中的许多测量往往只具有相对的效度,即都只是对某一概念的一定程度上的测量;或者说,都只是测量了这一城乡规划方面概念的一部分内涵。其二,城乡社会综合调查中的各种测量是否真的在测量研究者所要测量的概念问题。这是测量效度的本质体现,也是实际社会调查中存在问题最多的方面。例如,同样是要了解安置区老年农民的"身体健康状况",有的调查中采用的是"一周内锻炼的次数和时长"两项指标,也有的用"近一周的身体自我评价"来测量,还有的用"一年内就医次数"为指标,虽然这些指标都与所测量的概念有关,但是"一周内锻炼的次数和时长"所反映的也许主要是老年农民的"健身情况",而非"健康状况";"近一周的身体自我评价"反映的主要是老年农民的自我主观评价,用来检测"身体健康状况"并不准确。这两种指标所实际测量的并非是调查者所希望测量的——这是效度较低的一种情况。"一年内就医次数"的确反映的是老年农民的"健康状况",一般情况下,身体越健康的老年农民,去医院就医的次数越少;反之则越多。这一指标具有较高的表面效度。但是,在实际测量中,很多老年农民生了病却不肯去医院,而这一指标又没有能够真正测量出它所应该测量的——这是效度较低的另一种情况。其三,城乡社会综合调查在测量上对信度的要求,也在某种程度上加剧了测量所面临的低效度的挑战。信度强调的是测量的稳定性、标准性。为了达到这种要求,调查研究者往往需要尽可能将原本十分复杂、十分深入、十分丰富并且是相互联系在一起的测量内容,人为地转化为过于简单的、表面化的、粗浅的、零散的和有限的城乡规划具体指标。正是在这种转化的过程中,测量的效度被一点点瓦解。例如,参与到城乡居民的日常生活中,通过观察、交谈来"测量"城乡居民的居住环境质量,往往具有比较高的效度。但当我们把这种测量变为让居民在问卷表上填答诸如"你出行的交通方式是?""你每周去几次菜市场?"之类的问题时,测量的有效度自然就大大降低了——我们所得到的这一组答案也许离我们实际想要测量的"城乡居民的居住环境质量"相去甚远。

当调查结果与调查者所预期的情况相符,则可以认为这一测量是有效度的。反之,当调查结果与预期情况不符,我们称之为无效的测量或者测量不具有效度。效度越高时,测量结果与考察内容越吻合;反之,两者之间越不吻合。例如,我们打算调查中国某市户外工作者休息站使用满意度,调查者设计一份标准的满意度测量问卷对该市户外工作者进行调查,并根据所得的有效问卷结果,通过相关软件运算得出满意度,则这一过程的调查是有效的。但是,当问卷采用的是英文形式,那么用同样的分数来表示他们对休息站的满意程度时,则这一过程的调查就不具有效度。因为在用英文问卷进行调查的过程中,英文水平限制了调查者的范围(仅限于懂得英文的人才能填写),使得该项调查具有局限性,亦可理解为所测量到的并不是我们所希望测量的东西,影响调查设计的效度。

我们一般从以下三个方面探讨效度，一是涉及城乡社会综合调查设计的效度，即内部效度，考查调查设计是否真实准确的反映其所支持的调查结论；二是涉及城乡综合社会调查结果推广应用程度的效度，即外部效度，反映当前城乡社会调查研究结果能被推论至特定研究以外的程度；三是城乡社会综合调查设计研究中有关测量工具的效度，有三种不同的类型：表面效度、准则效度和建构效度，分别从不同方面反映测量的准确程度。

2.1　表面效度

表面效度是指测量指标与测量目标之间的适合性和逻辑相符性。由于这种衡量效度的方法必须对目标和内容，以系统的逻辑方法详细分析，故又称内容效度或逻辑效度。

评价一种调查是否具有表面效度，可以从针对性和全面性两方面出发，也就是既要了解收集信息是否与调查密切相关，又要明确所调查的概念的具体涵义，然后根据评判，作出这一调查是否具有表面效度的结论。

在调查是否具有针对性这一方面，通过测量内容与题目的契合程度可以得出结论。例如，乡村规划设计前期搜集资料，可以采用访谈法了解村庄社会经济基本情况，但是访谈提纲的大部分内容是关于村委会领导班子组成情况，村委会领导班子的情况与社会经济基本情况相去甚远，二者逻辑关系不清晰，也不能为乡村规划设计提供帮助，显然不具有表面效度。在测量内容是否具有全面性这一方面，了解调查能否充分反映概念。比如，针对城乡更新片区利益相关者的调查研究，首先，我们要了解利益相关者是什么；其次，在我们调查研究的城乡区域内涉及的利益相关者有哪些。如果只涉及关于开发商等直接利益相关者的问题是不够全面的，还应当包括政府等间接利益相关者方面的内容。

2.2　准则效度

准则效度也被称为效标效度、实证效度、统计效度或标准关联效度。指的是用几种不同的调查方式或不同指标对同一事物或变量进行调查时，将其结果与预先确定的准则相比较，如果新的调查方式或指标与原来作为准则使用的调查手段具有一致性，那么我们认为新的调查方式或指标具有准则效度。其中，"准则"指的是被假设或定义为有效的调查标准。在城乡综合社会调查中，一般我们会选择经典的、经过权威认证的调查工具作为自己的参照准则，这类准则往往是经过多次调查所得，在城乡综合社会调查中具有有效性。准则效度是通过测量与准则之间的相关性衡量的。这种方式一方面减少了由于主观判断造成的误差；但是准则选取具有主观性，使得减少误差的作用是有限的。在实际城乡社会调查中，我们应当慎重选择准则。

准则的选取方式不同，准则效度的形式也不同，一般有预测效度、共变效度和实用效度三种形式。在预测效度中，准则是依据将来实际发生的情况而建立的；在共变效度中，准则是与某种测量方式同时被证明是有效的；在实用效度中，准则是以实际经验判断为准的。预测效度是通过未来实际发生的情况检验测量结果，检查两者的一致性。比如，设计一种街区制全面实行下城乡居民交往空间变化的预测量表或调查，用它来调查特定背景下城乡居民交往空间的变化情况。如果全面实行街区制后，实际交往空间变化与预测值一致，那么我们就认为这份量表或测验具有预测效度。

共变效度是用来判断其他的测量工具是否可以取代作为准则的测量工具，使准则更加简便适用。例如，城市工业区环境评价指标体系冗长复杂，业内人士研究了一套精简的指标体系。当我们同时使用新旧两套城乡环境指标体系时，若新旧城乡环境指标体系得到的结果高度一致，我们称它们具有共变效度，同时新的测量方式也可以得到更广泛的应用。

实用效度通常一般用来于检查测量工具的实际效果。由于过去并没有对某些现象的测量制定一个公认的准则，所以只能依据主观经验来检验测量工具的有效性。

2.3　建构效度

建构效度，又称理论效度，是指基于理论概念涉及的变量之间的逻辑关系，若多个变量都准确反映理论概念，我们称这些测量具有建构效度。建构效度往往运用于表面效度和准则效度无法反映社会测量的真实性时，通过变量在理论上的关联，证明经验层次上变量的相关性，即测量与理论之间的一致性。而选取变量的代表性不充足和代表性过宽都会影响建构效度。

确定建构效度的基本步骤是：首先，在理论基础上提出关于特质的假设，然后设计和编制测量并予以实施，最后，验证其与理论假设的相符程度，即对调查的结果采用相关分析或因素分析等方法进行分析。例如，假设"城乡规划公众参与程度"与"特色小镇建设支持程度"是正相关的，即城乡规划公众参与度越高，特色小镇建设支持程度越高。那么"城乡规划公众参与度"在经验层次上可以选择"公民教育水平"（$X1$）和"规划宣传频率"（$X2$）两个层次进行社会调查；"特色小镇建设支持程度越大"这一变量可以对"特色小镇建设支持票数"（$Y1$）进行社会调查。如果$X1$与$Y1$、$X2$与$Y1$都是正相关，则称这一测量具有建构效度，反之则称测量工具或理论不具有建构效度。

2.4　内部效度

内部效度是调查设计架构能使我们根据结果得出清晰结论的程度。通过构建调查设计框架，设定调查方法、限制条件，排除替代性解释，将调查研究过程中出现的模糊性降到最低，其内部效度就越高。当然，在城乡社会调查中，我们无法将所有模糊性排除，只能做到尽可能减少，提高调查设计的效度。

例如，选定一个城乡社会综合调查课题是比较老年人居家养老和异地养老两种模式下老人心理调适能力，调查研究发现，与居家养老相比，选择异地养老模式的老人心理调适能力较差。我们是否可以下结论：异地养老导致老人心理调适能力下降？然而根据这一现象，我们并不能得出这一结论。选择异地养老模式下的老年人，有可能在选择之前就出现的调适差异。对此，我们可以通过比较同一批老人在居家养老和异地养老模式下的心理调适能力，来提高这一调查设计的内部效度，从而在一定程度上避免了结论模糊性。

2.5　外部效度

外部效度是指这一调查研究结论对于所有这类现象的普遍有效程度。调查研究的测量结果可以有效地回答所研究的问题，那么就可以认为这一调查具有内在效度，但是这一调查结论如果只能应用于特定研究对象，那么我们认为这项调查的外在效度低，其应用价值是有限的。一般来说，使用不具有代表性的样本往往会造成调查研究外部效度低。

综上，效度测定中从表面效度，到准则效度，再到建构效度，这之间是一个递进的关系。后一类型都在包含前面一类型的所有成分的基础上，增加了个别新的特征。其信息数量也是从表面效度到准则效度，再到建构效度的递进关系。由此可见，建构效度是三种效度里最强有力的效度测定程序。总的来说，没有理想的方法可用来评估效度。但如果某个测量工具通过了这三项效度检验，那么它效度的可能性就较大。

3 信度与效度的关系

信度和效度分别检验城乡社会综合调查设计的可行性与真实性。效度与信度都是相对量，而不是绝对量，即它们都是一种"程度事物"。对于同一城乡社会问题或社会现象，人们常常会采用各种不同的城乡社会综合调查方法和不同的城乡社会指标进行测量。也许这些方法和指标本身没有错，但是由于城乡社会综合调查目的的不同，针对不同的需求，它们在效度与信度方面存在程度上的差别。一般来说，我们认为：可行性和真实性更高的方法和指标，就越是好的测量方法，就越是高质量的测量指标。

信度和效度既有明显的区别，又有密切的联系，主要可以分为以下三种：第一，可靠并且有效的。从效度的定义来看，必须同时具备"准确"和"真实"两个条件，而信度是要检验并提高社会调查过程中出现的真实性，因此当测量结果具有效度时，也同样具有信度。"如果一种测量是有效的，则它将在任何时候都是正确的，从而也必定是可信的。"[①] 第二，可靠但无效的。信度保证测量结果的稳定性，但是无法确定测量结果是否准确，即测量结果与调查者所希望的测量对象是否相匹配。若二者相匹配，那么可信同时有效；若二者无法匹配，那么可信却无效。因此，在评估效度前，不要盲目乐观，这是可信的测量，但是可能并没有达到测量的目的要求。第三，既无效又不可靠的。如果测量结果不稳定，即信度得不到保证，每次测量得出的测量结果都不一样，那么一定无法确保效度而得出准确真实的测量结果。以上就是信度和效度的区别与联系（图4-6）。

无效不可靠　　　　　可靠但无效　　　　　可靠有效

图4-6　信度和效度的关系

图片来源：http://ssfzx.com/forum.php?mod=viewthread&tid=1046&extra=page=1

---

① （美）肯尼思·D·贝利. 现代社会研究方法 [M]. 许真，译. 上海：上海人民出版社，1986.

4 调查设计的可行性研究

可行性研究是城乡社会综合调查方案制定和社会调查科学决策的必要阶段和必经步骤。

4.1 调查方案的可行性研究方法

针对调查方案进行可行性研究，可以使用多种方法。

（1）逻辑分析法

使用逻辑思维方法来检验和判断城乡社会综合调查方案设计的可行性。例如要调查城乡居民对片区公共服务中心设计方案的满意度，而设计的调查指标却是"公共服务中心的建筑面积"、"公共服务中心的容积率"，根据这样的指标调查出来的数据是不可能说明调查问题的。因为"对片区公共服务中心设计方案的满意度"同"公共服务中心的建筑面积"、"公共服务中心的容积率"是不同的概念，前者是城乡居民的主观态度，后两者是公共服务中心的客观现实，它们从内涵和外延都有着很大的差异，后两者与前者的调查逻辑不符，这样的设计违背了逻辑学上的同一律，因而对于调查要说明的问题是无效的。

（2）经验判断法

用以往的实践经验来判断城乡社会综合调查方案设计的可行性。例如根据以往的城乡社会综合调查经验，在调查地点的设计方面，当人力财力不足时，选点不易过远，宜选择调查者所在市、区范围，通过交通容易达到的地方；在调查时间的设计方面，如果对政府管理部门、社区居委会、村委会进行采访，不宜选择周末和节假日去调查，应符合其工作时间；在调查工具的设计上，如果物质手段不够或计算机技术水平较差、计算机软件短时间内较难掌握，就不宜设计和策划必要这些手段的调查方案，等等。

（3）专家论证法

通过邀请相关理论研究和实际工作的专家召开座谈会，并对设计的城乡社会综合调查方案进行讨论、分析和论证。这些专家既能够把握较好的选题方向，又能够把握社会调查的重点内容与方法，也能够科学地预见社会调查活动的过程中可能出现的困难和矛盾，可以对调查方案的设计、修改和完善提供宝贵的建议，使得调查方案具有较强的可行性。不过，这一方法需要较广的人际关系、较强的社会组织能力，对于初期的城乡社会综合调查者不建议使用。

（4）试验调查法

试验者按照一定的试验假设、通过改变试验对象所处某些空间社会条件，来进行小规模试验，来认识试验对象的因果关系、特殊本质及其发展规律的调查方法。试验调查法一般用以检验城乡社会调查方案设计的可行性，并根据试验调查的具体情况修正和完善调查方案。相较前几种方法，试验调查法需要选取相关试验者，对设定情景进行细致考量，在人力、财力、物力上需要有较为充足的储备，故对于初期的城乡社会综合调查者同样不推荐使用。

4.2 预调研的组织原则

"实践是检验真理的唯一标准"，社会调查工作量大、投入高，为了避免大规模盲目的城乡社会调查工作以及由此造成的人力、物力、财力和时间浪费，应组织开展预调研,预调研是进行可行性研究的最基本、最重要、最有效的方法。预调研的目的不是搜集资料,也不是解决城乡社会调查工作的目标任务,而是对所设计的调查方案进行小规模、短平快的可行性研究。

(1)恰当选取调查对象

恰当的调查对象应该具有小规模、数量少、类型多且代表性强的特点,注意保持试点单位的自然状态,切忌施加人为影响。[①]以校核问卷,加深调查者对选题的理解。

(2)灵活选用调查方法

设计出多种调查方法在具体调查时灵活选用,同时,也要对多种调查方法作出比较、选择和调整等,为大规模调研选取最优方法。

(3)精干组建调查队伍

组建精干又专业的调查队伍,增加调查的可行度。预调研中,调查活动的组织者、领导者和调查方案的设计者必须亲自参加,在调查前根据课题涉及的相关知识对参与调查者进行专门培训,同时选派必要数量的、有经验的调查人员。

(4)开展多点对比试验

为了验证调查方案的可行性,选择最优方案,对于一个调查方案设计,可以开展同一个方案的多点比较,也可以是不同方案之间的多点对比,也可以是同一个方案的重复对比,或者不同方案的交叉横向对比、先后纵向对比。

(5)重视工作总结反馈

在预调研后,要对预调研的调查结果和工作过程进行分析,比较各项要素,从主、客观因素出发,分析预调研成败的具体原因,并提出对原设计调查方案的修正完善意见,使其切实成为正式社会调查的可行动纲领。进行小规模的预调研,并反馈调整方案后,可得到可行性更强、合理性更高、意外事件考虑更完善的调查设计方案,再进行大规模、全面化的城乡社会调查工作将更易取得成功,并得到可期望的结果。

第4节　调查方案具体设计

要进行科学的城乡社会综合调查研究,就必须设计详细、周密的调查方案。调查方案的设计是指对整个调查研究工作进行规划。同时,它还包含着制定详细的操作步骤及研究方案等方面的内容。城乡社会综合调查的方案设计是整个调查过程的行动纲领,又是研究计划的说明书,还是对研究过程、方法的详细规定,它对于保障整个调查工作的顺利进行具有重要的指导作用。

1　明确调查目标

理论意义和应用价值是每一项城乡社会综合调查中的重要部分,因此调查方案要开宗明义地说明调查任务的目的。具体内容包括:明确阐述调查研究的动机,以及调查研究在理论上和实践上的研究价值。当然,要说明这些的前提

---

① 李和平、李浩.城市规划社会调查方法 [M].北京:中国建筑工业出版社,2004.

条件是，调查者必须对自己的研究课题有一个清楚明确的认识，既包括对调查课题本身含义的理解，即该研究要探讨和回答什么问题，也包括对调查课题在人们认识社会、改造社会中所具有的作用的理解。在进行调查之前如不能做出准确的调查目标，就有可能在调查对象和调查内容的确定上出现偏差。[①] 一般来讲，确定并细化调查目标的步骤可分为五个部分：其一，明确城乡社会综合调查目标并界定调查主题的准确概念和确切定义；其二，确定调查时需要了解的城乡空间信息；其三，确定调查信息的受众和用途；其四，调查内容细化、并确定调查的具体项目；其五，建立调查和分析的初步框架和基本结构。

对于调查成果的目标，首先，要了解通过城乡社会综合调查要解决什么问题、解决到什么程度，是学术性探索还是要提出具体对策建议。例如，城乡社会调查报告获奖作品《某市"被进城"农民生活方式及居住空间环境调查》是对人的城镇化滞后于空间城镇化调研，并通过调研进行学术性探讨；而《出租车智能调度提案及优化》是对某地区目前出租车智能调度提案运行情况，通过调研分析评价，研究导致出租车空驶里程多，营运效率低下，资源浪费和城市居民路边空等、"无"车可打，严重降低了居民打车出行的机动性的问题并提出调整泊点布局规模、加强泊点有效管理、拓展智能调度业务、完善奖励补偿制度、加强提案宣传力度、扩大营运数量规模的优化建议，来解决乘客与司机的供需信息不对称的矛盾，以提升乘客打车出行机动性，打造低碳环保、资源节约型出租车营运新模式。

其次，通过城乡社会综合调查是要了解城乡社会问题的一般现实状态，还是要探究其深层次内因等。例如，城乡社会调查报告获奖作品《新政策背景下城市中心区流动商贩生存状况调查》即是对城市中心区流动商贩生存现状、市民对流动商贩认可度以及政府对流动商贩管理进行调查分析，以了解城市中心区流动商贩问题的一般现实状态并提出几点建议；而《不同发展模式下旅游型村庄村民获益情况调查》是为了从更深层次上探究村民获益的最优模式，为乡村旅游规划如何合理组织空间，全面惠及村民利益。

同时，对于调查成果的具体表现形式，其一，可以是通过学术专著的形式出版，也可以撰写调查报告或学术论文，或者简单地作口头汇报或演讲等；其二，有关的调查资料应简要地反映到调查报告之中，如城乡综合社会调查竞赛的调查目标可叙述在报告的绪论部分，另外，有关调查资料也可单独形成基础资料汇编，以供研究参考，这些也会影响调查目标和调查深度。总的来说，应当根据不同的调研目的，选用不同的表现形式，例如调研报告用文字进行表述，又如，作为存量规划前的研究，也可以用口头报告的形式表述。

根据调查目的的类型不同，调查目的一般可分为以下几方面：[②]

（1）调查成果目标

即通过城乡社会调查要解决什么问题，解决到什么程度。说明通过调查研究要解释或描述怎么样的社会现象，是一般的概述研究城乡社会现象，还是深

---

① 孙际平. 调查技能系列讲座之二　确定并细化调查目标 [J]. 北京统计，2002（02）：44-45.
② 李和平，李浩. 城市规划社会调查方法 [M]. 北京：中国建筑工业出版社，2004.

入分析其中的具体情况，或探讨现象之间的因果关系和演绎关系。当探讨因果关系时，则要详细说明研究的理论框架（或研究设想）、研究假设以及如何定义研究假设中的概念等。当探讨演绎关系时，则要详细说明调查研究的一般情况和个别情况。

（2）成果形式目标

确定调查成果的最终表达形式，一般成果形式可作一次汇报，或是以书面形式编撰调查报告、学术论文或著作。同时，调查的资料可附录在调查报告、论文之中，或是成册汇编，以供他人研究之用。

（3）社会作用目标

即这次城乡社会调查究竟要起到什么样的社会作用，是做学术探讨，指导规划实践，还是提出政策性建议；是供领导决策参考，还是要影响社会的舆论；是自己做科学研究，还是与同行们进行论争等。

2　分析课题意义

美国社会学家艾尔·巴比指出："准确地表达问题往往比回答问题更困难，而一个表达准确的问题就回答了问题的本身。"[①] 因此在方案设计中首先要说明调查课题的题目、研究的意义和目的。

城乡社会综合调查的题目要准确、规范和简洁。准确就是要精准的阐述出课题要解决的问题；规范就是词语和句型要科学，不确定的词不用，空洞的口号式不用，结论式的句型也不用，对课题题目中所涉及的概念要明确化；简洁就是主标题不应太长，一般不要超过 25 个字，如果确因研究需要，可采用主副标题。如"失地农民就业影响因素分析——基于青岛市失地农民的调查"[②]，发现了研究的问题是失地农民的就业问题，研究对象是失地农民群体，调查的范围是青岛市。

针对课题研究的意义要说明问题的研究背景，要达到的目标、研究的理论意义和现实意义，目的是回答为什么要做这项调查研究；预期要达到的具体目标是什么，即要解决什么城乡空间或社会问题、解决到什么程度，调查结果用什么形式表现出来；研究它有什么价值。一般以城乡社会空间需求为出发点来考虑课题的意义，指出需要去研究解决现实中存在的问题，以及课题研究的实际作用，然后，再写课题的理论和学术价值。将课题的价值撰述得较为详实，且具有针对性，如通过这项社会调查研究是要建构一种理论，还是提出政策建议，抑或是影响社会舆论，避免写成诸如坚持党的基本路线、构建和谐社会、实施素质教育、提高教育教学质量等一般性的口号。

3　阐述调查内容

调查内容是对调查目的具体分解和细化。在城乡社会调查方案的设计中，详细说明调查的内容，是帮助调查者落实调查目标的重要过程。

---

① （美）艾尔·巴比. 社会研究方法 [M]. 邱泽奇，译. 北京：华夏出版社，2009：233.
② 权英，吴士健. 失地农民就业影响因素分析——基于青岛市失地农民的调查 [J]. 经济研究导刊，2009（11）：51-52.

调查课题的确定为整个调查研究确定了基本方向和目标，而调查内容则是为达到这个目标而做出的全部努力和具体做法。同样，调查内容也是调查研究中的主要工作量。假设我们所确定的调查课题是"武汉市城区交通状况及问题调查"，则调查方案设计中，就可以将城区的交通状况分解为几个大的方面，例如道路建设状况、交通种类状况、交通流量状况、交通秩序状况、交通法规状况等几个大的方面，然后再根据课题目标的要求和现有的条件，在每一个选定进行的调查所需涉及不同大的方面中，对调查内容进行进一步细化。又如，将行人类型状况细化为儿童、青年、中年、老年。其中每一类别又可进一步细化为男性、女性等具体的调查内容。这样就可以为调查问卷的设计、调查指标的选择等打下较好的基础。

在城乡社会综合调查中，调查内容反映了调查对象的属性和特征。一般来说，可以将调查对象的属性特征划分为三大类：状态、意向性和行为。

（1）状态

状态是城乡社会综合调查中的一些客观指标，可以对调查对象的基本状况继进行描述。例如，个人的状态包括性别、年龄、身高、体重、职业、收入、受教育程度等；社区的状态有人员结构、社区规模、地域面积等。调查者可根据调查的研究假设选择不同的状态指标。例如，要研究安置区居民对住区的满意度受哪些因素影响，可选择安置区居民个人的年龄、性别、受教育程度、经济收入等状态变量作为个体影响因素。状态变量一般可作为自变量，它们对态度、行为及其他社会现象都可能有重要影响。

（2）意向性

意向性是一种主观变量，是调查对象的内在属性。包括态度、观点、信仰、喜好、目的、偏好、倾向性等。不仅个人和群体具有意向性，组织、社区甚至社会人为事实具有意向性。个人的宗教信仰、政治观点或世界观都会影响他的空间和社会行为。例如，游行活动可以区分为不同目的、不同动机（如政治动机与非政治动机），然后加以研究。

（3）行为

行为是一种调查对象的外显变量，调查者可直接观察到的各种社会行为和社会活动，如参加选举、加入政党、考取大学、参军、结婚、就业、迁居、变换职业等。群体、组织和社区等调查对象也有其特殊的行为，对社会行为可从各个方面考察。例如，韦伯区分了四种主要的社会行为：目标—理性行为、价值—理性行为、情感性行为和传统性行为[1]；还可从其他角度划分，如分为政治、经济、社交、长期性、短期性等行为。社会和空间行为通常是调查中的因变量，受状态变量和意向性的影响。同时，社会行为之间还会相互作用，如一个人的行为会受另一个人行为的影响。此外，对行为有影响的因素还包括社会结构、社会制度、社会关系、社会环境、历史文化等变量，它们是较高层次的调查对象的属性和特征，包括社会特征、社区特征、群体特征、组织特征、个人特征（图4-7）。

---

[1] 王振东.韦伯：社会法学理论[M].哈尔滨：黑龙江大学出版社，2010.

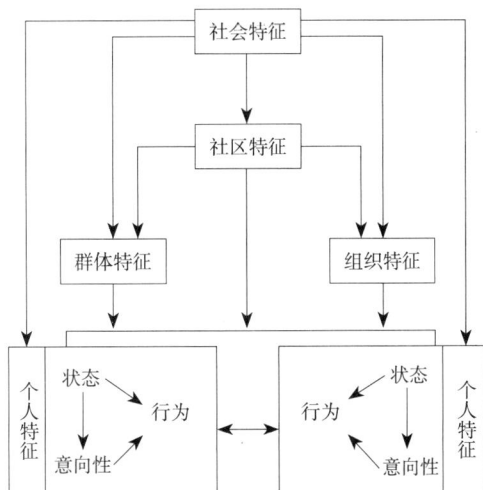

图 4-7 社会行为的影响因素

图片来源：袁方．社会研究方法教程（重排本）[M]．北京：北京大学出版社，2010．

此外，调查内容的选择还取决于调查者的方法论倾向。依据调查者倾向的方法论和理论，可在下列几个方面进行选择：①研究层次。简单地说，宏观层次是以国家、制度、阶级等较大整体为调查对象的研究，它的调查内容一般是以结构变量、环境变量和文化变量所表示的社会整体的特征；而调查对象是以个人和小群体的研究则偏重微观层次，它是以个人特征为主要调查内容的。介于两者之间的是社会单位（群体、组织、社区）层次。②抽象程度。根据抽象程度的不同，调查内容可以是非常具体的现象，又或者是高度抽象的概念。调查具体的现象可为往后的研究留下丰富的经验资料，抽象的概念则为往后的研究提供抽象的理论解释。③解释的方式。个性解释是以个人区别于其他的独特因素来解释他的行为，其调查内容需要详尽考察某一个案的各种特征和属性。共性解释则以大量样本的共同特征来说明一般模式或普遍规律，只需考察部分主要因素。概括地说，调查内容的选择可归结为：是在宏观层次研究还是在微观层次研究？是在经验层次上描述还是在抽象层次解释？是研究少量个案的所有特征还是研究大量样本的少数特征？

4 确定调查对象

调查对象，又称分析单位，是城乡社会综合调查人员所要调查的一个个"点"，是指实施现场调查的基本单位及其数量。实施现场调查的基本单位可以是个人、家庭、群体、组织、部门、社区，也可以是各种社会事务和社会现象；调查数量可以是个别，可以是部分，也可以是全部。在理解调查对象时，应当注意，调查对象不完全等同于抽样单位。有时，两者会出现不一致的情况（图4-8）。例如，要分析不同类型社区公共空间满意度时，调查对象是社区，而抽样单位可能是"居民"。但一般来说，调查对象与抽样单位一致。例如，要描述某地区乡村的基础设施现状可抽取一个个乡村，要描述我国城市的人口城镇化率可抽取一个个城市。

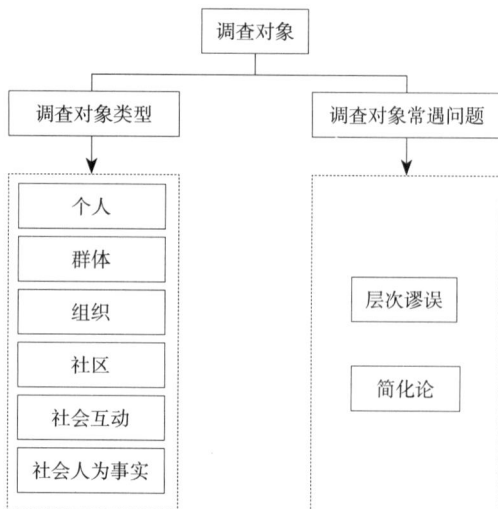

图 4-8　调查对象类型及常遇问题

图片来源：作者自绘

4.1　调查对象特点

城乡社会综合调查中的调查对象具有以下特点：第一，调查对象是无法穷尽的。我们对调查对象的分类，仅将较为常见的调查对象列举，并向大家展示调查对象的逻辑，以便在各种城乡社会综合调查中能合适运用调查对象，降低调查误差。罗森伯格（Rosenberg，1968）就曾指出，个体、群体、组织、制度、空间、文化以及社会单位都是调查对象；约翰和琳·洛夫兰（John and Lyn Lofland，1995）指出，实践、插曲、邂逅、角色、关系、群体、组织、聚落、社会世界、生活形态以及亚文化等，也是合适的研究单位。[①] 第二，个人是典型的调查对象。调查所收集的资料直接对调查对象中的每一个个人进行描述。例如，《体验型书店吸引力评价——以北京"单向空间"书店为例》[②]，直接对北京"单向空间"书店这一个体进行描述。第三，个体的描述是可以进行聚合的。用个体描述的聚合去解释某种社会现象，或者以描述个体所组成的群体作为调查的样本，此时这一群体所代表的更大的群体即为研究的总体。或者用这种个体描述的聚合去解释某种社会现象。例如，对小区菜园现象进行调查研究，以户为单位，调查户主关于"小区菜园"现象的看法等问题，对户主的描述进行聚合，这时，户主所代表的是整个家庭，户主所组成的群体，即代表某小区，解释"小区菜园"这一现象。

在社会调查中，我们选择调查对象时应注意：第一，每项调查课题的调查对象有可能不止一种。例如，研究交通拥堵问题，既可以以个人作为调查对象，调查个人行为倾向、小汽车人均持有量，又可以将城乡交通本身作为调查对象。第二，通常是先选择一个调查对象，在调查研究中，发现调查课题较为复杂，有可能一项调查对象不能把调查课题描述或解释清楚，这时应当选取多项调查

[①]　（美）艾尔·巴比.社会研究方法 [M]. 邱泽奇，译.北京：华夏出版社，2009：233.

[②]　索雯雯.体验型书店吸引力评价——以北京"单向空间"书店为例 [J]. 中国房地产业，2015（09）：236.

对象进行研究。第三，调查对象应当综合各项调查对象对调查实践的影响力大小与后续工作的难易程度进行选择，选取的调查对象应满足既能够完成调查，又可以减少工作量两个要求。第四，在调查实践过程中，如若发现选取的调查对象不足以支撑调查研究的进行，应当增加或改变调查对象，继续进行接下来的工作。

4.2　调查对象类型

在社会调查中，常用的调查对象有：个人、群体、组织、社区、社会互动、社会人为事实（表4-3）。明确城乡社会综合调查的调查对象，一方面，可以使研究者有针对性地收集研究所需的资料；另一方面，也可以使研究者避免犯层次谬误。而调查对象是研究者所要了解的一些个案，它在很大程度上决定了抽样方案和调查方案的制订。由于调查对象的不可穷尽，我们不仅应了解几种常用调查对象，还应当掌握确定调查对象的方法，规避由于调查对象错误而推导出结论无效的风险。

（1）个人

个人是城乡社会调查中最常用的调查对象。在实际城乡社会综合调查中，往往研究的是有限的个人，很少具体研究所有人群，例如，将研究对象局限在某地区居住、不同职业属性的人，这样的个人组成了一个人群。对个人进行描述，并对这些描述聚合和处理，就可以对个人所组成的各种群体，甚至个人的行为、态度所构成的各种社会生活现象进行描述和解释。

作为调查对象，个人被赋予了社会空间群体成员的特性。"个人"，作为人类一员的个体来说，往往和不同的个体生活在一定的社会空间中，必然具有个体和与之共同空间的人们的一切共同的东西，即共性。同时，每一个人都存在差异，这种差异组成的集合，即为区别每一个人的独特特征。一般来说，适用于每个人的科学发现，又被称为概括性规则，是最有价值和意义的。调查者需要汇总这些个体并对个体所属的总体进行分析、聚合，形成对这个群体的认识。

（2）群体

群体是指具有某些共同特征的一群人，是通过一定的社会互动和社会关系结合起来并共同活动的人群集合体。

群体本身可以独立成为调查对象。比如，在某一时间段使用某一公共交通的乘客、使用同一个公园的游客、居住在同一居住区的居民、居住在同一村落的村民、甚至是居住在同一个城市的市民，都可以成为社会调查中的调查对象。群体层次的其他调查对象还包括如同僚、夫妻、社会调查群体、城市以及地理区域等，其中每一种类型都有自己的群体。当我们以社会群体作调查对象时，所研究的群体就是资料集合中的最小单位，其研究和分析就不能下滑到群体层次之下。

将群体作为调查对象时，调查研究的出发点和落脚点都是群体，而非个人。群体特征有时与群体中个人的特征有关。其一，将个人的描述特征汇集，可作为群体的描述。例如，家庭成员每人拥有的小汽车数量之和即为家庭小汽车拥有量。其二，个人特征的平均值也可作为群体特征，例如家庭人均住房面积、人均小汽车拥有量等。但群体的特征不同于个人的特征。例如，以乡村居民邻里关系作调查对象时，我们可以用交往频率、交往空间满意度等特征来描述邻里关系，但却不能用同样的特征去描述每个家庭中的个人。

（3）组织

组织是指由具有共同目标和正式分工的一群人所组成的单位，如商店、企业、公司、学校、医院、机关单位、政党等。组织特征包括组织规模、组织方式、管理方式、组织行为、组织规范、上下级关系、任用、晋升、解雇等。

社会组织是城乡社会调查研究的调查对象之一。组织是由若干的个人组成，因此组织作为调查对象时的某些特征，在一定程度上与组织中的个人有关。例如，医院作为一个组织的时候，组成这个组织的个人所有的特征都是为病人提供医护工作的人员，而医院的特征也是收容和治疗病人的专门场所。

此外，对同一现象的研究，依据不同的调查侧重点来选择不同的调查对象，这样增加了调查对象的复杂性。如果我们研究那些母婴室数量多的综合商场是否比母婴室数量少的综合商场更有可能多吸引顾客，那么，我们的调查对象就是综合商场；如果我们研究的是各个综合商场中，那些顾客多的商场是否比那些顾客少的商场母婴室的设施更好，那么，我们的调查对象就是母婴室；如果我们研究的是那些母婴室多的综合商场中的顾客是否比母婴室少的综合商场中的顾客消费水平更高，那么，我们的调查对象则是顾客。

（4）社区

社区是一定地域中人们的生活共同体。例如，我们要进行"上海市社区邻里交往空间现状调查"，调查对象便是社区。社区内的人们一般都共同从事各项活动，并具有较一致的文化规范和价值标准。将社区作为调查对象通常是描述社区居民，由社区研究可进一步扩展为对整个社会的研究，从而上升到宏观层次。

在城乡规划领域，从综合性视角对社区物质要素特征加以分类的研究众多。吴缚龙（1992）从居住与生产的不同关系，将中国城市社区分为4种类型：传统式街坊社区、单一式单位社区、混合式综合社区、演替式边缘社区。[1] 李京生、王学兰（2007）依据社区城市化水平的发展状态，分为城市化地区、准城市化地区和农村地区3类社区。[2] 王颖、杨贵庆（2009）根据形成年代、社区空间布局、设施状况、住区管理方式、居民特征等多个方面，将社区分为传统街坊街区、单位公房社区、高价格商品房社区、中低价格商品房社区和社会边缘社区5种类型。[3] 对不同社区进行调查研究，以了解不同社会人群的需求，为切实做到"以人为本"的社区规划提供支撑。

社区作为调查中的调查对象，我们可以用社区的人口规模、社区异质性程度、社区习俗特点、社区的空间范围等特征，或是生活状况、交往活动、文化活动、行为规范以及社区的历史发展过程对它们进行描述；也可以通过分析社区不同特征之间的关系来解释和说明某些社会现象。[4] 比如，在一次城乡综合

① 吴缚龙.中国城市社区的类型及其特质 [J]. 城市问题，1992（05）：24–27.
② 李京生，王学兰.关于上海市嘉定区社区划分的研究 [J]. 上海城市规划，2007（04）：16–19.
③ 王颖，杨贵庆.社会转型期的城市社区建设 [M]. 北京：中国建筑工业出版社，2009.
④ 风笑天.现代社会调查方法 [M]. 武汉：华中科技大学出版社，1996.

社会调查中，以社区作为调查对象，此时可以探讨一个社区的异质性程度与社区内部公共服务设施规模、数量之间的关系，或者探讨社区的文化、社区所在的空间范围对社区习俗特点的影响等。整个社区集合的特征或是某些特定的现象，都是每一个描述和反映社区这一个体的资料，同时也是由若干个具体社区所成集合中的个案。

(5) 社会互动

社会互动是指发生在非个体人类之间的活动，例如，跳广场舞、集会、辩论、聊天室讨论等。社会互动是原始理论范例的基础，有时社会互动也可以作为一种调查对象。将社会互动作为调查对象时，要与个体进行区分，尽管个体是社会互动的参与者，但不是把个体作为研究对象，而是侧重描述各个活动本身的特征，包括分析每一次社会互动的规模、方式、目的等。例如，在调查分析一次居民赶集的情况时，居民并不作为研究对象存在，应当侧重分析市集的规模以及市集的空间布置等因素，只有当调查对象是个体时，才能深入探讨居民赶集的频次、对市集的评价满意度等。

(6) 社会人为事实

社会人为事实，即人类行为或人类行为的产物，也是一种调查对象。例如，社会关系、社会制度和社会产品（建筑物、书籍、画作、电影和电视等）都是社会人为事实。

社会关系、社会制度是城乡社会调查的常见调查对象，社会产品也可作为独立的调查对象。例如，调查者用城乡规划专业期刊作为调查对象，研究不同期刊的主题，如城市风格与特色规划、特色小镇规划与实践、智慧城市等，探求不同期刊主题的共性及特征，由此描述或解释在一段时间内城乡规划专业期刊对于主题选取的依据，此时期刊变成了调查对象。

调查对象类型表　　　　　　　　　　　表 4-3

类型名称	概念	特点
个人	一个人或是一个群体中的特定的主体	既有共性，又存在差异性
群体	具有某些共同特征的一群人	群体中的个体间具有社会互动和社会关系，并且共同活动
组织	由具有共同目标和正式分工的一群人所组成的单位	具有明确的目标导向和结构，同时又同外部环境保持密切的联系
社区	一定地域中人们的生活共同体	按地域划分的社会单位
社会互动	发生在非个体人类之间的活动	发生在两个或两个以上个体之间，并具有相互依赖性，往往遵循一定的行为模式，具有一定的互动结构
社会人为事实	人类行为或人类行为的产物	社会人为事实包括具体的对象

资料来源：作者自绘

4.3　调查对象常见问题

调查对象是用来考察和总结同类事物特征、解释其中差异的单位。层次谬误与简化论是由于调查对象不明确、分析层次混乱或研究内容狭窄而导致的错误推理，每一种都代表了关于调查对象的潜在缺陷，而且都有可能在研究过程中以及得出结论时发生。

(1) 层次谬误

层次谬误又称为区群谬误、生态谬误或体系谬误，是指在城乡社会调查中，用较高层次的调查对象做调查，而得到关于较低层次调查对象结论的现象。[①] 当调查者在收集资料时所收集的是有关某种大范围集群的整体资料例如区域、城市或社区，但是却从中抽离出有关个人结论，这时他就犯了层次谬误。

例1，通过调查 A、B 村留守老人现状，发现 A 村留守老人生活状况比 B 村要好，从而得出 A 村李姓老人比 B 村胡姓老人生活状况好的结论，就犯了层次谬误，因为所需调查的调查对象是群体，而结论的调查对象却是个人。甚至在极端情况下，留守老人中生活状况最好的老人可能出现在生活状况整体较差的 B 村。若需要知晓个体的生活状况，应当是调查 A、B 村每个留守老人的生活状况后，再加以比较才能得出。然而，值得注意的是，最恰当的资料并不一定存在，调查者有时需要对调查课题进行层次分析。在这样的情形下，即使知道可能会犯下层次谬误的错误，我们还是会暂时做出猜测性结论。

例2，以城市作为调查对象调查时，调查者发现老城区占地面积大的城市的公共空间侵占问题远远大于老城区占地面积小的城市，呈现出 "老城区占地面积越大，城市公共空间侵占问题越严重" 的趋势。如果调查者根据这一现象得出结论 "老城区居民比新城区居民更偏向侵占公共空间"。那么，这时就犯了层次谬误。因为调查资料是以城市为单位进行搜集的，所得出的结论仅仅是两个不同类型城市比较得出的结论，而不是关于老城区居民与新建区居民的结论，分析单位是群体。如果要得出新老城区居民的结论，或者聚集新老居民的行为特征来解释公共空间侵占，那么就应当用群体作为分析单位，收集新城区、老城区居民的相关资料，调查两个群体分别侵占公共空间的情况，并进行统计分析，比较得出结论。

在用统计资料作分析时很容易出现这类 "层次谬误"，将社区特征、群体特征、个人特征三者间相混淆。这种推理方法是完全错误的，但这种推论偶尔也是符合实际的。

(2) 简化论

简化论，又称简约论、还原论，是用一组特别的、狭窄的概念来看待和解释所有的事物。从形式上看，简化论的错误正好与层次谬误相反。尽管事实很复杂，但是我们将它 "简化" 为简单的解释。简化论者的解释并不完全是错误的，只是很狭窄。

具体来说，简化论有两种表现。第一，用个体层次资料来解释宏观层次。调查者拥有的是关于个体层次的调查资料，但是所作出的是关于更高层次的单位如何运作的结论。例如，在解析城乡规划调查竞赛获奖作品的取胜因素时，

[①] 风笑天. 现代社会调查方法 [M]. 武汉：华中科技大学出版社，1996.

如果仅把注意力集中放在每个获奖团队的队员个人能力上，那么这时，分析单位是"队员"，在"个体"的层级上，概括了团队作品获奖的因素，即对高层级的"群体"作出结论。一份作品获奖承载的并不只是队员的努力，还有指导老师、评审专家等因素对其的影响，队员只是其中的一个变量。第二，局限于用某类特征来分析和解释各种复杂的社会现象。通常，调查者认定某一调查对象或变量比其他的更重要或更相关，以偏概全，忽略其他特征、因素的影响，犯简单论的错误，通过这一调查对象所得出的调查资料作出结论。例如，对城镇化率逐年攀高的现象，有的学者认为产业结构调整是引起城镇化的主要动力；有的学者认为经济增长推动城镇化步伐；有的学者认为区位因素影响城镇化进程；有的学者认为基础设施状况在城镇化过程中发挥积极的决定作用……事实上，城镇化问题用任何一种单一的因素都无法做到全面的解读。试图通过单一因素的调查，而得出城镇化率逐年增高的现象是就是一种简化论。

然而，在实际的调查中，一方面，城乡社会综合调查较容易获得微观上的个人具体资料，但宏观层次的单位运行往往比较模糊和抽象。另一方面，各种简化论在研究中常偏重于不同的调查对象。我们会发现，研究问题的适用调查对象并不总是清楚的。为此，调查对象成为了社会科学家，特别是跨学科的学者们经常争论的议题。

保证作结论时所使用的调查对象，就是运用证据时所使用的调查对象。这是避免犯层次谬误和简化论这两种错误的关键所在。同时也提醒我们在做城乡社会调查时，必须对使用的调查对象有一个清晰、全面的认识。

5　说明理论假设

尽管不是每一类调查都必须有理论假设，但对于那些必须有理论假设的调查来说，则应该在调查方案中对理论假设进行一番陈述和说明。理论假设是由经验抽象概括到理论，它有四个步骤：①建立解释项的概念，包含经验概括中的各种变量的个性特征或共有属性。②建立被解释项的概念，它更抽象、更普遍地表明所研究的具体现象。③在原有的经验概括的基础上，建立解释项与被解释项有关联的命题。④建立包含上述解释项或被解释项的多个命题，然后将这些命题囊括在一个逻辑上能够相互联系的理论体系中（图4-9）。

这一理论可以解释许多具体现象，也可以预测在已知某些变量的状态时将会发生何种现象，由这一理论还可推演出新的可被检验的假设。

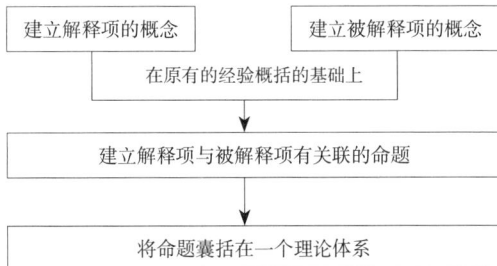

图 4-9　说明理论假设
图片来源：作者自绘

6　制订抽样方案

　　抽样所涉及的是调查对象的选取问题，它是城乡社会调查中一项十分重要的工作，因此在内容上，这一部分相对来说往往最为详细。在具体抽样方案的设计中，①说明调查的总体是什么；②采用什么样的抽样方法和程序，是用一种方法单独抽样，还是多种方法结合进行并描述具体的抽样步骤；③确定样本规模及样本准确性程度的要求；④从调查对象的总体中所抽出的那一小部分调查对象对总体是否具有代表性，有多大的代表性，都与我们的抽样方法、抽样过程紧密相关（图 4-10）。

图 4-10　具体抽样方案设计流程

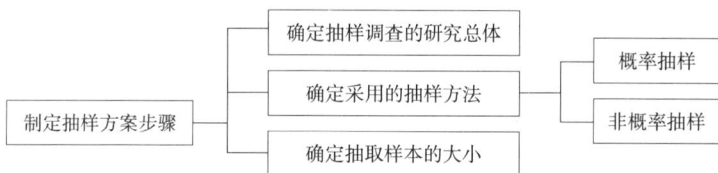

图 4-11　制订抽样方案步骤框架

图片来源：作者自绘

　　制订抽样方案的步骤如下（图 4-11）：首先，要确定抽样调查的研究总体。如范围和界限等。例如，是全国的农民工还是某几个城市的农民工或某个社区的农民工。其次，确定采用的抽样方法，是概率抽样还是非概率抽样。这一步骤应当在具体实施抽样之前，根据调查目的的要求和各种抽样方法的特点，选择概率抽样或非概率抽样，尤其应该注意，凡是从数量上推断总体的抽样调查都应采取随机抽样方法。第三，确定抽取样本的大小。我们确定样本大小的原则就是"代价小、代表性高"，主要考虑精确度要求、总体性质、抽样方法以及人、财、物等客观条件的制约，例如，以调查社区农民工住房情况为例，调查个体数量是一百个还是一千个或一万个。此外，还要考虑具体抽样时的各种问题，如是否有社区农民工清单，在社区中心抽样能否达到要求，如何在保证样本的代表性的情况下减少调查工作量等。在个案调查中，一般是根据调查课题和调查目的来选不同的"点"，但有时则根据研究的便利条件来确定调查对象。是选择一个还是几个社区为调查对象？是调查沿海发达城市的社区还是内地省会城市的社区？是城乡核心地带还是城乡边缘地带？关于各种抽样方法，我们在第 5 章将详细介绍。

7　选择资料收集与分析方法

　　城乡社会综合调查中的资料收集方法有几种不同的形式供调查者选择，每一种具体的资料收集方法根据其特定的优点和不足可以适用于各种不同的条件和场合。调查者要根据自己所从事的调查课题的具体情况，从中进行选择，以达到最好的调查效果。资料收集方法的选择涉及多种因素，比如调查总体的特征、样本的规模、调查的重点和目标、课题完成截止时间、调查者的人力构成和所具备的经济条件等。应在调查实施之前进行资料收集与分析，并综合考虑上述各种因素，作出恰当的安排。不同调查类型应选择不同的资料分析方法，比如，预测性课题主要依赖于定性分析方法，描述性课题主要侧重于基本的描述统计和推论统计，而解释性课题则主要依赖于双变量与多变量的相关分析及其他一些更为复杂的统计分析方法。具体分析方法的选择同样要紧密结合调查课题的目标、内容和要求来进行。

（1）资料收集方法

这是调查方案中体现调查方法科学性的重要标志。

首先，要确定研究类型和调查方式、方法。说明是横剖研究还是纵贯研究；在研究类型选择上，是探索性研究还是描述性研究；或是还综合研究还是专题研究；在调查研究方式上，是统计调查还是实地研究；在调查方法的选取上，是采用问卷法还是采用访问法或观察法。

其次，要测定抽样方案，确定抽样方法。首先要明确调查研究总体是什么，采用何种抽样方法，是概率抽样还是非概率抽样，抽取多少样本。其次，预先考虑具体抽样过程中遇到的各种问题，如：由于某些原因被抽中的调查对象无法接受调查怎么办？在实地抽样时无法获得人员名册或单位目录时怎么办？采用典型调查或个案调查时，要说明如何选择典型或选"点"等。

（2）资料分析方法

如何进行调查研究资料的分析也是调查方案中必须阐明的重要问题。拟订资料分析方法，是采用定性分析的方法还是定性分析与定量分析相结合；如果采用定量分析法，则应用何种统计分析，统计分析可用单变量分析、相关分析和多变量分析等。

8　设定人员组成与组织结构

要完成一项较大规模的城乡社会调查课题，需要的不止一个人的努力，同时还会涉及挑选、培训调查人员的问题。因此，在调查方案设计中，首先应对参与调查人员进行筛选，能胜任者优先，其次，录用后应有规划地对调查人员培训以保证调查工作的顺利进行。其三，清楚参与调查组成人员的特性，对其在调查中的任务多方位考虑，同时制定相应组织管理办法。

一个调查研究项目一般会以成立课题小组方式进行，在调查方案中要考虑参加调查研究人员的基本状况，包括年龄、性别、年级、专业、主要研究方向和已得研究成果等，以便反映课题小组的综合实力水平。规模较大的社会调查除有研究人员参与外，还要有一定数量的调查人员帮助搜集资料。这些成员大多没有受过专业训练或不具有实际调查的经验，因而就需要对调查人员进行选择和培训。培训有多种方式，可以较系统地讲授社会调查的基本知识，也可以进行模拟调查或现场实习，也有在实际调查中由研究人员带队，边工作边实习。同时，在培训中通常需要事先编制"调查员手册"等指导手册，详细讲解本次调查的注意事项及规则。调查人员的组织管理主要是明确各人职责、派发调查任务、完成任务后设专人检查、最终核对调查资料。总之，有了调查方案，对整个调查、研究过程事先有了比较周密、细致的考虑，就能在实际调查研究过程中有备无患，保证调查工作顺利进行。

9 安排时间与经费

调查的时间安排是根据每一阶段（选题、准备、调查、研究、总结阶段）以及每阶段中每一具体步骤所需时间的统筹安排。

为了在时间范围内达到既定的调查目标并且保证质量地完成城乡社会综合调查任务，调查者应在调查开始之前对整个调查工作的进度和时间分配有所安排，而不是匆匆忙忙开始搜集资料。调查者应合理分配每一阶段所需时长，要注意给调查的设计和准备阶段多安排一些时间，在时间安排的整体上，要留有一定余地以防备突发情况的发生。此外，在设计调查方案时还需要做出调查经费的开支预算，以保证各阶段调查工作能够顺利展开。

（1）时间进度

一项社会调查往往都有时间限制。因此，调查者应该在课题研究的准备阶段，对进行调查工作每一阶段的时间进行预估和分配安排，要注意给研究设计和准备阶段多一些时间，不要匆匆忙忙开始收集资料的工作。在保证每一阶段任务足够的情况下还要留有一点余地。

此外，考虑到经费数量，在时间安排上也应有一个大致分配考量，以保证调查的各个阶段工作都能顺利进行。

可制定"研究进程表"（表4-4），以明确每一个研究阶段时间安排，进程表可包括调查阶段和时间节点。

（2）经费使用计划

调查者对调查经费和调查涉及的物质手段应有一个大致的规划安排，以合理利用研究经费。此外，不同调查研究方法的经费使用情况不同，例如，统计

城乡社会综合调查研究进程表　　　　　　　　　　　　　　　　　表4-4

研究进程表	1	3	6	9	12	15	18	21	24	27	31
1. 选题	——————										
2. 初探		——————									
3. 研究设计			——————								
4. 拟定问卷			——————								
5. 测试问卷				——————							
6. 训练访员				——————							
7. 实地调查						——————					
8. 整理资料									——————		
9. 分析									——————		
10. 报告										——————	

资料来源：范伟达，范冰.社会调查研究方法[M].上海：复旦大学出版社.2010：115-116.

调查由于需要发放大量的问卷、处理大量的数据，所需经费较多，而实地研究则相对节约经费。因此，科学选择合理的调查方法也有利于合理使用经费。

第5节　调查设计案例分析

本节根据第4节阐述内容，选取案例来分析在城乡社会综合调查过程中应怎样进行调查设计，从调查方案的目的意义、调查内容对象、理论假设、抽样方案等各个角度进行具体设计。

本案例是城乡社会综合调查的一般程序，较切合本书调查设计的主要内容，具有较强的指导意义。因此拿来举例分析也更有意义。案例一由范凌云老师指导，荣获第十四届"挑战杯"全国大学生课外学术科技作品竞赛哲学社会科学一等奖《从空间城镇化到人的生活方式城镇化：对苏州市"被"进城农民生活变迁的调查分析》[①]，案例选择了报告的调查方案来具体参考其设计思路。

1　调查目的与内容

随着城镇化进程的快速推进，大量失地农民被动进城实现空间转移，但普遍未完成人的城镇化，呈现出半城市化特征，影响社会经济和谐发展。在新型城镇化背景下，实现人的城镇化是政府推进城镇化建设的重点和难点，也是事关我国经济发展及社会稳定的重大问题。为了了解当前被进城农民的人的城镇化发展状况，我们根据科学抽样，在苏州大市范围内分阶段抽样选择若干农民安置小区和城市住宅小区，对被进城农民和城市居民的居住空间环境和生活方式进行调查，为进一步推进人的城镇化发展提供参考。

2　调查总体、样本和资料收集与分析方法

1）本次调查的总体为苏州市中所有18岁以上的被进城农民（在苏州"三置换"政策下进城安置的失地农民）和城市居民。

2）本次调查的样本规模为：成功调查300位被进城农民，300位城市居民。

3）本次调查的分析单位为个人。

4）调查资料的收集方法为入户结构式访问。资料分析主要包括单变量描述统计、双变量交互统计、评价指标体系测算以及相关分析等。

3　抽样程序

样本抽取采用多阶段随机抽样方法进行。

1）从苏州市的所有城区中抽取4个城区。

2）从抽中的城区中抽取10个街道办事处／镇（或社区）。

3）从抽中的街道办事处／镇（或社区）中分类型各抽取5个农民安置小区，5个城市住宅小区。

① 《从空间城镇化到人的生活方式城镇化：对苏州市"被"进城农民生活变迁的调查分析》获得第十四届"挑战杯"全国大学生课外学术科技作品竞赛哲学社会科学一等奖。作者：时亦欢、蔚丹、缪青、刘庆伟、吴励智；指导老师：范凌云。

4）从每个抽中的小区中各抽取已计划好的居民户数。

5）从每户抽中的家庭中抽取一个 18 岁以上的成员。

4 抽样的具体步骤与方法

第一阶段：从城市中抽取城区。

采用简单随机抽样的方法，列出全市所有城区的名单，顺序编号，用写小纸条抽签的方法抽出 4 个城区。

第二阶段：从城区中抽取街道办事处／镇（社区）。

采用简单随机抽样的方法，列出每个城区中的全部街道办事处／镇（社区）的名单，顺序编号，同样用上述写小纸条抽签的方法抽出 10 个街道办事处／镇（社区）。

第三阶段：从街道办事处／镇（社区）中抽取小区。

采用分层抽样及简单随机抽样的方法，先分类列出每个街道办事处／镇（社区）中全部农民安置小区和城市住宅小区的名单，顺序编号，同样用上述写小纸条抽签的方法抽出 5 个农民安置小区和 5 个城市住宅小区。

第四阶段：从小区中抽取居民户。

采用整群抽样的方法。根据空间环境的不同，为实现后期的样本平衡，针对各小区计算好需要抽取的样本数量，并按此数量计算出需抽取的单元楼幢数，在每个空间条件相似的小区中抽取固定号数的单元楼，访问这些单元楼内所有居民户。

第五阶段：从居民户中抽被调查人。

采用生日法进行户内抽样。首先，需要了解抽中的户中 18 岁以上的人口的数目；然后，询问他们每人的生日是几月几号；最后，抽取其中生日距调查当天最近的那个人作为调查对象（如果此人当时不在家，原则上应约好时间再次上门访问，但考虑到学生调查的艰难性和不易性，一般选择访问第二号相近人选）。

5 调查实施

（1）成立调查小组

依据竞赛人数限制，4 名大学生组成本次调查小组。小组成员要求具有诚实、认真、吃苦耐劳的品质，较好的人际交往能力、口头表达能力、自我保护能力，以及较强的团队协作意识。

（2）培训调查人员

由老师和调查小组组长对调查人员进行短期培训，内容包括调查技巧、调查注意事项以及调查内容、调查要求、问卷分析、调查地点特征等。正式调查前，每个调查人员必须完成一份试调查，充分熟悉问卷内容，经过集体总结后正式开展调查。

（3）联系调查地点

通过开介绍信、打电话、熟人牵线等方法，与各街道办事处或居委会联系，努力争取街道与居委会的支持与配合，这对于减少调查过程中的阻碍、取得被调查者的信任和节省调查时间具有十分重要的作用。

（4）保证调查质量

一方面，提前购置问卷小礼品，如小袋洗衣粉、纸巾、卡套等较为轻便携带的日常生活用品，致力提高被调查者填写问卷的积极性与可信度。另一方面，将调查人员分为2组，每组2名成员；调查在双休日进行，从而避免大部分调查满足要求的调查对象在工作日上班外出不在家的情况发生。每天调查结束后，调查小组组长专门检查，及时发现问题，小组成员共同商讨补救。每份问卷上需要有调查人员和审核人员的签名。

（5）注意人身安全

采取切实可行的措施，保证调查人员的人身安全。必须两人一组同时进行调查，不能远距离单独行动；必须随身携带手机方便联络；必须在双休日白天进行调查；入户调查必须提高警觉性，保持大门呈打开状态，手机实时录音，保证人身安全第一。

6 进度安排

1）准备阶段：2014年2月1日—4月30日。

具体工作为设计调查问卷，抽取调查小区，预调查各小区居住空间环境确定各小区分发问卷数量。

2）调查实施阶段：2014年5月1日—2014年10月30日。

具体工作为小组成员在课外时间按原有计划安排，分组进入样本小区中开展调查；实地抽取居民户以及户中抽人；以结构式访问的方式完成调查问卷。

3）资料整理阶段：2014年11月1日—2014年11月30日。

具体工作为小组成员分组在SPSS中录入调查问卷数据。

4）分析资料和撰写研究报告阶段：2014年12月1日—2015年6月。

小组成员在多次团队讨论中，进行资料分析和完成调查报告一份，并在老师指导下不断完善。

5）回访调查和研究报告进一步深入阶段：2015年7月—2015年10月。

小组成员在老师指导下回访调查各农民安置小区，进一步深入挖掘及分析各空间要素对人的城镇化的影响，继续完善研究报告。

附：各小区问卷具体分发数量及回收数量（表4-5）。

各小区问卷具体分发数量及回收数量　　　　　　　　　　　　表4-5

	调研地点	小区类型	分发问卷	回收问卷	有效回收率（%）
农民安置小区	和润家园	小高/高层小区	60	58	96.7
	花南家园	高层小区	60	56	93.3
	东浜新苑	多层小区	60	56	93.3
	莲花一社区	多层小区	60	54	90.0
	华通花园一区	多层小区	60	56	93.3
	小计		300	280	93.3
城市住宅小区	永林新村	多层小区	70	70	100.0
	彩香新村	多层小区	70	68	97.1
	今日家园	多/高层小区	60	56	93.3

【思考与练习】

1. 城乡社会综合调查研究设计的必要要素有哪些，其设计原则又有哪些方面？

2. 在一项城乡社会综合调查中，确定并细化调查目标的步骤有哪些？

3. 城乡社会调查研究中调查对象的概念是什么，其有什么特点？

4. 在城乡社会调查中，我们选择调查对象时应注意哪些问题，同时我们将如何避免这些问题？

5. 调查方案设计中，信度与效度的概念分别是什么，两者有何关系？

6. 在研究中，常见的测量信度的方法有哪些？

7. 若要调查某地区城乡统筹协调发展的情况，应如何设计调查方案的具体流程？

8. 联系第 3 章思考的社会调查研究选题，如何确定其调查内容？

9. 在城乡社会调查研究中，调查资料的收集与分析方法有哪些？

10. 在乡村振兴背景下，根据所在地区乡村活力情况制定城乡社会综合调查研究框架，并提出相应优化策略。

第3篇
调查方法与报告撰写

第5章 城乡社会综合调查研究方法

城乡社会综合调查的最终结论主要通过社会考察过程中所取得的"第一手资料"及对其有效分析的基础上得出。要在城乡社会综合调查中获取大量真实、可靠、生动、详尽的调查资料，并对这些资料进行科学化、合理化、高效化的分析，就必须正确掌握并熟练运用各种调查研究方法。根据所采取的具体手段和技术方法，城乡社会综合调查的主要研究方法（图5-1）可分为文献资料研究、定性调查与资料分析、定量抽样调查与分析、混合方法研究，以及近年来兴起的大数据分析研究等。

第1节　文献资料研究

文献资料研究，也称文献研究，是城乡社会综合调查的重要基石，是调查者在进行调研之前了解前人和他人研究成果的重要方法。

1　文献研究概述

1.1　文献研究的概念及作用

文献是用来传递和存储研究资料的对象，包括各种报刊、册本、档案、图像、

城乡社会综合调查研究方法
- 文献资料研究
  - 文献研究概述
  - 文献研究步骤
  - 文献适用范围
- 定性调查与资料分析
  - 定性分析概述
  - 定性实地研究与定性资料收集
  - 定性实地研究的一般过程
  - 定性资料分析方法
- 定量抽样调查与分析
  - 抽样调查概述
  - 调查问卷设计
  - 定量资料收集
  - 定量资料分析
  - SPSS 软件运用
- 混合方法研究
  - 混合方法研究概述
  - 混合方法研究类型
  - 混合方法方案设计
  - 混合方法研究过程与实施
- 大数据分析研究
  - 大数据产生背景及概述
  - 主要数据类型和获取方式
  - 主要分析工具和分析方法

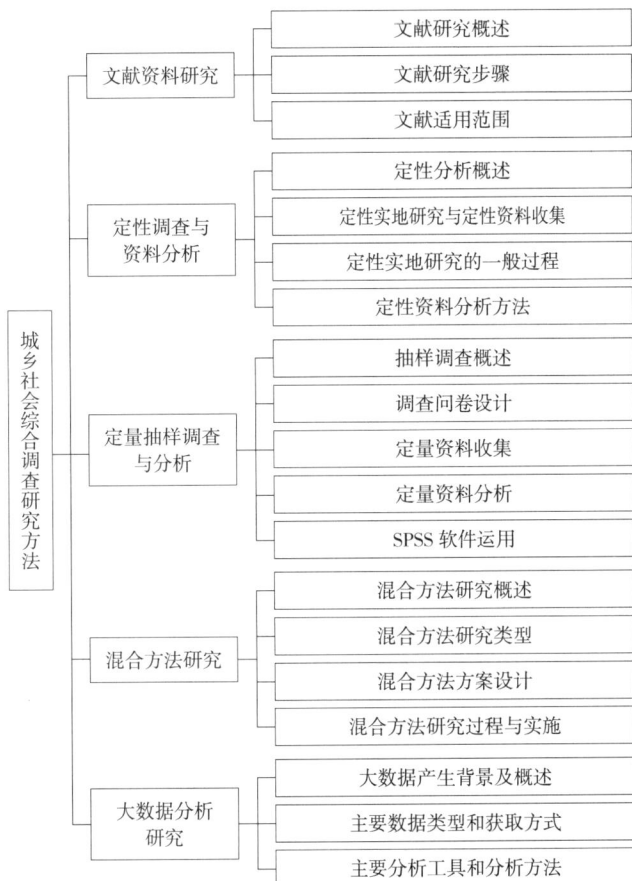

图 5-1 城乡社会综合调查研究方法框架图
图片来源：作者自绘

书面材料以及电子文档、电子材料等。

文献研究是采集各种文献资料、摘取实用信息、研究有关内容的方法。它贯穿于城乡综合社会调查工作的始终，文献研究的作用在于：①了解与调查课题有关的各种认识、理论观点和研究方法等，为提出研究假设、设计调查方案和确定调查方法等提供重要参考。②了解与调查课题有关的已有研究成果，通过整合比较已有成果，全面认识和把握课题研究现状，为下一步的调查内容选取、调查方案设计等提供重要借鉴，少走弯路，避免调查工作的盲目开展和重复劳动。③了解和学习与调查课题有关的社会政策和法律法规，端正调研工作指导理念，保证调研工作顺利进行。④了解调查对象的历史和现状，通过了解调查对象的性质状况和所处环境条件特征，可以及时、全面、正确地认识调查工作对象，对有针对性地科学设计调查方案具有重要意义。

文献研究是对资料研究的过程，文献综述是对资料研究结果的论述过程，文献综述应以文献研究为根基。城乡社会综合调查报告文献研究最终通过文献综述才体现，而文献综述一般是叙述所研究的文献方法和研究主题相关文章观点的总结。

城乡社会综合调查文献研究主要是研究内容的文献研究以及调查使用研

究方法的文献研究。而落实到具体情况，以《进城未"尽"城——某市区"被进城"农民生活方式及居住空间环境调查》为例，可以通过搜索"被进城农民"相关研究的文献，重点关注文献的发表年限是否较新和是否是核心期刊，以及文献是否是综述类文献。通过文献整理，关注文献的内容研究和文献的方法研究。其中内容研究包括被进城农民进城前后居住空间环境变化、进城农民进城后生活方式变化等；方法研究包括研究被进城农民调查方法的研究，一般通过问卷调查法、实地勘测法等。在此基础上结合自己的调查和访谈实际情况进行有选择的叙述。

1.2 文献的类型及特点

根据城乡社会综合调查的研究目的和特性，本书依据资料形式，将文献分为书面文献、图像文献和有声文献。

（1）书面文献

书面文献是最广泛的文献形式。现介绍城乡社会综合调查中使用频率较为广泛的四种类型，包括报刊书籍、统计资料、档案资料和个人文献。

1）报刊书籍。书籍和定期出版的报纸、期刊是书面文献资料的重要形式，也是城乡社会综合调查中最常使用到的文献载体，它提供了前人或他人的研究成果，涵盖多方面、多学科研究内容，是任何社会调查研究利用最多的文献资料。[①]

2）统计资料。统计资料文献进行研究是搜集事实材料的最重要来源之一。统计资料是在研究范围内进行直接观察所得的数据，可以选择任何时间段的指标，将其与过去的指标进行比较，从而阐明变化的趋势。一般以官方出品数据为准，如各省各市的统计年鉴、镇志村志的统计数据、权威机构的统计报告等。城乡社会综合调查用到最多的统计资料是各个市或镇统计局公布的历年统计资料，作为调查课题了解宏观层面发展状况的支撑依据，除此之外，还包括人口普查数据、城市规划说明书等。

3）档案资料。档案资料在社会研究中起着重要作用。我国从中央到地方直至基层都建立了档案服务部门（图5-2），保存着许多有关政治、经济、文化、教育、家庭、婚配情况、治安等社会生活各个方面的历史资料。按照规定手续，调查者可以查阅这些资料研究有关问题。其次，由于资料处理的电子计算机化，越来越多的档案资料使用起来更为方便、快捷。

4）个人文献。个人文献包括书信、自传、回忆录、日记、讲演稿等。这些个人文献往往是有关个人生活的一方面发展的详细描述，或对某种生活方式的典型行为和活动的详细记述，往往把重点放在主观经验和理论上，从而提供了一个往往被资料搜集的客观方法所忽视的境界。对城乡社会综合调查而言，个人文献研究是深化选题内涵、充实研究内容、丰富表现形式的有效手段。

（2）图像文献

图像文献主要包括电影、录像、照相、图画、雕塑等。作为造型艺术作品和电影照相能清晰、形象地反映过去时代的物质空间、精神生活、人情习气等

---

① 范伟达，范冰 . 社会调查研究方法 [M]. 上海：复旦大学出版社，2010.

图5-2　中华人民共和国档案局官方网站

图5-3　纪录片《乡村里的春节》　　　图5-4　纪录片《美丽乡村》

方面,特别是纪录片影像带和摄影照片是特别有价值的城乡社会综合调查材料,因为它们是现实事件、空间实体的复制品,如纪录片《乡村里的春节》(图5-3)和纪录片《美丽乡村》(图5-4)都详细展现了乡村的特点,倘若选题研究是乡村方向,可以先观看一下这类纪录片,了解一下乡村特点。将不同时段图像文献与当下城乡空间、事件相结合,能表现出鲜明的城乡风貌、城乡结构、城乡规模等空间演绎过程。

(3) 有声文献

有声文献如录音带、唱片、电视新闻等,也是极具价值的文献资料。尤其是电视新闻,实时报道甚至跟踪报道社会事件,有声文献一般时效性强、能够积极反映社会现实问题,部分电台也会邀请知名专家或评论人对相关事件作出精辟点评,发人深省。有声资料有助于动态展现古今生活、城乡生活的差距,生动表明乡土文化、文学语言、地方方言的差异，对城乡社会综合调查的资料搜集、内容深化等具有很大帮助。

2 文献研究步骤

对于文献研究，无论是对哪一种文献进行研究，其研究的过程都是相似的，都要遵循一定的程序，一般而言，文献研究的过程包括文献的搜集、文献的整理、文献的摘录、文献的分析。

2.1 文献的搜集

文献搜集主要指将以一定的方式对文献进行集中组织和存储，并按照文献使用者要求检索相关文献或文献的内容，包括两个过程，即文献检索和文献收集。文献的搜集是贯穿城乡社会综合调查研究的重要工作，需要不间断地根据调查选题方向、报告深化方向，寻找相关文献阅读，从中理解最近的学术界调查者、城乡社会实践者都在研究什么、实践什么，由此确保能始终有效把握自己研究的大致方向。

文献检索和文献收集是文献搜集主要步骤。

（1）文献检索

文献检索是调研者使用科学的方式从藏书楼、资料中心和网络数据库搜索文献资料的活动。在城乡社会社会调查中根据研究的需要，快速有效地从数量众多、种类庞杂的文献中检索出有价值的情报资料，是作为调查研究工作者必备的能力之一。

首先，明白检索目标。了解所需文献的中心、规模、边界、范例等。对调研对象了解越充分，调查效果也越好。

其次，确定检索工具。使用好的检索工具是更好获取研究信息的重要保障。城乡规划学主要使用的中文文献检索数据库（表5-1）包括知网数据库、维普数据库和万方数据库等。

常见的外文文献数据库（表5-2）有 Wiley InterScience、ICPSR、IEEE、EBSCO 等。

第三，明确检索路径和方式。城乡规划调查主要使用计算机网络检索。常用的搜索方法有根据调查研究主题搜索、根据作者搜索，还有根据查找相关文

常见的中文数据库 表5-1

序号	常见的中文数据库
1	超星、方正 Apabi（电子图书）
2	CNKI（期刊全文、硕博论文）
3	万方（期刊、学位论文、会议论文、科技信息、商务信息）
4	人大复印资料全文数据库
5	中经网、资讯行、国研网、电子信息网（专网数据库）
6	维普资讯文摘中刊
7	中文科学引文数据库（CSCD）
8	中文社科引文索引（CSSCI）

常见的外文数据库   表 5-2

序号	常见的外文数据库
1	Wiley InterScience（英文文献期刊）
2	ICPSR（网址：http://www.icpsr.umich.edu/icpsrweb/landing.jsp）
3	IEEE（电气电子工程师学会）
4	EBSCO（网址：http://search.ebscohost.com/）
5	ProQuest（网址：http://www.proquest.com/）
6	Blackwell（网址：http://www.blackwell-synergy.com/）
7	Springer（网址：http://www.springer.com/cn/）
8	Science Diret（网址：http://www.sciencedirect.com/）
9	Oxford Journals（牛津出版社电子期刊）
10	Oxford Scholarship Online（牛津学术专著在线）
11	PNAS（美国科学院院报）
12	Project MUSE（人文艺术期刊）
13	World Bank E-resource（世界银行数据资源）
14	World eBook Library（世界电子图书馆藏）

图 5-5　中文文献检索工具图

献的文献综述去搜索。[1] 中文文献检索工具图样式如图 5-5 所示。

（2）文献收集

文献收集是指依据检索后获得文献的活动。一般来说，文献可以分为公开发表和未公开发表两大类进行收集。公开发表的文献包括所有的能够检索到的文献，是文献的主体，这是城乡规划社会调查主要使用方法。未公开发表的文献主要有个人写的日记、信件、回忆录等，以及政府部门、企事业单位、社会团体的内部属于私人或者公家文件等。未公开发表一般只能够通过学校名义或者私人关系获得。

---

① 李和平. 城市规划社会调查的主要方法 [M]. 北京：中国建筑工业出版社，2004：118-189.

2.2 文献的整理

文献是城乡社会综合调查研究中一个重要的组成部分，文献整理也往往需要相应的工具。首先，常用期刊文献整理工具有 Endnote，Mendeley，Zotero，NoteExpress 和 NoteFirst，其中 Endnote，Zotero 和 Mendeley 是国外开发的软件，对中文期刊识别性较差，而国内 NoteExpress 是使用较为广泛的一种整理期刊文献的软件；其次，书籍类文献整理工具有超星阅读器等；最后，百度云盘也是不错的文献资料整理工具。下面主要介绍期刊文献整理工具较为方便的 NoteExpress 的相关使用方法。

（1）NoteExpress 软件的下载与安装

在 http：//www.inoteexpress.com 网站可以下载软件安装包；包括个人版和学校版，很多学校都买了版权，选择集团版下载，输入学校名字就可以了，下载成功后，双击安装程序，即可完成安装。NoteExpress 是以题录的方式管理文献的（图 5-6）。

（2）NoteExpress 中新建数据库

使用 NoteExpress 的第一步便是新建数据库（图 5-7），新建文件夹，通过 NoteExpress 下载的文件等都会放在这个数据库中。

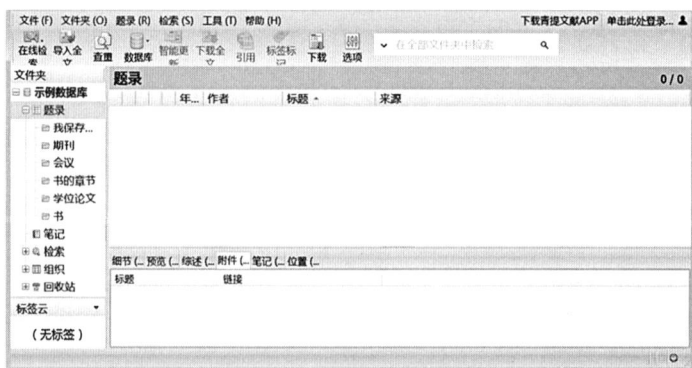

图 5-6　NoteExpress 软件界面

图 5-7　新建数据库操作图

（3）NoteExpress 数据收集

在 NoteExpress 软件中建立数据库后，需要进行数据收集，方法如下。

1）在线检索：NoteExpress 集成了常用数据库，可以直接进行在线检索（图 5-8）。

图 5-8　NoteExpress 在线检索操作示意图

2）导入已经下载好的文献。一般情况下都是通过新建文件夹，点击导入文件，或者导入全文（图 5-9）。如果文献已经下载，可以通过拖进软件直接识别的方法；如果下载文献是用文件夹分类好，这时候可以不选择导入文件，而选择导入目录，并点击文件夹的根目录导入，这样所有的文件就以原来的文件夹方式导入了。

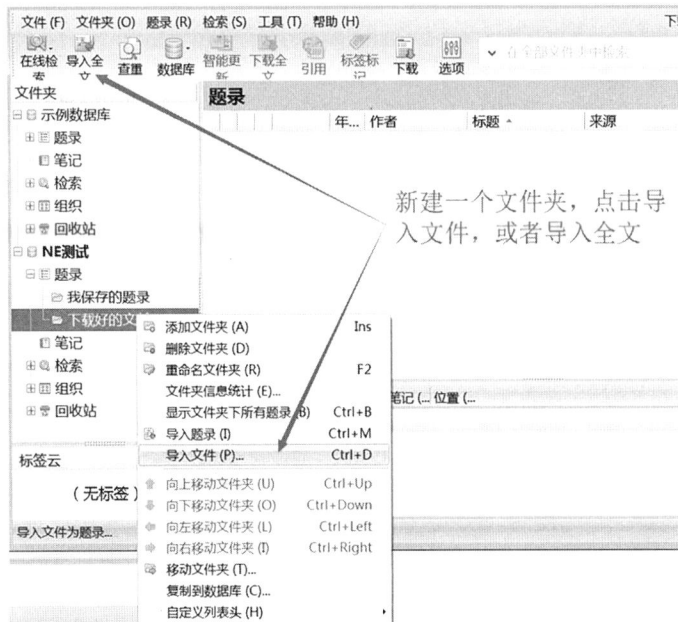

图 5-9　将文献导入软件

3）青提文献 [①] 收藏题录下载。也可以用青提文献导入或手工录入。添加标签操作示意（图 5-10）。

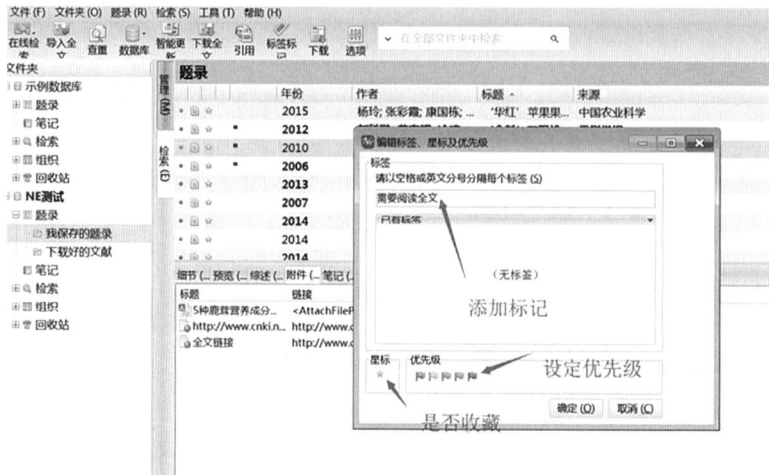

图 5-10　添加标签操作示意

2.3　文献的摘录

在通过检索发现并收集到文献后，接下来就是选取重要文献按照适当的顺序阅读、摘录文献（图 5-11），包括快速浏览、筛选文献、精细阅读、信息记录、鉴别好坏等环节，可通过电子文档进行摘录，保存有价值的信息。

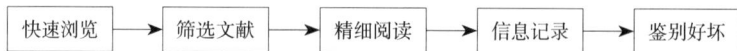

图 5-11　文献摘录过程

图片来源：作者自绘

2.4　文献的分析

文献分析是城乡社会综合调查的基础，是选题确定、调查工作展开、调查报告撰写的前期必要准备。这里我们结合城乡社会综合调查特性，简单讨论三种主要方法：第一种是按照时间顺序的先后，将以往研究分成几个发展阶段，再对每个阶段的进展和主要成就进行陈述和评价。第二种是以流派或观点为主线。第三种是将历史的考察与横向的比较有机结合。

首先，以时间顺序为研究发展阶段的分析方法。这种分析方法优点在于能较好的反映不同研究之间的前后继承关系，梳理出清晰的历史脉络。

其次，以流派和观点的分析方法。这种分析方法主要通过追溯各观点和流派的历史发展，再进一步分析不同流派、观点的贡献与不足，以及它们之间的借鉴与批判关系。这种方法的优点是能从横向的比较中发现问题与不足，尤其是近些年城乡规划很多研究领域都是与社会学流派和城市地理学流派相结合的

---

① 注：青提文献是 NoteExpress 的手机配套 App，可以通过手机应用市场进行下载，青提文献优势是电脑中 NoteExpress 中整理好的文献资料可以同步到自己手机软件青提文献 App。

流派。如研究城市空间发展规律，可以用新马克思主义流派和地租理论流派进行解释。

最后，以历史的考察与横向的比较有机结合的研究方法。这种方法的优点是既能反映历史的沿革，又能揭示横向的关联与互动。

3 文献研究适用范围

文献研究优点为，一方面可以节省时间，不需要大量调查人员。文献往往集中在图书馆及网络数据库，不多的员工便可方便地获得与调查课题有关的文献。另一方面，可以研究不可能接近的研究对象。在文献研究中，只需同文献本身打交道，这样就可以避免反应性[①]。

运用文献研究法时对两个问题要予以特别注意，从而考虑是否运用文献研究法。第一，现有文献资料只能提供与调查课题有关的情报。由于统计的书面文件在记录社会现象和过程时，往往根据一定的目的反映现象、情况、事件的某些特征，所以必须按照调查研究提纲中确定的标准、目的，对现有材料进行加工和改造。第二，注重现有资料，只能研究与从前的过程有关的社会单位。故进行文献研究时，要先弄清现有文献资料的建立时间，明确其与调查课题的相互关系，以免得出错误的结论。同时要检验所获社会资料的可靠性、可信性和准确性。

第2节 定性调查与资料分析

1 定性分析概述

1.1 定性分析的概念

定性分析是对事物质的剖析。任何事物都是质和量两个方面的统一体。定性分析的重要性基于事物的质，是事物存在的更重要的方面。

定性分析可以说与人类思维诞生的历史一样久远。在人类思维漫长的发展过程中，曾经无数次地使用定性分析的方法。当泰利士确定水是万物之源，赫拉克利特把一切归结于火，德漠克里特描绘宇宙图景的原子结构的时候，他们都是在进行定性分析。但是，在马克思主义以前，定性分析仅仅是作为一种自在的思想方法，无意识地出现在科学研究和科学思维的活动中。马克思有意识地在一切观点、原理和理论层次上彻底贯彻定性方法，从而把定性分析的地位提到前所未有的高度，由一种自在的思维方法上升为一种自为的科学研究方法。这在社会科学的发展历史中是一次重大的进步。定性分析的基本内容可以概括为如下三个方面：

(1) 识别属性

任何事物都是具有相应属性的事物，属性包含事物本身的性质和相互之间

---

① 注：反应性指代在直接接触性的研究方法中，因为调查者和研究对象的接触以及调查情境的不同，研究对象的反应常常是这些因素交互作用的结果，从而使收集到的资料不够客观。

的关系。对事物属性的识别是定性分析最早的内容，因而也是发展历史最长的一种定性分析办法。定性分析识别属性的结果，最后构成精确的概念表现出来。

（2）要素分析

定性分析的第二个重要方面是对事物要素进行分析。概念这类思想形态的首要功用之一便是反应事物的独特属性。因此，也可以说，识别属性这种特性分析方法主要是通过形成概念和定义实现的。要素分析就是确定系统的基本构件是什么、有几种定性分析。

（3）结构整合

结构是一事物要素之间相对明确的联系。同时，定性分析的基本内容还包括：①功能分析；②归类，其内涵不仅是识别，而且需要比较；③追溯原因，也即判定万物的因果关系等。

1.2 定性分析与定量分析的异同

定性分析与定量分析两者有其相同之处也有其相异之处（表5-3）。

定性分析与定量分析的异同   表5-3

相似性	相异性		
1.两种资料的分析形式都包含推论。这里所谓"推论"表示证据为基础，通过判断而导致结论。 2.这两种分析形式都包含了实证的办法或过程。 3.在质化和量化资料分析中，研究者都需要防止错误的论断	1.标准化程度不同	定量分析基础是应用数学	定性分析就比较不标准，通常是总结
	2.分析开始时间不同	定量研究者会等到全部资料都搜集完并转换成数字资料后才开始进行分析	定性研究者在研究计划中比较早开始分析。定性分析不是独立的一个阶段，而是遍布在研究过程中的每个阶段
	3.与社会理论的关联不同	定量研究者掌握那些代表实证的数据，以验证变项建构间概况的假定	定性分析举出实证而不以检验假设的方式来显示理论、概化或诠释是可信的
	4.在抽象化的程序上不同	定量分析则通过统计，研究者运用变量间统计关系的符号语言来探讨因果关系	在所有定性分析中，研究者将原始材料放进那些他们为了要确认范例或观念的种类中

2 定性实地研究与定性资料收集

定性资料是指将观察单位按照某种属性或类别进行分组计数所收集的资料。当前城乡社会综合调查主要定性资料收集的方法是实地研究，具体有参与观察、田野调查（Fieldwork）、典型调查以及个案调查。

2.1 参与观察

2.1.1 观察法及类型

观察是城乡社会综合调查中使用最常见的方法。城乡社会综合研究中的观察法便是按照研究课题，观察者利用感官对研究对象进行观察，以取得研究所需资料的一种方法。

（1）科学观察和日常观察

与日常观察相比，科学观察有如下特征：①最初具有研究的目的；②有系统地观察；③采取科学工具；④可重复查找等。

（2）观察法的类型

研究人员为了获得适合的材料，可以按照相应的情况，采取分别对应的方法。其中主要的分类是：①根据观察者的角色，可划分为参与观察与非参与观察；②根据是否有详细的观察计划和严格的观察程序，可分为结构式观察与无结构式观察；③根据观察者是否直接接触到被观察者，可分为直接观察与间接观察。

1）参与观察与非参与观察

参与观察与非参与观察的分类是按照观察者是否加入被调查群体之中，是否参与被观察者的活动而区分的。

参与观察指代调查者为了深入了解调查对象的情况，直接加入某一社会群体之中，以内部成员的角色参与他们的各种活动，搜集与分析有关的资料。

非参与观察往往也是城乡社会综合调查人员采用的方法。非参与观察是指考察者以旁观者的身份，置身于调查对象之外进行的观察。作为一名旁观者，他们只是在某些场合才有机会同被观察者交往，后者将他们视为外人；但在一定程度上允许他们参观某些活动，如业余活动、日常工作等。这类调查方式相对客观，但是却不能深入了解到被观察者的方方面面。一些短期社会调查和"走马观花"式的视察或检查工作也属于这一类型。它的作用是对具体生活现象作一般性的观察，以取得某些感性认识，了解现场工作情况，并由此发现问题，得出某些概括性的结论或假设。但是由于外人或上级机关的人员在场会对观察对象造成某些影响，因此获得的信息也有可能是虚假的。另外，有些缺乏专业训练的观察者往往从一些表面现象中主观地推出错误的结论。为防止这类主观性，当前国际上多采用有组织的非参与观察，即按照预先规定好的考察项目进行观测，观察者只是描绘观测对象的语言、姿势和行为。例如，心理学家到工厂车间对工人的操作动作、姿态和互动行为进行记录和统计，或在实验室里观察被试者的行为。这种观察方式有助于克服主观因素的影响，但是仍不能避免观察者的在场对被观察者的影响。非参与观察的优点是，获取的材料比较可信；它的缺点是，由于探索程度不够，观察范围有限，仅仅能够获取表面信息。

2）结构式观察和无结构式观察

结构式观察是预先有计划并严格依据计划实施的考察方式。这种观察方法的最大优点是观察过程程序严格，它对观察的对象、范围、内容都有严格的规定，因而能够得到比较系统的观察材料。

无结构式观察是指对查看的内容预先不作规定，依实际情况作相应的观察。无结构式观察的优点是比较灵活，调查者在简单提纲的基础上充分发挥考察者的主观性，认为什么重要就观察什么。弊端是获得的观察资料不标准，受观察者自我影响较大。在城乡社会综合调查中往往预调查是采用无结构观察，在与老师讨论后再进行结构式观察。

3）直接观察与间接观察

这类是依据观察者是不是直接接触到被观察者来划分的，即观察者直接"看"到被观察者的活动。以上现象均属于直接观察，由于不论是"介入"还是"非介入"、是"结构式"还是"非结构式"，都是直接对"人"观察，而不是对"物"观察。

间接观察是指考察者对社会环境、活动印迹等事物进行考察，以便间接反应考察对象的状态。例如，通过对各个乡村的私家车价格观察，就能从侧面了解乡村的经济发展情况。

物质表征也是我们对物质环境进行观察的一种重要方式。一些城乡社会综合调查研究者通过对乡村居住房屋装饰、面积、奢华程度进行打分的办法来度量乡村社会阶级。它的弊端是，由"物"的活动来推论人的行为是不一定正确的。

当然还有其他类型的观察，如自我观察。自我观察就是按照提纲自行记载本人的行为及正在成为实际行径的关系。在实际调查研究中，采用何种类型的观察方法可以据研究目的和现场条件来决定。

2.1.2 参与观察及实施

（1）参与观察的概念

参与观察是考察者为了深入了解现状，想办法进入被调查者群体中，可以采取居住在当地的情况，借机观察群体行为的情况。按照参与的不同程度，参与观察也可分为完全参与和不完全参与。它们的区别在于："完全参与"是观察者长期住在被考察者中间，基本完全进入角色并被当成"自己人"。"不完全参与"是指观察者不改变身份进入调查者中，被群体中的人视为可接纳的"朋友"。"不完全参与"获得资料相对较少，尽管如此，它与问卷、走访、座谈等方式相比，可获得更深入、更详细的信息。它有助于深刻、全盘地明了事实情况，因此它在实地研究中被广泛采用，"蹲点调查"也可视为一种非完全参与观察。城乡社会综合调查者由于时间有限性往往是不完全参与。

（2）参与观察的实施

在我国的城乡社会综合调查研究中也有许多参与观察的生动事例。一名青年作家，为了深刻解析中国乞丐群落的真正生活情况，穿上破衣服，脸上抹灰，真正去要饭，借机混入乞丐的队伍，和一帮乞丐生活了4个月。在此基础上，他写出了《乞丐流浪记》。这位作家所用的调研方法，就是参与观察法。

2.1.3 参与观察评价

参与观察法有许多使得我们深入研究的学术和应用问题。总之，参与观察是一种技巧，也是一门艺术。实际上，每一个优秀的实际工作者都有他自己的一套特别的经验。依据这种经验，他们就能对社会生活作出深入、细致的观察，由此达到对人们行为的洞察和主观理解。不同的参与观察者对同样的社会现象可能会得出不同的结论；观察者与所观察的群体、个人完全打成一片时，也很容易丧失客观立场，使观察结果带上某种偏见。于是，关于参与观察，最主要的批评之一，就是认为当考察者融入现状，由于主观因素会导致忽略某些重要的事。比如我们进入乡村进行调研，很多村民觉得政府没有给予他们很多福利，但是实际情况往往不同，这需要调查者根据客观情况进行对比之后才能得到结论，不能被村民的言语所迷惑。

2.2 田野调查（Fieldwork）

（1）田野调查（Fieldwork）的概念

所有实地参与现场的调查研究工作，都可称为"田野研究"。田野调查（Fieldwork）最适合在日常情境下通过访谈，深入研究相关人们的立场和活动的问题，既包含对单个个体的考虑，也包含对多个个体的对比考虑，这些问题中有很多是不宜通过定量研究来完成的。事实上，每个人的所思所为，乃是世事遭际与人心互动的感知表达，绝非统计学意义上的数字所能呈现。例如，在国外对街角社会的研究，贝克尔关于越轨行为——美国城市中吸食大麻者的研究等经典案例；在国内有费孝通等老社会学家的调查，廉思对中国高校毕业生低收入聚居群体——"蚁族"的研究，潘绥铭、黄盈盈对艾滋病患者的调查；李宗霖对高校同性恋者生活状况调查报告——以仙林大学城高校[①]为例等。

田野调查（Fieldwork）通常要对研究对象进行较长时间的考察，重点是对调查对象及其所在地的政治制度史、社会文化史、社会生活史、社区发展与变迁等历时性考察，因此特别适合跨越时间的社会过程的研究，以了解某些社会现象发生、发展变化的具体过程。例如，费孝通对苏南乡村社会结构的探索——《江村经济》（图5-12）、宋林飞的研究报告《"江村"农村生活近五十年之变迁》等。

（2）田野调查（Fieldwork）的过程

田野调查（Fieldwork）的一般的工作流程（表5-4）是研究者在确定了研究课题后，不要带任何假设进入"田野"中，通过观察和访谈等手段，收集各种资料，对资料进行初步分析和归纳后，查阅文献，再次进入"田野"，开始进一步的观察和访谈，然后再分析归纳，逐步达到研究对象和问题的理论概括和解释。

图5-12 《江村经济》[②]

田野调查（Fieldwork）一般工作流程　　　　　　　　表5-4

序号	田野调查的工作顺序
1	做好准备、阅读文献并确定研究核心内容，即确定重要内容和将不相关内容剔除
2	选择进行实地研究的地点，并选取进入的路径
3	进入田野，与田野人物建立社会关系
4	选择并扮演一个社会角色，熟悉内幕，和田野成员相处融洽
5	观察、倾听并搜集质性资料
6	开始分析资料，产生并评估工作假设
7	关注田野环境中某些特定的维度，并使用理论抽样
8	对田野报告人进行访问
9	从田野环境中抽身，实际上离开田野环境
10	完成分析并撰写研究报告

---

① https://wenku.baidu.com/view/b99e3843050876323311212b3.html.

② 费孝通.江村经济[M].北京：商务印书馆.2001.

2.3 典型调查

2.3.1 典型调查及其特点

(1) 典型调查的概念

典型调查便是按照考察的目标，有计划地选取有代表性的单位，用科学的方式所作的调查研究。典型调查是一种认识世界的科学方法。这种方法之所以是科学的，是因为它是以事物的个性和共性对立统一的原理为依据的。辩证唯物主义告诉我们，就人类认识运动的秩序来说，总是由认识个别特殊的事物，逐步地扩大认识一般的事物。典型调查就是这种由个别到一般的认识过程。城乡社会综合调查往往采取典型调查方法。

(2) 典型调查的特点

典型调查作为一种非全面调查，是通过按照一定调查目的，通过对个体的研究来剖析整体的情况。其主要特点如下：

1) 调查对象是有意识地选择的。在选点以前按照调查的目标，对所调查的对象进行相应分析，选取代表性的地点作为调查点。虽然是有意识地选点，但绝不是随心所欲，而是以客观事物为依据的。

2) 典型调查具有考察对象少，调研时间短，了解情况深等特点。

3) 典型调查主要靠调查者亲自考察，取得第一手资料，以探求案例的本质。

(3) 怎样选择典型

抓住典型问题，发挥典型引导作用，是研究问题的首选，也是城乡社会综合调查报告的常见手法。选取典型主要考虑采用正确方法、依据一定的考察目的进行选取典型、考虑被调查者的特点。

1) 采取典型一定要用正确的方法对所考虑的社会现象进行分析。要反对那种不进行比较、不做全面分析、盲目抽取个别事物当"典型"，或者是带着框框去挑选"典型"的错误做法。建议城乡社会综合调查选取典型之前先做选点撒网，要先做全面分析和老师讨论过后，在此基础上选取典型案例。

2) 要按照考察目的选择典型。调查目标不同，选择的案例也有差异。一般来说，我们在选点和确定调查题目时，要宜小不宜大，宜具体不宜抽象，要根据财力、人力、物力各方面因素来考虑。

3) 选择典型要考虑被调查对象本身的特点。如被考察事物的种种特征不同，不容易找到的典型案例，应当把被调查事物，按所研究问题的有关标记，划分成几个小组，然后再去每个类别中，选择相应单位分别进行调查。

2.3.2 典型调查基本方法

(1) 开调查会

要开好调查会是对研究课题的正确把握和有效控制，能够起到避免团队走偏和凝聚大家思路的作用，因此要注意以下问题。分别是制定开会调查纲目、邀请适当的人参加调查会、开考察会人数、要讨论式闲谈、亲自做记录（表5-5）等。

实践证明，通过开调查会所得到的材料是比较真实可靠的，因为参加调查会的人大多是亲自参加社会实践，取得直接经验的人。而且，因为这种会的材料都是经过到会的人充分讨论而取得，集中了群众的智慧和经验，所以一般是接近于正确的东西。

开调查会需要注意问题   表 5-5

序号	开调查会需要注意问题	详细内容
1	制定开会调查纲目	开会前一定要先写好大纲。开调查会时，按提纲发问，这样可以大大降低走题的概率
2	邀请适当的人参加调查会	邀请哪些人参加调查会，要根据调查的内容来确定。但是，一定要找那些对调查者所要调查的问题有深切了解的人来参加。倘若进行村庄居住环境满意度研究，可以通过邀请当地村委会主任和当地有名望的人和普通村民来参加
3	开考察会人数	这主要看调查的问题而定。如调查的问题比较复杂，可以多找些人参加，但应超过三人
4	要讨论式闲谈	只有这样，才能把问题的来龙去脉、前因后果调查清楚，才能得出比较正确的结论，找出解决问题的途径和方法
5	亲自做记录	要深入了解问题的根由，以便于会后自己整理材料，写调查报告

（2）蹲点调查

蹲点调查是典型调查的方法之一，它在我国的行政管理工作中得到了广泛的应用。蹲点调查是对有代表性的社会单位进行长期的调查研究，考察现行政策、计划和措施的效果。

蹲点调查的重要方法是考察、访问、闲谈、商议、征集和剖析文献资料等。例如，要了解农村实行承包制后，中国农村发生了哪些变化，出现了哪些问题，农村工作具有哪些新特点，现行的政策、计划和措施需要作出哪些改进等，主管部门的领导干部和调研人员可采取蹲点调查的方法，长期"扎"在一个村或一个乡，协助基层领导进行广泛深入的调查研究工作。比如到农业户、专业户、个体户家中走访，到乡办或村办企业中了解情况，与县、乡、村各级干部进行座谈，搜集有关农业和工副业生产的统计资料，查阅基层单位近几年整理的汇报总结材料以及各种文件和会议记录等。应当指出的是，蹲点调查不是被动地了解情况，而是要主动地发现问题、解决问题，它的特点在于把调查研究与实际工作结合起来，从而有意识地在实践过程中检验现行的方针、政策，并且通过实地调查得出新的理性认识。

蹲点调查固然是不带假设地进入现场，但在调查开始之前，应当明确调查的重点，应当结合当前工作中遇到的普遍性的问题。而后按照这些问题和考察的主要任务来制订调查计划，有计划地开展调查劳动。蹲点调查的方案比较灵活，可以在调查过程中机动行事。例如，如果在调查中发现了基层单位的一些"老大难"问题，那么就应以这些问题为重点展开调查研究工作，帮助基层单位解决实际问题。由这一点也可以看出，蹲点调查适用于上级主管部门的调研人员和领导干部深入到基层了解情况，发现和解决实际问题，并以"点"的经验来指导"面"上的工作。

2.3.3 典型调查优缺点

典型调查优缺点见表 5-6。

2.4 个案调查

（1）个案调查的概念

个案调查也叫个案研究。这种方法依赖于所调查的个案得出的假设具有普遍性，所以经过细致的剖析可以得出普遍性的东西并且可以使用于同类的其他个案。

典型调查优缺点　　　　　　　　　　　　　　　　　　　　　表 5—6

优点	缺点
调查内容全面、深入、细致	典型调查不适用大范围调查。费孝通说："由于它缺乏深度，结论往往具有相对性。"
典型调查能够通过与被调查者创建相互信任关系，了解到真实资料	论断推广受到限制，换句话说，缺少推论的准确性担保，一般而言，典型与被推论的对象相互之间的同质性越大，准确性就越大。若典型与被推论对象之间有差异，那么差异有多大，推论的准确性有多大，是典型调查无法回答的
比较灵活，典型调查可发现预想不到的资料	调查者主观性比较大。跟着社会变迁的加速，社会异质性的增大，典型调查运用的范畴自然受到一些局限

（2）个案调查的步骤

个案调查是描述某一具体对象的全貌，是了解某一个案的独特因素。个案调查一般包括四个步骤。分别为立案、做好准备并面谈访问、搜集有关资料、诊断。

1）立案

确定调查个案。立案有两种方式：一种是按照单位的职能，应前来要求帮扶的个案要求立案；另一种是考察者按照理论研究或实际工作的需求，积极立案。立案一般包括登记、编号、制卡、分发等手续。

2）做好准备并面谈访问

访问的职责是要解析被访者个案的资料。比如要了解一个家庭，不光要调查这个家庭的人数多少、性别构成、受教育状况，而且要调查这个家庭的周围环境。访问的基本任务除了调查基本状况外，还要和受访者处理好关系。个案考察比较关注双方之间的平等和信任。

3）根据问题搜集有关资料

为了做好个案工作，材料的搜集应围绕被访者关心的问题进行；假使是为了一般意义上的理论研究，材料的搜集应围绕调查的目的进行展开。

4）诊断问题

这不仅包含材料或证据的核实、修订、补充、整理分类和分析，而且包括通过分析研究后，针对存在的问题，指出解决的计划。

如果个案调查与个案工作联系在一起，这个过程就会继续延续下去，直到解决实际问题为止。由于个案调查涉及被访者历史和现实，主体（被访者本身）和案体（周围环境或背景）各个方面，因此，在调查中要采用文献法、访问法、观察法等。

个案考察中，个案史作为重要部分需要引起重视。写个案史有如下四点要求：

第一，要写被考察者方面的情况，也要写个案考察的过程，如访问过程等。既要写被访者的过去，也要写被访者的现在。

第二，要按时间先后顺序，注明年、月、日。

第三，要对个案调查进行整理，以便能够及时发现问题。

第四，文字要简练，条理要清楚。

个案调查的资料主要来源于三个方面：一是文献类的资料，即搜集关于个案的文字记载。这包括通信、传记、笔记、日记、演讲稿、书籍、论文、家谱、档案等。这些资料有些从个案本身获得（比较难得到的一部分），有些从有关单位获得。文献资料对了解个案历史及其发展是很有帮助的，在整理分析时要注意以讹传讹。二是口问、眼观、耳闻。即通过走访、观察等方式获得调查对象的资料。材料主要应包括与个案行为相关的内容等。三是录音及影像资料等。

(3) 个案调查方法评价

个案调查是从整体中选取一个或几个调查目标进行深入研究。它的重要性不是在于从个体推论总体，而是要详尽地描绘一个调查对象的全貌。与典型调查不同，个案调查不要求以少量单位能够代表总体的状况。

个案调查与抽样调查的更替表现出社会认识的某种规律。个案调查是通过深入"剖解"调查对象来描述各个"点"的情形。抽样调查则是要了解"面"上的情况，它需要尽可能地分析各个"点"之间的规律性。抽样调查的兴起说明，人们对社会的认识已从"点"发展到"面"。但是，目前在对一些新现象或新事物的研究中仍是先从个案调查开始，然后再扩展到对现象的普遍联系的认识。在一项调查研究中，应该把这两种调查方式结合起来，同时了解"点"和"面"的情况。城乡社会综合调查往往也需要通过把两种调研方式结合起来进行调查。

因为个案调查与典型调查具备调查内容全体、详尽、深刻、着重定性研究等相似之处，因而有许多人把它们看作是一种调查。《辞海》[1]中也这样写道："个案研究亦称'典型调查'。"的确，由于国家不同，基本相同的方法可能用不同的术语来称呼。不过细究起来，个案调查和典型调查还是有显著区别的。最初典型调查相比个案调查更强调当选目标在调查的一类事物中具备代表性。然后，典型调查比个案调查更加要求推论总体。最后，个案研究需要达到缜密细致，而典型调查的目标细致程度不高。典型调查相比较个案调查目的性更强。

3 定性实地研究的一般过程

定性实地研究是一种深入到研究现象的生活背景中，以参与观察和非结构访谈和半结构访谈的方式收集资料，并通过对这些资料的定性分析来理解和解释现象的研究方法。实地研究法的流程主要分为4个步骤（图5-13）：①选择研究场域；②进入现场策略；③建立友善关系；④做好田野笔记。

选择研究场域 → 进入现场策略 → 建立友善关系 → 做好田野笔记

图5-13 实地研究过程图
图片来源：作者自绘

3.1 选择研究场域

所谓研究场域是事件或活动发生的脉络，是一种界线会移动的领域。社会团体可能会跨越数个物理上的场域而互动，当然也包括实地调查者到某地或某"实地场域"去进行研究。选择研究场域包括了确定课题、记录选择过程和确定实地三个方面。

[1] 陆费逵.辞海[M].北京：中华书局.1936.

首先，确定课题是进行调查的首要步骤，但是研究课题确定则需要考虑调查者本身和客观条件的影响。因为从调查者的角度讲，调查者的专研课题的能力越强，那么选取调查课题完成的可能性就越大。然而，调查地点的相关资料在很大程度上也影响了调查成败，调查资料越多，调查经费越多，调查的成果也就越大。例如《书香苏州，没有围墙的城市课堂——图书网上借阅社区投递平台使用情况调查》选取了姑苏区、园区、高新区和相城区各个区的书本的网借情况，在此基础上选取典型区域调研，这是先进行宏观分区再进行选点调研，比较能够代表各个区网借点情况。

其次，记录选择过程也比较重要，调查者应该对选择过程做笔记。选择实地需要考虑资料的丰富性、不熟悉程度和适合度。有些实地可以提供比较丰富的资料。场域呈现了社会关系、各种活动的网络，而与时俱增的各种活动则提供了更丰富有趣的资料。实地研究的初学者应该选择一个不熟悉的场域。因为新的场域中比较容易看到文化事件和社会关系。Bodgan 和 Taylor 指出，"我们会建议调查者选择的场域是：其中的主题陌生，是他们并无特别专业知识或才干的。" 在选择可能的实地作个案时，必须考虑这些实际的议题，像是调查者的时间和技巧、在场域中严重的人际冲突、调查者个人特质和感觉以及如何接近该场域。

最后，在进行完上面两个步骤之后，就要选择"实地"了。实地选择要符合两个原则。其一是相关性，其二是方便性。所谓相关性，是指要尽量选择与研究课题密切相关的现场。所谓方便性，是指在符合相关性的前提下，现场要易于进入和观察。在实际操作过程中，实地的选择往往与研究者的社会资源息息相关。

3.2　进入现场策略

进入调研现场是参与观察的开始。如果是到有关单位或社区作调查，首先，一般要向学校相关单位去申请调查证明。而后要向该调查对象出示学校开具的证明，需要征求他们对调查的认同。最后，真正调查时要确保他们相信，调查不会给他们造成麻烦。部分课题需要更正式的接触。进入调查社区的"内部人员"这样的途径进行调查，征得调查对象的同意，以学校调查者进行观察和访谈。

曹锦清教授的《黄河边的中国》[1]（图5-14）采用观察访问法为主的调查方法进行研究。书中写道："对于乡村社会调查来说，第一大问题是如何'入场'，第二个大问题是如何保存'现场'。"曹锦清教授的方法是通过私人关系进入现场。这种方法简单有效，如费孝通先生进入江村的方法，是通过其姐姐费达生在当地办厂，和村民有着良好的关系，这为费孝通先生调查提供了方便。

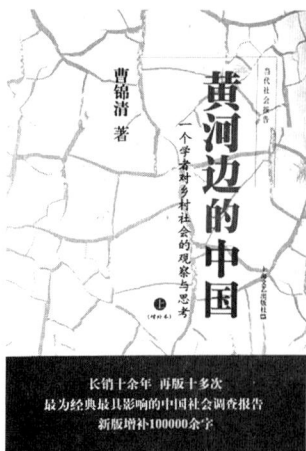

图5-14　《黄河边的中国》

[1]　曹锦清. 黄河边的中国 [M]. 上海：上海文艺出版社 .2000.

3.3 建立友善关系

建立友善关系是实地调查中最困难，也是最关键的一步。实地调查很容易由于对方不信任会影响研究结果的真实性。要解决这个问题，调查者首先要充分了解调查对象的当地习俗等情况；除此之外，要尽可能参与他们的活动，更全面地了解对方。调查者不要强求这种信任关系，需要机遇和适当的耐心。

3.4 做好田野笔记

有了比较明确的观察内容和观察计划后，就可以进入实际观察阶段了。在实际观察时，值得研究的问题是如何做好观察记录。这里涉及两个方面的问题：一是观察者应在什么时候及什么场合下作记录；二是记录应该如何积累保存。观察记录，自然是能在当时当地记录最为理想，这样可以避免记忆的错误。但是，在不少场合，不宜当场或公开作观察记录。例如，一连串的事件急剧发生或许多活动同时进行，要一面观察一面作记录就不易做到，而且会妨碍观察的进行。有时，为了避免引起被观察者的猜疑和反感，导致言行的反常，也不宜当场公开作记录。所以，城乡社会综合调查者要慎重地选择记录的时间。要解决记录难的问题，可以通过录音、拍照、录视频等方式来记录，回头将调研的资料进行整理。

4 定性资料分析方法

4.1 矛盾分析法

矛盾分析法（Conflict Analysis）就是运用矛盾的对立统一规律来分析社会现象的思维方法。主要应当做到：分析调查对象的对立统一，由于对立统一是矛盾分析法的核心。城乡社会综合调查中需要运用唯物辩证法，坚持用矛盾的分析视角去调查。在调查过程中抓住主要矛盾，同时也不放弃次要矛盾，因为次要矛盾有时也会转化为主要矛盾，这要视调查的实际情况来看。

（1）认识矛盾的普遍性和特殊性

矛盾既存在普遍性，又具有特殊性。矛盾的普遍性是矛盾是从头到尾都是存在的，矛盾在不同发展阶段有不同的矛盾。因此在城乡社会综合调查中，应注意把握和理解：①矛盾是普遍存在的。矛盾是不会消失，要在整个调查过程中研究矛盾。②矛盾具有特殊性。它总是具体的和有条件的，应当指出，社会现象本质的特殊性是区分社会现象的客观依据。③矛盾的普遍性和特殊性是辩证统一的，要深入了解社会现象及其本质必须将把握事物特殊性和普遍性结合起来，按照实践→认识→再实践→再认识、个别→一般→个别的认知程序。

（2）揭示事物发展的内因和外因

事物的活动和变化，是由事物内外矛盾结合起来影响。根据内因和外因辩证关系的原理，在社会调查中要正确认识社会现象的运动、变化和发展，应做到：①要关注事物发展内部原因；②同时也要考虑调查对象外部变化的原因；③内因和外因可以相互转换，城乡社会综合调查研究过程中对象外因又往往会变成内因；④同时，对社会现象来说，正确认识内外因相互转换规律是正确了解调查对象的根本方法。

（3）分析事物内部的对立和统一

任何事物内在都有矛盾性。由于调查过程中会充满着形形色色的矛盾，因此正确调研需要运用对立统一的方法。在社会调查中，对任何社会现象检查应用对立统一方法去分析，既要看到优点，又要看到缺点；总之，矛盾分析法是唯物辩证法的根本方法，城乡社会综合调查看问题要考虑内因和外因。

4.2 因果分析法

因果分析法就是追求现象之间因果关联的方法。简而言之，是抓住论述所述的事实，并据此推求形成原因的一种分析方法。运用因果分析法还要关注把握因果联系的先后顺序、考察引起和被引起的联系以及把握因果联系的其他相应特征。

（1）把握因果联系的先后顺序

在对调查材料进行思考分析，首先需要考虑现象发生的原因，才能够考虑结果。

（2）考察引起和被引起的联系

世界上的一切现象都是由某种或某些现象所引起的，因果联系的本质就是引起和被引起的联系。在对调查材料进行思考时，要重点考察他们之间是否存在着某种相互关联，只有这种联系才是真实的因果关系。

（3）把握因果联系的其他特征

应用因果关系分析法时，应当注意把握因果联系的其他特征：①相对性。因果关联是相对的，在一定的条件下结果和原因能够互相变化。探求因果联系必须坚持对立统一的观点。②对应性。因果联系是对应的、因果关系的对应使得我们能够区分结果和原因。③对称性。因果联系是对称的、相对应的，特定原因才能引起特定结果。④多样性。因果联系的基本类型包括：一因多个结果，一种原因造成多种结果，或者相同条件下引起不同后果。一个后果是由各种原因引起的，或者相同的结果是由不同的原因在不同的条件下引起的。多果多因，缘由和后果都不是简单的。在剖析因果关系时，不但要注意社会现象之间引起和被引起的关联，并且要注意剖析不同事物在不同条件下联系的多样性和特殊性。

4.3 比较分析法

比较分析法就是确定了解目标之间相异点和相同点的方式。比较是对调查资料进行理论阐述最常用的要领。任何客观事物之间都存在着相同点与相异点，因此都可以对它们进行比较分析，只不过可比的方面和层次不同而已。在社会调查资料的理论分析中，我们既要善于运用比较分析的方法，更要善于选择比较的方面与层次，要注意通过比较来透过现象发现本质。

（1）横向比较法

横向比较法便是按照同一尺度对同一时间的不同了解对象进行对比。它既可以是同类事物之间的对比，也能够是不同类事物之间的对比。横向比较法可以是两种空间上的比较，比如把考察对象的有关资料和不同地区的同类对象的资料进行对比。例如，在调查进城农民的生活方式是否转变时，我们可以把进城农民的娱乐方式、生活时间分配等资料和城市人进行比较，从而看出差异。

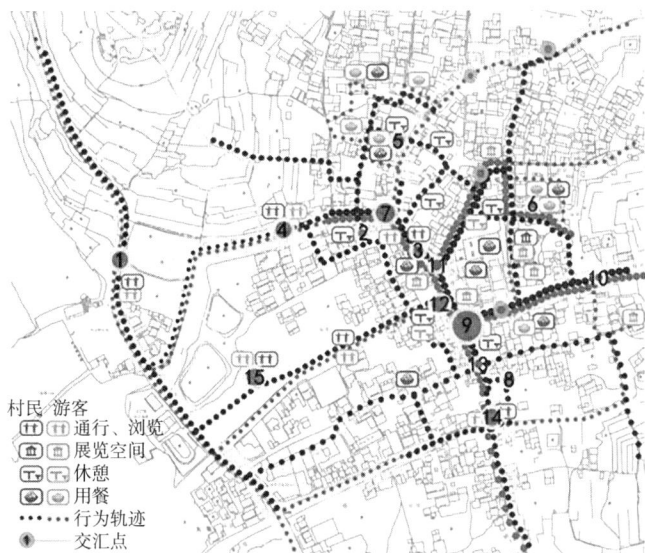

图5-15 村民和游客行为轨迹分析图[①]

　　横向比较分析法也是城乡社会综合调查报告中经常使用的分析方法，如《乡游，乡"忧"？进村，"竞"村！》将游客与村民的生态位在同一时间进行比较分析，得出游客与村民在生态位产生了竞争，村民的行为轨迹会随着游客的行为轨迹（图5-15）而发生改变。

　　如《随行校园——校园自行车出行研究》[②]对车辆在一天结束后在停车点的数量产生变化进行分析，从工作日12：00主要租车点租出—还入情况（图5-16）和分区车辆租出—还入比例（图5-17）可以看出，教学办公区、学生活动区、体育健身区的停车点更容易出现车辆堆积的情况，而宿舍区则出现车辆缺乏的情况。因此，根据比较可以得出运营方应当根据车辆租出—还入的情况，及时调度和调整各停车点车辆的数目。因此，横向比较分析法是能够容易展现同一时间不同对象的特点，继而根据特点提出相应的策略。

　　（2）纵向比较法

　　纵向比较法是对一类熟悉对象在不同时代的特征进行对比的方法。纵向比较法是表现调查对象在不同发展阶段的特点的一种思考方法。例如，我们要调查某一城市的结构和功能布局情况，就可以把该城市的结构和功能布局现状和历史上的不同时期的有关城市的结构和功能布局的资料进行比较，这样就很容易发现这一城市的结构和功能布局的历史沿革和发展演变等。如《进城未"尽"城——某市区"被进城"农民生活方式及居住空间环境调查》通过分析进城农民进城前后不同时间段生活方式的变化（图5-18），得出人的城镇化落后于空间城镇化。

---

① 《乡游，乡"忧"？进村，"竞"村！——乡村旅游中村民生态位受游客影响社会调查》获得2017年度全国大学生城乡社会综合实践调查报告评优佳作奖。作者：沈芳兰、王贝贝、王强、崔笑茹；指导老师：范凌云、潘斌。

② 《随行校园——校园自行车出行研究》获得2016年度全国大学生城乡社会综合实践调查报告评优二等奖。作者：刘潇、朱艺、张翰超、顾嘉懿、赵雪琪；指导老师：刘冰、汤宇卿、卓健。

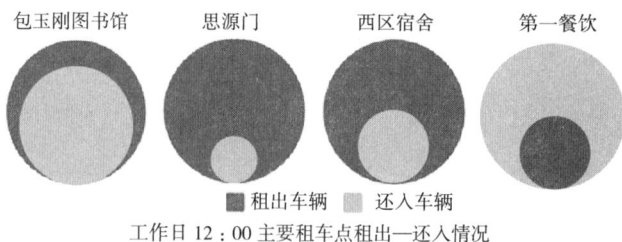

工作日 12：00 主要租车点租出—还入情况

图 5-16　工作日 12：00 主要租车点租出—还入情况

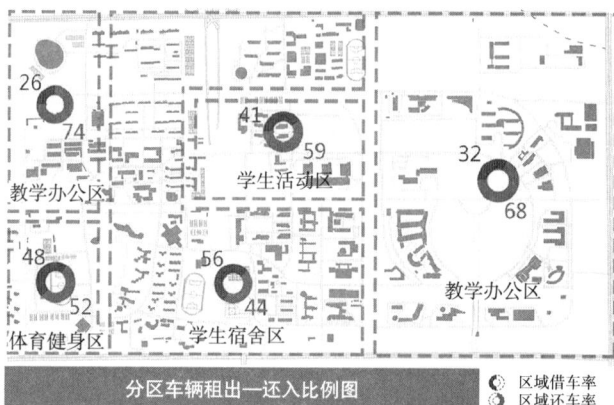

图 5-17　分区车辆租出—还入比例图

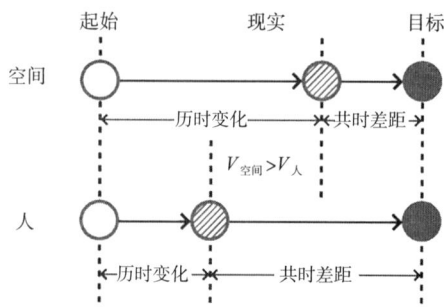

图 5-18　"被进城"农民实际所处阶段示意[1]

4.4　功能分析法

功能分析法（Structure-function Analysis）便是发挥系统论关于功用与结构之间的关系来分析社会现象的一种思维方式。费孝通教授在谈论社会调查的调查方法时候说道："社会调查的最后一步是在分类资料后的归纳阶段。在得出调查结论的过程中，我们应该集中分析以下两个方面：第一，要注意分析人们的社会生活中社会关系和社会行为。驾驭人与人之间不同的相处模式，认清不同社会背景人与其社会关系的特征。第二，要注重分析某一对象在整个社会环境中起的作用。"这里所讲的第二个方面就是指结构—功能分析法。结构—功能分析法的主要内容包括：结构分析法、功能分析法。

---

[1] 《进城未"尽"城——某市区"被进城"农民生活方式及居住空间环境调查》获得 2014 年度全国大学生城乡社会综合实践调查报告评优二等奖。作者：时亦欢、蔚丹、缪青、刘庆伟；指导老师：范凌云、彭锐。

系统结构是指体系内部部分连接的方式。系统功能是指系统与外部环境相互影响的方式。这两部分的联系是：结构说明调查对象在系统中的位置，功能说明系统外的作用。结构分析法就是通过解析系统内部联系本质的思维方法。功能分析法则是分析系统内部与外部特征的思维方法。

例如对农民集中居住分析，结构是任何一个系统的具体构成形式，系统的结构反映系统中要素之间的联络方式、组织次序及其时空表现形式。从农民集中居住系统进行结构和功能分析，有助于从整体上了解农民集中居住系统的内部构成及其相互关系，认识推进农民集中居住所能产生的结果和影响。

4.5 系统分析法

系统分析法就是行使系统论的意见剖析社会现象的一种方法。这里的系统就是由多种要素的统一组合、具有特定性质和功能，系统理论则是实践系统或可能系统的一般性质和规律的理论。

（1）分析系统的构成要素

在城乡社会综合调查中，运用系统分析法对社会现象进行研究。首先，有必要对社会制度的要素进行分析，研究各种要素的特征。特别是要着重剖析每个要素所独有的质的规定性和量的规定性，同时，应该注意在要素与系统之间的相对关系中，从总体上把握要素的内涵和外延。

（2）探究系统的外部环境

环境是指系统周围的各种外部条件的总和，任何系统都处于一定的环境之中，并与之发生一定的联系。系统与环境的关系是系统保持平衡和稳定、谋求更新和发展的必要条件，探究系统的外部环境和系统与环境的关系是正确认识系统的要求。

（3）研究系统的内在结构

所谓结构，便是组成系统诸要素所独有的相对较好的组织方法。系统和结构是相互依存的。在城乡社会综合调查中，采用系统分析法思考社会现象，决不能把系统简单等同于其构成对象的简单总和，而必须在思考其基本构成的基础上研究其系统内在联系。这样，才有利于把握社会系统的整体性质和整体功能，有利于探求通过调整或改变系统内在结构，促进系统整体性质进步和整体功能提高的途径和方法。

（4）揭示系统的整体性质和整体功能

整体性规定是系统分析法的本质。在体系的组成因素和内在组织差不多相似的条件下，体系的总体性质和功能主要取决于系统自我协调的能力。在城乡社会综合调查中，行使系统分析法考虑社会问题，必须在研究系统组成要素的基础上，只有这样，才能够对系统的整体性作出判断。

4.6 流程图式法

除了研究花在各种活动的时间以外，研究者还分析活动或决策的顺序与过程。历史研究者的传统焦点都在于记录事件的顺序，但是比较研究者和实地研究者则也考察其过程（流程）。除了事件发生的时间，研究者也运用决策树或流程图标示出决策的顺序，以了解事件或决策彼此间的关系。

不管我们选取什么样的剖析方法，都应记住：定性研究的剖析过程应该是开放式的，倘若我们建立的分析逻辑思路不符合调查现象，研究者可以尽快修改。定性研究在理论方面强调"探本溯源"。研究者要合理地运用相关的理论，真实地结合相关的现状进行分析，不能凭空杜撰。

第3节　定量抽样调查与分析

定量抽样调查便是对相应数量的有典型性的样本，进行封闭式（结构性的）问卷访问，然后对调查数据进行整理和分析，并誊写报告的方法。它是城乡社会综合调查使用最多也是最基本的调查方法。定量抽样调查包括抽样调查归纳、调查问卷设计以及定量资料收集。

1　抽样调查概述

1.1　基本概念

1.1.1　抽样调查的概念与类型

（1）抽样调查的概念

抽样是定量社会调查研究收集资料的一种主要方法。抽样调查是一种非全部考察，它是从所有研究目标中，抽出一部分单元进行研究，并据此对全部调查研究对象做出估计和判断的一种调查方法。抽样调查主要有概率抽样和非概率抽样。

（2）抽样调查的基本术语

1）总体（Population）

组成所有元素的集叫做总体，其基本单位是元素。这里所谓的元素，可以是个人，可以是家庭、邻里等初级群体，也可以是企业、学校等社会组织。

注意：研究总体与调查总体的区别。

研究总体：在理论上明确界定元素的集合。例如，一项关于大学生日常出行方式的研究，如果未加概念说明，大学生只是一个模糊的整体，还不是研究总体。当界定为"江苏省高校在校大学生"时，才称为研究总体。

调查总体：是调查者实际抽取调查样本元素的总体，它往往是对研究总体的进一步界定。但很难做到使符合研究总体定义的一切元素都能有机会被选入样本。例如，对上例的研究总体进一步界定为"2018年9月入学的江苏省普通高等学校全日制在校本科学生（休学、病假的学生除外）"时，就成为调查总体。

理论上界定的研究总体对象，有时存在一些特殊情况，如上例中大学里休学、病假的学生是无法被抽到的。因此，我们必须对研究总体做进一步界定，可以说调查总体是排除了研究总体中一些特例后的总体，而且样本推论的是调查总体而不是研究总体。

2）样本（Sample）

样本就是从整体中按制定逻辑取出的、归纳城乡社会综合调查的样本的集合，一个总体可以抽出多个不同的样本。例如，从江苏省在校大学生中抽取一个 400 人的样本进行大学生日常出行方式的调查，这 400 人即构成一个样本。其中，样本单位指的是 400 名大学生中的任意一个人。

3）抽样（Sampling）

抽样是从总体中按必要的方式选取样本的进程。例如，上例中从"2018年 9 月入学的江苏省普通高等学校全日制在校本科学生"这一总体中，按照相应程序和方法抽取 400 人构成样本的过程，这也就叫抽样。

4）抽样单位（Sampling Unit）

一次抽样所用的基本单元就是抽样单位。例如上例中，抽取 400 人的样本，可以先从江苏省所有高校中抽取几所高校作为样本，然后从抽中的高校中选择一些班级作为样本，最后从选中的班级中抽取一些学生作为样本，这样，三个阶段的抽样单位分别是学校、班级、个人。所以，样本单位既可以是调查对象，如个人、单位、乡镇等，也可以是调查对象的某种集合体，如对个人来说的组织、对学生来说的班级、对村委会来说的乡镇等。

注意：抽样单元与组成整体的元素不一定相同。例如对育龄妇女的调查，当直接抽取育龄妇女时，两者是相同的；从总体中一次抽取相应户时，以抽中的户中的育龄妇女作为样本时，个体（育龄妇女）与抽样单位（户）往往不同。

5）抽样框（Sampling Frame）

抽样框又称抽样范围，指一次直接抽样时整体中全部抽样单元的名单。界定调查总体时，一般也随之确定抽样框。抽样中抽样框的数量是与抽样单位层次对应。例如，上例中对江苏省大学生日常出行方式的调查，由于是分三个阶段进行的抽样，有三个层次的抽样单位，即学校、班级、个人，则抽样框也就有三个，分别是江苏省所有高校的名单、抽中的学校样本中所有班级的名单、抽中的班级样本中所有学生的名单。

6）参数值（Parameter）

参数值是关于总体中某变量的归纳，或者说是总体中全部元素的某种特性的数量体现。例如，江苏省高校大学生的平均支出，这就是参数值。参数值是未知的，只有经过对整体中全部元素都进行衡量才能估算大致结果。但是，这样做是非常不现实的，我们一般通过统计值来推论参数值就可以了。

7）统计值（Statistic）

统计值也称样本值，它主要是对样本中某变量的归纳，也可以称为全部元素特性的体现。例如，从江苏省某市高新区所有老年人中随机抽取 200 人组成一个样本，调查每一位老年人的收入情况，然后计算出这 200 名老年人的平均收入，这就是统计值。计算统计值的重要意义就在于通过样本统计值估算总体的参数值。

注意：参数值和统计值的区别。

参数值是稳定的、独一无二的，而且通常是未知的；统计值相对处于变动中，即对总体而言，不同样本得到统计值一般是有区别。同时，对于特定的对象来说，也可能是可以通过相应计算得到。

8）抽样误差（Sampling Error）

抽样误差是指由样本统计数值去估计总体参数值时所产生的误差。由于抽取样本时采用的随机原则决定了样本统计值不是唯一的，所以每一次的样本统计值可能都是不一样的，这就明确了其与总体参数值（唯一的）之间的误差是客观存在的，只不过是误差大小的问题。在样本设计时，应通过科学的设计尽可能减少这种误差。

在抽样调查时，还有一种非抽样误差，即在调查过程中由于粗心、计算错误等人为原因而造成的误差。这种误差与样本设计关系不大，因此，设计样本时要尽量减少的是抽样误差。

9）置信度（Confidence Level）

置信度又称置信水平，是指通过样本统计值来推断整体参数值有可能范围的可靠性，或者说是整体参数值落在样本某一区间的概率，置信水平用于反映样本统计值估计总体参数值的可靠性程度。城乡社会研究中一般用95%或99%的置信水平。

10）置信区间（Confidence Interval）

置信区间又名估计区间，指的是以置信度估量出的整体参数值所在的范围，按照一定置信水平，样本统计值与整体参数值之间的误差限度。置信区间反映的是抽样估计的精确性程度，其大小与抽样误差密切相关。置信区间越大，抽样精确度反而越低；相反，置信区间越小，抽样精确度却越高。

（3）抽样的类型

依照抽取样品时是否遵循随机性规定，抽样能够分为两种范例：概率抽样和非概率抽样。抽样调查中，概率抽样最严格、最具科学性，因而也是最重要的抽样类型，并且概率抽样也是城乡社会综合调查常见的使用调查方法。所谓概率抽样，也称随机抽样，是指在一般抽样的每个元素具有相同的机会，这是一种客观和科学的抽样方法。

概率抽样能够划分为单阶段抽样和多阶段抽样两种方式。单阶段抽样是指只需一次抽样进程便可得到样品的抽样要领，它又可以划分为：简单随机抽样、系统抽样、分层抽样、整群抽样。多阶段抽样是指将总体分层，再逐层按照单阶段抽样的四种方法抽取样本的抽样方法。多阶段抽样一般在总体较大时运用。

非概率抽样主要是依据调查者的主观判断或是否方便等因素来抽取样品。在抽样调查中，是否运用非概率抽样，一个重要的前提条件是调查者对总体状况有一定程度了解。多见的非概率抽样有以下四种类型：偶遇抽样、判断抽样、定额抽样、滚雪球抽样。根据城乡社会综合调查特性，偶遇抽样、滚雪球抽样使用较多。

1.1.2 抽样调查的意义与作用

抽样调查是指按照随机原则从总体中抽取部分样本进行调查，利用这部分单位的实际资料计算样本指标，并据此推算总体相应指标的一种统计方法。

（1）抽样调查的意义

抽样调查的重要价值在于用样本统计值去推断总体参数值。尽管误差总是存在，但只要样本容量足够大，样本统计值就和总体参数值非常接近。如此整体参数值尽管一般是未知，却能够一样用样品统计值来推断。但是应该注意要防止幸存者偏差，防止抽样的样本是整个群体存活下来的代表意见，已经去世的就没有考虑其中，这也属于抽样不完善。

(2) 抽样调查的特点与作用

抽样调查的特点与作用主要分为以下五种（表5-7）。

抽样调查的特点、作用及局限性　　　　　　　　　　　　　表5-7

抽样调查特点	抽样调查的局限性
抽样调查是由部分认识总体的有效途径和手段。抽样调查的调查对象只是作为样本的一部分调查单位而不是全部。因为抽样主要涉及相关总体与部分之间的关系，因此抽样成为人们从部分认识整体这一过程的关键环节	抽样调查主要适合定量研究
抽样调查有利于提高调查结果的客观性与真实性。由于抽样调查的调查样本一般按随机原则抽取，可以避免调查者主观因素的干扰和影响，这就为样本的客观性和代表性提供了保证	对于调查总体不明白的调查对象，如正在形成中的新生事物或一些被淡忘、被忽视的社会现象和组织等就很难进行抽样调查
抽样调查有利于提高调查结果的真实性与可靠性。抽样调查是建立在现代统计学和概率论基础上的调查方法，因此抽样误差是可以预先经过计算并控制在一定范围之内的，对总体的推论具有相对的准确性，这就为调查结果的真实性和可靠性奠定了基础	由于抽样调查的样本较多，因此调查的深度往往受到很大的限制
抽样调查优势在于成本低、效率高。抽样调查仅仅对调查部分单位进行的调查，获得的却是关于调查总体的论断，因此与普查等方法相比较，这一调查过程所需费用低、时间短、速度快、准确性高，具有调查成本低、效率高的优势	抽样调查需要较高的数理技能，这就使得缺乏相关知识和技能的调查者，很难使用这种方法
抽样调查是适应现代社会多元化、流动性特点的有效的城乡社会综合调查研究方法	—

1.1.3　抽样调查的原则与一般程序

(1) 抽样调查的随机原则

随机原则指的是在抽样调查时，在完全排除主观人为选择的前提下，总体中的每一个元素都有同等的被抽中的可能性，因此也称之为机会均等原则。现实生活中，福利彩票中奖、抓阄等都是随机现象，因为这种选择方式事先都不好确定其结果。

依据随机原则进行的抽样，叫做随机抽样，相反叫做非概率抽样。在随机抽样中，尽管每一次具体的随机抽样，如投掷硬币，只能有一种结果：要么正面朝上，要么反面朝上，也就是说出现某一种情况的可能性（正面或反面）的概率是100%,具体是正面还是反面是无法判断的。但是如果投掷100次、200次，或者更多次，则出现正面或反面的机会越来越趋向于一个数字，即50%——这是趋向正面或反面两种结果的概率，或者说是总体内所蕴含的随机事件的概率，正是这种概率决定着随机事件发生变化的规律。这一规律表明：尽管每一次的结果不同（如一个妇女一胎生男孩还是生女孩是偶然的），也就是具有随机性，但是大量统计结果的平均数却接近某个确定的值（如从世界范围来看，男女的出生比例接近于1：1）。

以上结果说明，随机事件的反复出现，每每出现一定的规律，这个规律就是大数定律。简单地说，大数定律就是：重复试验多次，随机事件的频率近似于它的概率。

大数定律是随机现象出现的基本规律。概率抽样就是依据整体内在结构中所包括的随机性来抽取样品，其样品基本上是总体的缩影，比较有代表性。

(2) 抽样调查的一般程序

抽样调查的一般程序（图 5-19）如下。

图 5-19 抽样调查的一般程序
图片来源：作者自绘

1) 界定调查总体。在具体抽样前，对将要从中抽取样本的调查总体的范围做出明确的说明。能否准确界定调查总体是达到良好的抽样效果的前提条件，这是由抽样目的和抽样效果的要求所决定的。

2) 选择抽样方法。即确定随机（概率）抽样方法与非随机（非概率）抽样方法的使用。通常要从数目上推测整体的抽样调查，应该采取随机抽样方式。在确定抽样方法的同时，还要根据要求确定样本的规模、抽样误差以及主要目标的精确程度。

3) 编制抽样框。即搜集和编制抽样单位名单。抽样框是抽样的基础，必须把所有抽样单位都编制进去，不能遗漏或重叠。如果采取分阶段、分层次进行抽样，那么每一阶段、每一层次抽样都要逐级编制抽样框。

4) 设计抽样方案。在这个阶段，我们应该设计具体的操作方案，用于全面调查、取样方法、取样误差、样本大小、抽样框的编制。设计抽样方案一般应遵循调查研究目的性、可测性、可行性和经济性四项原则。

1.2 概率抽样

概率抽样（Probability Sampling）依据随机性规则抽取样品，能够避免人为误差，抽取的样本代表性比较强。尽管不能说随机样本能够彻底代表整体，但能够保证样本的统计值在多大程度上适合于总体，这是其他抽样方法无法获得的结果。概率抽样主要包括单阶段抽样（简单随机抽样、等距抽样、分层抽样、整群抽样）和多阶段抽样。

1.2.1 单阶段抽样

在抽样调查中，有些样本的抽取是一次性直接从抽样框中抽取的，我们就称之为单阶段抽样。单阶段抽样包括简单随机抽样、系统抽样、分层抽样、整群抽样四种形式。

(1) 简单随机抽样

简单随机抽样（Simple Random Sampling）是指从所有单位 N 中随意抽取 n 个单位作为样品，使得每个对象被抽中概率相等。正常可采用掷硬币、掷撒子、抽签、查随机数表等办法抽取样本。在城乡社会综合调查中，往往采取查随机数表的方法。

简单随机抽样是其他抽样方式的基础，理论上较容易，但在城乡规划社会综合调查中，往往 N 相当大时，简单随机抽样就不是很容易办到。首先，它要求有一个包含全部 N 个单位的抽样框，有些调研列入的都是大数量级，如调查某市乡村公共设施，这为获取抽样框增加了较大难度；其次，获得的样本较分散，调查不易施行。因此，在城乡规划社会综合调查中较少直接采用简单随机抽样。

（2）系统抽样

系统抽样（Systematic Sampling）是根据总体中个案的呈现次序，分列起来，每隔 K 个单元抽一个单位作为样本，如逢十抽一、每隔七户抽一户等。其抽样步骤为：

1）按构成总体中个案的出现顺序排列。

2）计算抽样间距，即 K 值。

K 值指每隔多少个抽一个，计算公式是：$K=N$（总体个案数）$/n$（样本个案数）。

3）确定起抽号，即 k。起抽号 k 可使用"随机数表"在抽样间距内确定。

4）从起抽号 k 开始，按抽样间距（K）抽取样本，直到抽满研究确定的样本数。即 k、$k+K$、$k+2K\cdots k+$（S_n-1）K。其中 S_n 为样本序号。

与简单抽样相比，系统抽样易于实施，工作量小；并且样本在总体中分布更为平均，抽样误差小于简单抽样。因此，系统抽样成为实际中广泛应用的一种抽样方法。

系统抽样的最重要长处是简单、易操作，且当对整体布局有一定明了，充分利已有消息对总体单元进行列队后再抽样，能够提高抽样效率。但这种方法的一个弱点就是容易出现周期性偏差。为了防止这种情况，我们可以取一定数量的样本以后，打乱原来的秩序，建立新的秩序，以纠正周期性偏差。在城乡社会实际调查中相对简单随机抽样使用频繁，但是往往也不经常使用。

（3）分层抽样

分层抽样（Stratified Sampling）也叫类型抽样法，实质上是科学分组和抽样原理的结合。它是从一个能够分成不同的子总体（或称为层）的整体中，按相应的比例从不同层中抽取样本的方式。分层抽样是将各单位先按重要标志分组，而后在各组中选用简单抽样方式，明确所要抽取的个体。分层抽样中每层皆不相同，但每一层里面的每一单元却雷同，换句话说，每一群体（Group）所含之单元，在其内部虽然是"同质"的（Homogeneous），但在各群体间却是"异质"的（Heterogeneous），这样，将样本分为几个层抽出时，其群体称为层（Strata），被分的层称为层化（Stratification），经过这种程序所选的样本为分层抽样。

要确定抽样的数目，一般有两种方法：

1）定比：就是对各个分层一律使用同一个抽样比例。

抽样比例 f 的计算公式为：$f = n$（样本个案数）$/N$（总体个案数）

2）异比：如遇其中某一层人的数量特别少，按统一比例取样所得的个案数量太少以致会影响这一层抽样个案的分析时，则这一层可采用比其他层较大的取样比例，这叫做异比抽样的方法。

分层抽样的重要功用有三点：一是为了事业的方便和专研目标的需要；二是为了抬高抽样的细小程度；三是为了在一定精度的要求下，降低样本的数目以减少费用。相对简单随机抽样和系统抽样，分层抽样是城乡社会综合调查中使用较为频繁的一种抽样方法。

（4）整群抽样

整群抽样（Cluster Sampling）指抽选样本单位，对被抽选的各群进行全部考查的一种抽样组织方法。整群抽样是首先将总体中各单位合并成若干个互不交织、互不重复的集合，我们称之为群；而后以群为抽样单元抽取样品的一种抽样方法。

上述三种抽样调查方式都是以总体中的各个个体为单位进行抽样调查。在实际工作中，当整体特别大时，往往不会单个单位（个案）抽选，而是整群（组）、整批地抽选，对被抽选的各群（组）中的所有个案毫无漏掉地进行调查，这样的抽样组织方式叫做整群随机抽样。如我们要研究农村老年人社区公共设施情况，倘若我们调研整个农村中抽选出千分之一的村庄，对其所有的老年人进行调查，明显比从全市直接抽取千分之一的农民进行调查容易，更容易组织，节省人力、旅途往返时间和费用。

整群抽样格外适用于缺少整体单位的抽样框。使用整群抽样时，要求各群有较好的代表性，即群内各单位的差异要大，群间差别要小。整群抽样的优点是实施简易、节省调研费用，和分层抽样一样都是城乡社会综合调查使用频繁的抽样方法。

1.2.2 多阶段抽样

多阶段抽样是指将抽样进程分阶段举行，每一个阶段使用的抽样方法几乎是不同，即将各类抽样方法联系起来使用。

其具体操作过程是：第一阶段，将总体分为若干个一级抽样单位，从中抽选若干个一级抽样单位入样；第二阶段，将入选的每一级单位分成若干二级抽样单位，从入样的每一个一级单位中选取若干个二级抽样单位入样……这就是从集体抽样到个体抽样，依次划分进行抽样。整个过程的各段抽样，都可采取简单的或分层的抽样法。

多段抽样区分于分层抽样和整群抽样，其好处在于适用于抽样调查的面相当广，或总体范围过大，不能够抽取样本，因此可以相对节约调查费用。其重要缺点是抽样较为麻烦，并且从样本对总体的估计相对复杂，且因为每段抽样都存在误差，经由多段抽样，最终误差就会比较大。

多阶段抽样在城乡规划社会调查中一般运用于调查范围广、调查对象多的研究课题，如以某一城市为例进行社会现象、问题的研究，则一般将城市作为抽样调查的一级单元，从中抽取城区；将城区作为二级单元，从中抽取街道、乡镇；将街道、乡镇作为下一级单元，从中抽取居委会作为下一级单元，这些单元的抽样则可结合单阶段抽样方法进行调查对象个体的具体选取。如第十四届"挑战杯"全国大学生课外学术科技作品竞赛一等奖作品《从空间城镇化到人的生活方式城镇化：对某市"被"进城农民生活变迁的调查分析》即选取多段抽样、分层抽样与整群抽样相结合的抽样方法对某市"被"进城农民进行了调查对象选取。常见的样本抽取过程示意（表5-8）如下。

1.2.3 抽样概率问题

在分层抽样、整群抽样和多阶段抽样中，都存在着分类或分群的问题，而每一类或群所包含的调查对象往往是不一样的，在上述抽样案例中，暗含着每个抽样对象（元素）规模一样的要求，事实上这样的情况是很少出现的。尤其

样本抽取过程示意 表 5-8

阶段	方法	抽样
第一阶段	简单随机抽样	从城市中抽取城区
第二阶段	简单随机抽样	从城区中抽取街道/镇
第三阶段	分层抽样	从街道/镇中分类型抽取农民安置小区及城市住宅小区
第四阶段	整群抽样	从小区中随机抽取 N 幢所有居民户
第五阶段	户内抽样	用生日法抽取被调查人

是在整群抽样、分类抽样和多阶段抽样中，每一类或群所包含的调查对象规模往往不一样，这就产生了抽样概率问题：群体规模越小，抽中的概率越高；反之，群体规模越大，则抽中的概率越小，这违背了随机抽样的同等可能性原则。为了解决这一问题，主要采用如下两种方法：

（1）PPS 抽样

PPS 抽样（Sampling with Probability Proportional to Size）按范围大小成比例的概率抽样。其原理是：给予大小不等的群体与其规模成比例的抽样概率，使得每个对象都有被选中的概率。

具体做法：

1）在确定的总体内，给每个抽样单位按序编号，并且写出它们的规模；

2）累计相加每个抽样单位包含的单位数，并根据累计相加结果确定每个单位的号码范围；

3）选用随机数表的方式或等距抽样的方法选择号码，号码所对应的单位被选中到第一阶段样本；

4）在被抽取的单位中，按照抽样元素的多少进行第二阶段抽样。

（2）SPS 抽样

SPS 抽样（Sample Proportional to Size），即样本与规模成比例抽样。其原理是：赋予规模不等的群体与其规模成比例的样本数，从而使每个调查对象都有被抽中的同等概率。

SPS 抽样操作更简便，样本分布更均匀，但调查工作难度较大，调查成本较高。而 PPS 抽样操作较复杂，样本较集中，但有利于组织调查工作和降低成本。调查者可以根据自身的条件灵活选用上述方法。

1.3 非概率抽样

非概率抽样（Non-probability Sampling）便是考察者按照自我判别抽取样本的方式。它不是严格按随机抽样原则来抽取样本，因此无法确定抽样误差，无法正确地说明样本的统计值在多大程度上适合总体情况。非概率抽样方法在统计分析上也比概率抽样简单，且省时省力。但由于无法排除抽样者的主观性，无法控制和客观地测量样本代表性，因此样本不具有推论总体的性质。

偶遇抽样、判断抽样、配额抽样、滚雪球抽样是非概率抽样主要类型。

（1）偶遇抽样

偶遇抽样（Accidental Sampling），调查者能够根据现实情况，以自己在一定时间内或一定范围内所能遇到的或接触到的人都选入样本的方法。如新闻报道中"街头拦人"即为一例。城乡社会综合调查者经常在广场、火车站或街头等处拦住普通行人进行访谈就是偶遇抽样。

偶遇抽样简便易行，能及时获得所需数据，节约时间和成本。这种方法适用于探索性调查或调查前的准备工作或预调研。一般当调查总体中每一个元素都是同质时，才适用此类方法。然而实践中并不是全部总体中每个元素都是雷同的，因此偶遇抽样误差较大，可信程度较低，它的样本没有充足的代表性。

（2）判断抽样

判断抽样（Judgmental Sampling），是指根据调查人员的主观经验从整体样本中选取那些被判断为最能代表整体的单位作样品的抽样方法。判断抽样又可分为影像判断抽样和经验判断抽样两种。

判断抽样方式多应用于整体小而内部差别大的环境，和在总体界限没法确定或因考察者的功夫有限时采用。

判断抽样法具备简便易行、与调查目的和特殊需要相吻合、能够充分利用调查样品的已知资料、被调查者组合较好、材料回收率高等长处。然而，它与研究人员有关，特别考察调查研究人员的专业素质。

因此，运用判断抽样时，调查者一定要做到对总体的基本特征清楚、心知肚明。因此才能够使所选取的样本具有典型性，从而才可能通过对所选样本的调查研究解析、掌管总体的情形。

（3）配额抽样

配额抽样（Quota Sampling）又称"定额抽样"，是指考察人员将考察整体样本按一定标志分类，确定各种单位的样本数额，在配定的量内任意抽选样本的抽样方式。

配额抽样和分层随机抽样既有相似之处，也有很大区分。一方面，配额抽样和分层随机抽样都是事前对整体中所有单位按其属性、特征分类。另一方面，配额抽样与分层抽样又有区分，分层抽样是按随机规定在层内抽选样品，而配额抽样则是靠调查人员主观判断。

配额抽样适用于调查者对总体有一定的了解，但是样本较多。实际上，配额抽样属于先"分层"再"判断"，同时，配额抽样费用不高，易于实施，能满足总体比例的要求。但是，它容易忽略不可忽略的误差。

配额抽样案例：假定某学校有 2000 名学徒，当中男生比例为 60%，女生比例为 40%；文科学生和理科学生比例各占 50%；一年级学生比例占 40%，二年级、三年级、四年级学生比例分别占 30%、20% 和 10%。现要用定额抽样方式依上述三个变量抽取一个约为 100 人的样品。依据总体的构成和样本规模，我们可得到下列定额表（表 5-9）。

某高校总体构成和样本规模定额表　　　　　表 5-9

年级	男生（60%）								女生（40%）							
	文科（30%）				理科（30%）				文科（20%）				理科（20%）			
	一	二	三	四	一	二	三	四	一	二	三	四	一	二	三	四
人数	12	9	6	3	12	9	6	3	8	6	4	2	8	6	4	2

（4）滚雪球抽样

在考察中，假如对整体范畴不清楚，可以选用滚雪球抽样（Snowball Sampling）。在滚雪球抽样中，先选拔一组调查目标，一般为随机地选择；会见这些被调查者后，再请他们供给少许属于所考察的方向整体的考察目标，按照所选取的情形，选取相应的调查对象。尽管最初选择调查对象时采用的是随机抽样，但是最后的样本都是非概率样本，被推荐或安排的被调查者往往在某些特征方面更类似于推荐他们的那些人。滚雪球抽样是应用于整体的个体信息不充分或难以获取，不能用其他采样方法提取样本的研究。

滚雪球抽样可以根据某些样本特征对样本进行选取，适用寻找一些在总体中具有特殊特征的人群。譬如在城乡社会综合调查对获得无家可归者、流动劳工及非法移民和同性恋等的样本就十分适用。

1.4　样本容量

样本容量是指样本内所含的元素的数目。在抽样设计时，必需决定样本元素数量，因为得当的样本数量是确保样本具有代表性的充分前提。

（1）样本及影响因素

样本是从总体的所有单位中抽取出来的能代表总体的部分单位，用 n 表示。样本是总体的缩影，是用以估计或推断总体全面特征的依据。感化样本对整体代表性强弱的要素有：①总体散布的离散水平。总体的平均离散程度小，样本的代表性就大；总体的平均离散程度大，样本的代表性就小。②抽样单位的数量多少。样本单位过少，代表性就差；样本单位达到一定数量，才有一定的代表性。③抽样的方式方法。以不重复抽样和不等概率抽样的样本代表性为好。不重复抽样，是指从整体中随机选取一个单元，经考察后，再也不放回原总体，就剩下单位中随机抽取第二个单位，继续抽下去，直至抽满预定单位数为止。不等概率抽样，是指对中间层抽样时，按抽样单位包括下级单位或基本单位数所占比例的不同，给予相应于这些不同比例的抽样。

（2）样本容量的确定

确定城乡社会综合调查样本容量的大小是比较复杂的问题，其考虑因素主要有：决策的重要性、调研的性质、变量个数、数据分析的性质。具体地说，更重要的决策，需要更多的信息和更准确的信息，这就需要较大的样本；摸索性考查，样本量比较小，而结论性研究如描述性调查，就需要样本较大；收集有关变量的数据，样本量就要大一些，以减少抽样误差的累积效应；如果需要采用多元统计方法对数据进行复杂的高级分析，样本量就应当更大；如果需要特别详细的分析，如做许多分类等，也需要大样本。针对子样本分析比只限于对总样本分析所需样本量要大得多。

1.5　误差控制

任何调查结构都有可能存在误差，即存在由样本数据推论总体状况的不一致。在抽样调查中，抽样误差和非抽样误差是误差主要类型。

1.5.1　抽样误差及其控制

抽样误差（Sampling Error），是抽样调查的计算成果（即样本统计量）与整体的特征值之间存在的不一致，是样本的随机性引发的。假设相同规模的抽样调查举行多次，抽样均值在真实均值的上下浮动，相对于总体均值的偏移波动就是抽样误差。

如何控制抽样误差？主要采取如下方式：

第一，增加样本容量。抽样误差与样本容量呈反方向关连：样本容量越大，抽样误差越小。样本容量是控制抽样误差的关键。对于小总体来说，样本容量的微小增加，都会带来代表性的明显提高；但是，对于大总体来说，当样本容量较大时，再增加样本个数，对于提高代表性效果不大。因此，即使面对大总体，调查机构一般也都把样本容量限制在 2000 以内。

第二，选择合适的抽样方式。例如，在同样条件下，重复抽样比不重复抽样的抽样误差大。

第三，控制总体标志的变异程度。在其他条件不变的情况下，总体标志和抽样误差的变异程度成反比变化：总体标志的变异程度越小，抽样误差越小；总体标志的变异程度越大，抽样误差越大。

1.5.2　非抽样误差及控制

非抽样误差（Non-sampling Error），是指除抽样误差以外各种原因而引起的误差。非抽样误差在概率抽样和非概率抽样中都存在。

（1）非抽样误差产生的原因

1）考察方法设计与抽样设计引起的非抽样误差。在问卷方法的设计上，如果问卷中概念设计不清晰、答案设计不穷尽，都可能导致调查员或被调查对象出现理解上的过错而导致提供的信息有误。因此，抽样设计需要注重抽样框的设计。

2）测量过程中产生的误差。在测量实施阶段产生的误差主要有以下几个方面：

一是样本抽取过程中产生的误差。抽取样本时，如果调查员的责任心不强，可能会出现不按照设计要求抽样，或者当抽取的样本不合意时舍弃不用，另外重抽，直至抽到"满意"的为止，或者因为被调查对象外出或拒答而任意替换被调查对象。这些做法都会使抽取的样本结构与总体结构出现偏差。而城乡社会综合调查过程中往往会出现样本经常不在现场的情况，这就需要调查者坚持地多见几次。

二是数据记录过程中产生的误差。在调查员记录调查数据的过程中，由于调查员的工作失误而导致调查数据失真，或者是被调查者提供虚假信息，或者所使用的测量工具本身存在问题（如问卷中问题的设计不合理而导致回答易产生错误），这些原因都可能导致非抽样误差。城乡社会综合调查中往往会调查出相反的结论，其实这是由于被调查对象中有一些人错误的信息或者调查本身设计不合理造成，这时需要重新去修正这些错误。

3）数据汇总和处理过程中产生的误差。对于汇集起来的数据进行汇总和处理时，包括数据的编码和录入、计算等，如果研究人员不仔细、不认真，就很容易造成错误、产生新的误差。这在城乡社会综合调查中往往会出现，需要进行复查。

（2）非抽样误差的控制

根据以上对非抽样误差产生原因的分析，抽样框误差、无回答误差和计量误差是非抽样误差探讨其控制核心问题。

1) 抽样框误差的控制。抽样框误差是在抽样设计中，由于不准确或不完备的抽样框而引起的非抽样误差。抽样框是有关总体全部元素的集合，它可以分为具体的抽样总体和调查总体，调查总体在外延上与抽样框是一致的。

抽样框误差包括以下几种情形：

其一，丢失调查总体中的元素：这种情形下的抽样框与调查总体的差异较大，使得对总体的估计值偏低，误差较大。丢失调查总体中的元素也被称为"涵盖不足"，是指抽样框没有覆盖全部调查总体元素，没有在抽样框中出现的那些元素就没有机会入选样本。对失落的总体元素不能发现并改正会造成调查中对总量的估计偏低，增大估计总体参数时的误差。

其二，包含非调查总体元素：这种情形下的抽样框由于包含了一些不属于调查总体的对象，使得对总体的估计值偏高。这种情形较前一种情形较容易被发现，对误差的影响也较小。

其三，抽样框中的元素与调查总体中的元素并非一一对应：这种情况称之为复合连接，也就是抽样框中的元素与调查总体中的元素存在一对多、多对一或是多对多的重合现象，如入户调查中，如果抽样框采用的是住宅门号，则可能出现一户多个住宅号或一个住宅号内住着多户的情形。这种情况容易造成样本的偏斜，从而使估计量产生误差。

对以上三种情形下的抽样框误差可以采用以下方法加以控制：

对于抽样框问题引起的误差，在确定抽样框之前，调查者就要对调查总体的元素特征做详细的了解，如先找有关人员熟悉情况，初步确定元素的特征，以便合理分配样本单位并确定抽样方案。抽样方案制定出来后，还要找有关专家讨论修改。如果在实施过程中发现有丢失总体元素、包含非总体元素或抽样框元素与总体元素不一致的情形时，就要抓紧进行补救。另外，还可以使用多重抽样框。当一个抽样框不能覆盖调查总体时，为减少误差，可以同时使用两个或多个抽样框。这样可以提高抽样效率，节省费用。

2) 无回答误差的控制。所谓的无回答是指由于各种原因导致对被抽出的样本元素没有进行有效测量，从而没有获得有关这些元素的数据。这些原因包括被调查对象拒绝接受调查、被调查对象对某些调查项目拒绝回答、被调查对象由于粗心漏答或不在现场而无法回答等。

由于无回答会造成严重的误差，因此降低无回答率是十分必要的。为此，可以采取以下措施：

其一，加强对调查员的培训。如果无回答是由于人为原因造成的，解决无回答问题的根本途径是在问题发生以前采取措施加以防范，其中最重要的是对调查员的培训。调查员对本次调查的各项内容、指标意义等都要有一个全面而正确的了解。还要注意提高调查员人际交往的能力，包括入户、自我介绍、提问、追问等技巧的培训。对于调查员来说还要具有较强的责任心。

其二，多次访问。如果无回答是由于被调查对象不在家，或不方便，或对调查本身拒绝，那么在第一次访问不成功后，隔些时候可以再次访问或多次访问，可以大大降低无回答率。多次访问并不是简单的重复，而是在总结经验的基础上调整访问策略（包括更换调查员）而进行的一种追踪调查。多次访问虽然可以提高回答率，但是其费用较高，导致调查的周期拉长，对调查员的要求也较高，这是多次访问的局限性。

其三，替换样本单元。为减少无回答，对于那些找不到的样本单元或回绝接受调查的样本单元可以替代。替换样本单元的基本原则是：替换者和被替换者应属于同一类型，且它们具有相同或相似的特征。另外，在调查实施前就应对替换问题做出明确规定，而不应在无回答发生时按调查员主观意愿或为其方便而任意替换。替换方法要谨慎使用，因为虽然它可以提高无回答率，但是也会引起新的误差。替换情形也要做详细的记录，以便事后分析。

其四，随机化回答。对于一些敏感性问题、隐私性问题，被调查者常常拒绝回答，可以采用随机化回答技术来消除被调查者的顾虑。可以交给学生一个密闭的容器，里面有红、白两种颜色的球，让学生随机摸一个球（不告诉别人是什么颜色），若摸到红球，据实回答问题一；若摸到白球，据实回答问题二。由于问题的答案只有"是"与"否"且别人又不知道回答的是哪一个问题，因此可以大大消减学生的顾虑。

2　调查问卷设计

城乡社会综合调查的目的是基于对当前社会现象的真实反映，因此，调查问卷的设计是关乎城乡社会综合调查成败的重要环节之一。城乡社会综合调查需要资料不是靠调查者亲自耳闻目睹得到，也不是靠文献资料获得，而是靠调查者以问卷的形式去从被调查者那边获得。因此，调查问卷的质量是城乡社会综合调查过程中一个重要内容。本节主要从问卷设计的一般特征、问卷设计的原则、问卷设计的步骤、问题类型及答案的设计以及问卷设计的质量五方面去谈论如何设计调查问卷。

2.1　问卷的一般特征

2.1.1　问卷的概念及作用

（1）问卷的概念

问卷是一种搜集数据的技术方法，同时也是实施调查必要工具，一种类似于体温表、测量器、磅秤那样的工具。它与这些工具所不同的是，问卷是以书面的形式按顺序事先设计的反映调查目的和调查内容的一系列问题及答案组成的，从调查对象那里获取信息的表格。

（2）问卷的作用

问卷的作用主要有以下六方面（表5-10）。

问卷的作用　　　　　　　　　　　　　　　　表5-10

序号	问卷的详细作用
1	问卷是城乡社会综合调查中使用较多的工具
2	提供标准化的数据搜集程序
3	调查者了解被调查者信息、观点的工具
4	将研究目标转化为具体的问题
5	实施方便，提高精度，节省调查时间，提高调查效率
6	方便对资料进行统计处理

研究表明，调查问卷的设计直接影响所搜集到的数据质量，即使有经验的调查人员也不能弥补问卷上的缺陷。问卷在调查目标和调查信息之间有着中心地位。制作一份优秀的问卷需要努力的工作，也需要有严谨的逻辑思维和创造力。不科学的、不规范的问卷设计将导致不完全的信息、不准确的数据，对调研成果具有强烈的负面影响，并且导致不必要的高成本、高人力成本问卷调查。

也正如有的研究人员所肯定的：调查问卷有六种主要功能（表5-11），正因为调查问卷的这些功能，所以它是调研过程中的一个非常重要的因素。

调查问卷的功能　　　　　　　　　　　　　　　　表5-11

序号	调查问卷的功能
1	把研究目标转化为特定的问题
2	使问题和谜底范围标准化，让每一个人面临同样的问题环境
3	通过言语、问题流程和卷面形象来获得应答者的合作，并在整个谈话中激励被访问者
4	可作为调研的永久记录
5	问卷能加快数据分析，例如有些公司使用计算机扫描问卷来快速处理数据
6	它们包括测定可行性假设的信息，如安排测试一再测试或等效形式的问题，并可以据此验证调研参与者的有效性

2.1.2　问卷的类型

问卷的类型，划分尺度也不相同。如按问题答案划分，可分为结构式、开放式、半结构式和无结构式四种；如按调查方式划分，可分为发送问卷和邮寄问卷；如按问卷用途划分，可分为甄别问卷、调查问卷和复核问卷等。

1）按问题答案划分

问卷可分为结构式、开放式、半结构式和无结构式四种基本类型。其中由于无结构式问卷较不严谨，这里就不叙述。

· 结构式。结构式问卷通常也称为封闭式或闭口式问卷。结构式问卷相应的优点和缺点如下（表5-12）。

结构式问卷的方法优缺点　　　　　　　　　　　　表5-12

结构式问卷优点	结构式问卷缺点
答案标准化，被调查者的答案可相互加以比较	被调查者在不清楚问题时，容易胡乱打钩
便于资料处理，答案事先编了码，可直接转入电脑处理	被调查者与调查者对问题有不同解释与理解时，勾出的答案意义容易使调查者误解
被调查者对问题意思比较容易明白	被调查者有时容易在两个答案之间圈错或勾错
答案较完整，减少不相干的回答	一个问题有好多种可能的回答，全部列出，会浪费被调查者的时间
当问及敏感性与威胁性问题时，因为答案已编码，比较容易取得合作	—

·开放式。开放式问卷也称之为开口式问卷。这种问卷不设置固定的答案，让回卷者自由发挥。开放式问卷相应的优点和缺点如下（表 5-13）。

开放式问卷优缺点　　　　　　　　　表 5-13

开放式问卷优点	开放式问卷缺点
当调查者不知道答案时，可由回答者自己填写，提供答案	可能答非所问，收回一些无用的资料。有时回卷者不愿多花时间，因而拒绝率高
能让回卷者充分真实回答问卷	提供的答案不划一，不标准，难以处理
特别适用于问题复杂，需要列出太多的答案项目，可能变化的情况太多的问题	要求回卷者有较高的文化水平、表达能力

·半结构式。这类问卷介乎于结构式和开放式两者之间，题目的答案既有标准的，也有让回卷者自由发挥的，吸收了二者的长处。这类问卷在实际调查中运用还是比较广泛的。

2）按调查方式划分

按调查方式分，问卷可分为发送问卷和邮寄问卷两类。发送问卷是由调查员直接将问卷送到被访问者手中，并由调查员直接接收的考察形式。邮寄问卷是通过考察单元直接邮寄给被访者，被访者填答后，再邮寄回调查单位的考察形式。

相比之下，发送问卷的回收率最高，答案最可靠，但成本高、时间长。这类问卷的回收率往往在 90% 以上；邮寄问卷，回收率低，调查过程不能有效控制，问卷可信度与有效度都较低。并且由于较低的回收率，会招致样品呈现偏差，影响样本对整体的推测。正常来讲，邮寄问卷的回收率一般控制在 50%；发送式自填问卷的优缺点介于上述两者之间，回收率要求在 60%-70% 以上。

3）按问卷用途划分

按问卷用途来分，甄别问卷、调查问卷和复核问卷是三种主要类型的问卷。按问卷用途类型分类（表 5-14）。

按问卷用途类型分类　　　　　　　　　表 5-14

问卷用途分类	详细内容
甄别问卷	在对被访者做一份正式的完全的问卷调查之前，首先对被访者是否符合自己问卷调查的人群做出一个筛选。它是一个成功的问卷调查中十分重要的一步。如果没有经过甄别而直接开始问卷调查的话，很有可能得出的结果是毫无意义的
调查问卷	任何考察，都需要有调查问卷，甄别问卷和复核问卷可以视情况而定
复核问卷	复核问卷是由卷首语、所有鉴别问卷的问题和一些调查问卷中的很关键问题所构成

2.1.3　问卷的结构和内容

问卷的结构和内容（图 5-20）一般由标题、说明、主体、编码号、致谢语和调查实施情况记录六个部分组成。

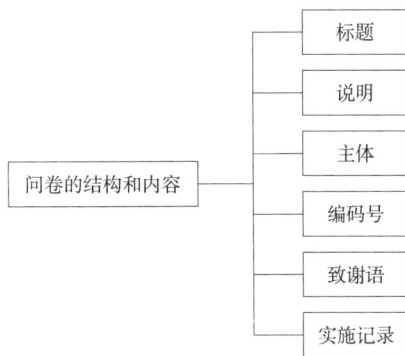

图 5-20　问卷结构图
图片来源：作者自绘

（1）标题

每份问卷都有一个研究主题。调查者应开门见山定个标题，反映这个研究主题，使人一目了然，增强填答者的兴趣和责任感。例如，"中国青年的毕业工作意愿调查"这个标题，把调查对象和调查中心内容尽情宣露，十分明显。

（2）说明

问卷前面应有一个说明。这个说明可以是对调查研究对象的一封信，或是一份指南，用来解释调查的目的，填写调查问卷的要求和说明，并标明调查单位名称和年月。问卷的说明是十分必要的，对采用发放或邮寄办法使用的问卷尤其不可缺少。我们调查某个问题的目的意义和方法，不光要使所有参加调查工作的人知道，而且要使被调查的人员都知道。我们应该明白，被访者不是材料袋，他们也是调查研究的主人。因此，我们要让被访者去做事，就要尊重他们，让他们知道为什么要去做，怎么去做。当他们明了目的意义和方法，就会给予很大的支持，积极认真地配合。信后署上调查研究单位（一般以学校的名字为调查单位），这本身又是尊重被访对象的表现，是不可小视的。

问卷的信或指导语，长短由内容决定。但是，尽可能的简短扼要，务必废除废话和不实之词（如虚张声势、夸大其词一类的话）。

（3）主体

主体是问卷中心的具体化。题目和被调查者答案是问卷的主体。问题从形式分为开放式和封闭式。从内容上看，可分为事实性问题、断定性问题、假设性问题和敏感性问题等。详细见表 5-15。

（4）编码号

这并不是所有问卷都需要的项目。但是，在规模较大又需要运用电子计算机统计分析的调查，要求所有的资料数量化，与此相适应的问卷就要增加一项编码号内容。也就是在问卷中心内容的右边留一空缺处，顺序编上序号（中间用一条竖线分开），用以填写答案的代码。整个问卷有多少答案，就要有多少个编码号。如果一个问题有一个答案，就占用一个编码号，如果一个问题有三种答案，则需要占用三个编码号。答案的代码由调查者核对后填写在编码号右边的横线上。

按问题主体分类 表5-15

问题按内容分类类型	详细内容
事实性问题	要求调查对象回答调查主题级调研对象基本信息的事实情况，如姓名、性别、行为举止等
断定性问题	假设某考察对象在某些问题上确有其立场，需要了解其行为或态度作相应的解析。这种问题由两个或两个以上的问题相互衔接构成。前面一个问题是后面一个问题的前提，如长年订阅或坚持阅读《科技日报》的读者才需要转折回答第二个问题，如果回答是"否"的人，就不必填答第二个问题；你是经常阅读的哪些版面和专栏？所以这类问题又叫转折性问题
假设性问题	假设某些现象的结果，解析被考察者会采纳某些行为去应对
敏感性问题	敏感性问题，是指涉及个人社会地位、政治声誉，不为法纪和一般社会道德所允许的行为，以及私生活等方面的问题。例如问："您小时候是否偷拿过别人的钱物？""您是否利用职务搞不正之风？""您是否有贪污行为？"这类问题对那些事情已经败露或在押犯，已不是什么秘密，大多数能如实地回答。但是，对其他确有此类行为、但尚未为他人所知的人来说，则总是企图回避，不说真话。要了解这些情况，就要想办法变换提问方式或采取其他深入群众的调查方法

(5) 致谢语

为了表示对调查对象的谢意，调查者在问卷的末端应该写上"感谢您的真诚合作！"或"谢谢您的大力协助！"等。同时保证不会泄露对方的信息等。同时，如果在前面说明已经说过感谢，问卷之结尾就不必再写。

(6) 调查实施情况记录

这个"实施情况记录"用大框显示，有的放在问卷主题内容之前，有的放在问卷最后，以调查者认为怎样方便为准。其功用是用以记载考察的实现情况和必要复查、校正的问题，方式和请求都相对机动，调查完后应该写姓名和日期。

2.1.4 问卷发放模式

当前问卷的分发模式可以人亲自去实地调研、网上调研以及通过朋友圈发问卷，如问卷星设计的问卷。

2.2 问卷设计的问题

(1) 乱答问卷，或置之不理

(2) 问卷泛泛，不切中要理

(3) 问卷设计，技术不完备

其一，问卷设计必须以实际人群为主，倘若没有代表性，问卷就失去价值。

其二，问题设计倘若目的和选项有错误，失去统计价值。

其三，问卷没有逻辑，仅仅描述情况，并不能解决问题，问卷意义不大。

2.3 问卷设计的原则

设计出一份科学的问卷，是搞好问卷调查的关键，因此，在问卷设计中必须遵循如下一些原则：

(1) 明确问卷设计的出发点

问卷是调查者搜集资料的一种方法，设计问卷一定要从调查者方面换位思考，即问卷设计要紧紧围绕研究主题和变量来进行，尽可能做到所搜集的正是所需要的资料，不多也不少，既不能漏掉必需的资料，也不能包揽许多无关的资料。城乡社会综合调查实质上是通过问卷了解调查者情况的过程，不仅从调查者方面考虑，而且围绕被调查实际情况，那么问卷才会有科学性。

(2) 明确阻碍问卷调查的各种因素

设计问卷时要考虑到被调查者的社会背景、文化程度、心理反应、主观意愿、客观能力等多种因素，尽可能使问卷适合于被调查者。被调查者诚恳的态度、有效的合作是问卷调查取得成功的基础。阻拦被调查者合作的因素（表 5-16）主要有主观和客观两方面的障碍。

阻拦问卷调查主客观因素　　　　　　　　　　　　　　　　　表 5-16

阻拦问卷调查主观因素	阻拦问卷调查客观因素
比如，当问卷内容太多，回答者就会产生畏难情绪；当问卷中的问题涉及隐私，回答者就产生忧虑；当问卷对调查课题说明不足时，回答者就可能对问卷调查不关心；当问卷内容与实际不一致，或者使用的语言与受访者的文化背景不一致，受访者不会对问卷感兴趣	即由被调查者自身的能力、条件等方面的限制所形成的障碍。比如说阅读能力带来的限制。如果问卷格式比较复杂、问题较抽象或者语言不通俗易懂，那么有些文化程度较低的被调查者就很难看懂问卷的内容和要求。倘若不设身处地的换位思考，问卷回收率就会很难，就会影响调查质量

(3) 明确与问卷设计紧密相关的各种因素

设计问卷要考虑很多因素，包括调查的目的、调查的内容、样本的性质、问卷的使用方式和资料的处理方式等。

1）调查的目的

问卷目的是调查的灵魂，形式和内容需要依据问卷目的确定。问卷要明确紧紧围绕调查目的和调查对象的特征。同时，问卷中的问题设计种类和数量都将严格受到研究假设的制约。

2）调查的内容

调查的内容也是影响问卷设计工作的一个主要因素。设计问卷要有能够引起调查者兴趣的问题，问卷设计的工作就相对容易一些。问卷设计要避免询问对方隐私和尽量详细，概略详当、浅显易懂，问题的数量相对较少，而问卷的封面信和指导语就要求比较详细，措辞也要更加谨慎。

3）样本的性质

问卷设计主要围绕样本的性质。需要考虑调查者的职业、文化程度、性别、年龄等分布状况如何。因为即使是同样的调查目的和同样的调查内容，用于手工艺人样本中的问卷和用于研究生样本中的问卷在设计上的要求也是不尽相同的。

4）问卷的使用方式和资料的处理方式

问卷的使用方式及资料的处理、分析方法等也是设计问卷时应该考虑的一些因素。问卷的使用方式和资料的处理方式不同，对问卷有着不同要求。问卷的使用方式包括填写方式和回收问卷的方式。自填式问卷尽量简单明了，便于理解和填写。

2.4 问卷设计的步骤

（1）确定调研目的、来源和局限

调研开始经常会感到所需信息不足。因而，评价全部二手资料以确认所需信息是否搜集齐全是调查者的责任。问卷设计前期主要是圈定研究问题范围，即想了解哪些方面？要解决什么问题？

（2）确定数据搜集方法

获得数据可以有多种方法，如人员访问、电话访问、软件调研等。每一种方法对问卷设计都有影响。在街上进行阻挡访问比进户访问有更多的条件限制，街上拦截访问有着时间上的限制；这些都应成为问卷设计的考虑因素。而城乡规划社会调查问卷的数据收集方法使用较多的是人员访问。电话访问往往是在调研政府等单位使用的方法，使用的相对较少。

（3）文献铺垫

在设计问卷前要阅读网页上相关机构的问卷研究，这对设计问卷思路有较大的帮助。

（4）了解被访者

城乡规划社会调查的研究对象一般都是社会弱势群体或者是较为特殊一群人，需要去和被访者聊天，专业点叫"访谈"。在这个阶段最重要的是：去了解他们对调查者想了解的领域和想解决的问题，怎么想？怎么看？

其次，问卷语言设计需要考虑调查对象接受程度。访谈一般分为两个阶段：第一阶段，小组访谈（Focus Group）找十个左右各有特点的被访者坐在一起，围绕着你想理解的主题，大家进行闲聊。这种方式有助于快速全面地了解信息，但信息真假和权重是不明确的；第二阶段，深度访谈需要将之前问题与调查者进行回访。

（5）半结构化访谈

半结构化访谈指依据粗线条式的简要提纲举行非正式的谈论。该方法对访谈对象的条件、所要询问的问题等有粗略的基本要求，访谈者可以根据访谈时的实际情况灵活地做出必要的调整。

（6）形成前期研究报告：提出假设

你需要对访谈资料做剖析，以《"游"哉"忧"哉？谁动了村民的奶酪？——某市不同发展模式下旅游型村庄村民获益情况调查》[①]为例，围绕着旅游是否会损害村民利益，对某不同发展模式旅游型村庄村民获利情况展开调研。

（7）将假设转变为问题

有了前面的铺垫，这个阶段的题目设置倒不费心思。至于如何撰写题目和选项，上面答案已经提到一些。这里就不详细展开。另外注明敏感隐私问题是可行的。以作者的经验，在这个环节，除以上领域外，最好能够多设置一些问题，以了解其他方面，因为无法保证提的假设就一定是准确无误的，如果出了

[①]《"游"哉"忧"哉？谁动了村民的奶酪？——某市不同发展模式下旅游型村庄村民获益情况调查》获得 2016 年度全国大学生城乡社会综合实践调查报告评优二等奖。作者：刘盼、杨紫悦、杨锦涛、白玉；指导老师：范凌云、彭锐、周静。

问题，还可以在一定程度上补救。^①

（8）确定问题回答形式

在访谈中问答形式应该多样，使得访谈更加容易引发对方的兴趣，避免形式过于单一。访谈问题回答形式（表5-17）包括开放式问题、封闭式问题、量表应答式问题。

访谈问题的形式及内容　　　　　　　　　　　　　　表5-17

访谈问题的形式	详细内容
开放式问题	一种没有限制可以让被调查用自己言语进行调查的问题
封闭式问题	一种需要应答者从一系列应答项做出选择的问题
量表应答式问题	通过量表设计问题

（9）决定问题的用词

问卷的用词应尽量考虑到：用词清晰明确，同时考虑被访者文化等客观因素，考虑到应答者回答问题的意愿。

（10）确定问卷的流程和编排

问卷不能任意编排，问卷每一部分的位置安排都具有一定的逻辑性。问卷制作是获得访谈双方联系的关键。联系越紧凑，访问者越可能得到完整彻底的访谈。同时，应对者的答案可能思考得越仔细，回答得越详细。

在确定问卷内容的流程时，我们也经常会用到框图法或问卷的流程图，即根据问题的逻辑秩序和难易程度排列出问题的先后次序。具体做法是：先排列好问题的先后次序，然后根据问题的先后次序，画出问卷的流程图；问卷流程图的制作过程有时比较复杂，它既要考虑问题的先后次序，也要考虑过滤性问题和相倚性问题之间的关系，并在流程图上标好每个问题的编号，有可能的话最好把问题答案写在旁边；最后根据问卷流程图的内容编写问卷草案。如果对问卷设计很熟悉的话，并不一定要采用这样的方法，甚至可以采用专门的问卷设计软件，直接在电脑里设计问卷草案，对问卷草案进行修改等。

（11）评价问卷和编排

一旦问卷初稿设计好后，问卷设计人员应再回过来做一些批评性评估。如果每一个问题都是认真思考的结果，这一阶段似乎是过剩的。需要考虑问卷是否过长、是否包含了相应的信息，外观是否合适等。

（12）获得各相关方面的认可

问卷完成草稿后需要分发到有权管理的部门。实际上，委托方或合作者在设计过程中可能会多次加进新的信息、要求或关注。不管委托方或合作者什么时候提出新要求，经常的修改是一定的。即使委托方或合作者在问卷设计过程中已经多次加入，初稿获得各方面的认可仍然是重要的。

---

① https：//www.zhihu.com/question/20781030/answer/23556488.

委托方或合作者的认可表明了委托方或合作者想通过具体的问卷来获得信息。如果问题没有问，数据将搜集不到。

（13）预先测试和修订

当问卷已经获得老师的最终认可后，还必须进行预先测试。预先测试也应当以最终访问的相同形式进行。如果访问是入户调查，预先测试应当采取入户的方式。问卷设计后要根据各方意见进行修改。

（14）实施实际调研

问卷设计完成后，可以为调查所需决策信息提供基础。同时问卷可以根据不同的数据搜集方法，配合不同数据计算方法以确保数据正确、高效、合理。

2.5 问题类型及答案的设计

科学地设计问题是获取调查资料的重要步骤。

（1）问题的类型

调查问卷的问题类型是根据调查的内容和调查的目的而确定，以及根据调查对象等综合因素来确定详细的问题。在调查问卷中，问题的形式可分为开放式问题、封闭式问题以及把两者结合起来的混合式问题。

1）开放式问题

所谓开放式问题，是指题目往往没有标准的答案，需要被调查者根据自身情况调查。

开放式问题在访问考察中经常用具体的资料去循循善诱被调查者，如访谈人员经常说："还有其他想要说的吗？"、"对这一问题能否讲得更详细些？"等。通过追问，可以澄清应答者的兴趣、态度和感觉。开放式问题优缺点详细见表5-18。

开放式问题由于不需要列出答案，所以其形式很简单。在设计时，只需在问题下面留出一块空白即可。因此，在决定留多大空白时，要依据问题的内容、回答者总体的文化程度、调查者提出此问题的目的等因素进行综合考虑，不能为所欲为、马虎从事。比如说，问题的内容比较简单、回答者总体的文化程度比较低、调查者提此问题的目的仅仅是一般地了解回答者对此问题的主要看法，那么空白处就可以留得相对小一些；反之，若问题内容包括的范围较广、涉及

开放式问题优缺点 表5-18

开放式问题优点	开放式问题缺点
灵活性大，适应性强，特别适合于回答那些潜在的答案类型很多、或者答案比较复杂、或者尚未弄清各种可能性答案的问题	回答过程中所提供资料的标准化程度低，难以进行整理与分析
有利于被调查者充分发挥自身的主动性和创造性，自由地表达自己的意见	容易出现不准确的甚至答非所问的无效信息
开放式问题能提供大量信息给城乡社会综合调查员	回答开放性的问题，要求被调查者有较高的文化素养、较强的文字表达能力，而且要花费较多的填写时间，这就有可能降低问卷的回收率和有效率
开放式问题也能为封闭式问题提供思路	不适用于一些自我填答问卷，如果没有访谈人员再追问，那么一个浅显的、不完整的或不清楚的回答就可能记录在问卷上

封闭式问题形式及特点 表 5-19

序号	封闭式问题形式	特点
1	填空式	这种形式常用于那些对回答者来说既容易回答、又方便填写（通常只需填写数字）的问题
2	两项式 （是否式）	即选项只有确认与否定两个选项。这种形式的问题在民意测验所用的问卷中用得相对多一些。其特点是回答简单明确，划分界线分明，被调查者可以被严格地分成两类不同的群体。这种形式的问题的弱点是得到的信息量太少，类别太粗，不能了解和分析回答者中客观存在的不同层次
3	复选式 （多项选择式）	即给出的答案至少有两个以上，被调查者根据问卷的要求选择其一或其中几个答案。这是问卷中采用得最多的一种问题设计方式，其答案的具体表达方式有多种形式
4	矩阵式	即将同一类型的若干问题集中在一起，构成一个问题的表达方式。矩阵式的优点是节省问卷的篇幅，同时由于同类问题集中在一起，回答方式也相同，因此也节省了回答者阅读和填写的时间
5	表格式	表格式与矩阵式十分相似，表格式是矩阵式的变形
6	排序式	即问题答案涉及一定顺序或轻重缓急时，由答卷者对所有列举出的答案进行排序
7	等级式	用在问题答案要表示意见、态度、感情、情绪等抽象问题的强烈程度的情况

的方面较多、回答者总体的文化程度较高、调查者设计此问题的目的是想详细了解被调查者对这一问题的各种考虑、各种看法，那么空白处就要留得相对大一些。

2）封闭式问题

所谓封闭式问题，是指将问题的谜底全部列出，然后由被调查者从中选取一种或几种答案的问题。封闭式问题形式及特点（表 5-19）有如下几种方式。

3）混合式问题

所谓混合式问题，是半封闭半开放问题。混合式问题具有开放式问题和封闭式问题优点。

（2）答案的设计

在城乡社会综合调查中，调查的好坏与问卷设计有很大的关系。答案的设计一般要遵循以下原则（表 5-20）。

（3）问题的语言、数量与顺序

1）问题的语言及提问方式

语言是问卷设计的基本要素，语言表达需要层次清晰、简明易懂。问题言语的基本原则是简短、明确、通俗、易懂，反对冗长、艰深。问题的语言及提问方式需要遵循以下原则（表 5-21）。

2）问题的数量

问卷题目数量需要适量。问题不宜太多，要控制在 20 分钟左右。且问卷一定不能长，一定要尽可能简短。

3）问题的顺序

问卷中问题的前后顺序及相互间的联系，既会影响到被调查者对问题的答复结果，又会影响到调查的顺利进行。如何安排问卷中问题的顺序呢？一般来说，问题有下列常用的规则（表 5-22）。

答案的设计原则　　　　　　　　　　　　　　表 5-20

序号	答案的设计原则	详细内容
1	简洁性	问卷的答案要简单，切忌答案冗长。为了使问题的答案清晰、精确和相关，调查者常常使用冗长而复杂的选项。实际上，这种情形应该避免。因为受访者通常不愿意多费时间去琢磨某个选项。问题的选项应该能够让受访者快速浏览且准确地被理解，这样才能轻松地选择答案
2	明晰性	一般在答案的设计中应尽量用简单易懂、不易引起歧义和误解的术语和词汇。答案应尽可能简单明确，不要使用晦涩难懂的行话。如"您觉得您是属于哪种性格（气质）的人？①胆汁质；②多血质；③黏液质；④抑郁质"。答案中所列的性格（气质）类型都是心理学中的专业术语，一般人理解这些概念可能觉得比较困难。因此，答案的表述必须简单易懂、标准规范，分类应符合已有的各种统计分类标准。如果不按统一标准来执行，不同的人可能就有不同的分类方法，所得的资料将不能在大范围内使用
3	相关性	相关性原则即设计答案要与实际情况相符合。不能答非所问，或与问题相去甚远，这样的结果要么往往被调查者选择有误或者拒答，要么获得的资料对调查题目没有说服力，从而引起结论的偏误
4	同层性	同层性原则是指设计答案需要考虑层次性的关系
5	穷尽性	所谓穷尽性，是答案设计要考虑所有情况。对于任何一个被调查者来说，问题的答案中总有一个是符合他的情况。如果有某个被调查者的情况没有被包括在答案的选项中，那么这一问题的答案就是不穷尽的
6	互斥性	指的是设计的答案之间必须相互排斥。即对于每个被调查者来说，最多只能有一个答案适合他的情况。假如一个被调查者对某一问题的回答可同时选择两个或更多的答案，那么这一项的答案就不具有互斥性
7	可行性	即设计的答案需要考虑被调查者意愿。比如，如果我们提出的问题是："您对我国的社会保障制度是否满意？"那么，普通公民中的大部分人将无法回答，因为他们并不知道什么叫社会保障，也不知道我国的社会保障制度是怎样的。有时我们可以在这样的问题前先提一个过渡性问题，如"您了解我国的社会保障制度吗？"然后只要求那些回答"了解"的回答者填答前述问题

问题的语言及提问方式　　　　　　　　　　　表 5-21

序号	语言遵循原则	详细内容
1	问题的语言要尽量简单	问卷问题与答案要尽可能简单。尽量不使用学术语言，比如"存量更新"、"收缩城市"等
2	问题的陈述要尽可能简短	问题设计要简短，要能够一看就明白。避免问题太长引发读者反感
3	问题要避免带有双重或多重含义	双重问题是同一问题问了好几个问题。比如，"您的孩子不上学了吗？①不上了②还在上"，这个问题有两方面意思。这就使得那些只符合一部分答案的人无法进行选择
4	问题不能带有倾向性	即问题的提法和言语不能使被调查者明白要填什么。也就是说，问题的提法不能对回答者产生某种诱导性。应保持中立的提问方式，使用中性的语言。在问题中引用或罗列某些学术界名人的话，或者运用贬义或褒义的词语，都会使问题带有倾向性，都会对回答者形成诱导
5	不要用否定形式提问	在日常生活中，肯定式回答更让人习惯。当以反问或者否定形式提出问题时，由于人们不习惯，因而许多人常常容易漏掉问题中的"不"字，并在这种理解的基础上来进行回答，这样就恰恰与他们的意愿相反了。而这种误答的情形在问卷结果中又常常难以发现。因此，在问卷设计中不要用否定式发问
6	不要问回答者不知道的问题	问题需要考虑被调查者的能力。如果向被调查者询问一个他们一无所知的问题，那么被调查者是一问三不知。比如，如果我们提出的问题是"您对我国的社会保障制度是否满意"，那么，普通公民中的大部分人将无法回答。因为他们并不知道什么叫"社会保障制度"，也不知道我国的社会保障制度是怎样的
7	不要直接询问敏感性问题	不要直接询问他人隐私，因为，如果直接询问，则可能会引起很高的拒答率。因此，需要采取委婉的问法

问题的顺序原则　　　　　　　　　　　　　　　　　表 5-22

序号	问题的顺序	详细内容
1	简易题目放前，困难题目放后	问卷开头的简单问题可以鼓励填写者。如果一开始填写时答复者就感到很吃力、很难填写，就会影响他们的心情和积极性
2	愉快题目放前，忧愁题目放后	如果开头的一批问题能够吸引被调查者的注意力，引起他们对填答问卷的兴趣，那么调查便可能较顺利地进行
3	熟悉问题放前，生疏问题放后	这是因为任何人对自己熟悉的事物总能谈些看法，说出些所以然来；而对不熟悉的事物，则往往难以开口，说不出什么来
4	行为问题放前，看法问题放后	这是由于行为是客观，而态度则涉及主观因素，因此我们可以先将行为问题放前，看法问题放后面
5	背景资料放后，有时可以放前	个人背景资料属较敏感的内容，所以不放在开头，而一般放结尾。但是，另一方面，由于个人背景资料是常见，所以也可以放开头。但是如果缺少背景资料，也就失去调查作用
6	开放式问题，放在最后面	开放式问题可激起答卷者兴趣，可放在后面，会带给答卷者好心情
7	按逻辑次序排列问题	一般人大体是按某种常见的顺序，如时间顺序，安排其对问题的回答。因此，研究人员在设计一份问卷时应遵循这一常识。不言而喻，当问卷问受访者的就职史时，如按时间先后答，即从第一个职业到目前的职业，或从目前的职业追溯到第一个职业，受访者便会感到容易回答

2.6　问卷设计的质量

（1）问卷设计中的常见错误

问卷设计中的常见错误详细见表 5-23。

问卷设计的常见错误　　　　　　　　　　　　　　　　表 5-23

序号	常见错误	详细内容
1	概念抽象	将抽象概念变为具体可测量的指标，这是问卷设计的关键环节。概念的操作化如果做得不好，就会直接影响到问卷的设计
2	问题含糊	所谓问题笼统，指的是问题的含义不明白、不明确或者问题本身有歧义
3	问题带有倾向性	问卷作为社会调查中的一种测量工具，应该具有客观性和中立性，因此问卷的问题不应该带有倾向性，以免对被访者产生误导。如"您赞成改革高考制度吗"这样的问题就容易使得回答者做出肯定的回答
4	问题提法不妥	这种类型的错误通常是由调查者在设计问卷时没有很好地为回答者着想，或者忽视了回答者填答问卷所面临的各种主客观障碍，提出的问题不尽合理、不大妥当造成的
5	问题有多重含义	例如"您父母的职业是"这样的问题，实际上是问了"您母亲的职业"和"您父亲的职业"两个问题。如果被访者父母从事的不是同样的职业，被访者对这样的问题就无法回答
6	问题与答案不相匹配	例如"您最喜欢的专业是：①文科②理科"。专业是十分具体的，如经济学、政治学、心理学等，"文科、理科"不是具体的专业

（2）提高问卷设计质量的途径

1）高质量问卷的标准

高质量问卷的标准详细见表 5-24。

高质量问卷的标准 表 5—24

序号	标准内容
1	具有较高的信度和效度
2	适合研究的目的和内容
3	适合调查对象
4	问题少而精

2) 提高问卷设计质量的途径

①要对问卷的特征有清晰的认识。②设计问卷的需要考虑被调查者需求。③问卷设计也是一门严肃的科学,它同样需要精益求精的治学态度。④问卷设计的原则是要灵活运用;在问卷设计中,一定要具体情况具体对待,要有灵活性。学习问卷设计不能只从书本上学,还要从设计调查问卷的实践中学。

要提高问卷水平,需要了解相关知识外,还要熟悉语文知识水平和社会调查研究方法的知识以及社会生活知识。

3 定量资料收集

定量资料是以数字形式表现出来的研究资料。城乡社会综合调查定量资料主要来源于实地调研。实地调研包括访谈、个案研究、开放式问卷、非结构观察。定量资料的实地来源包括自填问卷法、结构性访谈。

3.1 收集方法的类型与特点

(1) 资料收集方法的分类

从大的方面来划分资料收集方法主要有自填问卷法和结构访谈法。自填问卷法指的是调查员将问卷表送递给被调查者,由被调查者自己阅读,再由调查员收回问卷,还可以包括朋友圈通过问卷星发问卷。结构访谈法则是指通过口头访谈方式调查被调查者社会情况。在这两个大的类别中,又根据具体操作方法的不同,可以进一步划分出不同的子类型。个别发送法、集中填答法和邮寄填答法也是自填问卷法当中的典型;结构访谈法中又可分为当面访问与电话访问等,在城乡社会综合调查中往往采取当面访问。

(2) 自填问卷法与结构访谈法的特点

自填问卷法依赖问卷,而结构访谈法依赖访问员。正是由于这种差别,使得这两类方法具有许多不同的特点。

①自填问卷法往往比结构访谈法更加省时省力。②自填问卷法具有更好的匿名性。③自填问卷法调查者需要一定文化水平。倘若是老年人,需要调查员进行讲解填写,调查者实际景象如图 5—21、图 5—22 所示。④相对来说,结构访谈法比自填法得到的资料质量高。⑤相比于自填问卷法,结构访谈法对调查员的要求更高。

3.2 自填式问卷法

(1) 个别发送法

个别发送法是最常用的一种自填问卷法。城乡社会综合调查使用个别发送法频率比较小。举例来说,进行一项大学生快递收取使用方式的社会调查,我

图 5-21　调查者调研实景（a）

图 5-22　调查者调研实景（b）

们可以派调查员将问卷发送到样本中每一位大学生手中，请他们当场填答后收回，或者请他们在三天内将问卷填答好，自行投入学校各个学生食堂门口专门为此次调查设立的"问卷回收箱"内。

个别发送法介于邮寄自填法和结构式访谈之间，较好地处理了调查的质量与数量之间的关系。个别发送法相对节省时间和人力；调查员可以向被调查者进行解释；有匿名性和高回收率等优点。当然个别发送法的质量不一定能够保证。

（2）邮寄调查法

邮寄调查法是城乡社会综合调查中一种比较特殊的资料收集方法。在寄给被调查者问卷时，一般应该同时附上已写好回邮地址和收信人（或收信单位）且贴好足够邮资的信封，以便于被调查者将填答好的问卷顺利寄回。这种方法一般是城乡社会综合调查者对一些政府官员进行调查时采用较多的方法，一般是设计好问卷，将问卷发往对方邮箱，由对方填写后再发回调查者的邮箱。

邮寄调查法有很多限制条件如下。

第一，它需要有调查对象的地址和姓名，否则问卷也不知道该往哪里寄。

第二，问卷的回收比较难。这也是邮寄调查法的一个致命弱点。有许多的主、客观因素会导致被调查者放弃问卷调查的工作，会阻碍调查问卷寄回到调查者手中。据美国社会学家介绍，邮寄调查的回收率有时低到 10%，达到 50% 的回收率就被认为是"足够的"（这种比例在一般调查中往往是较难接受的），而达到 70%、80% 的回收率就会被认为是相当好的了。

为了尽量提高邮寄问卷调查的回收率和资料的质量，调查者应该对以下提高邮寄问卷回收率注意内容（表 5-25）有所注意。

（3）集中填答法

在条件允许的情况下，我们也可以采取集中填答法来收集调查资料。集中填答法的具体做法是：先通过某种形式将被调查者相聚起来，每人发一份问卷；接着由调查者讲解注意事项；最后收回问卷。

例如，当我们在某些企事业单位、学校等地方对企事业单位的职工、学校的学生进行问卷调查时，就可以采用这种方法：先同调查单位的领导进行联系，

表 5-25

提高邮寄问卷回收率注意内容

序号	提高邮寄问卷回收率注意内容
1	相关调查主办者身份的说明要比较谨慎考虑，尽量选用较正式的、非盈利性的、使人信服感提升的身份。通过身份的积极作用，使得回答问卷的人愿意寄回问卷
2	寄问卷的封面信一般单独打印，可以用信封装后寄送；再和问卷以及寄回用的空信封一并装入邮寄给被调查者的大信封内。封面信的语气应该是"随您意"的，而不要用"一定要"的；信的内容应该简明、短小
3	寄送问卷要避开节日和考试日。被调查者收到问卷后的一段时期（一周左右）内，应没有比较大的或比较特殊的活动和事件对他们完成问卷和寄回问卷造成影响
4	用跟踪信或提醒电话帮助提高回答率。一些学者研究表明，没有跟踪，一般可望达到的回收率为 50%-60%，而通过发跟踪信（提醒或催促），则可望达到 70%-80% 的回收率

以取得他们的支持和帮助；通过他们将所抽取的调查对象集中起来（或分批集中起来），最好集中在会议室、教室等既方便填答问卷、又可不受外界干扰的地方；然后将调查问卷发给每一个被调查者，在调查者对调查的目的、意义、要求等进行简单说明的基础上，由被调查者当场填答问卷。调查者可解答被调查者在填答问卷过程中所遇到的问题和疑问。被调查者填答完问卷后，自行将问卷投入事先放在会议室或教室门口的问卷箱中，也可将问卷放在桌上，由调查员统一收取。

集中填答法优点突出如下。

第一，它比个别发送法更为节省调查时间、人力和费用。比如，同样是调查 50 名工人，若将他们集中起来，当场发放问卷，当场填答，当场回收。那么，只需要一名调查员在一个单位时间内（一个上午或下午）便可完成。其效率比起由调查员一个个地去发送、再一个个地去收回显然要高得多。

第二，它比邮寄填答法更能确保问卷填答的好坏。由于有调查员在场进行解释和说明，并可以解答被调查者的疑问，因而被调查者错答和误答的现象将大大减少，而问卷的回收率也会比邮寄填答法更高。

集中填答法最主要的限制，在于很多城乡社会综合调查的样本较难集中。而一旦被调查者不能集中，这种方法的优点自然也就不复存在。同时，将众多的被调查者集中在一起，有时会形成某种不利于个人表达特定看法的"团体压力"或"相互作用"，这也是我们在运用集中填答法时需要注意的一个方面。

（4）网络调查法

随着计算机技术和国际互联网的迅速发展，社会调查中又多了一种新的收集资料的方式，这就是网络调查法。网络调查法指的是调查者利用互联网向特定对象发送调查问卷，同时也通过互联网将被调查者填答好的问卷收回的调查方法。这种方法也是城乡社会综合调查报告现在比较常用的方法，尤其涉及调研主题与"互联网 +"相关。

常见的网络调查方式有三种。

第一种方法是将问卷直接放置到网页上。当上网者填答完毕后，这份问卷的数据就自动地存入了事先设计好的数据文件中。当调查结束时，所有填答者的回答记录就形成了该调查的数据库。这种方式的网络调查虽然十分便利，但是由于它实际上是一种无特定调查样本和对象的调查方式，同时，上网者是否填答问卷也完全处于一种放任的或完全自愿的状态，因而，其调查的对象性质、调查的回收率、调查的质量等均得不到很好的保证，其结果往往具有较大偏差。所以，这种调查方式较少为学术调查者利用，较多的为非学术研究的大众媒介所采用。

第二种方式是将问卷放置在特定网页，更加具有针对性，一般让特定人群进行调查。一般情况下，这种方式的做法是先确定调查总体（调查总体中的成员必须有电子邮箱），然后抽取好调查对象的样本，并收集到他们的电子邮箱地址。然后分别给样本中的调查对象发电子邮件，说明调查目的、调查要求，告知调查方法，并附上调查问卷的链接地址。被调查者点击链接后就会进入调查问卷并直接在网上填答。填答结束后，问卷的数据也自动地存入了事先设计好的数据文件中。全部调查结束后，所有填答好的问卷资料就自动生成调查的数据库。

第三种方式是调查者在确定好调查总体、将样本发给被调查者，后通过电子邮件再将问卷返回。被调查者打开问卷的电子版在计算机上进行填答，填答完毕后又通过电子邮件将问卷发回给调查者。调查者将所有填答好的问卷下载后进行汇总，形成数据库文件。

后两种方式主要在学术研究中运用。由于这两种方式都是面对建立在严格的随机抽样基础上形成的样本和调查对象，因此，在问卷回收率得到保证的前提下，其调查效果也与前面几节所介绍的资料收集方法完全一样。而由于事先通过电子邮件（也可以通过电话）与被调查者取得联系，并征得了被调查对象同意，因而调查问卷的回收率也有一定保证。

网络调查的最大优点是方便快捷、节省费用。它省去了打印、印刷、寄送纸质问卷的时间和费用，省去了挑选、培训调查员的时间以及支付调查员报酬等费用，也省去了数据录入的时间和费用。同时，填答好的问卷很快地被处理成数据库文件，大大减少了录入误差。

网络调查的不足是因为很多老年人不会上网，这导致调查人群样本不全。换句话说，对于那些从不和网络打交道、从不接触网络的对象，我们就很难利用网络调查的方法去收集资料。比如像老年人这一群体就不怎么使用网络，因此，网络调查往往不适合老年人等。此外，进行网络调查还需要特定的计算机技术和网络技术的支持（包括网上问卷的设置，填答方式的设计，填答结果的记录、汇总和转换等）。目前已有专门的机构开始从事这种网络调查平台的建设、网络调查软件的开发和应用业务，相信今后网络调查方式的应用也会越来越普遍。

3.3　结构式访谈法

结构式访谈法是依赖调查问卷，通过访问形式进行调研的一种调查方式。根据访问员与被访者是否见面，结构式访问又可以分为当面访问和电话访问。

（1）当面访问

当面访问的基本做法是：首先，调查者培训访问员，而后，由访问员分赴其他各个调查点，进行访问调查。在访问中，调查员严格依据调查问卷提出问题，并严格按照问卷中问题的顺序来提问；调查员不能随意改变问题的顺序和提法，也不能随意对问题作出解释。答案的记录也完全按问卷的要求和规定进行。城乡社会综合调查往往采取当面访问的方式，在调查中需要注意的是最好使用录音笔以及摄像的方式来记录调查过程，以便调研漏选后还可以进行补救。

当面访问的方法与自填法中的个别发送法最为接近，它们都要求调查员逐个找到被调查者。所不同的是，个别发送法问卷的质量责任在被调查者身上；而当面访问中，调查员则要亲自依据问卷向被调查员进行提问，并亲自记录被调查者的回答。

同自填式问卷调查相比，当面访问法具有下列三个方面的优点。

第一个方面的优点，也是其最大的优点，就是能够对调查过程加以控制，从而提高调查结果的可靠程度。这是因为，一方面，由于调查员当面提出问题，当面听取回答，因此可以减少被调查者由于对问题理解不清或误解所造成的误答；另一方面，当面访问可以避免由他人代填的情况。同时，这种当面提问、当面回答的方式也在一定程度上降低了被调查者出现欺骗性回答的机会，提高了调查结果的真实性。

第二个方面的优点，是这种访问法具有远高于自填问卷法的回答率。在介绍自填问卷法时，我们曾说过，自填问卷法的回收率常常难以保证，这是它的一大缺点。而当面访问法是由调查员来配合完成每一份问卷的，所以，它的回收率往往可以得到很好的保证，一般都远高于自填问卷法的回收率。

第三个方面的优点，是它可以对调查资料的质量进行评估。这是因为，调查员在询问和记录的同时，可以对被调查者的表情、态度和行为，甚至对某些家庭状况进行观察，从而帮助分辨和判断被调查者回答的真实性程度。

当面访问法虽在上述几方面优于自填问卷法，但它也具有一些不足。

首先，自填式问卷调查调查费用较当面访问法要低很多。由于当面访问法必须派出一批调查员，而调查员事先必须进行培训。因而调查员的培训费用、工作报酬以及路途的差旅费等，远比个别分发或集中填答、邮寄问卷、网络调查所花的费用大。

其次，当面访问法与自填式问卷调查相比花费时间也更多。由于自填问卷调查可以在很短的时间内对多个被调查者同时进行，而当面访问则必须一个个地对被调查者进行访问，因此，它所需要的时间显然要多得多。

再次，由于上述两方面的弱点所影响，采用当面访问法收集资料时，其调查的范围和规模往往受到很大局限。如果没有充足的经费和人力，或者没有足够的时间，访问的人数就不可能很多，调查的范围也不可能很大。

最后，对于某些较敏感问题的调查，采用当面访问法的效果也往往比不上自填问卷法。这是因为，自填式问卷调查具有很好的匿名性，可以减轻被调查者的心理压力和思想顾虑。但当面访问法由于有调查员在场，并且是当面提问、当面回答，这样，很多被调查者的思想压力就可能很大，顾虑也可能比较多。所有这些，显然会直接影响到他们回答问题的态度和所提供的答案的真实性及可靠性。

（2）电话访问

电话访问是指借助电话这种通信工具进行访问调查的方式。进行电话访问需要有一套"计算机辅助电话访问系统"(简称CATIS)的支持。这套系统既有计算机、电话等硬件，也有专门用于进行电话访问的特定软件。通常一套系统有十几台至几十台连接成局域网络的计算机，每台计算机连接有一根直拨电话线，所有计算机都与一台主机相连接。通过主机可以管理、监控每一台访问用计算机的工作情况。其具体操作流程如图5-23所示。

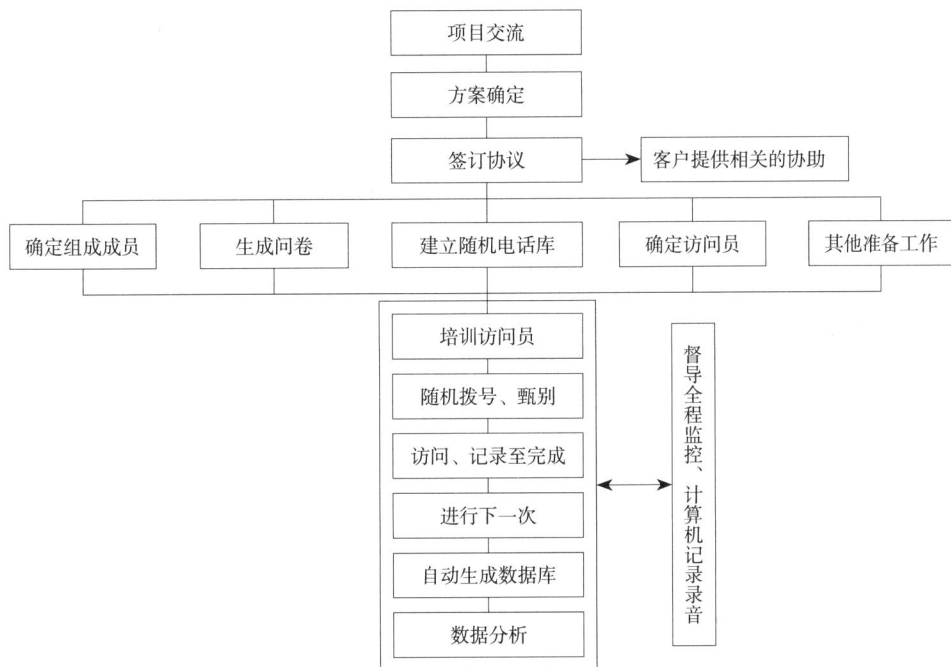

图5-23 CATIS操作流程图

电话访问的一般做法是：第一，根据考察目的要求将调查问卷设计好，并将问卷输入计算机，注意问卷按照"计算机辅助电话访问系统"的格式；第二，还要设计好随机抽取计算机程序；第三，最关键是要学会挑选和培训调查员；第四，开展电话访谈。

电话调查的优缺点见表5-26。

电话调查优缺点 表5-26

电话调查优点	电话调查缺点
电话调查十分迅速。一个样本为几百人的调查，采用电话访问的方式进行，一天时间访问就可以完成，而且所得资料也已经输入计算机，成为SPSS格式的数据，可以马上动手进行统计分析	电话调查被调查者的选取及代表性方面的困难
电话访问的方式相对简便易行，也比较省钱。特别是对于内容比较简单的调查，电话访问的效果更好	调查的时间不能太长，通常情况下控制在10分钟以内比较合适
电话访问十分便于对调查员进行监督和控制，使得电话访问的质量比当面访问更容易得到保证	调查的拒访率比较高，因而相应的，调查的回答率就会比较低

3.4　资料收集要点提示

资料收集是社会调查中实践性、操作性很强的一个阶段，无论是自填问卷调查，还是结构访谈，在具体操作过程中，都有一些值得特别注意的细节。在这一小节中，着重对以下几点作出说明。

（1）理解被调查者的心理

城乡社会综合调查是一种需要被调查者积极合作才能完成的研究方式。在调查资料收集的过程中，调查者应对被调查者的心理和想法有所认识和理解。可以在对调查者进行研究的基础上有针对性的准备一些小礼物，如被调查者是学生的话，可以准备铅笔或者橡皮等；如果被调查者是老年人，可以准备一些装菜的礼品袋；如果被调查者是一些商家，则可以购买她店中的小商品。尽管通常我们并不能恰当地用钱或物来估价和衡量被调查者参与调查这一行动的价值大小，但不管怎样，在实践中用几元至十几元的物品这样小的代价往往就能换来很好的效果。当然，不同的对象对这种回报的理解有所不同。除了钱和物以外，信任也是一种回报。另一种与信任有关的回报是对被调查者有一个"好的印象和看法"，这也是调动被调查者积极性的一种途径。

（2）第一印象

社会调查第一印象有时候决定了调查成功的与否。调查能否顺利进行，在一定的程度上也与这种最初的见面和接触有关。正式、普通、友善、礼貌，是这种第一印象的基本标准。所谓正式，指的是调查员看起来具有某种合理的、合法的和正规的身份和角色，这种正式性往往可以帮助消除被调查者的猜疑。因此，城乡社会综合调查员一般可以到学校相关单位开介绍信，在调研时可以携带给对方看，显得更加正式。所谓普通，指的是调查员的外表和打扮看起来和平常人一样，没有大的区别，这种普通性则可以帮助消除被调查者的顾虑。而友善和礼貌则主要是对调查员态度的要求，它可以使调查员的形象易于被所调查的对象接受。

这种第一印象的特点与调查员的年龄、性别、衣着、外表和态度等因素都有一定的关系。在态度上，调查员给被调查者的第一印象应该是：礼貌、诚恳、真实。这是保证被调查者能够从心理上接受调查的关键因素，每一个调查员都应高度重视。

（3）进门和开场白

在社会调查中，进门是一道"关卡"，是十分关键的一环。能够顺利地进门，调查就完成了一半。好的开场白的标准是：简明扼要、意图明确、重点突出、亲和力强。开场白的内容与自填问卷中的封面信相似，主要解释你是什么人（即说明调查者的身份）、你想干什么、为什么要进行这次访问（即调查的性质和大致内容），要表明自己的来意，征求他人的同意。

开场白的重要目的之一，是要消除被调查者在突然出现的陌生人面前所自然产生的各种疑虑和戒备心理，建立起轻松、融洽的互动关系。这是开场白必须具有亲和力的原因。只有调动回答者产生了回答问题的动机，并帮助他们作好了回答问题的心理准备，后面的调查工作才能顺利进行。

举例如下。

村民活动空间使用状况与游客影响评价

尊教的先生／女士，您好！

　　我们是城乡规划专业的学生，现在正在进行一项社会调查活动，本次调查的目的在于了解 ×× 村游客和居民活动状况。请您就以下几个方面对其进行填写。我们真诚地希望通过问卷了解您的看法，谢谢您的支持与合作！（请您在认为合适的选项上打勾）。本资料属于″私密非公开调查资料，非本人同意不得泄露″。

×× 大学城市规划学院

2017 年 5 月

　　（4）接触被调查者之前的准备

　　进行调查访问前，要对考察目标的选择方式、根本特点、调查会见的流程要求、调查问卷的内容等有尽可能明确的认识。特别是要对被调查者总体的有关情况和特征，比如年龄、性别、职业、文化程度、家庭背景、兴趣爱好等有一个基本的了解。这样做的好处是，一方面便于调查者根据实际情况采取适当的角色姿态，尽可能缩小调查者与被调查者之间的心理距离，尽可能增加二者之间的共同语言，以建立起融洽轻松的调查关系；另一方面，调查人员可以更准确和客观地了解调查人员在访问过程中所谈论的各种情况，尤其是当他们了解被调查者内容没有很好表达时，更有赖于事先对调查者基本情况的了解程度。

　　除了准备好调查所用的问卷（和小礼品）外，调查员应随身携带证明个人身份的有关证件和标志。比如学生调查员应随身携带学生证和调查单位的介绍信，最好还能在胸前佩戴盖有调查单位公章的″调查员证″。这些都有助于减少调查对象的疑虑，增加调查的正式性和对调查员的信任感。

　　（5）提问

　　在结构式访谈的过程中，能否要到资料很大程度上取决于第一印象。调查前可以谈论一些简单的话题，比如他的住房、家庭、子女、个人嗜好等，然后逐步地把话题引向调查的内容，而不要一进门坐下就开口提问卷中的第一个问题（若结构式访问问卷中已把上述这类问题列为开始的问题则不必如此）。开始时，调查员提问的速度应相对慢一点，使被调查者有一个逐步适应的过程。在访问的过程中，调查员要始终注意控制访问的进程。要通过提问、插话以及表情和动作等方式，达到控制的目的，比如当被调查者的话题扯远时，可以适时地、礼貌地通过插话和转问来控制。同时，调查员的表情要适应被调查者回答的内容，要对被调查者回答的喜怒哀乐表示出同感。

　　特别要注意的是，提问时，调查员要面向被调查者，目光要直接与其交流，不要只顾自己低头照着问卷念问题，全然不看被调查者；提问的语气要平和、语句要表达清楚，要以平常人们交谈时的方式进行陈述和提问。要准确理解被调查者回答的内容，及时在问卷上做特定的记号。可以录音后回去再对问卷进行补充修改。

4 定量资料分析

4.1 单变量分析

单变量统计分析主要包括描述统计和推论统计。描述统计目的是用简单语言归纳反映出大量数据的基本信息。集中趋势分析、离散趋势分析是其常见的方法。而推论统计的主要目的用调查数据推论总体情况，主要包含区间估计和假设检验等。

4.1.1 单变量的描述统计

（1）变量的分布

1）相关概念

其一，统计总体、单位、项目和数列。

统计总体：客观存在具有共同特征的个别单位的集合体称为统计总体。也即按照相应的目标和请求，考虑所需要研究事物的整体。

如 2010 年 1 月 1 日 0 时，对全国进行第六次人口普查，我国的全部人口即统计总体，每个人即是个别单位。每个人的集合体即有国籍并在境内居住的中国人构成统计总体。

统计单位：统计单位是组成统计总体的基本单位，它是各项统计数量特征的最原始承担者。统计单位根据研究场合不同，可以是一个人、一个物或一个生产经营单位等。就是说可以是单个人，也可以是某个群体。

统计项目：统计项目是具备统计特点的数据，即数目事实。

2000 年 9 月 ×× 系 98 级学生平均年龄为 21 岁。

总体是：2000 年 9 月 ×× 系 98 级所有学生

单位：每个学生

特征：平均年龄

整个构成一个数量事实，即统计项目。

统计数列：一群或一列互相关联并可以进行比较的统计项目。

如，有三个统计项目：

97 级学生大学英语考分平均分为 90 分；

98 级学生大学英语考分平均分为 86 分；

99 级学生大学英语考分平均分为 85 分。

这三个项目列成一个列，这样一个列就是一个统计数列。这三个项目是相互关联的，可相互比较。

其二，组限、组距和组标。

组限：拟定每一组界限的两个数字叫组限，一般情况下把数字较小的一个数叫下限，上限则是数字最大的那个。如某一年龄组为 30—35 岁，那么 30 为下限，35 为上限。同时，介于使用过程的方便准确，组限确定时，需要注意以下几点。

首先，统计学上又有标明的组限与真实的组限的区别。标明组限为表中的体现的表明界限的两个数字，实际组限为真实界限。如表 5-27 中，标明组限为"53-55"，而实际组限应该是"52.5-55.5"；下一组的实际组限应为"55.5-58.5"。如此，体重为 52.8kg 则可归入"53-55"的一组中。

某班级学生体重统计   表 5-27

体重（kg）	人数（人数）
50-52	6
53-55	7
56-58	8

其次，除标明组限与实际组限的确定方法外，还有其他组限确定方法，标准不一。如组限示例一（表 5-28），将各组上限省略，只标明下限；又如组限示例二（表 5-29），将各组均升至以 9 为尾位。

组限示例一   表 5-28

21-	11
31-	15
41-	13

组限示例二   表 5-29

46-49.9	17
50-55.9	18
56-59.9	15

最后，统计学家也常为资料的特殊性质，应用"开放末端"或"开放前端"的组。表 5-30 中的"8 或以上"叫做"开放末端"，"开放前端"同理。这种开放组，对于统计不利，一般的情况下，应予避免。

某地区家庭人数统计   表 5-30

家庭人数（人）	家庭数量（户）
1	46
2-3	600
4-5	430
6-7	240
8 或以上	40

组距：即组的大小，为每一组的间距，它是两个实际组限之差。

组标（组中点）：一组实际上限与实际下限之间的中点的数值是组标。即

$$组中值 =（实际上限 + 实际下限）/2$$

2）频数与频率分布

变量的分布主要有频数分布和频率分布。

频数分布是指，变量的每一取值呈现的次数。即把变量的值依照一定的种类、顺序和间隔划分成若干组，然后将所有的名目在各组呈现的次数记录下来，便是频数分布。所谓频率分布，则是一组数据中取值不同的频数相对于总数的比率分布情形，即将每一变量取值的频数／总个案数 ×100（或 1000、或 10000 等），频数分布表是不同类别在整体中的绝对数量分布，而频率分布表则是不同种别在总体中的相对数量分布（相对比重）。如对某班级学生年龄分布（表 5—31）进行统计分析，人数为频数分布，比例为频率分布。

某班学生年龄的频数与频率分布 表 5—31

年龄（岁）	人数（人）	比例（%）
17	40	20
18	90	45
19	70	35
合计	200	100

与频数分布表相比，频率分布表优点为能够十分方便地用于不同总体或不同类别之间的比较。因此，这种分布表的应用更为普遍。

依照不同的种类、次序、间隔长度、比例，又可将变量分为定类变量、定序变量、定距变量、定比变量。不同类型变量的统计分析方法也不同。

定类变量、定序变量属于离散型变量，对于这一类变量，频数的计算相对简单，只要对每一变量取值的个案数累加即可。例如对某车间 30 名技工进行技工级别人数统计，对相同级别技工进行分类统计，得到这 30 名技工级别的频次分布：一级工 10 名，二级工 12 名，三级工 8 名。这样，用 3 个数字就可以概括出这 30 名技工级别这一变量的内部结构情况。

定距变量属于连续型变量，这一类变量的计算必需分组举行。如对 1000 户调查家庭的人均收入进行统计分析，由于收入可能是某一区间内的任意值，因此只有先将整个区间分组，计算频次才有意义。假定 1000 户中人均收入最高为 150 元，最低为 50 元，则可将 50—150 这一区间划分为首尾相接，间隔 20 元的五个组：50—70；70—90；90—110；110—130；130—150。此中每组上限即下一组下限，一般将组下限包含在本组中，每组用组中值（组中值 =（组上限 + 组下限）÷2）表示，这样，上述五个组就可用 60、80、100、120、140 代表了。

定比变量也属于连续型变量，需要注意的是，对于一项有一定规模的社会调查来说，一般不宜对诸如年龄、收入、时间等定比变量作频数分布表或频率分布表。这是因为,此时的类别往往很多,而每一类别中的个案又比较少,所得结果往往既繁杂又不适用,研究者很难从这两种分布表中得到有关某一变量的清晰、简明的描述。对这样一类变量，我们通常进行下面两种变量的分析。

(2) 集中趋势分析

集中趋势分析指的是用一个典型值或代表值来反映一组数据的一般水平；或者说反映这组数据向这个典型值集中的情况。最常见的集中趋势分析包括计算众数和中位数、平均数（也称为均值）。

1) 众数（众值），用 M_0 表示

在数量庞杂数值中，呈现次数最多的一个数值即是众数，用来归纳反映整体的正常水平。求众数通常分为三种情况：

第一种是从原始数据中直接求众数。如 2、3、5、5、5、6、6、7、9。出现次数最多的是 5，其 $M_0=5$。

第二种是对于单值分组求众数。如青年买房标准（表 5-32）：其中次数最多的为交通便利 93 人次，所以 $M_0=$ 交通便利。

某地区青年买房标准统计表　　　　　表 5-32

标准	离单位近	交通便利	低价优先	居住环境
人数	32	93	88	56

第三种为组距分组资料求众数，一般使用组中值法。如某班级年龄分布（表 5-33）：表中频数最大为 19，对应的区间是 30-34，其组中值是 32，所以，$M_0=32$。

某班级年龄分布统计表　　　　　表 5-33

年龄（岁）	组中值	人数（人）
20-24	22	3
25-29	27	8
30-34	32	19
35-39	37	9
40-44	42	6
45-49	47	7
50-54	52	3
55-59	57	2

2) 中位数，用 M_d 表示

中位数是指按大小顺序排列，处在一群数据中间位置的数值。它把观测总数一分为二，当中一半拥有比它小的变量值，另一半拥有比它大的变量值。因此，中位值是数据序列中位于中间位置的值，即高于此值的有 50% 的考察个案，低于此值的也有 50%。求中位数也分为三种情况：即从原始数据中直接求中位数、单值分组数据资料求中位数以及组距分组资料求中位数。

第一种原始资料求中位数，将数据由小到大排列后，根据公式 M_d 的位置 $=(N+1)/2$，找出中位数的位置，读出中位数。当数据为偶数个时，中位数的位置处于中央两个数值之间，而没有直接对应的数值。此时一般以中间这两个数值的平均数作为中位数。

如 2、3、5、5、6、6、7，M_d 位置＝（7+1）／2=4，故 M_d=5。如前列数据再加一个数字 9，则 M_d 位置＝（8+1）／2=4.5，即第四个与第五个数据的平均值。故 M_d=（5+6）／2=5.5。

第二种关于单值分组数据资料求中位数，首先，将各组的频数（f）向上累加起来，形成累计频数数列（$cf\uparrow$）；其次，求出中位值的位置：(N+1)／2；最终，看所计算出的中央位置最先落入哪一类计频数内，其对应的变量即为中位数（表 5-34）。

某班级年龄分布统计表   表 5-34

年龄（岁）	人数（人）	累计频数
17	30	30
18	80	110
19	190	300
20	90	390
21	60	450
22	70	520
23	30	550
24	20	570
合计	570	

（N+1）÷2=（570+1）÷2=285.5，即中间位置在第 285 个数值与第 286 个数值之间。根据累计频数，可以看出 285.5 对应变量为 19 岁，即 M_d=19。

第三种关于组距分组资料求中位数，先列出累计频数，而后，按一样的方式确定中位数所在的组，最后使用下述公式计算出中位数的值：

$$M_d = L + \left[\frac{\frac{n}{2} - cf\uparrow}{f} \right] w$$

式中　L——中位值所属组的真实下限；

　　　n——全部个案数目；

　　$cf\uparrow$——低于中位值所属组真实下限的累加次数；

　　　f——中位值所属组的次数；

　　　w——中位值所属组的组距。

如某班级学生收入分布统计表（表 5-35）。

求出位于中央位置为（100+1）÷2=50.5，再从累计频数栏中找到中位数所在组为"300-399"这一组，最终，使用以下公式计算：

$$中位数 = 300 + \left[\frac{50 - 20}{40} \right] \times 99 = 374.25$$

3）平均数，用 $\overline{X}$ 表示

在城乡社会综合调查中，平均数是使用得最多的集中量数，它适用于定距变量，但有时也可用于定序变量，如求平均等级。平均数＝全体调查对象的

某班级学生收入分布统计表 表 5-35

收入（元）	学生数（人）	累计频数
100–199	10	10
200–299	10	20
300–399	40	60
400–499	20	80
500–599	20	100
合计	100	

观察值总和／调查对象总数。

平均数的概念是：整体各单元数值之和除以总体单位数量所得之商。在统计分析中，习惯以 $\overline{X}$ 来表示平均数，且包含算术平均数和加权平均数两种。其中算术平均数的公式为 $\overline{X} = \dfrac{\sum X_i}{n}$，加权平均数的公式为 $\overline{X} = \dfrac{\sum XW}{N}$，$W$ 为权数。差别在于算术平均数是已知变量对应频数，而加权平均数是已知变量对应频率，具体应用如下。

第一，原始资料求平均数，采用算术平均数即可。如考察 10 个核心家庭，其后代数为：1、1、1、2、2、2、2、2、3、3。

公式为：$\overline{X} = \dfrac{\sum X_i}{n}$

已知：$n=10$，$\sum X_i = X_1 + X_2 + \cdots + X_n = 1 + 1 + \cdots + 3 = 19$

$$\overline{X} = 19／10 = 1.9$$

第二，对于单值组的数据平均数，若已知频数可按算术平均数法计算，若已知频率，可按加权算术平均数法计算（表 5-36）。

某学校各系缺勤率情况统计表 表 5-36

系级	缺勤率（X）	系级人数（W）
92	4%	50
93	8%	150
94	9%	200
95	3%	35

若求全系的缺勤率，因表中频率为已知，而频数为未知，故需采用加权算术平均数公式计算。

答案为：

$$\frac{4\% \times 50 + 8\% \times 150 + 9\% \times 200 + 3\% \times 35}{50 + 150 + 200 + 35} \approx 7.6\%$$

第三，分组次数资料求平均数。关于分组数值，正常用组中值来代替变量值，而后按加权平均数公式计算平均数（表 5-37）。

某班级学生零用钱分布统计表　　　　表 5-37

收入（元）	人数（人）	组中值
40-59	100	50
60-79	160	70
80-99	250	90
100-119	240	110
120-139	180	130
140-159	70	150
总计	1000	

人均收入 = $(50×100+70×160+90×250+110×240+130×180+150×70)$ / $1000=99$（元）。有必要指出的是，用组中值估算的加权平均数仅仅用原始数据计算的平均数的近似值。由于分组是人为确定的，因此在变量分布不均匀的情况下，不同的分组会有不同的结果。

平均数主要是为了描绘平均水平，它对每一个案例的取值都十分敏锐，在散布中如有少量十分极端的变量值，或在分组数据中，呈现无限前段、无限末端的情形，则无法通过平均数来描述集中趋势，这时用中位数描述变量的集中趋势更有益。

4）众数、中位数和平均数的比较

众数应用范畴在定类变量，在要求大抵平均，正常用众数。其稳定性相对较差，对于出现双峰的数据组，众数很难具有代表性。然而，一些特殊情况非常方便。例如，如果电视台想知道最流行的栏目节目，通过统计可以更方便、更有效。

中位数相对应用较广，但其计算过程中一定要排列次序，所以运用时就受限制。而且最大的缺陷是对一些两端数字不敏感。如 −474、2、18、35、2000，有时两端数字也能够反映出一定的问题，但两端数字对中位数均无影响。

平均数最常用，但也存在一定的问题，在组距分组数据中，若有无限前段和无限末端，即两端的数目不明确的开放端中，不能使用平均数，但可以求中位数。此外，当出现非常极端的变量值，且此变量值存在问题时，平均值会受到很大影响，而中位数不会。

（3）离散趋势分析

集中趋势描述的是变量的一般水平，它用一个值概括出一组数据的共性，但它却无法说明被它概括了的这一组数据间的差异程度，而离中趋势正是用以归纳描述数据间差异水平的统计指标。与集中趋势分析相反，但与其共同反映出资料分布的全面特征。如下面三组数据：

A：78、79、80、81、82　　$\overline{X}=80$；

B：35、78、89、98、100　　$\overline{X}=80$；

C：2、18、25、96、259　　$\overline{X}=80$。

三组数列的平均数为 80，集中趋势相同，但每组数列内的单个数据对中央趋势 80 的离散程度不同。从三组数列中可以直观看出，A 中，离散趋势最小；

B中，各个数值稍呈分离；C中，每个数据分散很大，对集中区属离散程度最大。

因而可知，离散水平表现一组数值的差异情况或离散程度，衡量的是分配的离中趋势。集中趋势的代表性如何，要由离散程度来表明。凡离散程度愈大，集中趋向的代表性愈小（如C）；离散程度愈小，则集中趋向的代表性愈大（如B）。假如一组数据彼此相同，离散程度为0，集中趋势即该数值本身（如A）。集中趋向告诉我们的是怎么去估计与预测整体，而离中趋势则告诉我们这一估计与预测的误差大小，因此，二者是互相补充的。经常使用的离中趋向衡量指标有异众比率、极差、四分位差、方差和标准差。

1）异众比率

异众比率（简写 V_R）经常使用于定类数列，是指非众数的各变量值的总频数在考察总数中的比例。异众比率是对众数的弥补，异众比率越小，阐明众数的代表性越好；反之，异众比率越大，则阐明众数的代表性越差。

公式：
$$V_R = \frac{n - f_m}{n}$$

式中 n——个案总数；

f_m——众值的次数；

$n - f_m$——总的次数减去众值的数目，即非众值的次数（异众次数）。

当 $V \to 1$ 时，表示资料十分分散，众值几乎没有代表性。这也就是说，不属于众值的个案所占的比例越大，就表现出众值的代表性越小，以之作估计或猜测时所犯的问题也就越大。如某校建筑系与土木工程系学生父亲职业统计表（表5-38）。

某校建筑系与土木工程系学生父亲职业统计表　　　　表5-38

父亲职业	建筑系	土木工程系
商人	50	80
工人	90	130
农民	260	240
总数	400	450

对建筑系学生来说：$M_o =$ 农民；

对土木工程系学生来说：$M_o =$ 农民。

他们的集中趋向都是农民，然而，异众比率却不同：

$$V_{R建筑系} = \frac{400 - 260}{400} = 0.35$$

$$V_{R土木工程系} = \frac{450 - 240}{450} = 0.47$$

即 $V_{R土木工程系} > V_{R建筑系}$。

结论：土木工程系学生父亲职业的差异比建筑系学生大。也就是说，用众值来预测土木工程系学生父亲职业把握不大，而用众值预测建筑系，把握较大。所以，V_R 值愈大，表示用众值预测次数分布情况愈不准确，反之，则预测愈准确。

2）极差

极差是顺序和序数尺度上变量离散化程度的度量。它是一组数据中最大值和最小值之间的差值。极差越小表明资料分布越集中。对于上文提到的A、B、C三组数据，即A：78、79、80、81、82；B：35、78、89、98、100；C：2、18、25、96、259。极差分别为A：82-78=4；B：100-35=65；C：259-2=257。

但因为它的值是由端点的差决定的，因此个别远离群体的极值会极大改变极差，以至使它不能真实反映资料的分散程度。

3）四分位差

四分位差（简写 Q）也是对定序及定序以上测量尺度的变量离散程度的度量，它的优点是可以克服极差中极值对测量数据分散程度度量的干扰。

如，以 Q 代表四分位值，以 Q_1 代表第一个四分位差值，Q_3 代表第三个四分位差值（图5-24）。

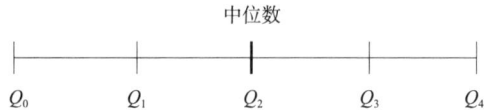

中位数

$$Q_0 \quad Q_1 \quad Q_2 \quad Q_3 \quad Q_4$$

图5-24　中位数分布图

四分位差的公式：$Q=Q_3-Q_1$。其意义是，舍弃资料的最大与最小的四分之一，仅就中间个别的资料测其极差，从而减小受极端极值的影响。

上文讲过中位数的位置为 $\dfrac{n+1}{2}$，即 Q_2 位置 $=\dfrac{n+1}{2}$，故 Q_1 位置 $=\dfrac{n+1}{4}$，Q_3 位置 $=\dfrac{3(n+1)}{4}$。再从位置求出位值。

如，甲乙两列数据：

甲：4，4，5，6，8，9，9，10。（$n=8$）M_d 的位置在第4、5个；

乙：4，5，5，7，7，8，9，9，10。（$n=9$）M_d 的位置在第5个。

$M_{d甲}=$（6+8）/2=7；$M_{d乙}=7$。

甲乙两列数据的极差都是6，说明不了问题，故采用四分位差来处理。由上述公式可得：

甲：Q_1 位置 =2.25，Q_2 位置 =4.5，Q_3 位置 =6.75；

乙：Q_1 位置 =2.25，Q_2 位置 =4.5，Q_3 位置 =7.5。

Q_1 位置 =2.25 的意义在于处于第二个值与第三个值的0.25处，以此类推，故：

甲：Q_1=4+0.25（5-4）=4.25，Q_2=7，Q_3=9+0.75（9-9）=9；四分位差 $Q=Q_3-Q_1$=4.75；

乙：Q_1=5+0.5（5-5）=5，Q_2=7，Q_3=9；四分位差 $Q=Q_3-Q_1$=4。

离散数值越大，表明这一组数值对于集中趋势的分散越大，就会越不集中；离散数值越小，则表明集中趋势分散越小，$Q_甲>Q_乙$，故乙数列分布相对集中一些。

4）方差与标准差

方差与标准差常用于测量定距资料的离散程度，以标准差最为常用，标准差的平方值即为方差。标准差（简写 S），即将各数值（X）与均值（$\overline{X}$）之差的平方和除以全部个案数目（n），而后取其平方根。公式如下：

$$S=\sqrt{\frac{\sum (X-\overline{X})^2}{n}}$$

如青年人小说阅读书目统计表（表 5-39）。

青年人小说阅读书目统计表　　　　　　　　　　表 5-39

书数（本）	f（人）	中心值（本）
2-4	2	3
5-7	4	6
8-10	5	9
11-13	3	12
14-16	2	15
17-19	1	18
总数	17	

根据表中数值，可计算出其均值是 9.4 本。其计算公式如下。

$$\overline{X}=\frac{\sum fx_m}{n}=\frac{159}{17}=9.4，其标准差（S）是 3.99，即 S=\sqrt{\frac{\sum (X-\overline{X})^2}{n}}=3.99。$$

标准差越大，代表离散水平越大；反之，标准差越小，代表离散水平越小。

（4）离散系数

离散系数也称变差系数，它是一种相对的离散量数统计量，它使我们可以对统一整体中不同的离散量数统计量进行比较，或者对不同总体中的同一离散量数统计量进行对比。

离散系数的定义是：标准差与平均数的比值，用百分比表示，记为 CV。其计算公式为

$$CV=\frac{S}{X}\times 100\%$$

如，对广州和武汉两地住户生活质量考察，广州住户平均收入为 6800 元，标准差为 1200 元；武汉住户平均收入为 3600 元，标准差为 800 元。广州住户相互之间在收入上的差异程度，与武汉住户相互之间在收入上的差异程度哪一个更大一些？

广州住户收入的离散系数 $=1200\div 6800\times 100\%=17.6\%$

武汉住户收入的离散系数 $=800\div 3600\times 100\%=22.2\%$

可见比较而言，武汉住户相互之间在收入上的差别水平比广州住户相互之间的差别水平更大一些。

4.1.2 单变量的推论统计

直接获得的也是相关样本的成果。不过，关于抽样调查的目的不是描绘这个样本的情况，而是希冀经过分析这个样本能够了解总体特征和状况。推论统计所要处理地正是这方面问题。所以，推论统计就是使用样品的统计值对整体的参数值进行估量的方式。推论统计的内容重要地包括两个方面：一方面是区间估计，另一方面是假设检验。

(1) 区间估计

区间估计的本质就是在一定的可信度（置信水平）下，用样本统计值的某个范围（置信区间）来"框"住整体的参数值。范围的大小反应的是这类估计的精确性问题，而可信度高低反映的则是这种估计的可靠性或掌握度问题。区间估计的结果往往可以选择下述方式来表述："我们有 95% 的把握以为，全市员工的月工资收入在 1820 元至 2180 元之间。"大概"全省人口中，女性占 50% 至 52% 的可能性为 99%"。

区间估计中的可靠性或把握性是指用某个区间去估计整体参数时，成功的可能性有多大。它能够这样来解释：假如从整体中反复抽样 100 次，约有 95 次所抽样本的统计值的某个区间将包括整体的参数值，则阐明这个区间估计的可靠性为 95%。对于同一总体和同一抽样规模来讲，所给区间的大小与作出这类计算所具备的把握性成正比。即所估量的区间越大，则对这一估计获胜的把握性也越大；反之，则把握性越小。实际上，区间的大小所表现的是估计的准确性问题，两者成反比，即区间越大，准确程度越低；区间越小，精确水平越高。从精确性出发，要求所估量的区间越小越好；从把握性出发，估计间隔越大越好。因此，人们总是需要在这两者之间进行权衡和选择。在城乡社会统计中，经常使用的置信水平分别为 90%、95% 和 99%。在估算中，置信水平常用 $1-\alpha$ 来表示。α 称作显著性[①] 水平，它指的小概率事件的概率值。下面分别介绍整体均值的区间估计和总体百分比的区间估计方法。

1) 整体均值的区间估计

整体均值的区间估计公式为：

$$\overline{X} \pm Z_{(1-a)} \frac{S}{\sqrt{n}}$$

式中 $\overline{X}$——样本平均数；

  S——样本标准差；

  $Z_{(1-a)}$——置信水平是 $1-\alpha$ 所对应的 Z 值；

  n——样本规模。

如，考察某厂职工的工资状况，随机抽取 900 名员工作样本，考察获得他们的月平均工资为 1860 元，标准差为 420 元。求 95% 的置信水平下，全厂职工的月平均工资的置信区间是多少？

解：将考察资料代入整体均值的区间估计公式得

---

① 注：显著性的含义是指两个群体的态度之间的任何差异是由于系统因素而不是偶然性因素的影响。

$$1860 \pm Z_{(1-0.05)} \frac{420}{\sqrt{900}}$$

查 Z 检验表，得

$$Z_{(1-0.05)} = 1.96$$

故，整体均值的置信区间为

$$1860 \pm 1.96 \times \frac{420}{\sqrt{900}}$$

即 1832.56—1887.44 元。

可见随着可靠性的提高，所估计的区间扩大了，这样一来，估计的精确性就相应地降低了。

2）总体百分数的区间估计

总体百分数的区间估计公式为

$$p \pm Z_{(1-a)}$$

式中 p——样本中的百分比。

如，从某工厂随机抽取 400 名员工进行调查，结果表明女工的比例为20%。现在要求在 90% 的置信水平下，估计全厂工人中女工比例的置信区间。

解：代入公式得

$$20\% \pm 1.65 \times \sqrt{\frac{20\%(1-20\%)}{400}}$$

即 16.7%—23.3%。

而当提高置信水平时，比如说 95% 时，置信区间为 16.1%—23.9%。可见跟着置信水平的进步，置信区间进一步扩展，估量的精确性则进一步下降。

（2）假设检验

假设检验问题是推论统计中的另一种范例。首先，必要说明的是，这里的假设不是指抽象层次的理论假设，而是指和抽样技术关联在一起、而且依托抽样调查的数据进行验证的经验层次的假设，即统计假设。

假设检验实际上便是先对整体的某一参数作出假设，而后用样品的统计量去进行验证，以决策假设是否为总体所承受。假设检验所依据的是概率论中的小概率原理，即"小概率事件在一次观察中不可能出现"的原理。然而，假如实际的情形恰巧在一次察看中小概率事件出现了，那该如何察看呢？一种是认为该事件的概率仍然很小，只不过不巧被碰上了；另一种则是怀疑和否定该事件的概率未必很小，即认为该事件本身就不是一种小概率事件，而是一种大概率事件。后一种判别更为合理，它所代表的正是假设检验的基本思想（图5-25）。

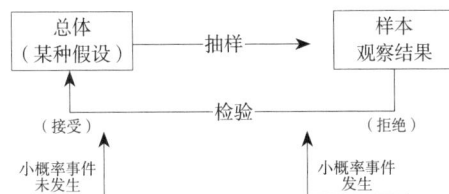

图 5-25　假设检验流程图

举例说明假设检验的基本思路。大学生勤工俭学,上月平均收入为 210 元,这个月的处境与上月没有什么转变,假想平均收入仍旧是 210 元。为了考证这一假设是否可靠,抽取了 100 人作调查,结果得出月平均收入为 220 元,标准差为 15 元。明显,样品的成果与总体结果之间呈现了过错。这个误差是因为假设不对引发的呢?还是因为抽样误差引起的呢?倘若是抽样误差引起的,那么就应该接受原来的假设;而假使是假设错误引发的,就应该否认原假设。研究者经过将原假设作为虚无假设,而将与之彻底对立的假设作为研究假设,而后,用样品的数据估计统计量,并与临界值对比。当统计值的绝对值小于临界值,即 $|Z| < Z_\alpha/2$ 时,则接受虚无假设,否定研究假设;当统计值的绝对值大于或等于临界值。即 $|Z| \geqslant Z_\alpha/2$ 时,则拒绝虚无假设,接受研究假设。

概括起来,假设检验的步骤是:①创建虚无假设和研究假设,通常是将原假设作为虚无假设;②按照必要选择适当的显著性水平 α(即小概率的大小),通常有 $\alpha=0.05$、$\alpha=0.01$ 等;③据样品数据计算出统计值 Z,并依据显著性水平查出对应的临界值 Z_α;④将临界值与统计值进行对比,以断定是接受虚无假设,仍是接受研究假设。

1)总体均值的假设检验

如某大学学生勤工助学上月平均收入为 210 元,本月调查了 100 名学生,平均月收入为 220 元,标准差为 15 元。该大学学生勤工助学本月平均收入与上月相比是否有变化?

解:最初创建虚无假设(用 H_0 表现)和研究假设(用 H_1 表现),即有

$$H_0 : M=210, \quad H_1 : M \neq 210$$

选择显著性水平 $\alpha=0.05$,由 Z 检验表查得 $Z_{(0.05/2)}=1.96$($Z_{(0.05/2)}$ 表示双尾检验)。

然后根据样本数据计算统计值,其公式为

$$Z = \frac{X-M}{SE} = \frac{X-M}{\sigma\sqrt{n}}$$

式中　X——样本均值;

　　　M——总体均值;

$SE = \dfrac{\sigma}{\sqrt{n}}$——标准误差;

　　　σ——总体标准差;

　　　n——样本规模。

因为整体标准差日常未知,于是,当 $n>30$ 时,以样本标准差来代替,即

$$Z = \frac{X-M}{S/\sqrt{n}} = \frac{220-210}{15/\sqrt{100}} = 6.67$$

由于 $Z=6.67 > Z_{(0.05/2)}=1.96$,所以,拒绝虚无假设,接收研究假设。即从总体上说,该大学学生勤工助学月平均收入与上月相比有变化。

2)总体百分数的假设检验

总体百分比假设检验的基本思绪与方式同总体均值的假设检验相雷同,仅

仅是统计量的计算公式不一样。

如，一所大学全体学生中吸烟者的比例为35%，通过研习和戒烟宣传后，随机抽取100名大学生进行调查，结果发现抽烟者为25名。戒烟宣传是否收到了成效？

解：设 H_0：$p_0=0.35$，H_1：$p_0<0.35$

选取显著性水平 $a=0.05$，由 Z 检验表查得 $Z_{0.05}=1.65$（$Z_{0.05}$ 表示单尾检验），依据下列公式计算统计量：

$$Z=\frac{p-p_0}{\sqrt{\dfrac{p_0(1-p_0)}{n}}}=\frac{0.25-0.35}{\sqrt{\dfrac{0.35(1-0.35)}{100}}}=-2.1$$

由于 $|Z|=2.1>Z_{0.05}=1.65$

因此，拒绝虚无假设，接收研究假设。即从总体上说，抽烟宣传收到了成效，抽烟者的比例明显下降。

4.2 双变量分析

4.2.1 变量间的关系

（1）相关关系

1）概念

两变量之间的相关（Correlation）关系指的是当其中一个变量发生变化时（或取值不同时），另一个变量也随之发生变化（取值也不同）。反过来也一样。比如，当我们发现人们的年龄不同时，他们对计划生育的态度也不同；或者说人们在年龄上的取值不同，在对计划生育态度上的取值也不同。此时，我们可以说，"人们的年龄"这一变量与"人们对计划生育的立场"这一变量之间，存在着某种相关关联。类似地，当具有不同文化程度的人对计划生育的态度也不同时，我们则说"人们的文化程度"（变量 X）与"人们对计划生育的态度"（变量 Y）之间存在着相关关系。

2）相关关系的方向

关于定序以上层次的变量来讲，变量与变量之间的关联能够分为正关系与负关系两个倾向。所谓两个变量之间具有正的相关关系，指的是当一个变量的取值增加时，另一个变量的取值也随之增加，反之亦然。或者说，两个变量的取值变化具有同方向性。

比如，当我们调查发现，人们的文化程度（变量 X）越高，他们的收入水平（变量 Y）也越高；反之，那些收入水平越低的人，他的文化程度也越低。这时我们就说，人们的文化程度与人们的收入水平之间存在着正的相关关系。

而两个变量之间具有负的相关关系，则指的是当一个变量的取值增加时，另一个变量的取值反而减少。或者说，两个变量的取值变化具有反方向性。

例如，我们的调查结果可能显示出这样的情况：人们的文化程度越高时，他们所希望生育的子女数目越少；那些希望生育孩子数目越多的人，他们的文化程度越低。此时，我们便说，在人们的文化程度与人们期望生育的子女数目之间，存在着某种负的相关关系。

对于相关关联的方向性还需再次强调：它只限于定序以上层次的变量。因为只有这些变量的取值才有大小、高低或多少之分。而定类层次的变量只有类别之分，因此，它与其他变量相关时不存在正负方向的问题。

3）相关关系的强度

变量与变量之间相关关系的强度指的是它们之间相关关系程度的强弱。这类相关的强弱程度可以用统计的方法进行测量和比较。

变量间相关程度的统计表示是相关系数。依据变量层次的不同，有各种不同的相关系数。然而，这些相关系数的取值范围正常都在 -1 到 $+1$ 之间，或者在 0 与 1 之间。这里的正负号暗示的是相关关系的方向，而实际的数值则暗示相关关系的强弱。相干关系数的值越接近于 0，意味着两变量相关的程度越弱；而相关系数的值越接近于 1（或 -1），则意味着两变量相关的程度越强。

关于相关系数，有两点需要说明。一是对于研究社会现象和人们社会行为的社会调查来说，各种相关系数的值不可能达到 1（或 -1）。这也即是说，在社会研究中不存在完全的正相关或负相关。二是相关系数仅仅用来表示变量间相关程度的量的指标，它不是相关量的等单位度量。因此，我们不能说 0.50 的相关系数是 0.25 相关系数的两倍，只能说相关系数为 0.5 的两个变量之间的关系程度比相关系数为 0.25 的两个变量之间的关系程度更紧密。同样道理，我们也不能说相关系数从 0.60 到 0.70 与从 0.20 到 0.30 增加的程度一样多。

4）相关关系的类型

从变量变化的表现形式上分，可以将相关关系分为直线相关与曲线相关。所谓直线相关，指的是当变量 X 值发生变动时，变量 Y 的值也随之发生大致均等的变动，并且在直角坐标系中，每对 X、Y 的值所对应的点分布狭长，呈直线状趋势。在图 5-26 中，散点图 5-26 (a)、(b)、(c) 都是直线相关的例子，而散点图 5-26 (e)、(f) 则是曲线相关的例子。

相关关系的这种区分有助于我们正确地揭示调查数据所反映的规律。比如，当我们用后面将介绍的回归分析的方法对一组调查数据进行分析，结果发现大学教师的年龄这一变量与他们参加体育活动的频率这一变量之间不存在任何关系。但在实际上，这是由于我们错误地假定了二者之间的关系是直线关系，因而使用了不恰当的统计分析方法的缘故。

回归分析一般用于直线关系，但大学教师的年龄与他们参加体育活动的频率之间的关系却是曲线关系。年青教师参加体育活动很多，随年龄增大，频率逐渐下降；但到了某个年龄段后（比如说退休年龄），可能频率又随年龄增高而增高；到了另一年龄段后，又可能随年龄增高而下降：呈现出散点图 5-26 (f) 的状况。

5）相关关系与散点图

前面介绍中已开始涉及散点图，这里对它稍作说明。散点图只适用于定距以上层次的变量，它是以直角坐标的横轴表示变量 X 的取值变化范围，纵轴表示变量 Y 的取值变化范围，根据每一个案在变量 X 和变量 Y 上的值来确定坐标图中的每一个点。这样，由一组个案所确定的若干个点，就构成描述两变量间关系状况的散点图。图 5-26 是表明各种不同相关关系所对应的散点图。

散点图的重要作用是使我们能对两变量间的关系有一个形象、清晰的印

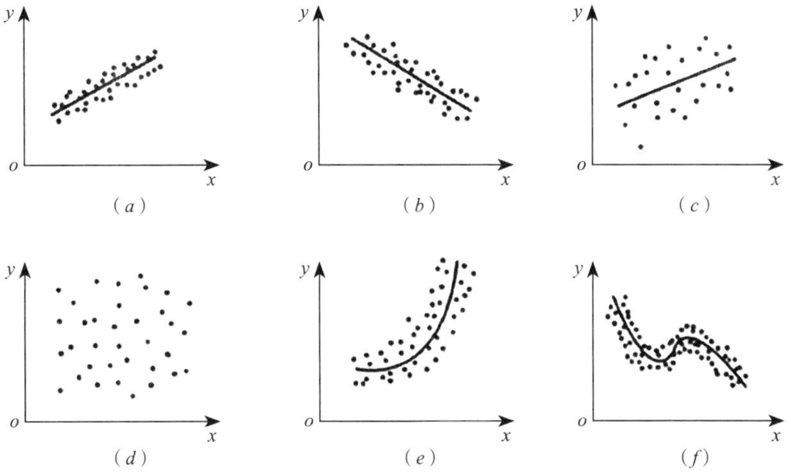

图 5-26　不同相关关系对应的散点图
（a）强正相关；（b）强负相关；（c）弱正相关；（d）零相关；（e）曲线相关；（f）曲线相关

象，是我们在对定距层次以上的变量进行相关分析时的一个重要环节。

（2）因果关系

在剖析两个变量之间的相关关系时，除要注意其相关的方向和强度以外，还可进一步注重这两个变量之间是不是存在着某种因果关系。因为因果关系比相关关系更重要，它有助于我们解释社会现象产生和变化的内在机制。我们甚至能够说，探索社会现象相互之间的因果关系，才是我们开展城乡社会研究的意义。

1）两变量之间的因果关系，指的是当此中一个变量变化时（取不同的值时）会引起另一个变量也随之产生变化（取值也不同）；但反过来，当后一变量变化时，却不会引发前一变量的变化。在这种情况下，我们称变化产生在前边，并且能引起另一变量发生变化的那个变量为自变量（一般用 X 表示）；而称变化发生在后边并且这种变化是前边变量的变化所引起的那个变量为因变量（一般用 Y 表示）。举一个自然现象中的因果关系的简单例子。水的形态由于温度的不同而发生变化。当温度低于 0℃ 时，水变成固态（冰）；当温度高于 0℃ 而低于 100℃ 时，水变成液态；而当温度上升到 100℃ 以上时，水就变为气态（水蒸气）。我们说，温度是引起水的样式改变的原因，二者之间存在着因果关系。

2）因果关系的三个条件。前面说过，热点现象之间的因果关系往往是城乡社会综合调查人员探寻的主要目标。那么如何判断两变量之间是否存在因果关系呢？当我们从调查资料中发现社区居民对社区的满意程度与居民之间交流的时间有关时，我们能不能就下结论说，社区居民对社区满意程度的高低，是导致居民相互之间交流时间长短的原因呢？

事实上，并不是全部存在着相关关系的变量之间，都一定存在着因果关系。相关关系与因果关系有一定的联系，但二者并不是一回事。假如变量 X 与变量 Y 之间存在因果关系，那么它们之间一定存在相关关系。反之，如果两个变量之间存在相关关系，它们之间未必就存在因果关系。要得出"变量 X 是变量 Y 的缘由"的结论，必须同时满足以下三个条件。

第一，变量 X 与变量 Y 之间存在着不对称的相关联系。即当变量 X 发生变化时，变量 Y 也一定随之发生变化；但当变量 Y 发生变化时，变量 X 其实不随之发生变化。这种不对称的相关关系，可以说是因果关系成立的基础。比如，当调查资料表明家长的职业与子女的升学意愿存在相关时，我们更有可能相信前者是后者的原因。因为家长的职业不同时，对子女的影响和期望不同，因而导致子女的升学意愿也不同；但反过来，儿女的升学愿望正常是不可能引发家长的职业产生变化的。

第二，变量 X 与变量 Y 在发生的顺序上有先后之别。即先有原因变量（自变量）的变化，后有结果变量（因变量）的变化。如果两个变量的变化同时发生，分不出先后，则不能成为因果关系。比如前述夫妻对婚姻满意程度与夫妻交流时间多少的例子中，我们并不能肯定夫妻对婚姻满意程度的提高发生在交流时间增加之前，很可能的一种情况是，夫妻交流时间的增加导致了夫妻对婚姻满意程度的提高。

第三，变量 X 与变量 Y 的关系不是同源于第三个变量的影响，即变量 X 与变量 Y 之间的关系不是某种表面的关系。举例来说，当我们调查发现住房的拥挤程度与夫妻间的冲突成正比时，我们不能就下结论说，住房拥挤是导致夫妻冲突的原因。因为这两个变量之间的关系可能是由于另一个变量——家庭经济水平所导致的。即家庭经济水平低既使得家庭的住房拥挤，又使得夫妻间的矛盾增多。如果没有家庭经济这个变量的影响，住房拥挤与夫妻冲突是不相关的。

4.2.2 交互分类法

变量有四种不同的层次，不同层次的变量适用于不同的统计分析方式。在讨论两个变量之间的关系时，情形依然如此。特别是，因为城乡社会综合调查中大量的变量都是定类或定序档次的变量，因而有关定类和定序层次的变量之间的关连问题自然就显得分外重要。在这一节里，我们着重探讨一种专门用来分析两个定类变量（或一个定类、一个定序变量）之间关系的方法，这就是交互分类。

（1）交互分类的意义与作用

所谓交互分类（Cross Classification），便是将考察所得的一组数据依据两个不同的变量进行综合的分类。交互分类的结果每每以交互分类表的方式反映出来。表 5-40 便是交互分类表的一个例子。

某次调查样本的构成情况统计表（人）   表 5-40

性别	年龄			合计
	青年	中年	老年	
男	70	60	50	180
女	50	40	30	120
合计	120	100	80	300

表 5-40 是对整数为 300 人的考查样本按年龄和性别两个变量进行交互分类的结果。样本中的每一个对象都被归入由这两个标准所划分出来的六个类别之一中。从这种交互分类表中，我们不仅可以知道样本中男性、女性各有多少，

或者青年、中年、老年各有多少,同时还可以进一步知道男性青年、男性中年……女性老年各有多少。

从这个例子中,很容易理解交互分类的第一个作用,这是对样本资料的分布状况和内在结构的更深入的描述。但交互分类的更重要的功用则是可以对变量之间的关系进行剖析和解释。为了说明这一点,我们举一个简单的例子。假设在一次抽样调查中,得到表 5-41 所示的结果。

人们对某政策的态度统计表比例（%）　　　　　　　　表 5-41

调查人数	赞成	反对	不表态
2000	45	45	10

从这一结果中,我们只可以获得"该整体中持赞同立场和持反对立场的人大约相等"的论断。但是,当我们按性别对此结果进行交叉分类统计时,却得出了表 5-42 的结果。

不同性别人们对某政策的态度统计表比例（%）　　　　表 5-42

	调查人数	赞成	反对	不表态
男	1000	85	10	5
女	1000	5	80	15

这一结果清楚地表明:不同性别的人们对这一政策的态度是非常不同的,男性倾向于赞成,而女性则倾向于反对。这一结果就更深入、更科学地反映出客观现实。同样,我们可以对年龄与态度、职业与态度、文化程度与态度等作出多种交叉分类表,以分别研究不同年龄、职业、文化程度的态度。

再来看表 5-43 的例子。假设调查了解 500 名工人的工资收入情况。

500 名工人的工资收入情况　　　　　　　　　　表 5-43

工资收入水平	人数	比例（%）
高	50	10
中	250	50
低	200	40
合计	500	100

根据 500 名工人的工资收入情况（表 5-43）,可以知道工人工资收入的总体分布状况。同时,可以通过计算工资收入的平均值或中位值来概括工人工资收入的总体水平。然而,我们不知道为何工人的工资收入这样散布。如今,我们引进另外一个变量,比如说文化程度,对上述资料举行交互分类,看看能有什么新的发现（表 5-44）。

500 名工人的文化程度与工资收入交互分类表（人）　　表 5—44

工资收入水平	文化程度			合计
	本科及以上	大专	高中及以下	
高	26	18	6	50
中	14	202	34	250
低	5	55	140	200
合计	45	275	180	500

虽然在上述交互分类表（表 5—44）中，我们已能够大概地看出少许分布的趋向和特色，但因为样本中成员在文化程度变量的不同值上的分布频数互不雷同（分别为 45、275、180），因而难以进行比较和分析。为此，我们将表 5—44 转化为按"文化程度"这一变量方向计算的百分比表，结果见表 5—45。

500 名工人的文化程度与工资收入交互分类表比例（%）　　表 5—45

工资收入水平	文化程度			合计
	本科及以上	大专	高中及以下	
高	58	7	3	10
中	31	73	19	50
低	11	20	78	40
合计（n/人）	100（45）	100（275）	100（180）	100（500）

转化后，很容易对不同文化水平的工人的收入情况进行比较，这就是交互分类表的第二个作用，即分组对比。同时，这也是我们分析变量间关系的基础。从表 5—45 中可知，在全部 500 名工人中，工资收入较高的仅仅只有 10%，但在文化程度较高的人中，却有 58% 是高工资收入；500 人中，低工资收入的比例为 40%，而在文化程度低的工人中低工资收入的比例却达到了 78%。相比之下，文化程度高的工人中的低收入者只占 11%，远远低于低文化程度工人中的比例。

通过将表 5—45 中每一横行中的百分比进行相互比较，我们不难看出文化程度与工资收入水平之间的关系，这就是：文化程度不同的工人，其工资收入水平也不同。总的趋势是文化程度越高的工人中，工资收入水平高的比例越大；而文化程度越低的工人中，工资收入水平低的比例越大。这就是一个正的相关关系。

总之，交互分类表既可以用来对整体的散布情况和内在布局进行描述，又可以用来进行分组对比，还能用来解释变量之间的联系。只需要记住，交互分类表中适用的变量是定类变量和定序变量。

（2）交互分类表的形式要求

要正确地使用交互分类表来进行统计分析，就需要掌握准确的表达形式，制表时，最好能采用下列标准（表 5—46）。

表 5—47 是一个 3×2 表的例子。其中，我们把年龄看作自变量，而把对提前退休的态度看作因变量。

交互分类表的形式要求 表 5-46

序号	交互分类表标准
1	每个表的顶部必须要有一个表号和标题。表号的作用是明确指示,以便于阅读或讨论,减少混乱;而表的标题则囊括表中数据的内容和意义
2	表格中的线条一定要规范、简练,不提倡用竖线。一般不会引起误解或混乱,线条越少越好
3	表中的百分比标记符号有两种简洁处理的方式:一种是在表顶端的右角,也就是标题的终点处,标上一个"(%)"的符号,另一种方法是在表中每一纵栏数值的头上(也即是上方变量的每个取值下面,比如表 5-47 中的文化程度变量三个值)写上一个"%",这样就可省去在表中每一个数值后都标上一个"%"的麻烦
4	在表的下端用括号标出每一纵栏所对应的频数,以指示每一栏百分比所具有的基础(即个案数的多少),同时也可供读者据此计算每一类别中的个案数量
5	表内的百分比每每保留一位小数,好比 35.6、42.9 等;对于那些整数形式的百分比或四舍五入后成为整数形式的百分比,仍要写出小数点后的 0,比如 21.0、73.0 等,以表示全部百分比的计算都是以保留一位小数为准则,同时也使得整个表内的数值具有一致性
6	关于交互分类的两个变量的设置,一般是将自变量放在上层,而将因变量放在表的左侧,表中百分比的计算方向一般情况下是按自变量的方向,即纵栏的方向
7	交互分类的两个变量的变量值应有所制约,尤其是不能同时具备多个变量值。不然,交互分类表中的百分数就会太多,令人迷乱,反而不易看出两变量间是否存在联系。比如当变量 X 有 4 个变量值,而变量 Y 有 5 个变量值时,交互分类表中就会出现 $4 \times 5 = 20$ 个百分比。一般的解决办法是将有些变量值进行归并,以减小交互分类表的规模

年龄与对提前退休的态度之间的关系比例(%) 表 5-47

对提前退休的态度	年龄		
	青年	中年	老年
赞成	72	55	25
反对	28	45	75
(n/ 人)	(200)	(280)	(120)

(3) χ^2 检验

为了便于剖析变量间的关系,一般是选用相对频数即百分比的方式列出交互分类表。如此,既能够很直观地对比某一变量的不同类别在另一变量上的分布情况,也可以从中推断二者之间的关连。

比如,从表 5-47 中,我们可以清楚地看出青年赞成提前退休的比例大大高于老年的比例,而老年反对提前退休的比例则大大高于青年的比例。从这一结果,一方面我们可以得出"青年人比老年人更趋向于实行提前退休的制度"的结论;另一方面,我们也可以得出"人们的年龄与对提前退休的态度有关"的结论。

可是有必要指出的是,上述论断每每只是在所考查的样本范围内建立,而我们进行考察的目标常常又不仅仅是描述或阐明样本的处境,更重要的是要通过样本的情况来反映和说明整体的情况。因此,要保证样本的结果具有统计意义,保证样本中所体现的变量间关系也能反映整体的情况,就必须对它们进行 χ^2 检验(读做卡方检验)。

χ^2 检验的原理及下面所用计算公式的证明都比较复杂,这里暂且略去。我们只对 χ^2 检验的计算公式及检验步骤进行说明。χ^2 的计算公式为

$$\chi^2 = \sum \frac{(f_0 - f_e)^2}{f_e}$$

式中　f_0——交互分类表中每一格的考察频数；

f_e——交互分类表中 f_0 所对应的期望频数。

为了计算 χ^2，首先应先计算出每一格 f_0 所对应的 f_e（即期望频数），详细的计算方法是：用每个 f_0 所在的行总数乘以它所在的列总数，再除以全体个案数。下面我们用年龄与对提前退休的态度的资料为例进行说明。首先，我们将表还原成频数形式的交互分类表（表5-48）。

年龄与态度之间的交互分类表（人）　　　　　　表5-48

态度	年龄			合计
	青年	中年	老年	
赞成	144	154	30	328
反对	56	126	90	272
合计	200	280	120	600

表5-48中 f_{11} 的观察频数为144，其行总数为328，列总数为200，因此按前面所述的方法计算出 $f_{11} \approx 109$，同理，可以计算出 f_{12}、f_{13}、f_{21}、f_{22}、f_{23}，代入 χ^2 的计算公式，便 $\chi^2 = \sum \frac{(f_0 - f_e)^2}{f_e} = 68.36$，知道了 χ^2 的计算方法，χ^2 检验的具体步骤，以表5-48为例。

最初，创建两变量间无关系的假设，即设年龄与对提前退休的态度两变量互相独立，互不相干。然后计算出 χ^2 值。再根据自由度 $df = (r-1)(c-1)$ 和给出的显著性水平，即 p 值，查 χ^2 分布表，得到一临界值。自由度计算公式中的 r 和 c 分别为交互分类表的行数和列数，因此，本例的自由度为 $df = (2-1)(3-1) = 2$。假定给出的显著性水平为 $P=0.05$，由 χ^2 分布表可查得临界值为5.991。

将计算出的 χ^2 值与查得的临界值进行对比，倘若 χ^2 值大于或等于临界值，则称差异显著，并拒绝两变量独立的假定，也即承认两变量间有关系；若 χ^2 值小于临界值，则称差异不显著，并接受两变量独立的假设，即两变量间无关系。在本例中，由于 $\chi^2 = 68.36 > 5.991$，所以我们可以否定年龄与对提前退休的态度之间无关系的假设，得出在总体中二者有关系的结论。

总之，关于交互分类来讲，χ^2 检验发挥着两种作用：一是对两变量的相关关系是不是存在进行审查，此时 χ^2 检验又称作独立性检验（即两变量是相互独立，还是彼此相关）；二是对较小规模的样本资料进行差异的显著性检验，即核对交互分类表中所出现的分布差异究竟是由于随机抽样的误差所引发，还是由于总体中的分布状况所招致。关于这一点，我们可用下面的例子来说明。

考察某地区中学生的升学意愿，得到表5-49所示的结果。

如果仅仅从交互分类表中的百分比来看，我们也许会得到这样的结论：两类中学生之间在是否想考大学这方面存在明显差别，城市中学生想考大学的比例明显高于农村中学生的比例（二者之间的差别达到了13%左右）。但是，如

某地区两类学生的升学意愿分布比例（%）　　　表 5-49

升学意愿	城市中学生	农村中学生
想考大学	78.6	65.9
不想考大学	21.4	34.1
（n/人）	（309）	（44）

果用这一结果来反映总体的情况，那么就会歪曲现实。实际上，表中所反映的只是样本的情况，样本结果中所表现出的差异能不能代表总体中的情况，还得经过统计检验。下面我们对上述结果进行 χ^2 检验。通过计算，得出数据的 χ^2 值为 3.692，小于显著度为 0.05 的临界值 3.841。所以，我们可以得出结论说：在表 5-49 中所表现出来的两类中学生之间的差异，是由于抽样的随机误差造成的，它在总体中并不存在。我们也可以说，总体中两类中学生之间在是否想考大学这方面不存在明显差别。

χ^2 检验也有其弱点。这主要是由于 χ^2 值的大小不仅与数据的分布有关，同时它还与样本的规模有关。当样本足够大时，一些很小的分布差异也可以通过 χ^2 检验达到显著性水平。

从以下三个交互分类表（表 5-50）中，我们可以明白这一道理。

表 5-50（1）与表 5-50（2）的样本规模相同，且比较小，均为 100 人，其中男女各为 50 人，因此，只有变量分布的差异较大时（表 5-50（1）中相差 20%），才可能通过 χ^2 检验，达到显著性水平（$p<0.05$）；而当变量分布差异较小时，则不行。但是表 5-50（3）与表 5-50（2）的百分比分布并没有改变，但样本规模扩大了 5 倍，其中男女各 250 人，导致 χ^2 值也扩大了 5 倍，结果通过了 χ^2

性别与态度间的关系比例（%）　　　表 5-50

态度	男	女
赞成	60	40
反对	40	60
n=100	$\chi^2=4$	$P<0.05$

（1）

态度	男	女
赞成	56	44
反对	44	56
n=100	$\chi^2=1.44$	$P>0.05$

（2）

态度	男	女
赞成	56	44
反对	44	56
n=500	$\chi^2=7.2$	$P<0.05$

（3）

检验，而且达到了较高的显著性水平（$p<0.01$）。这说明，对于大样本来说，确定不同组别之间的差异"是否具有显著性"，并没有多大的意义。因为它会十分容易地通过 χ^2 检验，十分容易地达到 0.05、0.01 甚至 0.001 的显著性水平。此时更重要的问题是："不同组别间的差异本身有多大？" 即究竟是 2% 的差异，还是 20% 的差异。同样的，当调查样本的规模很大时，确定变量之间存在着"有显著性"的关系并无很大意义，更重要的问题倒是："如果变量之间存在着关系，其强度有多大？" 这也即是提示我们要去计算两个变量之间的相关系数。

（4）关系强度的测量

前方我们重点讨论的是交互分类表中两个变量间是不是存在关系的问题。当 χ^2 检验表明两变量间存在关系时，是否就意味着这种关系是一种强关系，或重要关系呢？这不一定，因为变量关系的强弱和变量间是否存在关系是两个彻底不同的题目。

也许有人会用显著性水平的高低来判断或估计变量间关系的强弱。比如，如果一个 χ^2 检验的显著性水平是 0.001，另一个是 0.05，我们可能会得出第一个 χ^2 检验中的变量关系较强的结论。但情况并非如此，尽管不同的显著性水平代表着不同的临界值（在同一自由度下，显著性水平越高，则临界值也越大），但它们所代表的只是确定变量间存在关系的可信程度。即把第一个检验中的变量关系与第二个检验中的变量关系相比较，我们更相信前者的存在，而它并不说明第一个关系比第二个关系更强。

下面我们介绍几种常见的与交互分类相关的变量间关系强度的测量方法，它们中有些与 χ^2 有一定关联。

1）ϕ 系数。当交互分类表为 2×2 表（即两行两列）时，可用 ϕ 系数测量变量关系的强度。ϕ 系数的计算公式为

$$\phi=\frac{ad-bc}{\sqrt{(a+b)(c+d)(a+c)(d+b)}}$$

其中，a、b、c、d 分别为 2×2 表中的四个格值（表 5-51）。

ϕ 的取值在 0-1 之间，越接近 1，说明关系强度越大。现以表 5-52 的资料为例来计算 ϕ。
带入公式得：

2×2 表中的四个格值 　　　　　　　　　　表 5-51

	X_1	X_2
Y_1	a	b
Y_2	c	d

学生对学分制态度统计表数量（个） 　　　　　　　　　　表 5-52

	男生	女生	合计
赞成	120	15	135
反对	30	35	65
合计	150	50	200

$$\phi = \frac{120 \times 35 - 30 \times 15}{\sqrt{(120+15)(30+35)(120+30)(15+35)}} = 0.46$$

说明性别与对学分制态度间的关系较强。

对于 $r \times c$ 交互分类表（r、c 可大于 2），ϕ 系数可用下列公式表示：

$$\phi = \sqrt{\frac{\chi^2}{n}}$$

2）V 系数。由于 ϕ 系数除了在 2×2 表中可控制在 $[-1, +1]$ 外，当 $r \times c$ 表的格数增多后，价值将增大，因而此时的 ϕ 值是没有上限的，这样系数间就缺乏比较。为此人们又作了进一步改进，出现了其他几种以 χ^2 为基础的关系强度系数公式。其中的 V 系数公式为

$$V = \sqrt{\frac{\phi^2}{\min[(r-1),(c-1)]}}$$

式中的分母表示以 $(r-1)$ 和 $(c-1)$ 中较小者作为除数。

例如，以表 5-48 中的数据来计算 V 系数可得

$$V = \sqrt{\frac{\phi^2}{\min[(2-1),(3-1)]}}$$

$$= \sqrt{\frac{\chi^2/n}{1}}$$

$$= \sqrt{\frac{\chi^2}{n}}$$

$$= \sqrt{\frac{68.36}{600}}$$

$$\approx 0.338$$

说明年龄与态度之间存在着较强的关系。

3）C 系数（列联系数）。C 系数也是一种与 χ^2 有关的相关系数，其计算公式为

$$C = \sqrt{\frac{\chi^2}{\chi^2+n}}$$

以表"年龄与态度之间的交互分类表（人）"（表 5-48）中的数据来计算 C 系数，可得 $C=0.32$。

当两变量不相关（即完全独立）时，C 达到下限且等于 0。但 C 的上限却与表的行数和列数有关，且不管怎样也达不到 1。部分交互分类表 C 值的上限见表 5-53。

所以，在采用 C 系数时，要用表 5-53 进行修正，比如对 2×3 表计算出的 C 系数，要除以其上限值 0.685，所得到的新的 C 值才能阐明两变量实际的相关程度。因此，前述表 5-48 "年龄与态度之间的交互分类表（人）"数据的 C 值 0.32 经过修正后得出 $C=0.47$。

C 系数有一个突出的优点，就是它不受样本规模大小的影响。这样，它就可以为我们解决前述由于样本规模增大而使原来不显著的差异变为显著差异、

部分交互分类表 C 值的上限　　　　　　　　　表 5—53

表规模	C 值上限	表规模	C 值上限	表规模	C 值上限
2×2	0.707	3×5	0.810	5×7	0.915
2×3	0.685	3×6	0.824	6×6	0.913
2×4	0.730	3×7	0.833	6×7	0.930
2×5	0.753	4×4	0.866	7×7	0.926
2×6	0.765	4×5	0.863	7×8	0.947
2×7	0.774	4×6	0.877	8×8	0.935
2×8	0.779	4×7	0.888	8×9	0.957
3×3	0.816	5×5	0.894	9×9	0.943
3×4	0.786	5×6	0.904	10×10	0.949

使原来相互独立的变量变为互相不独立的变量的问题，提示出变量之间的真正关系的密切程度如何。比如，对表 5—50 "性别与态度间的关系比例（%）"中表 5—50（2）和表 5—50（3）的数据分别计算 C 值，得到下列结果：

对于表 5—50 "性别与态度间的关系比例（%）"（2），有

$$C = \sqrt{\frac{1.44}{1.44 + 100}} \approx 0.119$$

对于表 5—50 "性别与态度间的关系比例（%）"（3），有

$$C = \sqrt{\frac{7.2}{7.2 + 500}} \approx 0.119$$

由此可见，虽然两表中的 χ^2 值不同，但变量间的真正相关性是相同的，实际上相关并不显著，或者说两变量之间只有微弱的相关。因此，当 χ^2 达到显著程度且样本规模又非常大时，最好参照一下 C 值的大小，如果 C 值也相对较大，我们才能下两变量明显相关（或不独立）的结论。

4）λ 系数。λ 系数优于前述几种相关统计量的地方，是它具有消减误差比例（Proportionate Reduction in Error，简称 PRE）的意义。我们了解变量 X 的值去预测与它相关的变量 Y 的值所存在的总误差（E_2），明显比我们不知道 X 的值去预测 Y 的值时所存在的误差（E_1）要小。所谓消减误差比例，指的便是知道 X 的值来预测 Y 值时所减少的误差（$E_1 - E_2$）与总误差的比。用公式表示即是

$$PRE = \frac{E_1 - E_2}{E_1}$$

PRE 越大，表明以 X 值去预测出 Y 值时能够减少的误差所占的比例越大，换句话说，X 与 Y 之间就越是相关，或者说，X 与 Y 的关系越强。比如说，$PRE = 0.70$，表示以 X 预测 Y 时能减少 70% 的误差，说明二者之间的相关程度较高；而 $PRE = 0.09$，则表明只能消减 9% 的误差，即 X 与 Y 之间的关系微弱。

λ 系数的基本特点是以众值作为预测的准则。其计算公式为

$$\lambda = \frac{\Sigma f_Y - F_Y}{n - F_Y}$$

式中　f_Y——变量 X 的每一个值之下变量 Y 的众值；

　　　F_Y——变量 Y 的边际分布中的众值。

下面以表5-54中的资料为例，来说明 λ 的计算方法。

根据 λ 计算公式，有：

$$\lambda = \frac{\Sigma f_Y - F_Y}{n - F_Y} = \frac{(96+62)-114}{200-114} = 0.51$$

性别与吸烟态度的交互分类数量（个）　　　　　表5-54

态度 Y	性别 X		合计 F_Y
	男	女	
赞同	96	18	114
反对	24	62	86
合计	120	80	200

因此，我们可以说，性别与对吸烟态度之间存在中等程度的相关。也可以说，用性别去预测对吸烟的态度，比仅用对吸烟态度自身的资料（即边际分布的众值114）去预测对吸烟的态度，可以减少51%的误差。

λ 系数的优点是具有 PRE 意义，但其缺点是仅利用众值资料。当表中的众值都集中在同一行时，λ 系数就会等于零（表5-55）。

根据 λ 计算公式，有：

$$\lambda = \frac{(96+48)-114}{200-114} = 0$$

性别与吸烟的态度交互分类数量（个）　　　　　表5-55

态度 Y	性别 X		合计 F_Y
	男	女	
赞同	96	48	144
反对	24	32	56
合计	120	80	200

在这种情况下，我们可采用Tau-y系数（简记为 τ_y）来进行测量。τ_y 系数属于不对称相关测量法，即要求 X 是自变量，Y 是因变量。它的数值也介于0与1之间，同样具有消减误差比例的意义。其计算公式为

$$\tau_y = \frac{\Sigma\Sigma \dfrac{f_{ji}^2}{F_i} - \dfrac{\Sigma F_j^2}{n}}{n - \dfrac{\Sigma F_j^2}{n}}$$

式中　i——X 变量值；

　　　j——Y 变量值；

　　　F_i——X 变量的边缘次数；

　　　F_j——Y 变量的边缘次数；

　　　f_{ji}——X 第 i 列与 Y 第 j 行交叉项的频数；

　　　n——个案数目。

以表 5-55 的数据为例，可计算 τ_y 系数如下：

$$\sum\sum \frac{f_{ji}^2}{F_i} = \frac{96^2}{120} + \frac{24^2}{120} + \frac{48^2}{80} + \frac{32^2}{80} = 123.2$$

$$\frac{\sum F_j^2}{n} = \frac{144^2 + 56^2}{200} = 119.36$$

$$n - \frac{\sum F_j^2}{n} = 200 - 119.36 = 80.64$$

$$\tau_y = \frac{123.2 - 119.36}{80.64} = 0.048$$

结果说明性别与对吸烟的态度之间相关程度十分微弱。

4.2.3　相关测量与检验

相关测量法，便是以一个统计值暗示变项与变项之间的关联。这个值一般称为相关系数。

（1）相关系数

相关系数用 r 表示，是二列变量间相关程度的数字表现形式。

求 r 的条件是：变量是定距—定距，定比—定比，定比—定距。Σ $(X，Y)$ 是线性的，非方向性的。

当我们选择容量为 n 的随机样本，并对样本的每一个个体作两方面观察以后，我们就得到 n 对观测资料。

例如，现代学校一般保持着每一个学生的身体、心理、教育各方面特征的记录。这些记录可能是年龄、身高、体重、各科成绩、智力、兴趣或其他性格等。如果我们把标志着每一学生的任何两个特征的数量一对一对地抽出来，便得到几对观测资料。如我们取每人的身高和体重，也可取语文成绩和数学成绩对这两个成绩进行考察。同样，我们对于小麦块的样本，可以测度每一地块的产量及其降雨毫米数。或者对于老鼠的样本，可以测度每只老鼠自上次喂食以来的时间及其通过另一端放有食物迷宫的时间。

所有这些情况均有某些共同点——随机样本的每一个体均有两种可以测度的有意义的属性。我们用 X 表示第一种属性的测度值，用 Y 表示第二种属性的测度值。那么，第一个个体的观测资料是 $(X_1，Y_1)$，第二个的观测资料是 $(X_2，Y_2)$ 等，从而随机样本由 n 对观测资料 $(X_1，Y_1)$、$(X_2，Y_2)$、……$(X_n，Y_n)$ 组成。

（2）相关系数的计算

我们知道表现相关程度的数字，称为相关系数（Correlation Coefficient）。而这个数字应有个计算公式，以便应用。20 世纪初，英国的统计学家皮尔逊(Kad Pearson) 创立了计算相关系数的公式，因而称之为 Pearsonian 系数。

即：

$$r = \frac{\Sigma (X - \bar{X})(Y - \bar{Y})}{\sqrt{[\Sigma (X - \bar{X})^2][\Sigma (Y - \bar{Y})^2]}}$$

这是定义公式，在计算时较为繁杂。在实用上，为求简便，我们有一个计算公式：

即：
$$r=\frac{N\Sigma XY-\Sigma X\Sigma Y}{\sqrt{[N\Sigma X^2-(\Sigma X)^2][N\Sigma Y^2-(\Sigma Y)^2]}}$$

当未归类的原数目量不太大时，可直接用原数目求相关系数，这是此公式的好处。在标准台式计算器上，一次连续运算中获得如下五个总数往往是可能的，即 ΣX、ΣY、ΣX^2、ΣY^2、ΣXY。故而也便于借助电子计算机来运算。

例如，假定从某城市 40-50 岁全工作日就业总体中抽选一随机样本，并记载每人的受教育年限（X）和以 10 元为单位的日收入（Y）。而且假定 12 个人的随机样本有下列资料：

我们以表 5-56 中数据用计算公式来计算样本相关系数。

12 个人的受教育年限和以 10 元为单位的日收入数据计算表（一）　表 5-56

	X	Y	X^2	X^2	XY
	10	6	100	36	60
	7	4	49	16	28
	12	7	144	49	84
	12	8	144	64	96
	9	10	81	100	90
	16	7	256	49	112
	12	10	144	100	120
	18	15	324	225	270
	8	5	64	25	40
	12	6	144	36	72
	14	11	196	121	154
	16	13	256	169	208
Σ	146	102	1902	990	1334

我们把需要获得这些总数的计算都展现在表 5-56 中。现在我们得到 $\Sigma X=146$，$\Sigma Y=102$，$\Sigma X^2=1902$，$\Sigma Y^2=990$，$\Sigma XY=1334$。代入公式：

$$r=\frac{12\times1334-146\times102}{\sqrt{[12\times1902-(146)^2][12\times990-(102)^2]}}\approx0.748$$

以上列表求出五个总数。我们使用 CADIOf$_x$-120 或 CASIOf$_x$-140 计算器，可分别将 X 及 Y 的原始数据输入，直接在机器的表度盘上显示出 ΣX^2、ΣX、n、X、n、$n-1$ 等数值，取其中 ΣX^2、ΣX、ΣY、ΣY^2，然后再求出 ΣXY 即可。

以上计算也可用假定平均数进行计算。

从上例运算可知，即使原数目很小，运算起来也是数目越算越大，十分麻烦。如果我们用在原数中每个数都减去一个假定平均数的办法，可以使数目化小，方便计算。这个假定平均数不必是真实平均数，只需估计一下即可。其计算公式为：

即：
$$r=\frac{N\Sigma X'Y'-\Sigma X'\Sigma Y'}{\sqrt{[N\Sigma X'^2-(\Sigma X')^2][N\Sigma Y'^2-(\Sigma Y')^2]}}$$

我们仍以表 5-56 数据为例子。假设 X 的均值为 12，则得到 $X'_1=10-12=-2$，$X'_3=12-12=0$……假设 Y 的均值为 10，则得到 $Y'_1=6-10=-4$，$Y'_3=7-10=-3$……

如表 5-57 所示，受教育年限（X）和以 10 元为单位的日收入（Y）。而且假定 12 个人的随机样本有下列资料：

代入公式：

$$r=\frac{12\times90-2\times(-18)}{\sqrt{[12\times126-2^2][12\times150-(-18)^2]}}\approx0.748$$

12 个人的受教育年限和以 10 元为单位的日收入数据计算表（二）　　表 5-57

X	Y	X'	Y'	X'²	Y'²	X'Y'
10	6	−2	−4	4	16	8
7	4	−5	−6	25	36	30
12	7	0	−3	0	9	0
12	8	0	−2	0	4	0
9	10	−3	0	9	0	0
16	7	4	−3	16	9	−12
12	10	0	0	0	0	0
18	15	6	5	36	25	30
8	5	−4	−5	16	25	20
12	6	0	−4	0	16	0
14	11	2	1	4	1	2
16	13	4	3	16	9	12
Σ		2	−18	126	150	90

（3）相关系数的解释

1）事物的质与量的辩证关系对于相关计算的意义。

在计算两个变量的相关系数之前，首先要考虑两个变量的质的联系，考察质变和量变的关系。换句话说，相关系数的计算，不单纯是量的问题，更重要的是质的问题。只有两个客观事物有质的联系才能对于它们的质所反映的量（或量的表现）进行相关系数的计算。应该认识到，事物的量是该事物一定质的量，离开一定质，只是抽象的量，不代表任何事物。对于没有质的联系的事物进行相关系数的计算，将导致荒谬的论断。

2）充分注意样本 N 的大小。

相关系数多大才算高相关，多大只是低相关或无相关。有人认为算出：$r=0.70$、$r=0.97$ 就是高相关了，而算出 $r=0.31$、$r=0.28$ 就是低相关。这些结论是轻率的。我们还必须注意到 N 的大小。相关系数的计算需要 N 的个数不能小于 30，若小于 30，可能出现失去意义的事。从公式如 $r=\Sigma XY/N\sigma\times\sigma Y$ 可知，r 与 N 有不可忽略的关系。如计算结果，$r=0.31$，其材料来源中 $N=105$，则此相关系数不可忽略，但如果 $N=3$，则计算的相关系数没有意义。

鉴于以上情况，只看相关系数的大小，而不视 N 的多少，说 $r=0.70$ 以上是高相关，0.30 以下是低相关是片面的。

4.2.4 简单直线回归

(1)"回归"的概念

相关系数是测度 X 和 Y 两个变量之间相关程度的，但它不能告诉我们这种关系是什么（即这两个变量关系的形式如何）。而为了从另一个变量的值预测一个变量的值,常常要求确定两变量的关系求出表示 Y 和 X 之间关系的方程。

回归的计算就是以一个变量为自变量，另一个变量为因变量，而测度其两个变量有关系的形式的过程。

可见，一个因变量随着一个自变量而变化，两个变量之间的关系可以用方程式表示出来，这样可以从自变量的值推算或估计与之相对应的因变量的值，这种推算式的求得称之为回归。直线回归是最简单的一种。

回归与相关的区别是：相关表示两变量间的相互关系，是双方向的，而回归只表示两变量随 X 而变化，关系是单方向的；相关是表示联系的程度，而回归则表达了联系的形式。

当然，回归和相关又是有关联的。当我们说 X 与 Y 的相关为 0，就是说两者毫无关系。这时，知道了 X（或 Y）变量，就无法预测 Y（或 X）变量。相关愈大，就愈可以从其中一个变量较正确地预测另外一个变量。

(2)计算式

根据数学推导（最小二乘法）所得的公式如下。

$$y'=bx+a$$

式中

$$b=\frac{N\Sigma XY-\Sigma X\Sigma Y}{N\Sigma X^2-(\Sigma X)^2}$$

$$a=\frac{\Sigma Y-b\Sigma X}{N}$$

y'——预测的 y 值；

x——x 的数值；

b——斜率，即回归系数；

a——常数 = 截距（$x=0$，$y'=a$）。

b 的特点：

1）$b=0$，x 对 y 就没有影响。b 愈大，x 对 y 的影响就愈大。

2）$b=+$，表示 x 增大，y 也增大，正向影响。

3）$b=-$，表示 x 增大，y 却减少，负向影响。

这里我们利用 10 个学生的高中和大学成绩为例来进行回归计算。

假定有下列资料（表 5-58）。

把高中成绩作为自变量，把大学成绩作为因变量。

把以上各式代入，先求出 b：

$$b=\frac{10(97.74)-(33.0)(29.0)}{10(111.70)-(33.0)}=0.7286$$

再求出 a：

$$a=\frac{29.0-(0.7286)(33.0)}{10}\approx 0.4956$$

10 个学生的高中和大学成绩　　　　　　表 5-58

学生	高中 x	大学 y	X_y	X^2
A	4.0	3.8	15.20	16.00
B	3.7	2.7	9.99	13.69
C	2.2	2.3	5.06	4.84
D	3.8	3.2	12.16	14.44
E	3.8	3.5	12.30	14.44
F	2.8	2.4	6.72	7.84
G	3.0	2.6	7.80	9.00
H	3.4	3.0	10.30	11.56
I	3.3	2.7	8.91	10.89
J	3.0	2.8	8.40	9.00
Σ	33.0	29.0	97.74	111.70

得出 a 和 b 的值，就可以写出直线回归方程

$$y'=0.4956+0.7286x$$

利用这个回归线方程，我们可以预测：其他学生的大学成绩的期望值也都可以按这个 $y'=0.4956+0.7286x$ ——计算出来，有的与实际成绩十分接近。

如学生 D 的成绩（预测大学时）：

$$y'_{3.8}=0.4956+0.7286（3.8）=3.264$$

而 D 的实际大学成绩为 3.2，就十分接近。

（3）关于根据回归线进行外测的问题

我们可以根据回归方程进行预测，但一般只限于回归方程式计算范围之内，例如，前例回归方程计算范围是从高中成绩 2.2 到 4.0，在这样的范围内可以测 $y_{3.0}$、$y_{2.5}$、$y_{3.5}$ 等，但不能超出 2.2-4.0 范围之外。在这个 2.2-4.0 范围内测算可以叫作内推，在范围之外的预测叫作外测。

由于客观事物的变化受各种条件的影响，事物的发展并不是单位数量的变化，因此，根据数量而预测事物的发展变化也只能在一定的限度之内进行。这就是说，只能做内推，而外测往往是值得考虑的。这也是哲学上度的问题。度是质与量的统一，质是有一定量的质，而量则是一定质的量。在作内推时，是在一定度之内的推测；在作外测时，则不一定在原来的度的范围内推测，很可能超出原来度的范围。

4.2.5　E^2 测量法

相关比率可用于：自变量为定类或定序而依变量为定距的两变量之相关测量。

即 $x \to y$

定类→定距；

定序→定距。

同时对于定距——定距变量是非直线关系，曲线关系的也可用这种方法。因而 E^2 测量法其用途是比较大的。

要注意的一点是，E^2 的统计值，无正负之分，只告诉我们两者之相关。当然也具有消减误差比例的意义。

通过数学推算，可得到其运算公式：

$$E^2 = \frac{\sum N_i \bar{y_i}^2 - N\bar{y}^2}{\sum y^2 - N\bar{y}^2}$$

式中　N_i——分组个案数；

　　　$\bar{y_i}$——分组 y 均值；

　　　N——全部个案数；

　　　$\bar{y}$——全部 y 的均值；

　　　$\sum y^2$——所有 y 值平方之和。

例如，有一个调查结果：我们研究 18 个学生的家庭背景（定类变量）对学生成绩水平（定距变量）的影响（表 5–59），可用相关比率。

学生家庭背景与学生成绩水平相关表　　　表 5–59

	家庭背景		
	农	工	商
平均成绩（$\bar{y}$）	60	45	75
	48	67	72
	72	72	78
	80	71	80
	70	69	80
		65	68
			38
N	5	6	7
$\sum y_i$	330	389	491

$$N=18 \quad \bar{y}=67.2 \quad \sum y^2=83874$$

$$E^2 = \frac{5\ (66.0)^2 + 6\ (64.8)^2 + 7\ (70.1)^2 - 18\ (67.2)^2}{83874 - 18\ (67.2)^2} = 0.034$$

$E^2=0.034$，说明影响不大。

4.3　多变量分析

4.3.1　详析分析

(1) 变量间的关系

统计调查的变量分析最早是由法国社会学家涂尔干（图 5–27）运用到社会研究中来的。之后，经斯多弗、拉扎斯菲尔德[1]、罗森伯格等人的发展与完善，形成了一套较系统的统计调查的资料分析模式——详细模式等。

变量间的关系是多种多样的，有两个变量间的关系和多个变量间的关系。在很多情况下，多个变量间的关系可以用数个两变量间的关系进行描述。因此，

———————————

[1]　李沛良.社会研究中的统计分析 [M].武汉：湖北人民出版社，1987：196–198.

图5-27 法国社会学家涂尔干 [①]

两变量间关系的研究是社会研究中最重要的内容之一。就两个变量而言，它们之间可能是有关系的，也可能是没有关系的。

两个从统计上看似无关或弱相关的变量，实际上可能的确无关；但是，也可能是有关联的，使两个变量真实关系不能表现出来通常是由于第三个变量的影响，它抑制、取消或削弱了这一真实关系。这种使变量间真实关系隐而不彰或减弱的变量叫做抑制变量。两变量之间这种统计上无关而实际上相关的情况称为虚假无关。而两个从统计上看具有相关关系的变量，他们之间的真实关系有下列三种可能的情况：①实际上无关；②实际上相关；③实际上具有因果关系。

统计相关的不同类型如下。

1) 统计相关而实际上无关

这种关系称为对称关系或虚假相关，即从统计上看有关系的两个变量实质上相互独立、互不影响，并无有意义的联系。对称关系用符号表示就是：$X—Y$。

两变量对称关系的发生有时纯属巧合，例如某地区乌鸦的数目与小孩的出生数之间表现出某种关系，即乌鸦多的村子小孩出生数目也较高，乌鸦少的村子小孩出生数目也较少。乌鸦数目与小孩出生数目的这种关系显然纯属巧合，两者间并无内在的联系。有时，两变量对称关系的产生是因为这两个变量是同一原因的结果。例如，我们发现家庭不稳定性与社会偏见同时增加，统计上也是相关的，但实质上两者都是社会流动增加的结果，彼此间并无影响。

2) 统计相关、实际也相关

两变量的这种关系称为相互关系。所谓相互关系是指统计上相关的两变量实质上也是有关系的，这种关系是一种交互影响的关系。在这种关系中，两个变量相互作用、相互加强。例如，投资与利润的关系：利润多的公司会增加其投资，而新的投资又增加了利润，这又造成再投资。这种关系用符号表示就是 $X \leftrightarrow Y$。

3) 实际的因果关系

因果关系是变量分析中所探讨的最重要的课题。社会研究中所说的因果关系是指在两个变量中，一个变量的变化伴有另一变量的变化，即一个变量影响另一变量，但反过来不成立。抽烟与肺癌的关系就是一个因果关系，抽烟可以导致肺癌，但反过来肺癌不会导致抽烟。

在因果关系中，能够影响其他变量发生变化的变量称为自变量；依赖于其他变量，但其本身不能影响其他变量的称为因变量，这也是通常我们希望解释说明的变量。因果关系用符号表示就是：$X \rightarrow Y$。

---

① 注：埃米尔·杜尔凯姆（法语：Émile Durkheim，1858年4月15日—1917年11月15日），又译为迪尔凯姆、杜尔凯姆、涂尔干、杜尔干等，法国犹太裔社会学家、人类学家，法国首位社会学教授，《社会学年鉴》创刊人。与卡尔·马克思及马克斯·韦伯并列为社会学的三大奠基人，主要著作是《自杀论》及《社会分工论》等。

判断因果关系中哪个为自变量，哪个为因变量的一般原则有两个：①时间的先后；②变量的不变性与可变性。在社会研究中常将一些具有固定性、持久性的变量作为自变量，如性别、年龄、民族等。还有一些重要的变量，它们只具有相对持久性，如社会地位、居住地及社会阶级等就属于这种类型的变量。这类变量比行为、态度等变量更为固定持久，因而往往被当作自变量。因此，在决定两个变量中哪个为自变量、哪个为因变量时，不变性只是一个相对的概念。

（2）详析模式

1）两变量的交互分类

两个变量在统计上相关与否与实际上是否存在内在的关系并不一定完全一致，对变量之间的关系和联系程度进行精确的因果分析，以判别关系的真伪、回答这种关系为什么会产生以及说明这种关系存在的条件。

2）引入检验因素

检验两个变量间关系的最重要、最系统的办法是引入第三个变量。然后检查引入第三个变量后自变量与因变量原有关系的变化情况，由此澄清与深化对原有关系的认识，并揭示两变量的真实关系。这种引入第三变量对两变量关系进行检验，以解释或确定变量间关系的过程叫作分析的详析化，被引入的变量叫作检验因素或控制变量。

详析模式可以分为三种类型：因果分析、阐明分析和条件分析。因果分析的目标，是检定被看作自变量的 x 与被看作因变量的 y 之间是否确实存在着因果关系。它通常是引进若干前置变量（第三变量），以判明 x 与 y 之间的因果关系是否为虚假的，即两者的关系是否为前置变量影响的结果。香港中文大学李沛良教授曾列举了一个很有意义的因果分析的例子。

假定我们研究住户的拥挤程度对夫妻间冲突的影响，调查得到下列资料（表 5-60）。

住户拥挤对夫妻冲突的影响 [①]　　　　　　　　　表 5-60

夫妻冲突	住户拥挤程度	
	高	低
高	63.8	41.6
低	36.2	58.4
（n）	（599）	（401）

$G=+0.423$　　$Z=5.233$，$P<0.05$（一端检定）

我们不能简单地依据表 5-60 的结果就说"住户的拥挤程度是导致夫妻冲突的原因"，因为或许还有其他的因素与这两个变量都相关且这两个变量同时受到其他变量的影响。比如，家庭的经济水平就可能是引起这两者的第三因素。因为家庭经济条件差，不仅会导致住房拥挤，还会导致家庭成员间的矛盾增多。为了判明住户拥挤程度与夫妻冲突之间关系的真假，就需要引进和控制家庭经

① 李沛良. 社会研究中的统计分析 [M]. 武汉：湖北人民出版社，1987：196-198.

济水平这一变量。我们将家庭经济水平分为高、中、低三组，在每一组中再来看两个变量之间的关系、假定此时得到表 5-61 的结果。

控制家庭经济水平后住户拥挤程度对夫妻冲突的影响（%）　　表 5-61

夫妻冲突	经济水平高		经济水平中		经济水平低	
	拥挤程度		拥挤程度		拥挤程度	
	高	低	高	低	高	低
高	61.4	62.2	81.0	80.7	10.6	9.6
低	38.6	37.8	19.0	19.3	89.4	90.4
（n）	（220）	（90）	（224）	（85）	（197）	（114）

$G=-0.018$　　　　　　$G=+0.018$　　　　　　$G=+0.052$

$Z=0.099$（不显著）　　$Z=0.040$（不显著）　　$Z=0.171$（不显著）

从表 5-61 的结果可知，在每个经济水平组内，住户的拥挤程度与夫妻冲突间的关系都非常微弱，且都没有达到 0.05 的显著度，可以说都没有关系。因此，我们可以下结论说：住户的拥挤程度与夫妻间冲突的因果关系是虚假的，这两个变量的相关实际上是由家庭经济水平的不同而导致的。

阐明分析的目标则是探讨因果关系的作用方式或作用途径。即当变量 x 与变量 y 相关时，通过引进并控制第三变量，以判明自变量 x 是否"通过"第三变量而对因变量 y 产生影响的。

条件分析所关注的则是原关系在不同条件下是否会有所不同。如果我们控制了第三变量，发现两个变量之间的关系在各种不同的条件下（即第三变量的各种不同取值中）依然存在，且大体相同，则表示变量 x 与变量 y 之间的关系具有某种普遍性。反之，如果控制第三变量后，发现在不同的条件下，两者之间的关系不同，那么，则表示变量 x 与变量 y 之间的关系具有一定的条件性。

4.3.2　净相关和复相关

我们在前面介绍了对两个定距变量的线性相关和回归分析，这里则讨论对两个以上变量的多元相关与多元回归分析。

（1）偏相关

偏相关或称净相关，是指对第三变量加以控制之后，或者说，消除了其他变量的影响后两个变量之间的线性相关。偏相关的计算以线性相关系数为基础，其公式为：

$$r_{xy\cdot 1}=\frac{r_{xy}-(r_{x1})(r_{y1})}{\sqrt{[1-(r_{x1})^2][1-(r_{y1})^2]}}$$

偏相关系数的含义是，用第三个变量分别消解对 x 和 y 的影响之后，测量两个变量间的"偏关系"。根据控制变量的个数，可将偏相关分为一阶偏相关、二阶偏相关、三阶偏相关等。而两变量的线性相关实际是偏相关的一个特例，由此可称为零阶偏相关。偏相关分析所要求的变量也为定距变量，偏相关系数的取值在 −1 到 +1 之间。

偏相关与详析模式的分表法有相似的分析思路，都是利用统计控制消除其他变量的影响，以揭示两变量统计关系的真伪。只是详析模式适用于分析定类变量，而偏相关适用于分析定距变量。其具体分析程序是：

第一步，先计算 x 与 y 的线性相关系数 r_{xy}。

第二步，引入检验变量1，并计算 x 与 y 的偏相关系数 $r_{xy\cdot 1}$。

第三步，对 $r_{xy\cdot 1}$ 和 r_{xy} 进行比较，若 $r_{xy\cdot 1}=r_{xy}$，说明 x 与 y 的关系不受控制变量的影响；若 $r_{xy\cdot 1}=0$，说明 x 与 y 的关系完全由控制变量引起；若 $r_{xy\cdot 1}\neq 0$，且 $r_{xy\cdot 1}<r_{xy}$，说明 x 与 y 间的关系是部分由控制变量引起的。

（2）复相关

与偏相关不同，复相关不是关注对控制变量因素作用的分析，而是用一个统计值来测量多个变量对一个变量的共同作用。这一统计值叫做复相关系数，用解 $r_{x\cdot xxx}$ 表示，其下标的点前面的是被作用变量的名称，点后面的是作用变量的个数与名称。复相关系数的值在0到1之间，其平方值称为决定系数，具有消减误差比例的含义。

复相关（Multiple Correlation）是以一个统计值简化多个自变量（X_1、X_2……X_a）与一个依变量（Y）的关系的统计方法，可表示为：

$$\left.\begin{array}{c} X_1 \\ X_2 \\ \cdots \\ X_a \end{array}\right\} \longrightarrow Y$$

复相关是以积距术相关 r 为基础，统计值 r 的值域是（0，1），只表示相关的强弱，不表示相关的方向，因为各自变量对依变量的影响的方向可能是不同的，不可能求得共同的影响方向。相关的平方位 r^2 称为决定系数（Coefficient of Determination），具有消减误差比例的意义。$1-r^2$ 是剩余误差，通常称为疏离系数（Coefficient of Alienation）。

为了形象地表达复相关系数的基本逻辑，我们用下面的三环图图5-28表示两个自变量让 X_1 和 X_2 与 Y 的相关：

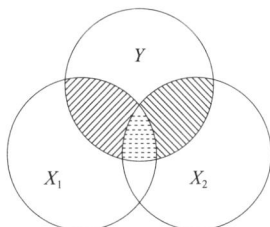

图5-28　三环图

在图5-28中三个圆分别代表 Y、X_1 和 X_2，整个圆代表当不知 X_1 和 X_2 时，仅用 Y 本身的平均值预测每个个案的 Y 值时全部的误差。当我们用 X_1 来预测 Y 时，所消减的误差比例是 r^2_{y1}，即斜线阴影部分。当我们再引进 X_2 来预测 Y 时，由于 X_2 消减的误差中有一部分，即一个圆相交的斜线阴影部分已被 X_1 所消减。因此，要控制 X_1 的影响才求得引进 X_2 后能增加多少被消减的误差，用部分净相关可求得此结果，此结果以 $r^2_{y(2.1)}$ 代表。在图中便是麻点阴影部分。因此 X_1 和 X_2 共同消减的误差是：

$$r_y^2.12 = r_{y1}^2 + r_y^2 \ (2.1)$$

$r_y^2.12$：负相关系数的平方值，即 X_1 与 X_2 共同消减的误差；

r_{y1}^2：X_1 与 Y 的相关系数的平方值；

$r_y^2 (2.1)$：控制 X_1 后 X_2 和 Y 的部分净相关系的平方值。

如果想避免计算部分净相关系数，可将上面的公式变换为：

$$r_y^2.12 = r_{y1}^2 + r_y^2 \ (2.1) \ (1-r_{y1}^2)$$

$$r_y^2.12 = \frac{r_{y1}^2 + r_y^2 + 2 \ (r_{y1}) \ (r_{y2}) \ (r_{12})}{1-r_{12}^2}$$

$r_y^2.12$：复相关系数的平方值；

r_{y1}：X_1 与 Y 的相关系数；

r_{y2}：X_2 与 Y 的相关系数；

r_{12}：X_1 与 X_2 的相关系数。

如果要分析三个自变量对 Y 的共同影响：

$$\left.\begin{array}{c} X_1 \\ X_2 \\ X_3 \end{array}\right\} \longrightarrow Y$$

公式是：

$$r_y^2.123 = r_y^2 \ (2.1) \ + r_y^2 \ (3.12) \ = r_y^2.12 + r_y^2 \ (3.12) \ - \ (1-r_y^2.12)$$

如果要分析四个变量对 Y 的影响：

$$\left.\begin{array}{c} X_1 \\ X_2 \\ X_3 \\ X_4 \end{array}\right\} \longrightarrow Y$$

公式是：

$$r_y^2.1234 = r_{y1}^2 + r_y^2 \ (2.1) \ + r_y^2 \ (4.123) \ = r_y^2.123 + r_y^2 4.123 \ (1-r_y^2.123)$$

用于计算复相关的数据资料原则上必须满足两个前提条件：第一是各自变量与依变量的关系在分布上呈直线；第二是严格而言，复相关以下将要介绍的多元回归和因素分析的每个项目或变量都应该是定距或以上测量层次，但是社会学研究中定距变量毕竟是少数，大量的变量都是定类或定序的。对于定序变量，如果希望采取复相关、多元回归等较为深入的统计方法，可以将之变为虚构变量。但是，这样做颇为麻烦。因此，一些社会学研究者宁愿将定序变量当作定距变量来分析（李沛良，1987）。尤其是当变量是由多个定序的项目相加而成时，等级增多了，比单个项目的定序较为接近定距变量。将定序变量当作定距变量分析在一定程度上有损统计的精确性，但是为了能使用较为细致、深入的统计方法。这样做有时还是可取的。

4.4 多元回归分析

复相关测量两个以上的自变量与一个依变量的总相关。但是不能以各个个案的两个以上的自变量估计或预测一个依变的数值，同时也无法比较哪个自变量对依变量的影响力较强。在介绍了如何运用简单直线回归分析以一个自变量预测一个依变的数值。以简单直线回归为基础发展的多因直线回归分析（Multiple Llinear Regression Analysis）则可以解决上述复相关不能解决的两个问题，多因直线回归分析可表示为：

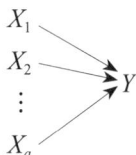

$$X_1$$
$$X_2$$
$$\vdots \quad Y$$
$$X_a$$

我们曾介绍简单直线回归方程：

$$Y'=bX+a$$

简单直线回归方程经标准化后成为直线回归方程：

$$\hat{Y}'=b\hat{X}$$

相应的，分析多个自变量对一个依变量的影响的多因直线回归方程多是：

$$\hat{Y}'=b_1X_1+b_2X_2+\cdots+b_2X_2+a_n$$

a_n 表示 n 个自变量的回归方程式的截距，b 是净回归系数，反映控制其他变量后，某个 X 变量对 Y 的影响力，与简单直线回归一样，多元直线回归方程式也是根据最小平方准则建立的。可以根据若干个自变量 X 值估计或预测依变量 Y 值。但是由于各自变量的单位不同。各 b 值的值域不固定，无法根据其大小比较各个自变量 X 对 Y 的影响力。如果要作比较，必须标准化，将每个个案自变量和依变量的数值都转为标准值。用标准值建立标准多元直线回归方程式（Standarized Multiple Linear Regression Equation）：

$$\hat{Y}'=\beta_1\hat{X}_1+\beta_2\hat{X}_2+\cdots+\beta_n\hat{X}_n$$

经过标准化，各 X 值和 Y 值的平均值都等于零，因此标准多元直线回归方程中的截距 α 等于零，方程中的 β 是标准净回归系数。其值域是 $[-1, 1]$，可反映 X 对 Y 的影响力和方向，比较各 β 便可知道 X 对 Y 的相对影响力。

那么如何计算多元直线回归方程呢？

首先介绍两个自变量的分析，其模型是：

$$X_1 \searrow$$
$$ \to Y$$
$$X_2 \nearrow$$

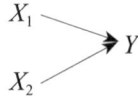

多元直线回归方程的公式是：

$$Y' = b_1 X_1 + b_2 X_2 + a_2$$

标准多元直线回归方程的公式是：

$$\hat{Y}' = \beta_1 \hat{X}_1 + \beta_2 \hat{X}_2$$

β 的计算是从下列公式推导出来的：

$$r_{y1} = \sum \beta_n T_{ni}$$

i 是指自变量 X，n 是自变量的数目，当只有两个自变量 X_1、X_2 时：

$$r_{y1} = \beta_1 r_{11} + \beta_2 r_{21}$$

$$r_{y2} = \beta_1 r_{12} + \beta_2 r_{22}$$

r_{11} 是 X_1 自身的相关，r_{22} 是 X_2 自身的相关，因此肯定等于 1。同时由于相关系数 r 是对称相关，所以 X_2 与 X_1 的相关和 X_1 与 X_2 的相关是相同的。因此：

$$r_{y1} = \beta_1 + \beta_2 r_{12} \tag{1}$$

$$r_{y1} = \beta_2 + \beta_1 r_{12} \tag{2}$$

$$\beta_1 = r_{y1} - \beta_2 r_{12} \tag{3}$$

$$\beta_2 = r_{y2} - \beta_1 r_{12} \tag{4}$$

将（3）式带入（2）式：

$$r_{y2} = (r_{y1} - \beta_2 r_{12})\, r_{12} + \beta_2$$
$$= r_{y1}\, r_{12} - \beta_2 r_{12}^2 + \beta_2 \tag{5}$$

$$r_{y2} - r_{y1} r_{12} = \beta_2\, (1 - r_{12}^2)$$

$$\beta_2 = \frac{r_{y2} - r_{y1} r_{12}}{1 - r_{12}^2} \tag{6}$$

将（6）式带入（3）式：

$$\beta_1 = r_{y1} - \left(\frac{r_{y2} - r_{y1} r_{12}}{1 - r_{12}^2} \right) r_{12}$$
$$= r_{y1} - \left(\frac{r_{y2} r_{12} - r_{y1} r_{12}^2}{1 - r_{12}^2} \right) r_{12}$$
$$= \frac{(r_{y1} - r_{y1} r_{12}^2) - (r_{y2} r_{12} - r_{y1} r_{12}^2)}{1 - r_{12}^2}$$
$$= \frac{r_{y1} - r_{y2} r_{12}}{1 - r_{12}^2}$$

因此，

$$\beta_1 = \frac{r_{y1} - r_{y2} r_{12}}{1 - r_{12}^2}$$

$$\beta_2 = \frac{r_{y2} - r_{y1} r_{12}}{1 - r_{12}^2}$$

式中　r_{y1}——X_1 与 Y 的相关系数；

　　　r_{y2}——X_2 与 Y 的相关系数；

　　　r_{12}——X_1 与 X_2 的相关系数。

我们曾介绍过 b 和 β 是可以相互转换的。根据 β_1 和 β_2 可求 b_1 和 b_2：

$$b_1=\beta_1\left(\frac{s_y}{s_1}\right)$$

$$b_2=\beta_2\left(\frac{s_y}{s_2}\right)$$

式中　s_y——Y 的标准差；

　　　s_1——X_1 的标准差；

　　　s_2——X_2 的标准差。

根据 b_1、b_2 和各变量的平均值可求 a_2：

$$a_2=\bar{Y}-b_1X_1-b_2X_2$$

如果研究三个自变量 X 对依变量 Y 的影响。其模型是：

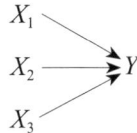

多元回归直线方程的公式是：

$$Y'=b_1X_1+b_2X_2+b_3X_3+a_3$$

标准多元回归直线方程的公式是：

$$\hat{Y}=\beta_1\hat{X}_1+\beta_2\hat{X}_2-\beta_3\hat{X}_3$$

当只有两个自变量 X_1、X_2 时，求 β_1、β_2 的公式推导已经介绍过，当有三个自变量 X_1、X_2、X_3 时，β_1、β_2、β_3 推导的道理是相同的。

因为：$r_{y1}=\sum\beta_n r_{ni}$

所以，当有 3 个自变量 X_1、X_2、X_3 时，

$$r_{y1}=\beta_1 r_{11}+\beta_2 r_{21}+\beta_3 r_{31}$$

$$r_{y2}=\beta_1 r_{12}+\beta_2 r_{22}+\beta_3 r_{32}$$

$$r_{y3}=\beta_1 r_{13}+\beta_2 r_{23}+\beta_3 r_{33}$$

由于自身的相关低于 1，并且截距相关是对称的，$r_{12}=r_{21}$，因此上述方程组可简化为：

$$r_{y1}=\beta_1+\beta_2 r_{21}+\beta_3 r_{31}$$

$$r_{y2}=\beta_1 r_{12}+\beta_2+\beta_3 r_{32}$$

$$r_{y3}=\beta_1 r_{13}+\beta_2 r_{23}+\beta_3$$

其实根据上面的这组公式，只要求得由 4 个变量组合的相关，不必像前面介绍的两自变量的 β 计算时作 β 的公式推导，直接将各相关关系数代入上面的方程组，便可解出 β_1、β_2 和 β_3，根据 β 和 b 的关系，又可求得 b_1、b_2 和 b_3 的值：

$$b_1 = \beta_1 \left(\frac{s_y}{s_1} \right)$$

$$b_2 = \beta_2 \left(\frac{s_y}{s_2} \right)$$

$$b_3 = \beta_3 \left(\frac{s_y}{s_3} \right)$$

求得 b_1、b_2 和 b_3，便可计算截距：

$$a_3 = \bar{Y} - b_1 \bar{X}_1 - b_2 \bar{X}_2 - b_3 \bar{X}_3$$

多元直线回归必须注意下列三个问题：

第一，直线关系。多元直线回归要各自变量和依变量的关系是直线的，如果发现资料中自变量与依变量的关系显曲线状态，解决的办法有两个：一是将变量转换为对数、倒数或方根等；二是采用多项式回归分析。

第二，统计累赘。如果要比较三个以上的自变量对依变量的相对影响力，即比较 β_1、β_2 和 β_3 的大小时，必须注意统计累赘的问题，β 代表控制其他变量后其相应的自变量对依变量的相对影响力。例如 $\beta_1 = \beta_{y(1,2,3)}$ 代表控制了 X_1 和 X_2 后，X_2 对 y 的影响力。如果其中的两个自变量，如 X_1 和 X_2 之间的关系特别强，在互相控制后使各自的影响 β_1 和 β_2 显得微弱，而其他变量 X_3 的影响 β_3 便会显得比 β_1 和 β_2 强。但是，可能实际上 X_1 和 X_2 对 Y 的影响力比 X_3 大，这便是统计累赘的问题。为了避免统计累赘的问题，在选择自变量时不要引进互相之间相关强的变量。同时也不要随便引进不很重要的自变量。

第三，统计互动。统计互动是指两个或两个以上的自变量共处时可能会产生一种不同于它们各自的效果之和的互动效果。

5 SPSS 软件运用

随着科技的发展，在社会调查研究的数据整理方面，电子计算机的产生使得社会调查研究中的数据分析变得更加便捷性、准确性与省时性。本书采用 SPSS 中文版作为统计分析的工具，对该软件的概念、主要窗口以及主要功能作出简单的叙述，以供读者了解。

5.1 SPSS 在社会调查研究中的应用

（1）SPSS 软件应用的主要作用

SPSS 软件对统计分析的作用主要体现为：第一，它能使复杂的定量分析得以实现。在手工操作的条件下，只能进行一些最简单的数据处理；较复杂的数据处理，如回归分析、聚类分析、因子分析等，手工方式就无能为力。而现代的社会调查，定量分析越来越趋复杂化，规模也越来越大，这只有在运用电子计算机技术的条件下才能实现。第二，它能极大地提高统计分析的效率。电子计算机处理数据的效率是手工方式所无法比拟的。据我们对使用电子计算机和人工计算这两种方法对数量相同的用一种问卷所做的数据处理效率的比较，即使是最简单资料的频数分布的计算，使用电脑也要比手工操作至少快十倍以上。越是复杂、规模越大的数据处理，则计算机处理的效率越是明显。第三，它能极大地提高统计分析的精确度。由于计算机处理数据都有经过精心设计的严格的程序，所以使用计算机处理数据能达到极高的精度。只要在使用过程中严格按照规定的程序执行，一般都能得到准确无误的统计结果。这在人工方式的条件下是难以做到的。

当然 SPSS 软件在社会调查中的上述作用也是相对的。它作为数据处理的工具是十分有效的，但它并不能对事物本身的性质作出判断。它并不能代替定性分析和人的思维加工。在调查研究过程中，只有将定性分析和思维加工与计算机的运用有机地结合起来，才能真正提高调查研究的效率和质量。

（2）SPSS 软件应用的部分要求

SPSS 软件在调查研究中的运用会对社会研究的过程产生很大的影响。这种影响不仅体现在运用 SPSS 软件进行统计分析方面，而且体现在城乡社会综合研究的整个过程中。SPSS 软件在社会研究中的运用对城乡社会综合研究过程的各个环节提出了一些新要求。

第一，必须制定完整的指标和指标体系。SPSS 软件作为一种数据处理的工具，它不可能处理那些抽象的概念。所以在城乡社会综合调查的设计阶段，必须将那些反映事物和现象的抽象概念转化为可进行测量的经验性指标和指标体系。因此，在使用计算机的条件下，调查指标的设计就成为必不可少的关键工作。

第二，一般应采用问卷调查法。在具体收集材料的过程中，一般应使用问卷或类似问卷的调查表，而且问卷与调查表的设计应采取闭合式问题和先编码的形式。使用问卷和设计编码的形式可以将调查资料标准化与数字化，从而适宜计算机处理。

第三，与以问卷收集资料的形式相适应，调查方式主要是抽样调查。因为只有抽样调查，才能取得足够数量的数据资料，才能使对数据资料的处理具有统计学上的意义，从而才能使计算机的运用成为必要并且显示出它的优越性。

（3）SPSS 软件应用的一般步骤

SPSS 软件在社会研究过程中的实际运用，主要体现在资料的统计分析方面。

用计算机进行数据处理的第一步，是在计算机进入了统计程序的资料输入准备状态以后，将调查中所收集到的原始资料输入计算机。输入的内容只能是各种资料的数字代码。如，在某份问卷的性别一栏中选择了"①男，②女"，于是就在计算机中输入代号"1"或"2"即可。输入的形式，必须将各份问卷的同一个资料的数字代码置于同一个纵行内，上下必须对齐。根据上述要求，将所有的资料都输入计算机，存入计算机的存储器内，等待调用。

第二步，将所输入的原始资料格式化。即将各种原始资料的代号存贮在数据文件中准确位置输入计算机，目的是便于计算机在执行统计指令时能够在特定的位置找到特定的资料的代号，从而使数据的处理得以准确无误地进行。原始资料的格式化一般由两部分内容组成，一是变量名称，一般用简略的文字符号表示，一是该变量在数据文件中的位置，一般用数字表示。

第三步，解释变量。在对原始资料进行格式化的过程中，变量只是用简略的文字符号表示，为防止错误地理解或者看不懂简略的文字符号所代表的变量的意思，须对这些文字符号所代表的变量加以明确的说明，即将对所有主要变量的解释输入计算机。

第四步，在正确无误地完成了以上各步以后，就可以让计算机执行各种统计指令了。在执行其他统计指令之前，一般先要获得资料的频数分布，在此基础上再让计算机执行相关分析、回归分析等指令，从而获得大量精确的统计分析资料。

5.2 SPSS 软件包介绍

SPSS 原名社会科学统计软件包英文名称（Statistical Package for the Social Sciences）首字母的缩写，现在全名为 SPSS Statistics。目前的 SPSS Statistics 是一个集数据整理、分析功能于一身的组合式软件包，它使用 Windows 的窗口方式展示各种管理和分析数据方法的功能，使用对话框展示出各种功能选择项。由于它清晰、直观、易学易用，用户不需要精通统计分析的各种方法，就可以得到较满意的分析结果。因此，SPSS 软件用户已遍布全球，在国内也逐渐流行起来。最新的是 SPSS Statistics V24.0 版本，其中 SPSS Statistics V19.0 也是较常使用的版本（图 5-29）。

5.2.1 SPSS 统计软件包的主要特点

SPSS Statistics 统计软件在社会学、经济学、心理学、教育学等多个学科的研究工作和通信、医疗卫生、银行、证券、保险、政府税务、制造、化工行业、商业、电子商务、零售业、市场研究、调查统计等行业的数据分析中得到了广泛的应用，SPSS 公司在全球约有 28 万家产品用户，全球 500 强中约有 80% 的公司在使用 SPSS，而在市场研究和市场调查领域有超过 80% 的市场占有率，是目前世界最流行的两大通用统计分析软件（SPSS、SAS）之一，甚至在国际

图 5-29　SPSS Statistics19 界面

学术界有条不成文的规定：凡是用 SPSS 和 SAS 统计分析的结果，在国际学术交流中，可以不必说明算法。

SPSS Statistics 是一款由 16 个模块组成的产品，用户可以根据需要自行配置，无须全部购买。最主要的模块 SPSS Statistics Base，可以满足一般的抽样调查在进行统计分析时的基本需要。其他模块的功能是对 SPSS Statistics Base 的扩充，对于一般的社会调查，SPSS 的基础模块 SPSS Statistics Base 作为问卷的统计分析工具，基本上能够满足需要。

SPSS Statistics 具有 Windows 软件的共同特点，简单、方便、直观。其在数据统计分析方面有以下几个主要特点：

（1）功能全面

SPSS Statistics 非常全面地涵盖了数据分析的整个流程，提供了数据获取、数据处理与准备、数据分析、结果报告这样一个数据分析的完整过程。特别适合设计调查方案、对数据进行统计分析，以及制作研究报告中的相关图表。SPSS Statistics 内含的众多功能使建立数据文件、清理数据、数据分组、变量转换等数据分析前的准备工作变得非常简单。

SPSS Statistics 使用全面的统计技术进行数据分析。除了一般常见的摘要统计和行列计算，还提供了广泛的基本统计分析功能，如数据汇总、计数、交叉分析、分类、描述性统计分析、因子分析、回归及聚类分析等，逐渐加入了针对直销的各种模块，方便市场分析人员针对具体问题的直接应用。使用多项 Logistic 回归统计分析功能在分类表中可以获得更多的诊断功能。

（2）操作便捷

SPSS Statistics 的绝大部分操作都可以通过"菜单"、"图标按钮"、"对话框"来完成。用户无需花大量时间记忆大量的命令、过程、选择项等，他们可以直接通过"对话框"来完成命令语句、子命令选择项的选择。用户只要粗通统计分析原理，无须通晓统计分析的各种算法，即可得到统计分析结果。

（3）数据共享

SPSS Statistics 与其他多种软件可以实现数据共享。例如，关系数据库生成的 DBF 文件，或用文本编辑软件生成的 ASC Ⅱ 码数据文件，均可方便地转换成可供分析的 SPSS 的数据文件。

5.2.2　SPSS 的界面

SPSS 的主要窗口有五个：数据编辑窗口（图 5-30）、结果输出窗口（图 5-31）、结果编辑窗口（图 5-32）、程序语句窗口（图 5-33）和脚本编辑窗口（图 5-34）。数据编辑窗口负责输入和管理待进行统计分析的数据；结果输出窗口负责接收和管理统计分析的结果，也称为结果视图；结果编辑窗口负责编辑在结果输出窗口给出的各种图和表；程序语句窗口提供语法编程方式，是专门供统计分析人员编写和运行 SPSS 程序的窗口，除了能完成窗口操作所能完成的所有任务外，还可以完成窗口操作所不能完成的任务，计算机自动按着编写的 SPSS 命令程序逐句执行并最终给出统计分析结果；脚本编辑窗口是用 Sax Basic 语言编写的程序，可以使 SPSS 内部操作自动化、可以只定义结果格式，可以连接 VB 和 VBA 应用程序。

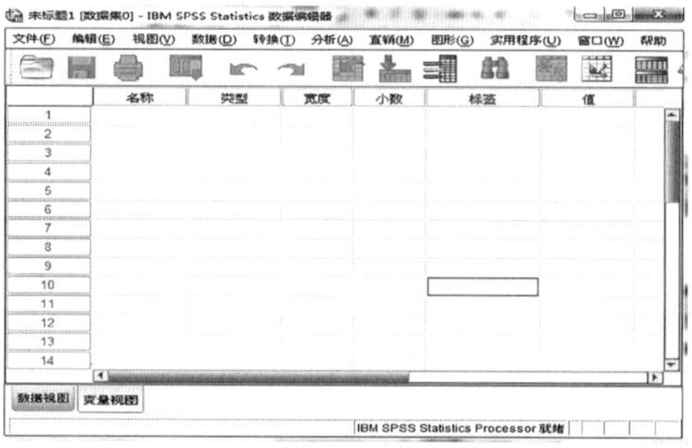

图 5-30　数据编辑窗口

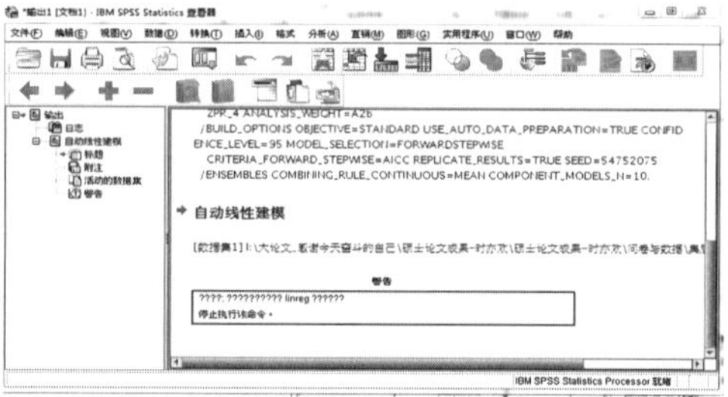

图 5-31　结果输出窗口

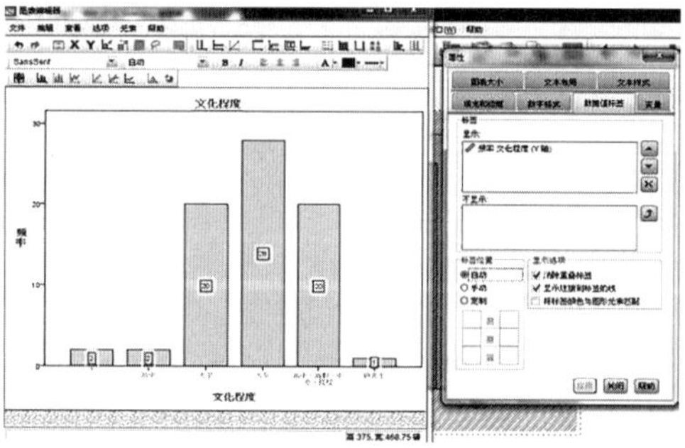

图 5-32　结果编辑窗口

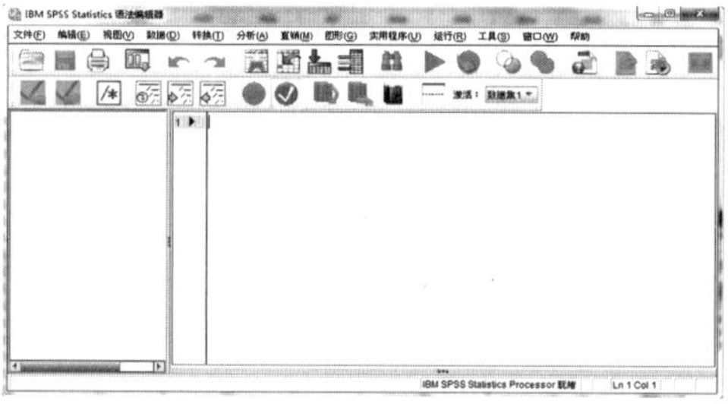

图 5-33　程序语句窗口

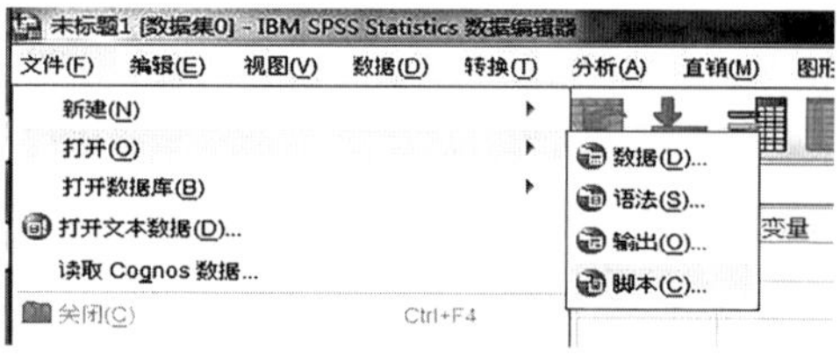

图 5-34　脚本编辑窗口

下面将主要详细介绍数据编辑窗口与结果输出窗口。

（1）数据编辑窗口

数据编辑窗口由窗口主菜单、工具栏、数据编辑区和系统状态显示区等组成，是 SPSS for Windows 的主画面。

1）窗口主菜单

窗口主菜单列出了 SPSS 常用的数据编辑、数据加工以及数据分析的功能（图 5-35），共有 11 个主菜单：文件、编辑、视图、数据、转换、分析、直销、图形、实用程序、窗口和帮助。

最常用的文件、数据、转换、分析、图形菜单的功能如图 5-36 所示，编辑菜单中的主要功能在工具栏中直接显示。需要特别提出的是"文件"菜单中的两个功能："缓存数据"可以将数据载入内存，大大提高运行速度；"开关服务器"可以连接安装有 SPSS 服务器版本的高性能服务器，进行分布式分析。

对于统计分析的某些模块，如分类数据（Categories）、精确检验（Exact Tests）、缺失值分析（Missing Value）、回归模块（Regression）、统计表格（Custom Tables）等可根据自身的需要进行选择安装。

2）工具栏

工具栏的设置是为了使用户操作更加方便，将主菜单中的一些常用功能以图形按钮的形式出现在窗口，称为快捷键。当用户需要使用某个功能时，可以直接单击相应的按钮，而且当鼠标停留在某个按钮上时，计算机就会自动提示相应按钮的功能。这些按钮的图形与菜单中所显示的图形是一样的。

3）数据编辑区

数据编辑区是显示和管理 SPSS 数据结构和数据内容的区域。利用这一区域就可以将调查所得的数据录入到计算机，建立数据文件。

4）系统状态显示区

系统状态显示区是用来显示系统当前的运行状态；当显示"IBM SPSS Statistics Processor 就绪"时，表示系统正常启动并正等待用户进行操作。

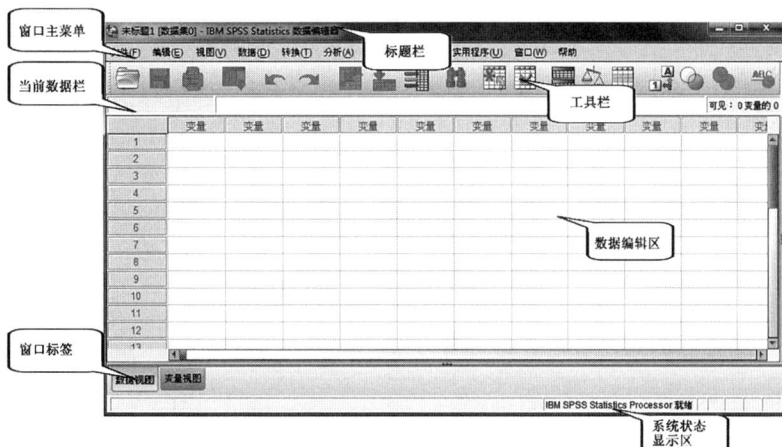

图 5-35 SPSS 数据编辑窗口

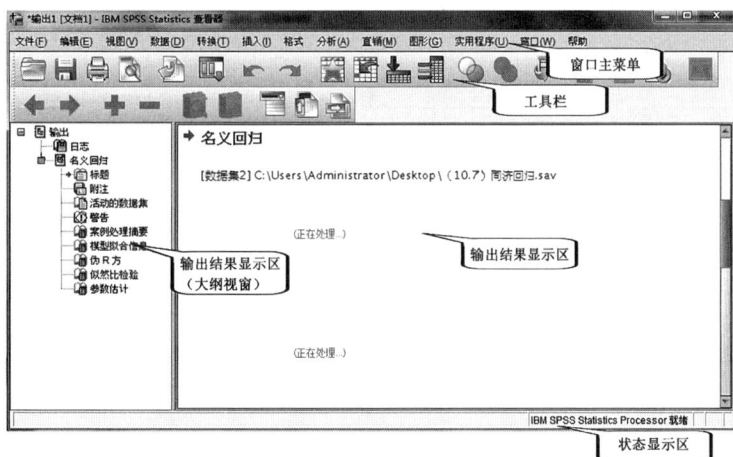

图 5-36 SPSS 结果输出窗口

（2）结果输出窗口

SPSS 统计分析的所有输出结果都显示在结果输出窗口中。数据编辑窗口可以打开多个数据文件，结果输出窗口也可以同时创建或打开多个文件，但只能有一个作为屏幕的主画面，称为当前输出窗口（主窗口），统计分析的结果将输出到该窗口中。

1）窗口主菜单

窗口主菜单（图5-36）共有13个，其中有7个主菜单（转换、分析、直销、图形、实用程序、窗口和帮助）的功能与数据编辑窗口的功能完全相同。有4个主菜单（文件、编辑、视图、数据）的功能与数据编辑窗口的功能相比有增也有减，可自行比较。有2个主菜单是为适应输出结果的需要新设置的：插入和格式。

2）工具栏

工具栏有上下两行按钮：上行为输出信息操作功能的图表按钮，下行为大纲视图的功能按钮。上行中常用的按钮我们已经比较熟悉，下行按钮的主要功能是在选中结果输出区的输出结果后，所要进行的各种编辑工作。

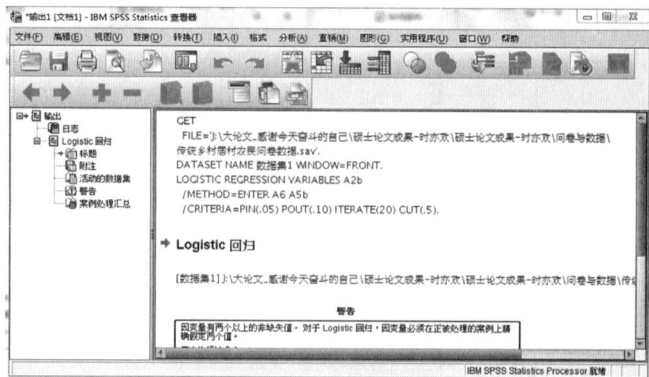

图 5-37　输出结果窗口

3）输出结果显示区

输出结果显示区分为两个部分（图 5-37）：左侧是大纲视图（也称为结构视图或导航图）和右侧的内容区（输出文本窗口）。大纲视图以树形结构给出输出结果的提纲（或者说是已有分析结果的目录），内容区则是操作过程和分析结果的详细报告，其中操作过程是用 Syntax 程序语句给出的，对分析结果可以利用鼠标、键盘和"编辑"菜单的各项功能进行编辑。两个区域既可各自独立地进行屏幕滚动，又可通过红色箭头将内容与目录——对应，进行增、删、改等编辑管理操作。

4）系统状态显示区

与数据编辑窗口一样，系统状态显示区位于最下面。用来显示系统当前的运行状态。当显示"IBM SPSS Statistics Processor 就绪"时，表示系统正常启动并正等待用户进行操作。隐藏的状态包括"信息区域"、"处理器区域"、"个案计数器区域"、"OMS 状态"和"对象大小区域"。

5.2.3　SPSS 的运行方式

SPSS 的运行方式主要有完全窗口菜单运行方式、程序运行方式和混合运行方式三种。完全窗口菜单运行方式是在使用 SPSS 的过程中，所有的分析操作都通过单击菜单、按钮、输入对话框等方式完成，这种方式使用的最为普遍，只要懂得统计学的基本知识，又熟悉 Windows 的基本操作，可以很快地学会使用 SPSS 软件进行数据分析。程序运行方式适用于大规模的统计分析工作，效率比较高，但对使用者要求也比较高。混合运行方式则是上述两种方式的结合，先利用对话框选择分析过程，通过粘贴（Paste）按钮转换成相应的程序，置于语法编辑（Syntax）窗口中，然后根据需要进一步修改程序。

1）完全窗口菜单运行方式，就是完全通过"菜单"、"图标按钮"、"对话框"运行 SPSS，进行各种统计分析的方式。SPSS 软件启动后，屏幕上显示主画面。主画面的最上行是由 9 个菜单项组成的主菜单，每个菜单项都包括一系列功能。这些菜单项包括：① File 文件操作；② Edit 文件编辑；③ Data 数据文件建立与编辑；④ Transform 数据转换；⑤ Statistics 统计分析；⑥ Graphs 统计图表的建立与编辑；⑦ Utilitles 实用程序；⑧ Window 窗口控制；⑨ Help 帮助。

当在“New Data”窗中输入了数据或者通过File菜单下的“Open”、“Database Capture”和“Read ASCII Data”读入了一个数据文件后，就可以使用各主菜单项的各功能。鼠标光标对准选中的菜单项，单击鼠标键，则可展开一个下拉菜单。从菜单中选择要执行的功能，单击鼠标键，可以展开小菜单，进一步选择细分功能或展开与所选功能相关的对话框。

2）程序运行方式。程序运行方式就是在语句窗口（Syntax）中直接运行编写好的程序的一种方式。在该窗口中输入SPSS命令组成的程序，利用主菜单的“Edit”菜单项对窗口中的程序进行修改。在“Syntax”窗中的程序可以分析数据窗中的数据，也可以用有关的语包指定外部数据文件，对其进行分析。

3）混合运行方式。混合运行方式是两种方法的结合方式。例如：通知窗口菜单选择要执行的功能和各项具体分析参数，选择完毕后并不马上执行，而是用“Paste”按钮，将选择的过程及参数变换成相应的命令语句，置于“Syntax”窗中，在该语句窗中增加对话框中没有包括的语句和参数，或修改命令中的参数，然后按窗中的“Run”按钮，将程序提交系统执行。

5.3 SPSS统计图表

统计图表包括统计图与统计表两类，其都是调查资料经过汇总、分组统计后所得结果的表现形式。一般而言，统计表与统计图用于多数据进行描述，但它们可以将数据以一种简洁形象的方式予以概括，因此在城乡社会综合调查报告中也会普遍用到。

5.3.1 统计表

（1）统计表的结构

统计表一般由表号、标题、题目（包括横标目、纵标目）、数字、注释等要素构成（图5–38）。其中，表号是表的序号，位于表的左上方，其主要是起到索引的作用，便于指示和查找。标题就是统计表的名称，一般写在表上居中。它的主要作用是简要说明表中资料的内容，包括这些资料收集的时间和空间范围。横标目，又称统计表的主项，是指统计表所要说明的对象，即分组的名称

标题

表号

幼儿园领导班子、教师、幼儿情况统计表

纵标目

表6 幼儿园： 峦庄镇中心幼儿园 填表人： 杨蕾 时间：2015年5月21日

横标目

数字

项目 类别		人数	年龄结构			学历结构		职称结构			其他情况				男女比	备注
			30岁以下	31–50岁	51岁以上	大专学历	本科及以上	初级职称	中级职称	高级职称	骨干教师	教学能手	市县先进	国省先进	其中女性人数	
领导班子		4	4			1	3	4				1			4	
教职工	专任教师	17	9	4	4	4	13	13	4			1			13	
	工勤人员	4			4	4			2							
幼儿情况	年级		小班	中班	大班							最大班	复式班	县级以上获奖		
	人数		103	104	97							53	0			
	班数		2	2	2											

图5–38 统计表结构示意（*a*）

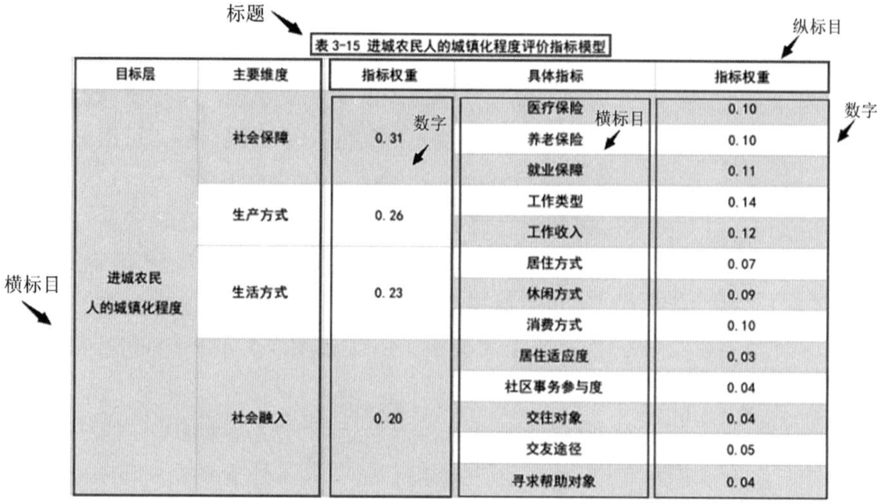

标题　　　　　　　　　　　　　　　　　　　纵标目

目标层	主要维度	指标权重	具体指标	指标权重
进城农民人的城镇化程度	社会保障	0.31	医疗保险	0.10
			养老保险	0.10
			就业保障	0.11
	生产方式	0.26	工作类型	0.14
			工作收入	0.12
	生活方式	0.23	居住方式	0.07
			休闲方式	0.09
			消费方式	0.10
	社会融入	0.20	居住适应度	0.03
			社区事务参与度	0.04
			交往对象	0.04
			交友途径	0.05
			寻求帮助对象	0.04

（表内标注：数字、横标目、横标日、数字）

图 5-39　统计表结构示意[1]（b）

或标志值，通常写在表的左半边。纵标目，又称统计表的宾项，是指调查指标或统计指标的名称，通常写在表的最上面一格。数字，是对资料进行统计整理的结果，是统计表的主体，一般有绝对数、相对数等。每一个数字都必须与横标目、纵标目一一对应。

此外，对于由转引其他资料整理而成，或直接引用其他资料的统计表来说，则需要进行说明，注释或对资料来源的说明位于表的下方。

当然统计表结构要灵活使用，要根据实际表现的意义，不要拘泥于一种形式，参考图 5-39 统计结构示意图（b）。

（2）统计表的制作

统计表的制作应遵循科学、规范、简明、实用、美观的原则。在制作统计表时应注意以下几个问题。

①标题要简短明了，要能确切说明资料的时间、空间范围和基本内容。②统计表一般应为长方形设计，表的格式一般是开口式的，表的上下两端以及某些必须明显隔开的部分要以粗线或双线绘制，左右两端不画竖线。③若表的栏数较多，为了引用及说明时方便见起，应在栏目的下面一格对栏目加以编号。④表的横标目与纵标目要准确反映变量的含义，标目排列要有一定的逻辑结构。⑤表内数字要填写整齐，对准数位。当数字为零时用"—"表示，缺项时用"……"表示。表中的数据必须说明计量单位，如频数单位（人数、个数、户数等）的频率单位（百分比）。⑥凡需说明的文字一律写入标注。标注要简明扼要。

5.3.2　统计图

（1）统计图的作用

统计图是显示社会现象数量特征的图形。利用统计图来反映各种数字资料可以起到以下几种作用：①表明事物总体的内在结构；②表明统计指标在不同

---

[1]《半城半乡，外来工 VS 本地农——农民安置区内农民主/被动城镇化中人的城镇化调查研究》获得 2016 年度全国大学生城乡社会综合实践调查报告评优三等奖。作者：黄蓉、潘焱婷、薛璐、叶琦琦；指导老师：范凌云、彭锐、周静。

时间、地点以及不同条件下的对比关系；③反映事物发展变化的过程和趋势；④说明总体单位按某一标志的分布情况；⑤显示现象之间的相互依存关系。

（2）统计图的制作分类

按照统计图的制作形式，可以将统计图区分为条形图、饼状图、曲线图等，下面简单介绍几种常见的统计图的结构和制作方法。

1）条形图

条形图又称矩形图，它是以宽度相等、长度不等的长条来表示不同的统计数字，如表示频数或百分比的多少等。只有一组对象的条形图称为简单条形图；两组或两组以上并列在一起，称为复合条形图，这种条形图既可以进行每组中条形间的比较，又可以对各组的同类条形进行比较。复式条形图还有三维条形图、簇状条形图、堆积条形图、百分比堆积条形图（表5-62），选取条形图主要看表达的效果。

条形图样式 表5-62

条形图类型	三维条形图	簇状条形图	堆积条形图	百分比堆积条形图
条形图图名	西巷村旅游收入（万元）	陆巷村各项旅游收入（万元）	全省产值图	三个村各类旅游项目所占比例
条形图样式				

2）饼状图

饼状图又称扇形图，它以圆不同扇面积的大小来表示总体中不同部分所占的比重，形象地反映总体的内部结构。由于一个圆的圆心角度数为360，用360乘以某一部分所占的百分比，即可得出该部分的圆心角度数，再在圆中按这些角度画出各自不同的扇形。饼状图分为三维饼状图、复合饼状图、复合条饼图以及圆环饼状图四种类型（表5-63），选取样式是主要依靠表达效果。

饼状图示意表 表5-63

饼状图类型	三维饼状图	复合饼状图	复合条饼图	圆环饼状图
饼状图图名	村民扔垃圾意向统计图	营销人员构成情况图	全国第一季度手机销量分析图	图书相关参与者时间分析图
饼状图样式				

3）曲线图

曲线图又称折线图，它是通过上下变化的线段来反映所研究现象随时变化的过程和发展趋势的图形。通常只含有一条曲线的曲线图，称作单式曲线图；如果一个图中同时包含两条以上的曲线，则称作复式曲线图。曲线图示意见表 5-64。

曲线图示意表   表 5-64

曲线图类型	单式曲线图	复式曲线图
曲线图图名	我国灵活就业人数变化图 [1]	居民取书时间分析图 [2]
曲线图样式		

4）金字塔图

金字塔图又称人口金字塔图（图 5-40），利用图形直观描述分类变量中不同分类的某种属性在各个区间取值的频数。

5）散点图

散点图又称散布图或相关图（图 5-41），它是以点的分布反映变量之间的相关情况的统计图形，根据图中各点的走向和密集程度，判定变量之间协调关系的类型。

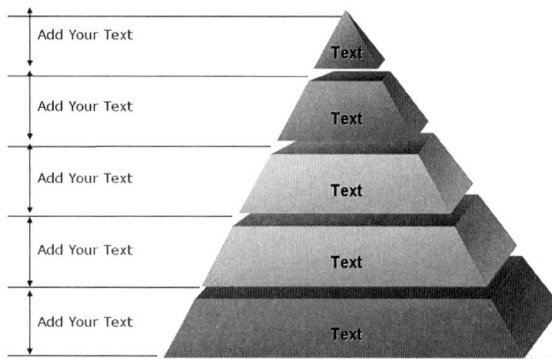

图 5-40　金字塔图

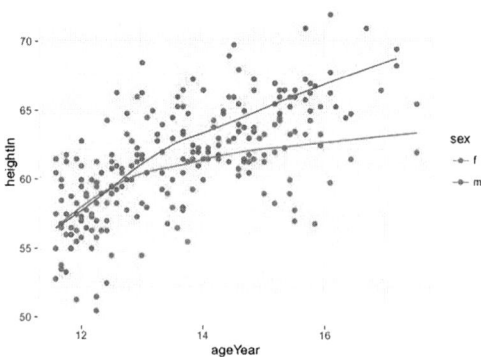

图 5-41　散点图

---

[1] 《外表美更要内在美——某市美丽乡村建设现状与村民需求匹配度调查》，2016，作者：徐昕、张胜越，指导老师：张振龙、蒋灵德。

[2] 《"书香苏州"没有围墙的城市课堂——图书网上借阅社区投递平台使用情况调查》获得 2015 年度全国大学生城乡社会综合实践调查报告评优一等奖。作者：江依希、黄嫣容、潘翊菁、沈烨；指导老师：周静、彭锐。

5.4 SPSS 的数据分析运用

5.4.1 数据资料的整理

当数据窗中已经建立或读入了一个数据文件时，则可以对该数据文件进行分析了。但在许多情况下，SPSS 的分析过程往往对数据有特殊的要求，需要对数据文件进行进一步的加工，才能调用分析过程，对数据进行分析。

对数据文件的建立有以下的案例介绍。

案例：《车流湍湍，路在何方？上海市行人"过街难"问题调查[①]》

（1）模型分析

为了进一步还原问题实质，作者还应用统计学方法，建立行人过街时间模型，以系统地掌握行人过街的普遍规律。作者选取了三十一个代表地点、六百多位行人过街情况作为样本，运用 SPSS 软件进行线性回归分析，提炼影响行人过街难易的显著因素。

1）行人过街影响因素的数据采集

作者采集了每个人行横道（共 31 个人行横道）七个方面的基本数据（图5-42）：行人平均过街时间、有无二次过街设施、有无天桥地道、观测时的车流量、观测时的过街人流量、过街宽度、右转车流量。

2）数据整理

行人平均过街时间：观察每个人行横道二十位行人的过街时间，去除偏离过多的数值，求其算术平均值得到。

	行人平均过街时间（s）	有无二次过街设施	有无天桥/地道	观测时车流量（pcu/h）	观测时人流量（p/h）	过街宽度（m）
四平路上的物美超市前	30.6	N	N	2082	84	23
曲阳路商务中心前	39.2	Y	N	2640	120	24
淮海中路瑞金路步行街前	27.9	N	N	1860	24	13
云山路与云间路丁字路口	53.7	N	N	1390	12	20
密云路上同济大学西门口	15.5	N	N	528	46	9
吴淞路与浙宁路交叉口	106.7	N	N	1306	900	37
柳高中路与云山路交叉口	98.5	N	Y	4288	67	40
重庆南路与淮海中路交叉口	135.8	N	Y	6600	1020	60
西宁路与河南北路交叉口	75.0	N	Y	1886	980	25.5

	行人平均过街时间（s）	有无二次过街设施	右转车流量（pcu/h）	观测时车流量（pcu/h）	观测时人流量（p/h.m）	过街宽度（m）
四平路与中山北二路交叉口	66.4	N	468	1556	32	25
翔殷路与国定东路交叉口	52.5	Y	166	1878	31	38
四平路与彰武路交叉口	74.9	Y	280	2148	134	23
大连西路与阿家宅路交叉口	52.3	Y	400	3631	690	29
大连路与平凉路交叉口	18.6	N	0	425	75	15.5
临宁路与四川北路交叉口	63.5	N	95	2790	525	29
西康南路与胶州路	59.9	Y	430	4200	1100	36
电新中路与黄浦南路交叉口	31.75	N	0	998	57	22
赤峰路与曲阳路交叉口	68.7	N	144	1880	96	23
虹飞路与大连路交叉口	28.9	N	60	60	200	20
乳江路与宝山路交叉口	49.8	N	360	1360	1120	20
公平路与朱长治路交叉口	22.7	N	100	625	260	15.4
公平路与周家嘴路交叉口	25.3	N	30	305	270	15.4
曲阳路与玉田路交叉口	27.1	N	158	714	64	9
大连西路与密云路交叉口	21.4	N	326	488	26	8
衷都南路与淮海中路交叉口	15.85	N	0	420	80	14
淡水路与淮海中路交叉口	15.45	N	0	418	76	14
马当路与中路交叉口	13.5	N	0	642	53	14
云山路与明月路交叉口	35.0	N	296	424	4	12
云山路与导云路交叉口	37.9	Y	294	1056	9	14
高阳路与周家嘴路交叉口	21.7	N	88	317	150	12
赤峰路与密云路交叉口	33.6	N	814	1132	38	10

图 5-42 模型样本数据采集一览表

[①] 《车流湍湍，路在何方？上海市行人"过街难"问题调查》获得 2007 年度全国大学生城市规划社会调查报告评优佳作奖，作者：那子晔、林辰辉、陈一、毛磊波；指导老师：刘冰、孙施文、潘海啸、汤宇卿。

虚拟变量：其中有无二次过街设施、有无天桥地道为虚拟变量，输入时用 0/1 表示。

3）模型选择

因变量确定：用一般正常行人安全完成过街的时间作为因变量，代表"过街的难易程度"，它可以描述过街的理想状态：安全——在人的正常判断下成功过街；便捷——等候及通过时间短、便捷；舒适——通过时平均速度约等于正常步行速度。

线性研究：分析数值型自变量——右转车流量（图 5-43）、人流量（图 5-44）、街道宽度（图 5-45）与因变量的关系，从散点图中可以看出车流量、街道宽度与因变量关系可用线性模拟，右转车流量、人流量与因变量无明显关系。

模型建立：作者试用线性回归的方法建立行人过街模型，如果检验满足，可以认为该模型能模拟各因素与过街时间的关系。

无信号灯控制模型：

$$T_i = B_1 + B_2 U_i + B_3 V_i + B_4 N_i + B_5 Q_i + B_6 L_i \cdots\cdots\cdots\cdots\cdots\cdots 模型 1；$$

式中　T_i——行人安全通过该人行横道的平均时间；

　　　B_1——随机误差项，包括模型中并未包括的变量的影响、人类行为的随机性及观测误差等；

　　　U_i——有无二次过街设施（虚拟变量）；

　　　V_i——有无天桥或地道（虚拟变量）；

　　　N_i——观测时的车流量；

　　　Q_i——观测时的人流量；

　　　L_i——过街宽度。

有信号灯控制模型：

$$T_i = B_1 + B_2 U_i + B_3 M_i + B_4 N_i + B_5 Q_i + B_6 L_i \cdots\cdots\cdots\cdots\cdots\cdots 模型 2；$$

式中　M_i——观测时右转车流量。

4）结果解释

在计算过程中，通过 t 检验发现，因变量对常数项及 U、V、Q 回归系数的零假设是不显著的，模型只与 N、L 两因素显著正相关。

无信号灯：$T = 0.985 + 5.177N + 1.67L$

$Sig. =$ （0.855）（0.002）（0.000）　　$R^2 = 0.982$

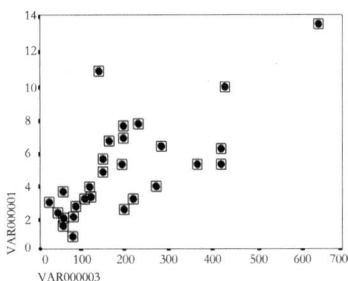

图 5-43　因变量与右转车流量无明显关系，线性拟合中 $R^2 = 0.47$

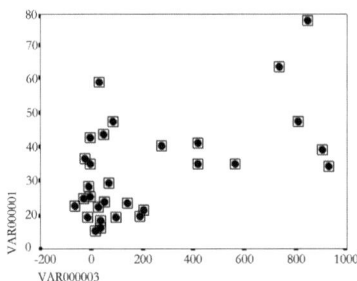

图 5-44　因变量与人流量无明显关系，线性拟合中 $R^2 = 0.32$

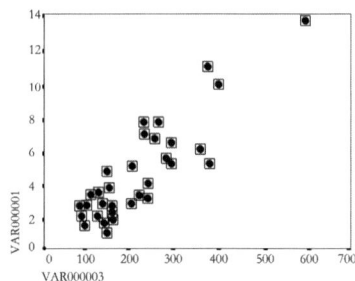

图 5-45　因变量与街道宽度呈线性拟合，$R^2 = 0.76$

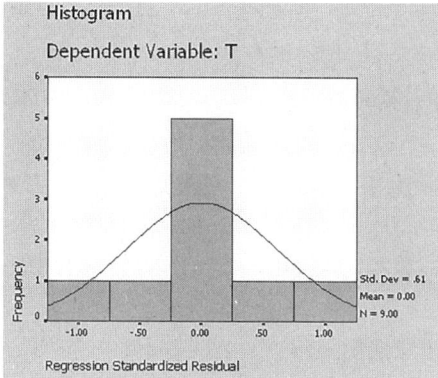

图 5-46　模型 1 标准化 Y 预测值的
变量分布图

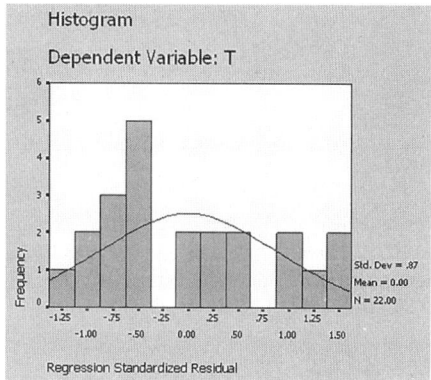

图 5-47　模型 2 标准化 Y 预测值的
变量分布图

同理，在对有信号灯人行横道计算时，发现模型只与 M、N、L 因素显著正相关，如图 5-46、图 5-47 所示。

有信号灯：$T= 0.456+0.03521M+0.748N+1.596L$

$Sig.=$　(0.948)　(0.013)　(0.000)　(0.000)　　　$R^2=0.652$

5) 模型结论

两个方程原来都假设了五个因素，但结果表明：

在无信号灯控制的人行横道上，过街时间与车流量、过街宽度显著正相关，而是否设天桥地道、有否二次过街设施及过街人流量不对行人过街时间产生显著影响。

在有信号灯控制的人行横道上，过街时间与右转车流量、观测时车流量以及过街宽度显著正相关，有否二次过街设施及过街人流量不对行人过街时间产生显著影响。

5.4.2　统计分析方法的选择

(1) 主要使用方法

在数据窗建立或读入了数据文件后，如何选择统计分析方法，调用本软件中哪个统计分析过程，这是得到正确分析结果的关键步骤。

SPSS 软件使用数字分析和作图分析两类方法。数字分析过程在主菜单的 Statistics 中，通过调用各种分析过程，得到对数据的数值分析结果。图形分析可以给读者对数据统计特征以直观的认识，为了有助于对数值分析结果的理解，许多数值分析过程也可以给出统计图形。主菜单的 Craph 给出了根据数据窗中的数据直接做统计图的过程。在这里我们主要介绍 SPSS 几种常用的统计分析功能。主要有频数分析和描述分析、交叉列联分析、相关分析、回归分析、聚类分析。

1) 频数分析 (Summarize/Frequencies)

该过程可以作单变量的频数分布表；显示数据文件中由用户指定变量不同值发生的频数；还可以用来获得某些描述统计量和描述数值范围的统计量。为了直观反映频数分布，还可以作出条形图和直方图。如果想对不同类别的观测量分别进行统计，可以事先使用 Split File 功能对观测量进行分组，或者使用

Means 过程或 Explore 过程。

打开或建立数据文件后，主要步骤如下：

其一，单击 Statistics 菜单项，选择 Summarize 中的 (Frequencies) 项，打开相应对话框。

其二，从左侧的变量框中选择一个或多个变量，单击右箭头，使其进入变量框中。

其三，根据需要，选择相应的选择项。例如 Statistics 项、Charts 项、Format 项。

其四，单击 OK 按钮，提交运行。

2）描述分析（Summarize/Descriptives）

该过程可以计算变量的描述统计量。如果要求对观测量进行分组分析，可以事先使用 Splitffile 功能拆分数据文件，或使用 Means 或 Explore 功能进行分析。

打开或建立数据文件后，主要步骤如下：

其一，单击 Statistics 菜单项，选择 Summarize 中的 Descriptives 项。打开相应的对话框。

其二，从左侧的变量框中选择一个或多个变量，单击右箭头，使其进入变量框中。

其三，根据需要，选择相应的选择项。例如 Options 项。

其四，单击 OK 按钮，提交运行。

3）交叉列联分析（Summarize/Crosstabs）

该过程可以作为两变量或多变量的各水平组合的频数分布表，又称为频数交叉表，或简称为交互分类表。计算综合描述统计量并进行检验。通常选择分类变量或者说选择离散变量做交叉表。如果使用连续变量作交叉表，则必须事先对连续变量进行分组。例如，如果选择当前平均月收入作频数分布分析，则必须事先使用 Recode 功能把收入按小于 500、501−1000、1001−1500 等分组，按分组结果进行频数分布分析，并作交叉表。

打开或建立数据文件后，主要步骤如下：

其一，单击 Statistics 菜单项，选择 Summarize 中的 Crosstabs 项，打开相应对话框。

其二，从左侧的变量框中选择一个或多个变量，进入 Rows 框中作为分布表中的行变量。

其三，从左侧的变量框中选择一个或多个变量，进入 Colomns 框中作为分布表中的列变量。

其四，根据需要，选择相应的选择项。例如 Statistics 项、Cell 项、Format 项等。

其五，单击 OK 按钮，提交运行。

4）相关分析（Correlate）

其一，Bivariate 过程。

该过程计算 Pearson 相关矩阵，与 Kendall、Spearman 非参数相关。同时计算相关的显著性水平，并根据选择，计算单变量的统计量。

相关系数用数字表示两个变量之间线性相关的程度。Pearson 相关系数仅用于计算等间隔测度的变量或表示比例水平的变量。Spearman 和 Kandall 相关系数是非参数测度。对数据包含有奇异值或当变量的分布明显为非正态时，这两种相关测度特别有用。这两种相关系数根据变量的值的秩计算的。

其二，Partial 过程。

该过程在校正了一个或几个附加变量影响的情况下，计算两个变量间的相关系数。为了确定偏相关系数的顺序，需要控制几个附加变量。

如果需要根据一组自变量的值预测因变量的值，则可以使用 Linear Regression 过程。如果没有需要控制的变量，则可以使用 Bivarite Correlation 过程。称变量不能用于偏相关分析。

对数据文件统计分析方法的选择有以下的案例介绍：

案例：《禁非！禁非？孰是孰非？——上海五角场"禁非"模式下的非机动车交通状况调研》[①]

SPSS 相关性分析和 OLS 估算　　　　表 5-65

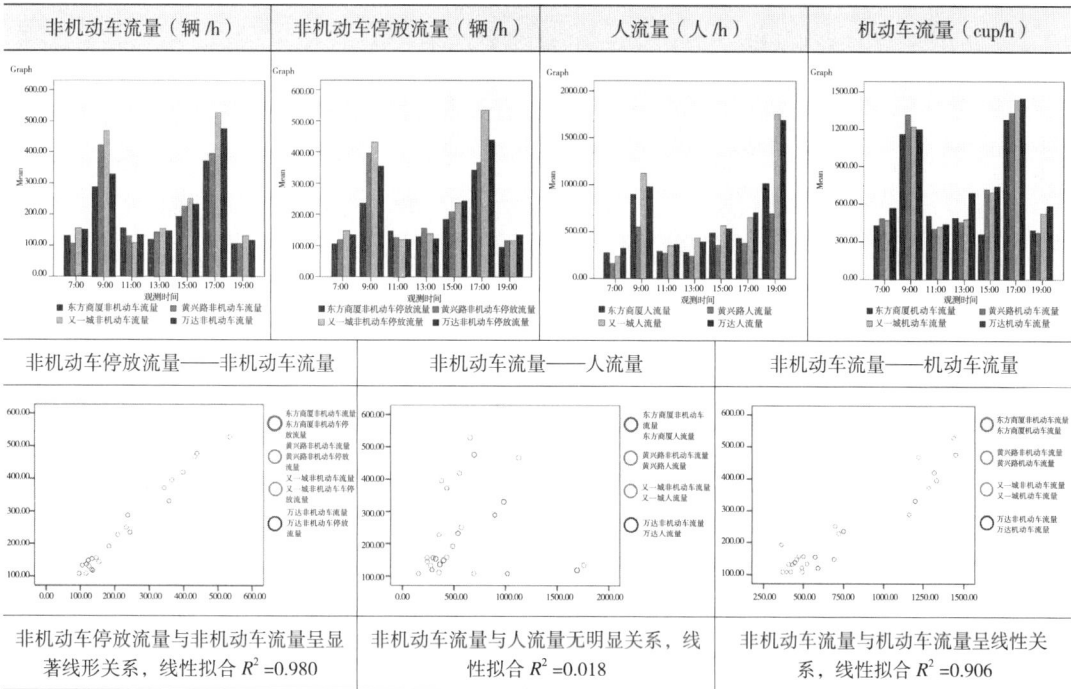

非机动车流量（辆/h）	非机动车停放流量（辆/h）	人流量（人/h）	机动车流量（cup/h）

非机动车停放流量——非机动车流量	非机动车流量——人流量	非机动车流量——机动车流量
非机动车停放流量与非机动车流量呈显著线形关系，线性拟合 $R^2 = 0.980$	非机动车流量与人流量无明显关系，线性拟合 $R^2 = 0.018$	非机动车流量与机动车流量呈线性关系，线性拟合 $R^2 = 0.906$

由分析可知，五角场非机动车停放流量和非机动车流量显著正相关，可直接由非机动车流量作出估计。据此建立数学模型—— 一元回归对数模型。

$$\text{Log} P_i = A + B \log V_i$$

P_i——第 i 区非机动车停车实际需求量；

V_i——第 i 区的非机动车交通流量。

---

① 《禁非！禁非？孰是孰非？——上海五角场"禁非"模式下的非机动车交通状况调研》获得 2008 年度全国大学生城市规划社会调查报告评优三等奖。作者：朱燕霞、伍州、凌雪、钱艳；指导老师：张尚武、孙施文、栾峰。

设 $y=\text{Log}P_i$，$x=\log V_i$，将对数函数转化为线性方程 $y=A+Bx$，利用 SPSS 统计辅助软件进行 OLS 估计分析，得到回归系数 A、B。

东方商厦地块停车需求模型：

$$\text{Log}P_1=0.088+0.944\log V_1 \quad R^2=0.952$$
$$t \qquad (0.410) \quad (9.934)$$

黄兴路地块停车需求模型：

$$\text{Log}P_2=0.236+0.895\log V_2 \quad R^2=0.990$$
$$t \qquad (2.582) \quad (22.425)$$

翔殷路黄兴路地块停车需求模型：

$$\text{Log}P_3=-0.022+0.999\log V_3 \quad R^2=0.985$$
$$t \qquad (-0.166) \quad (17.990)$$

东方商厦、黄兴路、又一城路口、万达城路口车流量、人流量统计表　　　表5-66

观测点	非机动车流量（辆/h）				非机动车停放流量（辆/h）				人流量（人/h）				机动车流量（pcu/h）			
	东方商厦	黄兴路	又一城路口	万达城路口	东方商厦	黄兴路	又一城路口	万达城路口	东方商厦	黄兴路	又一城路口	万达城路口	东方商厦	黄兴路	又一城路口	万达城路口
7：00	132	108	156	153	107	118	145	134	276	156	235	321	432	492	468	575
9：00	288	420	468	331	237	397	432	357	900	552	1124	983	1164	1320	1224	1202
11：00	156	132	108	137	146	125	118	118	300	276	354	368	504	408	420	446
13：00	120	144	156	148	132	154	136	122	288	240	432	401	492	456	480	690
15：00	192	228	252	234	183	209	234	245	492	360	572	538	360	720	696	750
17：00	372	396	528	476	343	365	534	439	432	384	656	703	1284	1332	1440	1450
19：00	108	108	132	119	97	117	118	136	1020	696	1760	1690	396	372	528	593

万达地块停车需求模型：

$$\text{Log}P_4=-0.103+1.037\log V_4 \quad R^2=0.948$$
$$t \qquad (-0.401) \quad (9.561)$$

分析：决定系数均大于 0.9，一方面说明模型的拟合度良好，另一方面反映"禁非"条件下，五角场核心区域非机动车流量与停放流量的显著线形关系的特征。

将调研流量换算成日均流量 $V_1=2736$ 辆/天、$V_2=3072$ 辆/天、$V_3=3600$ 辆/天、$V_4=3196$ 辆/天，再分别代入四个模型，得到 $P_1=2151$ 辆/天、$P_2=2276$ 辆/天、$P_3=3394$ 辆/天、$P_4=3398$ 辆/天，每辆非机动车泊车位面积按 1.5 平方米计算，根据调研结果五角场非机动车平均停放时间半天，则东方商厦、黄兴路、又一城、万达城非机动车停车位实际需求分别是 1613m²、1707m²、2545m²、2548m²。

5）回归分析（Regression）的 Liner 过程

该过程用于确定一个因变量和一组自变量之间的关系。自变量和因变量二者都必须是连续变量（即等间隔测度的）。品质变量（像宗教、专业、居住地区等）

必须编成二元（虚拟）变量或其他对比类型的变量。如果已经收集了大量的自变量，并希望建立一个只包括与因变量关系有统计意义的变量的回归模型，则可以选择一种方法来选择自变量。要想观察该过程建立模型与数据拟合的情况，可以检验残差和该过程提供的其他诊断方法。

如果因变量是二分变量，即变量仅有两个相反的取值，例如一个特定任务是否完成、雇员合同是否到期、是否患病、生或死等，那么应该选择 Logistic 回归。如果因变量是删截变量，例如手术后的生存时间，则应该选用 Life Tables、Kaplan—Meier 过程或比例机遇过程。

对数据文件统计分析方法的选择有以下的案例介绍：

案例：《同济大学—南京东路消费行为楼层分布与消费目的结构调查》[①]

文章首先构建了关于"满足度"的多元回归模型，看"满足度"与其他消费相关指数之间是否存在相关关系及其影响程度。假设"满足度"与以下三个消费相关指数有关：

$$St=b_0+b_1Pt+b_2Ft+b_3Ct$$

式中　St——某商场的满足度；

　　　Pt——在该商场发生消费行为的人数占总调查人数的比例；

　　　Ft——在该商场发生消费行为的人中是预先去的消费者的比例；

　　　Ct——人均消费额。

用分析软件 SPSS 对其进行分析得到结果及对结果的分析如下。

表 5-67 是回归模型的一般性统计量表。其中 R 代表该模型的复相关系数，该模型的复相关系数的平方达到了 0.978，说明模型拟合的效果相当好。

Model Summary　　　　　表 5-67

Model	R	R Square	Adjusted R Square	Std. Error of the Estimate
1	0.9883	0.9767	0.9650	0.0233
a	Predictors：（Constant），人均消费额，预先去比例，比例			

表 5-68 是回归模型的方差分析表。方差分析结果显示回归所解释的方差要远大于由残差部分形成的方差，同样证明了回归的有效性。

ANOVA　　　　　表 5-68

Model		Sum of Squares	df	Mean Square	F	Sig.
1	Regression	0.1368	3	0.0456	83.7216	0.0000
	Residual	0.0033	6	0.0005		
a	Predictors：（Constant），人均消费额，预先去比例，比例					
b	Dependent Variable：满足度					

[①]《同济大学—南京东路消费行为楼层分布与消费目的结构调查》获得 2004 年度全国大学生城市规划社会调查报告评优二等奖。作者：张照；指导老师：王德。

221

表 5-69 是回归模型的回归系数分析表。此表中，对常数项及变量回归系数的零假设基本上是不显著的（预先去比例除外），得到的方程为：

$$St=0.5521+0.6848Pt-0.2240Ft+0.0014Ct$$

Coefficients   表 5-69

Model		Unstandardized Coefficients		Standardized Coefficients		
		B	Std. Error	Beta	t	Sig.
1	（Constant）	0.5521	0.0528		10.4586	0.0000
	比例	0.6848	0.1631	0.7089	4.1988	0.0057
	预先去比例	−0.2240	0.1407	−0.1700	−1.5924	0.1624
	人均消费额	0.0014	0.0004	0.4354	3.4769	0.0132
a	Dependent Variable：满足度					

因为上面的回归模型中存在不能排除回归系数的零假设的自变量存在，重新构建模型，排除变量"预先去"，最终得到的方程为：

$$St=0.478+0.496Pt+0.0016Ct$$

式中　St——某商场的满足度；

　　　Pt——在该商场发生消费行为的人数占总调查人数的比例；

　　　Ct——人均消费额。

修正后的模型的复相关系数的平方达到了 0.957，比原先有下降（减少了自变量个数的数理结果），但仍很显著。且常数项及变量回归系数的零假设都是不显著的。从最终方程和分析可以看出，"满足度"和"人数比例"及"人均消费额"都是显著正相关的。而后两者的大小直接反映了该商场的营业表现，所以从数理上可以证明"满足度"直接影响到商场的营业表现，因为是正相关，"满足度"高的商场即商场的商品分布迎合消费者消费目的的商场可以获得更好的收益。

6）聚类分析（Classify）

在聚类分析中，提供两种分析方法。

其一，K-Means Cluster 过程

该过程使用一种可以处理大量观测量的聚类算法完成聚类分析，但要求指定分类的数目。

其二，Hierarchical Cluster 过程

该过程将观测量分组聚类，它使用一个密集存储的算法，这个算法可以简单地对许多不同结果进行检验，不需要指定分类的数目。

7）因子分析（Factor Analysis）[①]

因子分析是 SPSS 软件中比较常见的一种分析方法，图 5-48 是一种详细操作方式：

————————————

① https://jingyan.baidu.com/article/3c343ff7ffcc960d377963d5.html.

其一，点击分析→降维→因子分析。

其二，描述选项选择KMO，原始结果，系数如图5-49、图5-50所示。

其三，抽取选项，选择主成分，相关性矩阵，另外要么选择特征值大于1，要么选择因子的固定数量（图5-51）。

其四，旋转：选择最大方差法（图5-52）。

图5-48 因子分析图

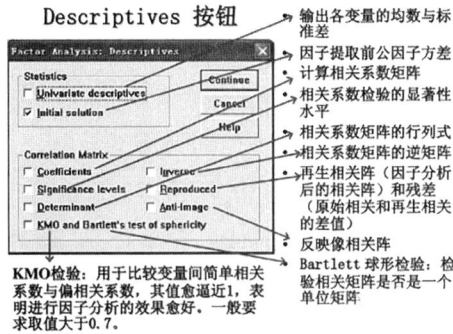

图5-49 因子分析具体操作步骤图（a）

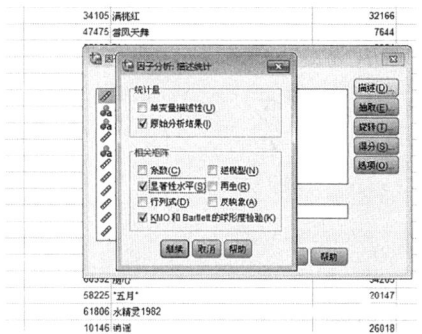

图5-50 因子分析具体操作步骤图（b）

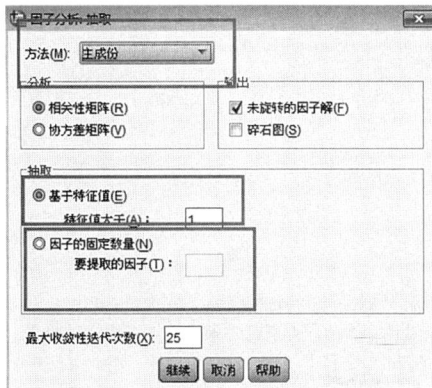

图5-51 因子分析具体操作步骤图（c）

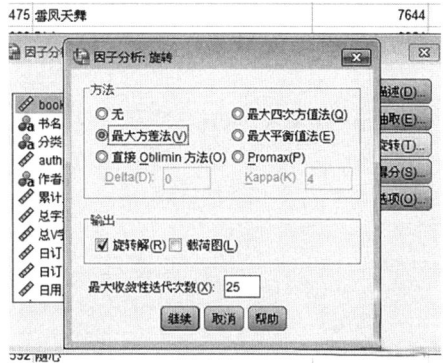

图5-52 因子分析具体操作步骤图（d）

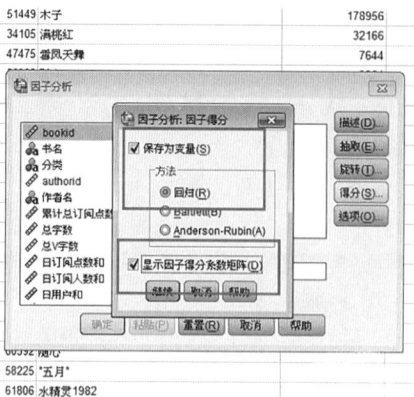

图 5-53　因子分析具体操作步骤图（e）

图 5-54　因子分析具体操作步骤图（f）

其五，因子得分：选择保存为变量。回归方法：选择显示因子得分系数矩阵（图 5-53）。

其六，选项：默认值不变，如图 5-54 所示。

其七，点击确定后，看结果，主要看 KMO 系数（最低 > 0.7），累计贡献方差，因子旋转得分矩阵，如图 5-55 所示。

KMO 和 Bartlett 的检验

取样足够度的 Kaiser–Meyer–Olkin 度量		.707
Bartlett 的球形度检验	近似卡方	209611.299
	df	45
	Sig.	.000

图 5-55　因子分析具体操作步骤图（g）

（2）SPSS[①]实际模型案例描述

下面是典型的因子分析的调查报告案例《"厂中村"的尴尬——徐汇老工业区内低收入者居住状况调研》[②]。因子模型对各"厂中村"人居环境的质量评价见表 5-70。

通过因子分析的方法，可以得到下面结果（图 5-56、图 5-57）。

注：假定所有因素都与人居环境优劣正相关，环境指数是一个引入虚拟变量，即人对邻里关系和状态的满意度。

1）可行性检验：KMO 值 =0.641>0.5（Kaiser，1974）符合标准，Bartlett 证明适合因素分析；

2）共性分析：除了"搬迁周期"外，大部分变量在 70%-90% 左右，解释性较强；

SPSS 人居环境排名 表 5—70

南市木材厂某仓库	1
宏文造纸厂	2
南市木材厂办公楼	3
森联木业公司职工宿舍	4
廉租房 3	5
廉租房 2	6
廉租房 5	7
上海港务功能分公司	8
廉租房 6	9
廉租房 4	10
龙华肉联厂	11
新联纺织品公司仓库	12
某机修厂职工宿舍	13
廉租房 7	14
金马豪士制衣有限公司	15
廉租房 1	16
污水处理泵房	17
南市木材厂车间料仓	18

Kaiser-Meyer-Olkin Measure of Sampling Adequacy.		.641
Bartlett's Test of Sphericity	Approx. Chi-Square	120.097
	Df	28
	Sig.	.000

图 5-56 因子分析具体操作步骤图（h）

Communalities

	Initial	Extraction
占地面积	1.000	.848
现单元面积	1.000	.935
搬迁周期	1.000	.616
平均月收入	1.000	.815
人均面积	1.000	.824
环境指数	1.000	.711
每月租金	1.000	.856

图 5-57 因子分析具体操作步骤图（i）

3）碎石图方差分析：前三个因子处于陡坡上，且累加比例为：80.7%；

4）转轴何在矩阵显示：第一公因子：在"月均收入"上有很大荷载；第二公因子：在"人均面积"上有很大荷载；第三公因子：在"占地面积—居住规模"和"现单元面积—单位居住面积"有荷载 F，即 3 个因子。

$$F=\frac{\lambda_1}{\lambda_1+\lambda_2+\lambda_3}F_1+\frac{\lambda_2}{\lambda_1+\lambda_2+\lambda_3}F_2+\frac{\lambda_3}{\lambda_1+\lambda_2+\lambda_3}F_3$$

第 4 节 混合方法研究

混合方法研究同样是多数高校大学生在城乡社会综合调查中采用最多、最提倡的研究方法。本节将具体从混合方法研究的基本概述、类型特征、方案设计以及过程实施等方面阐释混合方法研究。

1 混合方法研究概述

1.1 混合方法研究的产生与发展

有关定性的研究与定量研究相互之间结合的问题，社会科学研究界早在60年前就曾经有过一些呼吁。在20世纪50年代，定量研究占据主导地位，特罗（M. Trow，1957）对此提出，没有任何一种研究方法应该成为探究社会现象推行的主宰，处于主导地位的定量方法在发挥自身作用的同时也应该吸收别的研究方法的长处。1979年，库克（T. Cook，1979）和雷查德特（C. Reicliardt，1979）在进行教育评估时同时使用定性和定量的方法，其文章得到了学术界的广泛重视。而最能说明学术界对不同方法之间的结合给予重视的一件事情是，1982年《美国行为科学家》杂志利用整整一期的篇幅刊登通过使用多元方法而形成的研究报告（Smith & Louis，1982）。进入20世纪90年代，在世界范围内重视多元、强调对话的思潮推动下，社会科学研究对多种方法之间的结合问题日益关注。新的《社会与行为科学中的混合研究方法手册》以及一些报道和推广混合方法研究的期刊（如《田野方法》等）都对混合研究敞开了讨论的大门。随着混合研究使用频率的不断提高，很多理工类学科文章出现在诸如职业医疗（Lysack & Krefting，1994）、人际交往（Boneva Kraut & Levkoff，2000）、中学科学（Hout，1995）等多个领域的人文社会科学期刊中。近年来，随着定性研究方法的不断壮大，有关这两种方法相互结合的呼声也越来越高，对城乡社会综合调查者而言，有必要同时使用定性实地考查与定量抽样调查相结合的方法。

1.2 混合方法研究的概念

不同的混合方法调查者对混合方法研究的概念界定有所不同[①]，但其共同点是：一是混合方法研究包含了定量研究和定性研究的结合运用；二是定量方法与定性方法的混合可能发生在研究的每一个阶段；三是使用混合方法研究的主要目的是利用不同方法策略的互补优势，来更全面深入、更正确客观地解读问题和表现结果。

1.3 混合方法研究的作用与适用范围

混合方法研究并不是"万金油"，能够机械地适用于所有的城乡社会问题，因此，在城乡社会综合调查中选用混合方法研究前一定要做足充分准备，对于即将使用的多种方法进行清晰、详尽的思考，要考虑需要与可行性，只有当能够从混合方法的使用中获得益处时、调查者同时具备开展定量与定性研究的条件（包括调查者的能力、精力投入与研究经费等）时才可以选择使用混合方法进行研究。也就是说，调查者应当根据研究目的、数据类型甚至调查者的资质选择一种合适的策略来系统地连结数据及合适的数据分析方法。

塔什亚考里和泰德利认为，采用混合方法研究具有5个方面的作用（表5–71）。

---

① 注：混合方法研究有许多不同的称谓，如定性与定量方法、多重方法、整合方法和联合方法等，在近几年的文献中基本上采用了"混合方法研究"的称谓。

混合方法研究作用　　　　　　　　　　　表 5—71

序号	作用	详细内容
1	聚合作用	在研究的各个结果中寻找趋于相同的结果
2	补充作用	检查同一现象相互重叠和不同的方面
3	创新作用	发现矛盾、冲突之处，提出新的视角
4	发展作用	先后使用不同的研究方法，在第一种方法的使用中加入第二种研究方法的使用
5	扩展作用	不同方法的结合增加了研究的规模与范围

对此，当我们处于以下几种情况时，比较适合选择混合方法研究。

1）当所研究的问题呈现多元性的面向时，如知识的、情感的、政治的或个人的、社会的多重因素的组合，此时需要采集更多、更详细的数据来延伸或解释最初搜集到的数据资料。

2）当我们有条件同时开展定性研究与定量研究，或手中既有定性资料又有定量数据，并且两种类型数据结合使用比单独一种类型数据能更好解决问题时，应该使用混合方法进行研究设计。例如，《老有 e 家，苏州姑苏区智慧居家养老模式发展状况调研》[①] 中对于养老设施的分布情况属于定性研究，而智慧居家养老和其他养老模式对比属于定性研究，此时就需要运用定性与定量结合的方法。

3）如果在前一阶段的研究中，发现某些结论不易解释或存在某些极端情况，就可以进一步采取不同的研究方法，做进一步的探讨，或许从中能够发现新问题、新关系和新需求，进而扩展我们的研究内容。

4）如果针对某一问题的以往研究中，仅仅使用了单一的研究方法（定量研究或定性研究），我们需要在研究方法上创新，突出调查者的个性及与其他研究成果的差异，进一步深化该问题的研究，也可以采用混合方法研究。

2　混合方法研究类型

顾名思义，混合方法研究是指采用了两种或两种以上的研究方法，或掺合了不同研究策略的社会调查研究。当前运用较为广泛的混合研究方法主要有三角互证设计、嵌入性设计、解释性设计、探究性设计等。

2.1　三角互证设计

三角互证设计（Triangulation Design）是指一个特定阶段的研究设计，其目的是"为了更好地理解所要研究的问题而获得关于同一个主题不同的、但相辅相成的数据"，在该设计中调查者可同时、同等地使用定量方法与定性方法。这种设计既可以直接比较定量统计结果与定性发现，又可以通过定性资料来验证或推广定量统计结果。由于该方法常常并行分别地搜集和分析定量数据和定性资料，因此该方法又称为并行三角互证设计。在具体分析中，调查者结合定量和定性数据进行解释或者通过转换数据整合两种数据。在同一个研究阶段同时进行搜集与分析两种数据，因而可将其视为一种高效的设计。

---

① 《老有 e 家，苏州姑苏区智慧居家养老模式发展状况调研》获得 2016 年度全国大学生城乡社会综合实践调查报告评优三等奖。作者：罗培航、王燕、徐林夕、宋娴芸；指导老师：张振龙、蒋灵德。

三角互证设计同样面临挑战，它既需要调查者付出诸多努力，还要有良好的专业素养，能够从容面对处理两种数据结果不一致等棘手问题。

2.2 嵌入性设计

嵌入式设计（Embed Design）是以 A 研究方法为主，B 研究方法为辅的混合方法研究。在主要的研究方法中没有优先次序，另一种研究方法嵌入其中。嵌入式设计同时搜集了定量、定性两种数据，其中一种数据在整个研究过程中发挥辅助作用。运用此类设计的前提是一种研究方法提供的数据信息是不充分的，故而需要不同的数据来回答不同的问题。

在一个大规模定量或定性的城乡社会综合调查中，当调查者需要用大量定量数据和定性资料来回答研究问题时，即可使用嵌入式设计。当调查者需要在定量设计中使用定性数据时，这种研究设计特别有用。

嵌入式设计在搜集大量定量或定性数据时，不需要花费过多的时间和资源，因为其中的一种数据是辅助性的，这种数据的数量要比另一种数据少得多。嵌入式设计的不足是：调查者必须详细说明在定量研究中搜集定性数据的目的，依次确保用两种方法回答同一个研究问题，否则较难对所获得的结果进行整合。

2.3 解释性设计

这是一种两阶段的混合方法研究，总体目标是用定性数据来帮助解释初步的定量结果。该设计从搜集和分析定量数据开始，然后再搜集和分析定性资料，最后将两种数据分析结果进行整合。由于该研究始于定量阶段，调查者更重视定量方法。

解释性设计较为适合当调查者要用定性数据来解释显著性统计结果或异常结果的研究。例如，有调查者对某众创空间分布进行了研究，他们从定量调查研究开始，确认了统计上的显著性差异和反常结果，然后再通过定性研究来解释为什么会有这些结果。

解释性设计的步骤清晰简洁，便于操作，较为适合于单个调查者研究，也适用于多阶段调查及单独的混合方法研究。由于它通常从定量开始，因此对定量调查者更有吸引力。解释性设计面临的挑战是：实施两个阶段的调查比较花费时间，较难合理安排定性阶段的时间；调查者需要决定在两个阶段是否使用相同的参与者。

2.4 探究性设计

该研究设计的意图是使定性方法有助于拓展和深化定量方法。因此，该设计始于定性方法，搜集与分析定性研究数据，用来探索某个社会现象，然后再进入定量阶段，搜集与分析定量数据。即调查者用定性结果来探索研究问题，为定量研究提供并确定关键变量，同时在此基础上编制调查问卷。研究中，定性研究具有优先性，并将两个阶段的结果在解释阶段进行整合。由于该设计始于定性方法，因此往往把重点放在定性数据上。

探究性设计的优点是适合于多阶段研究，对设计的描述、实施和报告相对简单。其所面临的挑战是需要用大量时间来实施两个阶段的数据搜集和统计分析，同时还要决定是否在两个阶段使用相同的被调查者。

3 混合方法研究方案设计

调查者设计一个混合研究时，可以通过以下的问题清单来进行自我检查。这些构成要素包括混合研究的特征和计划用于研究的策略类型，以及研究的可视模型、数据搜集和分析的具体程序、调查者角色、最终报告的结构。

3.1 混合方法研究步骤要素

许多资料显示，混合研究来源于心理学以及坎贝尔和菲斯克（Campbell & Fiske，1959）为对源于定量和定性的数据进行整合成三角互证而提出的多质多法模型（Multitrait-multimethod Matrix，Jick，1979），发展到混合研究的步骤和推论研究（Creswell，2002；Tashakkori & Teddlie，1998）。

3.2 混合方法研究策略选择标准

方案设计者应该说明其打算使用的数据搜集策略，还应该说明混合方法研究的策略选择（表5-72）的标准。

混合方法研究的策略选择　　　　　表5-72

实施	优先	整合	理论视角
无顺序并行	同等	在数据搜集阶段	明晰的
顺序化——定性法优先	定性法	在数据分析阶段	
		在数据解释阶段	内隐的
顺序化——定量法优先	定量法	在综合阶段	

实施意味着调查者既可以分阶段（按顺序）也可以同时（并行）搜集定量定性数据。当分阶段搜集数据时，策略选择首先应考虑的第一个因素是先搜集定性数据还是定量数据，这主要取决于调查者的最初意图。

策略选择应考虑的第二个因素是是否给予定性还是定量研究以更大优先或权重，尤其是在使用定量数据和分析时。这种优先可以是平等的，也可以向定性或定量数据倾斜。

在研究过程中，有几个环节可以出现这两种数据类型的整合：数据搜集、数据分析。

最后要考虑的因素是否有一个宏大的理论视角来指导整个设计。无论研究策略的实施、优先和整合特征如何，这一框架都将在其中起作用。

4 混合方法研究的过程与实施

混合方法研究主要有如下步骤。

一，判断可需性——采用混合方法研究的目的是什么？是否需要采用混合方法研究。

二，考虑可行性——调查者是否具备足够的定量与定性研究的专业知识和资源（时间、精力）等。

三，阐述研究问题——同时运用定量方法与定性方法进行阐述。通过定量方法描述可检验的研究假设，通过定性方法描述要研究的现象。

四，决定数据搜集方法的类型——在单一项目的混合方法研究中，至少要包括一种定量和定性搜集数据的方法。对于定量方法主要是通过测量工具或结构式访谈、观察搜集到的封闭式数据信息；对于开放式定性数据的搜集方法主要是访谈、观察（从参与式观察到非参与式观察）、文献资料（从个人档案到公众档案）和音频、视频资料等。

五，评估权重——即定量与定性方法在应用时所处的重要程度或主、从地位，还要包括确定这两种方法的顺序。

六，呈现可视模型——在上一步的基础上用可视模型来表示两种方法的主、从地位及顺序。

七，决定如何分析数据——对于平行模型来说，两种数据的分析是独立进行的，融合发生在研究的解释阶段。如果研究结果矛盾，可采取相应措施：用相关理论解释矛盾；搜索更多的信息来解决矛盾；指明矛盾的产生是本研究的一个局限或弱点。对于顺序模型来说，数据的分析是按顺序的。如果先对定性数据进行分析，可以将其转换为定类变量，然后通过统计分析来检验假设和研究问题，可能会在更深的层次上发现极端值。

八，制定研究计划——由上可知，混合方法研究范式倡导多元策略，力图最大限度地利用定量和定性方法的优势，所作的类型区分与程序规范为调查者提供了可依循的架构，但并不制约研究范式应有的灵活性，因此，面对多彩纷呈的社会问题研究，从研究设计、资料分析到成果呈现，有相当大的自由度。

第 5 节　大数据分析研究

1　大数据产生背景及概述

1.1　大数据产生背景及概述

70 多年以来，计算机技术逐渐全面融入社会生活，信息爆炸不断积累，开始引发变革。它使世界充斥着比以往更多、容量更大、增长速度更快的信息，衍生出"大数据（Big Data）"概念。

大数据（Big Data）早期，为了解决大规模数据的问题，数据库、数据仓库、数据集市等信息管理领域技术应运而生。1980 年，著名未来学家托夫勒在著作《第三次浪潮》中以"第三次浪潮的华彩乐章"称颂"大数据"。20 世纪 90 年代，数据仓库之父——比尔·恩门（Bill Inmon）就经常提及 Big Data 概念。2011 年 5 月的以"云计算相遇大数据"为主题的 EMC World 2011 会议中，EMC 向公众明确抛出了 Big Data 概念。2011 年 6 月，麦肯锡公司发布了关于"大数据"的报告，对"大数据"的社会影响、关键技术和应用领域等都进行了详尽的分析。2012 年，迈尔·舍恩伯格等在著作《"大数据"时代》中明确提出了"大数据"的特点是四 V——Volume（数据量大）、Velocity（输入和处理速度快）、Variety（数据多样）、Value（价值密度低）。21 世纪，数据信息大发展的时代，社交网络、移动互联、电子商务等都极大拓展了互联网的边界和应用范围，各种数据正在迅速膨胀并变大。

1.2 大数据的概念与特征

严格而言，"大数据"一词在学术界难以获取标准化的定义，简单说"大数据就是任何不能放在一张 Excel 表格中的数据"。总体而言，大数据指传统设备在短时间内无法处理的大数量、高效率、多类型、密度低的数据。与传统以静态统计和抽样方法获得的数据相比，大数据具有动态性、全局性的特点，能够依靠相关分析技术对大范围、多样化的全局数据和实时数据进行可视化及相关性分析。

长期以来，大数据时代的思维变革正在悄然发生，迈尔·舍恩伯格等人将其总结为 3 个方面：①由随机样本转向全体数据；②由精确性转向混杂性；③由因果关系转向相关关系。大数据思维变革为传统城市、乡村社会调查所用到的分析技术带来全新启示，包括：利用更多元的数据渠道和更丰富的数据类型，从更全局的视角来认知城乡中的要素及要素间的关系，进而为城乡社会综合调查服务。总之，在大数据时代，城乡社会综合调查将迎来技术和流程的革新以及参与主体及平台的进一步拓展。

2 主要数据类型和获取方式

2.1 数据类型及获取方法

浏览文献可以发现学者们根据获取方式不同，对于城乡大数据的分类做过诸多研究。王鹏（2014）根据数据产生的来源，将城乡大数据分为互联网数据、智慧设施数据。其中，互联网数据是指政府、企业的开源数据和公众提供的数据；智慧设施数据是指视频监控数据、与交通相关的传感信息数据等[①]。柴彦威（2014）根据个人时空信息获取的方式，将大数据分为被动获取的数据、主动获取的数据和半主动获取的数据。其中被动式数据主要指手机通话数据、公交刷卡数据、银行卡消费数据等；主动式数据主要指被调查人通过智能手机的 APP 软件参与调查，在网站中填写出行、活动的日志数据；半主动式主要指可提取社会经济属性的用户签到、用户发布的时空信息等[②]。刘浏（2015）从城乡规划师视角出发，将大数据分为空间特性的大分布数据、时间特性的大迁移数据、主观感受的大评价数据。[③]

近年来城乡大数据研究发展迅速，本书主要介绍以下几种较为常见的大数据获取类型，包括交通传感数据、地球与兴趣点（Point of Interest）数据、位置服务数据、互联网数据。本节参考案例主要来源于城市数据团[④]。

（1）交通传感数据

在智慧城乡基础设施大力建设的背景下，各种交通工具上都辅以传感器感知城市交通实况，从而获取车辆和居民位置。交通传感数据是与居民移动、城

---

① 王鹏，袁晓辉，李苗裔.面向城市规划编制的大数据类型及应用方式研究 [J].规划师，2014，30（08）：25-31.

② 柴彦威，申悦，陈梓烽.基于时空间行为的人本导向的智慧城市规划与管理 [J].国际城市规划，2014，29（06）：31-37+50.

③ 刘浏.城市规划实践中的大数据思维 [A].中国城市规划学会、贵阳市人民政府.新常态：传承与变革——2015 中国城市规划年会论文集（04 城市规划新技术应用）[C].中国城市规划学会、贵阳市人民政府：中国城市规划学会，2015：17.

④ 注：城市数据团是上海脉策数据科技有限公司旗下的原创数据媒体，在国家信息中心颁布的《2017 中国大数据发展报告》的大数据领域微信公众号排名中进入前十。

市（乡）内和城市（乡）间交通相关的各类传感信息数据[①]，它包含非常丰富的城乡活动信息.城乡社会综合调查者可通过交通传感数据分析城市功能分区，监测城乡人口流动趋势，构建城乡居民与空间组织的相互关系等。

（2）地球与兴趣点（Point of Interest）数据

城乡的基本单元是建筑，电子地图是大数据时代对城乡单元的可视化具体描述，它所涵盖的空间信息比纸质地图更丰富、更具时效性，还可以用数据分析方法进行挖掘。兴趣点（Point of Interest）数据则是指电子地图上的某个可以抽象为点的地标，例如火车站、学校、医院、超市、市政府等，从而还原出城乡的基本概况，它支持搜索与空间位置相关的数据.可见，地图与兴趣点(Point of Interest) 数据是城乡社会综合调查的基本素材，随着地图尺度粒度的精细化，这些数据正在逐步覆盖全部的城乡社会物理空间。

（3）位置服务数据

位置服务，常被称为定位服务，是由卫星定位系统和移动通信网络联合实现，与空间位置紧密相关的增值服务。位置服务数据有助于城乡社会综合调查者更好地理解城乡运行动态，是兴趣点（Point of Interest）数据的深度补充[②]。城乡空间一直是城乡社会综合调查关注的重点，从调查内容而言，位置服务数据可为调查者提供丰富、海量的社会调查数据，进行空间分布分析、社交往来分析等，其中手机信令数据[③]在城乡规划和交通研究领域的应用就十分广泛；从调查者自身而言，位置服务数据又可为调查者的交通出行、实时交流、人身安全等提供技术保障。

（4）互联网数据

随着社交网络的高度发达，不论是哪一年龄段的城乡居民，其主体都不断由现实世界的关系网络迁移到虚拟世界中，并呈现出清晰的情感互动和情绪传染过程，例如某些事件甚至会引发网络舆情。

3 主要分析工具和分析方法

当前大数据采集方法使用较多的是 Python 数据采集、城市 POI 数据采集、火车头网页信息采集、百度热力图及路况信息、遥感影像图采集等（图 5-58）方法。

3.1 Python 数据采集

（1）基本概念及原理

Python 是一种面向对象的、动态的程序设计语言，具有非常简洁而清晰的语法，既可用于快速开发程序，也可用于开发大规模软件。Python 包含的内容

---

① 王鹏，袁晓辉，李苗裔.而向城市规划编制的大数据类型及应用方式研究 [J]. 规划师，2014，30（08）: 25-31.

② 王静远.以数据为中心的智慧城市研究综述 [J]. 计算机研究与发展，2014，51（2）: 239-259.

③ 注：近年来，由于居民手机拥有率和使用率大幅提高、手机数据结构简单，国内外学者充分利用手机数据能清晰、有效地反映居民时空行为的特点，在城市规划与城市交通研究领域己开展大量的研究与应用。城市交通研究领域的学者利用手机数据对居民出行路径、居民出行规律与分布特征、城市主要交通廊道的客流等方面开展研究；而城市规划学者更多从土地利用人手，对手机用户的时空行为特征与土地利用特征进行关联性研究，以提高手机数据在规划调查研究中的分析应用价值。

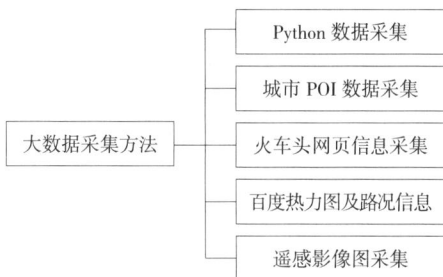

图 5-58 数据采集分析框架图
图片来源：作者自绘

较多，本书主要涉及的是爬虫篇。

网络爬虫，又被称为网页蜘蛛、网络机器人，它是一种按照一定规则，自动抓取万维网信息的程序或者脚本，是搜索引擎的重要组成。当前被广泛应用于互联网搜索引擎或其他类似网站，以获取或更新这些网站的内容和检索方式。网络爬虫主要分为数据采集、处理、储存三个部分，一般从一个或者多个初始 URL 开始，通过搜索或是内容匹配手段（比如正则表达式[①]），可以自动采集所有其能够访问到的页面内容，以供搜索引擎做进一步处理，如分检整理下载的页面，以文本或图表的方式显示出来，从而使用户能更快检索到他们需要的信息。

（2）应用范围

Python 定位是"计算机程序设计语言"，从它的特点来看，是一种"面向对象"的语言，同时也是一门"解释型"语言。计算机的程序设计语言有很多，有最经典的 C 语言，有同样面向对象的 C++、Java、C#。Python 能够从众多编程语言中脱颖而出也是由其自身固有特点决定的。

1）数据分析与处理

通常情况下，Python 被用来做数据分析。Python 也是一个比较完善的数据分析生态系统。日常做描述统计用到的直方图、散点图、条形图等都会用到它，几行代码即可出图。

2）Web 开发应用

Python 是 Web 开发的主流语言，但不能说是最好的语言。同样是解释型语言的 Java，在 Web 开发中应用的已经较为广泛，原因是其有一套成熟的框架。Python 在 Web 方面也有自己的框架，如 Django 和 Flask 等。可以说用 Python 开发的 Web 项目小而精，支持最新的 XML 技术，而且数据处理的功能较为强大。

3）人工智能应用

在人工智能的应用方面，Python 在神经网络、深度学习方面，都能够找到比较成熟的包来加以调用。而且 Python 是面向对象的动态语言，且适用于科学计算，这就使得 Python 在人工智能方面备受青睐。虽然人工智能程序不限于 Python，但依旧为 Python 提供了大量的 API，这也正是因为 Python 当中包含

[①] 注：正则表达式，又称规则表达式（英语：Regular Expression，在代码中常简写为 regex、regexp 或 RE），计算机科学的一个概念。正则表达式通常被用来检索、替换那些符合某个模式（规则）的文本。

着较多的适用于人工智能的模块，比如 Sklearn 模块等。调用方便、科学计算功能强大依旧是 Python 在 AI 领域最强大的竞争力。

（3）优缺点

1）Python 优点

①语言简洁，简单易学。②使用方便，不需要笨重的 IDE，Python 只需要一个 Sublime Text 或者是一个文本编辑器，就可以进行大部分中小型应用的开发。③拥有强大的网络支持库，可以方便地解析网页各个标签，抓取网页中的内容。④擅长进行文本处理、字符串处理。

2）Python 缺点

①速度较 C++ 慢。②国内市场较小。③中文资料匮乏，高级内容还是只能看英语版。④构架选择太多。

3.2 城市 POI（Point of Interest）数据采集及相关案例

（1）基本概念及原理

POI（Point of Interest，中文翻译"兴趣点"），泛指一切可以被抽象为点的地理实体，尤其是与人们生活密切相关的设施，是电子地图上的某个地标。POI 数据内容包括政府部门、各行业商业机构（加油站、商场、超市、餐厅、酒店、便利店、医院等）、旅游景点（公园、公厕等）、古迹名胜、交通设施（各式车站、停车场等）、中小学托幼等。POI 数据是含有名称、类别、经纬度及地址、邮编、电话号码等丰富属性的点状空间数据。更新周期一般为一年。数据获取途径多源，可向地图运营商购买，亦可利用爬虫技术进行网络电子地图抓取。

POI 是地理信息系统的重要组成。传统的地理信息采集方法需要地图测绘人员采用精密的测绘仪器去获取一个兴趣点的经纬度，然后进行标记。由此对于一个地理信息系统来说，POI 的数量在一定程度上代表着整个系统的价值。

（2）应用范围

当前 POI 在城乡社会综合调查报告用法主要有 3 种。第一种为利用 POI 自身密度表征，描绘城市各类功能分布，并提取城市空间结构与中心体系；第二种利用 POI 与其他要素相关性，描绘城市人口的空间密度分布状况；第三种对 POI 进行分类赋值，以对城市活力、设施品质、设施配置公平性进行评价。

（3）优缺点

1）城市 POI 数据优点

具体包括：获取途径相对容易；数据范围大；数据类型覆盖面广；数据处理难度较低。

2）城市 POI 数据缺点

其一，来源不同的 POI 的经纬度都普遍存在误差与坐标系不统一的问题。

其二，POI 数据属性内容较少，主要包括位置和类别两种要素，但是缺乏建设规模、营业收入等其他属性。

其三，POI 数据缺失时间属性，POI 因为主要是为居民日常生活服务，必须与建设现状保持一致，但是历史数据较难获得。

（4）案例：城市功能区识别与休闲娱乐活力评价

本案例主要以静态 POI 数据为基础，通过不同 POI 数据的整理与分类，来表征城市用地类型，进而分析上海市的用地构成与城市结构。

1）数据来源及数据处理

研究所用的 POI 数据来源于 2016 年 10 月份的高德地图。数据量约为 627500 条，数据内容涵盖了餐饮、旅游景点、公共设施、交通设施、购物、教育、金融、商务住宅、生活服务、体育、医疗、政府办公、住宿服务 13 个大类，每个大类下包含若干个小类。数据标签包括名字、类型、地址、经度、纬度、联系方式、行政区域等信息。

数据处理方面，首先，对 Excel 原始数据进行初步清理，主要包括清理重复数据，去除信息缺失的数据；然后，进行数据纠偏，通过城市数据团 ① 提供的坐标纠偏插件，把 POI 数据由火星坐标系转换为 WGS1984 坐标；进而，将 Excel 数据置入到 ArcGIS 中，转换为 shp 格式，进一步进行数据清理，删除上海市域范围外的 POI 数据。

2）上海市城市功能识别

其一，POI 数据分类

借鉴 2012 年新版城市用地分类与规划建设用地标准，主要进行居住用地（R）、公共管理与公共服务设施用地（A）、商业服务业设施用地（B）、工业用地（M）、交通与道路设施用地（S）、绿地与广场用地（G）六种用地大类的研究。基于每种用地大类中的用地中类与用地小类的内容，进行 POI 数据的重分类。如用于表征商业服务业设施用地的 POI 数据分为餐饮服务类、购物服务类、住宿服务类、金融保险服务类、商务住宅类；每一类下又包含若干 POI 设施，比如购物服务类下包含超级超市、购物中心、商业街，金融保险服务类包含银行、证券公司、保险公司，具体每类用地的 POI 数据分类情况如图 5-59 所示。

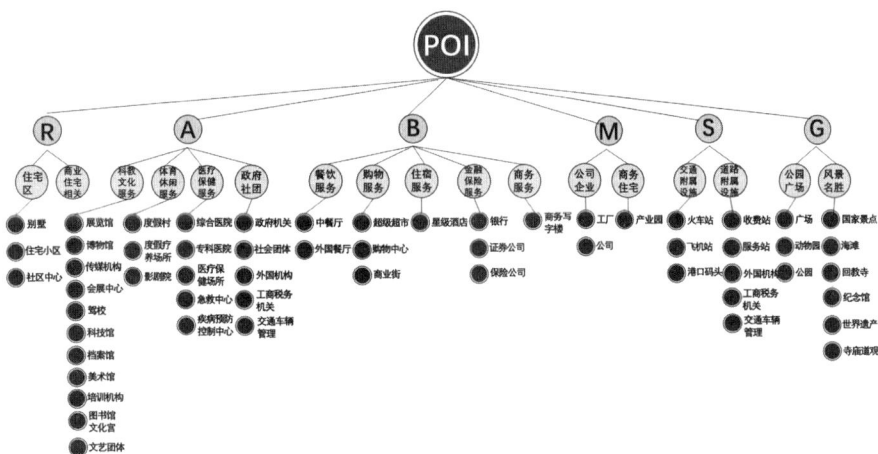

图 5-59 POI 数据分类
资料来源：城市数据研习社

① 注：城市数据团是上海脉策数据科技有限公司旗下的原创数据媒体，在大数据领域微信公众号排名进入前十。

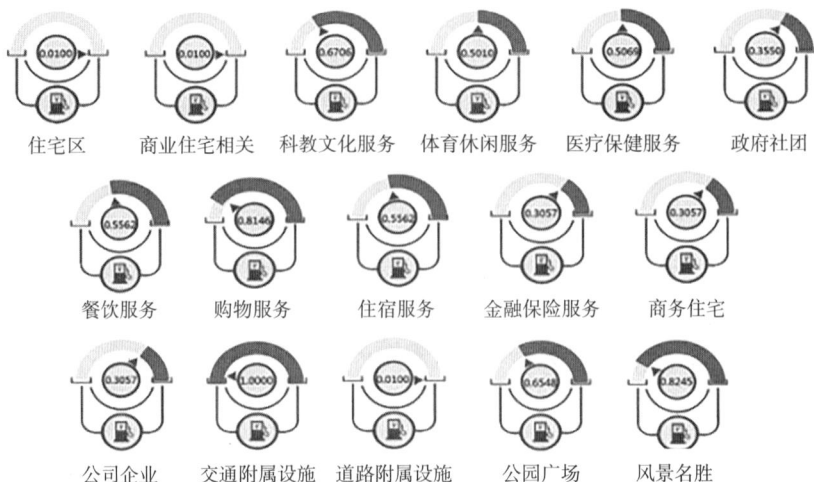

图 5-60　POI 设施权重统计图 [①]

资料来源：城市数据研习社

对分类完的 POI 数据进行统计可以看出，商业服务设施用地类 POI 数据最多，占总数据量的一半以上；公共管理与公共服务设施类、道路与交通用地类、居住用地类 POI 数据也较多；工业用地类、绿地与广场用地类 POI 数据相对较少。

其二，数据赋值

本次数据赋值参考赵卫锋《利用城市 POI 数据提取分层地标》文章中基于 POI 数据的公众认知、空间分布、个体特征三个特性进行权重赋值的方法。对每类 POI 设施进行权重赋值，具体权重值如图 5-60 所示。

其三，研究单元划分

上海市辖黄浦、徐汇、长宁、静安、普陀、虹口、杨浦、闵行、宝山、嘉定、浦东、金山、松江、青浦、奉贤、崇明 16 个市辖区。本次分析采用 1000m × 1000m 的正方形网格作为分析基础单元，研究单元合计为 9594 个。

其四，数据计算

参照池娇、焦利民等的《基于 POI 数据的城市功能区定量识别及其可视化》文章的研究方法，对每一个网格单元进行统计计算，指标为频数密度（F_i）和类型比例（C_i）。具体算法为通过计算栅格单元内第 i 类（共六大类）POI 数据占该类 POI 总数的频数密度；以及第 i 种类型 POI 的频数密度占单元内所有类型的 POI 频数密度的比例来识别用地功能区。计算公式如图 5-61 所示：

$$F_i = n_i / N_i \quad (i = 1, 2, \cdots, 6)$$

$$C_i = F_i / \left(\sum_{i=1}^{6} F_i \right) \quad (i = 1, 2, \cdots, 6) \; [②]$$

图 5-61　POI 计算公式图

资料来源：城市数据研习社

[①] 注：B 类用地和 M 类用地中的商务住宅部分赋值统一为 0.3057。

[②] 注：i 表示六种用地类型的 POI 数据；n_i 表示渔网单元内第 i 种类型 POI 数量；N_i 代表第 i 种类型 POI 的总数；F_i 表示第 i 种类型 POI 占该类型 POI 总数的频数密度；C_i 表示第 i 种类型 POI 的频数密度占单元内所有类型 POI 频数密度的比例。

同时，以类型比例（C_i）超过 50% 作为单元功能性质的评定标准。当栅格单元内某一 POI 类型比例达到 50%，判定该栅格单元为"单一功能区"；当栅格单元内所有 POI 类型比例均小于 50% 且不全为 0 时，判定该栅格单元为"混合功能区"，当栅格单元内不存在 POI 数据时，判定为"非建设用地区"。最终得到单一功能区、混合功能区、非建设用地区三种类型。

经过计算得出图 5-62，上海市主要以复合用地为主，占到总用地的 40% 左右，非建设用地区也较多，单一功能区相对较少。在空间分布方面，单一功能区主要分布在崇明区、嘉定区、青浦区、松江区、金山区、奉贤区、浦东新区东片区、宝山区西北片区；混合用地主要在中心城区以及各区划的中心；非建设用地区主要为长江、黄浦江等水域以及农林用地。

其五，单一功能区深入分析

在识别出的单一功能区的基础上，进一步判断单一功能区的用地类型（图5-63）。其中，居住用地集中分布在北中环路附近；公共服务设施用地布局较

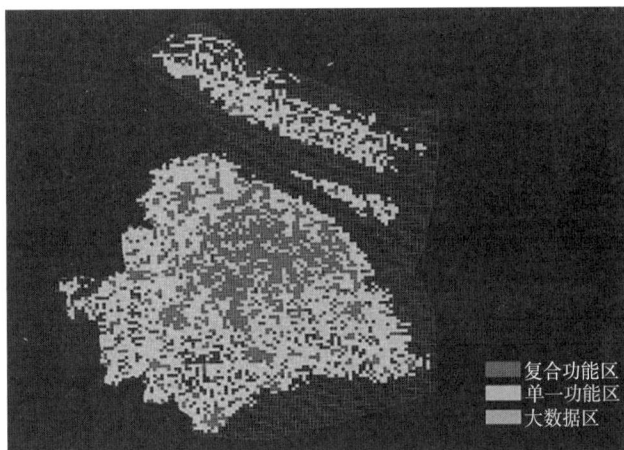

图 5-62　上海市功能区识别图
资料来源：城市数据研习社

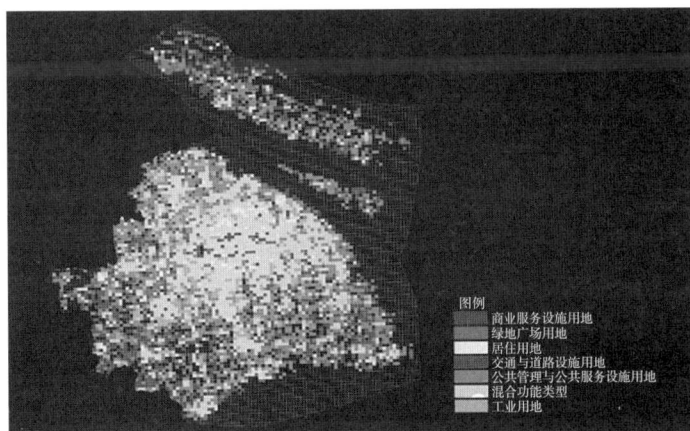

图 5-63　上海市单一功能区用地性质分布图
资料来源：城市数据研习社

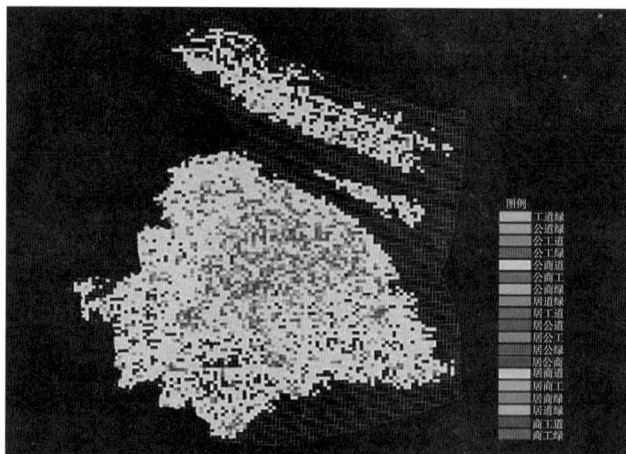

图 5-64　上海市混合功能区用地性质分布图
资料来源：城市数据研习社

为均匀；商业用地在陆家嘴、曹杨路附近呈现集聚现象；工业用地主要分布在绕城高速以外，呈环状布局，并沿沪昆高速向西南延伸；绿地与广场用地布局均匀，在余山森林公园、滨江森林公园附近形成绿楔嵌入市区。

其六，混合功能区深入分析

混合功能区主要集中在杨浦区、虹口区、闸北区、静安区、黄浦区、长宁区、徐汇区、闵行区。选取混合功能区功能比例最高的三种用地的"首字"（如居住用地、商业服务业设施用地、工业用地合并记为"居商工"）组合成 19 种类型[①]（图 5-64）。

3.3　火车头网页信息采集

（1）软件概况及应用范围

火车采集器（Locoy Spider）是一款网页抓取工具软件，是用于网站信息采集，网站信息抓取，包括图片、文字等信息采集处理发布，是目前使用人数最多的互联网数据采集软件。

软件官方下载链接 http：//www.locoy.com/download。

（2）优缺点

1）火车头网页信息采集优点

①通用性强。无论哪类网站，只要通过浏览器能看到的结构化的内容，通过指定匹配规则，都能采集到所需要的内容。②稳定、高效。软件通过不断更新，采集速度快，性能稳定，占用资源少。③扩展性强、适用范围广。自定义 web 发布、主流数据库的保存和发布、本地 php 及 .net 外部编程接口处理数据。

2）火车头网页信息采集缺点

采集功能增多，软件越来越大，比较占用内存和 CPU 资源。另外，授权绑定计算机，有时使用很不方便。当前只能在 Windows 平台下使用，没有 Linux 版本。

---

① 注：分别为公商工、公商绿、公商道、公工绿、公工道、公道绿、商道绿、商工绿、商工道、居公商、居公工、居公绿、居公道、居商工、居商绿、居商道、居工道、居绿道、工道绿。其中，"公商道"、"公道绿"、"居公道"这三中混合类型出现频数较高，都达到 200 以上。

（3）案例：爬虫软件爬取公开网络数据案例（以大众点评为例）

1）网站分析

首先分析大众点评的 URL，对大众点评首页以及相关具体板块、商户的 URL 进行比对，发现十分有规律，方便我们爬取数据。

大众点评首页：http：//www.dianping.com/；选择邯郸：http：//www.dianping.com/handan；点击美食：http：//www.dianping.com/handan/food；选择任意商业区：http：//www.dianping.com/search/category/27/10/r12577；选择一个商户：http：//www.dianping.com/shop/22057739。

通过审查任意页面的源码，通过观察每个部分的分布位置，可以缩小我们的爬取范围，加快爬取速度。

2）网址采集

首先，打开火车采集器软件，新建任务（图 5-65）。

接着就是设置网址（图 5-66）采集规则，这是很重要的一步，将会关系到我们采集到数据的数量。

由于爬取的数据都在商户详情页面（图 5-67），因而选择分商业区进行爬取（这样可以细化数据，还可以根据行政区、商户类型，甚至不选择条件进行

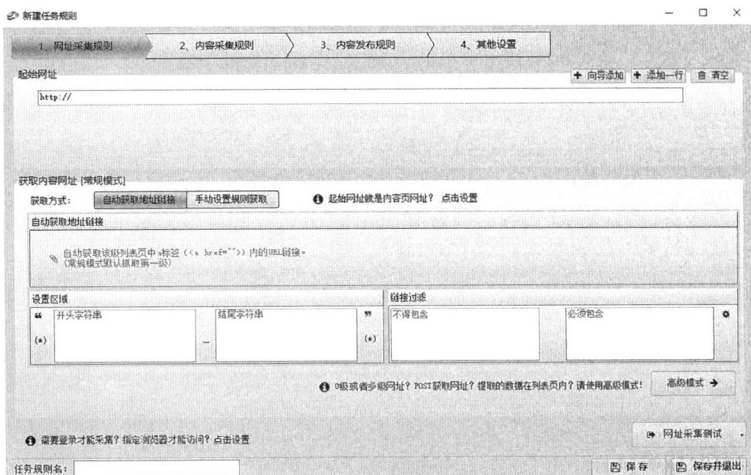

图 5-65　新建任务

图 5-66　设置网址

图 5-67　商户详情页面

起始网址

1. http://www.dianping.com/search/category/27/10/r12581

图 5-68　爬取地址

爬取)。我们在此选择一个商业区作为起始爬取地址 (图 5-68)。

可以发现，该页面上有 15 条商户信息，每个商户会对应一个连接，因此如果是选择单一连接，只会爬取到 15 条数据，所以应先解决分页的问题。通过观察第二页和第三页的链接:http：//www.dianping.com/search/category/27/10/r12593p2；http：//www.dianping.com/search/category/27/10/r12593p3。很明显，前面的 http：//www.dianping.com/search/category/27/10/r12593p 是唯一不变的，而后面的页码是在变化的。

点击【向导添加】>>【批量网址】(图 5-69)。

将页码设置成地址参数，选择从 2 开始，每次递增 1 次，共 14 项。点击网址采集测试。

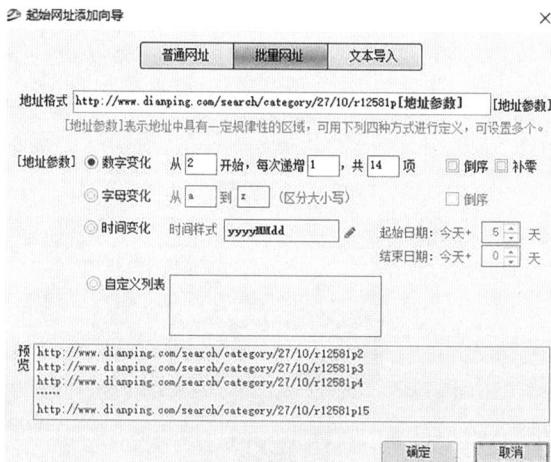

图 5-69　批量网址

3）内容采集

此阶段主要为设置内容采集规则。

这部分要采集的数据是：纬度（图5-70）、商户名称（图5-71）、位置信息（图5-72）、口味（图5-73）、点评数量（图5-74）。需要对此分别进行设置。如同前面的商户信息采集一样，首先观察每个部分在源码中的特征，然后填入开头字符串、结尾字符串即可。注意最好要保证开头字符串是唯一的，否则将选取第一个进行截取。

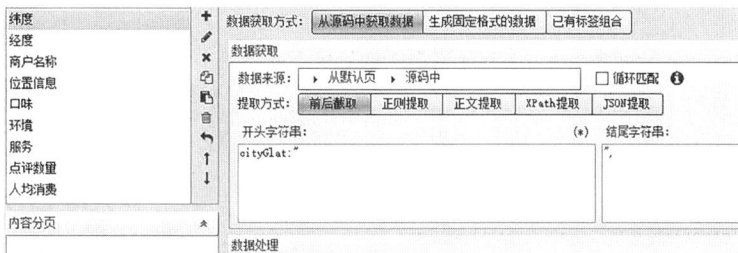

图5-70 纬度

图5-71 商户名称

图5-72 位置信息

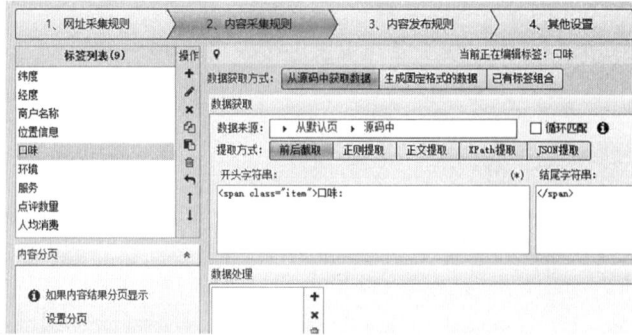

图 5-73　口味

图 5-74　点评数量

图 5-75　导出数据

图 5-76　内容发布规则

内容采集规则基本设置完成后，可以通过采集某项数据来进行测试。

4）内容发布

内容发布就是将采集好的数据导出来（图 5-75），这里免费版的只支持导出到 Txt。为了转成 Excel 方便，我们设置如下规则：标签均以英文逗号分隔，每一条数据加一个换行（图 5-76）。

图 5-77　数据采集、导出

图 5-78　数据导出成 Excel 形式

基本设置完成,点击右下角保存并退出。开始数据采集并导出(图 5-77)。城乡规划调查者一般将调查数据导出成 Excel 形式(图 5-78)。

3.4　百度热力图及路况图

3.4.1　基本概念及原理

(1)百度热力图相关概述及原理

百度地图热力图是百度在 2014 年新推出的一款大数据可视化产品,该产品以 LBS 平台手机用户地理位置数据为基础,通过一定的空间表达处理,最终呈现给用户不同程度的人群集聚度,即通过叠加在网络地图上的不同色块来实时描述城市中人群的分布情况(图 5-79)。该款产品在面世之初便因其能够提供节假日景区拥挤程度,帮助用户出游决策而受到追捧,同时,作为一个基于亿级手机用户地理位置的大数据新应用,百度地图热力图在不同专业领域内的意义和价值也在被持续地挖掘和开发。

(2)百度热力图采集工作原理[①]

百度热力图采集工作原理如图 5-80 所示。

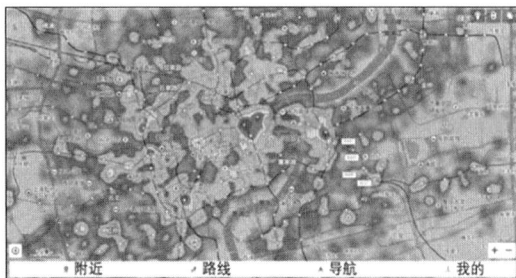

图 5-79　百度地图热力图界面

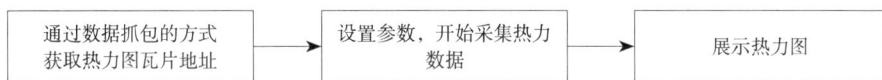

通过数据抓包的方式获取热力图瓦片地址 → 设置参数,开始采集热力数据 → 展示热力图

图 5-80　百度热力图工作原理

---

① 资料来源:城市数据研习社分享 https://mp.weixin.qq.com/s/liDTEvzT9MrxHBn8-vOYzQ。

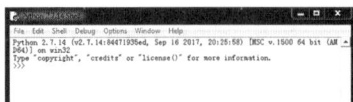

图 5-81　Python 2.7 软件界面

C:\Python27\python.exe:

请输入经度：120.62

请输入纬度：31.31

图 5-82　设置经纬度详细过程[①]

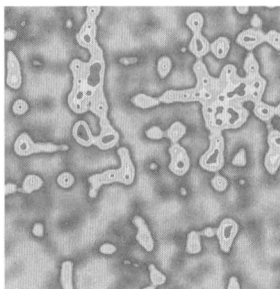

图 5-84　热力图示意

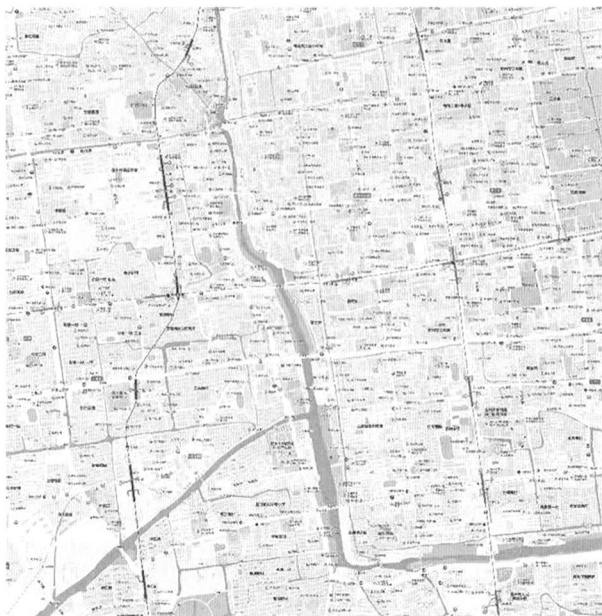

图 5-83　采集热力图照片

详细操作流程

STEP1：准备软件和运行环境

首先，你要有个 Python2 的编译和运行环境（图 5-81），同时需要安装 Python 的 IDE 工具，可以参考 PyCharm、Sypder、Sublime Text。

STEP2：确定数据采集范围和地图级别

运行程序并进行我们的数据采集流程：①设置地图中心位置（通过经纬度位置输入，图 5-82）。②输入缩放级别。地图缩放级别一般从 0-17 级（部分地图可达到 18-19 级），级别越高，单个地图显示的信息就越多。建议采用 17 级地图的数据抓取方式。③输入地图的长宽瓦片数。瓦片的长宽必须是偶数才行，假设长宽都输入 10，因此需要获取 10×10 共 100 张瓦片。④开始采集。采集得到图片（图 5-83），就是我们这次热力图数据采集的范围了。这张图在后面分析的时候会作为整个热力图纠偏的参照，所以这张图非常重要。如果觉得这个范围不够大或者这个范围太大了，可以根据研究的实际需求调整之前输入的五个参数。

STPE3：开始采集热力数据

在抓取热力图之前，我们要考虑好，热力图多长时间抓一张，由于这个代码是可以无限运行的，所以，设置程序的"睡眠时间"是非常重要的。

第一步、第二步、第三步和"确定范围"是相同的，所以就不多说了，但是有一点一定要非常注意：输入的五个参数，必须与"确定范围"步骤中最终确定的五个参数一致。

图 5-84 是采集热力图示意。

[①] 注：本工具基于百度地图开发，所以采用 BD09 坐标系，具体中心位置可通过百度坐标拾取器（http://api.map.baidu.com/lbsapi/getpoint/index.html）获得。

STEP4：热力图结合地理空间

通过 ArcGIS 将热力图和地理空间信息结合起来进行观察。

①参照系。首先你要找到一个参照系，一般我们采用路网数据，如果没有路网数据可以考虑下载 OSM 的路网数据。下面这张图（图 5-85）就是我们的路网数据。②打开"地图配准"，通过 3 个以上的参考点，一一对应到路网上，将地图和路网进行对应。将这个 png（图 5-86）输出为带坐标的 tiff，存在电脑里。③配准热力图。再用 ArcGIS 中的"地图配准"功能配准热力图，参考点选热力图矩形的四个角（图 5-87）。再输出 tiff 格式。

（3）百度路况图相关概述及原理

百度路况图（图 5-88），采用简图生动展示路况的方式，可以清晰地看到搜索区域内干道路的路况情况。百度实时路况图，表面上是一个表示道路上实

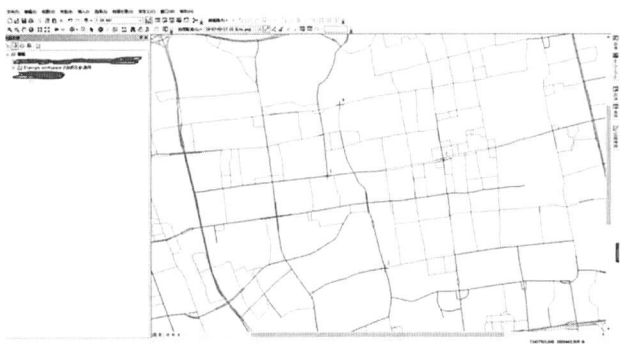

图 5-85　用于地图配准的
　　　　　　　"路网"

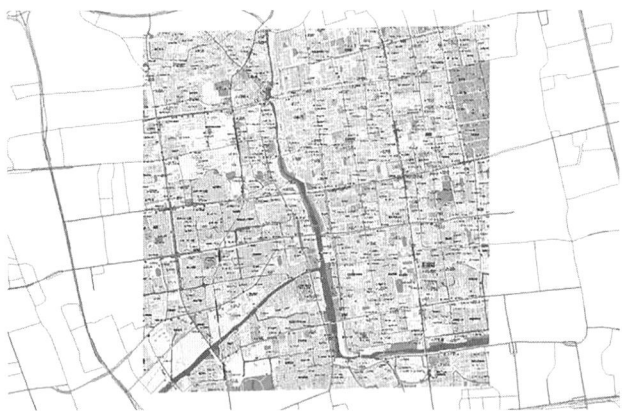

图 5-86　配准好的地图

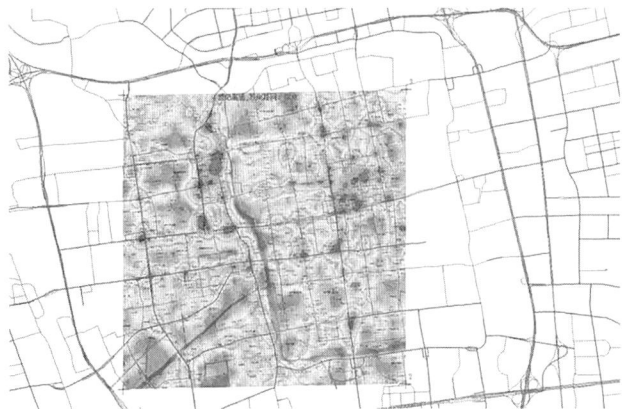

图 5-87　配准好的热力图

图 5-88　百度路况图界面

时的通畅或拥挤程度的概念。广义上，实时路况还包括道路上发生的事故、道路的通达性、道路的危险性等。狭义上，实时路况是交通信息频道的简称。百度地图实时路况服务已经覆盖全国 49 座主要城市。数据的来源主要包括各类营运车辆回传数据、政府提供的实时交通大数据、合作方数据，以及用户贡献的海量实时位置数据。为了将实时路况功能覆盖至全国范围，百度地图构建了行业领先的计算模型，对用户贡献的海量位置大数据进行实时处理，从而正式发布全国实时路况数据，为用户提供准确及时的路况信息。按照目前每分钟更新一次的频率，每次计算需要统筹多条车辆轨迹，计算量十分庞大。大约每分钟要运行上亿次复杂的路况运算，在一分钟内完成路况计算、信息发布，并将信息同步到上千万即时活跃用户的手机上。在实时路况的计算过程中，数据量越充足，计算的结果越可靠，最终呈现出来的实时路况也就越准确。

3.4.2　应用范围

作为一个基于亿级手机用户地理位置的大数据新应用，百度地图的热力图和实时路况图在不同专业领域内的价值在被持续地挖掘和开发。在城市研究领域，也有学者对百度热力图的应用进行了探索：如吴志强、叶锺楠（2016）基于热力图进行上海中心城区的空间结构研究；[①] 冷炳荣、余颖（2015）利用热力图进行重庆市主城区职住关系的剖析 [②] 等，这些学者为热力图在城市领域的应用打下了基础，但对于热力图的深入研究还远远不够。

3.4.3　优缺点

（1）百度热力图及路况图优点

1）清晰展现城市空间使用情况。对于城市研究和城市规划专业人员而言，百度地图热力图提供了一个观察城市空间的全新视角，它所展示的不同时段内人群在城市各地点的聚集信息在很大程度上反映了城市空间被使用的情况。城

---

① 吴志强，叶锺楠.基于百度地图热力图的城市空间结构研究——以上海中心城区为例 [J]. 城市规划，2016，40（04）：33-40.
② 冷炳荣，余颖，黄大全，等.大数据视野下的重庆主城区职住关系剖析 [J]. 规划师，2015，31（05）：92-96.

市中人口密度最高的是哪些地区？人群是否按照规划者的意愿进行聚集？高密度区域的聚集会持续多久？城市白天和夜晚的人群分布有多大的差异？诸如此类的问题是城市研究者和规划师一直以来热切关注，却又不易弄清的，而这些问题在百度地图热力图这个大数据平台的面前却显得前所未有的清晰。

2）弥补传统数据来源动态性不足。以百度热力图及路况图为代表的大数据应用到规划领域改变了传统单一依靠人口普查数据与问卷调查的研究方法，弥补了传统数据来源动态性不足的问题。同时，由于百度热力图是用户访问百度产品时的记录的数字足迹，实际上内含了城市规划中"公众参与"，是公众在无意识间对规划决策进行参与，将自下而上的决策机制与自上而下的决策机制相结合，提高了规划的准确性和权威性。

（2）百度热力图及路况图缺点

1）百度热力图及路况图的热图柔化了效果，对精确信息表达不充分，使用者很难抓住重点。

2）百度热力图及路况图的高亮色彩传递的是感性化的信息，不容易分辨具体的数值。

3.4.4　案例：南京主城区热力图分析

1）工作日出行特征

对1月5日7：00—24：00南京市的热力图进行分析，找出出行的特征。

其一，对工作日7：00—24：00南京市的热力图进行绘制分析如图5-89和图5-90所示。

其二，对其不同时段分布和中心区典型形态以及连续区域和仙林、东山人流进行分析如图5-91所示。

2）节假日出行特征

对12月24日7：00—24：00南京市的热力图进行分析，找出出行的特征。

首先，对节假日7：00—24：00南京市的热力图出行动态绘制如图5-92和图5-93所示。

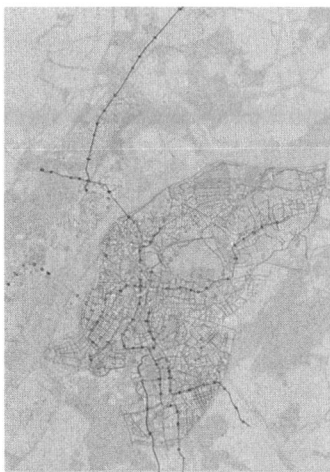

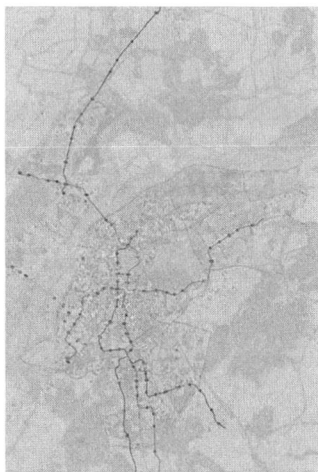

图 5-89　工作日出行动态（a）　　图 5-90　工作日出行动态（b）

资料来源：城市数据研习社

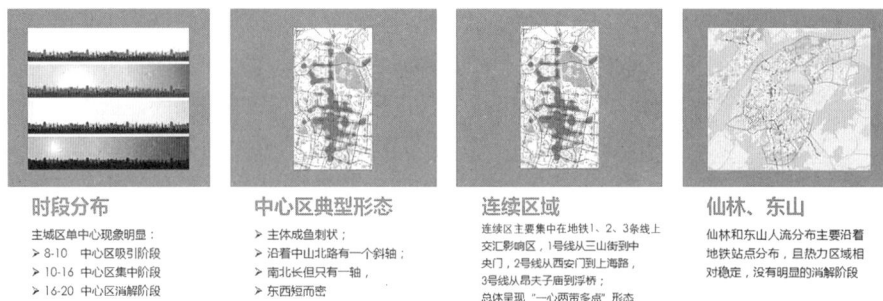

时段分布

主城区单中心现象明显：
➤ 8-10　中心区吸引阶段
➤ 10-16　中心区集中阶段
➤ 16-20　中心区消解阶段

中心区典型形态

➤ 主体成鱼刺状；
➤ 沿着中山北路有一个斜轴；
➤ 南北长但只有一轴；
➤ 东西短而密

连续区域

连续区主要集中在地铁1、2、3条线上交汇影响区，1号线从三山街到中央门，2号线从西安门到上海路，3号线从昌夫子庙到浮桥；总体呈现"一心两带多点"形态

仙林、东山

仙林和东山人流分布主要沿着地铁站点分布，且热力区域相对稳定，没有明显的消解阶段

图 5-91
资料来源：城市数据研习社

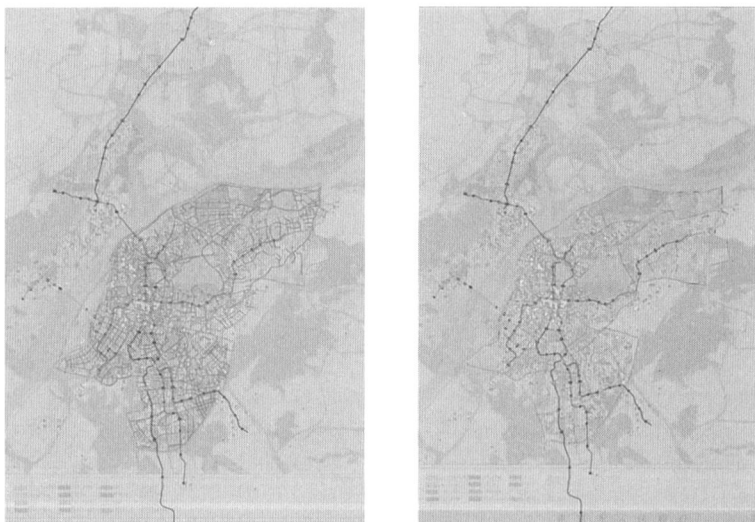

图 5-92　南京市的热力图出行动态（a）　图 5-93　南京市的热力图出行动态（b）
资料来源：城市数据研习社

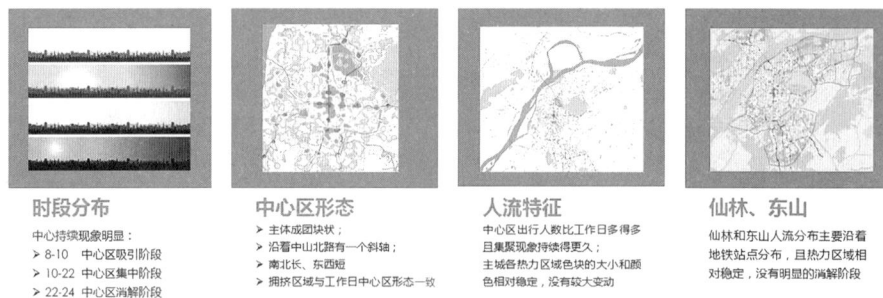

时段分布

中心持续现象明显：
➤ 8-10　中心区吸引阶段
➤ 10-22　中心区集中阶段
➤ 22-24　中心区消解阶段

中心区形态

➤ 主体成团块状；
➤ 沿着中山北路有一个斜轴；
➤ 南北长、东西短
➤ 拥挤区域与工作日中心区形态一致

人流特征

中心区出行人数比工作日多得多且集聚现象持续得更久；主城各热力区域色块的大小和颜色相对稳定，没有较大变动

仙林、东山

仙林和东山人流分布主要沿着地铁站点分布，且热力区域相对稳定，没有明显的消解阶段

图 5-94　节假日人流分析图
资料来源：城市数据研习社

　　对时段分布、中心区形态、人流特征以及仙林、东山节假日人流分析如图5-94 所示。

　　3）出行与路网、用地的关系

　　将热力图与路网分区、现状用地进行比较，找到区域的联系，出行与路网的关系分析如下。

①下左图（图 5-95）是以快速路、主次干路为界对南京进行分区，取分区内热力值的中位数来代表区域的活力，可以发现人流分布与路网密度呈正相关关系；②下右图（图 5-96）是工作日高峰期人流分布与路网叠加图。

图 5-95   高峰期人流分布   图 5-96   路网叠加图

资料来源：城市数据研习社

对出行（图 5-97）与用地（图 5-98）的关系分析可以看到，人流集中的区域主要是商业区、商住混合区、三类居住用地和公共服务用地，仙林主要是三类居住用地。

图 5-97   人流集中图   图 5-98   周边用地分布图

资料来源：城市数据研习社

4）节假日出行与景观的关系

将南京 3200+ 景点 POI（图 5-99）与节假日出行（图 5-100）对比，寻找其相关关系。

从景点分布与节假日人流分布对比分析可知：①人流分布和景点分布密度成正相关关系；②对比可以看出，玄武区、鼓楼区、河西和浦口的人流分布和景点分布较为吻合，人们休闲的地方相对集中，其余部分较为离散，需做进一步研究。

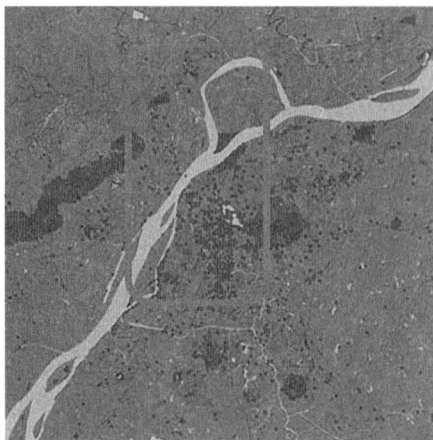

图 5-99　南京 3200+ 景点 POI 分布图　　　　图 5-100　节假日出行人流图

资料来源：城市数据研习社

3.5　遥感影像图采集及城市相关用地识别及分析

3.5.1　基本概念及原理

（1）城市遥感的特点

1）应用遥感技术为编制城市规划和实施规划管理获取所需要的信息数据及基础图件。城市规划和管理以城市现状为基础，涉及的范围广，对信息依赖性极大，不仅需要拥有描述地理位置的空间数据信息，还包括城市各专题的属性数据信息（如城市人口、工业、环境、用地等）。同时，城市规划还是一个连续动态的过程，还需要借助于历史的、现实的和对将来预测的全过程信息。

2）应用遥感技术为城市的发展提供分析，决策意见。遥感作为一种新的数据源在为城市的发展提供分析决策意见上亦发挥重要的作用。主要指利用遥感图像资料对城市建设发展中的有关问题，如城市土地利用、工业布局、建筑密度、园林绿化、交通、市政工程进行调查，提供分析决策意见。

（2）数据采集方法

1）图像采集。遥感数据来源 http：//www.gscloud.cn/（地理空间数据云）、http：//glovis.usgs.gov/（图 5-101）。可以在网站上直接选取要下载的地区框选进行下载。

2）数据下载。遥感数据下载主要是通过地理空间数据云平台进行（图5-102）。

3）图像拼接。打开 ENVI 软件，将下载好的两幅遥感影像进行拼接（图5-103—图 5-105）。

4）锚点配对。将下载的图片与要进行分析的图片进行对照分析，找到相同的锚点，进行锚点配对（图 5-106、图 5-107）。

5）几何校正。并将锚点配对好的图像进行集合校正（图 5-108、图 5-109）。

6）创建 ROI。在此基础上，将图片创建 ROI，为下一步处理做好基础（图5-110、图 5-111）。

图 5-101 图像采集

图 5-102 数据下载

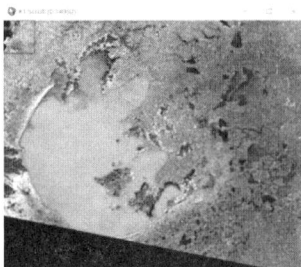

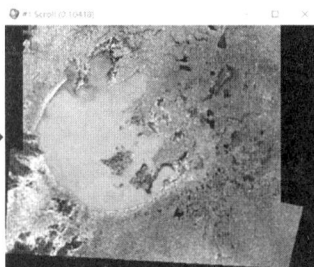

图 5-103 遥感影像（a） 图 5-104 遥感影像（b） 图 5-105 遥感影像拼接

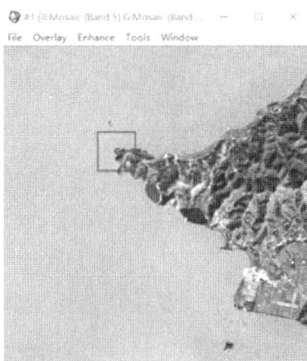

图 5-106 锚点配对（a） 图 5-107 锚点配对（b）

图 5-108　集合校正（a）

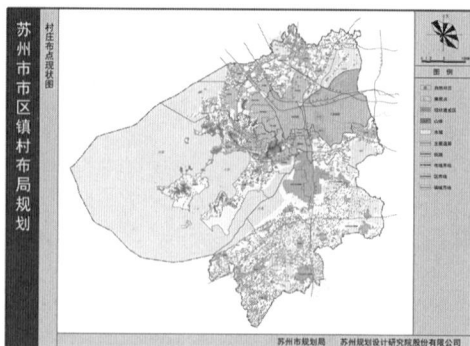

图 5-109　集合校正（b）

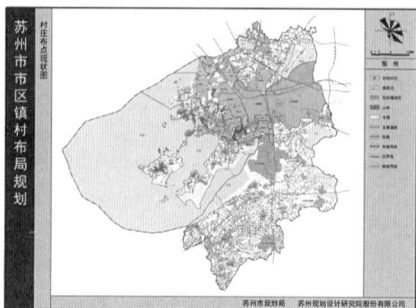

图 5-110　创建 ROI（a）

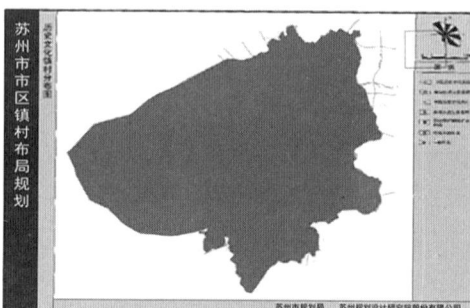

图 5-111　创建 ROI（b）

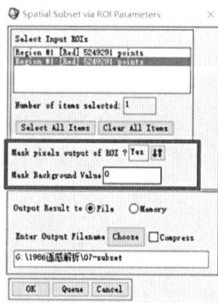

图 5-112　图像裁剪（a）

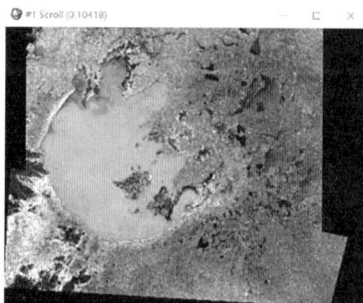

图 5-113　图像裁剪（b）

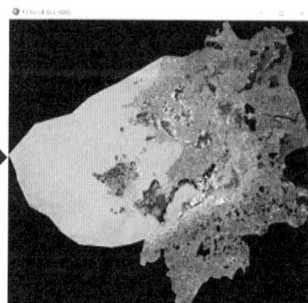

图 5-114　图像裁剪（c）

7）图像裁剪。同时为了处理的方便性，对图像进行裁剪（图 5-112—图 5-114）。

8）创建新 ROI。在图片裁剪完成后，还要创建新 ROI（图 5-115、图 5-116）。

9）监督分类。处理后的图片还要进行监督分类（图 5-117—图 5-119）。

10）局部调整。针对图片还可以做进一步的调整，包括小斑块消除和局部地块修整（图 5-120、图 5-121）。

3.5.2　应用范围

遥感主要应用于军事侦察、地球资源探测、环境污染探测以及地震、火山爆发预测等，其用途不下五六十种。在城乡社会综合调查中主要应用于数据采集、预测与规划等方面。

图 5-115　创建新 ROI（a）

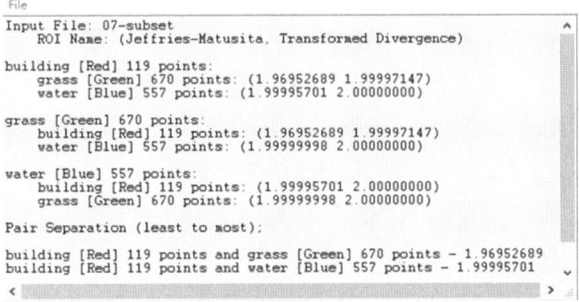

图 5-116　创建新 ROI（b）

图 5-117　监督分类（a）

图 5-118　监督分类（b）

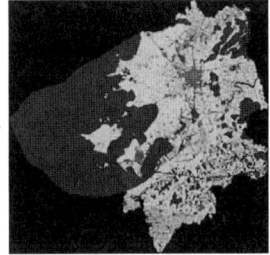

图 5-119　监督分类（c）

图 5-120　局部调整（a）

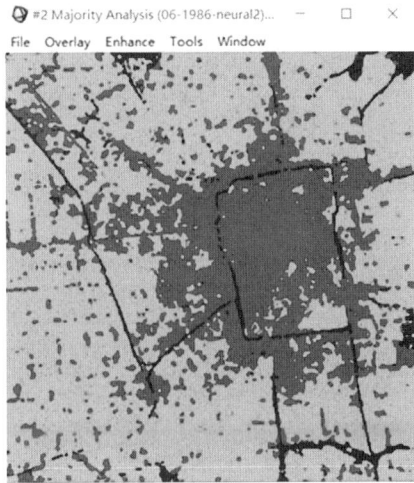

图 5-121　局部调整（b）

3.5.3　优缺点

（1）遥感技术的优点

1）大面积同步观测。遥感探测能在较短的时间内，从空中乃至宇宙空间对大范围地区进行对地观测，并从中获取有价值的遥感数据。这些数据拓展了人们的视觉空间，为宏观地掌握地面事物的现状情况创造了极为有利的条件，同时也为宏观地研究自然现象和规律提供了宝贵的第一手资料。这种先进的技术手段与传统的手工作业相比是不可替代的。遥感用航摄飞机飞行高度为

10km 左右，陆地卫星的卫星轨道高度达 910km 左右，从而可及时获取大范围的信息。

2）时效性强。获取信息的速度快，周期短。由于卫星围绕地球运转，从而能及时获取所经地区的各种自然现象的最新资料，以便更新原有资料，或根据新旧资料变化进行动态监测，这是人工实地测量和航空摄影测量无法比拟的。例如，陆地卫星 4、5，每 16 天可覆盖地球一遍，NOAA 气象卫星每天能收到两次图像。Meteosat 每 30 分钟获得同一地区的图像。

3）数据综合可比性。能动态反映地面事物的变化，遥感探测能周期性、重复地对同一地区进行对地观测，这有助于人们通过所获取的遥感数据，发现并动态地跟踪地球上许多事物的变化。同时，研究自然界的变化规律。尤其是在监视天气状况、自然灾害、环境污染甚至军事目标等方面，遥感的运用就显得格外重要。

4）获取的数据具有综合性。遥感探测所获取的是同一时段、覆盖大范围地区的遥感数据，这些数据综合地展现了地球上许多自然与人文现象，宏观地反映了地球上各种事物的形态与分布，真实地体现了地质、地貌、土壤、植被、水文、人工构筑物等地物的特征，全面地揭示了地理事物之间的关联性。并且这些数据在时间上具有相同的现势性。

5）获取信息的手段多，信息量大。根据不同的任务，遥感技术可选用不同波段和遥感仪器来获取信息。例如，可采用可见光探测物体，也可采用紫外线、红外线和微波探测物体。利用不同波段对物体不同的穿透性，还可获取地物内部信息。例如，地面深层、水的下层、冰层下的水体、沙漠下面的地物特性等，微波波段还可以全天候的工作。

6）获取信息受条件限制少。在地球上有很多地方，自然条件极为恶劣，人类难以到达，如沙漠、沼泽、高山峻岭等。采用不受地面条件限制的遥感技术，特别是航天遥感可方便及时地获取各种宝贵资料。

（2）遥感技术的缺点

1）受天气影响较大。对于光学传感器来说最大的问题还是天气，当云、雾或者水气等在信号传播路线上形成一定规模，会导致图像的不准确或者干脆被遮盖，尤其是当遥感勘探运用的是不同 Band 之间的计算已得出特殊地表结构时，计算出来的结果在考虑大气影响不够充分的时候，根本就不可靠。另一方面，当所选数据在一个时间轴上进行相互比较时，不同拍摄日的天气影响会使结果没有可比性。为了解决这些问题，肯定又会进行各种程度的校对，但其可靠性一直都有待商榷。

2）地表覆盖易造成干扰。光学传感器成像虽然直观，但往往也只适用于对地表可见的物质勘探与监控，例如在地质勘探方面，植被就会成为信息损失的另一大原因，此外冬季冰雪的覆盖也会对信息利用率造成影响。

3）高精度数据贵不易获得。光学传感器数据的分辨率已经发展到 0.42m（GeoEye-01 Pan），时间上 RapidEye 也可以提供小时间间隔的监控。但首先，数据较贵且不容易购买，其次归根结底还是可靠性问题，在高精度要求下，遥感数据不如对固定点（LeitNiv）测绘可靠。

【思考与练习】

1. 概率抽样调查与非概率抽样调查有什么特点？

2. 如何控制抽样误差？

3. 描述从全国大专院校正在学习大一英文的学生中抽取一个多级整群样本的步骤。

4. 在南方某城市，有两所知名度高的大学：A大学（理工类）教授平均年收入37万元，B大学（文科类）教授平均年收入17万元，A、B两大学教授收入的标准差都是7万元，问哪一大学教授收入的离散程度高？

5. 如何提高问卷设计的质量？

6. 思考一下在你们的生活中发生变化的一些要素，将那些变化设定为社会指标，使其可以用来观测社会的生活质量。

7. 相关分析和偏相关分析的差异说明什么问题？

8. 如何做定性分析？

9. 定性分析和定量分析有什么本质区别？

10. 如何在分析过程中消减误差比？

11. 100名调查者自我评价得分与拥有知心朋友个数相关分析计算表，请根据所给数据建立回归方程。

第6章　城乡社会综合调查报告撰写

　　城乡社会综合调查报告是根据调查成果整理而成的书面报告，根据调查报告的研究目的、具体内容、主要功能和工作特点划分，调查报告又可分为多种类型。城乡社会综合调查报告作为正式的应用型文章，其写作范式应有完整而规范的结构。还要注意的是，调查报告的写作应向读者传达清楚明了的事实资料和细节，即研究的过程、结果以及该结果对于认识和解决这一问题的理论意义和实际意义。调查报告撰写的好坏，不仅会直接影响城乡社会综合调查研究的质量高低，还会影响整个城乡社会综合调查研究后续的评估、总结、成果应用等工作。本章主要就城乡社会调查报告类型及具体写作展开（图6-1）。

第 1 节　调查报告类型

　　调查报告是对某一事物、某一事件或某一问题，经过慎重选题、调查方案设计、调查研究方法选取，以及实地调研后的调查资料整理与分析等各阶段的步骤之后，根据调查结果所写出的反映真实情况的书面报告。通过文字、图表等多种表达形式将社会调查研究的过程、方法和结果，按照一定范式表达出来，即以调查过程和结果分析解决城乡社会问题。其目的是向读者表明所做研

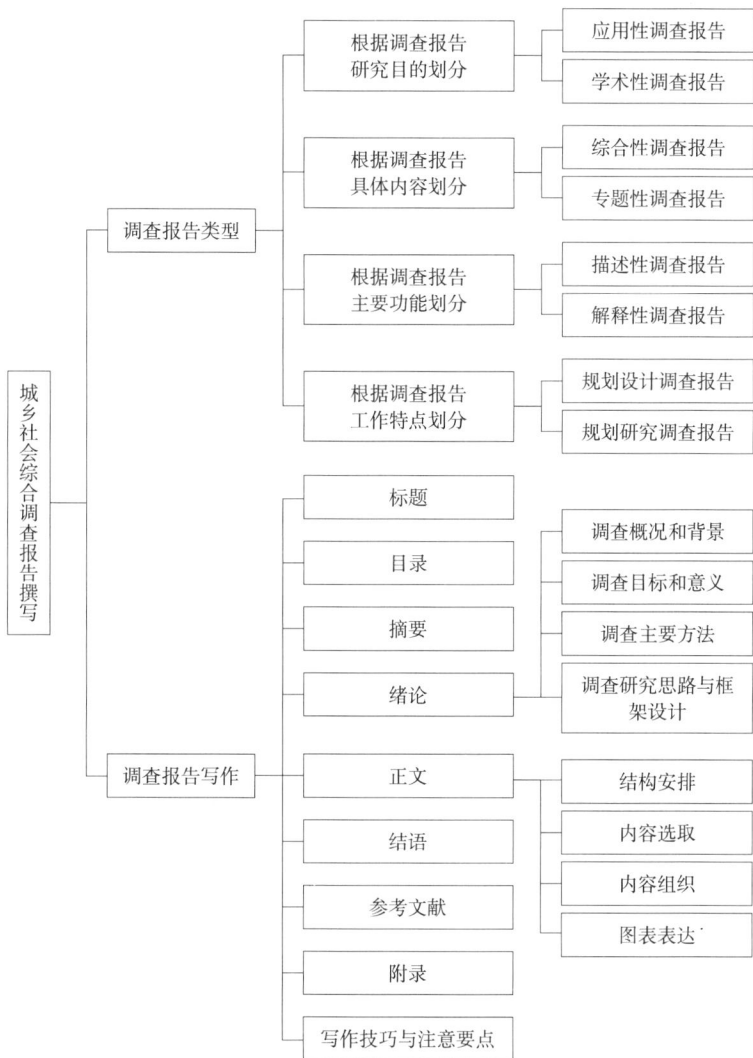

图 6-1 城乡社会综合调查报告撰写框架图
图片来源：作者自绘

究的理论与实证背景、搜集资料的步骤、资料分析的方法与过程以及从分析结果中所得到的结论等。通过对历年来优秀获奖社会调查报告的分析与总结，发现这些获奖调查报告都是包含了对某一与规划领域相关社会问题完整的调查—思考—研究—建议，具有严密的整体逻辑、明确的调查结论并提出针对性建议，而不是简单地"资料收集"或者单纯"空间分析"的堆砌，是真正的学生调查报告，侧重调查环节和结果的表述，而不是教师科研课题或工程项目的摘写和缩写。

根据调查报告的研究目的、具体内容、主要功能以及工作特点，调查研究报告可分为多种类型。其中，根据研究目的的不同，可分为学术性和应用性调查报告；根据具体内容的不同，可分为综合性和专题性调查报告；根据主要功能的不同，则可分为描述性和解释性调查报告；根据具体的工作特点，则可分为规划设计和规划研究调查报告等。

1 根据调查报告研究目的划分

根据研究目的划分，调查报告可以划分为应用性调查报告和学术性调查报告，本科生阶段的社会调查报告多为应用性调查报告，但是为学生以后的发展及应用考虑，本教材在此将二者一同进行解释说明。

1.1 应用性调查报告

应用性调查报告是以现实应用为主要目的的调查报告，即运用专业的知识和技能来解决现实社会中存在的问题和矛盾。其又可根据主要应用目的的不同分成很多类型，例如以揭露社会现象问题为主要目的的调查报告，如《需求人性化的开放空间——对城市中心区开放空间与驻留人群的研究》；以研究政策为主要目的的调查报告，如《呼唤——浦东新区规划批后管理中热点问题的调查报告》等。这类调查报告往往可以为规划管理部门和规划设计单位了解和分析社会问题提供较好的参考价值。

1.2 学术性调查报告

学术性调查报告是以探讨理论为主要目的的调查报告，一般分为研究性调查报告和历史考察性调查报告。前者是通过对现实问题的调查和研究，做出理论性的概括和说明；后者是通过对历史文献资料的分析，来揭示事物发展的内在本质和普遍规律。学术性调查报告通常是面向各个学科的专业研究人员，其撰写较应用性调查报告更加严格，着重于对社会现象的理论探讨，写作格式更加规范化。

2 根据调查报告具体内容划分

2.1 综合性调查报告

综合性调查报告是指对调查对象的基本情况和变化发展过程作出较全面、系统、具体的调查报告，主要对基本情况进行细致、完整的描述。一般内容上涉及范围较为广泛，如包括一个地区甚至特定社会的地理、人口、政治、经济、社会、文化等各方面的基本情况，所依据的资料比较丰富，覆盖面广。[1] 因此，综合性调查报告反映的情况比较丰富，篇幅一般相对较长，例如为编制某城市总体规划而开展社会调查后形成的调查报告等。

2.2 专题性调查报告

专题性调查报告是指围绕某一特定事物、问题或问题某些方面而撰写的调查报告。[2] 其研究问题比较集中，不仅内容的针对性和实效性较强，篇幅也相对短小，能够帮助解决现实社会生活中某些具体问题，例如，开展城市综合交通等专项规划的调查报告、规划管理部门针对某些专题问题而专门开展的社会调查等，例如某市小城镇规划现状调研。

---

① 李和平，李浩．城市规划社会调查方法 [M]．北京：中国建筑工业出版社，2004.
② 风笑天．现代社会调查方法 [M].5 版．武汉：华中科技大学出版社，2014.

3 根据调查报告主要功能划分

3.1 描述性调查报告

描述性调查报告主要以调查为主，即针对社会真实情况进行具体描述。此类调查报告的大部分篇幅是社会调查内容，主要目的是通过详细描述调查资料和结果，展示某一社会事物或社会现象的基本状况、发展过程和主要特点以及相关问题。内容则有多种组织形式，但无论是定性的还是定量的，但主要目的都是回答"是什么"和"怎么样"的问题。例如"某城市用地拓展情况调查报告"。

3.2 解释性调查报告

解释性调查报告则以研究为主，一般通过调查所得资料来解释某种社会现象之间的相互关系或是产生的原因。该类调查报告中对社会现象的描述内容较少，没有那么全面和详细，通常是为了解释现象的原因和关系作个铺垫。此类报告的内容要求集中深入，不仅要说清楚"是什么"和"怎么样"的问题，而且要回答"为什么"和"怎么办"的问题，例如《山地城市环境对市民性格影响的调查报告》。

4 根据调查报告工作特点划分

4.1 规划设计调查报告

规划设计调查报告是指在为进行城乡规划编制与设计而进行的前期社会调查工作的调查基础上形成的调查报告。根据城乡规划的编制体系又可分为总体规划、分区规划、详细规划、城市设计等多种调查报告。规划设计调查报告往往也是规划设计方案构思和设计创新的来源，有时也会进行一些对社会－空间互动的调查，对规划设计的应用性较强，例如《某项目规划设计场地现状踏勘调查报告》。

4.2 规划研究调查报告

规划研究调查报告是指城乡规划教育、城乡规划管理以及开展城乡规划理论研究等工作中的社会调查之后形成的调查报告，其根据具体内容又可分为多种类型，如对某地城乡规划实施情况的规划管理调查报告、对城乡规划公众参与机制研究调查报告等。

通过对比可知，规划设计调查报告比较偏向具体的现状调研，而规划研究调查报告偏向于研究方向。

第2节 调查报告写作

根据第1节对不同类型调查报告详细的分析介绍，不同特点的调查报告在写作上同样有不同侧重点。因此，一篇完整的社会调查报告并没有统一的模式，如规划设计与规划研究调查的报告在写法上就有所不同。因此，调查报告的写作主要取决于研究成果内容，而研究成果会因选题、研究方法及实验过程和结果等表现形式的不同各有差异。以本科生参加城乡社会综合实践竞赛调查报告竞赛的调查报告撰写为例，调查报告的撰写主要从主要包括标题、目录、摘要、绪论、正文、结语、参考文献、附录等方面内容进行重点讲述。

1 标题

标题是对调查报告选题高度概括和意义的升华，是调查报告主题的浓缩和研究成果的集中体现，不仅可直接揭示研究对象和内容，也可点明研究范围与研究深度，其基本要求是确切、简洁、醒目、避免雷同。[①] 标题可采用判断句、陈述句，也可用疑问句等多种句式，或是采用加副标题的形式，将必要的细节等放进副标题，避免题目过于冗长，进行更详细、准确的说明。一个好的标题往往具有"画龙点睛"的作用，要有准确、深刻和吸引力，表达可以有一定创新性，使得读者对全篇调查报告具有印象深刻的初步认识，引发人阅读兴趣。但是要避免出现过分追求标新立异，不符规范，为抓眼球"玩噱头"，过度包装，使用新闻式标题和花哨的广告式排版，而背离了选题的初衷，或是出现题不对文的情况。

当调查报告的结构组织和内容选取都已经确定，接下来要做的就是提炼出本次调查报告的主题和中心思想。一般来说，调查报告的主题就是城乡社会综合调查之初确定的选题，但若是选题比较宽泛模糊，则需要重点考虑调查报告的结构安排和已选取的内容材料的情况，对选题进行必要的修改、补充、具体化和深化，以保证社会调查报告的主题能够准确反映客观情况，与调查材料和观点相对应，并能对社会实践起指导作用。

具体来说，一个好的社会调查报告离不开一个清晰明了的标题，因此在确立标题的时候，提炼调查报告的主题思想，用简洁的文字概括复杂的事件和问题。这样不仅要求作者有丰富的知识修养和社会实践经验，必要的时候，还需要作者有深厚的文学修养，能够用对仗工整的诗词格律或是加以巧妙地变化，以契合主题、概括内容，既文采飞扬，又能引人入胜。巧妙运用标点符号也是很重要的一方面，可以用引号强调标题中的关键词，或是用感叹号、问号等标明作者的观点和态度，例如《"碎片化"时间？"碎片化"消费！——哈尔滨"碎片化"消费现状调研及吸引力影响因子评价》、《乡游，乡"忧"？进村，"竞"村！——乡村旅游中村民生态位受游客影响社会调查》等。

以历届全国大学生城乡规划社会调查获奖作品为例，一般有四种写法：

①直叙式标题。这类标题，直接点明调查报告的调查对象或调查内容，如《上海"水上船寨"非正式居所拆迁影响调查》、《"积淀百年，续写今篇"探寻哈尔滨俄风文化的今昔》等，此类标题多用于学术性较强的调查报告中，在城乡社会综合实践调查报告中常被使用。②判断式标题。这类标题，以作者的观点或评价作标题，可以直接揭示调查报告的主题和作者的态度。如《历史文化街区，踩踏 NO，拥堵亦 NO！》、《勿以均好判宜居》等。③提问式标题，这类标题，通过提出疑问、设置悬念，使读者留下鲜明的印象，标志是使用疑问句。如《门：开启还是关闭，这是一个问题？》、《房屋拆迁何时能够"三思而后行"？》等。

---

① 周平儒.如何撰写研究性学习调查报告[EB/OL]. https://max.book118.com/html/2016/1207/69216083.shtm.

④正副式标题。这类标题，正标题揭示调查报告的思想意义，副标题标示调查的事项和范围。如《深谋远"绿"——武汉市东湖绿道骑行安全现状调查与改进建议》《公交脉动，高架"焕"新——延安路公交优先实施效果及提升研究》等。该类标题表达信息更为完整，综合了其他几种标题写作方式的优点，因而在城乡社会调查报告的评优参赛中被采用的较多。

值得注意的是，若要参加相关城乡社会调查报告竞赛的话，调查报告的标题还应注意参赛的具体要求，例如城乡规划专业指导委员会举办的城乡社会综合实践调研报告单元就提到参评作品中不得包含任何透露参评者及其所在学校的内容和提示等。

2 目录

一篇完整的城乡社会综合调查报告通常篇幅较长，内容庞杂，为方便阅读，应设置目录，并在其下设置不同层级的分标题。设置目录主要有以下作用。

首先，可以使读者能够在阅读该论文之前对报告的内容、结构有基本的了解，方便读者在阅读之前先有个判断。其次，还可以使读者查找报告中特定的部分时省时省力。目录一般放置在调查报告封面之后、摘要和关键词之前，也是调查报告的结构导读。

因而，目录的草拟应牢牢围绕调查报告的主题，即作者的立场与观点，能体现作者的思想。并需要按照报告的逻辑与写作结构，如有的报告是按照"发现问题—分析问题—解决问题"或是按照"假设—求证"的逻辑展开的，那么在目录中应体现这样的逻辑性，且目录中每个次一级的子目录之间都要有一定的逻辑关系，在各层级内部还需要体现完整清晰的体系关系，更为全面。这就需要作者在写作时对社会调查报告的整体布局安排与各个部分的内容划分和层级关系的考虑，做到心中有数。在各层级标题的拟定上，可以通过标题之间逻辑关系反映调查过程和内容，体现研究思路（图6-2）。

除此之外，有的还可以着重体现作者的观点或是对研究对象的重要猜想，再进行逐步论证，引发读者阅读兴趣，较为新颖。此外，目录的拟定还需要注重准确性和完整性，不仅需要与调查报告的纲目相一致，即标题、分标题与目录存在着一一对应的关系，还需要逐一标注该行目录在正文中的页码（图6-3）。

3 摘要

通常在正式的研究报告中，正文之前要有一个非常简洁的摘要。摘要是在没有作者任何主观评论和解释的基础上，简明、确切地对调查报告重要内容进行提炼、梗概，基本要素包括研究目的、方法、结果和结论。写作时应先简单介绍调查报告的调查背景，明确调查意义，然后精炼地概括调研方法和调研过程，最后总结调查报告的结论和价值。此外，摘要应有独立性和完整性，即读者通过阅读摘要，就能获得调查报告的研究价值和必要信息。摘要篇幅通常有一定限制，200—300字为宜，故需逐字推敲，字字珠玑。

摘要的写作应注意以下事项：首先，摘要中不应包含城乡规划等其他学科领域中常识性的内容，也要避免出现带有自我评价性质的解释和评论等；其次，

□ 目录

【摘要】……………………………………………………………00
【关键词】…………………………………………………………00
【正文】……………………………………………………………00
一、绪论……………………………………………………………01
　1.1调研背景………………………………………………………01
　1.2概念界定………………………………………………………01
　1.3调研目的和意义………………………………………………01
　1.4调查范围和对象………………………………………………02
　1.5调研方法和相关理论…………………………………………02
　　1.5.1调研方法…………………………………………………02
　　1.5.2相关理论…………………………………………………03
　1.6调研思路………………………………………………………04
二、现状调研及分析………………………………………………05
　2.1广佛同城化描述………………………………………………05
　　2.1.1跨城比例与广佛同城化…………………………………05
　　2.1.2不同站点的跨城程度比较………………………………05
　2.2受访者功能性活动空间分布的变化…………………………06
　　2.2.1单项功能性活动的空间分布状况………………………06
　　2.2.2受访者功能性活动的空间转移…………………………07
　　2.2.3功能性活动的两城交互状况……………………………10
　2.3人群与跨城………………………………………………………12
　　2.3.1年龄………………………………………………………12
　　2.3.2职业………………………………………………………12
　　2.3.3受教育程度………………………………………………13
　　2.3.4户籍………………………………………………………13
　　2.3.5交通分析…………………………………………………14
　2.4同城化人们所关心的问题分析………………………………14
　2.5跨城个体案例分析………………………………………………15
三、总结及建议……………………………………………………16
四、参考文献………………………………………………………16
【附录：调查问卷】………………………………………………17

目　录
1 问题描述………………………………………………………1
　1.1 现实背景……………………………………………………1
　1.2 问题提出……………………………………………………1
　1.3 理论支持……………………………………………………2
　1.4 调查意义……………………………………………………2
2 技术路线………………………………………………………2
　2.1 研究框架……………………………………………………2
　2.2 调查数据与方法……………………………………………3
3 前提——老年人的休闲活动占据某种"生态位"…………………3
　3.1 时间特征……………………………………………………3
　3.2 空间特征……………………………………………………3
　　3.2.1 空间分布…………………………………………………3
　　3.2.2 空间类型…………………………………………………4
　3.3 "生态位"整体特征…………………………………………4
4 猜想一：竞争缘由——游客与老年人活动的"生态位"存在重叠……5
　4.1 初始——老年人的"理想生态位"…………………………5
　4.2 干扰——游客的"理想生态位"……………………………6
　4.3 "理想生态位"的重叠与竞争………………………………6
5 猜想二：竞争演变——老年人活动"生态位"因游客高产生变化……7
　5.1 老年人活动"生态位"受到的影响…………………………7
　　5.1.1 整体活动特征的改变……………………………………7
　　5.1.2 游客所带来的影响因子…………………………………7
　5.2 影响机制探讨………………………………………………8
6 猜想三：竞争响应——"生态位"竞争过程中老年人应对策略……9
　6.1 时间维度……………………………………………………9
　6.2 空间维度……………………………………………………9
　6.3 老年人活动对策整体特征小结……………………………9
7 猜想延伸………………………………………………………10
　7.1 猜想推论……………………………………………………10
　　7.1.1 推论一：老年人"生态位"可能扭曲…………………10
　　7.1.2 推论二：当地"文化生态"失衡………………………10
　7.2 结论建议……………………………………………………10
参考文献…………………………………………………………11
附件………………………………………………………………11

图 6-2　反映调查内容目录示例 [1]　　　　　　图 6-3　反映作者观点目录示例 [2]

不应简单重复标题中已有的信息，避免冗长；最后，摘要写作时还应注意结构严谨，表达简明，语义确切。慎用长句，建议采用"对……进行了研究、进行了……调查"等表达方式来表明调查报告的性质和主题，不需采用"本文"、"作者"等第一人称，措辞时还要注意规范化名词术语的使用。

例如，在下面某个关于不同发展模式下旅游型村庄村民获益情况调查的报告中，作者简明扼要地概括出调查背景，接着精炼地介绍调查方法和过程，最后对调查报告的结论和意义进行了总结。

摘要：在经济发展步入新常态、资本下乡成为大潮的背景下，"乡村旅游"成为新一轮发展热点。"乡村旅游"以惠及村民利益为出发点，但在发展过程中，大部分乡村旅游地由于利益主体多元、利益关系复杂，加上缺乏适当引导，易使乡村成为城市文明的侵蚀地和消费文化的冲击场，最终损害村民的利益，有悖于乡村旅游的发展初衷。

本次调查着眼"村民利益"，对苏州不同发展模式旅游型村庄村民获利情况展开调研，以获益空间为依托，从村民获益的基本特征、村民内部获利分异两个层面比较不同发展模式下村民获利情况的差异性。最后，针对村民获利的现存问题从利益总量、份额、空间及机制方面提出策略与建议，使乡村旅游的出发点和目的地都惠及村民利益。

---

[1] 《城来城往——基于地铁线出行状况的广佛功能联系研究》获得 2011 年度全国大学生城乡社会综合实践调查报告评优一等奖。作者：杨子杰、钟秋妮、林俊琦、彭丽君；指导教师：王世福、赵渺希、戚冬瑾。

[2] 《"净"土？ "竞"土！——历史街区老年人休闲活动受游客影响社会调查》获得 2011 年度全国大学生城乡社会综合实践调查报告评优一等奖。作者：杨琳琳、陈立群、刘健、丁启安；指导教师：汪芳、吕斌、陈彦光（https：//wenku.baidu.com/view/58343f905022aaea998f0fd5.html）。

Abstract

After 2005, the carbon-trading market has been served as an efficient way to control the global carbon emission under an appropriate level. Meanwhile, the adjustment of personal traveling structure is significant to achieve a greener transportation environment. Under such circumstances, the "Carbon glory for all" program in Shenzhen builds a platform based on the carbon-trading market. With the market led in, individuals' behaviors of low-carbon traveling are able to be calculated and exchanged with the enterprises' emission allowances. The platform also takes the advantage of social network to efficiently motivate people's behavior. By now, the program has reached certain scale and has made some achievements. It also provides an innovative solution to sustainably keep individuals participating in public welfare.

图 6-4　交通出行创新实践竞赛报告摘要示例一 [①]

摘要： 不同于其他门类的共享出行项目，共享电单车一经出现，就引发了针对其安全和管理方面的诸多担忧。部分地方政府甚至对其出台禁令。但是经过调研，在郊区中，共享电单车模式具备存在的必要性和可操作性。它不仅在提高通勤效率、提升出行体验、降低出行成本方面发挥了重要作用，还在抑制自购电单车、优化电单车管理、带动郊区发展等方面具备潜质。对于共享电单车，不应"一禁了之"，而应破除成见、因地制宜，使其发挥最大效益。

Abstract： The scooter-sharing schemes once appeared-different from other categories of shared travel projects-it triggered a number of concerns for its safety and management. Some local governments even introduced a ban on it. However, according to this study, in the suburbs of the City, the sharing of motorcycles has the necessity and maneuverability. It not only plays an important role on improving the commute efficiency, enhancing travel experience and reducing travel costs, but also has potential on restraining the purchase of electric vehicles, optimizing the management of scooters and driving the suburbs development. For the sharing of motorcycles, we should get rid of stereotypes, focus on specific conditions, rather than forbid thoroughly, to maximize the benefits of it.

图 6-5　交通出行创新实践竞赛报告摘要示例二 [②]

另一方面，对于参加城市交通出行创新实践竞赛单元的同学来说，摘要的写作还应注意需要包含不少于 100 字的英文摘要，且需要对交通方案的设计进行通俗易懂的说明，易于读者的理解，以体现交通方案设计的可操作性、可持续性以及适应性（图 6-4、图 6-5）。

4　绪论

绪论也称引言或导言，是城乡社会综合调查报告的第一部分。主要内容是从政策、现实等角度明确研究对象或阐述研究背景、目标和方法，或介绍研究背景、范围及意义，以使读者对报告内容有个概括了解。它通常包括以下几方面的内容：其一，调查研究的主要问题和背景；其二，调查目的与意义；其三，调查研究的思路与研究方法。

4.1　调查概况和背景

绪论的首要工作是介绍调查研究的概况和背景，包括调查背景或目的、时间、地点、对象或范围、过程与方法等内容。其次，调查对象的概况也需详细说明，如组织规模、背景、历史与现状等，以及选择这一调查对象进行研究的原因和意义。此方面内容的写作主要与研究报告的类型紧密相关，无论所调查的是一个学术性的政策理论，还是一个有关社会现实的问题，都必须将这

① 《全民碳路，益心随行——深圳"全民碳路"低碳出行平台构建方案研究》获得 2017 年度全国大学生城市交通出行创新实践竞赛调查报告评优二等奖。作者：廖伊彤、秦一平、孙若溪、文志平、刘定昊；指导教师：周素红、李秋萍。
② 《共享电单，助力"郊"通》获得 2017 年度全国大学生城市交通出行创新实践竞赛调查报告评优一等奖。作者：陈薪、赵一夫、李潇天、王宣儒、王嘉欣；指导教师：刘冰、汤宇卿、卓健。

一问题放到一个较大的背景中，如社会背景、政策背景，方便读者了解这个问题的研究价值。此外，还需在此部分说明研究问题的合理性和标题的贴切性，即需要逻辑性地论证研究题目是否具有重要性与创新价值以及研究动机背景、研究问题与关键词是否适切。研究问题背景的叙述关键还要有相应的理论基础、政策文本，或是相关研究文献等进行佐证，以增强调查报告写作的科学性和逻辑性。如一篇关于新型城镇化背景下外来务工者迁移过程的调查报告绪论部分中：

1.1 理论背景

通过对相关文献的分析，我们发现，目前对于人口迁移的研究主要分为两种，一种是利用人口普查数据进行的宏观普查性研究，多集中在迁移的空间区位变化以及影响因素上，很少关注城镇规模的选择。

另一种是以某一特定区域为研究对象的微观实证性研究，例如有学者以长三角为例，研究了农村居民在选择城市化道路时，个人、家庭、社会等因素的影响（李成，2006）；另有学者从个人特征、生活状况、原籍社会关系三个方面对北京市流动人口的去留意愿做出了分析（胡玉萍，2007）；还有学者以苏州市工业园区为例，对农民工"候鸟式"流动就业的影响因素进行了研究（袁佳佳，2013），这些研究多从个人、家庭、社会等角度切入，而很少将人群的社会层次与迁移过程及原因联系起来。

但到目前为止，在新型城镇化背景下，对不同社会层次外来务工人员的整体迁移过程和对城镇规模选择的实证性研究比较缺乏，我们希望能通过我们的调查研究对这一学术空白进行案例补充。

1.2 现实背景

我国传统的城镇化是"土地的城镇化"，只重规模扩张、不重质量，导致出现了城乡区域发展不平衡、资源环境恶化、社会矛盾增多等诸多弊端。十八大提出的新型城镇化，相比以往优先发展和建设大城市的"大城市化"战略，无疑使"人的城镇化"这一实际本质得到了重视，并引起了关于户籍制度改革、福利公平及人的发展等一系列问题讨论。我们也应当意识到城镇化并不是外表的繁荣，更应当注重人的发展和人的生活环境的改善。

我们关注到，新型城镇化中对不同规模的城市提出了差别化落户的指示。具体阐述为"以合法稳定就业和合法稳定住所（含租赁）等为前置条件，全面放开建制镇和小城市落户限制，有序放开城区人口50万－100万的城市落户限制，合理放开城区人口100万－300万的大城市落户限制，合理确定城区人口300万－500万的大城市落户条件，严格控制城区人口500万以上的特大城市人口规模"。

这项政策条例，无疑从宏观角度对解决我国城镇化发展不平衡的问题指明了方向。然而宏观策略依然有待细化，而我们希望为该策略的细化提出具有实证依据的建议。

该篇优秀案例在绪论中分别介绍了调查研究问题的理论背景和新型城镇化背景下的相关人口政策背景，体现了调查问题的研究价值与意义，以及为最终研究对策的提出提供合理性、科学性和逻辑性的依据。

4.2 调查目标和意义

调查目标与调查意义与前述的调查背景一脉相承。调查目标，即此次调查研究希望达到的结果，或是验证调查研究开始之前提出的某个假设。调查意义则是指在既定的调查背景和调查目标下，城乡社会综合调查通过一系列分析方法对材料和数据进行分析、研究，总结现象背后的本质规律，丰富了该方面的理论研究，体现了学术研究方面的意义。同时在实际应用中，通过调查研究中分析某些问题对相关群体的影响，提出解决对策和方法，还可以为相关部门提供参考，则是体现了调查研究的现实意义。

该部分具体写作时，应注意调查目标应与调查内容紧密结合，即为实现该调查目标，将采用何种方法去解决调查中发现的问题，并总结升华此次的调查研究以及最终的调查结果体现了怎样的调查意义。

4.3 调查主要方法

通常，需要将自己运用过的各种调查方法在绪论部分有逻辑地说清楚，可以用以下多种表达方式说明。

其一，说明式表达。即用一段文字简单地就调查方法的具体使用进行着重说明，有利于读者了解调查工作的具体展开情况。还可以将各种调查方法收集到的数据资料，进行初步整理分析，使报告更加科学详实。

如某篇关于旅游型村庄村民获益情况的调查报告中，在调查方法部分的写作就采用了说明式的表达方式。

1）文献调查法：查阅相关课题及研究成果，分析历年统计数据，对研究现状有较为直观的初步认识。

2）实地访谈法：实地对苏州多个乡村旅游村庄进行调研，了解其差异性和共同性，广泛全面地认知研究对象。

3）问卷调查法：从村民旅游获益情况的角度对旅游地村民进行问卷分析，三个村庄共发放 300 份问卷，回收 287 份。

这样做非常规范，可以展示这篇调查报告的真实性和科学性，都应该对调查方法或研究方法认真地予以交代。

其二，表格式表达。通过将调查实践过程进行梳理总结，用表格汇总的方式对调查过程中使用的调查方法，包括具体内容和调查结果都呈现出来（表6-1）。

其三，混合式表达。简单来说，就是先简单列出使用的调查方法，部分方法的具体展开和样本的结果则采用图表进行表达。这种表达方式的优点在于不仅表达清楚、一目了然，还可以对调查结果进行简单分析，使读者对调研的实践过程和结果有更直观的感受。如某篇关于图书网上借阅社区投递平台使用情况调查的报告中，就通过该种方式对调查方法进行了表达（图6-6）。

本篇报告使用的调查方法有：文献查阅、问卷调查、访谈调查、实地观察调查、线上体验调查。

其四，形象式表达。为方便读者更加直观的阅读，有的获奖调查报告不仅用更加生动形象的图示表达出了所使用的调研方法，更表明了调研的主要对象、过程以及主要内容。这样的表达方式简单易懂、使读者眼前一亮（图6-7）。

表格式调查方法示例 [1]　　　　　　　　　　　　　　　　表 6-1

调查方法	文献调查法	实地观察法	访问调查法	问卷调查法
具体做法	查阅相关书籍、报刊，关注乡村旅游地的现状，空间变化，其发生的时间节点、原因等	1. 实地勘测陆巷村的活动空间状况，以村民视角体验空间的竞争情况； 2. 观察人群的行为特征和人群组成结构，统计游客高峰期（实践、地点）	1. 对陆巷村游客进行随机抽样访谈（分类，不同年龄段）； 2. 对陆巷村村民、有关部门进行访谈	发放问卷150份，4月26日（工作日）、5月7日（周末）、5月28-30日（端午节）共5天，各发放30份，将陆巷空间分为5个类型，按人群高峰时间段进行随机抽样，当面填写（共回收150份，其中有效142份，有效率为94%）
应用	与陆巷村的情况进行、对比评估	1. 得到陆巷村的活动空间构成，统计人群的流量和主要活动空间的人数； 2. 计算活动空间的人流量对活动空间进一步划分，区分其功能特征	1. 了解游客对陆巷村的看法，出行方式，活动路线； 2. 了解村民对待游客态度，及面对活动空间竞争情况的行为措施	汇总分析问卷数据来了解村民对于游客的大量到来的心理和应对行为

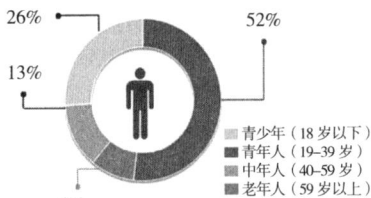

参与问卷调查人员构成比例图
访谈调查法

被访谈者		访谈内容
开发管理者 调查	苏州图书馆信息技术部主任	关于平台总体运营状况
	社区分馆工作人员	关于平台分馆的运营情况
平台使用者	社区取书点取书市民	关于平台使用情况
一般市民	路人及一般社区居民	关于平台推广度和使用度的情况

图 6-6　混合式表达方式 [2]

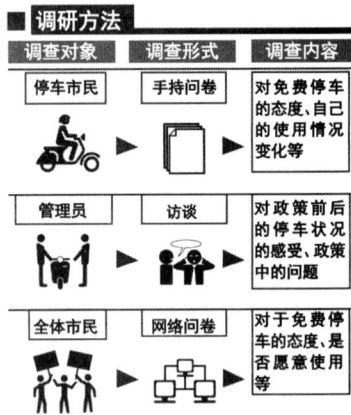

图 6-7　形象式表达图示 [3]

4.4　调查研究思路与框架设计

在绪论部分的最后，应该简要地介绍一下调查研究的思路与研究框架。研究框架主要是指实施一项调查研究的方案、内容、方法、手段、流程、路线等，因此，需要在这一部分结合调查研究方案设计的内容，对调查研究的过程及内容进行简洁明了的阐释。这一部分的另一个目的就是为转到方法部分提供一个非常自然的和平滑的过渡。

---

[1] 《"游"哉"忧"哉？谁动了村民的奶酪？——苏州不同发展模式下旅游型村庄村民获益情况调查》获得 2016 年度全国大学生城乡社会综合实践调查报告评优二等奖。作者：刘盼、杨紫悦、杨锦涛、白玉；指导教师：范凌云、彭锐、周静。

[2] 《"书香苏州"没有围墙的城市课堂——图书网上借阅社区投递平台使用情况调查》获得 2015 年度全国大学生城乡社会综合实践调查报告评优一等奖。作者：江依希、黄嫣容、潘翊菁、沈烨；指导教师：周静、彭锐。

[3] 《为你看车——研究上海市黄浦区非机动车免费停车政策影响》获得 2014 年度全国大学生城市交通出行创新实践竞赛调查报告评优一等奖。作者：张梦怡、许康、陈文笛、胡可；指导教师：刘冰、潘海啸、卓健。

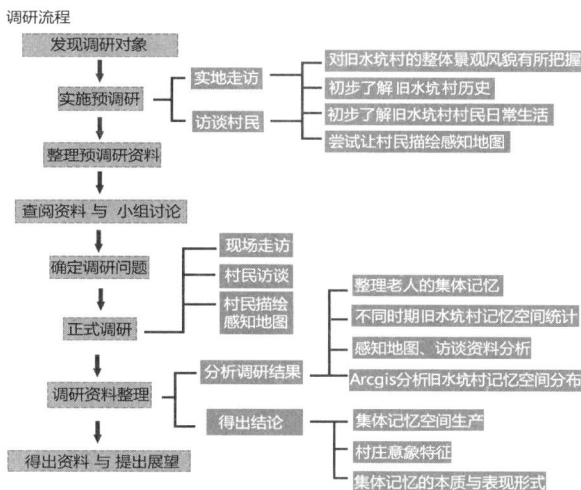

图6-8　某获奖调查报告研究框架图 [1]

例如，某篇2014年度城乡社会综合实践调查报告评优一等奖获奖调查报告中，就利用框架图的表现手法将使用的调查方法按照调查实施顺序表达了出来，使读者对该调查报告研究方向和整体内容有了基础的感知了解，该部分也起到了承上启下的作用（图6-8）。

5　正文

正文又称本论，即城乡社会综合调查报告核心部分，占据篇幅最大、内容最多。它主要详细展开城乡社会综合调查主要方法和调查过程，主体部分的写作应根据调查报告的写作目的设计好相应的行文结构，清晰地将调查内容表述出来。一般来说，反映情况类的调查报告根据应该将需要反映的情况全面、清楚地阐述出来，这部分内容除文字表述外还常常使用表格、图片等多种表现方式，使内容表达得更加清晰直观。例如，经验总结型调查报告要把最能说明经验的典型事实和具体做法及效果清楚地表达出来。揭露问题型调查报告则要把问题的实质尖锐地揭示出来，并且深入细致地分析问题形成的各种原因。

5.1　结构安排

一篇报告必须经过严密科学论证，才能确认观点合理性和真实性，使别人信服。因此，调查报告的逻辑分析及结论论证部分极为重要，在结构上必须进行精心的安排。正文的结构安排需要根据调查报告的内容来确定，是定量形式的资料、还是定性形式的资料、要表现什么样的内容、要说明什么样的问题，都是需要提前考虑的。

（1）纵向结构

这是按所调查的现象在时间上的先后顺序，从纵向的角度来安排文章的结构。这种方法多用于纵贯研究、个案研究等。采用这样的结构来安排调查报告

---

① 《借问乡村何处有——广州市旧水坑村集体记忆调查》获得2014年度全国大学生城乡社会综合实践调查报告评优一等奖。作者：尹安妮、曾永辉、郑梓辉；指导教师：林琳、袁奇峰、袁媛（http：//www.zgxcfx.com/Article/84624.html）。

的写作，有利于清楚地阐述某一现象或问题的来龙去脉，使读者能清楚地理解它的起因、发展和变化情况。

（2）类别结构

根据所调查的现象本身所包含的各种不同特征或不同方面，将调查对象分成不同的类别，对每一类别分别进行论述，并逐一描述、分析和比较，这样可以使与某一现象或问题有关的各个方面的内容都得到集中的讨论。通过比较分析和描述，就能使读者对报告的中心问题有更全面、更深入的理解。

（3）纵向结构与类别结构结合

纵向结构和类别结构可以单独使用，也可以结合在一起使用。为了行文的清楚，在结合使用的时候要以其中一种结构为主。比如，在总体结构上按时间顺序进行叙述，但在每个不同时点，又分别对各个类别进行讨论；或在总体上按类别的结构来行文，而对每一个类别又可以具体描述它的来龙去脉。

总的来看，通过对历年来获奖调查报告的统计分析，优秀的城乡社会综合调查报告在结构安排上都十分合理，逻辑严密，并有较强的科学说服力。城乡社会综合调查报告往往采用纵向结构与类别结构相结合的结构组织，并按照发现问题、分析问题、解决对策三大部分来组织内容。这样既有利于读者理清调查研究的问题背景，又能够将调查者的研究思路与方法合理地组织表达。

5.2 内容选取

通过前期的调查选题、调查方案设计以及亲身实地调研，能够获取大量、丰富的原始资料。但是，在这些丰富的原始资料中如何进行择选，使其能支撑作者观点，并能够进行下一步地数据统计分析，需要进行一定的斟酌。此外，还有一点值得注意的是，材料选取时应注意内容和形式的多样化，即有的部分用问卷访谈内容来阐述，有的部分则可以用空间测度来说明。

调查报告内容的选取是支撑正文内容的血肉，用其论证调查报告主题时，不仅仅要注意采用去伪存真，去粗取精，由此及彼的方法认真研究已经收集好的调查材料，精心筛选出真实、准确、全面、系统的材料，还需要根据已确立的调查报告的结构安排，根据调查报告的结构特点，选取具有代表性或对比性较强的数据材料。选取时还应注意是否属于孤证或具有一定偶然性，应避免误会巧合、以假当真的情况出现。若是从已有的各种原始记录中获得的材料，则是间接资料或第二手资料，使用其时应注意查明其来源，仔细筛选和核实，确保选取内容真实可信。调查报告材料主要可分为第一手资料和间接资料（或第二手资料）；如调查者自己亲身体验感知的、自己获取（如拍摄照片、绘制图表、数据分析等）的材料一般称之为第一手资料。

为充分论证主题的需要，应注意按照以下几点选取内容材料：一是最能反映调查对象本质、总体数量、包含类型等，以及说明和体现调查主题或调查者观点的典型材料，如典型案例、典型经验、典型事迹等；二是能够综合说明事物总体概况的材料；三是具有可比性的对比材料，如历史与现实、成功与失败、新与旧等；四是具有概括力、表现力，而且具体准确的统计数据，如经过加工处理的绝对数、相对数、平均数等；五是紧紧围绕目录中的主要标题选取材料，能够进行深化与展开；六是可以体现图文表现形式多样性的多维度材料，如问卷统计、访谈内容等；七是可以反映调查对象中各不同主体特点的材料。只有这样，调查报告的内容才能够比较充实饱满，图文并茂。

精选调查材料应当注意分析鉴别材料，对调查材料中反映的现象和本质、主流和支流、优点和缺点等应辨别清楚，从中找出规律性的东西，确保材料的有效性和真实可靠性。此外，还应注意区分典型材料和一般材料，能够反映事物的总体面貌、总体数量"面"上的一般材料，是证明普遍结论的主要支柱，而"点"上的典型材料则是深刻地反映事物本质的具有代表性的材料，只有"点面结合"，才能够说明现象的总体情况。

例如，在2015年获一等奖关于农民工随迁子女社会融入性问题的调查研究报告中，作者在对于农民工子女与城市子女活动的时空特征调查中就选取了大量通过调研获得的第一手资料，如农民工随迁子女与城市子女的基本信息、日常活动时间和活动类型以及心理状况等各方面情况，并紧紧围绕农民工随迁子女与城市子女活动差异进行材料选择：内容上从随迁子女与城市子女上下学交通差异性、日常活动时间与类型以及时空特征等方面来选取材料，数据来源上则是根据上学日和周末不同的活动特征进行材料择选，这体现了内容材料选取过程的丰富性、立体性，以及清晰地表达了作者的逻辑思路（图6-9）。

5.3 内容组织

为便于条理有序地安排材料、展开论证，在正式开始写作前，拟定写作提纲也是撰写调查报告的必要步骤。不仅可以体现作者的总体思路，还可以从全局构思谋篇的角度出发，合理安排、组织材料，避免调查报告撰写过程中可能出现的反复修改、逻辑混乱等问题。写作提纲的内容主要包括四个方面：主题、论证材料、各层次内容安排，以及各部分小标题等。写作提纲应注意要时时刻刻围绕调查报告的主题合理安排结构层次，并考虑各部分之间的逻辑关系，有中心思想也有举例论证，使理论与实践相结合，突出报告主题。

从撰写社会调查报告的主体内容的角度来看，作者将它概括成"现状"、"原因"、"措施"三个部分，即社会调查报告的主体部分应该包括"描述现状"、"分析原因"、"提供措施"。描述现状就是真实准确地列举调查所得的确凿事实、典型事例和具体数据，以此来描述调查对象或问题。分析原因就是对调查结果进行客观的定性与定量分析，在理论层面提出独到的新观点，或证实已有的观点，或推翻错误的观点。这部分的写作不仅要避免简单堆砌材料，也要避免过多的议论和说理。提供措施则是根据问题，佐证观点，继而提出建议。因而，可以结合目录的各级标题和整体结构，选取可以针对性地支撑每部分目录标题的内容，如分析过程和分析结论等。

从组织手法上也可分为三种。一是用观点串联材料。用多个方面的基本观点组成主体，并围绕作者的中心思想将它们上下文联系在一起。二是根据材料进行分类组织。通常用于主题比较单一、材料相对分散的调查报告，即将调研收集到的原始资料分析归纳后，根据材料的不同性质，将同一类的材料集中在一起进行表达，形成一个逻辑层次。每个层次前也可通过小标题或序号组织逻辑关系。三是按照调查过程的不同阶段划分形成层次。对于调研对象单一、强

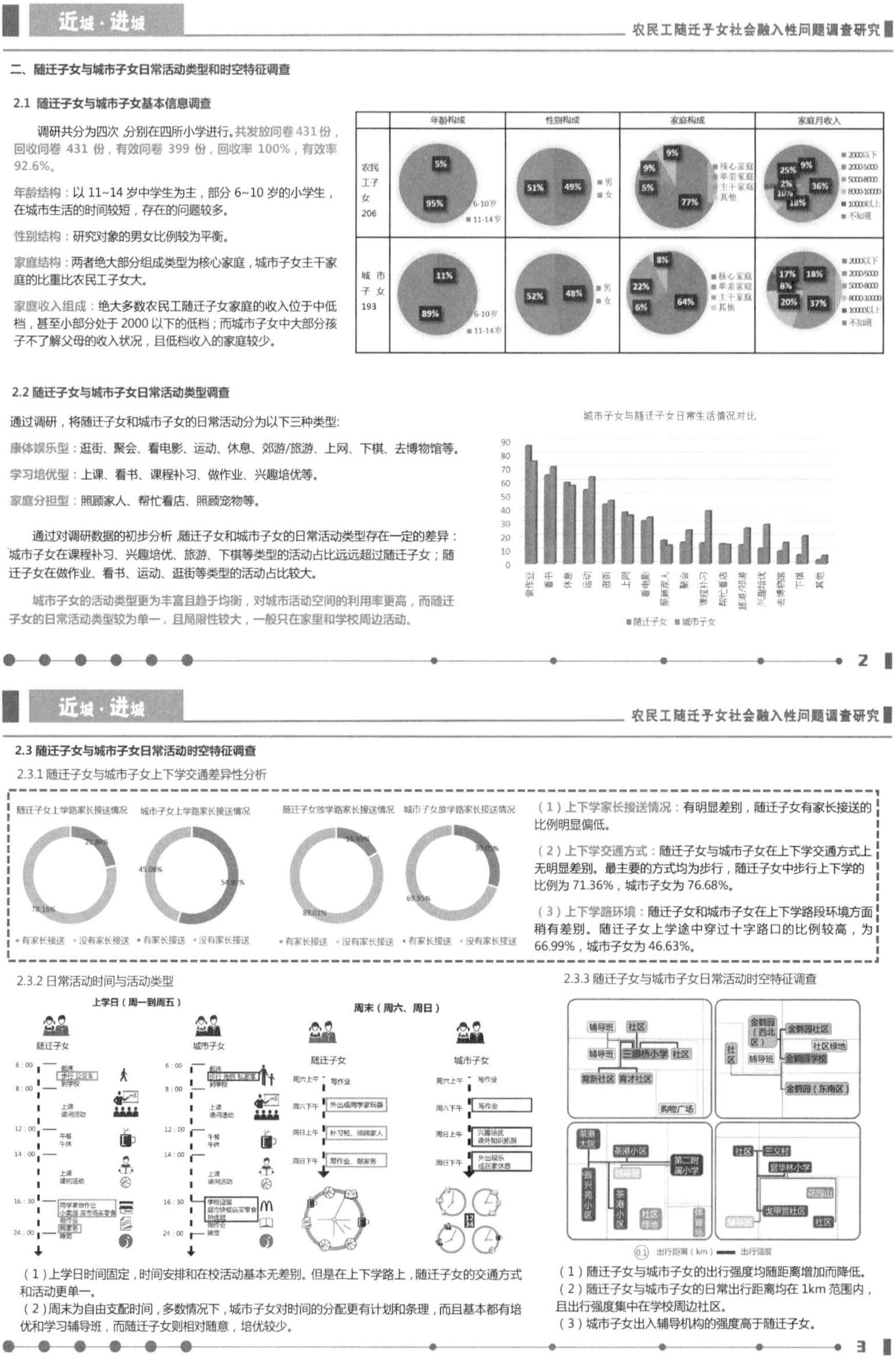

二、随迁子女与城市子女日常活动类型和时空特征调查

2.1 随迁子女与城市子女基本信息调查

调研共分为四次，分别在四所小学进行。共发放问卷431份，回收问卷431份，有效问卷399份，回收率100%，有效率92.6%。

年龄结构：以11~14岁中学生为主，部分6~10岁的小学生，在城市生活的时间较短，存在的问题较多。

性别结构：研究对象的男女比例较为平衡。

家庭构成：两者绝大部分组成类型为核心家庭，城市子女主干家庭的比重比农民工子女大。

家庭收入组成：绝大多数农民工随迁子女家庭的收入位于中低档，甚至小部分在2000以下的低档；而城市子女中大部分孩子不了解父母的收入状况，且低档收入的家庭较少。

2.2 随迁子女与城市子女日常活动类型调查

通过调研，将随迁子女和城市子女的日常活动分为以下三种类型：

康体娱乐型：逛街、聚会、看电影、运动、休息、郊游/旅游、上网、下棋、去博物馆等。

学习培优型：上课、看书、课程补习、做作业、兴趣培优等。

家庭分担型：照顾家人、帮忙看店、照顾宠物等。

通过对调研数据的初步分析，随迁子女和城市子女的日常活动类型存在一定的差异：城市子女在课程补习、兴趣培优、旅游、下棋等类型的活动占比远远超过随迁子女；随迁子女在做作业、看书、运动、逛街等类型的活动占比较大。

城市子女的活动类型更为丰富且趋于均衡，对城市活动空间的利用率更高，而随迁子女的日常活动类型较为单一，且局限性较大，一般只在家里和学校周边活动。

城市子女与随迁子女日常生活情况对比

2.3 随迁子女与城市子女日常活动时空特征调查

2.3.1 随迁子女与城市子女上下学交通差异性分析

（1）上下学家长接送情况：有明显差别，随迁子女有家长接送的比例明显偏低。

（2）上下学交通方式：随迁子女与城市子女在上下学交通方式上无明显差别。最主要的方式均为步行，随迁子女中步行上下学的比例为71.36%，城市子女为76.68%。

（3）上下学路环境：随迁子女和城市子女在上下学路段环境方面稍有差别。随迁子女上学途中穿过十字路口的比例较高，为66.99%，城市子女为46.63%。

2.3.2 日常活动时间与活动类型

（1）上学日时间固定，时间安排和在校活动基本无差别。但是在上下学路上，随迁子女的交通方式和活动更单一。

（2）周末为自由支配时间，多数情况下，城市子女对时间的分配更有计划和条理，而且基本都有培优和学习辅导班，而随迁子女则相对随意，培优较少。

2.3.3 随迁子女与城市子女日常活动时空特征调查

（1）随迁子女与城市子女的出行强度均随距离增加而降低。

（2）随迁子女与城市子女的日常出行距离均在1km范围内，且出行强度集中在学校周边社区。

（3）城市子女出入辅导机构的强度高于随迁子女。

图6-9　某获奖调查报告的内容选取 [①]

---

① 《"近城·进城"——农民工随迁子女社会融入性问题调查研究》获得2015年度全国大学生城乡社会综合实践调查报告评优一等奖。作者：王青子、青妍、邢晓旭、唐鑫磊；指导教师：魏伟、周婕、谢波。

调过程性的调查报告，可采用此种结构形式。它实际上是通过时间线索来谋篇布局，类似于记叙文的时间顺序写法。

5.4　图表表达

调查报告的写作，除了注重文字内容的表达组织以外，作者还要学会制作相关数据图表、分析图，通过实际场景记录图等第一手资料来说明问题，更要善于利用历史文献、插图等，还可以结合本教材第 5 章中涉及的时下新兴的 Python 数据爬取技术和大数据等技术软件制作各式数据分析图表。一份调查报告应做到图文并茂，让阅读者感到条理清楚、数据详实、有理有据，更便于读者清晰地阅读。

应注意的是，对于同一组统计数据，要正确选择是用图表达还是用表格表达。表格的优点是可以清晰地列举出大量精确数据或资料，而分析图则可以直观、有效地表达大量数据之间的关系和趋势。因此，对于表格或分析图的使用，应视成果表达的需要来决定。如果需要向读者展示精确的数值，就采用表格形式；如果要说明数据的分布特征或变化趋势，则宜采用图示方法。

5.4.1　图表分类与制作

(1) 表格（Table）

调查资料经过初步整理和计算分析各种指标后，所得的结果除了使用适当的文字进行表达外，常常还需用表格进行表达分析。表格可以展示出所有精确数据，能够进行主观的比较，但无法显示数据之间存在的逻辑关系。表格所表达的数据数量应适中，如果需要表达的数据过少或过多，为避免造成表格内容空洞、数据繁杂难懂等情况，都不应采用表格的表达方式。

在制作统计表格时，除了对内容上有一定的基本要求，如内容简明，重点突出，正确表达统计结果，便于分析比较等，在表达范式上也有一定要求，如表题、项目栏、表身等需要按照一定的规范表达。

首先，表格的标题一般位于表格的上方并左对齐。标题前需要标出表格的序号，即按照表格在文章中出现的顺序用数字进行排列。其次，统计表中含有的横标目（列在表的左侧，用以说明各横行统计指标的含义）和纵标目（位于表的上端，用以说明各横标目统计指标的内容），有时还可有总标目（对横标目或纵标目内容的概括，在需要时才设置）。标目的内容通常按照从小到大、从先到后的顺序排列，还应层次清楚，文字简明，分组合符逻辑，避免标目之间混淆或交叉。其三，在线条方面，统计表的线条不宜过多，采用国际通用的"三线表"，省略斜线、竖线、横分割线等，复合表可适当添加辅助横线。此外，表格的脚注位于表格下方，主要包含阅读和理解表格所必需的信息，但此部分并非表格的必须组成部分。若有多处需要说明，则以 2 个或 2 个以上的标示号区分，并依次说明（图 6-10）。

某调查报告中对 A 与 B 两家养老院情况调查，可以简洁明了地表达这两家养老院的机构性质、成立时间、服务对象、收费标准等基本信息，并总结其运营过程中遇到的情况进行对比，从而提出对应的意见和建议。该表不仅精炼了内容的传达，还形成了鲜明有效的对比效果，体现了针对不同类型的养老院出现的运营问题，可采用的不同对策（表 6-2）。

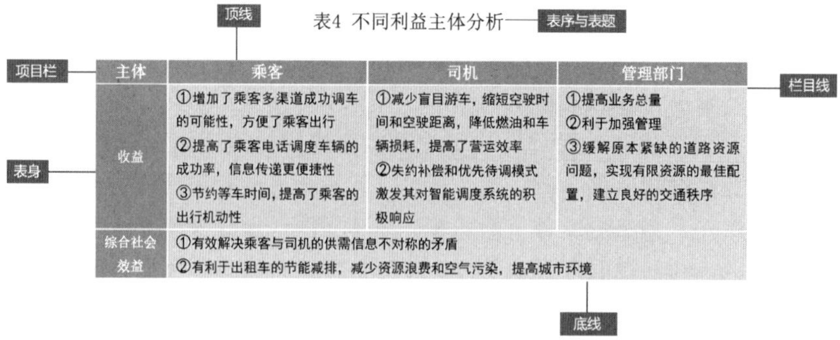

图 6-10　表格构成要素 [1]

A 与 B 两家养老院情况调查表 [2]　　　　　　　　表 6-2

调查项目		A		B		
机构性质		公办		民办非营利		
成立时间		1986 年 6 月		2003 年 12 月		
额定床位数（个）		85		550		
已入住人数（个）		79		550		
接收对象地域范围		只接受沧浪区的老年人		接受本地及外地有监护人的老年人		
接受对象类型		三无老人、生活自理困难的低保 / 低保边缘老人、残疾人家庭（特别是重残家庭）的老人		有各类老年疾病的老人及临终关怀病人		
收费标准		1200-1600 元 / 人·月		1500-3000 元 / 人·月		
提供的服务项目		生活照料服务；医疗卫生服务；不定期组织文艺活动		生活照料服务；医疗康复护理服务；临终关怀服务		
服务人员	构成	医生	护理员	医生	护士	护理员
	人数	1	14	18	40	120
运营过程中遇到的困难		配套设施、机构管理方面存在较大问题		资金不足，投入大，成本难收回，搬迁难		
意见和建议		政府可以把养老工作更加办到实处		政府可以给予更多资金和用地方面的支持		

（2）插图（Graph）

插图又可分为结构框图、数据趋势图、实际场景观测图、漫画形象图等，它以直观的方法使读者迅速理解调查对象的形态、结构、变化趋势及其特点，还可以缩减繁琐的文字描述，有些实物照片还具有客观证据的作用。插图的使用应注意统一规范的格式标准，使用相应学科的专业符号，防止乱用和混用错误的标准。

插图的绘制与选择可以按照以下几个原则：其一，插图表达的内容必须服从调查报告的主题，应与文字表达及表格有机地构成一体，共同构成报告正文

---

① 《"约"然"智"上——苏州市出租车智能调度提案及优化》获得 2011 年度全国大学生城市交通出行创新实践竞赛调查报告评优二等奖。作者：孙颖、陆丽、胡云飞、陈默、丛光浩；指导教师：范凌云、彭锐、曹恒德。
② 《晚年生活"谁"可"依"——苏州市沧浪区社会养老服务模式现状调查》获得 2011 年度全国大学生城乡社会综合实践调查报告评优二等奖。作者：顾海燕、毛斐、杨洁、张越；指导教师：曹恒德、张振龙、蒋灵德。

的论证部分。插图也必须具有真实性，即必须严格地忠实于所描述对象或问题，不能主观臆造或过于夸张。其二，插图要有自明性，即只通过标题和图片本身，不看正文也能理解图意。且插图内的各种符号、单位、名词术语必须符合国际标准、国家标准和有关行业标准，通篇报告中的插图风格、体例应该相同。

1）组织结构图

组织结构图是把调查对象或调查过程分成若干部分，并且标明各部分之间可能存在的各种关系。此类图表达的关系包括各级组织机构关系、机构运作机制关系以及功能活动模式等。所有这些都表达出各组成部分之间的关系，这正是调查者最关心的。主要是通过组织机构图，把每种元素之间的内在联系用一张图画出来，或者在组织机构图上加上各种联系符号。组织结构图不是简单的表格，在描述组织结构图时注意不能只简单地表示各部门之间的隶属关系。组织结构图加深读者对调查对象的理解，或是明白作者对于调查问题的看法和观点。此类图多由一些基本图形配合箭头来完成。这类图表可以用微软办公软件Visio 来绘制，在 Word 里也方便修改。如图 6-11 所示，用框图的表现手法直接地表达出了全民碳路平台的运行机制。而在图 6-12 中，则通过圆圈和流线型箭头表达出不同活动模式下工作、居住与休闲之间的关系。

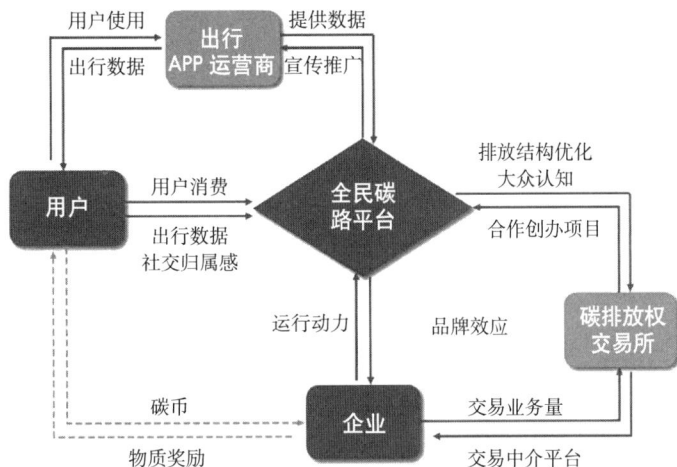

图 6-11 某调查报告组织结构图示例[①]

2）数据趋势图

其一，柱状图（Bar Graph）。柱状图是利用直条的长短来代表分类资料各组别的数值，表示它们之间的对比关系。可分为单式和复式两种。

单式柱状图：标题（Figure）位于图下方。标题含有丰富的信息量，包括处理方法、统计学检验及显著水平的解释等。横向轴为不同的统计对象，纵向轴表示对应的统计数量，也可以在其上表明数值，注意需要标注单位（图 6-13）。

---

① 《全民碳路，益心随行——深圳"全民碳路"低碳出行平台构建方案研究》获得 2017 年度全国大学生城市交通出行创新实践竞赛调查报告评优二等奖。作者：廖伊彤、秦一平、孙若溪、文志平、刘定昊；指导教师：周素红、李秋萍。

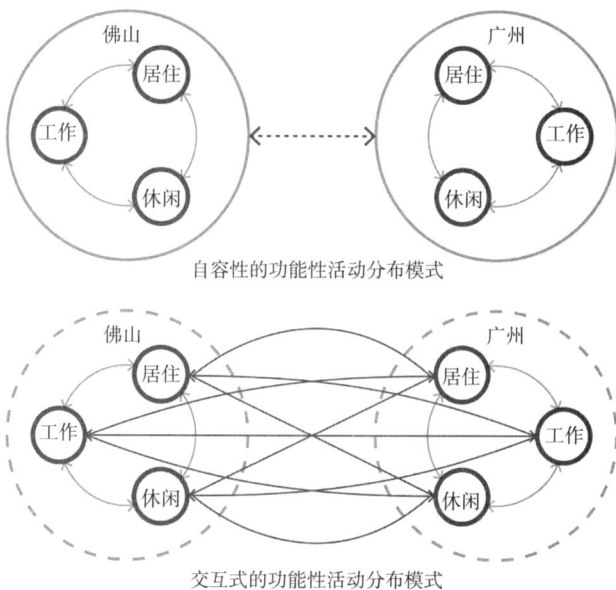

自容性的功能性活动分布模式

交互式的功能性活动分布模式

图 6-12　某调查报告组织结构图示例 [1]

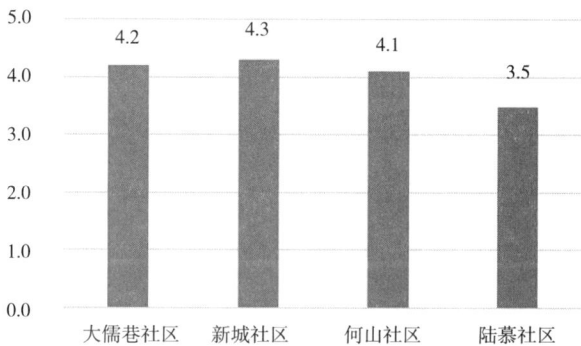

图 2-x-x　各社区文化设施配套情况

图 6-13　单式柱状图示例 [2]

复式柱状图：横轴为基线，表示各个类别，纵轴表示其统计数值，刻度从 0 开始。同一类型中两个亚组用不同颜色表示，并有图例说明。各直条宽度一致，各直条间间隙相等（图 6-14）。

其二，线条图。线条图又称折线图，适用于连续性资料，用于表明一事物随另一事物而变动的情况。通常，横轴表示连续变量，纵轴表示频数，纵轴刻度从 0 开始。按照时间先后及其频数确定并绘制各个点，再用线段连接起来。绘制不同组别的点使用不同的图例，并有图例说明。每一组用不同的图例表示，

---

[1]《城来城往——基于地铁线出行状况的广佛功能联系研究》获得 2011 年度全国大学生城乡社会综合实践调查报告评优一等奖。作者：杨子杰、钟秋妮、林俊琦、彭丽君；指导教师：王世福、赵渺希、戚冬瑾。

[2]《"书香苏州"没有围墙的城市课堂——图书网上借阅社区投递平台使用情况调查》获得 2015 年度全国大学生城乡社会综合实践调查报告评优一等奖。作者：江依希、黄嫣容、潘翊菁、沈烨；指导教师：周静、彭锐。

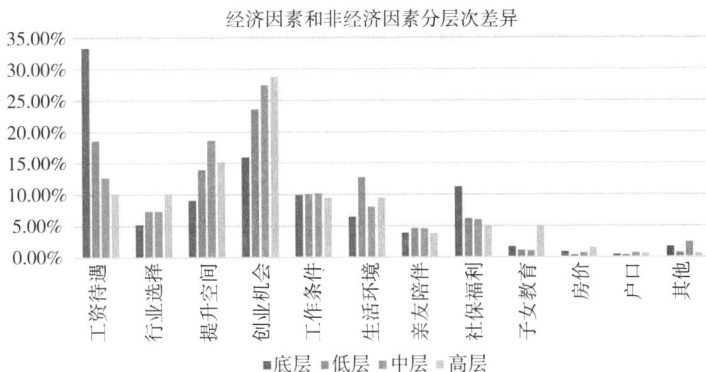

图 6-14　复式柱状图示例 [①]

图例清晰便于辨认。每个点表示均数，并且在标题中注明。同一组中的各个点用线段按顺序连接起来，以表示随时间的变化趋势。

只有当数据之间存在连续性，诸如表示一个连续的时间序列或是连续的数据样本时，才可以使用折线来连接数据点；样本之间没有连续性或没有梯度变化时，则必须使用直方图。如图 6-15 所示，该调查报告通过折线图的方式直接地表达了 1995—2012 年间我国征用土地面积与城市建成面积的变化趋势。

此外，还可以通过两种分析图的整合，如柱状图与折线图的结合将不同信息表现在一张图上，这样就将数据的统计与分析都表达了出来，直观且有说服力。如图 6-16 所示，柱状图代表的是 2006 年至 2015 年基础设施固定资产投资额的数据情况，而折线图则直观的表达出 2006 年至 2015 年来的基础设施固定资产投资额的增长速度变化情况。

其三，饼状图。饼状图有二维和三维之分，通常只表达一个数据系列，多用于表达整体与各个部分之间的数量关系。当数据结构较为复杂的时候，可以将饼状图与柱状图结合，或是采用圆环图与标明数据相结合的形式（图 6-17）。

同样的图示方法还有环形图，环形图和饼图类似，但是不同之处在于，环形图中间有一个"空洞"，总体或样本中的每一个数据则由环中的每一段来表示。

其四，散点图。散点图用于表示两种事物的相关性和趋势。根据点的散布情况推测两事物有无相关。散点图中含有两个变量，一般横轴表示自变量，纵轴表示因变量。为确保更能准确地绘制点，两轴刻度包含主刻度和次刻度，各轴刻度不一定从 0 开始，并且数值的范围应该包含所有点。根据点的分布情况，推测两变量间是否相关。如果数据通过统计学分析证实变量间存在关系，如图中可以绘制出回归直线，并可计算出回归方程等信息（图 6-18）。

其五，雷达图。它是一种以二维形式展示多维数据的图形。雷达图由中心向外辐射出多条坐标轴，每个多维数据在每一维度上的数值都占有一条坐标轴，并和相邻坐标轴上的数据点连接起来，形成一个个不规则多边形。整个图形形

---

① 《人在"迁"途——新型城镇化下外来务工者迁移过程的调查研究》获得 2014 年度全国大学生城乡社会综合实践调查报告评优一等奖。作者：吴梦迪、可怡萱、谷雨濛、杨小妹；指导教师：邓昭华、赵渺希、王世福、张晨。

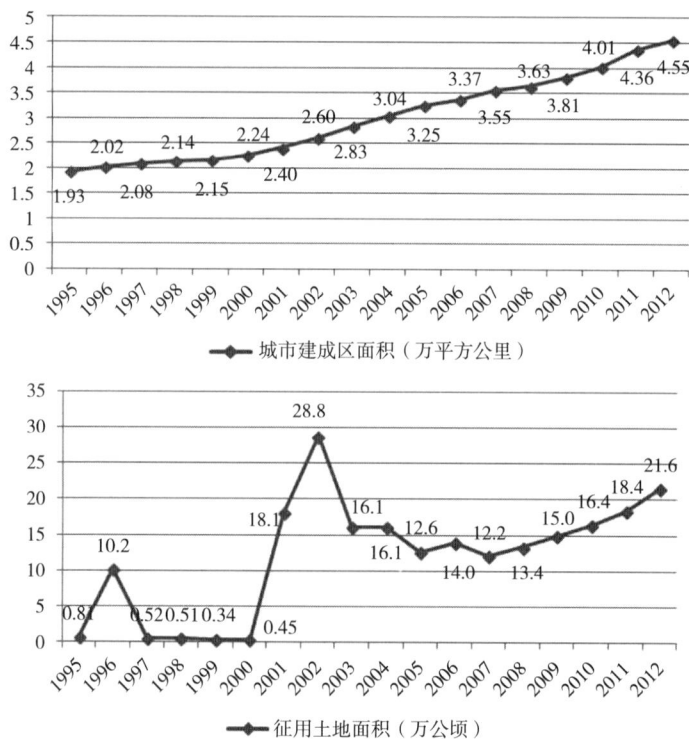

图 6-15　1995—2012 年中国征用土地和城市建成面积折线图 [1]

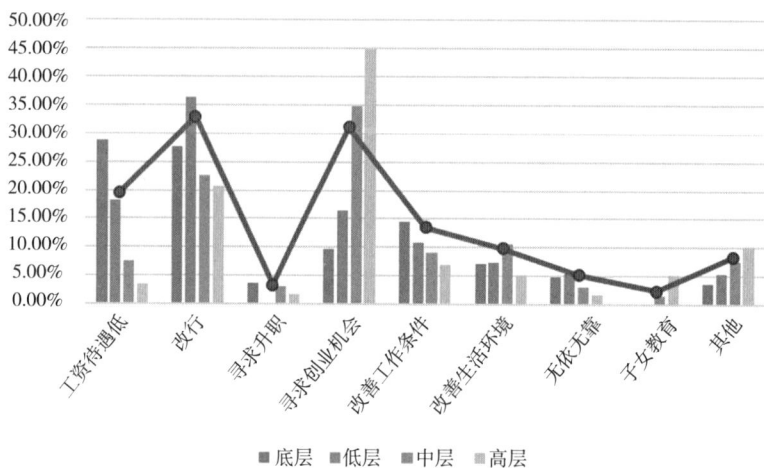

■ 底层　■ 低层　■ 中层　■ 高层

图 6-16　复合图示例 [2]

似蜘蛛网，因此又得名为"蜘蛛图"。

　　雷达图非常适合对比多个指标体系间的数据情况，是一种典型的用来显示对象在各种指标上的强弱的表达方式。在每个维度单位、范围相同的情况下，

① 《进城未"尽"城——苏州市区"被进城"农民生活方式及居住空间环境调查》获得 2014 年度全国大学生城乡社会综合实践调查报告评优二等奖。作者：时亦欢、蔚丹、缪青、刘庆伟；指导教师：范凌云、彭锐。
② 《人在"迁"途——新型城镇化下外来务工者迁移过程的调查研究》获得 2014 年度全国大学生城乡社会综合实践调查报告评优一等奖。作者：吴梦迪、可怡萱、谷雨濛、杨小妹；指导教师：邓昭华、赵渺希、王世福、张晨。

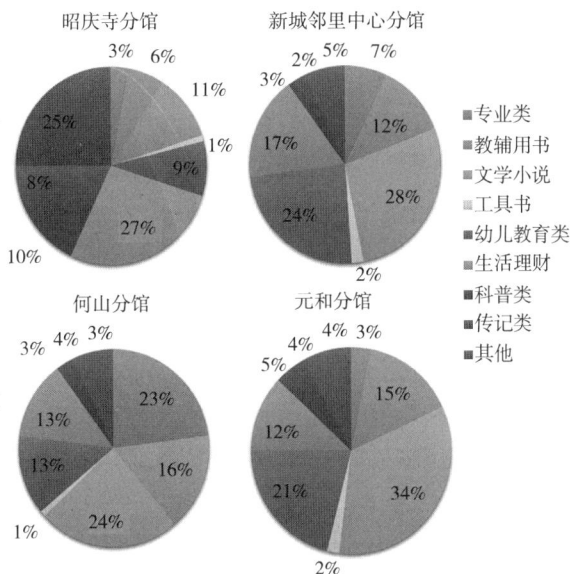

昭庆寺分馆
新城邻里中心分馆
何山分馆
元和分馆

■专业类
■教辅用书
■文学小说
■工具书
■幼儿教育类
■生活理财
■科普类
■传记类
■其他

图 2-18 居民借书种类分析

图 6-17 某调查报告饼状图示例①

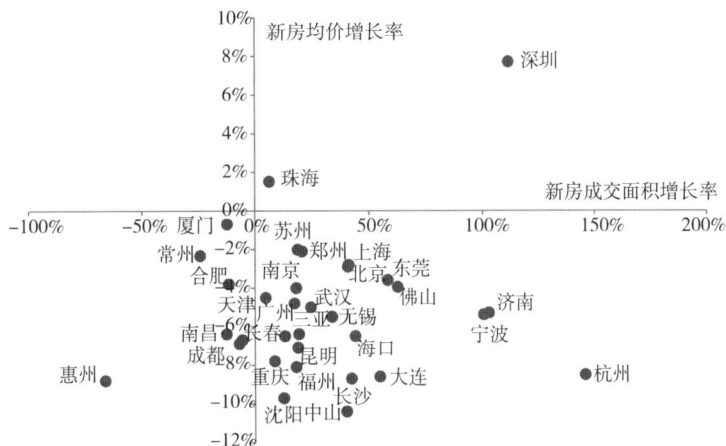

图 6-18 2015 年上半年重点城市新房成交量价同比涨幅散点图
图片来源：http://www.sohu.com/a/22844814_193829

雷达图比传统的条形图更具视觉冲击力，能给单调的数据增色不少，通常用于成绩展示、效果和绩效对比、多维数据对比等。但必须有三个及以上的维度，才适合制作雷达图。当然，维度也不宜过多，既影响美观，也会大大降低图表的可读性。面积越大的数据点，就表示越重要。需要注意的是，用户不熟悉雷达图，解读有困难。使用时尽量加上说明，减轻解读负担。

例如，通过图 6-19 可以表明，72.2% "被进城"农民能够找到稳定工作。相比于"被进城"前的职业（大部分务农，小部分务工），"被进城"农民的职

---

① 《"书香苏州"没有围墙的城市课堂——图书网上借阅社区投递平台使用情况调查》获得 2015 年度全国大学生城乡社会综合实践调查报告评优一等奖。作者：江依希、黄嫣容、潘翊菁、沈烨；指导教师：周静、彭锐。

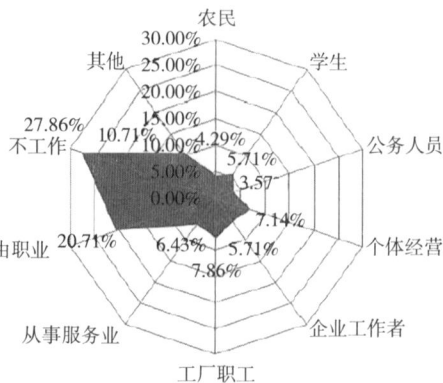

图 6-19 流动人口职业类型调查示意 [①]

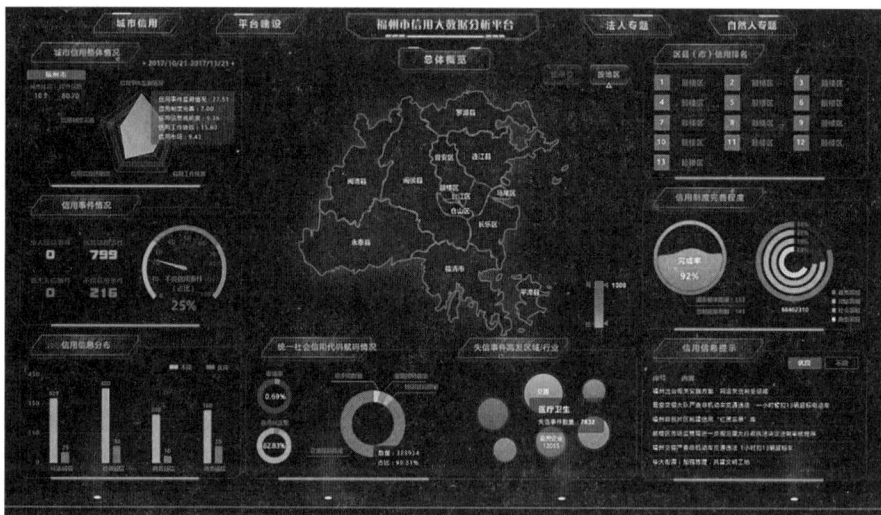

图 6-20 大数据分析平台

图片来源：http://img.zcool.cn/community/01c0cd5a67f554a80120a123f8cf8b.jpg@1280w_1l_2o_100sh.jpg

业结构有很大的改变：从事第一产业大幅下降，接近于零，第二产业的比重急剧增加，第三产业也有所上升。

其六，大数据分析图。大数据的分析并将其转化为可视化图形已成为调查报告数据分析的一种重要方法，本教材在第 5 章第 5 节中对各种数据获取及分析方法都进行了详细说明。如通过 Python 编程技术，抓取各大网页数据，或是火车采集器获取需要的数据，包括 POI、公交、行政区划等数据（图 6-20）。

此外，GIS 作为地理信息处理平台，本身有很强大的数据采集和整合的能力，结合 AI、PS 等图形处理软件，便可以呈现出准确、美观的数据分析图。还可以通过高德地图、百度地图等用户出行数据，制作出热力图，可用于调查城市现状公共交通可达性、城市交通的时圈分析等（图 6-21）。

---

① 《进城未"尽"城——苏州市区"被进城"农民生活方式及居住空间环境调查》获得 2014 年度全国大学生城乡社会综合实践调查报告评优二等奖。作者：时亦欢、蔚丹、缪青、刘庆伟；指导教师：范凌云、彭锐。

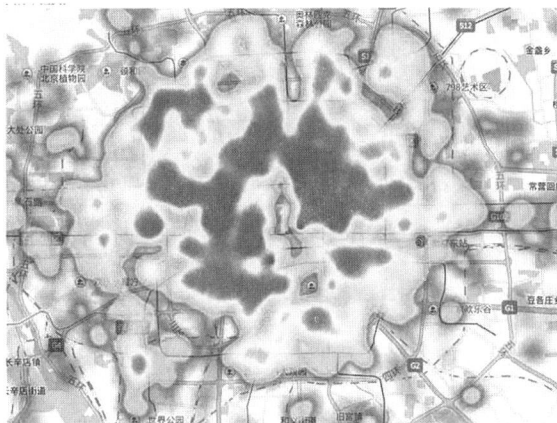

图 6-21　某时刻北京市热力图

图片来源：http://www.bubuko.com/infodetail-1170988.html

图 6-22　某调查报告中安置区居住环境问题①

3）实际场景观测图

为了实际展示并反映调查对象现状问题的直观性，可在调查报告中适当使用调研过程中拍摄的实际场景记录图。使用现状照片图应注意图片清晰度要好，对比度要合适。图中需标注文字、数字、符号，或需要突出表达某部分内容时，尽量使用 Photoshop 等图形处理软件处理，使图片清楚、美观和协调。条件不允许的，应另外用纸画图标示，不要直接潦草地写画在图上。实物照片实际尺寸者，比例尺应同时照排。还有一点应注意的是，若是参加城乡社会调查综合实践等竞赛的社会调查报告，应按照 2018 年度最新赛会要求，不得使用含有透露作者及其所在学校的内容和提示的照片（图6-22）。

然而，对于"挑战杯"全国大学生课外学术科技作品竞赛中哲学社会科学类社会调查报告单元的竞赛，则明确了报告中需要有能反映调研过程的照片，为证明亲身调研的真实性，防止出现坐而论道、纸上谈兵的情况（图6-23）。

---

① 《库居不"酷"——苏州高新区车库住人问题社会调查》获得 2012 年度全国大学生城乡社会综合实践调查报告评优二等奖。作者：王玮、沈宇驰、王宪哲、赵丹妮；指导教师：张振龙。

图 6-23　某实地调查中所摄照片

资料来源：作者自摄

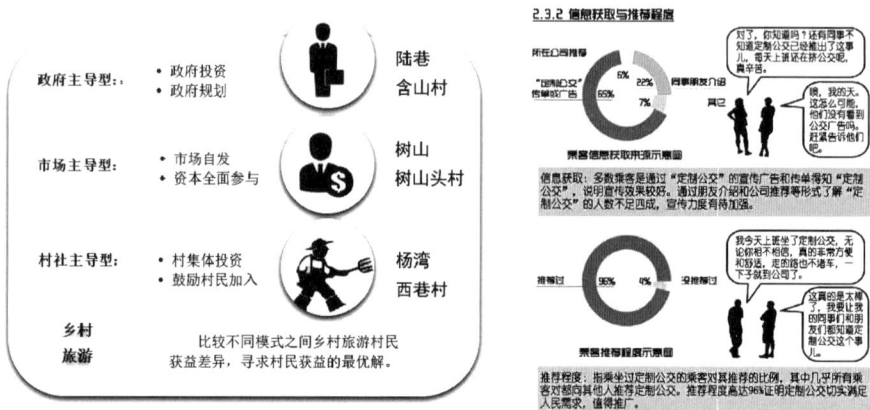

图 6-24　形象图示例[①②]

4）形象图示

城乡社会综合实践调查过程中通常会涉及多个利益主体，或是在访谈中会出现多类访谈对象，对待同一事件或问题，不同群体往往有不同的看法或诉求。简单地用文字陈述，不仅会表述的不够直观清晰，还会使得报告内容拖沓重复。因而可以采用卡通形象图并配合简单的文字点出不同群体的利益诉求等（图 6-24）。

5.4.2　版面编排

对调查报告的版面组织进行精心组织，合理安排图片、表格和文字的位置关系问题。常见的版式是图片、表格和文字混合式，即图片和表格根据文章的组织结构灵活放置。具体来说，目前较为主流的排版方式是图片、表格和文字分栏式，即文字在左侧、图片在右侧或是文字在右侧、图片在左侧。图片大小则根据报告字数、图片数量及版面要求进行适当调整。但是，调研报告应以文字表达为主导，过度使用图表，反而会冲淡文字表达的语言组织秩序，使得对

---

① 《"游"哉"忧"哉？谁动了村民的奶酪？——苏州不同发展模式下旅游型村庄村民获益情况调查》获得 2016 年度全国大学生城乡社会综合实践调查报告评优二等奖。作者：刘盼、杨紫悦、杨锦涛、白玉；指导教师：范凌云、彭锐、周静。

② 《"私人订制，不再囧途"——武汉定制公交运营现状调查与优化》获得 2015 年度全国大学生城市交通出行创新实践竞赛调查报告评优一等奖。作者：李杜若、袁俊杰、吴恩彤、张哲琳；指导老师：陈征帆。

CITY CLASS WITHOUT WALLS LIBRARY NEAR HOME

书香苏州 没有围墙的城市课堂

BORROW ONLINE COMMUNITY DELIVERY

——图书网上借阅社区投递平台使用情况调查

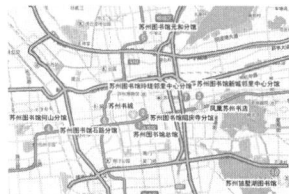

图 1-5 被调查图书馆分布图

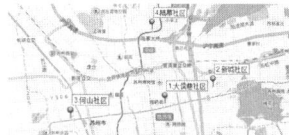

图 1-6 被调查社区分布图

表 1-5 被调查图书馆读者问卷具体回收情况

调查范围及对象		发放数据	回收数量	问卷回收率	调查内容
图书馆总馆	苏州图书馆总馆市民	45	43	95.6%	1、市民书籍阅读现状及阅读习惯调查；2、图书网借平台的推广及使用情况调查；3、图书网借平台的优缺点及满意度调查；4、对使用图书网借平台的态度及发展意见；
社区分馆	苏州图书馆昭庆寺分馆市民	30	29	96.7%	
	苏州图书馆新城邻里中心分馆	30	30	100%	
	苏州图书馆何山分馆	30	28	93.3%	
	苏州图书馆石路分馆市民	30	27	90%	
	苏州图书馆元和分馆	30	27	90%	
	玲珑邻里中心投递点	30	27	90%	
书店	苏州书城市民	20	19	95.0%	
	凤凰书城市民	20	18	90%	
其他图书馆	苏州独墅湖图书馆	30	29	96.7%	
路人	观前街	30	28	93.3%	
总计		325	305	93.8%	

1.3 调查的对象

为全面了解图书网上借阅社区投递平台的使用现状，对平台涉及的图书馆、书店及社区进行了详细调查。

◆苏州图书馆总、分馆（取书点）及主流书店：调查苏州图书馆及书店的图书借阅情况及网借平台在图书馆的使用情况，继而分析图书馆对网借平台的发展影响(图 1-5)。

◆苏州各区典型社区：分别调查苏州姑苏区、园区、高新区及相城区的典型社区，了解各区居民的阅读情况及网借平台的使用情况，继而分析各社区网借平台的发展情况（图 1-6）。

表 1-3 图书馆调查表

序号		调研地点	区位特征	开馆时间
总馆	1	苏州图书馆总馆	姑苏区	1914
社区图书馆分馆	2	昭庆寺分馆	姑苏区大儒巷	2009
	3	新城邻里中心分馆	园区新城邻里中心内	2011
	4	何山分馆	高新区何山花园社区服务中心	2009
	5	石路分馆	姑苏区石路西城永捷商业中心	2013
	6	黄桥分馆	相城区黄桥街道文体活动中心	2013
	7	玲珑邻里中心投递点	玲珑邻里中心	2014
书店	8	苏州书城	姑苏区观前街	1949
	9	凤凰书店	园区	2013
其他图书馆	10	苏州独墅湖图书馆	园区	2005

表 1-4 社区调查表

序号	调研地点	位置	区位特征	对应苏图分馆	社区现状
1	大儒巷社区	姑苏区	交通便利，人流密集，附近景点众多。	昭庆寺分馆	
2	新城社区	工业园区	工业园区湖西，现代大道以北，交通便利。	新城邻里中心分馆	
3	何山社区	高新区	东起京杭大运河以西,社区内台胞聚集。	何山分馆	
4	陆慕社区	相城区	位于相城区南部，与苏州古城相连。	元和分馆	

1.4 调查的目的与意义

采用多方法调查和资料查阅，选取四个典型社区调查图书网借平台使用情况调查并对图书馆及网借平台的服务进行评估；通过现状分析和评估，剖析苏州居民阅读需求，进一步了解网借平台的发展现状和问题；对国内外相关案例进行比较分析；归纳总结进一步探讨网借平台的发展对策。

本次调查主要为了响应国家倡导“全民阅读”的号召；提升城市阅读文化氛围；进一步推动“书香苏州”图书网上借阅社区投递平台的发展。

URBAN SURVEY

05

图 6–25 城乡社会综合实践调研报告版式示例①

研究的陈述混乱、逻辑不清，严重影响报告质量。文本的版面设计也不应过于繁复，应能体现调查报告表达的特点。

图序和图题：引用的图片应按文中出现的先后顺序用阿拉伯数字连续编码给出图序（如图 1、图 2）。图题应是以最准确、最简练的并能反映该图特定内容的词语的逻辑组合，一般是词组（很少用句子），而且大多是以名词或名词性词组为中心语的偏正词组（很少用动宾词组），要准确得体，简短精练，容易认读。图序、图题应在图片正下方标明。

此外，不同的社会调查报告竞赛对正文的字数、版式等都有特定的要求，以 2018 年城乡规划专指委城乡社会综合实践调研竞赛单元的通告要求来看：

正文文字限定在 6000 字以内（不包括附录、图表、引注），与此同时报告正文总页数必须控制 A4 幅面 10 页（含 10 页）之内。报告版式统一为 A4 横向版式，统一白色底板，不得添加衬底。正文采用 5 号字体，表格、附图采用 6 号字体。页面设置与版面设计风格自定，首页格式只允许出现调研报告题目，不另作封面。而对于交通出行创新实践竞赛报告则需要提交 4 页 A4 版成果及 A3 版附图一张。在色彩组织上，还应注意版面、图表色调的和谐统一，既要抓人眼球，又不失秩序感，能够最大程度地将报告内容呈现出来。

在此分别选取了两个不同类型的调查报告为例（图 6–25、图 6–26）。

---

①《“书香苏州”没有围墙的城市课堂——图书网上借阅社区投递平台使用情况调查》获得 2015 年度全国大学生城乡社会综合实践调查报告评优一等奖。作者：江依希、黄嫣容、潘翊菁、沈烨；指导教师：周静、彭锐。

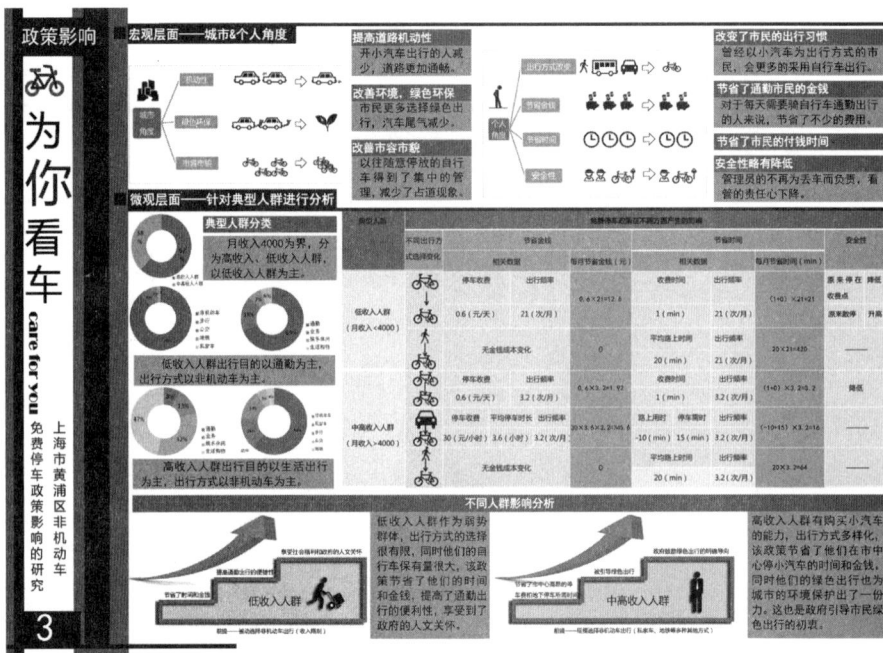

图 6-26 城市交通出行创新调查报告版式示例①

6 结语

　　结语是调查报告的结尾部分，即提出解决对策部分，起画龙点睛作用。然而，结语不是研究结果的简单重复，而是经过综合分析论证，将各种研究结果进行综合分析，逻辑推理，升华和深化，形成最终结论。因而，结语需要由表及里、抽象出共同、本质规律、去粗存精，在措辞上还要注意严谨、准确、鲜明。不仅与正文紧密衔接，还与前言相互呼应，不宜出现新资料和新观点，使调查报告结构完整、逻辑严密。结语在应用调查报告中通常是以"结论与讨论"的形式出现。它的主要作用是用简洁的语言对调查结果进行总结，根据这些结果提出建议或对策，以供有关部门决策时进行参考或者通过对调查结果的深入剖析，说明某一现象或问题对社会的危害性，以便引起有关部门的注意和重视。此外，还常常需要总结调查研究的创新之处和不足的地方，以及需要进一步深入研究的方面。在写法上，结尾部分要简明扼要，给读者留下深刻的印象和进一步思考的空间。

　　如图 6-27、图 6-28 所示，在一篇关于新型城镇化背景下外来务工者迁移过程的调查研究报告的结语部分，作者就调研过程中采用多种调研方法对农民工迁移过程进行了调查，根据问卷、访谈等得出的调查结果，从农民工迁移过程特征、未来定居城镇规模差异以及迁移原因等方面进行研究分析，作者在结语部分的第四章提出调研的结论，以简练的语句总结了农民工迁移的主要特征，以及其定居城市的原因。针对第四章的结论，作者在第五章针对性地提出了政策细化建议。从人口户籍制度改革创新的方面寻求政策上的创新，并在特

① 《为你看车——研究上海市黄浦区非机动车免费停车政策影响》获得 2014 年度全国大学生城市交通出行创新实践竞赛调查报告评优一等奖。作者：张梦怡、许康、陈文笛、胡可；指导教师：刘冰、潘海啸、卓健。

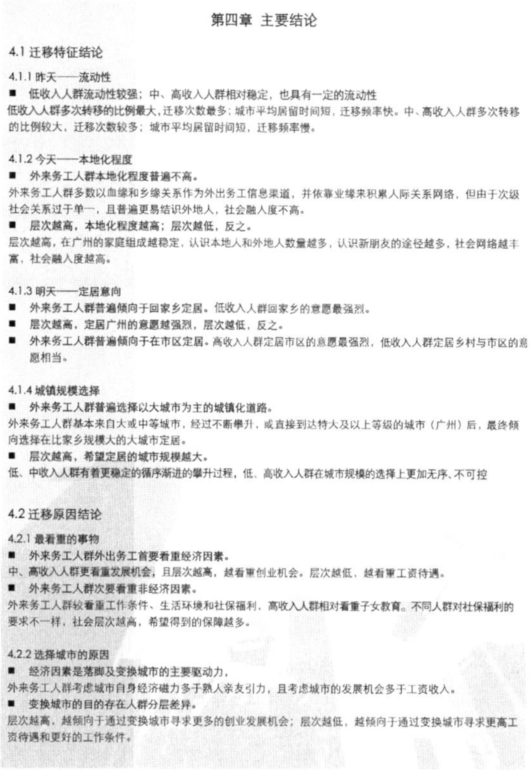

第四章　主要结论

4.1 迁移特征结论

4.1.1 昨天——流动性

■ 低收入人群流动性较强；中、高收入人群相对稳定，也具有一定的流动性

低收入人群多次转移的比例最大，迁移次数参多；城市平均居留时间短。中、高收入人群多次转移的比例较大，迁移次数较少；城市平均居留时间短，迁移频率慢。

4.1.2 今天——本地化程度

■ 外来务工人群本地化程度普遍不高。

外来务工人群多数以血缘和乡缘关系作为外出务工信息来源渠道，并依靠业缘来积累人际关系网络，但由于次级社会关系过于单一，且普遍更易认识外地人，社会融入度不高。

层次越高，本地化程度越高；层次越低，反之。

层次越高，在广州的家庭组成越稳定，认识本地人和外地人数量越多，认识新朋友的途径越多，社会网络越丰富，社会融入度越高。

4.1.3 明天——定居意向

■ 外来务工人群普遍倾向于回家乡定居。低收入人群回家乡的意愿最强烈。

层次越高，定居广州的意愿越强烈，层次越低，反之。

外来务工人群普遍倾向于在市区定居。高收入人群定居市区的意愿最强烈，低收入人群定居乡村与市区的意愿相当。

4.1.4 城镇规模选择

■ 外来务工人群普遍选择以大城市为主的城镇化道路。

外来务工人群基本本自大或中等城市，这将不断举升，或直接到达特大及以上等级的城市（广州）后，最终倾向选择在以家乡规模大的大城市定居。

■ 层次越高，选择城市规模的循序渐进的举升过程越强。低、高收入人群对城市规模的选择更加无序，不可控

低、中收入人群有更稳定的循序渐进的举升过程，低、高收入人群对城市规模的选择更加无序，不可控

4.2 迁移原因结论

4.2.1 最看重的事物

■ 外来务工人群外出务工首要看重经济因素。

中、高收入人群更看重发展机会，且层次越高，越看重创业机会。层次越低，越看重工资待遇。

■ 外来务工人群更看重非经济因素。

外来务工人群较看重工作条件、生活环境和社会保障，高收入人群相对看重子女教育。不同人群对社保福利的要求不一样，社会层次越高，希望得到的保障越多。

4.2.2 选择城市的原因

■ 经济因素与变换城市的主要驱动力。

外来务工人群考虑城市自身经济动力多于熟人亲友吸引，且考虑城市的发展机会多于工资收入。

■ 变换城市的目的存在人群分层差异。

层次越高，越倾向于通过变换城市寻求更多的创业发展机会；层次越低，越倾向于通过变换城市寻求更高工资和更好的工作条件。

图 6-27　某调查报告的结语部分示例（1）[①]

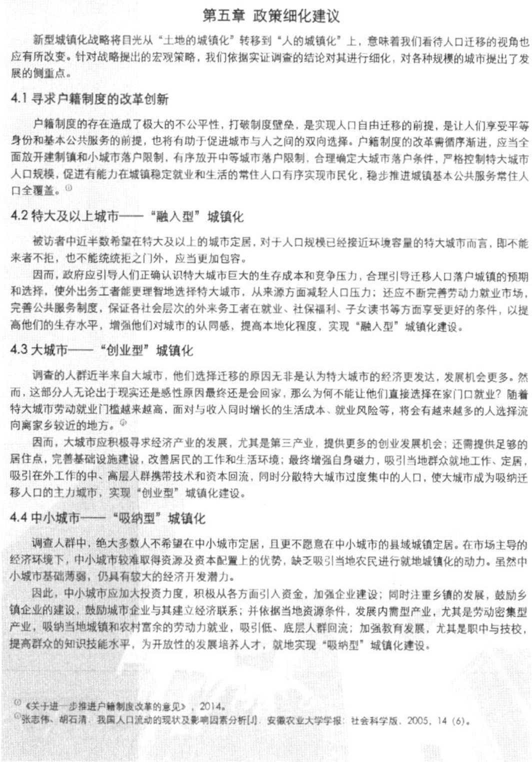

第五章　政策细化建议

新型城镇化战略将目光从"土地的城镇化"转移到"人的城镇化"上，意味着我们看待人口迁移的视角也应有所改变。针对战略提出的宏观策略，我们依据实证调查的结论对其进行细化，对各种规模的城市提出了发展的侧重点。

4.1 寻求户籍制度的改革创新

户籍制度的存在造成了极大的不公平性，打破制度壁垒，是实现人口自由迁移的前提，是让人们享受平等身份和基本公共服务的前提，也有利于促进城市与人之间的双向选择，户籍制度的改革循序渐进，应当全面放开建制镇和小城市落户限制，有序放开中等城市落户限制，合理确定大城市落户条件，严格控制特大城市人口规模，促进在能力在城镇稳定就业和生活的常住人口有序实现市民化，稳步推进城镇基本公共服务常住人口全覆盖。

4.2 特大及以上城市——"融入型"城镇化

被访者中近半数希望在特大及以上的城市定居，对于人口规模已经接近环境容量的特大城市而言，即不能来者不拒，也不能统统拒之门外，应当更加包容。

因而，政府应引导人们正确认识特大城市巨大的生存成本和竞争压力，合理引导迁移人口落户城镇的预期和选择，使外出务工者能更理智地选择特大城市，从来源方面减轻人口压力；还应不断完善劳动力就业市场，完善公共服务制度，保证各社会层次的外来务工者在就业、社保福利、子女读书等方面享受更好的条件，以提高他们的生存水平，增强他们对城市的认同感，提高本地化程度，实现"融入型"城镇化建设。

4.3 大城市——"创业型"城镇化

调查的人群近半来自大城市，他们选择迁移的原因无非是认为特大城市的经济更发达，发展机会更多。然而，无论上还是感性原因最终还是会回家，那么为何不能让他们直接选择在家门口就业？随着特大城市劳动就业门槛越来越高，面对与大城市同等增长的生活成本，就业风险等，将会有越来越多的人选择流向离家乡更较近的地方。

因而，城市应积极寻求经济产业的发展，尤其是第三产业，提供更多的创业就业机会；还需提供足够的居住力，完善基础设施建设，改善居民的工作和生活环境；最终增强自身竞力，吸引当地群众就地工作、定居，吸引农村中、高层人群携带技术和资本回流，同时分散特大城市过度集中的人口，使大城市成为吸引迁移人口的主力城市，实现"创业型"城镇化建设。

4.4 中小城市——"吸纳型"城镇化

调查人群中，绝大多数人不希望在中小城市定居，且更不愿意在中小城市的县域城镇化定居。在市场主导的经济环境下，中小城市较难取得资源及资本配置上的优势，缺乏吸引当地农民进行就地城镇化的动力。虽然中小城市基础薄弱，仍具有较大的经济开发潜力。

因此，中小城市应加大投资力度，积极从各方面引入资金，加强企业建设；同时注重乡镇的发展，鼓励乡镇企业的建设，鼓励城市企业与基层之经济联系，发挥引当地资源潜力，利用增长优势进行产业转移；吸纳当地城镇和农村富余的劳动力就业，缓可低、底层人群倒流；加强就有发展，尤其是职中与技校，提高群众的知识技能水平，为开放性的发展培养人才，就地实现"吸纳型"城镇化建设。

① 《关于进一步推进户籍制度改革的意见》，2014。

② 张志伟、胡石清，我国人口流动的现状及影响因素分析[J]．安徽农业大学学报：社会科学版，2005，14（6）。

图 6-28　某调查报告的结语部分示例（2）[②]

大城市、大城市以及中小城市这三个层面提出不同的改革建议。这就体现了该调查报告有理有据，提出的建议对策具有一定的参考价值（图 6-27、图 6-28）。

7　参考文献

参考文献（Bibliography），即调研报告中参考的主要书籍和文章目录，应放在调查报告的尾处。由于大多数研究工作都是在前人研究的基础上展开的，为了尊重前人研究成果的知识产权，文章中任何引用他人的观点、数据、材料等，都应该注明引用出处，这样既表示了对他人研究成果尊重，也可提高调查报告的学术价值，读者也可根据线索查阅资料原文。[③] 因而脚注与尾注的部分也需要在格式方面格外注意：脚注也称为页注，就是在所引的资料处只注明一个注释号，比如在资料后面的右上角用①、②、③等来标注，然后在同一页的最下端，用比正文小一号的字号说明引文的出处。尾注则是在所有引用的资料处按照顺序标注注释号，最后在调查报告的末尾设立"注释"这一标题，然后用比

---

① 《人在"迁"途——新型城镇化下外来务工者迁移过程的调查研究》获得 2014 年度全国大学生城乡社会综合实践调查报告评优一等奖。作者：吴梦迪、可怡萱、谷雨濛、杨小妹；指导教师：邓昭华、赵渺希、王世福、张晨。

② 《人在"迁"途——新型城镇化下外来务工者迁移过程的调查研究》获得 2014 年度全国大学生城乡社会综合实践调查报告评优一等奖。作者：吴梦迪、可怡萱、谷雨濛、杨小妹；指导教师：邓昭华、赵渺希、王世福、张晨。

③ 赵胜楠．怎样撰写研究性学习调查报告 [J]．新课程学习（学术教育），2010（12）：13-14．

正文小一号的字号按照注释顺序分别说明引用资料的出处、时间等情况，或作出有关解释。对于城乡社会综合实践的调查报告而言，其参考文献的写法和格式要求应参考主流类学术期刊论文格式，如《城市规划》《城市规划学刊》等。

例如，根据《中国学术期刊（光盘版）检索与评价数据规范》要求，要求在参考文献的题名后面以单字母方式标识出各种参考文献的类型，见表6-3。

文献类型标识表   表6-3

参考文献类型	普通图书	会议录	报纸	期刊	学位论文	报告	标准	专利	其他
文献类型标识代码	M	C	N	J	D	R	S	P	Z

对于中文文献和英文文献，写法和格式都有所不同，我们都应有所了解。

（1）著作的写法

图书类的参考文献包括作者名．图书名称[图书标志代码M].出版地：出版者，出版年．

中文版著作的写法如下。

[1] 费孝通．生育制度[M].天津：天津人民出版社，1981.

英文著作的写法如下。

[1] WHYTE W F．Street Corner Society[M]．Chicago：University of Chicago Press，1943．

（2）论文类的写法

论文类的参考文献包括作者名．论文名[期刊标志代码J].刊名．年(期)：页码．

中文文章的写法如下。

[1] 谢英挺，王伟．从"多规合一"到空间规划体系重构[J]．城市规划学刊，2015（03）：15—21.

英文文章的写法如下。

[1] Robert M.Some Observations on Race in Planning[J]．Journal of the American Planning Association，1994，60（1）：235—240.

8 附录

附录（Addendum）是指调查报告的附加部分，通常包括调查研究过程中所引用资料的出处、调查过程中使用的问卷、量表调查指标的解释或说明以及计算方式和统计用表等，报告中出现的名词注释、人名和专业术语对照表等内容也需要在附录部分有所体现。这些补充资料可以帮助读者更好地了解调查研究的过程，以及得出结论的基础，但是在正文中，出于篇幅或文脉的考虑无法全部地涵盖这些内容。以某获奖调查报告附录里的调查问卷为例（图6-29）。

有的调查报告还附有后记（Postscript），指在结束语之后，对与调查报告的形成、写作、出版等有关问题进行的介绍和说明。主要的内容包括：与调查课题的提出和实施有关的情况和问题、与调查报告的撰写有关的情况和问题、附件：

"书香苏州"(APP)网上借阅社区投递平台的使用情况

读者朋友们：

您好！我们是×××大学的学生，目前正在进行关于苏州图书馆推出的"书香苏州"(APP)网上借阅社区投递平台的使用情况及图书借阅状况的调查。我们希望能够通过这份问卷得到反馈，希望您能抽出几分钟的时间帮助我们完成问卷。

第一部分

1. 您的年龄是
A. 18岁以下 B. 19-29岁 C. 30-39岁 D. 40-49岁 E. 50-59岁 F. 60岁以上
2. 您的性别是 A. 女 B. 男
3. 您的户籍所在地是? A. 本地 B. 外地
4. 您的职业是
A. 学生 B. 教师 C. 企业员工 D. 退休人员 E. 外来务工人员 F. 自由职业者 G. 政府工作人员
H. 其他_____
5. 您的学历是
A. 高中以下 B. 高中 C. 大专(中专) D. 本科 E. 本科以上
6. 您所在的社区在? A. 姑苏区 B. 工业园区 C. 高新区 D. 相城区

第二部分

7. 您平常更喜欢看实体书还是电子书? A. 实体书 B. 电子书
8. 您去图书馆的频率是
A. 几乎每天 B. 一周1-2次 C. 一月1-2次 D. 几乎不去
9. 您的借书频率是
A. 几乎每天 B. 一周1-2次 C. 一月1-2次 D. 几乎不借
10. 您去图书馆的原因是(可多选)
A. 阅览 B. 借书 C. 自习 D. 检索文件 E. 参加图书馆举办的活动 F. 玩电脑
11. 您平常大多借阅哪类书籍? (可多选)
A. 专业类书籍 B. 文学小说 C. 工具书 D. 幼儿教育类书籍 E. 教辅用书
F. 科普书籍 G. 传记类书籍 H. 生活理财 I. 期刊杂志 J. 其他_____

12. 您是否知道苏州图书馆推出了"书香苏州"(APP)网上借阅社区投递的图书借阅平台? 使用过吗?
A. 不知道，想尝试 B. 不知道，不想尝试 C. 知道，使用过 D. 知道，但没使用过
13. 您平时是通过什么方式借阅书籍的? (可多选)
A. 网上借阅 B. 在就近的分馆借阅 C. 在总馆借阅
D. 在推广图书借阅平台"你选书，我买单"活动的书店借阅(苏州图书馆天香书屋、苏州观前书城(新华书店)及凤凰书城)
14. 您平时是通过什么方式还书的?
A. 用自助还书柜自助还书 B. 就近分馆还书 C. 总馆还书
15. 您觉得图书网借平台(APP)会提高您借阅的积极性吗? A. 会 B. 不会
16. 如果图书网借平台服务非公益，您还愿意使用吗? A. 愿意 B. 看情况 C. 不愿意
17. 您是通过什么方式知道图书网借平台的?
A. 海报 B. 传单 C. 听别人介绍 D. 图书馆网站 E. 偶然机会
18. 您对图书网借平台的服务满意吗? A. 满意 B. 一般 C. 不满意
19. 您使用图书网借平台的频率是?
A. 几乎每天 B. 一周1-2次 C. 一月1-2次 D. 几乎不去
20. 您对该服务点的硬件设施(如取书柜、还书机等)是否满意?
A. 非常满意 B. 满意 C. 比较满意 D. 一般 E. 不满意
21. 您对该服务点的工作人员的服务态度是否满意?
A. 非常满意 B. 满意 C. 比较满意 D. 一般 E. 不满意 F. 自助点没有工作人员
22. 您觉得网借图书的优点是(可多选)
A. 查书、借书便利 B. 取书、还书快捷 C. 图书咨询更新迅速 D. 其他
23. 在图书网借的过程中经常遇到的问题是?
A. 图书显示有存量但没找到 B. 图书在查找过程中被借走 C. 自助借还书时机器故障 D. 图书领取时间有限，超期被回收 E. 其他
24. 您觉得使用网借平台借书的周期如何? A. 很快 B. 还可以 C. 很慢
25. 您可以接受的图书网借周期是多久? A. 1-2天 B. 3-4天 C. 一周
26. 您是否希望通过网借平台借阅杂志期刊和光盘等影像资料?
A. 非常希望 B. 没有需要 C. 无所谓

图6-29 某调查报告附录部分调查问卷(节选)[①]

与调查课题参与者和调查报告撰写者有关的情况和问题、与调查报告发表或出版有关的情况和问题等。

9 写作技巧与注意要点

在写作技巧上，首先，需要将大段的内容材料整理好，并合理安排写作时间，找到适合自己的方法，其次，要明确写作目标与写作框架等，在调查报告的每一个部分下笔时都要做到心中有数。

在注意要点方面，最重要的是坚守论题，有以下几点：首先，小标题和过渡词的使用十分重要，使得行文逻辑更加完整；其次，任何一个段落的写作都要牢牢把握住该段的中心思想，即提出的论据要与论点联系起来；此外，还可以通过插入引语、提前对反对的理由或让步作出回答等手段使论证过程更加有说服力。

最后，和所有的文章写作一样，调查报告的修改也是一个至关重要的步骤。我们在写作过程中常常会因为主观臆断等原因而不能正确地认识事物，写作过程中又很容易出现"词不达意"的情况，即完成的报告不能够完整、准确地表达作者观点。对调查报告的修改可以贯穿整个写作构成，包括构思中的修改、写作过程中的修改以及初稿完成后的修改等。修改主要从主题、结构、材料、语言等方面进行。

---

① 《"书香苏州"没有围墙的城市课堂——图书网上借阅社区投递平台使用情况调查》获得2015年度全国大学生城乡社会综合实践调查报告评优一等奖。作者：江依希、黄嫣容、潘翊菁、沈烨；指导教师：周静、彭锐。

①检查主题、使用的概念及有关观点是否明确，表达是否确切到位等。②检查引用文献、注释等的合理性、准确性等，进行适当补充或删减。③检查调查报告的结构是否同表达主题和内容相契合，可采取调整报告的层次、段落、开头、结尾等部分的衔接等。④通读全篇，对段落、语言、文字和标点等进行最终的检查，细微地加以增、删、改、调。

【思考与练习】

1. 结合不同选题方向，如何选择城乡社会调查报告类型？

2. 如何组织城乡社会综合调查报告框架，并提炼行文逻辑主线？

3. 不同类型城乡社会综合调查报告对应怎样的文章结构？

4. 调查报告的标题形式有哪几种？它们各有什么优缺点？

5. 城乡社会综合调查报告的图表制作应如何与正文内容结合？

6. 城乡社会综合调查报告的参考文献格式应注意哪些要点？

第4篇
优秀案例

第7章 城乡社会综合实践获奖调研报告

　　在前面3篇中，我们分别介绍了城乡社会综合调查课程的教学安排与课程概念、选题与研究设计、调查方法与报告撰写等内容。为了更好地指导读者，使读者对城乡社会综合调查的整体性、调查报告的设计性有所了解，在第4篇中，作者搜集了近年来全国高等学校城乡规划学科专业指导委员会举办的城乡社会综合实践调查、城市交通出行创新实践竞赛的高等级获奖作品供读者参考。

　　本章遴选了近年来全国高等学校城乡规划学科专业指导委员会举办的城乡社会综合实践高等级获奖调研报告作为优秀案例供读者参考借鉴。作者考虑到不同选题题材类型、不同院校作品风格以及结合近年来存量规划等热点问题，共展示9篇一、二等奖获奖作品，获奖院校涵盖了华南理工大学、南京大学、武汉大学、华侨大学、苏州科技大学。本章所选作品根据研究地域不同分为城市和乡村两类，根据第3章第4节的分析可知乡村类作品在整体获奖作品中占比较低，因此我们的案例包括6篇城市类作品和3篇乡村类作品。城市方面选题涵盖了弱势群体、教育问题、安全问题、社区阅读、同城联系、存量开发；乡村方面内容涵盖了进城农民的城市融入、居村农民的获益分享以及村庄本身的空间建设情况（图7-1）。

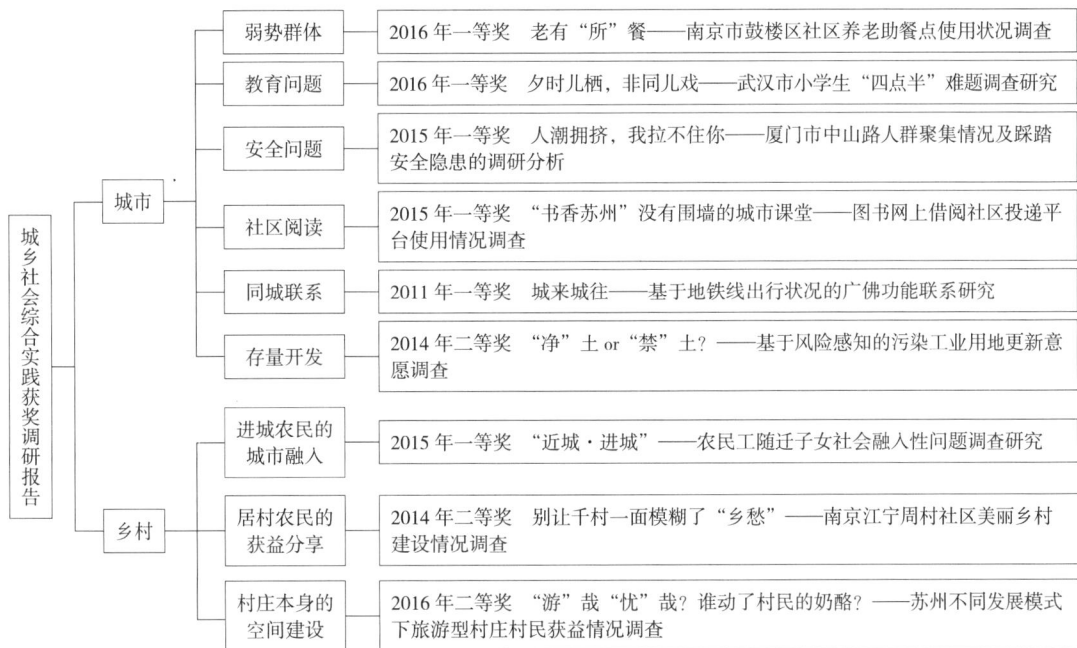

		弱势群体	2016 年一等奖 老有"所"餐——南京市鼓楼区社区养老助餐点使用状况调查
		教育问题	2016 年一等奖 夕时儿栖,非同儿戏——武汉市小学生"四点半"难题调查研究
		安全问题	2015 年一等奖 人潮拥挤,我拉不住你——厦门市中山路人群聚集情况及踩踏安全隐患的调研分析
城乡社会综合实践获奖调研报告	城市	社区阅读	2015 年一等奖 "书香苏州"没有围墙的城市课堂——图书网上借阅社区投递平台使用情况调查
		同城联系	2011 年一等奖 城来城往——基于地铁线出行状况的广佛功能联系研究
		存量开发	2014 年二等奖 "净"土 or "禁"土?——基于风险感知的污染工业用地更新意愿调查
	乡村	进城农民的城市融入	2015 年一等奖 "近城·进城"——农民工随迁子女社会融入性问题调查研究
		居村农民的获益分享	2014 年二等奖 别让千村一面模糊了"乡愁"——南京江宁周村社区美丽乡村建设情况调查
		村庄本身的空间建设	2016 年二等奖 "游"哉"忧"哉?谁动了村民的奶酪?——苏州不同发展模式下旅游型村庄村民获益情况调查

图 7-1 城乡社会综合实践获奖调研报告优秀案例框架图

第 1 节 城乡社会综合实践获奖调研报告（城市类）

实例一 老有"所"餐——南京市鼓楼区社区养老助餐点使用状况调查[①]

老有"所"餐

南京市鼓楼区社区养老助餐点使用状况调查

---

① 作者:陈文涛、陈曦、王宇彤、韩俊宇;指导老师:于涛、钱慧、张敏;获奖时间:2016 年;获奖等级:
一等。

老有"所"餐｜南京市鼓楼区社区养老助餐点使用状况调查

目录

1 绪论
1.1 调查背景 ···································1
1.2 调查目的 ···································1
1.3 调查范围及对象 ·························1
1.4 调查框架及方法 ·························2

2 空间布局状况
2.1 数据准备 ···································2
2.2 空间布局现状 ·························2
2.3 位置分配分析 ·························3

3 供需关系状况
3.1 老年人需求 ·····························3
3.2 助餐点供给 ·····························5
3.3 满意度评价 ·····························8

4 运营机制状况
4.1 运营模式概况 ·························9
4.2 机制比较分析 ·························9

5 结论与建议
5.1 结论总结 ···································9
5.2 优化建议 ·······························10

附录

【摘要】

2015年底中国老年人口数量超过2亿，老龄化问题日趋严峻。由于老年人各项身体机能的衰退，"吃饭难"已成为他们日常生活面临的主要问题。为了满足老年人的日常就餐需求，南京于2016年1月开始在全市推广社区养老助餐点服务，然而开展半年以来似乎仍难以满足老年人的需求，部分助餐点甚至形同虚设。因此，调查以南京市鼓楼区为实证，结合网络分析等方法，在理清养老助餐点区域空间布局现状的基础上，结合马斯洛需求理论重构老年群体需求层次模型。并且选取鼓楼区三种类型的典型社区助餐点，从供需关系和运营机制两个方面探索不同类型助餐点使用状况差异较大的根本原因，最终提出鼓楼区养老助餐点的优化改进建议。

【关键词】

老年人；养老；助餐点；社区；南京市

老有"所"餐｜南京市鼓楼区社区养老助餐点使用状况调查

1 绪论

1.1 调查背景

1.1.1 中国老年人口数量剧增，养老问题日趋严峻

至2015年底，我国60岁以上老年人口已经达到2.12亿，占总人口的15.5%，其中空巢和独居老人近1亿人，失能半失能老年人约3500万人。据预测，21世纪中叶我国老年人口将达到峰值（超过4亿），届时每3人中就会有一个老年人，养老问题日趋严峻。

1.1.2 "吃饭难"成为老年人日常生活面对的主要难题

随着年龄增长，老年人的生理机能日渐衰退，生活自理能力下降，在我国目前的家庭结构和养老模式下，日常生活需求难以满足。诸多老年人行动不便、胃口小、每餐必剩，对老年人的身体健康造成危害，"吃饭难"已经成为困扰老年人的主要难题。

1.1.3 南京在全市推广助餐点，但存在冷热不均的问题

为满足老年人就餐需求，南京于2014年开始在全市推广社区养老助餐点，曾受到老年人的一致好评，然而随着时间的推进，助餐点似乎越来越难以满足老年人的需求，部分助餐点甚至形同虚设（图1-3）。

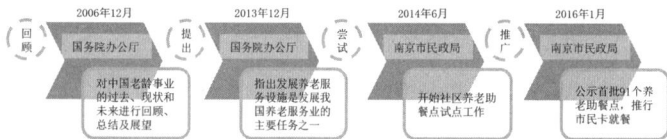

图1-1 南京市社区养老助餐点发展进程图
数据来源：笔者自制（以下图表未注明者均为笔者自制）

1.2 调查目的

探索鼓楼区目前养老助餐点的布局状况以及社区空间分布模式，研究鼓楼区老年人就餐需求与助餐点的供给状况及其平衡关系，探讨总结多元供给主体下的不同运营机制及其特点，针对使用状况提出优化建议。

1.3 调查范围及对象

鼓楼区位于南京市中心城区，面积53.35平方公里，下辖7个街道。截止2014年底，鼓楼区户籍人口93.53万人，其中60岁以上老年人口占比高达21.55%，空巢老人超过2.2万。

鼓楼区是南京市推进养老助餐点的先行示范区，目前运营的助餐点共计32处，无论是规模还是质量皆具代表性。因此，本调查选取南京市鼓楼区为实证案例，根据不同运营主体将32个助餐点分划为3种类型（图1-2），并分别选取典型助餐点进行深入调查。

图1-2 调查范围及助餐点分布图
（数据来源：笔者根据《南京市养老助餐点分布公示》绘制）

南京："老人助餐"遇尴尬 "好事"如何办得更好

推广老年助餐服务两年多，"冷热不均"遇困境

南京文明网 www.wmnj.gov.cn 2016-04-11 来源：南京日报

图1-3 助餐点困境相关新闻

1

老有"所"餐|南京市鼓楼区社区养老助餐点使用状况调查

1.4 调查框架及方法

1.4.1 调查框架

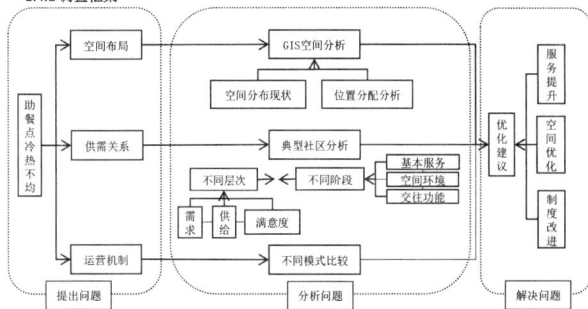

1.4.2 调查方法

调查目标	调查方法	调查对象	获取数据
区域空间布局	人口密度分析	鼓楼区全域	鼓楼区老年人分布
	网络分析	鼓楼区全域	鼓楼区助餐点可达性
	位置分配分析	鼓楼区全域	鼓楼区助餐点分布公平性
需求分析	需求问卷调查	老年人	发放224份,有效问卷214份
	直接访谈	老年人	15人访谈录音
	非结构性访谈	助餐点负责人	3人访谈录音
	非结构性访谈	社区居委会	仙霞路社区居委会杨主任访谈录音
供给分析	非结构性访谈	民政局	鼓楼区民政局老龄介帮主任访谈录音
	分布观察	社区老年人活动	3个社区、6个时段老年人活动分布
	空间可视化分析	助餐点周边空间	3个助餐点周边空间模型
满意度分析	满意度问卷访谈	使用助餐点的老年人	发放117份,有效问卷114份
	老年人直接访谈	使用助餐点的老年人	11人访谈录音

2 空间布局状况

2.1 数据准备

2.1.1 助餐点数据获取

采用上文的助餐点分布信息作为数据。

2.1.2 居住小区数据获取

采用百度地图作为空间数据来源获得南京市鼓楼区内有效的居住小区信息总计1155条。

通过相关房产网站的小区户数数据得到各个小区的户数信息。在比对空间位置与属性信息后,共得到同时具有空间位置与户数的小区信息总计468条。

由南京市鼓楼区2014年末人户比并结合《南京市鼓楼区2014年老年人口信息和老龄事业发展状况报告》中各街道老年人口占总人口的比例,计算各个居住小区的老年人口数量(图2-1)。

2.2 空间布局现状

通过对南京市鼓楼区老年人口分布密度与助餐点空间位置与服务容量进行比对,发现老年人口密度与助餐点分布存在较大差异。在三牌楼、热河南路、明华新村等地区老年人分布较少,而在南秀村等地区分布较多(图2-2)。

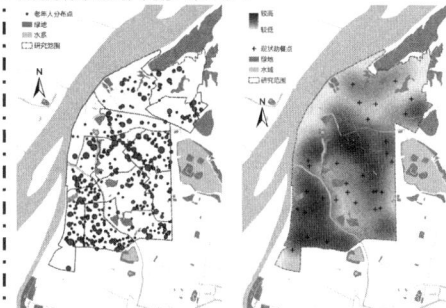

图2-1 鼓楼区老年人口规模分布图　图2-2 鼓楼区老年人口密度分布图

2

老有"所"餐|南京市鼓楼区社区养老助餐点使用状况调查

2.3 位置分配分析

构建南京市鼓楼区的道路交通网络[1],考虑800米及1000米两种不同的服务范围,对助餐点与居住小区进行位置分配分析[2](图2-3、图2-4)。在800米范围内,助餐点可到达266个居住小区,总计可服务老年人口数量占比58.22%。在1000米范围内,助餐点可到达339个居住小区,总计可服务老年人口数量占比72.45%。相对而言,南京市鼓楼区助餐点于华侨路街道、建宁路街道、幕府山街道及凤凰街道存在较大服务缺口。

3 供需关系状况

对马斯洛需求理论的前三个阶段进行重构[3],得到针对老年群体的养老助餐点需求层次模型,作为本次供需关系调查的理论基础(图3-1)。

为比较不同类型社区养老助餐点供需关系的差异,调查综合考虑社区区位和老人群体差异等因素,结合三种助餐点运营模式[4],选取了仙霞路社区、金陵新六村社区和江滨新寓社区三个典型社区作为深入研究对象(图3-2)。

3.1 老年人需求

3.1.1 群体特征

对各社区中所有老年人发放需求调查问卷,共发放问卷224份,有效问卷214份,其中仙霞路社区71份,金陵新六村社区74份,江滨新寓社区69份。

仙霞路社区由于临近多所大学,老人文化程度和生活水平较高;金陵新六村社区老人群体以退休工人居多,平均年龄较低,生活水平较高;江滨新寓社区外地独居老人较多,文化程度和生活水平均较低(图3-3—图3-5)。

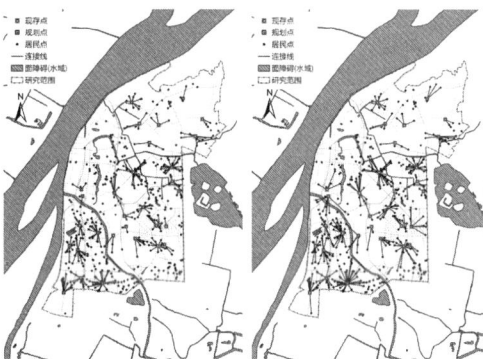

图2-3 现状助餐点800米服务范围图　图2-4 现状助餐点1000米服务范围图

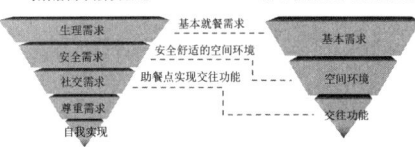

图3-1 需求层次理论模型

图3-2 典型社区位置图

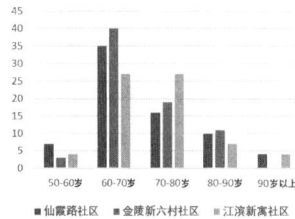

图3-3 典型社区老年人年龄结构分析图

3

3.1.2 基本需求

（1）调查样本中仙霞路社区、金陵新六村社区和江滨新寓社区需要助餐点的老人分别占32%、27%、24%，呈递减趋势（图3-6）；

（2）没有与子女同住的老人更需要养老助餐点（图3-7）；

（3）生活水平较低（月生活支出小于1500元）的老人更需要养老助餐点（图3-8）。

3.1.3 空间环境

总体上看，三个社区老人对通风良好和步行环境安全需求最大。

其中，仙霞路社区老人对空间宽敞和环境安静需求相对较大；金陵新六村社区老人对采光良好、通风良好和步行环境安全需求相对较大；江滨新寓社区老人对绿化环境舒适和有休息活动空间需求较大（图3-9、图3-10）。

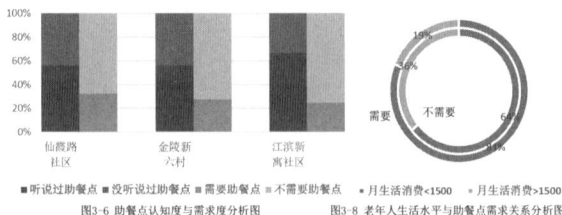

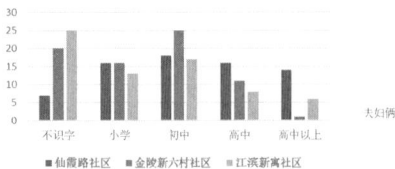

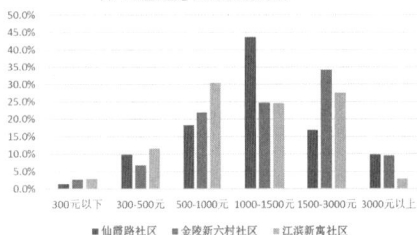

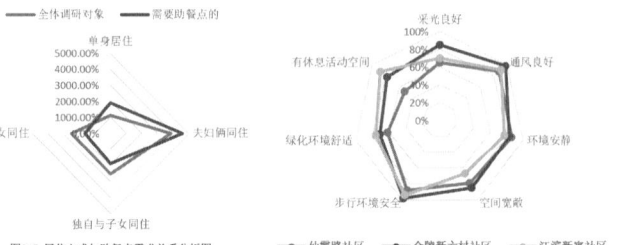

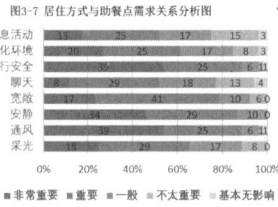

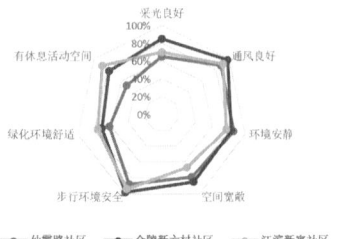

图3-6 助餐点认知度与需求度分析图

图3-8 老年人生活水平与助餐需求关系图

图3-4 典型社区老年人文化程度分析图

图3-7 居住方式与助餐点需求关系分析图

图3-10 典型社区空间环境需求对比分析图

> **仙霞路社区孙奶奶：**
> 我们这边很需要助餐点啊，你看这里老年人这么多，好多人都想去吃呢！最近的那个也还隔个大马路太不方便了！

> **江滨新寓社区李爷爷：**
> 我去助餐点吃饭要坐两站公交，中午还好吧，下午去刚好赶上下班高峰，人多的呢！太远还是不方便啊！

图3-5 典型社区老年人月生活支出分析图

图3-9 空间环境需求分析图（以仙霞路社区为例）

3.1.4 交往功能

三个社区中，认为就餐时有熟人一起聊天非常重要或重要比重最大的是金陵新六村社区，达到56%，比重最小的是江滨新寓社区，为36%，仙霞路社区比重为52%（图3-11）。

3.2 助餐点供给

3.2.1 基本服务

三个助餐点的补偿标准相同，对不同年龄阶段的老人有不同的补助，助餐时间相同，均为周一至周六中午11:00-12:30，晚上17:00-18:00。仙霞路社区助餐点和金陵新六村助餐点对行动不便的老人有外送服务。

图3-11 交往功能重要程度认知分析图

典型社区养老助餐点餐食标准　　表3-1

餐食标准	市场价	惠民价 (60岁以上)	助老价（A类） (75岁周岁以上)	助老价（B类） (五类老人)
一大荤一小荤量素材 一汤一米饭	10元	7元	6.5元	5.5元
一大荤二小荤量素材 一汤一米饭	12元	9元	8.5元	7.5元
一大荤二荤两素菜 一汤一水果一米饭	15元	11元	10.5元	9.5元
二大荤二小荤两素菜 一汤一水果一米饭	19元	16元	15.5元	13.5元

（1）仙霞路助餐点位于仙霞路社区范围外，日均服务人数45人，卫生状况良好，菜品丰富，但由于是民居改造，狭窄的过道为老人取餐带来不便；

（2）金陵新六村助餐点位于金陵新七村小区内，标识性不强，日均服务人数50人，该助餐点无需排队，直接就座由服务人员端菜，方便快捷；

（3）江滨新寓助餐点位于社区东南部，由于社区面积较大，可能会为西北部老人前往带来不便，日均服务人数187人，由于是企业员工食堂改造，导致人员混杂，且菜品偏油减（图3-12）。

3.2.2 空间环境

对三个助餐点的内部空间和周边环境进行测绘分析，发现各助餐点分别存在以下主要问题：

（1）仙霞路助餐点与社区相隔的宁海路车流较大，且丁字路口无信号灯控制，人车矛盾突出，给前往助餐点就餐的老年人带来交通安全隐患（图3-13）。助餐点院落空间利用效率低，缺少无障碍设施的配套，通风采光略有不足（图3-14）；

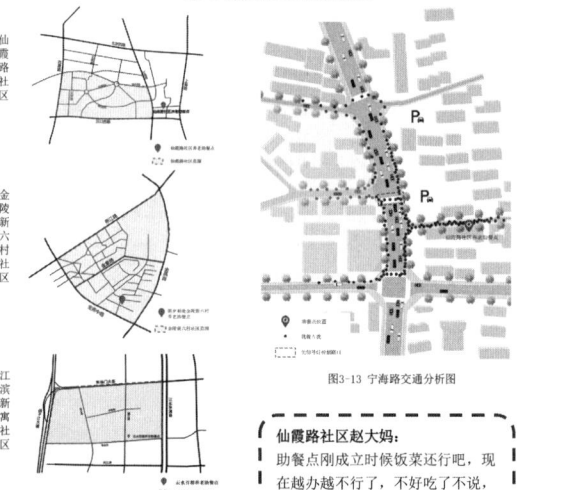

图3-12 典型社区养老助餐点区位图

图3-13 宁海路交通分析图

> **仙霞路社区赵大妈：**
> 助餐点刚成立时候饭菜还行吧，现在越办越不行了，不好吃了不说，最近还涨价了！

（2）金陵新六村助餐点总体空间环境较好，但单侧开窗造成通风不畅，虽配备无障碍设施但细部设计仍有待提高（图3-15）；

（3）江滨新寓助餐点就餐空间采光通风较差，虽有休息空间但面积过小且环境嘈杂，缺少无障碍设施的配套（图3-16）。

3.2.3 交往功能

在三个社区的公共空间对6个时段老年人的活动分布分别进行观察记录，探索助餐点位置与老人活动空间的匹配关系。

（1）仙霞路助餐点与社区间有交通干道相隔，没有处在老人活动密集点，不利于与老人交往空间的结合（图3-17）；

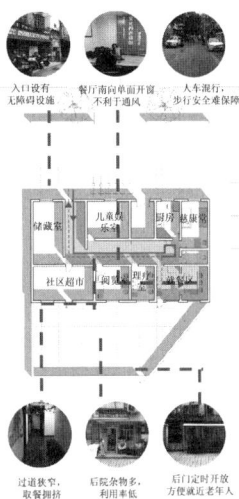

图3-14 仙霞路助餐点空间环境分析图

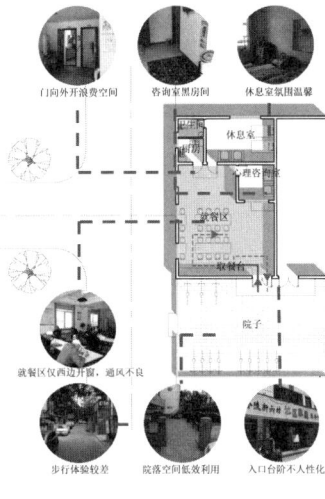

图3-15 金陵新六村助餐点空间环境分析图

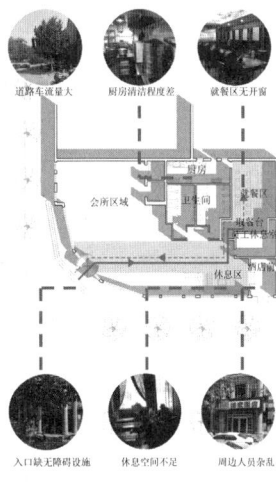

图3-16 江滨新寓助餐点空间环境分析图

6

（2）金陵新六村助餐点与社区老人下午活动空间相近，但没有处在老人上午活动聚集点，选址与老人交往空间较为匹配（图3-18）；

（3）江滨新寓社区总体上缺少老年人交往活动的空间，助餐点也没有位于老年人交往密集点，可以考虑在助餐点周边增加老年人交往活动设施以营造相应空间（图3-19）。

● 老年人交往密集点
● 社区养老助餐点

图3-17 仙霞路社区公共空间分布及老年人活动分布图

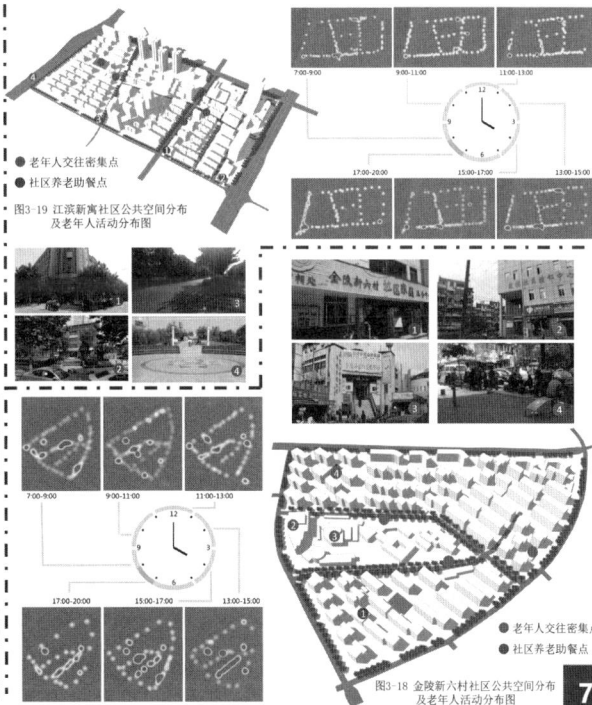

● 老年人交往密集点
● 社区养老助餐点

图3-19 江滨新寓社区公共空间分布及老年人活动分布图

● 老年人交往密集点
● 社区养老助餐点

图3-18 金陵新六村社区公共空间分布及老年人活动分布图

7

3.3 满意度评价

为调查现状供需关系下老人对助餐点的满意度情况，对在助餐点就餐的老人发放满意度问卷，由于各助餐点日均服务人数的限制，共发放问卷117份，有效问卷114份，其中仙霞路助餐点29份，金陵新六村助餐点33份，江滨新寓助餐点52份。

3.3.1 群体特征

调查发现，子女不在身边居住以及文化程度较高（高中及以上）的老人更倾向于在助餐点就餐，占就餐人数的61%（图3-20、图3-22）。虽然非南京户籍老人可以凭借暂住证和身份证享受与南京户籍老人同等助餐补助，但几乎没有非南京户籍老人在助餐点就餐（图3-21）。此外，仙霞路社区老人就餐频率显著低于其他两个社区（图3-24），助餐点仙霞路社区老人吸引力不足，说明在配套设施较完善、相对成熟的社区，现有助餐点的服务水平尚难以达到预期。

3.3.2 因子的选取与分类

通过初步调研与资料查阅，选取了基本服务、空间环境、交往功能三大类共17个因子，采用李克特5级量表以问卷形式让在助餐点就餐的老人打分，计算各类因子均分作为满意度评价得分。

养老助餐点满意度评价因子　表3-2

基本服务	空间环境	交往功能
饭菜质量	室内采光	交流空间
饭菜价格	室内通风	结识新朋友
卫生状况	环境安静	与朋友一同前往
就餐流程	空间宽敞	
服务态度	无障碍设施	
步行距离	交通安全	
	绿化环境	
	活动/休息空间	

3.3.3 结果分析

（1）三个社区助餐点在基本服务、空间环境、交往功能的得分均有递减趋势，说明目前助餐点虽然在基本服务上已能让大部分老人满意，但仍需提高空间环境和交往功能的服务水平。

（2）金陵新六村助餐点、仙霞路助餐点和江滨新寓助餐点得分递减，猜测除了与助餐点本身在基本服务、空间环境和交往功能服务水平上的差异有关外，还可能与三个助餐点的运营机制有关（图3-26）。

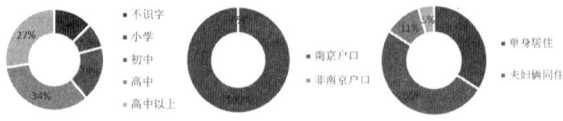
图3-20 典型社区老年人文化程度分析图
图3-21 典型社区老年人户籍状况分析图
图3-22 典型社区老年人居住方式分析图

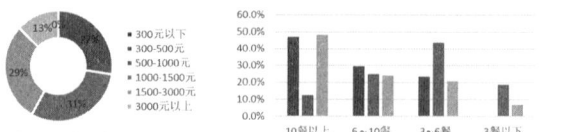
图3-23 典型社区老年人月生活支出分析图
图3-24 典型社区老年人就餐频率分析图

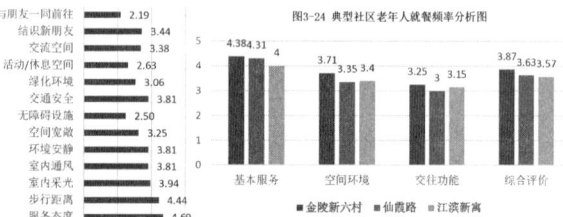
图3-25 满意度因子得分分析图（以仙霞路社区为例）

与朋友一同前往 2.19
结识新朋友 3.44
交流空间 3.38
活动/休息空间 2.63
绿化环境 3.06
交通安全 3.81
无障碍设施 2.50
空间宽敞 3.25
环境安静 3.81
室内通风 3.81
室内采光 3.94
步行距离 4.44
服务态度 4.69
就餐流程 4.13
卫生状况 4.38
饭菜价格 4.13
饭菜质量 4.13

图3-26 典型社区助餐点满意度得分比较

基本服务 4.38 4.31 4.14
空间环境 3.71 3.35 3.4
交往功能 3.25 3 3.15
综合评价 3.87 3.63 3.57

■ 金陵新六村 ■ 仙霞路 ■ 江滨新寓

> **江滨新寓社区王大爷:**
> 我来这儿吃饭认识了不少朋友，不过这个地方实在太挤了嘛！吃完饭都没地方歇歇聊聊天！顶多也就排队打个照面儿。

8

---

4 运营机制状况

4.1 运营模式概况

目前鼓楼区所有养老助餐点主要分为以下三种运营模式：社区组织主导、养老机构主导、助餐企业主导。

4.1.1 社区组织主导

即社区利用自有资源提供场所与设备自行组织或引入餐饮公司为老年人提供膳食加工及送餐服务[5]。调查选取的典型助餐点——仙霞路社区文化养老驿站，由乐虎社区管理机构运营管理。

4.1.2 养老机构主导

即由有资质的社会公益组织承办的养老机构包含助餐服务。如朝夕相处金陵新六村养老餐点，由朝夕相处养老机构运营管理。

4.1.3 助餐企业主导

即有资质的助餐服务机构为老年人提供膳食加工及送餐服务。如携才居家养老便民服务中心云水百度服务点，由携才养老服务公司运营管理。

4.2 机制比较分析

不同运营机制管理下的养老助餐点各有优劣，并呈现出一定规律（图4-1）。在供餐方式、餐品价格和盈利模式方面，助餐企业占据一定优势，养老机构次之；在服务质量、服务态度和老年人满意度方面，养老机构具有显著优势，社区组织次之，助餐企业短板明显；在服务项目的广度方面，社区组织明显占优，而助餐企业最为单一。

图4-1 三种运营机制比较分析图

> **金陵新六村社区养老机构工作人员马阿姨：**
> 为老人服务这行呀，不是为了多少钱的，但是得要有爱心、有责任心，对老人要足够的关心、关爱，这就是我们的服务宗旨嘛！

> **云水百度携才养老助餐点负责人：**
> 我们这边有自己的评价体系呀，不需要你们外面过来参与评价，你们要想来调查，就去市里要通知，只在这里开个证明再过来好吧！

> **仙霞路社区街道办小杨主任：**
> 监管上我可也就是偶尔会去看看检查检查，老人有时也会来反映情况，暂时还没有建立起来严格的监管体系。

5 结论与建议

5.1 结论总结

5.1.1 空间布局

（1）目前鼓楼区养老助餐点建设基本实现全域覆盖，但仍存在缺口，部分街道为养老助餐服务盲区；

（2）鼓楼区养老助餐点空间布局位置与鼓楼区老年人口密度分布不相匹配。

5.1.2 供需关系

（1）基本服务：鼓楼区助餐点较好满足老年人基本服务，但在空间环境与交往功能服务上有所不足；

（2）空间环境：部分助餐点微观空间布局不合理，建筑空间与活动流线矛盾突出；助餐点周边缺少活动设施与空间；

（3）交往功能：鼓楼区大多数助餐点与服务范围内老人活动密集点不匹配。

5.1.3 运营机制

（1）鼓楼区助餐点主要有三种运营模式，不同运营模式各有利弊，不同运营主体的助餐点对老年人的服务质量有所差别；

（2）政府部门支持有余，监管不足；

（3）非本地户籍老年人享受优惠助餐服务程序复杂。

综上，调查发现助餐点使用状况冷热不均的原因主要有两个方面，一是目前助餐点仍难以满足老年人日益增长的空间、交往需求，二是不同运营机制下的助餐点服务水平参差不齐。

9

5.2 优化建议

针对目前鼓楼区助餐点存在的主要问题，提出以下优化改进建议。

鼓楼区养老助餐点优化改进建议 　　　　　　　　　　　　　　　　　表5-1

因子层	提升建议
空间布局	宏观空间：按照既定选址原则，对1000米和800米服务范围两个服务层级分别规划新增助餐点，使得鼓楼区助餐点布局优化后，分布实现1000米服务范围和800米服务范围下区域老年人口的全覆盖
供需关系	1、基本服务 a.服务专业化：培训提升服务人员服务技能和职业道德； b.满足多元化需求：制定多样化标准满足不同消费层次、就餐习惯的老年人就餐需求； c.扩大助餐补助老年人群体类型，保证社区养老助餐服务的持续性，加强规模化和持久化经营； 2、空间环境：周边环境设计提升，内部空间改造优化，功能分区调整，配设适老无障碍设施； 3、交往功能：新增助餐点选址有效结合公共活动空间，原助餐点尽可能开辟周边广场、庭院等作为老年人公共交往活动空间，同时鼓励助餐点增设其他居民活动等吸引老年人费就餐时间前来交流活动
运营机制	1、政府监管：建立合理督查机制，加强宣传工作，强化规模化与持久化经营； 2、市场竞争：鼓励多方参与，形成良性市场竞争，提升社会养老服务的质量与水平； 3、投诉有道：建立有效多样的投诉渠道（如意见收集箱—居委会—街道办—民政局—电话投诉专线等）； 4、优惠门槛：简化老年卡办理程序，建立非南京户口老年人就餐绿色通道

空间布局优化示意

- 1000米服务范围下新增20处助餐点，实现较低水平全覆盖；
- 800米服务范围下新增26处助餐点，实现较高水平全覆盖。

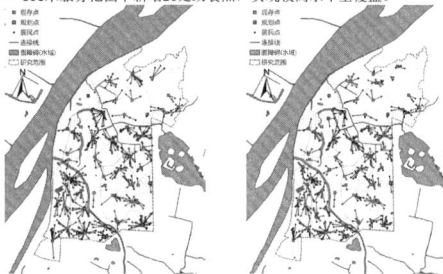

图5-1 规划助餐点1000米服务范围　　　图5-2 规划助餐点800米服务范围

空间环境优化示意

以仙霞路社区助餐点为例：

1．功能分区变更

将靠近入口的理疗室及储藏室变更为厨房及取餐处。

将现状社区蔬菜超市变更为用餐区域，避免人流在过道形成拥堵。

2．无障碍设施配置

在入口处新增必要的无障碍设施，如扶手、坡道等，满足行动不便的老年人的需求。

3．庭院空间设计

通过绿植栽种、庭院设计等空间手法营造良好的休憩环境。庭院空间将成为助餐点进一步提升空间品质的重要元素。

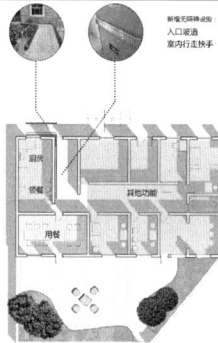

图5-3 微观空间优化示意图

10

附录一：养老助餐需求问卷

南京市鼓楼区养老助餐需求调查问卷

您好！我们是XX大学城市规划专业的学生，为了了解南京市鼓楼区养老助餐点的服务现状，设计此次问卷。该问卷仅供调查之用，个人信息不会以其他任何形式外泄，请您如实填写，谢谢！

年龄_____ 性别（男/女） 社区_____

1. 您日常的就餐时间是？
早餐：___ 午餐：___ 晚餐：___
2. 您日常的就餐方式是？
A. 亲自做饭　B. 子女做饭　C. 家政服务人员做饭
E. 外送上门　　　　　　D. 周边小餐馆
F. 助餐点　　G. 其他：___
3. 您日常午餐的餐情况是？
___荤 ___素 ___汤 其他：___
4. 您日常晚餐的餐情况是？
___荤 ___素 ___汤 其他：___
5. 您认为下述的因素对您的就餐体验影响如何？

	非常重要	较重要	一般	不太重要	基本无影响
采光良好					
通风良好					
环境安静					
空间宽敞					
有熟人一起聊天					
周边步行环境安全					
周边绿化环境舒适					
周边有休息点/活动空间					

6. 您是否听说过社区养老助餐点？
A. 是　　　　　　　B. 否
7. 您是否需要社区养老助餐服务？
A. 是　　　　　　　B. 否

8. 若您不需要社区养老助餐服务，原因是？
A. 习惯自己做饭　B. 儿女做饭　C. 家政人员做饭
D. 外送上门　E. 其他：___
9. 若您需要社区养老助餐服务，请您期望的助餐方式是？
A. 前往社区助餐点就餐　　B. 送餐上门
其他：___
10. 您一般日常在外就餐每顿饭每人的消费是？
A. 5~8元　B. 8~10元　C. 10~15元　D. 15~20元　E. 20元以上

11. 您觉得步行到助餐点可以接受的时间是多久？
A. 5分钟以内　　　　B. 5~10分钟　　　　C. 10~15分钟
D. 15~20分钟　　　　E. 20分钟以上

基本信息
1. 您的居住方式是？
A. 单身独住　B. 夫妇俩同住 C. 独自与子女同住 D. 夫妇俩与子女同住
2. 您的文化程度为？
A. 不识字　B. 小学　C. 初中　　D. 高中　　E. 高中以上
3. 您目前的月均基本生活消费支出是？
A. 300元以下　B. 300~500元　C. 500~1000元　D. 1000~1500元
E. 1500~3000元　F. 3000元以上
4. 您的户籍所在地是否在南京？
A. 是　　　　　　　B. 否

老有"所"餐｜南京市鼓楼区社区养老助餐点使用状况调查

附录二：助餐点满意度问卷

南京市鼓楼区养老助餐点满意度调查问卷

您好！我们是xx大学城市规划专业的学生，为了解南京市鼓楼区养老助餐点的服务现状，设计此次问卷。该问卷仅供调查之用，个人信息不会以其他任何形式外泄，请您如实填写，谢谢！

年龄＿＿＿＿＿ 性别（男/女） 社区＿＿＿＿＿＿＿＿

1. 您每周到助餐点就餐的频率是？（周一到周六共12餐）
A. 10餐以上 B. 6～10餐 C. 3～6餐 D. 3餐以下

2. 请您对以下关于助餐点基本服务的描述进行认同度评价

	完全同意	比较同意	一般	不太同意	完全不同意
助餐点提供的饭菜合我的胃口					
助餐点提供的饭菜价格实惠					
助餐点的卫生状况良好					
助餐点的就餐流程便捷					
助餐点的工作人员服务热情周到					
步行到助餐点的距离在我可接受的范围内					

3. 请您对以下关于助餐点空间环境的描述进行认同度评价

	完全同意	比较同意	一般	不太同意	完全不同意
助餐点的室内采光让我感到舒适					
助餐点的室内通风让我感到舒适					
助餐点为我提供了安静的就餐环境					
我觉得助餐点足够宽敞					
无障碍设施（如扶手、坡道）能满足我的需要					
助餐点周边没有交通安全隐患					

4. 请您对以下关于助餐点交往功能的描述进行认同度评价

	完全同意	比较同意	一般	不太同意	完全不同意
助餐点为我提供了与其他老人交流的空间					
助餐点的出现让我认识了更多朋友					
我常与朋友一同前往助餐点就餐					

基本信息

1. 您的居住方式是？
A. 单身独住 B. 夫妇俩同住 C. 独自与子女同住 D. 夫妇俩与子女同住

2. 您的文化程度为？
A. 不识字 B. 小学 C. 初中 D. 高中 E. 高中以上

3. 您目前的月均基本生活消费支出是？
A. 300元以下 B. 300～500元 C. 500～1000元 D. 1000～1500元
E. 1500～3000元 F. 3000元以上

4. 您的户籍所在地是否在南京？
A. 是 B. 否

参考文献

[1]Tsou K,Hung Y,Chang Y.An accessibility-based integrated measure of relative spatial equity in urban public facilities[J].Cities,2005,22(6):424-435.
[2]陈斌.交通网络最优路径分析研究[D].解放军信息工程大学,2012.
[3](美)亚伯拉罕·马斯洛.马斯洛的人本哲学[M].刘烨，译.内蒙古:内蒙古文化出版社,2008.
[4]朱慧.多元主体参与社区养老服务的机制研究[D].上海工程技术大学,2013.
[5]侯建丽.综合养老社区公共服务设施系统规划设计研究[D].西安建筑科技大学,2014.

实例二 夕时儿栖，非同儿戏——武汉市小学生"四点半"难题调查研究[①]

夕时儿栖 非同儿戏
——武汉市小学生"四点半"难题调查研究

① 作者：张睿、洪梦谣、孙钰泉、胡枭宇；指导老师：周婕、魏伟、牛强；获奖时间：2016；获奖等级：一等。

目录

[背景篇]
1. 问题描述
　　1.1 调研背景
　　1.2 调研目的和意义
　　1.3 理论支持与文献综述
2. 研究方法和技术路线
　　2.1 研究方法
　　2.2 技术路线

[分析篇]
3. 问卷分析
4. 小学生行为轨迹分析

[结论篇]
5. 反思与总结
　　5.1 四种典型模式评估
　　5.2 反思
　　5.3 新型成长空间初探
　　5.4 总结

摘要

"四点半"题难 是目前小学教育面临的一大难题，受到社会各界广泛关注。本社会调查基于对"城市人理论"、"社会认知论"等理论的深入理解，结合对武汉市小学的深入调研，总结得出武汉市小学生放学后的四种模式：亲属陪伴型、无人陪伴型、托管班型、社区学校型。通过对四种模式的小学生时空轨迹进行分析，以及对本事件相关六大主体（学校、政府、家长、资本、社区、托管班）进行深入访谈，对四大模式进行总结分析，在专家打分的基础上，评价出四大模式对于小学生成长过程中心理健康、交通安全、体质强健、性格养成、学习成绩等各方面的影响，并结合对国外经验的借鉴，提出相应优化办法，并重点发掘了社区学校与资本结合而形成的新型空间的优势，对其进行了空间初探，旨在引起全社会关注的同时，为该难题的解决提供一些初步引导。

关键词：四点半；小学生；成长；空间

1. 问题描述

感

如何接孩子及安排孩子放学后时间成为一个难题，有相当一部分家长从此感到十分困扰。

有观点认为，该规定加剧了社会阶层的分化，有条件的家庭这段时间对孩子进行培优，没条件的家庭只能放任其自由生长，激化了社会的矛盾。该问题已上升到全社会关注的高度。

闻

政策：武汉市教育部规定放学时间集中在 3:30 到 4:50 左右。
新闻：在相关网页查询"四点半放学难题"，发现小学生放学难这个问题在全国范围十分广泛，社会各个阶层对其关注度很高。双职工家庭接孩子及安排孩子课后时间成为一个难题。

观

四点半左右，小学校园周边家长聚集，以祖辈为主，环境混乱，交通拥挤，人员复杂，且有较多小学生无家长陪护，安全得不到保障。

1.1 调研背景

小学教育作为九年义务教育中的重要组成部分，一直受到社会各界广泛的关注。几年前将小学下午放学时间提前的政策一经发布，即引发了一系列社会冲突与矛盾，虽然政府、学校及托管班等在不同方面对该问题提出解决方案，但矛盾和冲突仍然存在。新闻媒体将它称为"四点半"难题。

1.2 调研目的和意义

在十一届三中全会所提出的"立德树人"的目标指向下，结合顾远明教授所提出的中国教育目前面临的三个新常态，即促进教育公平、提高教育质量及提高互联网在教育上的应用水平，联系现状存在的小学生四点半后的安全与教育问题，深入挖掘"四点半"难题背后的矛盾所在，旨在为解决"四点半"难题 提出兼具理性与实践意义的方案。

1.3 理论支持与文献综述

【理论支持】
- "城市人"理论
每个"城市人"同时是空间机会的追求者和供给者，规划者的使命是提高城市人与空间接触机会的匹配度。四点半后的成长空间是城市人追求空间机会的重要场所。
- 社会认知论
西尔曼的社会认知论研究的重点是青少年如何区别别人与自我的不同。友谊与社会能力是青少年发展的重要课题。

【外国经验借鉴】
韩国：办学体制改革要以需求者为中心，构建多元化的中小学教师队伍，政府要大力加大对弱势群体子女的教育援助。
美国：明确教育目标、丰富放学后教育的内容和形式，建立与学校、社区和家长的合作沟通机制，加强对放学后教育的学术研究和质量评估。

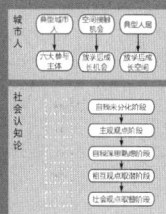

2. 研究方法和技术路线

2.1 研究方法

文献法：搜集和分析研究各种现存的有关文献资料，从中选取信息，以达到某种调查研究目的的方法。

观察法：研究者根据一定的研究目的、研究提纲或观察表，用自己的感官和辅助工具去直接观察被研究对象，从而获得资料的一种方法。

访谈法：通过访员和受访人面对面地交谈来了解受访人的心理和行为的心理学基本研究方法。

问卷法：通过由一系列问题构成的调查表收集资料以测量人的行为和态度的心理学基本研究方法。

专家打分法：专家打分法是指通过匿名方式征询有关专家的意见，对专家意见进行统计、处理、分析和归纳，客观地综合多数专家经验与主观判断，对大量难以采用技术方法进行定量分析的因素做出合理估算，经过多轮意见征询、反馈和调整，对债权价值和价值可实现程度进行分析的方法。

2.2 技术路线

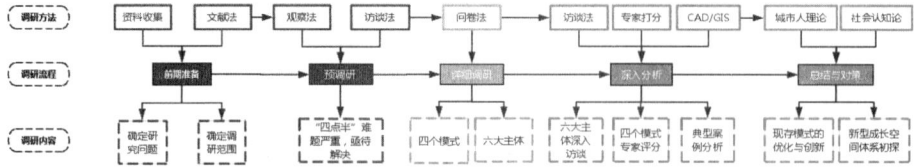

3. 问卷分析

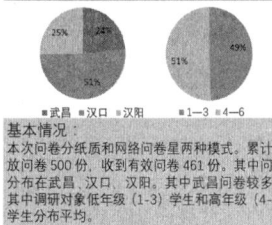

武昌 汉口 汉阳
1-3 4-6

基本情况：
本次问卷分纸质和网络问卷星两种模式，累计发放问卷 500 份，收到有效问卷 461 份，其中问卷分布在武昌、汉口、汉阳，其中武昌占比较多。其中调研对象低年级（1-3）学生和高年级（4-6）学生分布平均。

结果分析：
近 6 成家长下班时间在 4：30 之后，而 9 成学校放学时间是 3：30-5：00 不等，二者时间冲突严重，5 成以上学生放学没有父母陪伴。放学时间段和学校周边环境混乱、交通拥堵、学生安全得不到很好的保障。

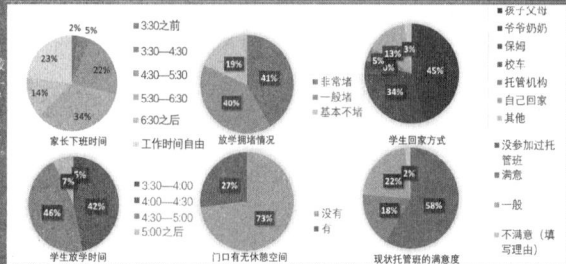

孩子父母 爷爷奶奶 保姆 校车 托管机构 自己回家 其他

没参加过托管班 满意 一般 不满意（填写理由）

4. 小学生行为轨迹分析

小学生放学后大多数都回到家中，与父母或祖辈在一起写作业，作业需要完成的时间长，有一半的学生晚 7：00 前仍无法完成作业。

家长表现出对减少作业时间的希望，对孩子进行补习班、特长班、运动休闲等项目均有一定需求。

小学生日常活动时空特征

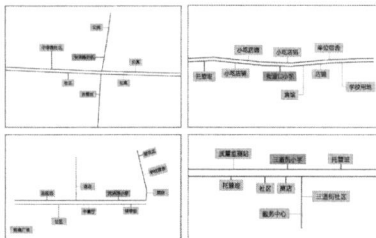

4 所学校分布位置些许不同，中华路小学位于十字路口的西北角，三道街小学位于支路附近。

武珞路小学位于主干道附近，街道巷口小学位于次干道附近。

(1) 学校周边店铺、托管班、商店、社区等分布较为丰富，可以基本满足小学生课后的需要。

(2) 放学后小学生的选择不同，部分小学生放学后直接回家，部分小学生去托管班完成作业。

小学生日常活动时空特征对空间的需求

根据儿童行为发展与空间属性的关系，将下课期间儿童的行为特征概括为以下几点：

(1) 一天的紧张学习后，儿童倾向于与小伙伴一起去嬉戏，路边的特色空间停留、奔跑、相互追逐。

(2) 有了隐私与自我保护的观念，喜爱对周围的亲人伙伴诉说一天趣事。

(3) 儿童天生的好奇心使得他们对道路的昆虫、石块等着充满了兴趣。

小学生集中区 小学 店面延伸空间 角落消极空间

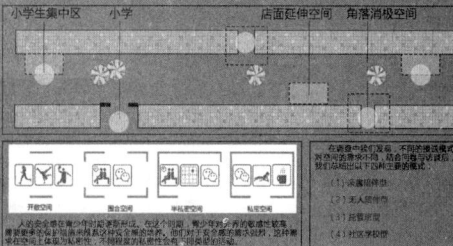

开放空间 围合空间 半围合空间 私密空间

夕时儿栖，非同儿戏——武汉市小学生"四点半"难题调查研究

模式一："亲属陪伴"型。小学生放学后由父母或亲属接回家，并在家长的陪伴下完成作业，进行吃饭、休息等活动。

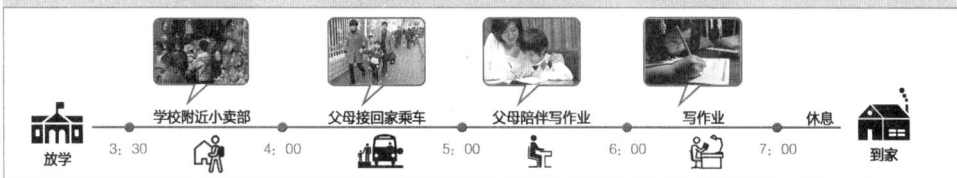

学校附近小卖部　父母接回家乘车　父母陪伴写作业　写作业　休息

放学　3:30　4:00　5:00　6:00　7:00　到家

访谈对象·校门接送的父辈与祖辈　家长

平时都是您来接孩子吗？（夏奶奶）

是啊，他父母下班太晚了。回去写作业也是我管，现在都是网上传作业，我又不会弄。哎……那些老师布置作业又多，他爸妈还觉得我教不好……

您的孩子有去托管班吗？还是四点半学校？（张爸爸）

我有时间的话还是愿意自己陪。托管班以作业为主，我还是想他不要那么辛苦，一点小孩子应有的童真。

访谈对象·各国经验的家长　国外经验家长

国外放学时间早吗？放学后孩子们都在做什么呢？（魏爸爸）

国外室内上课的时间较少，下午老师会带到室外走，做些消防培训之类的防灾训练，或公民教育参观博物馆、听音乐会。可能是国外纳税比较高，所以相应福利较好。全社会都参与到孩子成长中，和国内的课程负担很不一样，孩子回来之后很久都不能适应。

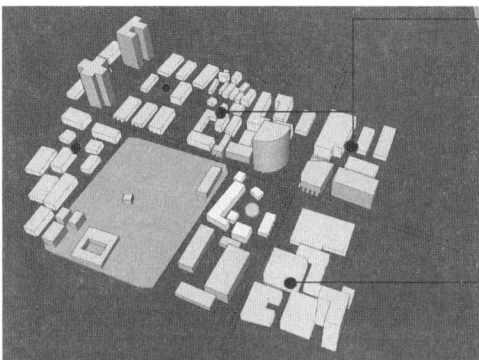

家庭空间

家庭空间：学生家
空间分布：
　书房、餐厅、客厅、卧室
时间分布：
　书房 > 客厅 > 餐厅 > 卧室
行为分布：
　作业 > 娱乐 > 吃饭 > 休息

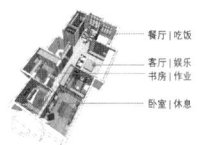

餐厅｜吃饭
客厅｜娱乐
书房｜作业
卧室｜休息

4

夕时儿栖，非同儿戏——武汉市小学生"四点半"难题调查研究

模式二："无人陪伴"型。

小学生放学后因父母工作时间问题或家庭观念等原因需要自己回家，归家途中在与伙伴玩耍的过程中存在安全或ใช้家时用时过长等问题。一部分学生会相对较早回家写作业，另一部分会在外玩耍很长时间。

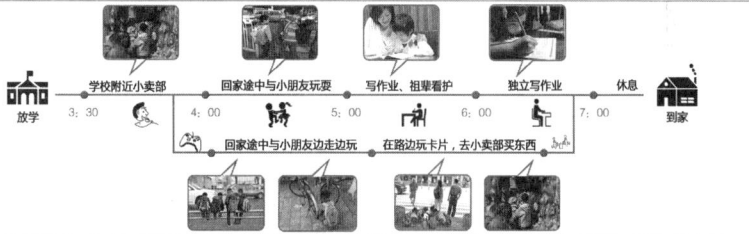

学校附近小卖部　回家途中与小朋友玩耍　写作业、祖辈看护　独立写作业　休息

放学　3:30　4:00　5:00　6:00　7:00　到家

回家途中与小朋友边走边玩　在路边玩卡片，去小卖部买东西

访谈对象·校门口随机提问的学生　学生

小朋友，你自己回家，自己做作业吗？（三年级）

我爸妈没时间管我！我都和同学们一起回家，可好玩儿啦！做作业就慢慢做呗，每天十一点多睡觉，还可以玩一会儿手机。

**访谈对象·井冈山小学张老师
棋盘街小学杨校长　学校**

我们知道现在学校提供多一节课的托管，为什么学校不愿意提供长时间托管？

学生在学校多一分钟多一分钟的危险，而且老师们工作一天实在太累，小学的环境又嘈杂，很多老师宁愿不要加班费，也不愿意让孩子在学校托管，要承担被报告到教育局说乱收费乱补课的风险，被不明真相的舆论谴责。

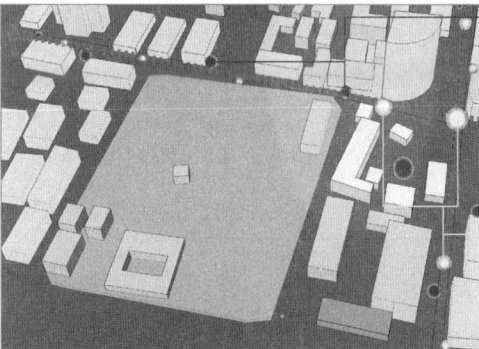

停留空间

停留空间：小商铺、路边微空间。
停留时间：82%的小学生停留时间较短。
停留活动：买小吃、逗宠物、与同学嬉戏玩乐。

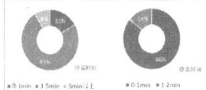

安全隐患空间

隐患空间：十字路口、人行横道。
隐患时间：等待红绿灯及穿越马路的时间，在2min以内。
隐患行为：小学生独自在穿越十字路口、横跨马路时存在易发生交通事故的安全隐患。

5

模式三："托管班"型。小学生放学后都由家长接送或自己去托管或兴趣班，在专业老师的有偿指导下完成作业或进行课业、特长辅导，之后回家在父母陪伴下继续写作业、吃饭和休息娱乐。

放学、等家长接送　家长接送或自己去托管班　专业老师陪伴　父母陪伴写作业　休息

放学　3：30　4：00　5：00　6：00　7：00　到家

访谈对象·校门口随机提问的学生　学生

小朋友，你去补习班都做什么，什么时候回家呀？（六年级）

就是做作业，做完作业等我妈妈来接我。回家大概七八点，吃饭，九点十点睡觉，每天都睡不够。

访谈对象·辅导班孙老师　盈利型托管班

你们这里有多少学生，除了写作业还有别的活动吗？（三年级）

我们这里大概有二十个学生，下课过来做作业，家长在没时间的会吃晚饭。

访谈对象·市教育局办公室主任　政府

对于现在大家普遍关注的"四点半"难题，您怎么看？

早放学是为了孩子更好地成长，但是放学之后去哪，干什么，确实是个问题。各家庭收入水平、教育程度的不平等，必然出现分化，潜伏着社会不安定的因素。

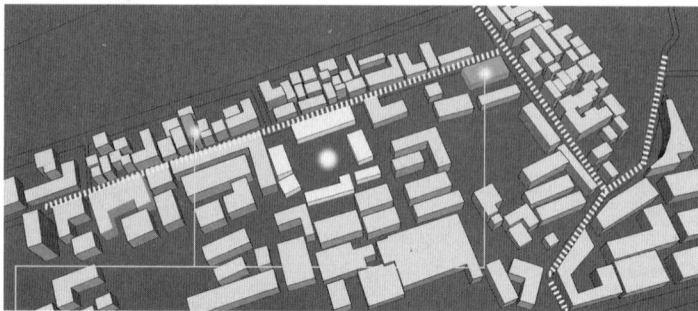

盈利性托管空间

空间类型：盈利性的托管班、课业辅导班。
空间分布：多分布于学校周边500m范围内，距离近。
空间通勤：托管班老师统一在放学后接送学生。
托管时间：92%在2小时以内，极少数在2小时以上。
托管内容：分为作业辅导型、课程强化型、特长拓展型。

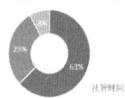

非距分布　托管时间

■0-200m ■200-500m ■500m以上　　■0-1h ■1-2h ■2h以上

模式四："社会学校"型。小学生放学后由家长接送或自己去社区四点半学校，在社工的无偿指导下完成作业或进行手工、户外等活动。之后回家在父母陪伴下继续写作业、吃饭和休息娱乐。

放学、等家长接送　家长接送或自己去社区学校　完成作业、参加课外兴趣班　德智体美劳全面发展　休息

放学　3：30　4：00　5：00　6：00　7：00　到家

访谈对象·市教育局办公室主任　政府

我们发现许多标明有四点半社区学校的地方，都找不到社区学校了？

是的，其实政府确实是想要把这块做好，但是资金、人员都是问题。有企业有这方面意愿，我觉得是好事情，让企业来做，用市场经济带动公益，来开拓新的局面。

访谈对象·社区青少年成长空间负责人　社区学校

现有四点半学校办的好的不多，您能简单介绍一下您现在工作的四点半学校吗？

四点半学校是由民政局、街道、公益机构共同出资，依托居委会，提供图书借阅、寒暑假户外活动等，整个项目针对学生免费。孩子大都是一个学校的，便于管理，主要就是陪着孩子们做作业，偶尔有一些小活动，不负责往来安全，也不提供餐食。

访谈对象·某公司负责人刘总　资本

您怎么会关注到这个方向？想如何改变？

会朋友偶然说起，我就觉得这不仅是个社会问题，也是个商机。我希望能挣钱，更希望能在对社会作出贡献的基础上挣钱。

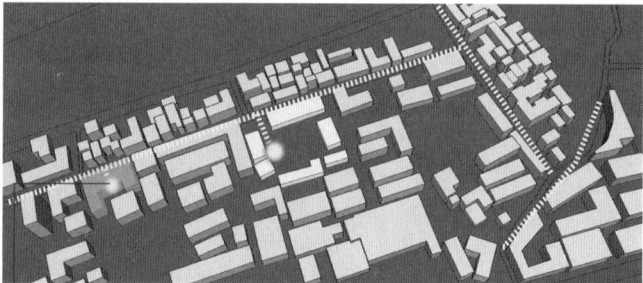

公益性托管空间

空间类型：政府主导设置的公益性托管社区学校。
空间分布：依托社区，多分布于社区居委会，功能混杂。
空间通勤：自行到达，社区学校不负责接送。
托管时间：87%在1小时以内，13%在1小时以上。
托管内容：日常为作业辅导，周末及暑期有特长拓展。

空间功能混杂　托管时间

■0-1h ■1h以上

夕时儿栖，非同儿戏——武汉市小学生"四点半"难题调查研究

5. 反思与总结

5.1 四种典型模式评估

模式一：亲属陪伴型

心理：有利于孩子人格健全，但一定程度上限制了孩子的自由成长。★★★☆☆

安全：安全得到较高保障。★★★★★

学习：对于管理不严格的家庭，难以养成优良的学习环境。★★☆☆☆

性格：缺乏沟通，容易养成较为内向的性格。★★☆☆☆

健康：食物安全，但缺乏户外活动。★★★☆☆

对家长的影响：与家长工作时间冲突，存在不安定的隐患。★☆☆☆☆

模式二：无人陪伴型

心理：有利于孩子的自由成长与培养和他人沟通的能力。★★★★☆

安全：缺乏安全保障。★☆☆☆☆

学习：不利于好的学习习惯养成。★☆☆☆☆

性格：能够养成开朗的性格。★★★★★

健康：可能会误食不安全的食物。★★☆☆☆

对家长的影响：不影响家长的工作，但会造成担心等心理负担。★★★☆☆

模式三：托管班型

心理：有利于培养学生独立自主的能力，但也会形成对学习辅导惯性的依赖。★★★☆☆

安全：一定程度上缺乏安全保障。★★★☆☆

学习：有利于好的学习习惯养成。★★★☆☆

性格：性格不够开朗。★★★☆☆

健康：缺乏锻炼，并可能误食不安全的食物。★★☆☆☆

对家长的影响：不影响家长的工作，但会造成担心等心理负担。★★★☆☆

模式四：社区学校型

心理：有利于培养学生独立自主的能力，但也会形成对学习辅导习惯性的依赖。★★★☆☆

安全：一定程度上缺乏安全保障。★☆☆☆☆

学习：有利于好的学习习惯养成。★★★★☆

性格：性格不够开朗，一些活动也能够形成积极的性格养成。★★★☆☆

健康：缺乏锻炼，并可能误食不安全的食物。★☆☆☆☆

对家长的影响：不影响家长的工作，但会造成担心等心理负担。★★★★☆

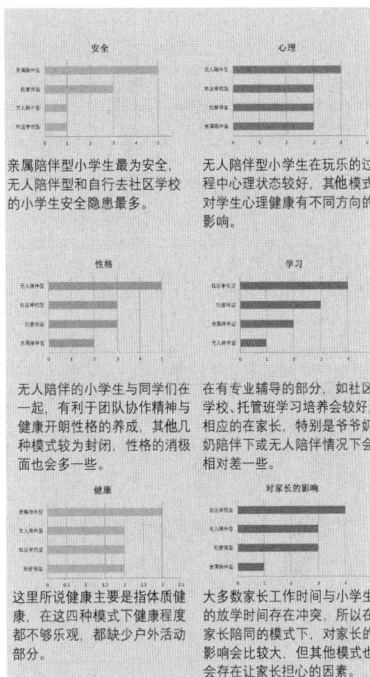

亲属陪伴型小学生最为安全，无人陪伴型和自行去社区学校的小学生安全隐患最多。

无人陪伴型小学生在玩乐的过程中心理状态较好，其他模式对学生心理健康有不同方向的影响。

在有专业辅导的部分，如社区学校、托管班学习会较好，相应的在家长，特别是爷爷奶奶陪伴下或无人陪伴情况下会相对差一些。

这里所说健康主要是指体质健康，在这四种模式下健康程度都不够乐观，都缺少户外活动部分。

大多数家长工作时间与小学生的放学时间存在冲突，所以在家长陪同的模式下，对家长的影响会比较大，但其他模式也会存在让家长担心的因素。

夕时儿栖，非同儿戏——武汉市小学生"四点半"难题调查研究

5.2 反思——四点半放学有多难？为何而难？如何解难？

四点半放学对一部分家庭而言非常之"难"，难在家长时间的调控、安全保障以及对小学生的教育问题。在整个"四点半"难题中，涉及多方利益主体，而他们之间的妥协与冲突正是"四点半"难题的关键所在。作为利益主体的政府，致力于让小学生丰富课余生活，提前了放学时间，是在应试教育背景下无可指责的改革行动。但问题在于，四点半放学后，家长没有足够的时间和能力完成课外教育任务；学校无法提供健全的托管服务；托管班和社区学校在一定程度上局限了小学生的思维自由，同时存在一定安全隐患；而另一部分小学生无人陪伴，引发了一系列亟待解决的社会问题，公民迫切需求新的解决方案，如何"解难"成为我们共同的思考。

我们通过一系列调研发现，四种典型模式均存在优点与值得改进的地方，详细分析如下：

模式一：亲属陪伴型

亲属陪伴型因其高安全性及紧密的情感交流，受到大部分低年级家长（一～三年级）及部分高年级家长（四～六年级）的青睐。主要涉及空间为校园空间、社区空间、家庭空间。在该种模式中，能够提供给小学生快乐学习、成长的空间主要集中在社区。现在中国社区虽然进行较封闭的管理，但缺乏提供给小学生的游戏／活动专属空间，参考国外案例，在小区中围出一个大小适宜的空间，并进行严格安全管控，家长可以在其周边聊天等候，或回家做饭而不必担心孩子的安全问题。

模式二：无人陪伴型

无人陪伴型的低年级孩子多数家庭较为困难，父母工作较忙而祖辈又由于健康等问题无法接送，也不排除有故意为了锻炼其自主能力的情况存在。但这种模式对于尚缺自制力与充满了好奇心的孩子来说，是充满了安全挑战与各种诱惑的模式。该模式主要涉及的空间为校园空间、道路空间与一些商业空间等。首要需要对校园周边的交通环境空间进行整治，同时利用好校园空间，争取在无人接送的时段能够让孩子们待在校园内，保障其安全性。

模式三：托管班型

托管班型以高年级孩子为主，同时具备一定的自主学习与管理自己的能力，也是升学压力的直接承受者。该模式主要涉及的空间为学校校园、道路空间与托管班空间。现在的多数托管班都依托学校存在，具有较强的安全性，但是缺乏户外活动的空间，如果能将托管班的师资与学校空间结合，既能够减少学校老师的负担，也能够更加安全。可以在取得政府许可后，下课后将部分学校空间与教室租给有资质的资本力量，进行严格管理，结合学校的托管兼具安全与内外空间的协调，能够呈现给家长更好的学习氛围，也更有利于小学生的成长。

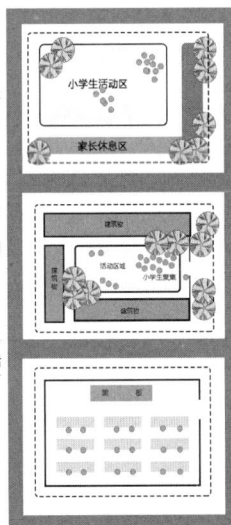

模式四：社区学校型

社区学校型是政府提供的公益型组织，但空间利用略显杂乱，且对于很多社区来说，社区学校徒有其表而未能发挥其作用。究其根本在于资本与人员的调配不合理，政府对其资金投入不够，有些"面子工程"的意味。在我们所调研的两所运作较好的四点半学校中，兼具课程辅导、心理测试、游戏、阅读的空间，形式丰富，有利于小孩子的成长。该种模式主要涉及的空间有学校空间、交通空间（四点半学校不负责接送，来回路上的安全问题概不负责）以及社区学校空间。

在对资本的访谈中我们重点发现了某企业家希望能够参与到解决小学生四点半放学难题的问题中来。具体参与方式为：以公益为出发点，以学校的运作为动力基础，结合社区学校的空间范围，以街道或社区为单位，通过问卷所得的数据比例计算出相应规模大小，打造兼具课外辅导、艺术（音乐、绘画）、公民教育、体育、环保意识、消防急救知识等功能的课外成长空间。

由此引发了我们的思考，对其进行了新型空间的初探。

5.3 新型空间初探

以武汉市区为例，以社区居委会与小学点为主要数据分别构建 GIS 库，同时载入其人口规模与占地面积等数据，计算要满足新型成长空间的功能组成需要的空间。

5.4 总结

放学的提前是为了放飞童心童趣，而非让孩子们被拘束在方寸之间，被溺爱着自己的爷爷奶奶、严厉的父母、苛责的辅导老师束缚，为了孩子们拥有一个美好的童年，更为了孩子们能拥有一个充满希望的未来。要让"儿童散学归来早，忙趁东风放纸鸢"这样天真浪漫留存下来，还给所有的孩子一个充实而丰富的课后生活。

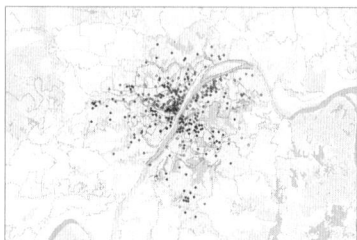

房间名称	m²/人	每班 30 人
教育用房	普通教室（语言、阅览室）	1.8	54
	美术教室（书法）	2	60
	舞蹈教室（乐器）	2.14	64.2
	多媒体教室（讲座、视频）	2	60
	心理咨询室	-	9
	办公室	-	12
生活用房	厨房		15
	器材室		24
	男、女卫生间		18
室外空间	200m 跑道（操场、篮球架）	根据场地实际情况设置
合计			316.2

10

实例三　人潮拥挤，我拉不住你——厦门市中山路人群聚集情况及踩踏安全隐患的调研分析[1]

人潮拥挤,我拉不住你

——厦门市中山路人群聚集情况及踩踏安全隐患的调研分析

---

[1] 作者：郑千惠、陈毅凯、吴佳娜、黄闽；指导老师：刘晓芳、杨思声、许俊萍；获奖时间：2015 年；获奖等级：一等。

引言

近年来，由于各类城市公共场所人群高度聚集、疏散距离较长，人群拥挤踩踏事故多发，其中一些重大拥挤踩踏事件的案例令人触目惊心。下面列出近几年来中外发生的重大踩踏事故一览表：

❶ 2010年3月4日，印度北部北方邦一座寺庙发生严重踩踏事件，造成60多人死亡、上百人受伤。

❷ 2010年7月24日，德国西部鲁尔区杜伊斯堡市举行"爱的大游行"电子音乐狂欢节时发生踩踏事件，造成至少18人死亡、80人受伤。

❸ 2010年11月22日，柬埔寨送水节期间，首都金边钻石岛钻石桥上发生严重踩踏事件，造成353人死亡、393人受伤。

❹ 2011年1月14日，印度西南喀拉拉邦发生严重踩踏事件，造成至少104人死亡，另有50人受伤。

❺ 2011年2月21日，马里首都巴马科一座体育场发生踩踏事件，造成至少36人死亡，64人受伤。

❻ 2012年12月31日晚，科特迪瓦经济首都阿比让新年夜的烟花庆祝活动中发生了严重踩踏事件，事件导致61人死亡，200余人受伤。

❼ 2013年10月13日，印度中部一所寺庙外发生踩踏事故，事故造成至少115人丧生，受伤人数超过100人。

❽ 2014年7月29日，几内亚首都科纳克里附近一处海滩举行的一场音乐会上发生踩踏事件，造成至少34人死亡，数十人受伤。

❾ 2014年12月31日晚，上海市黄浦区外滩陈毅广场发生群众拥挤踩踏事故，致36人死亡，48人受伤。

最近的上海外滩踩踏事件更是深深地触动了我们，平时看似安全的我们身边的公共空间也会存在崩盘的那一刻，那时我们的身体不再受自己控制，我们任随人流移动，随人群倒下。针对这类踩踏事件，我们引发了对公共空间拥挤问题及安全措施的思考。

【摘要】：近年来，随着城市建设的不断发展，公共空间越来越成为城市中必不可少的组成部分，其建设的增加也使得大量的公共踩踏事故随之而来，城市建设的安全隐患亟待关注与解决。本调研以厦门市中山路步行街为考察对象，运用文献调查、实地观察、访谈调查以及问卷调查四种调研方法从城市规划的角度对中山路进行人群聚集情况及踩踏事故安全隐患的调研分析，并提出相关改进措施，为城市公共空间的建设发展提供一定的借鉴。

【关键词】：中山路；高峰期；人群；聚集；拥挤；疏散

目录

第一章 调研背景及思路
1.1 调研背景 ·············· P1
1.2 调研目的及意义 ·········· P1
1.3 调查区域及对象 ·········· P1
1.4 区域简介 ············ P1
1.5 调研思路及方法 ·········· P1
　1.5.1 调研思路
　1.5.2 推导过程
　1.5.3 调研方法
第二章 空间及人群分析
2.1 空间环境分析 ··········· P2
　2.1.1 平面布局
　2.1.2 空间特色
2.2 人群及行为分析 ·········· P2
　2.2.1 年龄及文化程度分布
　2.2.2 人群行为
第三章 人流量统计及分析
3.1 总体人流量统计 ·········· P3
　3.1.1 统计方法
　3.1.2 总体情况
　3.1.3 人流量问卷及访谈
3.2 人流路径分析 ··········· P4
　3.2.1 人流路径流量分析
　3.2.2 人流冲突点及缓和点分析
3.3 人群聚集度分析 ·········· P6
　3.3.1 人群密度分布
　3.3.2 人群聚集点分布

第四章 风险评估
4.1 安全隐患分析 ··········· P7
　4.1.1 潜在隐患点分析
　4.1.2 隐患点聚集类型分析
　4.1.3 聚集类型压力分析
4.2 风险评估 ············ P8
　4.2.1 提出模型
　4.2.2 数据收集
　4.2.3 隐患点评估
第五章 结论及建议
5.1 安全隐患总结 ··········· P9
　5.1.1 总体隐患总结
　5.1.2 潜在隐患点总结
5.2 总体建议 ············ P9
5.3 分级建议 ············ P9
5.4 隐患点改造建议 ·········· P10
参考文献 ··············· P10
附录

第一章 调研背景及思路

1.1 调研背景

人群聚集通常不会导致事故发生，但在某些特定环境和特定条件下会发生严重的人群拥挤踩踏事件，图1-1[1]是近70年来人群拥挤踩踏事故的增长趋势，而90年以后更是迅速增长，可见，虽然是小概率事件，但产生的社会影响却是极大的。为了防止悲剧的再次发生，对人群聚集状况及踩踏事故风险的分析显得非常重要。

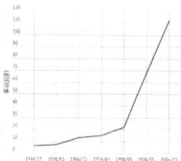

图1-1 人群拥挤踩踏事故增长趋势

1.2 调研目的及意义

近年来的踩踏事故程度严重，都造成了重大的人群伤亡，社会负面影响较为恶劣。因此，对踩踏事故的特点、形成因素以及应采取的安全措施的探讨就具有十分重要的意义。

我们希望对划定的区域从聚集点分布、人群聚集原因、聚集类型、人群流线等多方面进行调研，总结出片区的人群聚集情况，并提出对人群疏散、分流等的改进措施，同时也对国内其他城市公共空间的人群聚集情况的改善有一定借鉴意义。

1.3 调查区域及对象

调查区域：厦门市中山路步行街（西到鹭江道，东到人民剧场）
调查对象：路段上的行人

1.4 区域简介

厦门中山路位于厦门岛西南部，是厦门市思明区中华街道的一条东西走向的道路。中山路长约1.2公里，西起轮渡鹭江道，中跨思明南路与思明北路的分界点，东达新华路与公园南路相连。而我们这次选择的区域西到鹭江道，东到人民剧场。

1.5 调研思路及方法

1.5.1 调研思路

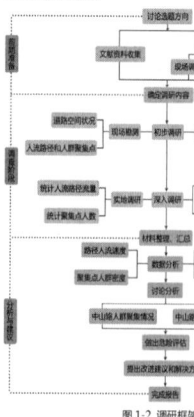

图1-2 调研框架

1.5.2 推导过程

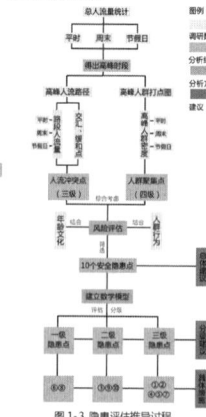

图1-3 隐患评估推导过程

1.5.3 调研方法

表1-1 调研方法及应用汇总表

本次调研从4月选题开始到7月得出最后报告历时约4个月，共做了7次现场调研。以实地观测及统计为主，定量分析的问卷调查法与定性分析的访谈法为辅，再结合对相关文献数据的查阅，通过分析现象和存在的问题，归纳总结，提出解决可能发生踩踏事件的方法。

第二章 空间及人群分析

2.1 空间环境分析

图2-1 平面示意图

图2-2 鸟瞰图

2.1.1 平面布局

所选区域[图2-1]总长780米(不是中山路的总长度)，是中山路步行街的主要路段，整条街都是商业步行街，商店密集，流动人口数量最大，中山路还与几条支路相连接，其中大部分支路更是拥挤，而且在中山路和思明南路的交叉路口，当南北向的绿灯亮时也会造成东西向人群的停留。这路段还有很多活动在这举办，造成人口聚集和踩踏的地段。

2.1.2 空间特色

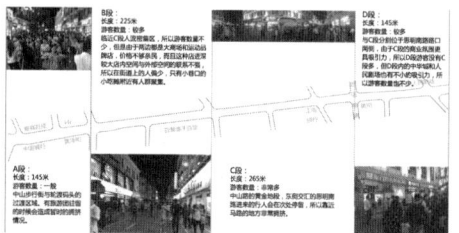

图2-3 中山路段空间特色图

2.2 人群及行为分析

2.2.1 年龄及文化程度分布

通过调查统计，得出中山路步行街的人群年龄分布[图2-4]，老年人占30.77%，中青年61.54%，儿童7.69%。可见，中山路步行街的主要人群为中青年。另外，通过统计还得出中山路步行街的人群文化程度分布[图2-5]，可见高中和大学以上所占人数较多，人群的平均文化程度较高。

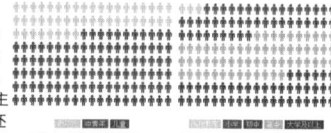

图2-4 人群年龄统计图　　图2-5 人群文化程度统计图

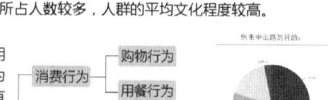

2.2.2 人群行为

中山路步行街外部空间的使用者的行为可分为消费行为、观演行为和普通行为，消费行为跟商业业态有关，而普通行为则是由步行街的空间决定。中山路步行街上的商业主要为销售类和餐饮业，从而造成游客的购物行为和用餐行为。同时，中山路上更多的是穿行行为、等候行为和休憩行为。

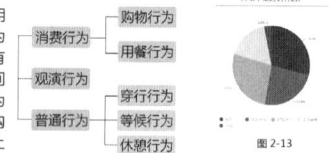

图2-6 人群行为框图

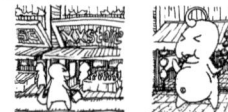

图2-7 购物行为　　图2-8 用餐行为　　图2-9 穿行行为

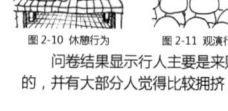

图2-10 休憩行为　　图2-11 观演行为　　图2-12 等候行为

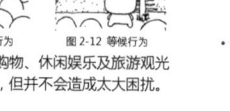

图2-13

图2-14

图2-15

问卷结果显示行人主要是来购物、休闲娱乐及旅游观光的，并有大部分人觉得比较拥挤，但并不会造成太大困扰。

第三章　人流量统计及分析

3.1 总体人流量统计

3.1.1 统计方法 [图 3-1]

将调研时间分为节假日、周末和平日，以10分钟为一个单位，在不同路段中各找一个截面，统计十分钟经过这个截面的人数，算出单位时间内通过的人流量，再跟随此路段的人流移动，计时行走完该路段所需的时间，根据时间和单位时间人流量算出该路段单位时间内流动的人数。同时统计在该路段停留的人数，与之前流动的人数相加，得出单位时间该路段的总人数，同理算出各个路段相加，得出某一时间段全路段的总人数。每小时统计一次，并进行比较分析。

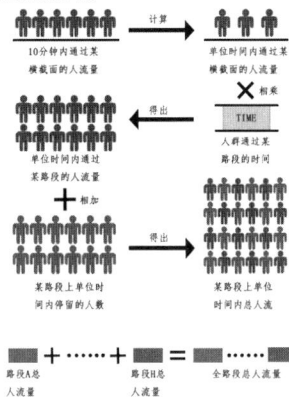

图 3-1 人流量计算概念图

3.1.2 总体情况

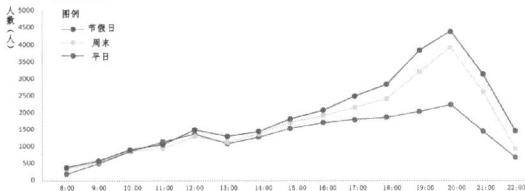

图 3-2 各时段人流数量折线图

由统计及计算[图 3-2]得出无论是节假日、周末或是平时，**人流高峰段均在19:00-21:00之间**，而节假日和周末人流量趋势相近，因此在下文中将时间划分为工作日以及非工作日，并**着重分析全天高峰时间段的人流路径及人群聚集情况**。

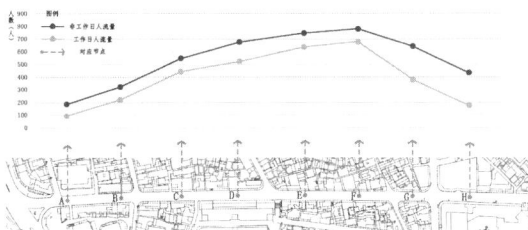

图 3-3 高峰期各路段人流数量折线图

将全路大致分为 A-H 共 8 个路段，据计算与统计[图 3-3]得出，在高峰时期人流分布最多的路段是 D-G。除了沿街的各种商业以外，D 路段拥有大型百货巴黎春天，D-E 有大中路分支，F-G 有女人街与台湾小吃街两个热闹的街道分支，由于购物、美食小吃等的吸引，使得人流大量地流向并停留于此，再加上来自街道分支的人流汇聚，从而导致 D-G 段拥有大量的人流。

最终得出在**高峰时期人流最大路段位于 D-G**，因此在下文中将着重对该路段进行人流路径与聚集情况的研究。

您一般在中山路停留多长时间？

图 3-4

您会选择什么置停留较长时间？

图 3-5

您认为中山路最拥挤的地段是？

图 3-6

您认为中山路最拥挤的时段是？

图 3-7

3.1.3 人流量问卷及访谈

【问卷结果】
①行人通常会在中山路停留一个小时左右，更有停留 2~3 小时以上的行人。
②更多的行人在餐饮类店铺停留更久。
③普遍认为中山路最拥挤的时段是：18：00 到 22：00。
④大部分人认为小吃街的人流量最大，最拥挤。

【访谈结果】（访谈内容详见附录五）

协警访谈结果
中山路白天人流量少，18 点开始剧增到 20 点左右达到高峰，监管难度大，措施有限，到节假日问题更加严峻。

店员访谈结果
11 点之前生意较冷清，11 点到 13 点之间餐饮店开始活跃，直到下午 16 点店铺客流量开始增大，到 18 至 21 点达到最大。

行人访谈结果
①**第一次到访游客**：大多选择节假日，时段在傍晚到晚上，中山路的拥挤不太影响其总体旅游心情或是安全。
②**多次到访游客**：为避免拥挤，更倾向于避开晚上的高峰期，在中午或下午才访中山路。
③**厦门本地人**：会尽量避免节假日等高峰日，但另一方面由于工作学习等原因，其到达中山路的时间大多在周末或平日晚上，在一定程度上与游客到访时间相撞，造成其一定的拥挤感与不适感。

【结论】
①通过观测与问卷访谈得到中山路白天人流不大，从 16 点开始人流剧增直到 18 到 21 点左右的高峰期。
②其中餐饮类店铺最受欢迎，且分布集中，较为拥挤。
③虽然知道节假日及晚上会比较拥挤，但因工作及其他原因，大部分行人还是会在节假日及晚上到中山路逛街。

3.2 人流路径分析

3.2.1 人流路径流量分析

中山路的纵向穿插着许多支路和城市干道，许多支路都有各自的商业特色，游客在支路与中山路之间来回穿梭，在人多的情况下，就会形成人流冲突，出现局部人群密度过大的情况。而有些地方发生人流疏散，能够有效缓解人群拥挤问题。

表 3-1 高峰期各路段人流数量统计表

方向 时间	人流量 (人/分钟) 路段	A	B	C	D	E	F	G	H
自西向东	工作日	30	33	49	69	78	77	46	36
	非工作日	43	73	88	102	112	104	95	49
自东向西	工作日	18	38	50	35	46	58	28	20
	非工作日	48	60	86	95	108	125	130	83

表 3-2 高峰期各路口人流数量统计表

方向 时间	人流量 (人/分钟) 路口	①	②	③	④	⑤	⑥	⑦
进中山路	工作日	15	25	16	10	19	25	27
	非工作日	22	31	36	19	36	24	50
出中山路	工作日	4	5	7	12	35	26	29
	非工作日	27	36	29	30	36	63	50

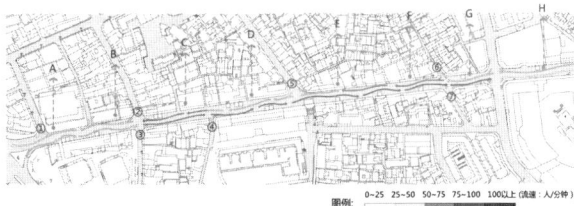

图例　0-25　25-50　50-75　75-100　100以上（流速：人/分钟）

图 3-8 工作日高峰期人流路径流量分析图

图例: 0-25 25-50 50-75 75-100 100以上 (人流量：人/分钟)
图 3-9 非工作日高峰期人流路径流量分析图

[图 3-8]和[图 3-9]是平时与节假日时期高峰期的人流和路径,从图中可以很明显看出,节假日时期的人流量明显大于平时,而单看中山路本身,E-G段人流明显大于其他几段,这个路段的人流负担最为严重。

3.2.2 人流冲突点及缓和点分析

根据人流的特点,结合街道空间形态,可以对于人流的几个特殊点进行分类,分别是**分流点**、**合流点**和**交流点**。分流点担当了缓解人群挤压力的功能,而合流和交流点则会增加人流负担,造成拥挤问题。以下是关于三种类型的详细分析[表3-3]:

表 3-3 人流流线类型分类表

流线关系		图示	特点	影响
缓和点	分流		一个人流分散为多个人流	人流疏散,缓解人群拥挤状况
交汇点	合流		多个人流汇合为一个人流	人流剧增,导致人群拥挤
	交流		两个人流交叉、冲突	人群局部增加、冲突、行走速度减慢、混乱

结合人流路径进行统计,可以找出**交汇点**和**缓和点**,并标出了每一个点的位置[图 3-10]。

图 3-10 交汇与缓和点分布图

结合之前的人流路径等级分析,能够得到以下几个人流**冲突点**(根据交汇点、缓和点和人流量速率综合分析得)[图 3-11]。

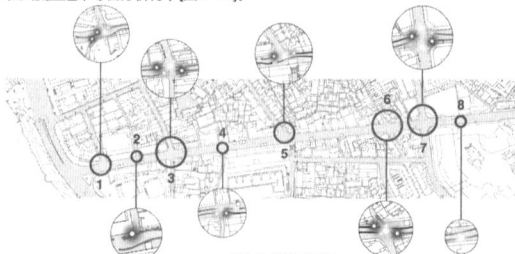

图 3-11 隐患点分布图

图例: 合流 交流 分流 一级冲突点 二级冲突点 三级冲突点

表 3-4 人流冲突点分级表
(冲突评估值=合流点+2×交流点-缓和点+交叉路口影响值)

人流量(m²) 冲突评估值	50-75	75-100	100-125	125-150	150-175	175-200	200以上
1	2						
2		4, 8	5				
3			1				
4					3		
5						6	
6							
7							7

→ **一级冲突点**:存在交汇点,人流量一般
→ **二级冲突点**:存在交汇点,人流量较大
→ **三级冲突点**:交汇点明显多于缓和点,且人流量大

5

3.3 人群聚集度分析
3.3.1 人群密度分布

通过对中山路步行街行人经过及停留活动的现场观察与记录,以**打点形式直观地记录不同区域停留的行人数量**,根据不同的人群集聚程度用不同颜色来表示,对行人停留聚集点分类分析每个点的空间布局、聚集原因、聚集类型,分析探讨行人聚集停留空间与规律。

以下是工作日与非工作日中山路的人群打点示意图:

图 3-12 人群密度打点示意图(工作日)

图 3-13 人群密度打点示意图(非工作日)

根据工作日与非工作日的打点图可以看出非工作日中山路的人群密度总体上大于平时,在几个关键节点处的人群密度更是明显大于非工作日。

参考文献[2]了解到,学者推荐将 0.55-0.6 m²/人作为正常疏散情况下的最小人均占有空间。换算得到**人群适宜密度在 1.67-1.81 人/m²**,因此将人群密度大于 1.8 的区域用红色表示,以更清楚地看出人群聚集情况[图 3-14、图 3-15]。

图 3-14 工作日高峰期人群密度分析图

图例: 人群密度

图 3-15 非工作日高峰期人群密度分析图

图例: 人群密度

3.3.2 人群聚集点分布

根据工作日与非工作日的人群密度图能找到几个主要的**聚集点**,如图[图 3-16]所示:

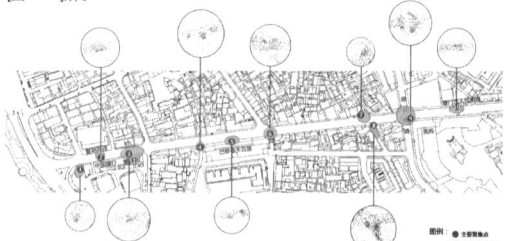

图 3-16 主要聚集点分布图

图例: 主要聚集点 主要辐射范围

根据主要聚集点的人群聚集密度及辐射范围及持续时间将聚集点简要分为四个等级[表 3-5]。

表 3-5 聚集点分级表

等级	聚集点	最大密度(人/m²)	辐射范围(m²)	持续时间
一级	1,4,5	2-3	98,21,85	属于短暂性聚集,平时密度不大
二级	2,3,7,9	2-3	118,143,89,545	主要聚集时间在傍晚及晚上
三级	6,10	2.5-3.5	253,104	平时人不多,特定时刻密度大
四级	8	4-5	120	全天持续有人聚集

6

第四章　风险评估

4.1 安全隐患分析

4.1.1 潜在隐患点分析

根据之前人流路径分析中**冲突点的分级**及人流聚集分析中的**聚集点的分级**综合考虑，我们分别给冲突点按等级一、二、三赋值1、2、3，聚集点以相同方法按等级一、二、三、四分别赋值1、2、3、4，并对两个因素都取相同的系数，来综合评估每个隐患点的分值[表4-1、图4-1]。

表 4-1 潜在隐患点评估表

聚集点分值 冲突点分值	4	3	2	1	0
3	8|8	5|6,7|9		3|1	
2		5	6	9	1	4	4	
1		8	10	1	1	4	4	2	1
0			1	3	1	2	1	5

各点的序号定为"冲突点序号|聚集点序号"其中"/"在冲突点或者聚集点不存在这个点

按各点分值排名，去掉分值小于等于1的点，且仅有少量冲突或少量聚集不足以发生隐患的点，这样我们得到了**10个潜在隐患点**[表4-2]。

表 4-2 潜在隐患点评估总分表

冲突点|聚集点	8|8	5|6	8|7	7|9	8|10	1|1	3|1	1|3	4|4	2|1	1|5
分值	7	5	5	5	5	4	3	3	2	2	1

以下是10个潜在隐患点的分布图[图4-2]：

图 4-2 潜在隐患点分布图

根据上图[图4-2]可以看出10个潜在隐患点大约平均分布在中山路的各个路段上，而总体趋势比较靠近中山路与鹭江道以及与思明南路这两个交叉口，因为大部分游客从这两条主干道进入中山路步行街观光。

下面我们对几个潜在隐患点放大分析[表4-3]，并对每个隐患点的空间标注尺寸（单位：m），数据用之后的模型中：

表 4-3 潜在隐患点放大表

4.1.2 隐患点聚集类型分析

根据主要的潜在隐患点的聚集场所及方式，得出人群聚集类型，并具体加以分析。总结得出人群聚集类型主要有以下几种[表4-4]：

表 4-4 隐患点聚集类型分类表

名称		图示	说明	潜在隐患点	场所
面状	散点状		面状散点往往集中在小广场等开放空间，人一般随机以某方式分布于该区域不均匀分布。	1 4 7	中山路路头小广场 第一个交叉口 女人街口广场
	行列状		面状行列状通常出现在一个长段距离，比如人行道有时沿车道边分布，以通道或者为养鞋为道理一堆一堆的面状分布。	9	与镇明路交叉口
环状			环状通常指在一个有吸引力的小区域，人们围好奇或观赏随意周边，围绕中心点多呈现环状分布。	2 5 8 10	菜商店习到商铺 巴蜜春天等特口小吃街 小吃街 小吃街
线状			线状的源流无需规律——抽从，一些人气高的铺铺门口台两侧排队的从，一些窗口台的起点呈线状分布。	3	黄焖鱼在在铺

→ 箭头指人群面对方向

4.1.3 聚集类型压力分析

在下文模型数据中涉及**压力面**及**人均疏散面**等数据，在此对聚集类型进行压力分析。

不同的聚集类型因为聚集的方式和空间不同，对应了不同的压力面和疏散面。又因为在模型中的压力都以某个人为单位，因此在以下的分析中均以人均来分析压力面和疏散面，其**公式**用以下的模型中[表4-5]。

表 4-5 隐患点聚集压力分析表

名称		压力点	说明	总面积（S）	压力面（S'）	总疏散面（I）
面状	散点状		面状散点状对聚集每一区域的密度都不太稳定，无压力面的标准面，可近似看作均匀分布，具体的环境以实测得到，具体分析环境以实测得到。	S=xy	随机，根据密度分布受空间环境改变，势必受面改变	$I = 2(x+y)$ 随机分析，处减式部分也分布于每个受面
	行列状		面状行列状的聚集最直接压力面x，需以每人为单位之间的距离为准，算到最大压力面即为最大人流量的面积。	S=xy	S'=xx	$I = 2x+y$
环状			环状的聚集压力主要在外围最里面一层，月围绕向心施压，一个外圆受面的1—月的比例算。	$S = [\pi (2n+1) 8]/2$	$S' = [\pi (2n+1) a]/2$	$I = \pi r + r$
线状			线状的聚集压力主要在队伍的最前面的人呈单位，不受排队时间没有过计因为压力主要向该区域，约定单为面压力集中而已。	S=xz	$S' = z \lambda$	$I = 2z + \lambda$

● 此为一个人的平面模型，查阅资料得到中国人民紧通常取60×40—50×30，因人的尺度紧臂包小于聚集点尺寸，所以上面的计算中，人的尺度暂忽略不计

→ 箭头指人群面对方向

4.2 风险评估

4.2.1 提出模型

【问题提出】 求出该研究区域内各潜在隐患点的风险指数。

【基本原理】 在参考大量文献后根据**大型活动风险指数评价体系**[3]，并结合实际调研内容，我们将风险评估定为一个**风险指数**，通过（**固有风险指数**）**聚集指数**和（**抵消因子**）**疏散指数**的关系得出，而我们通过人群聚集密度、聚集类型、人流量以及人群和场所的影响因素综合考虑，建立方程式，求出各点的风险指数并进行评估。

【建立模型】

风险指数 R_i 用下式表示：

$$R_i = R_{IR}（聚集指数）- F_C（疏散抵消因子）$$

通过计算，得出风险指数 R_i 的式子：　（具体推导过程见附录三）

$$R_i = (P_内 + P_外) \times K_1 - L \times K_2$$

(1) $P_内$（内部压力指数）＝人群聚集密度 × 人均压力面 = $D \times S'$

(2) $P_外$（外部压力指数）＝人流碰撞频率 × 人流量 = $f \times N$

(3) K_1——人群影响系数，K_2——场所影响系数，L——人均疏散面

4.2.2 数据收集

①人流量及人群聚集密度来源于3.2（人流路径分析）—3.3（人群聚集分析）

②人均压力面及人均疏散面根据4.1.3（聚集类型压力分析）的计算公式，数据来源于每个聚集点的聚集类型及实测的聚集尺寸。

③人流碰撞频率数据来源于实测聚集尺寸及空间尺寸，计算公式见附录三。

④人群影响系数由调研及问卷得到，具体内容见附录三、附录四。

⑤场所影响系数根据专家访谈评估得到，具体内容见附录三。

4.2.3 隐患点评估

【计算结果】

将10个潜在隐患点的数据代入式中计算得到以下结果[表4-6]：

表 4-6 隐患点风险指数排名表

潜在隐患点	6	8	2	3	4	5	1	5	7
分值	165.12	113.24	55.1	54.96	53.95	28.9	26.32	26.04	18.03	8.76
排名	1	2	3	4	5	6	7	8	9	10

【隐患点分级】

计算结果分级分明显，根据数值分布将十个隐患点分为三级[表4-7]：

表 4-7 隐患点风险指数分级

分级	一级	二级	三级
分级区间	>100	30-100	0-30
潜在隐患点	6,8	3,4,5	1,2,4,5,7

第五章 结论及建议

5.1 安全隐患总结

5.1.1 总体隐患总结

①中山路总体客流量偏多，容易发生拥挤状况。
②中山路总体上对预防踩踏事件没有合理的措施。
③中山路有较多的人群聚集情况，容易发生危险。
④中山路的人群流线比较混乱，存在许多冲突点。
⑤密集的小吃街较窄且商铺很多，并且没有显著的消防设施。
⑥没有有效的行人导向标识。

5.1.2 潜在隐患点总结

下面对上文得出的 10 个潜在隐患点的情况进行总结[表 5-1]：

表 5-1 潜在隐患点总结表

潜在隐患点	图例	说明
1 4	旅游团集合	中山路最著名的旅游胜地的光霞，而因为中山路中间财主大型广场可供旅游团集合。这些旅游团常常会选择在中山路盡头江头或者春巷第一个交叉口的小广场集合，然后带入去中山路游玩。
2	产品销售	中山路上有个商段都布有不同类别的小商铺，主要商品布服饰、饰品、食品等，而放于夏商百货对面的商铺人气最旺。
3 5 8	排队买小吃	来到街上总会为不了要买些小吃，像夏商旁边会生活沒解的大商铺门前以及各种各样的小吃商铺，比如位于街两端或者各角的小吃摊有多个密子的小吃商铺，总体以店铺为中心呈线状分布。
6 10	观看演出 观看电影	中山路定期会在固定地点的广场演出活动，小剧场更是每晚都会放映电影，而像月亮虾饼等位于街角的小吃商铺，总体以中心呈球状分布。
7	休憩	因为中山路缺少憩段聚集，所以一些小巷弄内或者一些少开放空间有会集着多人群。
9	过马路	由于中山路步行街中间有一条机动车道（思明南路）穿过，巨大的人流带已密集的与路人行穿过车道十分明显，大部份人涌聚在红灯下，直走时行穿聚集在道路两端，等到绿灯亮后再集体快步过道路。

以下是 10 个潜在隐患点的分布情况[图 5-1]：

图 5-1 潜在隐患点分布图

通过模型计算评估后将 10 个潜在隐患点根据危险程度不同分为三级，下文将对不同级别的潜在隐患点分别采取不同改造措施。

5.2 总体建议

总体方面从街道管理、人群控制、商业改造、空间改造等四个方面来给出建议。

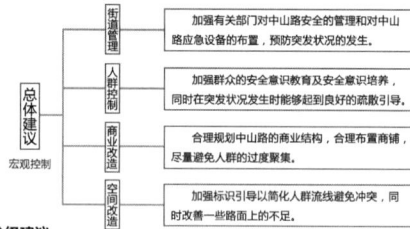

5.3 分级建议

分级建议根据潜在隐患点的分级分别采取不同改造措施，一级隐患点基于自身、场地及周边建筑的改造，二级隐患点基于自身及场地改造，而三级隐患点只对自身进行一些小改造。

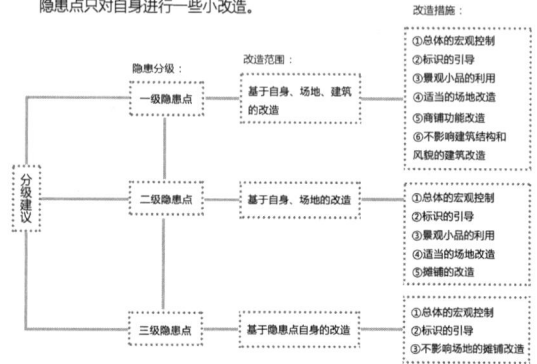

5.4 隐患点改造建议

下面将对各级隐患点选取典型的例子进行各点详细的改造建议。

一级隐患点：一级隐患点是重点隐患点，因此对两个一级隐患点都给出了较全面的改造建议，分别为隐患点 6 与潜在隐患点 8。注释：6（巴黎春天旁看表演现象），8（小吃街排队及拥堵现象）

潜在隐患点 6

潜在隐患点 8

二级隐患点：

二级隐患点共有三个，分别是隐患点 3、9、10，因隐患点 10 的聚集类型与一级隐患点中的隐患点 6 类型相似，因此这里选取潜在隐患点 3 及潜在隐患点 9 给出改造建议。

注释：
3（中山路尽头广场旅游团聚集）
9（中山路与思明南路交叉口等红灯）
10（小剧场聚集看电影现象）

潜在隐患点 3

潜在隐患点 9

三级隐患点：

三级隐患点共有五个，分别是隐患点 1、2、4、5、7，因隐患点 1 与隐患点 4 类型一致，因此这里选取更为典型的隐患点 4 给出改造建议。另外隐患点 5 与隐患点 8 相似，而隐患点 7 可以通过总体建议的宏观调控可以基本解决问题，而且能够改动的空间不大，因此不作详细说明。

注释：1（中山路尽头广场旅游团聚集）、2（夏商百货对面产品销售摊位）4（第一个交叉口旅游团聚集）、5（巴黎春天旁巷口小吃摊排队买小吃）、7（女人街休憩及闽南语交流）

潜在隐患点 2

潜在隐患点 4

参考文献：

[1] 冉丽君, 刘茂. 人群密度对人群拥挤事故的影响 [J]. 安全与环境学报, 2007（04）：135-138.

[2] 吴娇蓉, 叶建红, 陈小鸿. 大型活动广场访客聚集行为控制指标研究 [J]. 武汉理工大学学报（交通科学与工程版）, 2006（04）：599-602.

[3] 佟瑞鹏：大型活动事故风险管理——理论与实践 [M]. 北京：中国劳动社会保障出版社, 2013.

附录

本问卷均为匿名，请放心填写，感谢您对厦门城市建设和研究作出的贡献

（本资料 "属于私人单项调查资料，非经本人同意不得泄漏。"《统计法》第三章 14 条）

厦门市中山路人群聚集情况调查问卷
（针对人们对中山路现状感受的调查）

时间：＿＿＿月＿＿＿日＿＿（时）　　　调查员：＿＿＿＿＿＿＿＿

您好！感谢您抽空阅读这份调查问卷。为了调查厦门公共空间的人群聚集情况以及拥挤程度，以期能够提出相关安全改进措施，所以我们将进行相关问卷调查。在此，我们对您给予这一调研工作的支持与配合表示诚挚的感谢。

1. 您来中山路的目的是：（多选）
　A．购物　　B．休闲娱乐　　C．旅游观光　　D．工作需要　　E．其他＿＿＿＿
2. 您认为现在中山路的拥挤情况如何：
　A．并不拥挤　　B．不太拥挤，影响不大　　C．感觉拥挤，并造成一定困扰
　D．十分拥挤，并对出行游览造成影响
3. 您一般在中山路停留多长时间：
　A．少于 30 分钟　　B．1 小时左右　　C．2 小时左右　　D．2 小时以上
4. 您会选择在中山路哪里停留较长时间：（多选）
　A．骑楼内街　　B．中心街道　　C．餐饮美食街　　D．商场内部　　E．其他＿＿＿＿
5. 您选择在某一地点停留的目的是：（多选）
　A．购物　　B．饮食　　C．娱乐　　D．休憩　　E．围观活动或热闹　　F．其他＿＿＿＿
6. 您认为中山路最为拥挤的地段是：（多选）
　A．骑楼内街　　B．中心街道　　C．餐饮美食街　　D．商场内部　　E．其他＿＿＿＿
7. 您认为中山路一天中最拥挤的时段是：（多选）
　A．10:00 以前　　B．10:00－14:00　　C．14:00－18:00　　D．18:00－22:00　　E．22:00
以后
8. 您认为造成中山路拥挤的原因是什么：（多选）
　A．旅游景点，知名度大，游客多　　B．商业集中，方便购物休闲　　C．地理位置优越，
　可达性强　　D．其他＿＿＿＿

9. 中山路的拥挤是否对您造成过度的体力消耗或心理上的不快 （若您第 2
　题选择 A 或 B 可不对此题进行回答）：
　A．不会　　B．一般　　C．严重　　D．非常严重

最后，我们希望了解一点您的基本情况，以便进行对比与分析 （仅供本调
查用）：
年龄：＿＿＿　　性别：＿＿＿　　职业：＿＿＿＿　　文化程度：＿＿＿＿＿
来源：A 本地　　B 外地

谢谢您的支持与配合。

本问卷均为匿名，请放心填写，感谢您对厦门城市建设和研究作出的贡献

（本资料 "属于私人单项调查资料，非经本人同意不得泄漏。"《统计法》第三章 14 条）

厦门市中山路人群安全知识调查问卷
（针对人们对中山路现状感受的调查）

时间：＿＿＿月＿＿＿日＿＿（时）　　　调查员：＿＿＿＿＿＿＿＿

您好！感谢您抽空阅读这份调查问卷。为了调查厦门公共空间的人群聚集情况以及拥挤程度，以期能够提出相关安全改进措施，所以我们将进行相关问卷调查。在此，我们对您给予这一调研工作的支持与配合表示诚挚的感谢。

1. 当您陷入拥挤的人群中时，您会：
　A．恐慌不安，试图挣扎逃离人群
　B．感到恐慌，逆着人流前进
　C．产生焦虑，但仍然顺应人流方向前进
　D．不受影响，继续做自己的事
　E．沉着冷静，顺应人流方向前进并设法离开
2. 当您发现人群发生骚动时，您会：
　A．陷入恐慌，不知所措或立刻逃离人群
　B．感到紧张和好奇，向骚动源靠近了解发生了什么
　C．不受影响，继续做自己的事
　D．保持警惕，做好防护措施
3. 当人群因拥挤发生事故时，您会：
　A．陷入恐慌，不知所措
　B．惊慌呼喊，引起周围注意
　C．不受影响，继续做自己的事
　D．冷静面对，报警或采取急救措施
4. 在人群中，如果您的鞋带松了，您会 ：
　A．立即停下系鞋带
　B．停在原地，直至人群离开再系鞋带
　C．继续前行，不弯腰系鞋带
　D．离开人群，移动到人流少的地方系鞋带

5. 如果在人群中发现前方有人摔倒，您会：
　A．不闻不问，继续前行
　B．惊慌尖叫，不知所措
　C．立刻将其扶起
　D．停住脚步大声呼喊，让后面的人知道发生了什么事
6. 万一被冲倒，您认为可以采取的方式是：
　A．紧紧抓住周围行人，阻止其前行
　B．顺势仰卧或俯卧
　C．在原地大声呼救
　D．赶紧站起来
　E．设法靠近墙壁
　F．若无法站立，爬也会跟着人流方向
　G．双手护头，保护重要身体部位
7. 在遇到踩踏事件等紧急情况时，您是否了解相应的应对措施：
　A．非常清楚，进行过训练或学习
　B．大概了解一些
　C．不是很了解
　D．一点也不了解
8. 当身处人群密集场合时，您是否有危机意识：
　A．很关注可能的危险，并时刻警惕
　B．不太关注
　C．完全不关注

9. 当身处人群密集场合时，您认为首先要做：
  A. 观察出入口位置，掌握出入路线
  B. 关注人群数量及其增减趋势
  C. 做自己的事，对周围环境不闻不问

10. 您认为造成踩踏事件伤亡的主要原因是：
  A. 挤压性窒息
  B. 惊吓
  C. 踩踏

最后，我们希望了解一点您的基本情况，以便进行对比与分析（仅供本调查用）。
年龄：____ 性别：____ 职业：_____ 文化程度：_____
来源 A 本地 B 外地

谢谢您的支持与配合。

附录三：模型

【建立模型】

风险指数 R_I 用下式表示：

$$R_I = R_{IR} - F_C \qquad 式①$$

式中 R_{IR}——固有风险指数，在本案中为聚集指数
F_C——风险抵消因子，在本案中为疏散抵消因子

聚集指数 R_{IR} 用下式表示：

$$R_{IR} = (P_内 + P_外) \times K_1 \qquad 式②$$

式中 $P_内$——内部压力指数
$P_外$——外部压力指数
K_1——人群影响系数，根据人群影响因子来评估得出的修正系数

疏散抵消因子 F_C 用下式表示：

$$F_C = L \times K_2 \qquad 式③$$

式中 L——人均疏散面
K_2——场所影响系数，根据场所指数来评估得出的修正系数

所以，结合式①②③，得出风险指数 R_I 的式子：

$$R_I = (P_内 + P_外) \times K_1 - L \times K_2 \qquad 式④$$

其中
（1）$P_内$＝人群聚集密度×人均压力面＝$D \times S'$
（2）$P_外$＝人流碰撞频率×人流量＝$f \times N$

我们把人流看作是水管里的水流，当水管的一部分被堵，人流就被迫向另一边流动，在其中流动的人与聚集的人必将产生矛盾，并与被堵宽度与人流量呈正相关，因此我们的外部压力指数由人流碰撞频率与人流量得到，人流碰撞频率 f＝被堵宽度/街道宽度＝h/H［图 4-1］。

H ▮ ····· ▮ h
图 4-1 街道概念示意图

（3）L＝总疏散面/总人数＝$l/(D \times S)$
（4）人群影响系数

人群影响系数为 K_1，可由人群的行为特性确定，见表 4-1、表 4-2：

表 4-1 人群影响因子取值表

影响因子	影响因子取值
人员身体素质	好：10；较好：7；一般：5；较差：3；差：1
人员心理素质	好：10；较好：7；一般：5；较差：3；差：1
人员教育程度	研究生：10；大学：7；中学：5；小学：3；没有：1
人员安全意识	很强：10；强：7；中等：5；差：3；很差：1
人员安全行为	安全：5；一般：3；危险：1
人员年龄分段	成人：5；儿童：3；老人：1

表 4-2 人群影响系数取值表

影响因子	6~18	9~30	31~42	43~50
修正系数K1	0.6~0.8	0.8~1.0	1.0~1.2	1.2~1.4

人群影响因子的人员教育程度及年龄分段根据前文的调研得到，分别取值 5、5；人员心理素质、安全意识及安全行为根据问卷分数评估得到；人员身体素质根据年龄分段及安全行为评分认为取值 5 较合适。

心理素质评估

将问卷 2 中 1 至 3 题作为人群心理素质评估，问卷统计结果显示如下：

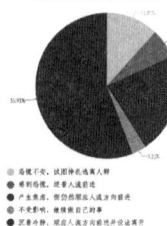
当身陷拥挤的人群中时，您会：

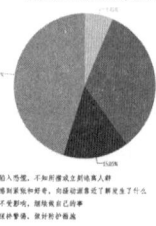
当您发现人群发生骚动时，您会：

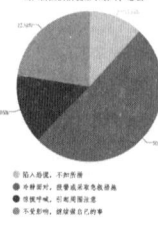
当人群因拥挤发生事故时，您会：

总分统计结果

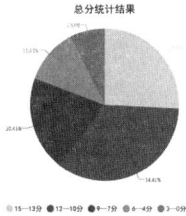

问卷回收后，根据各题情况对选项进行相应的分值设置（见附录四），并将每份问卷 1 至 3 题进行总分相加计算，设置 15—13 分为心理素质好，12—10 分为较好，9—7 分为一般，6—4 分为较差，3—0 分为差。统计总分结果显示如图：得到人群中心理素质较好的人占多数，而心理素质好和一般的人数次之。

因此对人群心理素质的评估取**差：1**。

安全行为评估

将问卷 2 中 4 至 6 题作为人群安全行为评估，问卷统计结果显示如下：

在人群中，如果您的鞋带松了，您会
如果人群中发现前有人摔倒，您会
万一被挤倒，您认为可以采取的方式是

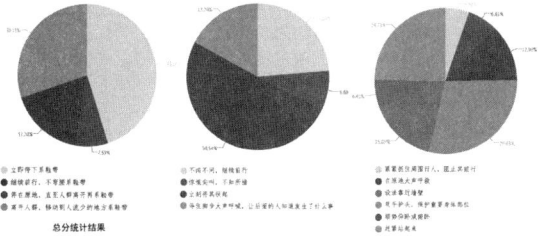

总分统计结果

问卷回收后，根据各题情况对选项进行相应的分值设置（见附录四），并将每份问卷 4 至 6 题进行总分相加计算，设置安全性 15—11 分为安全，10—6 分为一般，5—0 分为危险。统计总分结果显示如图：得到人群在面对紧急情况时采取的应对行为安全性以一般居多。

因此对人群心理素质的评估取**一般：3**。

安全意识评估

将问卷 2 中 7 至 10 题作为人群安全行为评估，问卷统计结果显示如下：

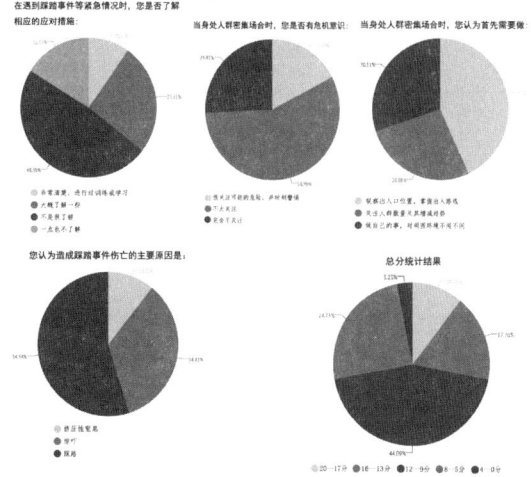

在遇到踩踏事件等紧急情况时，您是否了解相应的应对措施；
当身处人群密集场合时，您是否有危机意识；
当身处人群密集场合时，您认为首先需要做

您认为造成踩踏事件伤亡的主要源因是：

总分统计结果

问卷回收后，根据各题情况对选项进行相应的分值设置（见附录四），并将每份问卷 7 至 10 题进行总分相加计算，设置 20—17 分为安全意识很强，16—13 分为强，12—9 分为中等，8—5 分为差，4—0 分为很差。统计总分结果显示如图：得到人群中大部分安全意识为中等，安全意识差的次之，总体来说人们安全意识较弱。

因此对人群安全意识的评估取**中等：5**。

（5）场所影响系数

场所影响系数根据场所指数确定，场所指数是表征大型活动场所自身及所处时空环境带来的风险，包括设计风险、布局风险和装修设备风险等内部风险，以及周边环境、自然环境、社会环境等外在风险因素，见表4-3、表4-4：

$$Rs=W\times R\times(1+E/50) \qquad 式⑤$$

式中 W——多米诺效应系数，根据可能导致事故链发生的难易程度确定，取值范围在 1~2，**通常取 1.5**。

R——场所内在风险值，用活动场所的空间结构特征来表征，根据活动场所建筑结构的类型分为敞开式（露天广场、公园等）、半敞开式（火车站、地铁进出口、半封闭建筑）、封闭式（封闭的商场、超市等）三种类型。

E——周边环境、自然环境、社会环境等外在风险值，决定场所内在风险指数的修正系数。

①周边环境 $E1$ ②自然环境 $E2$ ③社会环境 $E3$：主要指活动场所的规划设计、设备设施、管理方式、结构布局等的社会先进性。 $E=E1+E2+E3$

表 4-3 场所风险值取值表

场所内在风险值 R		敞开式：5；半敞开式：8；封闭式：10
场所外在风险值 E	周边环境 E1	郊区：1；单体型（单个场所）：3；密集型（多个场所分布在一起）：5；一般居民区：7；商业区和人员聚集区：10
	自然环境 E2 危险性	灾害因子活动的强度和频次：1~10
	暴露性	场所及人群受灾害因子的威胁程度：1~10
	脆弱性	场所及人群承受灾害影响的能力：1~10
	社会环境 E3	国际先进水平：1；国际一般水平：3；国际10年前水平：5；国际20年前水平：7；国际30年前水平：10

表 4-4 场所影响系数取值表

Rs	≤8	8~14	14~21	21~28	28~36	≥36
场所危险性等级	最轻	较轻	中等	很大	非常大	极端的
修正系数K2	6	5	4	3	2	1

根据中山路的特性，**场所内在风险值 R 取 5，周边环境 $E1$ 取 10，自然环境 $E2$ 危险性、暴露性、脆弱性**根据专家评估分别取 **6、5、4，社会环境 $E3$** 根据中山路历史及建设情况取 **5**，最后计算得到**场所指数为 12**，等级属于较轻，取**场所影响系数 5**。

附录四： 安全知识问卷（问卷2）评分标准

I. 心理素质

1. 当您陷入拥挤的人群中时，您会：
   A. 恐慌不安，试图挣扎逃离人群 （0分）
   B. 感到恐惧，逆着人流前进 （1分）
   C. 产生焦虑，但仍然顺应人流方向前进 （2分）
   D. 不受影响，继续做自己的事 （4分）
   E. 沉着冷静，顺应人流方向前进并设法离开 （5分）

2. 当您发现人群发生骚动时，您会：
   A. 陷入恐慌，不知所措或立刻逃离人群 （0分）
   B. 感到紧张和好奇，向骚动源靠近了解发生了什么 （2分）
   C. 不受影响，继续做自己的事 （4分）
   D. 保持警惕，做好防护措施 （5分）

3. 当人群因拥挤发生事故时，您会：
   A. 陷入恐慌，不知所措 （0分）
   B. 惊慌呼喊，引起周围注意 （2分）
   C. 不受影响，继续做自己的事 （4分）
   D. 冷静面对，报警或采取急救措施 （5分）

II. 安全意识

1. 在遇到踩踏事件等紧急情况时，您是否了解相应的应对措施：
   A. 非常清楚，进行过训练或学习 （5分）
   B. 大概了解一些 （3分）
   C. 不是很了解 （1分）
   D. 一点也不了解 （0分）

2. 当身处人群密集场合时，您是否有危机意识：
   A. 很关注可能的危险，并时刻警惕 （5分）
   B. 不太关注 （2分）
   C. 完全不关注 （0分）

3. 当身处人群密集场合时，您认为首先需要做：
   A. 观察进出口位置，掌握出入路线 （5分）
   B. 关注人群数量及其增减趋势 （4分）
   C. 做自己的事，对周围环境不闻不问 （0分）

4. 您认为造成踩踏事件伤亡的主要原因是：
   A. 挤压性窒息 （5分）
   B. 惊吓 （3分）
   C. 踩踏 （2分）

III. 安全行为

1. 在人群中，如果您的鞋带松了，您会：
   A. 立即停下系鞋带 （0分）
   B. 停在原地，直至人群离开再系鞋带 （1分）
   C. 继续前行，不弯腰系鞋带 （3分）
   D. 离开人群，移动到人流少的地方系鞋带 （5分）

2. 如果在人群中发现前方有人摔倒，您会：
   A. 不闻不问，继续前行 （0分）
   B. 惊慌尖叫，不知所措 （1分）
   C. 立刻将其扶起 （3分）
   D. 停住脚步大声呼喊，让后面的人知道发生了什么事 （5分）

3. 万一被挤倒，您认为可以采取的方式是：
   A. 紧紧抓住周围行人，阻止其前行 （0分）
   B. 顺势仰卧或俯卧 （0分）
   C. 在原地大声呼救 （2分）
   D. 赶紧站起来 （4分）
   E. 设法靠近墙壁 （5分）
   F. 若无法站立，爬也会跟着人流方向 （5分）
   G. 双手护头，保护重要身体部位 （5分）

附录五：访谈对话节选

协警访谈

问：您认为中山路人流量情况如何？
答：中山路人流量总体来说很大，特别是晚上18点之后人流量开始剧增，在19点至21点之间是中山路一天中最拥挤的时段。周末人流量比平时多，节假日是一年中中山路的人流高峰期，此时游客的大量来访极易造成中山路的拥挤。

您认为中山路的人流量管理难度如何？
答：白天人流量相对来说较少，监管工作较为轻松。但到了晚上或者节假日等高峰期时监管难度很大，进入中山路的人流加上来自各个岔口的人流一同汇聚于中山路，使得中山路步入十分拥挤的状态，这时需要加派监管人员来进行管理与监督。

请问现阶段有采取措施来管制中山路如此多的人流量吗？
答：现阶段并没有实行什么有效的措施来限制人流量，毕竟中山路是一条开放的综合性商业街道，在限制人口出入上有很大困难，我们能做的只有在人流高峰期增加监管人员来加强对路段的安全监管。

店员访谈

问：请问一天之中店铺的客流量什么时候最少？
答：11点之前基本没有什么生意，人流量很少。

问：请问一天之中店铺的客流量什么时候最多？
答：18点至21点之间店铺客流量是一天中最多的，无论是餐饮还是服饰，中山路的店铺都进入大量的客流状态，此时店铺需增加店员来管理生意。

问：那在11点至18点之间客流量的情况如何？
答：在11点之后餐饮店铺客流量开始增加，但是服饰、特产等店铺客流量仍然很少，13点之后客流量在少数范围内波动，此时以服饰特产等店铺生意为主。在16点左右客流量开始逐渐增大，18点左右增幅开始扩大。

问：请问一年之中店铺的客流量什么时候最多？
答：一年中周末和节假日生意相对于平日更好，尤其是节假日各地游客均汇聚于中山路，此时是店铺一年中营业额最容易达到最高值的时刻。

行人访谈

问：您一般选择什么时候来中山路？
答（第一次到访中山路的游客）：节假日的时候，一般选择在傍晚时分，因为此时可以来中山路进行晚餐（美食品尝）之后顺便购物。

答（多次到访中山路游客）：周末或者节假日，因为多次到中山路的经验累积，晚上中山路尤为拥挤，特别是在节假日时期，为避免拥挤情况以及能更好的满足自身的旅游购物需求，所以大多选择避开晚上的高峰期，在中午或下午来中山路进行消费旅游活动。

答（厦门本地人）：由于中山路地理位置的优越性以及商业的综合性，所以经常选择到中山路进行娱乐聚会消费等活动，但会尽量避免节假日等高峰期。但是由于工作学习等不可避免因素的存在，所以到中山路的时间大多在周末或是平日晚上，一定程度上与游客到访时间相撞。

问：您觉得中山路拥挤吗？中山路的拥挤给您带来了什么影响？
答（第一次到访中山路的游客）：有点挤，特别是在小吃等地方特别挤，但是这样能感受到浓郁的商业景点氛围，总体不太影响自身的旅游心情或是人身安全。

答（多次到访中山路游客）：中山路很挤，因为经常来厦门旅游，中山路是必来的地方，每次来中山路都感觉人很多，刚开始并不觉得拥挤会造成不适，但随着到访次数的增多，逐渐感觉到了中山路的拥挤，所以之后开始选择避免高峰期到访中山路，在人流量少时中山路感觉更舒适。

答（厦门本地人）：中山路可以说是厦门最拥挤的地段之一，虽然是本地人所以在任何时候都可以来中山路，平时白天来的时候并不拥挤，有时甚至可以感觉到空旷。但是很多时候也会和大人流相撞，例如晚上或是周末，此时感觉中山路很挤，会造成一定的心理不适感。

实例四 "书香苏州"没有围墙的城市课堂——图书网上借阅社区投递平台使用情况调查①

书香苏州

没有围墙的城市课堂

——图书网上借阅社区投递平台使用情况调查

CITY CLASS
WITHOUT WALLS
LIBRARY NEAR HOME

📖 书香苏州
没有围墙的城市课堂

BORROW ONLINE
COMMUNITY DELIVERY
——图书网上借阅社区投递平台使用情况调查

目 录

摘要 ··02
1. 调查概况 ···03
　　1.1 调查背景 ···03
　　1.2 调查的思路与方法 ·······································04
　　1.3 调查的对象 ···05
　　1.4 调查的目的与意义 ·······································05
2. 书香苏州 APP 网借平台社区投递使用情况调研 ···············06
　　2.1 社区及图书馆空间环境分析 ·······························06
　　2.2 社区居民及平台使用者情况 ·······························07
　　2.3 图书网借平台运营状况 ···································09
　　2.4 综合分析 ···10
3. 存在问题分析 ···10
　　3.1 居民在使用过程中的问题 ·································10
　　3.2 图书馆平台运营过程中的问题 ·····························11
　　3.3 其他问题 ···11
4. 使用运营过程中的影响因素 ···································11
　　4.1 社会环境因素 ···11
　　4.2 行为主体因素 ···11
　　4.3 经济因素 ···11
5. 总结与策略思考 ···11
　　5.1 相关理论文献及国内图书馆 APP 发展、使用现状 ···········11
　　5.2 策略思考 ···12
　　5.3 总结 ···12
参考文献 ···12
附录 ···13

URBAN SURVEY

01

---

① 作者：江依希、黄嫣容、潘翊菁、沈烨；指导老师：周静、彭锐；获奖时间：2015 年；获奖等级：一等。

CITY CLASS WITHOUT WALLS LIBRARY NEAR HOME 📖 书香苏州 没有围墙的城市课堂 BORROW ONLINE COMMUNITY DELIVERY
——图书网上借阅社区投递平台使用情况调查

摘要：近年来全国城市居民阅读状况令人担忧，全民阅读在近年成为社会热点。在全国推广全民阅读之际，苏州图书馆推出"书香苏州"(APP)网上借阅社区投递平台，希望以此为契机提升苏州市民的阅读热情。本次调查以"网上借阅"和"社区投递"为切入点，横向比较四个典型的社区投递点的空间环境、使用人群和运营状况，分析平台的发展情况，并在此基础之上归纳总结影响平台发展的因素，针对存在的问题提出有效的发展对策。通过调查，发现各社区自身的差异使得平台使用状况有着较大的不同，平台在发展中面临着新的挑战。针对现阶段网借平台在设施、运营和发展等方面的问题，本文从使用推广、规划设计、系统管理、多元服务等方面提出了合理的改良建议。

关键词：书香苏州网借平台；图书馆；社区取书点；网上借阅；社区投递

CITY CLASS WITHOUT WALLS LIBRARY NEAR HOME 📖 书香苏州 没有围墙的城市课堂 BORROW ONLINE COMMUNITY DELIVERY
——图书网上借阅社区投递平台使用情况调查

1 调查概况

1.1 调查背景

（1）居民阅读现状堪忧

我国 2014 年纸质图书的人均阅读量仅为 4.56 本，与年人均阅读量为 64 本的以色列和年人均阅读量 55 本的俄罗斯人相差十几倍，与邻近的韩国人相比都有不小的差距，而与之相对应的是约 70% 的公众希望推广阅读活动，推广全民阅读已经刻不容缓（图 1-2）。

（2）国家大力推广全民阅读

开展"全民阅读"活动，是中央宣传部、中央文明办和新闻出版总署贯彻落实党的十六大关于建设学习型社会要求的一项重要举措。

（3）图书馆 O2O 模式的应用

随着移动终端硬件及基础服务的不断优化，智能终端的突破性普及为移动互联网奠定了庞大的用户基础，以智能手机等为代表的移动终端 APP 应用更是燃起了移动互联网的革命之火。相比传统的 WAP 手机网站，APP 作为第三方移动应用程序，具有支持离线工作、挖掘有效信息、推送个性服务等功能优势，因此备受互联网用户青睐。

◆苏州图书馆"书香苏州"(APP)网上借阅社区投递平台是苏州报刊业开展的"全民阅读报刊行"活动，旨在通过这项活动全力推动全民阅读，为促进学习型党组织和学习型社会建设营造良好的社会文化氛围。

表 1-1 全民阅读在我国的发展进程图

时间	内容
1995年	联合国教科文组织将每年4月23日确定为"世界读书日"，提出"让世界上每一个角落的每一个人都能读到书"。
2006年	提出"全民阅读"，并会同中宣部等11个部门联合发出《关于开展全民阅读活动的倡议书》。
2011年	党的十七届六中全会首次在全会决议中写入"开展全民阅读……活动"。
2012年	党的十八大报告历史性地写入"开展全民阅读活动"。
2014年	国务院政府工作报告提出"倡导全民阅读"。
2015年	第十二届全国人民代表大会第三次会议提出提供更多优秀文艺作品，倡导全民阅读，建设书香社会。"全民阅读"再次写入《政府工作报告》。

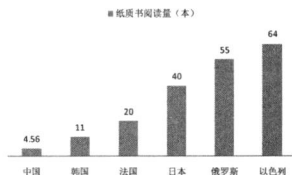

图 1-2 2014 年各国成年国民人均纸质书阅读量情况图
资料来源：2014 年全国阅读报告

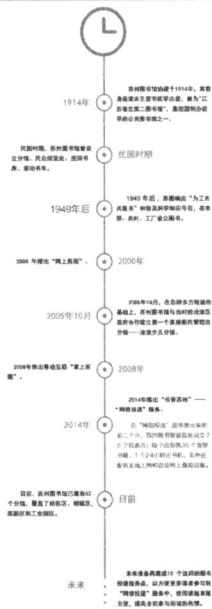

图 1-1 苏州图书馆发展时间轴线图

时间轴：
- 1914年 · 民国时期
- 1949年后
- 2004年推出"网上系统" · 2000年
- 2005年10月
- 2008年推出移动版"掌上书房" · 2008年
- 2014推出"书香苏州"——"网借论坛" · 2014年
- 目前
- 未来

CITY CLASS WITHOUT WALLS LIBRARY NEAR HOME
📖书香苏州 没有围墙的城市课堂
BORROW ONLINE COMMUNITY DELIVERY
——图书网上借阅社区投递平台使用情况调查

（2）调查方法

调查方法有：
◆ 文献查阅
◆ 问卷调查（图1-4）
◆ 访谈调查（表1-2）
◆ 实地观察调查
◆ 线上体验调查

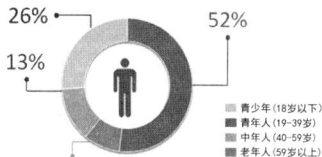

图1-4 参与问卷调查人员构成比例图

26%
52%
13%
9%

■ 青少年（18岁以下）
■ 青年人（19-39岁）
■ 中年人（40-59岁）
■ 老年人（59岁以上）

表1-2 调查访谈法

被访谈者	访谈内容
开发管理者调查	苏州图书馆信息技术部主任	关于平台总体运营状况
	社区分馆工作人员	关于平台分馆的运营情况
平台使用者	社区取书点取书市民	关于平台使用情况
一般市民	路人及一般社区居民	关于平台推广度和使用度的情况

1.2 调查的思路与方法

（1）技术路线

本次调研选取四个典型社区投递点，采取基于实地勘测、观察以及定量分析下的问卷调查法、APP线上调查、定性分析法、访谈法为主，结合相关政策与文献资料，了解苏州书香苏州APP社区投递的使用现状，通过对公共阅读空间、使用者和影响因素的分析，发现平台运营过程中的问题，并提出发展对策（图1-3）。

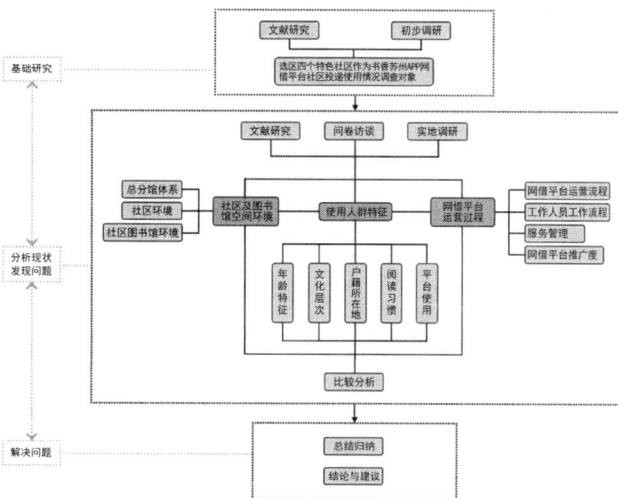

图1-3 技术路线图

04

CITY CLASS WITHOUT WALLS LIBRARY NEAR HOME
📖书香苏州 没有围墙的城市课堂
BORROW ONLINE COMMUNITY DELIVERY
——图书网上借阅社区投递平台使用情况调查

图1-5 被调查图书馆分布图

图1-6 被调查社区分布图

表1-5 被调查图书馆读者问卷具体回收情况

调查范围及对象		发放数量	回收数量	问卷回收率	调查内容
图书馆总馆	苏州图书馆总馆市民	45	43	95.6%	1. 市民书籍阅读现状及阅读习惯调查； 2. 图书网借平台的推广及使用情况调查； 3. 图书网借平台的优缺点及满意度调查； 4. 对使用图书网借平台的态度及使用意见
	苏州图书馆玲珑寺分馆市民	30	29	96.7%	
社区分馆	苏州书城社区馆市民	30	30	100%	
	苏州图书馆何山分馆	30	28	93.3%	
	苏州图书馆石路分馆市民	30	27	90%	
	苏州图书馆黄桥分馆	30	27	90%	
	玲珑邻里中心投递点	30	27	90%	
书店	苏州市城相市民	20	19	95.0%	
其他图书馆	凤凰图书馆市民	20	18	90%	
路人	观前街	30	28	93.3%	
	总计	325	305	93.8%	

1.3 调查的对象

为全面了解图书网上借阅社区投递平台的使用现状，对平台涉及的图书馆、书店及社区进行了详细调查。
◆ 苏州图书馆总、分馆（取书点）及主流书店：调查苏州图书馆及书店的图书借阅情况及网借平台在图书馆的使用情况，继而分析图书对网借平台的发展影响（图1-5）。
◆ 苏州各区典型社区：分别调查苏州姑苏区、园区、高新区及相城区的典型社区，了解各区居民的阅读情况及网借平台在社区的发展情况（图1-6）。

表1-3 图书馆调查表

序号		调查地点	区位特征	开馆时间
总馆	1	苏州图书馆总馆	姑苏区	1914
社区图书馆分馆	2	昭庆寺分馆	姑苏区大儒巷	2009
	3	新城邻里中心分馆	园区新城邻里中心内	2011
	4	何山分馆	高新区何山花园社区服务中心	2009
	5	石路分馆	姑苏区石路西城永捷商业中心	2013
	6	黄桥分馆	相城区黄桥街道文体活动中心	2013
	7	玲珑邻里中心投递点	玲珑邻里中心	2014
书店	8	苏州书城	姑苏区观前街	1949
	9	凤凰书店	园区	2013
其他图书馆	10	苏州独墅湖图书馆	园区	2005

表1-4 社区调查表

序号	调查地点	位置	区位特征	对应苏图分馆	社区现状
1	大儒巷社区	姑苏区	交通便利，人流密集，附近景点众多。	昭庆寺分馆	
2	新城社区	工业园区	工业园区湖西，现代大道以北，交通便利。	新城邻里中心分馆	
3	何山社区	高新区	东起京杭大运河以西社区内台胞聚集。	何山分馆	
4	陆慕社区	相城区	位于相城区南部，与苏州古城相连。	元和分馆	

1.4 调查的目的与意义

采用多方法调查和资料查阅，选取四个典型社区调查图书网借平台使用情况调查并对图书馆及网借平台的服务进行评估；通过现状分析和评估，剖析苏州居民阅读需求，进一步了解网借平台的发展现状和问题；对国内外相关案例进行比较分析；归纳总结进一步探讨网借平台的发展对策。

本次调查主要是为响应国家倡导"全民阅读"的号召；提升城市阅读文化氛围；进一步推动"书香苏州"图书网上借阅社区投递平台的发展。

05

315

CITY CLASS WITHOUT WALLS
LIBRARY NEAR HOME
书香苏州 没有围墙的城市课堂
BORROW ONLINE COMMUNITY DELIVERY
——图书网上借阅社区投递平台使用情况调查

图2-1 各社区空间分布

二类居住用地　三类居住用地　商业用地　工业用地
行政办公用地　学校用地　文物古迹用地　文化活动用地
◎ 社区分馆　● 小学　● 中学　地铁二号线
图2-2 各社区空间布局图

2 书香苏州 APP 网借平台社区投递使用情况调研

2.1 社区及图书馆空间环境分析

2.1.1 总分馆体系建设

苏州图书馆从2005年起与区政府和街道合作建设图书馆。至今，已建成59所分馆（其中51个分馆作为投递点）（图2-1），目前还在不断建设。读者享有免证阅览和上网、通借通还等服务，达到管理、资源、服务统一的覆盖苏州城区的公共图书馆总分馆体系。

2.1.2 社区环境

调查选取了姑苏区大儒巷社区、园区新城社区、高新区何山社区，及相城区陆慕社区4个社区作为调查对象。

◆ 社区空间布局及配套设施（图2-2）

大儒巷社区位于姑苏区平江路西侧，有大量商业区和文物古迹景点；新城社区位于园区现代大道，住宅质量较好，社区分馆周边有两所小学；何山社区位于高新区，有大量居住用地及部分工业，何山分馆周边有一所小学以及一所高校。陆慕社区拥有大量住宅，但是住宅质量良莠不齐，存在大量棚户区，商业发展不成熟。

从社区的配件设施及配套的公共服务设施、文化设施以及物业管理这三个方面让社区居民对所在社区进行评分（图2-3、图2-4、图2-5）。

新城社区的平均分最高即整体环境最佳，大儒巷社区次之，但其各种配套设施最为完善，何山社区再次之，而陆慕社区整体环境评价最低，且配套设施最不齐。

2.1.3 图书馆设置

由下页图2-7发现各区图书馆设置密度不同，姑苏区密度最大，相城区最小，园区因其有自成图书馆系统所以苏图分馆也不多。

图书馆服务距离越大，使用率越低。图书馆服务距离越短，使用人数越多。一个图书馆服务能力有限，如果服务距离过长，就对居民的使用造成障碍。图书馆作为取书点的服务范围越大，网借平台的使用率越低。（图2-6）

取书点的发展进程是循序渐进的，在苏州市范围而言，取书点的密度有着较大的差异。姑苏区最早发展，分馆密度较大，取书点建设进程也较快，密度较高；相城区和园区发展较晚，进程较缓，取书点建设也较为滞后，取书点密度比较低，致致其取书点服务距离较大，超出其所能承受的服务距离。

图 2-3 各社区环境评价均分

图 2-4 各社区配套设施情况图

大儒巷社区　新城社区　何山社区　陆慕社区
4.2　4.3　4.1　3.5
图 2-5 各社区文化设施配套情况

图 2-6 图书馆服务范围与使用人数关系

CITY CLASS WITHOUT WALLS
LIBRARY NEAR HOME
书香苏州 没有围墙的城市课堂
BORROW ONLINE COMMUNITY DELIVERY
——图书网上借阅社区投递平台使用情况调查

昭庆寺分馆　新城邻里中心分馆　何山分馆　元和分馆
入口
图2-8 各社区分馆空间环境示意图

昭庆寺分馆（姑苏区）　新城邻里中心分馆（工业园区）　何山分馆（高新区）　元和分馆（相城区）
图2-7各社区分馆区域位置图

每个分馆的基本构成是自习阅览室、书架、报刊架、服务台、电子阅览室和儿童阅览室。昭庆寺分馆比较特殊，位于一处社区文化活动中心内，因此馆后有茶馆，馆前有商铺和庭院（图2-8）。

通过调查问卷，对各社区的硬件设施以及服务管理进行五分制评分后，统计各社区硬件设施及服务管理评分，发现（图2-9）：

各社区的硬件设施条件相类似，得分情况差别不大。由于分馆建设均由总馆统筹，硬件设施条件相对而言都很好。

昭庆寺分馆　新城邻里中心分馆　何山分馆　元和分馆
3.9　4.0　3.9　4.0
图2-9各分馆硬件设施评价均分

2.2 社区居民及平台使用者情况

（1）社区居民年龄构成（图2-10）

何山社区和新城社区的人口年龄结构相似，青、中年人占多数；大儒巷社区老龄化程度高；陆慕社区因有大量外来务工者其年龄构成最为年轻化。

由于老年人和孩子对于智能手机使用的限制，网借平台 APP 受众人群有限，故年龄构成对 APP 的使用情况有一定影响。但调查发现，大儒巷社区虽老龄化程度较高，但平台使用未受到较大影响。为此我们对老龄使用者进行访谈，我们发现如下情况（图2-11）。

（2）社区居民户籍所在（图2-12）

四个社区中大儒巷、何山、新城社区户籍情况类似，都是本地户籍占主导，且有一定的外地人口。而在陆慕社区，外地人口多于本地。调研发现，本地人口相对外地人口对阅读的需求量更大。本市市民可直接使用市民A卡（无需缴纳押金及注册）直接使用平台；外地户籍居民需办理市民B卡或图书馆借阅卡（需缴纳50元押金并注册）才能使用平台。相对来说本地居民使用更加便利。这也是外地户籍居民对平台使用率相对较低的原因。

图2-10各社区年龄构成图
■18岁以下■19-39岁■40-59岁■60岁以上

■老龄使用者
——通过子女等家属
——通过苏图工作人员 → 使用APP借书
——文化程度较高，对APP接受能力较强
图2-11老龄使用者APP使用情况

图2-12各社区人口户籍情况图
■本地 ■外地

CITY CLASS WITHOUT WALLS
LIBRARY NEAR HOME

📖 书香苏州

没有围墙的城市课堂

BORROW ONLINE
COMMUNITY DELIVERY
——图书网上借阅社区投递平台使用情况调查

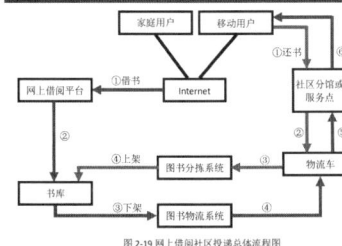

张先生家离湖东邻里中心较近，工作嘉定园区青少分馆。父母住在站苏区，桂花分馆附近。张先生经常会用"书香苏州"这个APP来帮父母借阅书籍，父母会自己去就近分馆借还书。

6月3日	6月4日	6月7日	6月9日	6月29日
APP下单	桂花分馆	APP下单	湖东邻里中心	园区青少分馆

李女士家离彩香分馆较近，而工作的地方在石路分馆附近。李女士有一个4岁多的女儿，平时李女士会给女儿借一些儿童书籍或者给自己借阅一些育儿书籍。

6月7日	6月8日	6月10日	6月20日	6月30日
APP下单	石路分馆	收到书到馆	彩香分馆	彩香分馆

陈同学是大学生，学校离何山分馆较近，平时会用网借平台借阅一些专业类书籍，并且还会通过苏州图书馆举办的"你选书，我买单"APP活动来借书。

6月15日	6月16日	6月23日	7月13日
APP下单	何山分馆	苏州书城	何山分馆

周女士平时都会通过网借平台借阅自己工作方面的书籍，通常会在午休或下班后去单位附近的分馆取书。

5月29日	5月31日	6月27日
APP下单	收到书到馆	科技城分馆

图2-16 居民平台使用情况图

图2-17 居民取书时间分析图

——昭庆寺分馆 ——新城邻里中心分馆 ——何山分馆 ——元和分馆

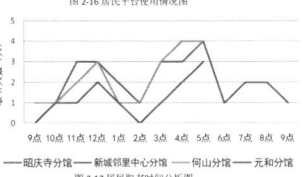

（4）社区居民阅读习惯（图2-13）

◆纸质书和电子书的阅读情况（图2-14）

社区中喜欢阅读纸质书的居民越多，APP平台的使用情况则越好。

根据调查发现，相对于直接通过电子设备阅读书籍，居民更愿意以电子设备为辅助工具借阅实体书籍。

◆社区居民图书馆使用情况（图2-15）

本身图书馆使用率较高的社区其APP图书网借平台的使用率也比较大。

对于使用程度较高的图书馆，它拥有良好的平台发展条件。其社区居民本身对图书的需求就比较大，且借阅书籍的频率也比较高。APP网借平台的投入提供了新的借书途径，受到居民欢迎，平台的发展也相对比较好。

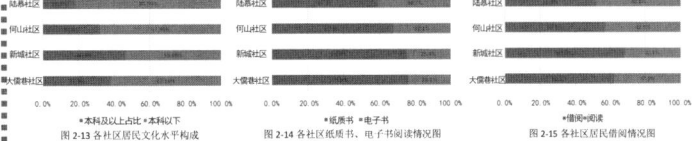

■本科以上人口占比 ■本科以下
图2-13 各社区居民文化水平构成

■纸质书 ■电子书
图2-14 各社区纸质书、电子书阅读情况图

■使用 ■未使用
图2-15 各社区图书馆使用情况图

（5）图书网借平台使用

◆居民平台使用情况（图2-16）

◆居民取书时间分析（图2-17）

居民取书时间呈峰谷趋势。除新城邻里中心分馆外，其余都有两个波峰：午休和放学下班，且后者人更多。新城邻里中心分馆因借阅时间晚，故晚饭后还有一个小高峰。新城和何山分馆临近学校，所以下午取书高峰较其他分馆提前。昭庆寺分馆和元和分馆下午的波峰都不明显，前者多老年人，后者多外来务工人员家属，取书时间弹性较大。

◆居民借书种类分析（图2-18）

昭庆寺分馆借阅人群以老年和青壮年为主，借生活理财和其他类居多，其他类中主要是养生保健类书籍；新城邻里中心分馆周边多居住区，且人群相对年轻，幼儿教育类借阅量最大，其次是小说类；何山分馆除幼儿教育类和文学小说类借阅量大外，专业书籍和教辅用书的需求也较大；元和分馆受年轻打工者影响，小说类的借阅占大部分。

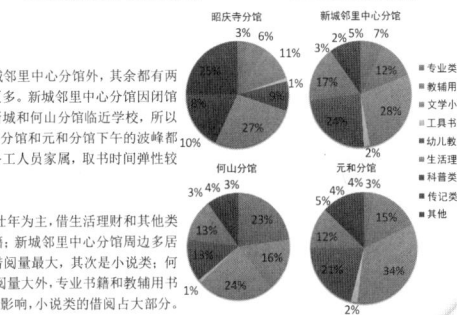

■专业类 ■教辅用书 ■文学小说 ■工具书 ■幼儿教育类 ■生活理财 ■科普类 ■传记类 ■其他

图2-18 居民借书种类分析

08

CITY CLASS WITHOUT WALLS
LIBRARY NEAR HOME

📖 书香苏州

没有围墙的城市课堂

BORROW ONLINE
COMMUNITY DELIVERY
——图书网上借阅社区投递平台使用情况调查

图2-19 网上借阅社区投递总体流程图

图2-22 自助还书机还书

图2-23 自助借书机借书

图2-24 二十四小时自助图书馆

图2-25 自助取书柜取书

2.3 图书网借平台运营状况

2.3.1 网借平台运营流程

（1）平台运营流程（图2-19）

苏图委托苏州嘉图软件有限公司设计运营APP，委托EMS社区投递。

用户下载"书香苏州"APP后设置社区取书点。下单后，系统自动查找书籍所在分馆，由馆员传至各馆，管理员找到书籍，打包等待取书。

物流公司将书籍运到总馆，整理分配后再进行社区投递。

投递完成后，用户会收到提醒取书的短信。若未能及时取书，平台会在几天后再发短信提醒。若仍未取书，图书馆将回收书籍。

（2）图书网借相关参与者时间分析（图2-20）

读者可随时用APP查借还书，但还书须在图书馆运营时间内。工作人员查找、分类和打包书籍。物流公司上午投递和收集书籍，下午整理分配书籍。

图2-20 图书相关参与者时间分析

■APP借阅图书 ■图书打包图书 ■整理分配图书 ■取书图书 ■休息时间

2.3.2 工作人员操作流程（图2-21）

图2-21 工作人员操作流程

2.3.3 图书借阅模式

除传统到图书柜台借阅模式外，图书馆现有借阅方式包括自助还书机还书（图2-22）、自助借书机借书（图2-23）、24小时自助图书馆（图2-24）、自助取书柜取书（图2-25）几种模式。通过新的借还书方式的引进，为市民图书增加便利，也减少工作人员负担。

2.3.4 各分馆网借平台推广

通过调查得知：昭庆寺分馆、新城分馆、何山分馆都有较好的海报、横幅宣传；昭庆寺分馆还在周边学校举行过APP推广活动，效果较好；元和分馆推广力度相对不够（图2-26）。

2.3.5 各分馆服务管理水平

昭庆寺分馆的服务管理水平最高，其余各社区差别不大（图2-27）。

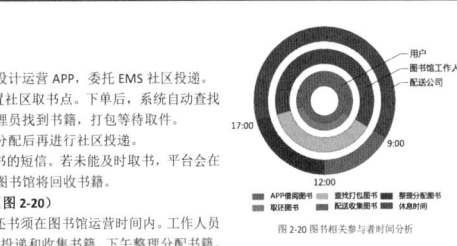

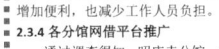

图2-26 各分馆推广力度图

图2-27 各分馆服务管理评价均分

CITY CLASS WITHOUT WALLS
LIBRARY NEAR HOME
书香苏州
没有围墙的城市课堂
BORROW ONLINE COMMUNITY DELIVERY
——图书网上借阅社区投递平台使用情况调查

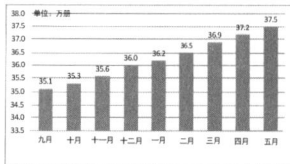

图 2-28 APP发布后苏图月均借阅量变化图

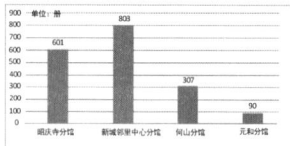

图 2-29 各分馆月均平台借阅量图

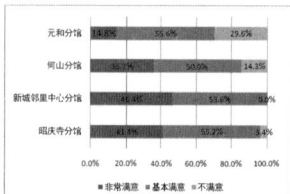

图 2-30 各分馆APP平台使用满意度情况图

2.4 综合分析

2.4.1 各社区图书馆使用情况

"书香苏州"问世后，图书馆胡借阅量总体呈上升趋势。使用网借平台前，借阅量保持月均 35 万；而网借平台使用后，总体借阅量随平台胡推广普及稳步增加（图 2-28）。

在选取的几个社区取书点中，新城邻里中心分馆和昭庆寺分馆的借阅情况最好，何山分馆较好，元和分馆的情况最差（图 2-29）。在平台使用满意度方面，新城邻里中心分馆和昭庆寺分馆的使用满意度最高，何山分馆次之，元和分馆最差（图 2-30）。

2.4.2 综合因素分析

综上所得，影响 APP 平台借阅的因素有社区环境、分馆硬件设施及服务管理、分馆服务范围、分馆 APP 推广力度和社区居民阅读需求（图 2-31）。

大儒巷社区和新城社区：社区环境好、服务范围合理、人群阅读需求大；分馆推广力度大、硬件设施和服务管理水平好，因此社区 APP 平台借阅量和满意度高。

何山社区：社区环境较好、服务范围合理，有一定阅读需求；分馆硬件设施和服务管理水平也较好，且有一定推广活动，因此社区 APP 平台借阅量和满意度较高。

陆慕社区：环境较差，服务范围过大，居民阅读需求不旺盛，分馆硬件设施和服务水平与其他分馆没有差异，但是推广度较差，因此 APP 平台借阅量和满意度都不高。

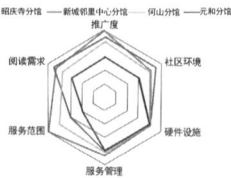

图 2-31 各影响因素对社区取书点的影响图

3.存在问题分析

3.1 居民在使用过程中的问题

（1）社区取书点密度不够

苏图共设 57 个社区取书点，遍布新区、姑苏区、相城区及园区，但仍未能满足市民需求，部分市民觉得取书点距离自己家太远（图 3-1）。

（2）取书点取书有时间限制

取书点有一定开闭馆时间，与市民上下班时间基本一致，未能给予市民更多的便利，也在一定程度上影响网借积极性。

（3）缺少专业类书籍

苏图可外借图书数量十分巨大，但许多专业类书籍没有市场更新得快，使得读者不能借到最新版本的书，而放弃借书。

图 3-1 取书点分布图

CITY CLASS WITHOUT WALLS
LIBRARY NEAR HOME
书香苏州
没有围墙的城市课堂
BORROW ONLINE COMMUNITY DELIVERY
——图书网上借阅社区投递平台使用情况调查

访谈1：
离我最近的投递点不在我住的小区里面，我需要赶一点路到别的小区去借书，所以比较不方便。
——社区取书点取书市民1

访谈2：
上班的时候它还没开门，下班它又要关门了，周末一点就关门了，要么就想出去玩玩，或者在家来采购，不意愿为了这书特地地跑到分馆去。希望下班的时间能直接够着着的书回家。
——社区取书点取书市民2

访谈3：
书到了，放在那，但最后没去取，要回收的……然后借了不还的现象也很多……我们统计过，借了不还的不算少。
——苏州图书馆信息技术部主任

访谈4：
本来是只要管理一下读者借归书的事，现在却要记一个借阅而已，但是最自我们有一个网上借阅页面开始，我们还需要整的事情就是找书，系统显示在那书在分馆里，我们要去找书，等部政过来时间，增加了很多的工作量，找书真的是很花时间的。
——图书分馆工作人员

表 3-1 图书网借平台社会参与情况表

社会组织或单位	合作情况
凤凰传媒	"你选书，我买单"活动
学校	基础知识及活动的宣传
报社	暂无
电台	暂无
志愿者	较久，以学生为主
快递公司	运送书本
外包公司	开发及运营借阅平台
其他社会团体	暂无

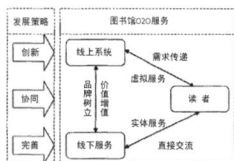

图 5-1 图书馆O2O服务及发展策略

3.2 图书馆平台运营过程中的问题

（1）存在"借书不还、网借不拿"的现象：总分馆均存在大量未还书籍；网上预订但未能取书的现象在各分馆屡见不鲜，不但浪费运营成本，还妨碍其他读者借书。

（2）工作人员每日工作量增加：工作人员除原有工作量外，又增加了寻找、打包书籍、按投递点分配书籍等工作，平台使用较好的分馆工作人员尤其。

（3）存在图书"绕远路"的现象：由于平台的借阅流程，网借图书都需打包后集中总配送。原本可直接在分馆借阅的图书通过网借平台需再两到三天的借书流程再回到取书点，使得图书借阅效率降低，也浪费了运送成本。

3.3 其他问题

（1）资金"公益化"，社会参与度低："书香苏州"均由政府投资，没有回报，故社会参与度较低。随着网借平台的扩大，需要更多的资金投入，长远来看，平台靠政府的力量维持远远不够（表 3-1）。

（2）"书香苏州" APP 宣传力度及民众参与度低："书香苏州"启动后宣传力度不够，仅有海报和宣传册。

4.使用运营过程中的影响因素

4.1 社会环境因素

全国人均纸质图书阅读量减少，尚未形成全民阅读的风气。

近年来，我国国民人均纸质图书阅读量仍旧停留在 4~5 本，且没有增长的趋势。

4.2 行为主体因素

（1）图书网借 APP 使用人群有限，使用者多为年轻人。

书香苏州的使用者多为年轻人，中老年人对电子产品的掌握有困难，使用智能手机的比例也非常小。所以他们不会使用"书香苏州" APP 借书，主要还是直接去图书馆借阅。

（2）网借平台运营为图书馆带来新的挑战。

网借平台的投入加重了图书馆工作人员的工作量，一定程度上影响其原有工作节奏和工作效率；图书流转率大幅增加，对图书馆图书流通和管理提出更大的挑战。

4.3 经济因素

（1）平台属于政府投资的公益项目，只有投入，没有收益。

平台运转成本需要政府买单，图书馆也在原有基础上承担了更大的运营压力。

（2）平台非公益将影响平台发展。

通过问卷，若平台收费，很大部分使用者将会回归直接到馆借阅的方式。

5 总结与策略思考

5.1 相关理论文献及国内图书馆 APP 发展、使用状况

O2O 服务模式为图书馆发展带来新的契机，其发展关键是探寻线上系统和线下服务融合，建立支撑运行体系的协同平台，创新发展线上功能，完善线下服务，推动服务品牌的树立，提高信息服务的竞争力（图 5-1）。

表 5-1 中美图书馆 APP 发展情况分析表

国家	美国	中国
总体概况	2008 年哥伦比亚地区公共图书馆开发了第一款图书馆 APP。截至 2011 年，美国研究图书馆协会的 123 家成员馆中已经有 58 家（47%）提供移动服务。美国 50%图书馆都已经成功实现了图书馆 APP。	我国的 APP 研究起步相对较晚，截止 2011 年，拥有 APP 技术的图书馆仅为 7 所，分别是北京大学图书馆、上海图书馆、国家图书馆、清华大学图书馆、贵阳图书馆、深圳图书馆、武汉图书馆。用 APP 的图书馆大多为名牌大学的内部图书馆，大部分图书馆依然沿用着借书—还书的僵硬模式，APP 图书馆的整体水平与普及范围远不足西方发达国家。
服务内容	图书馆APP 移动服务多样全面。在提供和 WAP 页面相似服务的基础上还提供涵盖管理、学习、艺术、医疗等多个领域的移动数据库，同时提供日程管理、文字处理等各类程序下载，辅助用户学习研究。	国内图书馆 APP 移动服务内容相对单一，主要还是书目检索、预定续借等基础性服务功能，与 WAP 页面服务内容大体相同，缺乏包涵多个领域的数据库及其他多元化服务。

参考文献：

[1] 陶姝成，豆洪青. 图书馆 O2O 服务模式探析[J].情报资料工作，2014,(06)：95-97.

[2] 张静. 关于“网借投递”创新服务的探讨——以苏州图书馆为例[J]. 贵图学苑，2015,(01)：50-52.

[3] 江少莉，杜晓忠. 公共自书馆的城市阅读推广策略——以苏州图书馆为例[J].新世纪图书馆，2011,(12)：13-16.

[4] 许晓霞. 多元化的阅读促进策略：理论、实施和效果分析——以苏州图书馆为例[J].图书情报工作，2010,54(19)：74-77+27.

[5] 于良芝. 为了普遍均等的图书馆服务——评苏州图书馆的分馆建设[J].国家图书馆学刊，2007,(03)：18-19.

基于移动终端的应用程序（APP）实现数字图书馆和移动图书馆的目标是传统图书馆转型的关键一步。随着 APP 的发展，图书馆门户网站难以满足不同用户各自的需求，而图书馆 APP 则可根据用户的需要，为其定制私人图书服务，满足不同客户的需求。

参考国外图书馆 APP 发展经验（表 5-1），发现：

我国图书馆当前存在提供 APP 移动服务的图书馆数量较少、服务内容单一、针对性不强、模仿与趋同现象明显等问题，应提高对图书馆 APP 移动服务的认识，建设服务全面的图书馆 APP 移动服务，明确服务对象构建有针对性和个性化的图书馆 APP 移动服务，利用移动技术开展创造性图书馆 APP 移动服务，开发馆藏资源提供以知识为单元的 APP 服务。

5.2 策略思考

（1）大力推动图书网借平台

a.加强新闻媒体宣传；b.加强在社区中的宣传；c.加强在软件下载平台（如 App Store）宣传。

（2）规划公共图书馆服务体系

a.将更多分馆纳入到网借平台网点中；b.加快社区图书馆建设，增设网借平台投递点。

（3）促进平台社区分点特色发展

a.充分了解社区的特色，定制特色网借服务；b. 提供有针对性和个性化的网借服务。

（4）完善图书网借平台运营模式

a.增设 24 小时自助服务点；b.延长分馆服务时间；c.通过对部分图书外借服务收费减少运营成本；d. 提供更加多样化的图书 APP 服务。

（5）创建相关志愿者组织

a.招募志愿者查找整理网借书籍；b.招募志愿者管理自助网点；c.招募志愿者帮助推广和指导网借平台使用。

5.3 总结

本次调查通过对苏州图书馆及其网借平台取书点现状的了解，选取了四个典型的平台推动社区，分析了“书香苏州”(APP)网上借阅社区投递平台的使用及运营状况，分析平台发展存在的问题，总结社会环境、行为主体和经济等方面的影响因素，并从规划建设和经验管理等方面，提出相应对策，推动图书网借平台的发展。

调查发现，阅读人群对“书香苏州”(APP)网上借阅社区投递平台认知度较低，且受众有限。作为公益项目其运营主要靠政府投资，使得其运营压力较大。且现阶段网借平台仍处于初期发展阶段，存在服务范围局限、使用人群较少、可供借阅书籍有限、软件应用不成熟等各方面问题。对此，我们需要通过大力推动图书网借平台、规划公共图书馆服务体系、完善图书网借平台运营模式和创建相关志愿者组织等方式对平台进行全面提升。在平台具体发展过程中还应注重各社区的特色，多元发展，才能推动其更加长远的发展。

CITY CLASS WITHOUT WALLS 书香苏州 没有围墙的城市课堂 BORROW ONLINE COMMUNITY DELIVERY
LIBRARY NEAR HOME ——图书网上借阅社区投递平台使用情况调查

附件：

“书香苏州”(APP)网上借阅社区投递平台的使用情况

读者朋友们：

您好！我们是×××大学的学生，目前正在进行关于苏州图书馆推出的“书香苏州”(APP)网上借阅社区投递平台的使用情况及图书借阅状况的调查。我们希望能够通过这份问卷得到反馈，希望您能抽出几分钟的时间帮助我们完成问卷。

第一部分

1. 您的年龄是

A. 18 岁以下 B. 19-29 岁 C. 30-39 岁 D. 40-49 岁 E. 50-59 岁 F. 60 岁以上

2. 您的性别是 A. 女 B. 男

3. 您的户籍所在地是？A. 本地 B. 外地

4. 您的职业是

A. 学生 B. 教师 C. 企业员工 D. 退休人员 E. 外来务工人员 F. 自由职业者 G. 政府工作人员

H. 其他____________

5. 您的学历是

A. 高中以下 B. 高中 C. 大专（中专） D. 本科 E. 本科以上

6. 您所在的社区在？A. 姑苏区 B. 工业园区 C. 高新区 D. 相城区

第二部分

7. 您平常更喜欢看实体书还是电子书？A. 实体书 B. 电子书

8. 您去图书馆的频率是

A. 几乎每天 B. 一周 1-2 次 C. 一月 1-2 次 D. 几乎不去

9. 您的借书频率是

A. 几乎每天 B. 一周 1-2 次 C. 一月 1-2 次 D. 几乎不借

10. 您去图书馆的原因是（可多选）

A. 阅览 B. 借书 C. 自习 D. 检索文件 E. 参加图书馆举办的活动 F. 玩电脑

11. 您平常大多借阅哪类书籍？（可多选）

A. 专业类书籍 B. 文学小说 C. 工具书 D. 幼儿教育类书籍 E. 教辅用书 F. 科普书籍 G. 传记类书籍 H. 生活理财 I. 期刊杂志 J. 其他________

12. 您是否知道苏州图书馆推出了“书香苏州”（APP）网上借阅社区投递的图书网借平台？使用过吗？

A. 不知道，想尝试 B、不知道，不想尝试 C、知道，使用 D、知道，但没使用过

13. 您平时是通过什么方式借阅书籍的？（可多选）

A. 网上借阅 B. 在就近的分馆借阅 C. 在总馆借阅

D. 在推广图书网借平台“你选书，我买单”活动的书店借阅(苏州图书馆天香书屋、苏州观前书城（新华书店）及凤凰书城)

14. 您平时是通过什么方式还书的？

A. 用自助还书柜自助还书 B. 就近分馆还书 C. 总馆还书

15. 您觉得图书网借平台（APP）会提高您借阅的积极性吗？A. 会 B. 不会

16. 如果图书网借平台服务非公益，您还愿意使用吗？A. 愿意 B. 看情况 C. 不愿意

17. 您是通过什么方式知道图书网借平台的？

A. 海报 B. 传单 C. 听别人介绍 D. 图书馆网站 E. 偶然机会

18. 您对图书网借平台的服务满意吗？A. 满意 B. 一般 C. 不满意

19. 您使用图书网借平台的频率是？

A. 几乎每天 B. 一周 1-2 次 C. 一月 1-2 次 D. 几乎不去

20. 您对该取书点的硬件设施（如取书柜、还书机等）是否满意？

A. 非常满意 B. 满意 C. 比较满意 D. 一般 E. 不满意

21. 您对该取书点的工作人员的服务态度是否满意？

A. 非常满意 B. 满意 C. 比较满意 D. 一般 E. 不满意 F. 自助点没有工作人员

22. 您觉得网借图书的优点是（可多选）

A. 查书、借书便利 B. 取书、还书快捷 C. 图书咨询更新迅速 D. 其他

23. 您在图书网借的过程中经常遇到的问题是？

A. 图书显示有存量但没找到 B. 图书在查找过程中被借走 C. 自助借还书时机器故障 D. 图书领取时间有限，超期被回收 E. 其他

24. 您觉得使用网借平台借书的周期如何？A. 很快 B. 还可以 C. 很慢

25. 您可以接受的图书网借周期是多久？A. 1-2 天 B. 3-4 天 C. 一周

26. 您是否希望通过网借平台借阅杂志期刊和光盘等影像资料？

A. 非常希望 B. 没有需要 C. 无所谓

CITY CLASS WITHOUT WALLS
LIBRARY NEAR HOME

📖 书香苏州
没有围墙的城市课堂

BORROW ONLINE COMMUNITY DELIVERY
——图书网上借阅社区投递平台使用情况调查

27．您对取书点的开放时间是否满意？ A．满意 B．还可以 C．不满意

28．离您家最近的取书点的距离为？

A．500米以内 B．500米到1000米 C．1000米以上

29．您觉得您去取书点方便吗？A．方便 B．不方便

30．您对社区取书点的布置位置是否满意？A．满意 B．还可以 C．不满意

第三部分

31．您觉得您所在的小区入住率如何？

A．很高 B．还可以 C．很低，很多都空置着没人住

32．您觉得您所在的小区配套是否齐全？A．齐全 B．还可以 C．不齐全

33．您所在的社区设有图书馆分馆、图书角之类的公共文化服务设施吗？

A．有 B．没有

34．您觉得小区内的图书馆之类的公共文化服务设施能满足您对阅读的需求吗？

A．能 B．勉强可以 C．不能

35．您所在的小区有没有进行过"书香苏州"图书网借平台的宣传活动？

A．有 B．没有

36．您觉得你所在的小区是否需要增设图书网上借阅的取书点？

A．已设有 B．需要 C．不需要 D．无所谓

再次感谢您的配合！

URBAN SURVEY

实例五　城来城往——基于地铁线出行状况的广佛功能联系研究 [1]

□ 城来城往

□□□ 基于地铁线出行状况的 广佛功能联系 研究

---

[1] 作者：杨子杰、钟秋妮、林俊琦、彭丽君；指导教师：王世福、赵渺希、戚冬瑾；获奖时间：2011年；获奖等级：一等。

□ 目录

【摘要】 ……………………………………………………………………………… 00
【关键词】 …………………………………………………………………………… 00
一、绪论 ……………………………………………………………………………… 01
　　1.1调研背景 ……………………………………………………………………… 01
　　1.2概念界定 ……………………………………………………………………… 01
　　1.3调研目的和意义 ……………………………………………………………… 01
　　1.4调查范围和对象 ……………………………………………………………… 02
　　　　1.4.1调查范围 ………………………………………………………………… 02
　　　　1.4.2调查地点 ………………………………………………………………… 02
　　　　1.4.3调查对象 ………………………………………………………………… 02
　　1.5调研方法及相关理论 ………………………………………………………… 02
　　　　1.5.1调研方法 ………………………………………………………………… 02
　　　　1.5.2相关理论 ………………………………………………………………… 03
　　1.6调研思路 ……………………………………………………………………… 04
二、现状调研及分析 ………………………………………………………………… 05
　　2.1广佛同城化描述 ……………………………………………………………… 05
　　　　2.1.1跨城比例与广佛同城化 ……………………………………………… 05
　　　　2.1.2不同站点的跨城程度比较 …………………………………………… 05
　　2.2受访者功能性活动空间分布的变化 ………………………………………… 06
　　　　2.2.1单项功能性活动的空间分布状况 …………………………………… 06
　　　　2.2.2受访者功能性活动的空间转移 ……………………………………… 07
　　　　2.2.3功能性活动的两城交互状况 ………………………………………… 10
　　2.3人群与跨城 …………………………………………………………………… 12
　　　　2.3.1年龄 ……………………………………………………………………… 12
　　　　2.3.2职业 ……………………………………………………………………… 12
　　　　2.3.3受教育程度 ……………………………………………………………… 13
　　　　2.3.4户籍 ……………………………………………………………………… 13
　　　　2.3.5交通分析 ………………………………………………………………… 14
　　2.4同城化人们所关心的问题分析 ……………………………………………… 14
　　2.5跨城个体案例分析 …………………………………………………………… 15
三、总结及建议 ……………………………………………………………………… 16
四、参考文献 ………………………………………………………………………… 16
【附录：调查问卷】 ………………………………………………………………… 17

【摘要】：　广佛地铁线的开通标志着广佛同城化迈入轨道交通时代。借助雅典宪章的居住、工作、游憩、交通城市四大功能分类方法建立分析模型，对广佛地铁线进行调研发现，广佛同城化对于两城的效益是并不一致的。本文通过对广佛地铁线的实地调研，揭示了同城化过程中的社会空间演变过程，以及可能出现的问题，并提出相关建议。

【关键词】：　广佛同城；广佛地铁

□ 绪论

1.1 调研背景

随着全球经济的高速发展，以城际铁路、航空客运、互联网基础设施等为物质支持的流动空间的产生，加速了城市空间边界的模糊，距离的"消失"重新定义了城市和区域空间，宏观层面导致了"地球村"的形成，微观层面则使得城市和区域一体化的进程快速提升。

对我国来说，长三角、珠三角等地的城市群间已经形成了巨型城市的连绵区域（Hall，1999），特别地，根据相关的研究，珠三角城市群已经呈现出明显的网络化空间作用格局 （Castells，1996）。在这一趋势下，这一地区的地方政府也提出了若干的应对措施以应对城市区域间不断增加的交流需要。2009 年，广州市与佛山市签署了《广州市佛山市同城化建设合作框架协议》，从城市规划、交通基础设施、环境保护、产业协作四大合作协议，广佛同城由此进入实质性的实施阶段。

为实现广佛都市区协调发展，国内第一条全地下的城际轨道交通路线并作为珠三角第一条城际轨道交通线路的广佛地铁于 2010 年 11 月开通，这一基础设施的建设将进一步促进广佛同城化，作为联系广佛两地居民的交通纽带，它将影响广佛两地居民的生活模式和生活态度。

1.2 概念界定

【广佛地铁】
指地铁广佛线首通段，即佛山市魁奇路站至广州市西朗站（换乘站）。为排除交叉因素的干扰，保持两城调查样本的对称性，本次调查界定广佛地铁线的范围为广佛线首段加广州地铁一号线公园前站至西朗站。

【跨城人群】
表示在一定时间内发生了广州与佛山之间功能性活动的转移或空间上发生了广州与佛山之间功能联系的群体。

1.3 调研目的和意义

轨道交通的发展对两城同城化的影响涉及两地居民居住、就业、休闲、文化娱乐等多个方面。人们对居住、工作与游憩地点的选择影响着出行活动，带来城市生活、城市变化的种种变化。广州与佛山作为珠三角"一小时市都市圈"的核心城市，随着"轨道交通时代"将更加紧密地联系在一起。

但在为同城化鼓掌的同时，我们也希望了解广佛地铁在推进广佛同城化进程中起到了多少作用，并通过广佛两个城市功能结构联系的内涵来揭示广佛同城化的社会空间演变过程，了解同城化过程中可能发生的问题，以及使用者对地铁修通的期望。

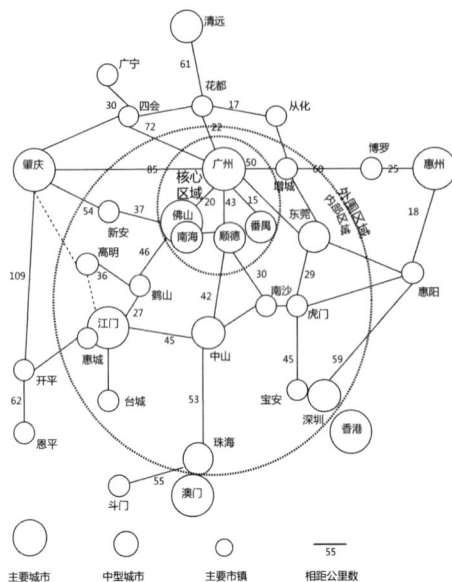

香港-深圳-珠江三角洲-澳门-珠海大都市区区域体系
（Castells，1996）

□ 绪论

1.4 调查范围和对象

1.4.1 调查范围

根据分析和调研的需要，我们选取了广佛地铁线以及广州地铁一号线西朗至公园前段中六个站点作为本次调研的空间范围展开调查，希望能全面地了解现况和分析问题。

1.4.2 调查地点

芳村站、坑口站、西朗站、桂城站、祖庙站、季华园站。

1.4.3 调查对象

六个站点所有出入口附近使用地铁作为主要出行交通方式的人群，以来往于广佛两地之间的两地居民为主要研究对象。

1.5 调研方法及相关理论

1.5.1 调查方法

通过查阅文献，借助定量分析的问卷调查法、现场调研（包括观察法和现场分析对比等）、定性分析的访谈法三种研究方法，深入分析广佛地铁开通对两地居民出行等方面以及同城化的影响。

（1）资料收集法：前期资料准备，收集相关案例，学习相关文献资料等，了解同城化的广佛城市发展背景。

（2）分类对比分析法：对调研对象进行分类，然后对不同人群类别分别进行调查。即通过将调查对象整体分为：使用广佛地铁并在两城之间形成跨城交互者，和虽然使用地铁却未形成跨城交互者两类，分别进行资料收集记录，更全面地看待以广佛线为载体的功能联系问题，并从中选取典型案例反映同城化的特征。

（3）实地调研法：通过现场观察不同地铁站点各个出站口，同时横向对比各站点的现状，分析记录广佛地铁使用者的不同使用状况。

（4）问卷调查法：选取六个站点，通过问卷调研收集使用广佛地铁出行者的相关信息。预调研共派发问卷 60 份；正式调研每个站点派发 100 份，共 600 份，收回 597 份，其中有效问卷 553 份；补充调研每站点派发 15 份，共 90 份，收回 76 份，其中有效问卷 75 份。结合预调研、正式调研和补充调研三者的结果，从中分析归纳出调查结论。

（5）访谈法：派发问卷的同时进行访谈，记录受访者对相关问题的看法，归纳分析。

（6）图表分析法：调研资料数据整理成图表对比分析，直观反映问题。

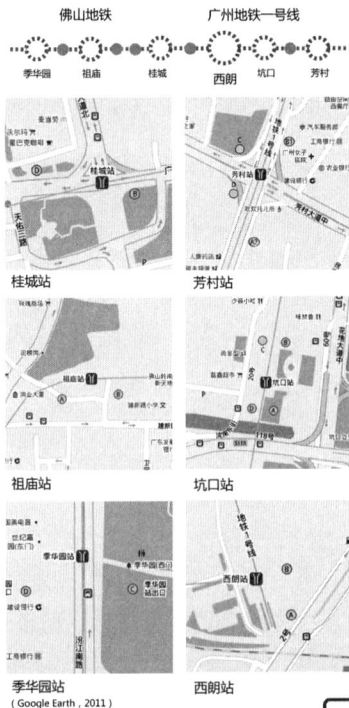

佛山地铁　　　　广州地铁一号线

季华园　祖庙　桂城　　西朗　坑口　芳村

桂城站　　　　芳村站

祖庙站　　　　坑口站

季华园站　　　西朗站
（Google Earth，2011）

□ 绪论

1.5 调研方法及相关理论

1.5.2 相关理论

　　1933年《雅典宪章》中关于居住、工作、游憩与交通四大最基本活动标志着现代意义上城市功能布局的诞生。值得指出的是，随着交通的不断改善，城市功能的空间范畴发生了重大的改变，以Castells为代表的城市研究专家提出了网络社会崛起的概念。这标志着原本存在于一个城市之内的功能活动扩散到了各个城市。为此，Peter Hall、Kathy Pain（2006）提出了巨型城市区域的概念，这些理论构成了本次调研的理论基础。

　　由此，我们提出分析模型（图1.5.2）：

【自容性的功能性活动分布模式】
　　城与城之间的联系并不密切，交通的作用主要是联系城内各功能活动，而城际的跨城活动并不多。

【交互式的功能性活动分布模式】
　　城市的边界变得模糊，城与城之间的联系密切，交通的作用不仅是联系城内各功能活动，还为跨城活动提供良好的条件。

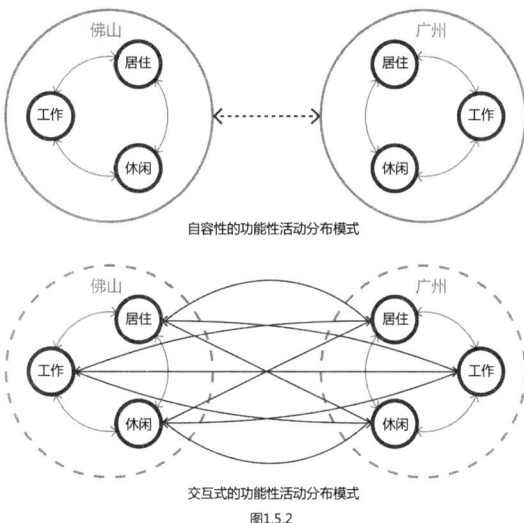
自容性的功能性活动分布模式

交互式的功能性活动分布模式
图1.5.2

□ 绪论
1.6调研思路

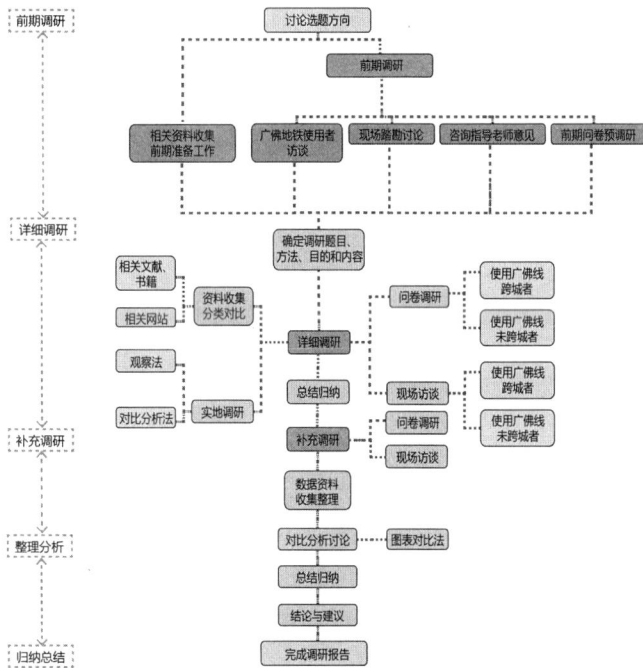

323

现状调研及分析

2.1.1 跨城比例与广佛同城化

在流动空间的作用下，距离与地方消失，空间边界变得模糊，城市功能交互作用的空间尺度得到拓展（《流动空间》）。由此可得到推论，随着同城化的程度加深，广佛两城的联系会进一步加强，跨城人群的比例会有所增长。

1. 跨城人群占总调研人群的比例：

根据表 2.1.1（1）数据可以得出 （Kp 为过去跨城人群所占比例，Kn 为现在跨城人群所占比例）：

$Kp=Ap/X=17.36\%$ ，$Kn=An/X=32.96\%$ ，上升了 15.60%。

符合同城化过程变化的描述。

2. 跨城计量系数：

因为每一个人都可能发生一种或多种跨城行为，为了描述其跨城的深度（跨城行为越多其深度越深）的变化，方便数据的比较分析，此处引入跨城的计量系数（每一次跨城行为产生一次计量）由以下公式计算得出：

$I\text{ 跨城}=(A1+A2+A3+A4+A5+A6+A7+A8+A9)/X$

通过计算可知，$I\text{ 跨城 }p$ 为 0.56，$I\text{ 跨城 }n$ 为 1.00，三年内获得了 78% 的增长，由此可见三年里面伴随着地铁线的修通，广佛同城化不仅在"量"上有了增长，在"质"上也有了飞跃。

以表 2.1.1（1）的数据为基础，通过对不同性质的跨城行为分类，可以对地铁线修通对两城同城化的影响作出更为细致的描述（如表 2.1.2 所示）：

与过去相比，受访者各性质的跨城行为都有了一定程度的增长，其中居住和工作跨城（通勤性质）的基数最小，增长最慢。受访者一般都不太喜欢跨城工作，在经济条件允许的条件下都希望能搬到工作地附近居住。与休闲相关的跨城行为增长最快，因为很多佛山人都喜欢到广州休闲。

2.1.2 不同站点的跨城程度比较

如图 2.1.2 所示：广州三站虽然更为贴近广佛交界，但跨城人群的比例反而不如佛山的比例高，说明了地铁线的修通使两城的远距离跨城行为更为方便，花费时间以及成本的减少，导致空间距离不再成为跨城行为的障碍。其跨城行为的比例表现出广州的吸引力比较大。

表2.1.1（1）：跨城人群相关计量表

	p（过去）	n（现在）
A：跨城人群数量	109	207
A_1：在广州居住、佛山工作的人数	16	28
A_2：在佛山居住、广州工作的人数	22	38
A_3：在广州居住、佛山休闲的人数	28	50
A_4：在佛山居住、广州休闲的人数	83	152
A_5：在广州工作、佛山休闲的人数	31	56
A_6：在佛山工作、广州休闲的人数	73	141
A_7：跨城居住的人数	9	14
A_8：跨城工作的人数	11	12
A_9：跨城休闲的人数	77	138
X：总人数		628

表2.1.1（2）：不同性质跨城计量系数表

	p（过去）	n（现在）
$I\text{居住和工作跨城}=(A1+A2)/X$	0.0605	0.1051
$I\text{居住和休闲跨城}=(A3+A4)/X$	0.1768	0.3217
$I\text{工作和休闲跨城}=(A5+A6)/X$	0.1656	0.3136
$I\text{同质跨城}=(A7+A8+A9)/X$	0.1545	0.2611

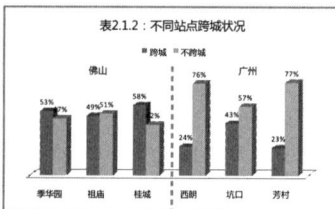

现状调研及分析

2.2 受访者功能性活动空间分布的变化
2.2.1 单项功能性活动的空间分布状况

地铁线作为交通功能联系着两城居住、工作及休闲功能性活动，所以可以通过描述两城居住、工作、休闲功能性活动的比例变化，描述该地铁线的开通对使用该地铁线的人群所产生的综合效果。

居住功能方面：

佛山的桂城站与季华园站居住量升幅较大，说明更多人选择会在佛山居住，同时到这两个站点居住在广州人数呈现出负增长，说明鉴于房价的影响，对于这些人佛山的居住更具吸引力。

工作功能方面：

佛山三个站点在佛山工作的人数大幅增加，而在广州工作的人数都减少了。这个情况和两城的居住变化情况符合，人们更趋向于就近择业。

休闲功能方面：

无论是佛山还是广州，休闲购物的比例都增加了，人们更倾向于两地休闲购物。广佛线的开通，给两城的休闲消费都带来新的增长。

总体而言，在站点的横向比较上功能比例的变化并没有随站点空间的变化而规律变化，而显示得起伏而且有高低，这与各个站点的区位属性有关。这同时说明了，广佛同城化正在以不同的方式发生，其表现出来的性质是多样的，富于变化的。

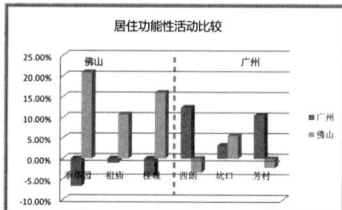

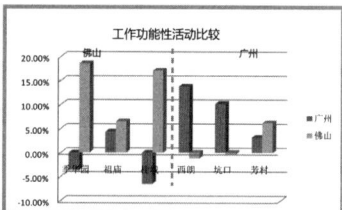

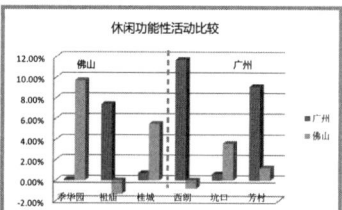

324

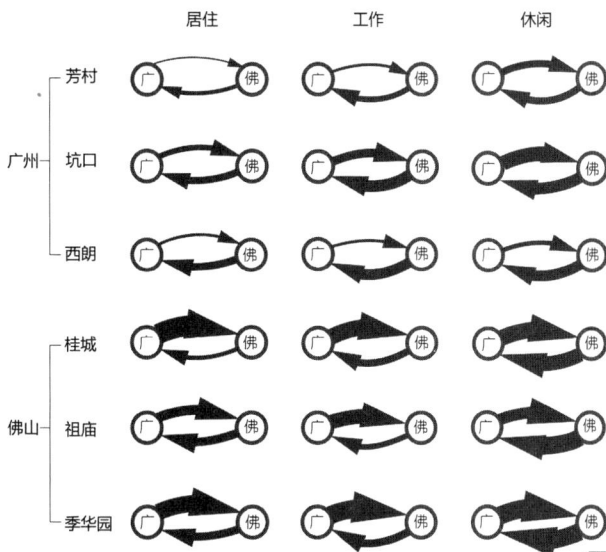

□ 现状调研及分析

2.2 受访者功能性活动空间分布的变化

2.2.2 受访者功能性活动的空间转移

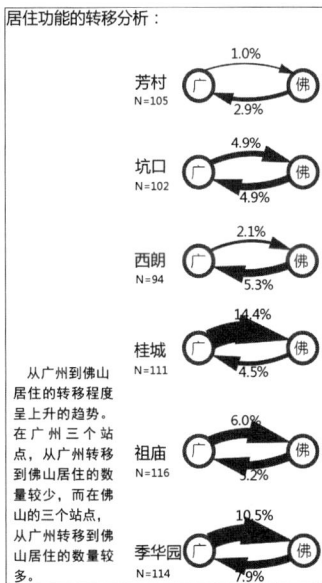

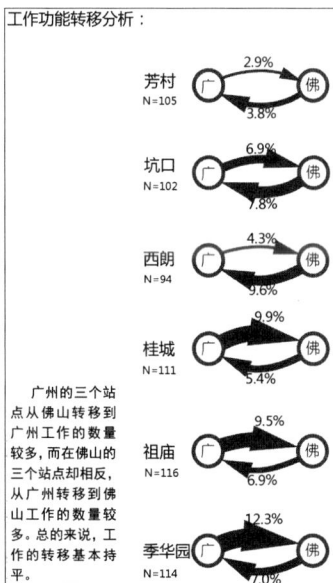

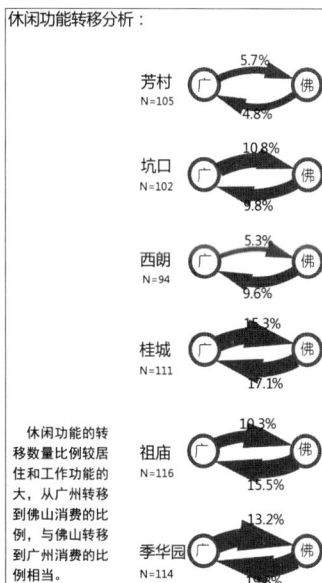

为描述受访者 3 年内功能性活动发生空间转移的过程，以受访者在 3 年内发生的空间转移量作为计量项目，建立以下模型：

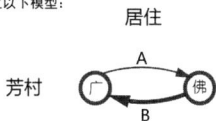

居住

芳村 广 A 佛
B

上图表示芳村站居住功能 3 年内转移的情况：
A 表示三年前居住在广州，现在居住在佛山，说明居住功能从广州转移到佛山。
B 表示三年前居住在佛山，现在居住在广州，说明居住功能从佛山转移到广州。
其中，线的粗细均表示发生转移的人群在调研人群里所占的比例，线越粗的表示转移的比例越大，反之表示比例越小。

按站点统计数据后，得出以下的功能在三年内转移的总表

表2.2.2(1)

居住　　工作　　休闲

广州：芳村、坑口、西朗
佛山：桂城、祖庙、季华园

□ 现状调研及分析

2.2 受访者功能性活动空间分布的变化

2.2.2 受访者功能性活动的空间转移

居住功能的转移分析：

芳村 N=105　1.0% / 2.9%
坑口 N=102　4.9% / 4.9%
西朗 N=94　2.1% / 5.3%
桂城 N=111　14.4% / 4.5%
祖庙 N=116　6.0% / 3.2%
季华园 N=114　10.5% / 7.9%

从广州到佛山居住的转移程度呈上升的趋势。在广州三个站点，从广州转移到佛山居住的数量较少，而在佛山的三个站点，从广州转移到佛山居住的数量较多。

工作功能转移分析：

芳村 N=105　2.9% / 3.8%
坑口 N=102　6.9% / 7.8%
西朗 N=94　4.3% / 9.6%
桂城 N=111　9.9% / 5.4%
祖庙 N=116　9.5% / 6.9%
季华园 N=114　12.3% / 7.0%

广州的三个站点从佛山转移到广州工作的数量较多，而在佛山的三个站点却相反，从广州转移到佛山工作的数量较多。总的来说，工作的转移基本持平。

休闲功能转移分析：

芳村 N=105　5.7% / 4.8%
坑口 N=102　10.8% / 9.8%
西朗 N=94　5.3% / 9.6%
桂城 N=111　15.3% / 17.1%
祖庙 N=116　10.3% / 15.5%
季华园 N=114　13.2% / 15.8%

休闲功能的转移数量比例较居住和工作功能的大，从广州转移到佛山消费的比例，与佛山转移到广州消费的比例相当。

325

□ 现状调研及分析

2.2 受访者功能性活动空间分布的变化

2.2.2. 受访者功能性活动的空间转移

总计（有效受访人数 628 人），可以得出：

表2.2.2（2）

	广州到佛山	佛山到广州
三年内居住上产生空间转移的人数（比例）	43(6.70%)	33(5.14%)
三年内工作上产生空间转移的人数（比例）	50(7.79%)	43(6.70%)
三年内购物上产生空间转移的人数（比例）	66(10.28%)	83(12.93%)

总结：

三个功能转移对比，休闲购物的转移比例最大，工作次之，居住最小。居住功能方面，从广州到佛山转移的比例较大；工作功能方面，从广州到佛山转移的比例较大；购物休闲功能方面，从佛山到广州转移的比例较大。

□ 现状调研及分析

2.2 受访者功能性活动空间分布的变化

2.2.3. 功能性活动的两城交互状况

因为分析需要，根据前述理论模型，以空间联系作为计量（按次数计算功能性活动的跨城）得出下图：

空间联系模型

其中线的粗细表示空间联系的强弱，线越粗表示联系越强。线颜色的深浅表示空间联系对两城交通压力的大小，颜色越深表示其压力越大。

从交通出行的一般现象可以知道，同质的空间联系，居住-居住、工作-工作、休闲-休闲，对两城的交通压力最少，因为此类空间联系很少作为日常出行OD（起讫点）。而居住-休闲、工作-休闲此类空间联系对两城的交通压力表现为一种峰值，其平日很少，但到节假日却变得很多，其人流量是最大的，但不常发生，对人们的日常出行也没有造成太大的影响。而居住-工作是人们平日发生得最多的一种通勤模式，而且因为其时间点的集中（一般为早上 8-9 点、下午 5-6 点）而产生峰值，人流量不仅大而且几乎每天都会发生，其对两城交通压力是最大的。

通过前述数据分析可以看出两城功能性活动的空间联系强弱，其各个站点表现出来的情况不完全一致，但可以大概分成广州三站和佛山三站进行描述。

广州三站：其空间联系两城之间的差距基本平衡，主要表现为以休闲为核心的两城相互吸引，凡是与休闲相关的空间联系占跨城人群的比例都占有10%以上。而居住工作跨城的联系两城之间无明显差距。

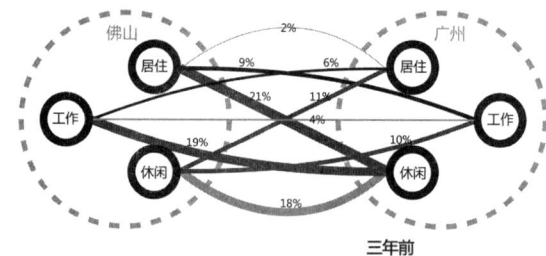

三年前

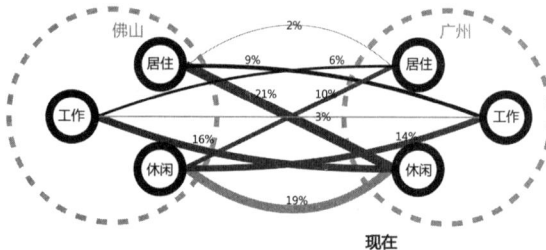

现在

□ 现状调研及分析

2.2 两城功能性活动空间分布的变化

2.2.3. 功能性活动的两城交互状况

佛山三站：其空间联系也是以休闲为核心。且两城之间的差距表现得非常明显，到广州休闲的跨城人群明显多于到佛山休闲的跨城人群，到广州休闲的三种联系在跨城人群中所占比例都超过20%。而居住工作跨城的空间联系两城之间无明显差距。

总体而言，广佛同城化在三种功能的空间联系上的特点体现在以下三个方面：

1. 受访者在居住—工作的选择上，两城之间并没有明显差距。说明两城居住、工作各有优缺点。

2. 与休闲相关的计量在六个站点都相对较大，说明了因购物而产生的跨城活动比较多，而且也是广佛同城化经济上的动因。

3. 与休闲相关的计量在广州三站的差别都不大，而在佛山三站却有了明显的偏向，去广州购物的人会更多一点。在此说明了大城市商业集群所产生的规模效应使得同城化过程中广州能得到更大更多的实际利益。

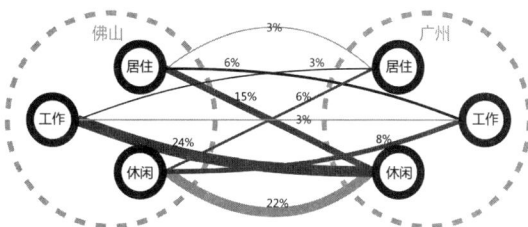

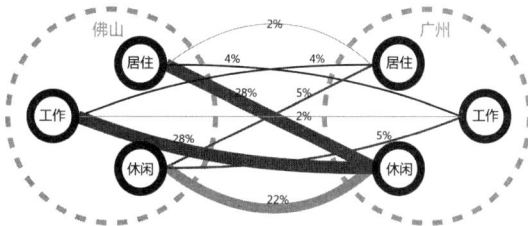

□ 现状调研及分析

2.3 人群与跨城

2.3.1 年龄

调研受访者年龄段集中在18-29岁、30-39岁这两个年龄段（表2.3.1(1)）。18岁以下的学生和退休的老年人不是我们本次调研的主要调研对象。

如表2.3.2(2)所示，B18-29年龄阶段的人群中43%的人有跨城行为，C30-39年龄阶段的人群中30%的人有跨城行为。B8-29年龄阶段的人群对新事物的接受能力较强，事业处于起步阶段，出于对工作机会、薪资待遇和对长远职业发展的考虑，他们会选择跨城工作生活。C30-39年龄阶段的人群在事业、家庭方面已经趋于稳定，首选在居住地就近工作。

2.3.2 职业

根据陆学艺教授（2002，当代中国社会阶层的研究报告）以职业分类为基础，以组织资源、经济资源、文化资源占有状况这三种资源的占有状况作为划分社会阶层的标准.结合我们调研的状况，把受访者职业分四类，一类：A.部门或单位负责人；二类：B.专业技术人员，C.办事人员和有关人员，D.商业、服务业人员；三类：E.农林牧副渔生产人员，G.工厂生产人员；四类：F.军人，H.其他。因F军人样本数较少，H其他的不确定因素太多，调研不考虑分析。

分析调研数据（表2.3.2)得出：二类人员的跨城比例最高，一类次之，三类最低。因人才的聚焦效应，随着中心城市或二线城市对中高级人才的需求，必然会要求这些人才进行跨城市的工作和生活，所以一、二类人员的跨城比例较大。

表2.3.1(1)：受访者年龄构成图

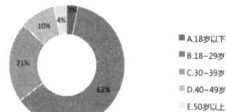

表2.3.1(2)：年龄与跨城

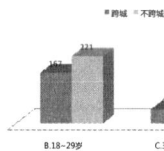

表2.3.2：职业与跨城

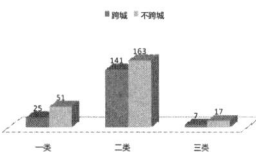

□ 现状调研及分析

2.3 人群与跨城

2.3.3 受教育程度

本次调研有59%受访者学历为大专、大学本科(表2.3.3(1)),因为本科以下的样本数较少,我们将受访者根据学历分为本科学历以上及本科学历以下两部分进行分析。

从表2.3.3(2)可看出本科及以上学历的人有更大的跨城比例,也就是说跨城行为在一定程度上代表了精英空间的流动。

表2.3.3(1)受访者受教育程度

表2.3.3(2)不同教育程度的跨城状况比较

2.3.4 户籍

从右边三表可以看出:

1.户籍所在地是广州的人的跨城行为比较少(表2.3.4(1)),而户籍所在地是佛山的人有一半以上的人会有跨城行为(表2.3.4(2)),在有跨城行为的受访者中(表2.3.4(3)),在六个地铁站点都是佛山户籍的人居多。可见广州因其一线城市工作机会多、经济发达、薪资高的优势对佛山居民有很大的吸引力。

2.广州三站之中坑口站的佛山户籍的人较多,通过调查得知,坑口站附近的芳村客运站是广州和佛山之间的公交换乘站,而广佛线的没有覆盖到的地方的人在此中转。

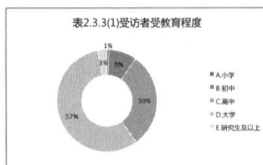

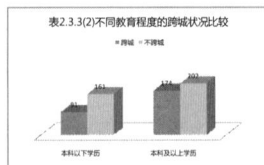

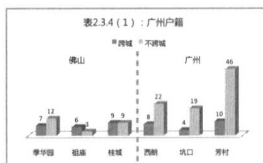

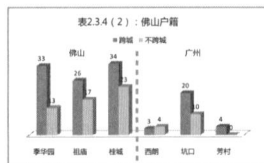

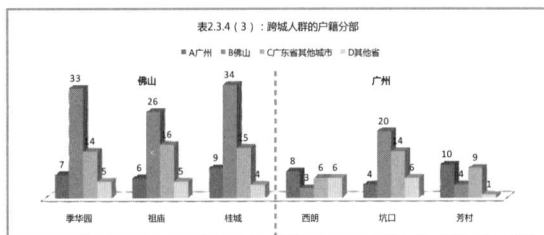

表2.3.4(1):广州户籍

表2.3.4(2):佛山户籍

表2.3.4(3):跨城人群的户籍分部

□ 现状调研及分析

2.3 人群与跨城

2.3.5 交通方式

在广佛地铁开通前,有74%的受访者(表2.3.5(1))采用公共汽车作为来往广佛的交通工具。在广佛地铁买通后,广佛地铁覆盖地区的人首选地铁作为来往过佛的交通工具,在这些地区地铁对公交车的替代率比较高(表2.3.5(2))。

2.4 同城化人们所关心的问题

交通同城

据统计发现,人们最关心的问题是交通。交通是连结两城的纽带,交通方面的同城更能促进广佛两城同城化的发展。广佛地铁最高收费8元钱,广佛地铁行车间隔从最初的8分30秒,经过四次提速,减少到6分25秒,广州到佛山全程只需要39分钟,广佛半小时轨道交通圈已经成为现实。

通信同城

通信方面,在2010年已将广佛固定电话通话费调整为区间通话水平,不计长途和漫游费。

金融同城

金融同城是2011年推进广佛同城的重点之一,今年将争取年内取消异地存取款手续费。与此同时,今年还将争取实现跨行通存通兑。

除上述几项同城之外,年老或有子女的人对医保共通,公共设施(文化、体育等)共享及教育共享,子女在两地入学无区别等也比较关心(表2.4)。

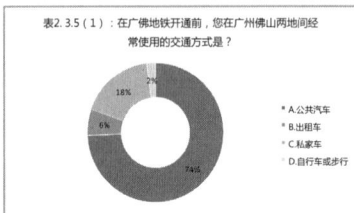

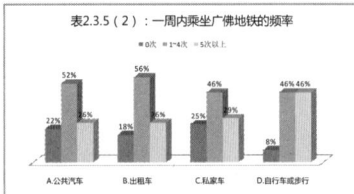

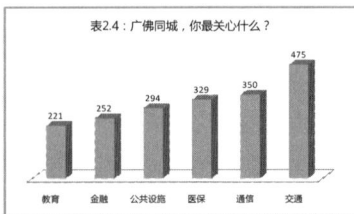

表2.3.5(1):在广佛地铁开通前,您在广州佛山两地间经常使用的交通方式是?

表2.3.5(2):一周内乘坐广佛地铁的频率

表2.4:广佛同城,你最关心什么?

现状调研及分析

2.5 个体案例分析

通过即时访谈我们了解到：

1. 大部分的受访者选择在广州工作、佛山居住的原因是广州的工资比较高，佛山的房价比较低。

典型案例时间表1（问卷ID：K68）

2. 大部分居住和工作跨城的受访者都不太喜欢这种生活方式，觉得交通上浪费的时间太多，虽然地铁修通之后情况有所改善。

典型案例时间表2（问卷ID：X51）

3. 大部分受访者到广州休闲购物是因为广州的商品选择多。而到佛山休闲购物是因为佛山的某些工艺品（如陶瓷制品）更为便宜和多样。

典型案例时间表2（问卷ID：Z50）

4. 大部分有跨城行为的受访者都觉得同城化是一件好事，而广佛线的修通的确方便了他们的出行，不过一条地铁线还不足够，很多时候需要转车，比较麻烦。

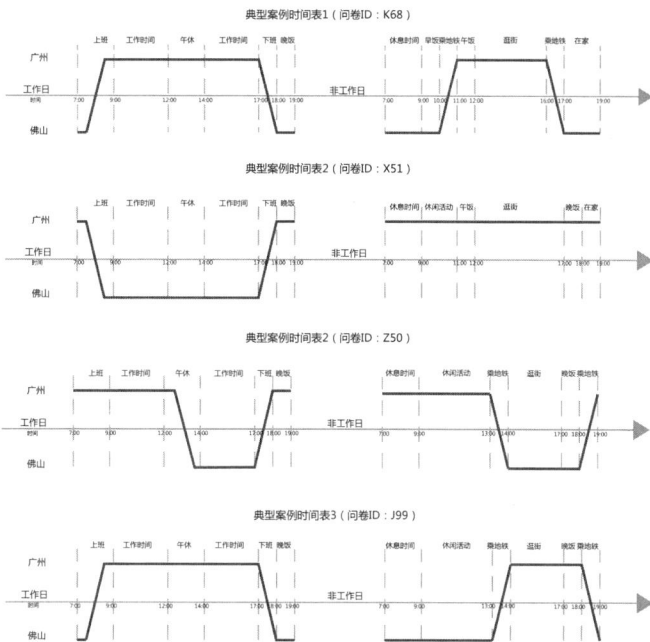

典型案例时间表3（问卷ID：J99）

总结及建议

从分析数据可以看出，广佛同城化可以概括为"同而不同"，虽然两城同城，但对于两城的空间效应是不一样的。具体可用以下几点论述：

1. 休闲同城是广佛同城化的核心。随着广佛两城同城化程度的加深，其休闲功能在时间上的转移会快速增多，在空间上的联系会快速加强。而且表现为到广州购物的集聚效应会增强的同时到佛山购物的人流也在增加。

2. 居住和工作的空间转移在同城化的过程中不同的站点有不同的情况，其表现是丰富多样的，但总体而言是居住转移到佛山的较多，工作转移到广州的较多。

3. 地铁线修建对同城化是促进的，但其对公交并不存在着替代效应。因为佛山地铁的覆盖率并不高，所以地铁的修建虽有一定的效果，但其效应并不是非常明显。

针对同城化问题，我们提出以下几点建议：

1. 两城错位发展，"和而不同"，注重城市功能的互补，同步促进两城的消费水平。

2. 进一步加强两城的交通联系,尤其注意增加佛山内的轨道交通覆盖率。

参考资料：

1. 沈丽珍. 流动空间 [M]. 南京：东南大学出版社，2010.
2. 曼纽尔·卡斯特. 网络社会的崛起 [M]. 夏铸九，王志弘，等译. 北京：社会科学文献出版社，2003.
3. 周冠城，蔡波. 在珠三角经济圈架起彩虹——关于国内第一条城际轨道交通线路（广佛线）的若干思考 [J]. 城市公共交通，2003（02）：15-17.
4. 陈莉. 广佛同城化，咱老百姓关心啥？2010.

☐ 附录：调查问卷

广佛地铁开通对同城化影响调查

尊敬的先生/女士：您好！
我们是来自某大学的学生，正在进行一个关于广佛地铁开通对广佛同城化影响的调研。您只需将您的选择在字母上画"√"即可！

基本信息部分：
1. 年龄：
A. 18 岁以下   B. 18~29 岁   C. 30~39 岁   D. 40~49 岁   E. 50 岁以上

2. 您家里是否有驾驶执照：
A. 是   B. 否

3. 职业：
A. 部门或单位负责人   B. 专业技术人员   C. 办事人员和有关人员   D. 商业、服务业人员
E. 农林牧副渔生产人员   F. 军人   G. 工厂生产人员   H. 其他

4. 您的受教育程度是？
A. 小学   B. 初中   C. 高中\中专\职高   D. 大学   E. 研究生

5. 户籍：
A. 广州   B. 佛山   C. 广东省其他城市   D. 广东省外

出行部分：
1. 您现在一周内乘坐广佛地铁的频率是？
A. 0 次   B. 1~4 次   C. 5~10 次   D. 10 次以上

2. 在广佛地铁线开通前，您在广州佛山两地间经常使用的交通方式是？
A. 公共汽车   B. 出租车   C. 私家车   D. 自行车或步行

3. 请您根据三年前的主要状况完成下表（在对应项目打"√"）

	居住地	工作地	购物休闲地
广州			
佛山			
其他城市			

4. 请您根据现在的主要状况完成下表（在对应项目打"√"）

	居住地	工作地	购物休闲地
广州			
佛山			
其他城市			

5. 广佛同城化，你最关心什么？
A. 通信无阻，取消漫游费   B. 医保共通，刷遍广佛两城
C. 金融共享，两市存取取消异地费   D. 交通畅顺，来往两地便捷花费不多
E. 教育共享，子女两地入学无区别   F. 公共设施共享

实例六　"净"土 or "禁"土？——基于风险感知的污染工业用地更新意愿调查[①]

"净"土 or "禁"土？
URBAN SURVEY THE STUDY OF THE RISK PERCEPTION

基于风险感知的污染工业用地更新意愿调查
——以苏州高新区为例

2014城市规划专业社会综合实践调研课

[①] 作者：张晨晓、缪岑岑、赵莹莹、朱文涛；指导老师：范凌云、彭锐；获奖时间：2014 年；获奖等级：二等。

"净"土 or "禁"土？
URBAN SURVEY THE STUDY OF THE RISK PERCEPTION

基于风险感知的污染工业用地更新意愿调查

目 录

摘要 2
　第一章 绪论 3
　　1. 调查背景 3
　　　1.1 产业转型 3
　　　1.2 社会公平 3
　　2. 调查目的和意义 3
　　3. 调查范围及对象 4
　　4. 相关理论与技术支持 5
　　5. 调查思路与研究框架 5
　第二章 调研与分析 6
　　1. 工业现状分析 6
　　　1.1 产业类型 6
　　　1.2 空间分布 6
　　2. 公众对污染工业用地方式的风险感知 7
　　　2.1 风险感知方式 7
　　　2.2 风险感知内容 7
　　　2.3 感知模型建构 10
　　3. 公众对污染工业用地的更新意愿 11
　　　3.1 是否开发——工业用地再开发适宜性 11
　　　3.2 开发意向——工业用地性质重置换 12
　　　3.3 开发程度——工业用地的控制指标 12
　　4. 更新意愿与规划用途的矛盾分析 13
　　　4.1 公众认为禁止开发工业用地与规划用途的矛盾 14
　　　4.2 公众认为可开发工业用地与规划用途的矛盾 14
　第三章 总结与建议 15
　　1. 规划建议 15
　　2. 政府管理 16
　　3. 法制建设 16
　参考文献 16
　附件1
　附件2

"净"土 or "禁"土？
URBAN SURVEY THE STUDY OF THE RISK PERCEPTION

基于风险感知的污染工业用地更新意愿调查

准备开发建设的污染工业用地

企业搬迁后的遗留废弃污染工业用地

建设为居住区的工业用地

【摘要】

在国家产业转型的大背景下，大量工业用地的更新再利用势在必行。然而在更新置换过程中，工业用地的污染问题却常被忽视，被等同于"净土"进行规划，引发大量社会冲突与群体事件。调查报告以苏州高新区为例，初次调查引入"风险感知"理论，以公众的工业用地污染风险感知方式与内容为切入点建立"工业用地感知模型"。结合模型风险分级结果针对公众的更新意愿展开再次调查，通过对是否开发、开发意向和开发程度三个层次的分析归纳公众的更新意愿，进而分析规划意愿与规划之间的矛盾，提出规划调整建议，为规划建设、政府管理等提出参考意见。

【关键词】
苏州；工业用地；污染；风险感知；更新意愿

"净"土 or "禁"土？
URBAN SURVEY THE STUDY OF THE RISK PERCEPTION

全球报道显示：20世纪70年代末，美国拉夫运河小区案，居住在该小区的家庭陆续出现流产、死胎和新生儿畸形，缺陷等现象，成年人体内也长出了各种肿瘤。

图1

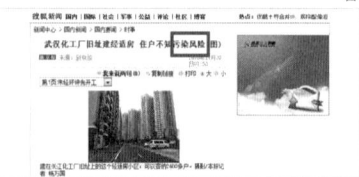

新闻报道显示：2010年，武汉长江明珠小区建设过程中，其所在地曾为武汉久安制药厂、武汉市长江化工厂的事实浮出水面，污染近60年，且曾在2009年，中国地质大学环境评价研究所的环评报告显示，该地块多年生产氟化工产品和电镀添加剂，大多具有毒性或剧毒。这一事实，迅速引起当地市民乃至全国人民的关注，并引发百姓抗议的群体事件。

图2

一、 绪论

1. 调查背景

1.1 产业转型

党的十八大报告提出"优化产业结构，加快传统产业转型升级，促进区域协调发展"，在国家政策引导下，国内众多城市积极贯彻落实，开展"退二进三"等产业转型升级工作，随之而来的是相应的工业用地的规划调整与更新利用。在未来相当长的一段时间内，产业转型升级仍将是当今经济结构调整的主旋律，**工业用地更新置换将呈现"大量化"和"常态化"趋势**。

1.2 社会公平

国家"新型城镇化"规划提出要以"人的城镇化"为核心，注重社会公平、**保障所有人的公平与利益**。而在产业转型升级过程中，特别是工业用地的更新置换，由于既有污染信息不透明等原因，不能保障工业用地未来使用者的公平与利益，引发一系列社会矛盾，如美国拉夫运河小区案（图1）、武汉长江明珠小区群体事件（图2）。因此，我们必须给予关注，保障其公平与利益。

2. 调查目的和意义

污染工业用地的开发利用与公众生活息息相关，怎样引导人们去正确的感知污染工业用地是"**净**"土还是"**禁**"土，呼吁人们积极参与到用地更新置换过程中，关系到用地使用者权益乃至整个社会的和谐发展。

以工业、制造业迅速发展，积极进行产业转型升级的苏州为例，调查公众对污染工业用地的**风险感知与更新意愿**，提高公众对工业用地更新与再利用的相关规划的参与度，提出体现社会效益和公平的调整建议。为正在开展或即将进行转型升级的广大中西部地区提供借鉴，在规划建设、政府管理层面上提供参考。

"净"土 or "禁"土？
URBAN SURVEY THE STUDY OF THE RISK PERCEPTION

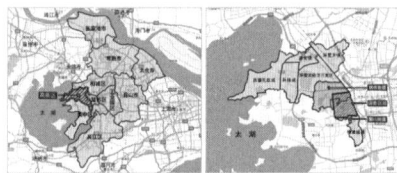

图3　调查区域在苏州的区位
图4　调查区域在高新区的区位
图5　调查区域的具体位置

图5

3. 调查范围及对象

3.1 调查范围

（1）调查区域的典型性与代表性：

苏州高新区是开发较早的国家级开发区，面临转型升级的巨大压力，苏州市政府特设高新区"退二进三"办公室，进行空间优化和产业结构的转型升级，大批的工业用地亟需调整。同时，本次调查选取苏州高新区狮山片区和枫桥片区部分地块，该区域是未来规划中工业用地功能结构调整力度最大的区域（图3—图5）。

（2）具体调查范围：

北至马运河，南临向阳路，西至金枫路，东到京杭大运河，为南宽北窄的梯形状。总面积约20平方公里（图3—图5）。

3.2 调查对象

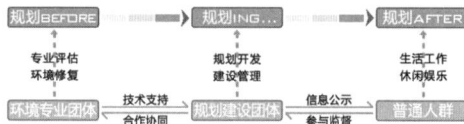

专业团体		非专业团体
环境专业团体	规划建设团体	普通群众
环境研究人员	规划师、规划建设管理人员、房地产开发人员	工业企业工作人员、周边群众、非周边群众

"净"土 or "禁"土？
URBAN SURVEY THE STUDY OF THE RISK PERCEPTION

风险感知 属于心理学范畴，指个体对存在于外界的各种客观风险的感受和认识，并强调个体由直观判断和主观感受获得的经验对认知的影响。本文风险感知从感知途径、感知是否污染、感知污染程度三个要素进行分析。

图6

环境风险评价(Environmental Risk Assessment) 是指对有毒化学物质危害人体健康的可能程度的概率估计，提出减少环境风险的决策。本文中的环境风险评价是指工业用地污染中的有毒有害物质造成的人体健康风险评价。

图7

4. 相关理论与技术支持
环境风险感知心理测量、感知风险理论(图6、图7)

5. 调查思路与研究框架
初次调查：（1）选取苏州高新区工业用地，调查污染工业用地现状产业类型与空间分布。

（2）通过调查公众对污染工业用地的风险感知，初步建立"工业风险感知模型"，对工业产业类型进行污染风险感知定量分级。

再次调查：（1）在模型定量研究基础上，对初次调查中感知到污染风险的人群进行再次调查，告知其各级污染物及其危害，调查公众对工业用地的更新意愿。

（2）将公众更新意愿与规划内容进行矛盾分析，进而提出相关建议(图8、图9)。

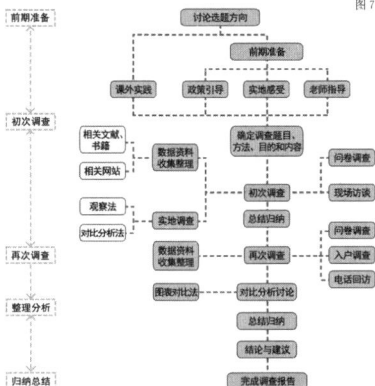

图8　技术路线图

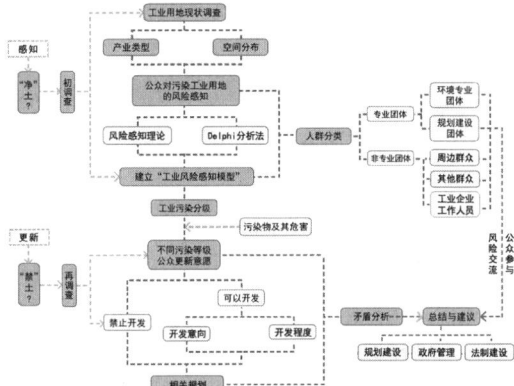

图9　调查思路图

"净"土 or "禁"土？
URBAN SURVEY THE STUDY OF THE RISK PERCEPTION

产业类型	机械加工	电子
代表企业	毅保精密部件有限公司	金像电子
现状照片		
企业面积（ha）	7.09	9.07

产业类型	制药	金属加工
代表企业	雷允上	中核苏阀科技实业公司
现状照片		
企业面积（ha）	6.51	9.02

产业类型	设备制造	造纸
代表企业	黑田化学	紫兴纸业
现状照片		
企业面积（ha）	0.82	26.13

表1　苏州高新区部分工业企业信息调查表

二、调研与分析

1. 工业现状分析

1.1 产业类型
经过实地勘查，调查区域内有工业企业100多家，参考相关文献，分为16种产业类型：

产业类型	化工	制药	塑料	化妆品	涂料	生物技术	食品	金属加工
企业数量	3个	5个	3个	2个	1个	1个	2个	10个
百分比	2.8%	4.7%	2.8%	1.9%	0.9%	0.9%	1.9%	9.4%

产业类型	机械加工	设备制造	造纸	包装	汽修	电子	气体制造	纺织服装
企业数量	6个	6个	6个	1个	2个	54个	1个	6个
百分比	5.7%	5.7%	5.7%	0.9%	1.9%	50.9%	0.9%	5.7%

表2　现状产业类型统计表

调查范围内产业类型：化工、制药、塑料、化妆品生产、涂料、金属加工等。其中以电子、金属加工为主，比例分别为50.9%和9.4%。同时，调查范围中包含化工、制药、造纸产业，虽然数量较少，但工业污染较为严重。

1.2 空间分布

图10　工业用地空间分布图

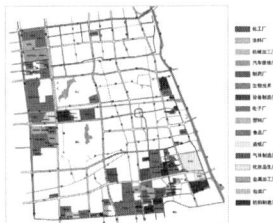

图11　16类工业类型分布图

根据实地调研，结合地形图，发现调查区域内的工业用地在珠江路及竹园路两侧集中成片分布，呈现集聚态势。其余零星分布于其他区域(图10、图11)。

"净"土 or "禁"土?
URBAN SURVEY
THE STUDY OF THE RISK PERCEPTION

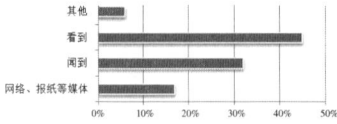

图12 公众污染工业风险感知途径

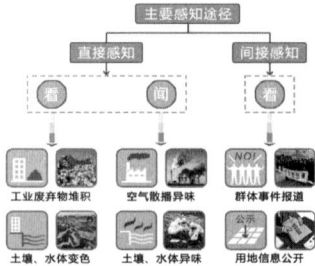

图13 主要感知途径示意图

访谈1: 陈教授(环境专家): 目前国内不少毒地未经任何处理,就直接用于开发,一旦出现事故,就不只是环境问题,而是影响地价、房价的经济问题,更是严重的社会民生健康问题,同时它具有一定的潜伏性。因此,毒地问题必须被重视。

2. 公众对污染工业用地的风险感知

工业用地——干"净"的土地?有"禁"忌的土地? ——调查公众的风险感知

以问卷、访谈等形式获取不同人群对工业用地污染的风险感知,分析感知差异性,通过 Delphi 分析法确定三种人群的指标权重系数。加权分析,建立"工业风险感知模型"。**初次调查发放 100 份问卷,实际回收有效问卷 87 份,问卷有效率达 87%。**

2.1 风险感知方式

问卷显示(图12),公众感知污染风险的途径大致分为两种:**直接感知**(现场观察)和**间接感知**(通过网络、报纸等媒体信息获得)。其中,有 17%的人通过媒体信息获得污染风险信息,而 75%以上的人则是通过直接感知来获取信息(图13)。同时通过访谈了解,目前公众获取风险感知渠道较少,因此对于污染风险信息不能及时了解。

2.2 风险感知内容

感知是否污染

公众普遍认为工业用地存在土地污染。91%的环境专业团体、81%的规划建设团体和50%的普通人群认为工业用地存在土地污染,其中两大专业团体对工业用地污染的认知度较高,环境专业人员对工业污染的感知最深刻(图14、访谈1)。

同时,公众普遍对自己生活周边的工业用地污染状况有所了解。55%的环境专业团体、81%的规划建设团体和49%的普通人群对周边污染状况较为了解(图15)。

图14 公众是否知道工业用地有污染

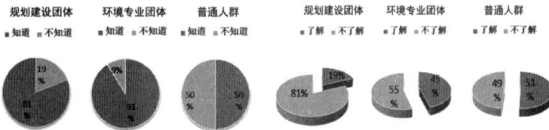

图15 公众对周边工业污染用地的了解情况

"净"土 or "禁"土?
URBAN SURVEY
THE STUDY OF THE RISK PERCEPTION

Delphi 分析法: 又称专家规定程序调查法。主要是由调查者拟定调查表,按照既定程序,分别向专家组成员进行征询;而专家组成员又以匿名的方式提交意见。经过几次反复征询和反馈,专家组成员的意见逐步趋于集中,最后获得具有很高准确率的集体判断结果。

图18

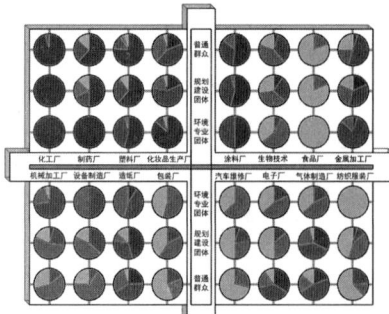

图例
一级风险 二级风险 三级风险 四级风险

图19 不同人群对16种产业类型工业风险感知等级划分样本图

针对调查区域内的 16 种工业产业类型,公众普遍认为污染最严重的为化工和制药,其污染对生活学习等方面影响最大(图16)。

而认为污染较小的工业产业类型为食品和纺织服装,其土地污染风险小,对人们日常生活的影响不大(图17)。

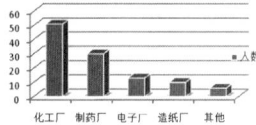

图16 公众认为土地污染最严重的工业企业类型

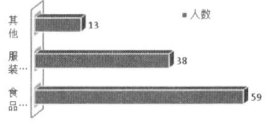

图17 公众认为土地污染较小的工业企业类型

2.3 感知模型建构

基于上述公众对污染工业用地风险的感知,运用 Delphi Technique(图18),对问卷数据进行量化处理,建立"工业风险感知模型"。

2.3.1 不同人群对不同产业类型风险感知分析

三类人群通过对 16 种不同产业类型工业污染风险感知,将其划分为四种等级的风险。

1. 三类人群对 16 种产业类型工业风险感知等级划分样本分析(图19)

2. 三类人群对 16 种产业类型工业的四种风险等级划分

1) 对每份问卷的产业排序进行赋值,第 1 位为 16 分,第 2 位为 15 分,依次类推,直至最后一位为 1 分。

2) 三类人群回收有效问卷 i 份,根据公式 $\bar{X}_i = \Sigma X_i / i$,计算出各类人群中每种产业类型的平均得分,计算结果如图20所示。

3) 根据每种产业类型的平均分 $\bar{X}_i$,进行排序,得出三类人群对 16 种产业类型风险大小的排序(图21)。

"净"土 or "禁"土？

URBAN SURVEY THE STUDY OF THE RISK PERCEPTION

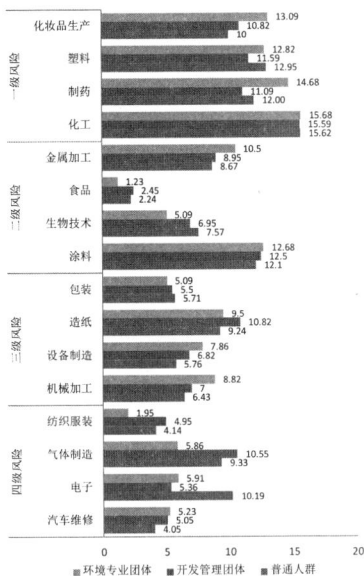

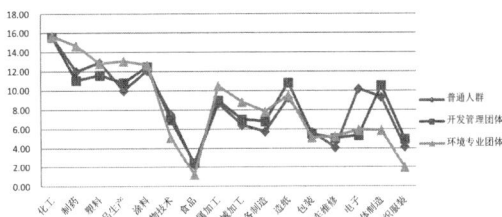

图21　三类人群对16种工业企业分值统计图

2.3.2 不同人群权重系数等级的确立

利用 Delphi Technique 分析每种人群指标的权重系数：

$$W_j = \Sigma W / M \quad (M\text{为样本数}，W\text{为第几个样本人赋予第}J\text{个指标的权值})$$

在有效范围内抽取政府、高校的5位专家对三类人群权重指标的打分：

根据公式 $W_j = \Sigma W / M$ 计算每种人群的权重

环境专业团队 $W_j = \Sigma W / M = (0.55/5 + 0.45/5 + 0.45/5 + 0.55/5 + 0.5/5) = 0.5$

同理得出开发管理团体权重为0.3，普通人群为0.2，三者合计为1。

图20　不同人群对不同工业类型的排序分值图

人群种类	第1位	第2位	第3位	第4位	第5位
环境专业团体	0.55	0.45	0.45	0.55	0.5
开发管理团队	0.3	0.35	0.35	0.25	0.35
普通人群	0.15	0.2	0.2	0.2	0.25

"净"土 or "禁"土？

URBAN SURVEY THE STUDY OF THE RISK PERCEPTION

产业类型	普通人群	规划建设团体	环境专业团体	综合风险值
化工	15.62	15.59	15.68	15.64
制药	12.00	11.09	14.68	13.07
塑料	12.95	11.59	12.82	12.48
化妆品生产	10	10.82	13.09	11.79
涂料	12.1	12.68	12.68	12.51
生物技术	7.57	6.95	5.09	6.14
食品	2.24	2.45	1.23	1.80
金属加工	8.67	8.95	10.5	9.67
机械加工	6.43	7	8.82	7.80
设备制造	5.76	6.82	7.86	7.13
造纸	9.24	10.82	9.5	9.84
包装	5.71	5.5	5.09	5.34
汽车维修	4.05	5.05	5.23	4.94
电子	10.19	5.36	5.91	6.60
气体制造	9.33	10.55	5.86	7.96
纺织服装	4.14	4.95	1.95	3.29

表3　人群对16种产业类型污染风险等级的综合分值表

2.3.3 "工业风险感知模型"建构

（1）根据公式

$$M = \bar{X}_{i1} \times W_1 + \bar{X}_{i2} \times W_2 + \bar{X}_{i3} \times W_3$$

（M 为每种工业类型的平均分值，X_{i1}、X_{i2}、X_{i3} 分别为环境专业团队、开发管理团体、普通人群的平均分值）

计算分值，对16种产业进行综合排序（表3，图22）。

（2）建立"工业风险感知模型"

$$Q = \sum_{i=1}^{3} W_i Z_i / \sum_{i=1}^{3} W_i$$

说明：Q 为风险值，w 为三种人群的权重值，z 为三种人群对不同产业类型的分值。

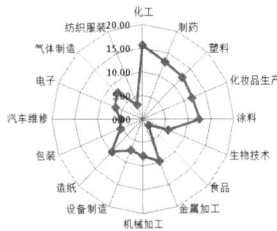

图22　16种工业类型风险评价

根据"工业风险感知模型"，结合环境专家意见，得出调查范围内工业用地风险感知汇总表（表4，表5）。

（1）一级风险：高污染且难净化修复的产业类型的工业用地，如化工、制药等，以苯、氯化物等持久性有机污染物为主，具有强致癌性，会对人体的代谢等基本机能造成损害。

（2）二级风险：对土地造成的污染相对较大，较难修复。以镍、铅重金属、石化性有机污染物为主，部分具有致癌性，也会对人体基本机能造成损害。

（3）三级风险：公众认为机械加工、设备制造、电子、生物技术等产业类型属于3级污染风险等级，以电子废弃物污染物为主，对人体危害较小。

（4）四级污染风险等级以包装、汽车维修、纺织服装、食品等产业类型为主，公众认为其在工业生产过程中对土地造成的污染较小，以碱性污染物为主，对人体危害小，且易净化处理。

"净"土 or "禁"土?
URBAN SURVEY THE STUDY OF THE RISK PERCEPTION

通过访谈环境评估专家，对工业用地主要污染物及其危害性总结：

污染物	对人体健康危害	危害强度
苯	昏迷、死亡、**致癌**，影响生殖能力，呕吐	强
氯化物	昏迷、损害心、肝、肾、麻醉中枢神经、**致癌**	强
铅	抑制正常功能素乱，引起神经系统症状	强
镍	**致癌**，器官水肿出血变性，呼吸素乱，皮炎	较强
挥发酚	头昏、贫血、恶心呕吐及各种神经系统症状	较强
铁	过量的二价铁会引发中毒，对粘膜具有刺激性	较强
硫酸盐	硫酸盐超过750mg/1时，可致轻度腹泻	一般
氯化物	含量过高时，细胞失水，代谢过程出现故障	一般
碱性污染物	可引起胃肠道功能的暂时性素乱	一般

（1）环境专家指出的苯、氯仿、硝基苯等对人体危害极大的污染物主要存在于化工、塑料、金属加工、制药等产业类型的工业用地中。

（2）电子废弃物等污染物对人体的危害相对较小，但是如果人体长期接触，也会促使慢性病的发生，这一类的污染物主要存在于机械加工厂、电子厂、设备制造等产业类型的工业用地中。

（3）碱性物、硫化物等污染物对人体的危害很小，不会对身体机能造成损害，而且易净化处理，这一类的污染物主要存在于服装纺织、食品加工等产业类型的工业用地中。

表5

风险等级	工业类型	风险值	风险种类
一级风险（最危险）1	化工	15.64	▲▲▲▲
2	制药	13.07	▲▲▲▲
3	涂料	12.51	▲▲▲▲
4	塑料	12.48	▲▲▲▲
二级风险（较危险）5	化妆品生产	11.79	▲▲▲
6	造纸	9.84	▲▲▲
7	金属加工	9.67	▲▲▲
8	气体制造	7.96	▲▲▲
三级风险（较安全）9	机械加工	7.80	▲▲
10	设备制造	7.13	▲▲
11	电子	6.60	▲▲
12	生物技术	6.14	▲▲
四级风险（安全）13	包装	5.34	▲
14	汽车维修	4.94	▲
15	纺织服装	3.29	▲
16	食品	1.80	▲

表4 工业用地风险感知汇总表

3. 公众对污染工业用地的更新意愿

工业用地更新——"禁"止开发？"净"化土地后选择性开发？——调查公众更新意愿

工业污染物不同，其污染程度不同，对人体造成的危害大小也就不同。针对风险感知（初次调查）的受访者，利用跟踪调查、电话回访等形式，在告之风险感知模型的污染分级情况、产业的主要污染物及其对人体的危害后，进行污染工业用地更新意愿（再次调查）深度调查。

针对初次调查中对污染风险有感知的人群进行再次调查，发放64份问卷，实际回收57份，问卷有效率达89%。

四级风险 4%
三级风险 17%
二级风险 87%
一级风险 96%

图23 不适宜进行开发建设的风险等级

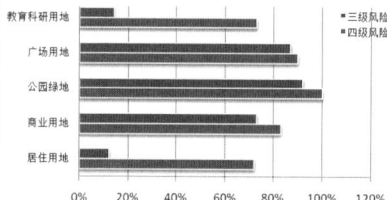

（图表：三级风险、四级风险——教育科研用地、广场用地、公园绿地、商业用地、居住用地）

图25 居住用地使用用途（社区服务中心、住宅楼、绿地、停车场（楼）、垃圾收集点）

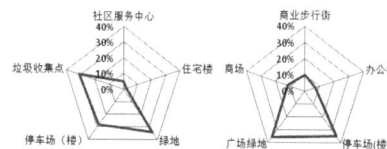

图26 商业办公用地使用用途（商业步行街、办公楼、停车场（楼）、广场绿地、商场）

3.1 是否开发——工业用地开发适宜性

针对"污染工业用地是否适宜开发"这个问题，经过访谈、问卷得知公众普遍认为污染工业用地应进行分级开发。

问卷显示98%和87%的人认为以**重金属、持久性有机物**等污染物为主的一级和二级风险的工业用地不宜进行开发建设。而80%以上的人认为三、四级风险的产业类型净化后可进行开发建设（图23）。

3.2 开发意向——工业用地性质更新置换

针对公众认为可开发建设的三、四级风险的工业用地：

问卷显示，72%以上的人认为**三级风险**工业用地经过净化处理后适宜改为**公园绿地、广场用地、商业用地**等公共空间。84%以上的人认为**四级风险**的用地净化后可开发为**居住、商业**等用地（图24）。

同时，在访谈中，部分人群推荐在污染严重的具体地块中可建设停车楼（场）。针对这一建议，以居住和商业为例，进行具体建筑用途分析，发现在居住用地中，对于垃圾收集点等设施，人群对其接触时间不长，因此是有效进行开发的方式之一（图25）。而对于商业来说，建设为商业综合体比商业步行街更容易被接受（图26）。

3.3 开发程度——工业用地的控制指标

从建筑密度、绿地率、建筑高度、建筑形式等方面来调查公众对三、四工业用地如何开发的更新意愿。

（1）建筑密度

公众普遍认为可直接接触污染土地是人群受危害最严重的方式，因此必须避免土地直接暴露在空气中。规划专家认为用混凝土等材料将土地覆盖，提高建筑密度是有效减小危害的一种方式。

（2）绿地率

绿地有净化空气、美化景观等作用，访谈了解，对于"增加绿地面积能否减少对人体危害"这一问题，应根据实际污染物情况判断。

"净"土 or "禁"土？
URBAN SURVEY THE STUDY OF THE RISK PERCEPTION

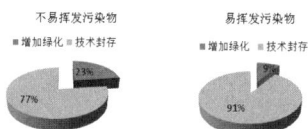

图27 利于减轻土地污染危害的措施

图28 减少对人体危害的措施示意图

访谈 1：李先生（工厂附近居民）："我住的地方那一块有两家电子厂，一年后都要搬走了，我觉的搬走之后不能开发成小区和商业，应该变成一片公园，这样工厂遗留下来的土壤污染对我们的危害就小一点了。"：

问卷显示，77%以上的人认为应对污染土地进行封闭处理，减少其暴露面积，要减少绿地面积(图27)。

环境专家也认为，调查区域内三、四级风险的污染工业用地的污染物主要为易挥发性物质，应当通过混凝土固化等技术手段对其进行封闭处理，降低绿化率，减少污染物扩散。

(3) 建筑形式

调查发现较多人认为污染用地进行开发利用时，1-2 层架空，封闭处理后，作为停车场地使用，不做居住、商业办公等与人接触时间较长的用地，有利于减轻受污染用地对人体的危害(图28)。

(4) 容积率

访谈得知，公众大多认为建筑高度越高，地基越深，土地里的污染物更容易向周边扩散，对周边地块人体造成危害可能性的增大，因此普遍认为在对污染工业用地进行开发时，应当降低建筑高度，降低容积率。

4. 更新意愿与规划用途的矛盾分析

分析公众更新意愿与工业用地未来规划之间的矛盾，进而提出更新调整建议(图29、图30)。

图29 现状不同等级工业用地空间分布图

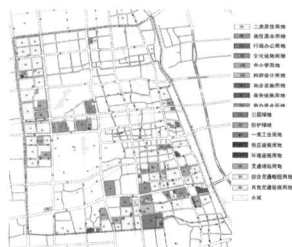

图30 用地规划图——工业用地部分

"净"土 or "禁"土？
URBAN SURVEY THE STUDY OF THE RISK PERCEPTION

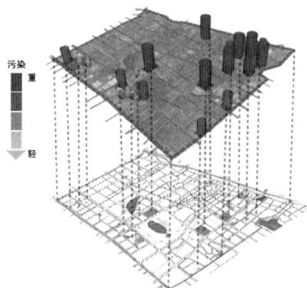

图31 一、二级风险工业现状与规划对比图

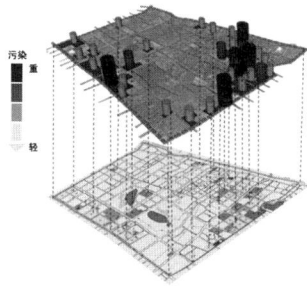

图32 三级风险工业现状与规划对比图

4.1 公众认为禁止开发工业用地与规划用途的矛盾 (图31)

污染风险等级	工业类型	规划用途	规划意愿
一级风险	化工	居住用地	禁止开发
	制药	居住用地、商住混合用地、交通场站用地	
	涂料	居住用地	
	塑料	居住用地、中小学用地	
二级风险	化妆品生产	居住用地、中小学用地	
	造纸	居住用地、中小学用地、商业设施用地	
	金属加工	居住用地、中小学用地	
	气体制造	中小学用地	

矛盾一：

未来规划成居住用地、中小学用地、商业用地等，与公众"禁止开发"的意愿相矛盾，一、二级风险的工业用地以重金属、持久性有机物等高风险污染物为主，部分污染物具有**强致癌性**，对人体尤其是儿童的危害很大。

解决途径：建议不开发，可作防护绿地。但也需对其净化修复，防止对周边地块污染。

4.2 公众认为可开发工业用地与规划用途的矛盾

(1) 公众感知三级风险工业企业地块与规划矛盾分析 (图32)

污染风险等级	工业类型	规划用途	规划意愿
三级风险	机械加工	居住用地、科研用地、公园绿地	适宜开发为公园、广场、商业用地等公共空间
	设备制造	居住用地、商业混合用地、中小学用地、一类工业用地	
	电子	居住用地、商业混合用地、中小学用地、一类工业用地、商业设施用地	
	生物技术	商业设施用地	

矛盾二：

未来规划成居住用地、商业用地、商住混合用地、中小学用地等，与公众认为适宜开发为公园、广场、商业等用地的意愿相矛盾，三级风险的工业用地是以电子废弃物

"净"土 or "禁"土？
URBAN SURVEY THE STUDY OF THE RISK PERCEPTION

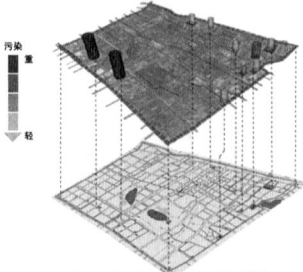

图 33 四级风险工业现状与规划对比图

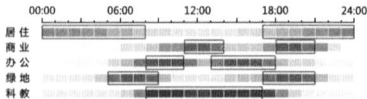

图 34 公众在不同性质的用地上停留时间分布图

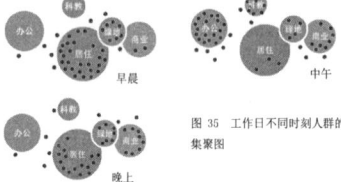

图 35 工作日不同时刻人群的集聚图

等较低风险污染物为主，无致癌性，但长期接触也会对人体健康造成不可忽视的危害。结合人群活动**累时性特征**（图34、图35），若规划为居住、中小学等用地，特定人群时间接触较长，会对人体健康产生**持续累积危害**，因此不适宜规划为此类用地。

　　解决途径： 可开发，对其进行净化修复后，开发成使用对象为**流动人群**的公园绿地、广场用地、商业用地等，不可开发成有**固定使用者**的居住、中小学等性质用地。

　　（2）公众感知四级风险工业企业地块与规划**矛盾分析**（图33）

污染风险等级	工业类型	规划用途	规划意愿
四级风险	包装厂	居住用地	适宜开发成公园绿地、广场用地、居住、商业、商办等用地
	汽车维修厂	居住用地	
	纺织服装厂	居住用地	
	食品厂	科研用地	

　　矛盾三：
　　未来规划成居住用地、科研用地等，与公众认为可开发为居住、商业、商办等用地的意愿矛盾不突出。四级风险的工业地块中是以低风险污染物为主，对人体危害性极小。
　　解决途径： 对污染工业用地进行净化修复后可按规划用途开发。

三、结论与建议

1. 从规划建设角度：
　　（1）规划价值观转变
　　规划价值观应从经济效益为主转变为以环境安全为主，以避免群体事件等社会风险为前提，按照新型城镇化的要求，保障所有人的利益，包括工业污染用地未来使用者的公平与权益，维护社会公平。
　　（2）规划方法创新
　　在整个规划过程中加强公众参与，规划前进行用地信息公开，规划中了解公众更新意愿，实行多方案比选，公众投票，最后将方案进行公示。既加强公众参与积极性，又有利于规划实施。

"净"土 or "禁"土？
URBAN SURVEY THE STUDY OF THE RISK PERCEPTION

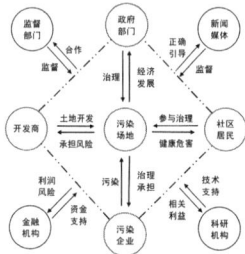

图 36 多方合作示意图

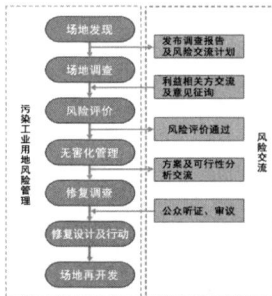

图 37 风险管理——交流示意图

　　（3）规划技术改进
　　对污染工业用地做再利用规划时，应根据工业用地污染程度等级确定规划用途，确定控制性指标时应进行深度研究。针对本案例情况，建议**增大建筑密度，降低容积率**，对污染土地进行固化封存，减少其暴露面积及与人体的接触。

2. 从政府管理角度：
　　（1）完善风险监测体系
　　相关部门要对其污染土壤进行定期跟踪监测，并公布监测信息，使公众完全了解其用地基本信息，形成完善的风险监测体系。
　　（2）建立多方协调机制（图36）
　　工业用地的更新涉及多方面复杂工作，政府作为主导、管理者，协调环境部门、规划部门与土地开发商、用地使用者共同参与，建立公平有效的协调机制，进行有效风险管理。
　　（3）构建风险发布平台（图37）
　　建立工业用地风险的发布平台，对工业用地风险环评结果通过多种渠道实时发布，为公众提供更多的风险感知途径，有利于进行多方风险交流。

3. 从法制建设角度：
　　（1）完善我国环境影响评价制度、环境信息公开制度以及土壤污染修复责任制度。
　　（2）在现有法律法规基础上，结合我国目前经济发展水平与环境污染现状，制定和完善工业置换用地管理的相关法律法规。
　　（3）构建完善的工业用地再利用风险管理制度。借鉴国外先进管理经验，建立适合国情的信息系统及决策管理制度。

[参考文献]
[1] 余勃飞，侯红，吕家卿，等. 工业企业搬迁及其对污染场地管理的启示——以北京和重庆为例[J]. 城市发展研究，2010,17(11)：95—100.
[2] 孟博，刘茂，王丽，等. 风险感知理论模型及影响因子分析[J]. 中国安全科学学报，2010,20(10)：59—66.
[3] 毕军，杨洁，李其亮. 区域环境风险分析和管理[M]. 北京：中国环境科学出版社，2006.
[4] 崔超，窦立宝，熊婷，等. 污染场地人体健康风险评估研究[J]. 工业安全与环保，2011, 37(07)：57—59.
[5] 张亦驰. 工业搬迁遗留场地环境风险管理体系研究[D]. 长安大学，2012.

"净"土 or "禁"土？

URBAN SURVEY THE STUDY OF THE RISK PERCEPTION

附件一：
问卷
苏州高新区工业用地污染公众风险感知调查

尊敬的先生/女士：

您好，我们是城乡规划专业学生，正在进行"社会调查"课程的课程研究。本次调查的目的在于了解苏州高新区公众对工业用地污染问题的风险感知状况。问题仅限于学术研究，不带任何商业、政治色彩，所有信息不会被透露给第三方，请您如实、放心地填写。

您的性别：男 女
年龄：____；职业/专业：_____；

1. 您知道工厂会有遗留污染物吗？
A. 知道　　B. 不知道

2. 您认为工厂遗留污染物会对人造成危害吗？
A. 会　　B. 不会

3. 知不知道出现过的污染工业用地事件？
A. 知道　　B. 不知道

4. 您平时会关注政府发布的关于规划的有关信息吗？
A. 经常　　B. 偶尔　　C. 基本没有

5. 您平时在生活中会通过何种途径关注有关信息？
A. 报纸、杂志　　B. 网络　　C. 社区宣传　　D. 与别人交流

6. 以下共有16种工业用地，从对人体健康影响的角度，如果按照停产后不同的安全风险分为四个等级，您认为该如何划分？
（1）化工厂；（2）制药厂；（3）塑料厂；（4）化妆品生产厂；（5）涂料厂；（6）生物技术；
（7）食品厂；（8）金属加工厂；（9）机械加工厂；（10）设备制造厂；（11）造纸厂；（12）包装厂；
（13）汽车维修厂；（14）电子厂；（15）气体制造厂；（16）纺织服装厂
请对上述您选出的每一类风险的工业企业进行排序。
一级风险（最危险）：____＞____＞____＞____；
二级风险（危险）：____＞____＞____＞____；
三级风险（较安全）：____＞____＞____＞____；
四级风险（安全）：____＞____＞____＞____。

"净"土 or "禁"土？

URBAN SURVEY THE STUDY OF THE RISK PERCEPTION

附件二：
问卷
苏州高新区工业用地污染公众更新意愿调查

尊敬的先生/女士：

您好，我们是城乡规划专业学生，正在进行"社会调查"课程的课程研究。本次调查的目的在于了解风险感知的工业风险等级以及主要污染物和对人体危害的情况下了解公众的规划意愿。问题仅限于学术研究，不带任何商业、政治色彩，所有信息不会被透露给第三方，请您如实、放心地填写。

您的性别：男 女
年龄：____；职业/专业：_____；

1. 您是否参与过之前的"风险感知调查"问卷调查？
A. 是　　B. 不是

2. 通过发放问卷的同学对分级的工业用地的主要污染物及其危害的说明，
您认为以上四级工业用地，在以后的城市建设中，哪几类用地不适合进行开发建设：_____；哪几类用地，净化后可进行开发建设：_____。

3. 对于您认为可以进行开发建设的工业用地，您觉得适合置换为何种性质的用地？（多选）
A. 居住用地　　B. 商业用地　　C. 教育科研用地　　D. 公园绿地　　E. 广场用地

4. 对于有污染的某工业用地，您对其开发建设的看法？
A. 全部禁止　　B. 根据污染程度分区开发　　C. 全部开发

5. 工业用地改为居住区，对于污染较为严重的地块，适宜建设为？
A. 住宅楼　　B. 垃圾收集点　　C. 停车场（楼）　　D. 绿地　　E. 社区服务中心

6. 工业用地改为商业办公用地，对于污染较为严重的地块，适宜建设为？
A. 商场　　B. 办公楼　　C. 停车场（楼）　　D. 绿地　　E. 商业步行街

7. 您认为哪种措施有利于减轻工业用地中易挥发的污染物对人体的危害？
A. 提高绿地面积　　B. 使用混凝土等将其封存

8. 您认为哪种措施有利于减轻工业用地中不易挥发的污染物对人体的危害？
A. 提高绿地面积　　B. 使用混凝土等将其封存

9. 您认为建筑物底层（1—2层）架空，不做建设是否有利于减轻工业用地污染对人体的危害？
A. 有利于　　B. 影响不大

10. 您认为需要了解自己生活学习和工作休闲的地方建设前的土地使用情况吗？
A. 需要　　B. 不需要

11. 您认为政府是否需要将地块，特别是有污染的地块的规划和治理情况向大众公示？
A. 是　　B. 否　　C. 无所谓

第 2 节　城乡社会综合实践获奖调研报告（乡村类）

实例一　"近城·进城"——农民工随迁子女社会融入性问题调查研究 ①

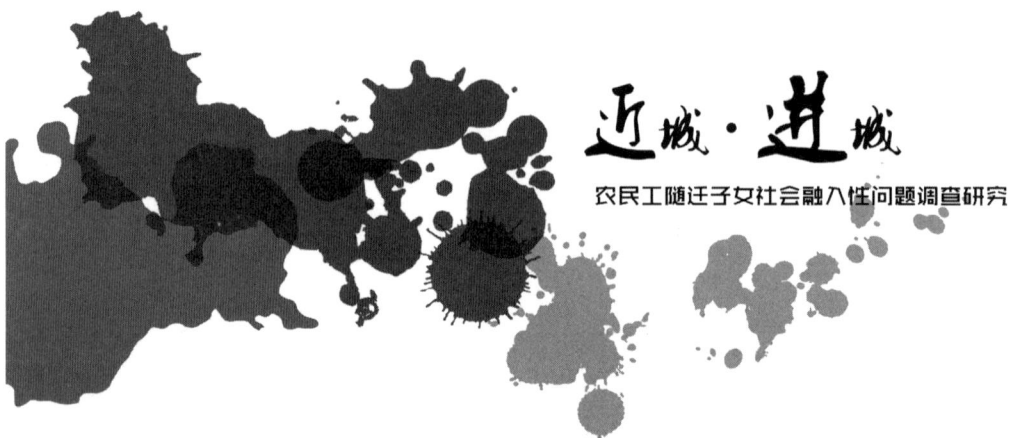

目　录

一、绪论 1
1.1 调研背景 1
1.2 调研目的 1
1.3 调研范围和对象 1
1.4 调研理论基础 1
1.5 研究方法的技术路线 1

二、随迁子女与城市子女日常活动类型和时空特征调查 2
2.1 随迁子女与城市子女基本信息调查 2
2.2 随迁子女与城市子女日常活动类型调查 2
2.3 随迁子女与城市子女时空特征调查 3
2.4 随迁子女与城市子女心理状况调查 4

三、随迁子女与城市子女日常活动差异性分析和个案追踪调查 ... 5
3.1 随迁子女与城市子女个案追踪调查分析 5
3.2 随迁子女与城市子女日常活动差异性分析 7

四、随迁子女日常活动空间需求分析 8
4.1 出行特征对随迁子女日常活动空间需求的影响 8
4.2 活动特征对随迁子女日常活动空间需求的影响 8
4.3 心理特征对随迁子女日常活动空间需求的影响 9

五、结语 10
5.1 随迁子女日常活动空间分布策略 10
5.2 建议 10
5.3 展望 10

参考文献
附录 调查问卷

摘要：通过环境行为学和社会融合理论来对武汉市随迁子女的日常生活进行调查，并对照同年龄段的城市子女，比较其上学日和双休日的行为、路径、方式等方面，找出随迁子女与城市子女在生活以及活动空间、心理等方面的异同，分析出行、活动、心理与空间需求的关系，最终得出符合随迁子女活动规律的空间并提出策略，为未来的随迁子女活动空间规划提出建议。

关键词：随迁子女；空间行为；差异性；需求

---

① 作者：王青子、青妍、刑晓旭、唐鑫磊；指导老师：魏伟、周婕、谢波；获奖时间：2015；获奖等级：一等。

近城·进城

一、绪论

1.1 调研背景

随着我国城镇化进程的加快，越来越多的农民工由过去的"单身外出"逐渐转变为"举家迁徙"，这种家属随行趋势直接造就了农民工随迁子女这一新的城市群体。他们靠近了城市，却在真正进入并融入城市时面临重重阻碍。

2004-2015年，全国
随迁子女人口：643 -2000(万人)

2004-2015年，武汉市
随迁子女人口：4.3 -13.5(万人)

1.2 调研目的

从农民工随迁子女对城市生活的融入性角度出发，分析农民工随迁子女的日常活动状况，并对比同龄城市子女的现状，分析其异同性，进而探究出让农民工随迁子女更好地融入城市生活的措施和方法。

1.3 调研对象

本次调研以武汉市江岸区三眼桥小学、洪山区金鹤园学校两所农弟学校为主要对象，同时为了进行比较分析，调研了两所城弟学校，即第二附属小学和昙华林小学。
三眼桥小学——农民工子女占95%，城市子女占5%（农弟学校1）
金鹤园学校——农民工子女占80%，城市子女占20%（农弟学校2）
第二附属小学——农民工子女占5%，城市子女占95%（城弟学校1）
昙华林小学 —— 农民工子女占25%，城市子女占75%（城弟学校2）

1.4 调研理论基础

①环境行为学：分析人类与环境是如何相互作用，相互影响的，从而提高环境的可辨识性，以及自身的秩序性。本调研从人的行为、方式、环境等多方面展开，分析其中的有机联系，从而缩小城乡子女差距，提高随迁子女的社会融入性。

②社会融合理论：主要用来研究外来群体与流入地当地居民之间的社会关系，以及从微观个体的心理层面研究社会融入和社会接纳。本调研由随迁子女群体出现的普遍现象，深入到群体的内心世界，从而出外在与内在的双重调节方法。

1.5 研究方法与技术路线

1.5.1 研究方法

本次调查使用的方法包括环境行为学方法、比较分析、实地调研法。
环境行为学方法：研究环境与人的行为之间的交互影响关系，把随迁子女的行为与其相应的环境之间的相互关系与作用结合来加以分析。
比较分析法：通过对比农民工随迁子女和城市子女的日常生活情况，分析农民工随迁子女目前的城市社会融入情况。
实地调研法：实地调研分阶段进行，选取儿童活动的频繁时段。观察、拍摄和记录调查学校中农民工随迁子女和城市子女的日常活动真实情况。

1.5.2 技术路线

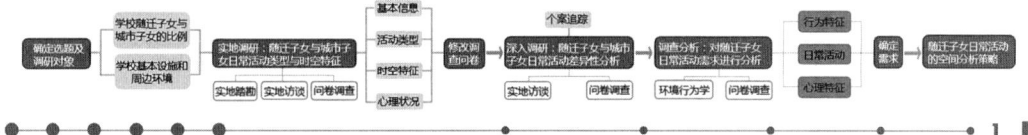

1

近城·进城

二、随迁子女与城市子女日常活动类型和时空特征调查

2.1 随迁子女与城市子女基本信息调查

调研共分为四次，分别在四所小学进行。共发放问卷431份，回收问卷431份，有效问卷399份，回收率100%，有效率92.6%。

年龄结构：以11~14岁中学生为主，部分6~10岁的小学生，在城市生活的时间较短，存在的问题较多。

性别结构：研究对象的男女比例较为平衡。

家庭结构：两者绝大部分组成类型以核心家庭，城市子女主干家庭的比重比农民工子女大。

家庭收入组成：绝大多数农民工随迁子女家庭的收入位于中低档，甚至小部分处于2000以下的低档；而城市子女中大部分孩子不了解父母的收入状况，且低档收入的家庭较少。

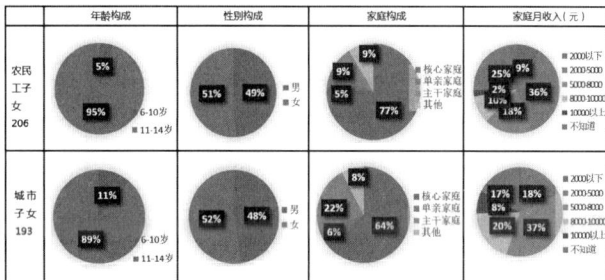

2.2 随迁子女与城市子女日常活动类型调查

通过调研，将随迁子女和城市子女的日常活动分为以下三种类型：

康体娱乐型：逛街、聚会、看电影、运动、休息、郊游/旅游、上网、下棋、去博物馆等。

学习培优型：上课、看书、课程补习、做作业、兴趣培优等。

家庭分担型：照顾家人、帮忙看店、照顾宠物等。

通过对调研数据的初步分析，随迁子女和城市子女的日常活动类型存在一定的差异：城市子女在课程补习、兴趣培优、旅游、下棋等类型的活动占比远远超过随迁子女；随迁子女在做作业、看书、运动、逛街等类型的活动占比较大。

城市子女的活动类型更为丰富且趋于均衡，对城市活动空间的利用率更高，而随迁子女的日常活动类型较为单一、且局限性较大，一般只在家里和学校周边活动。

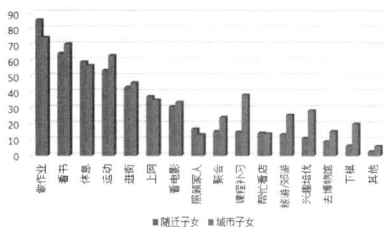
城市子女与随迁子女日常生活情况对比

2

2.3 随迁子女与城市子女日常活动时空特征调查

2.3.1 随迁子女与城市子女上下学交通差异性分析

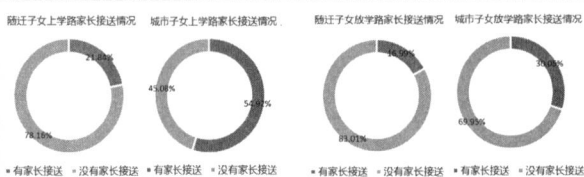

随迁子女上学路家长接送情况　城市子女上学路家长接送情况　随迁子女放学路家长接送情况　城市子女放学路家长接送情况

- 有家长接送　■没有家长接送

（1）上下学家长接送情况：有明显差别，随迁子女有家长接送的比例明显偏低。

（2）上下学交通方式：随迁子女与城市子女在上下学交通方式上无明显差异。最主要的方式均为步行，随迁子女中步行上下学的比例为71.36%，城市子女为76.68%。

（3）上下学路环境：随迁子女和城市子女在上下学路段环境方面稍有差别。随迁子女上学途中穿过十字路口的比例较高，为66.99%，城市子女为46.63%。

2.3.2 日常活动时间与活动类型

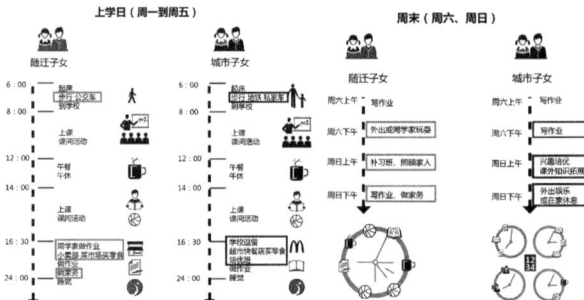

上学日（周一到周五）　随迁子女　城市子女

周末（周六、周日）　随迁子女　城市子女

（1）上学日时间固定，时间安排和在校活动基本无差别。但是在上下学路上，随迁子女的交通方式和活动更单一。

（2）周末为自由支配时间，多数情况下，城市子女对时间的分配更有计划和条理，而且基本都有培优和学习辅导班，而随迁子女则相对随意，培优较少。

2.3.3 随迁子女与城市子女日常活动时空特征调查

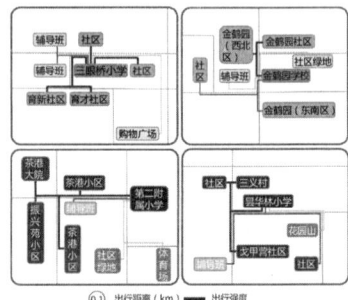

（1）随迁子女与城市子女的出行强度均随距离增加而降低。

（2）随迁子女与城市子女的日常出行距离均在1km范围内，且出行强度集中在学校周边社区。

（3）城市子女出入辅导机构的强度高于随迁子女。

2.4 随迁子女与城市子女心理状况调查

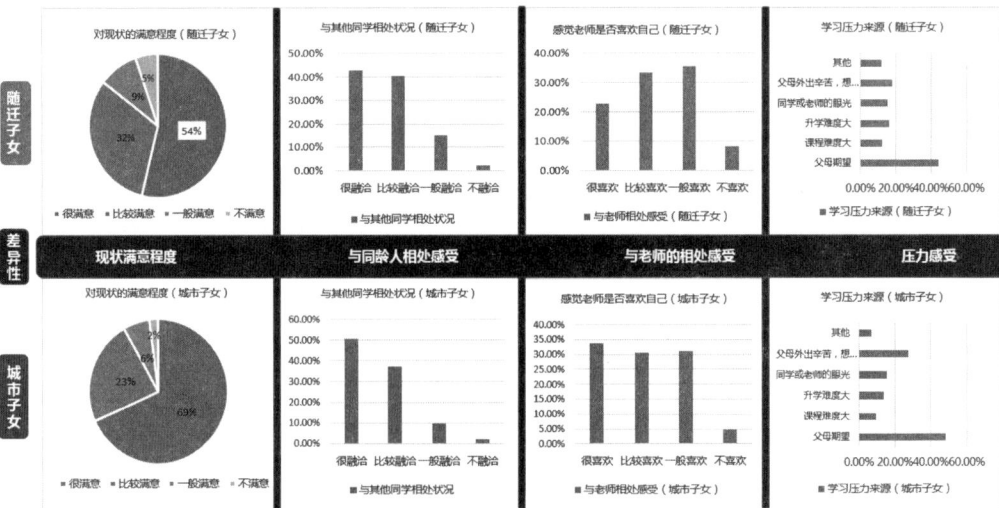

随迁子女

差异性：现状满意程度　与同龄人相处感受　与老师的相处感受　压力感受

城市子女

（1）在现状满意度上，二者满意度均较高，城市子女满意程度相对略高一些。

（2）在与同学相处方面，随迁子女相对薄弱一些，尤其在"很融洽"的层次不及城市子女，但总体还算可观。

（3）在与老师相处方面，随迁子女感受到老师喜欢自己的程度不及城市子女，随迁子女普遍认为老师一般喜欢自己，而城市子女普遍认为老师非常喜欢自己。

（4）在压力感受上，总体差别不大，城市子女和随迁子女的压力大都来自父母期望与个人感恩，随迁子女在学习上压力略大。

近城·进城

农民工随迁子女社会融入性问题调查研究

三、随迁子女与城市子女日常活动差异性分析和个案追踪调查

3.1 随迁子女与城市子女个案追踪调查分析

3.1.1 随迁子女和城市子女的上学日跟踪调查

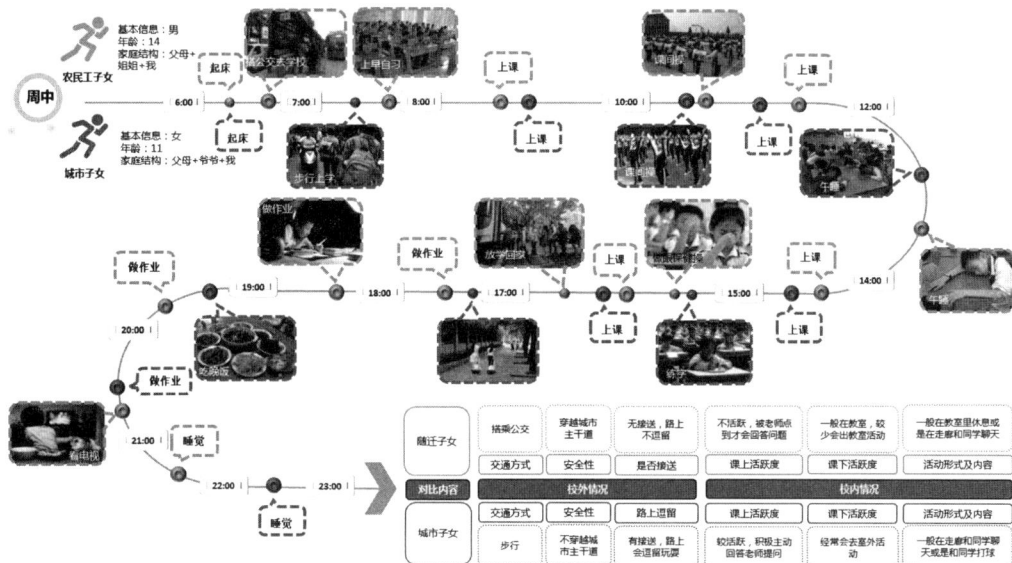

基本信息：男
年龄：14
家庭结构：父母+姐姐+我
农民工子女

基本信息：女
年龄：11
家庭结构：父母+爷爷+我
城市子女

周中

	校外情况			校内情况		
随迁子女	搭乘公交	穿越城市主干道	无接送，路上不固定	不活跃，被老师点到才会答老师问题	一般在教室，较少会出教室活动	一般在教室里休息或是在走廊和同学聊天
对比内容	交通方式	安全性	是否接送	课上活跃度	课下活跃度	活动形式及内容
城市子女	步行	不穿越城市主干道	有接送，路上会逗留玩耍	较活跃，积极主动回答老师提问	经常会去室外活动	一般在走廊和同学聊天或是和同学打闹

近城·进城

农民工随迁子女社会融入性问题调查研究

3.1.2 随迁子女和城市子女的周末跟踪调查

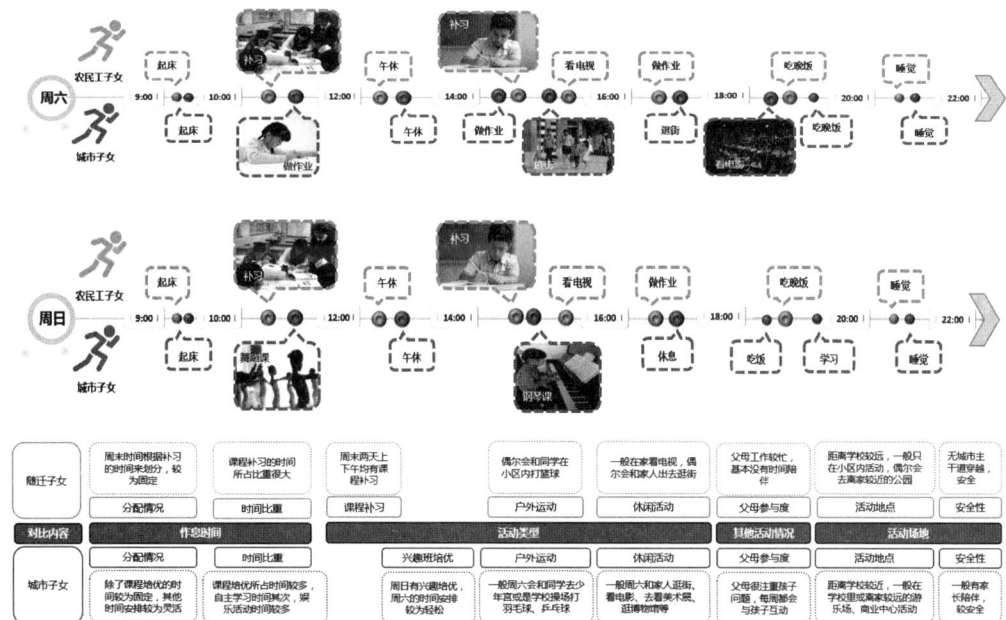

周六

周日

	作息时间		活动类型			其他活动情况	活动场地	
随迁子女	周末时间根据补习的时间来划分，较为固定	课程补习的时间所占比重较大	周末两天上下午均有课程补习	偶尔会和同学在小区内打篮球	一般在家看电视，偶尔会和家人出去逛街	父母工作较忙，基本没有时间陪伴	距离学校较近，一般在小区内活动，偶尔会去离家较远的公园	无城市主干道隔绝，安全
对比内容	分配情况	时间比重	课程补习	兴趣班培优	户外运动	休闲活动	父母参与度	活动地点	安全性
城市子女	除了课程培优的时间较为固定，其他时间安排较为灵活	课程培优所占比例较少，娱乐活动的时间较多	周日有课程培优，周六的时间相对较为轻松	一般周六会和同学去少年宫或是学校操场打羽毛球、乒乓球	一般周六和家人逛街，看电影，去看美术展、逛博物馆等	父母很注重孩子问题，每周都会与孩子互动	距离学校较近，一般在学校里或离家较近的游乐场、商业中心活动	一般有家长陪伴，较安全

343

3.2 随迁子女与城市子女日常活动差异性分析

交通方式

交通方式的差异在上下学和周末外出时均有体现：两种状况下，随迁子女均以步行和公共交通为主；城市子女以步行和私人交通居多，更有安全保障。

- 随迁子女的住所与其父母的工作有关，部分随迁子女所在学校离家较远，需要搭公交上学；城市子女的住所优先考虑教育环境，一般为学校附近，且多数由家人接送上下学，这导致两者在交通出行上存在一定差异。
- 周末外出时，随迁子女因经济条件原因会选择离家较远的地方，且选择价格较低的公共交通出行，城市子女则可以选择出租车、私家车等方式。差异由此产生。

活动内容

课外活动内容上差异显著，随迁子女的周末活动类型单一，主要为课程补习与自主学习；而城市子女周末活动趋向于兴趣培优，周末活动较为丰富，家庭互动频繁。

- 随迁子女对城市多样化的活动了解不足或者因家庭条件不能参与其中，差异由此产生。
- 随迁子女父母工作相对更忙更辛苦，所以家庭外出游玩机会少，家庭活动少，也造成了差异。

活动场地

活动场地方面，随迁子女多在学校和其居住社区活动，相对局限，活动范围较小；而城市子女的活动场地更多样化，其中包括专业运动场馆、城市公园、博物馆、美术馆和游乐场等大型公共服务设施。

- 随迁子女住所离城市中心较远，周边缺乏多样的城市娱乐、学习场所，因此活动场地比较单一。城市子女则相反。
- 随迁子女家长文化程度有限，不了解城市多样的活动场地，较少带小孩前往，城市父母则关注较多且主动带小孩前往。

心理状况

在心理状况上，随迁子女在与老师和同学相处时不如城市子女轻松，压力相对更大。

- 随迁子女对城市较为陌生，会有一定的自卑心理，而且，因为家庭教育、环境等原因，社交能力也不如城市子女，会感觉压力更大。
- 随迁子女父母工作繁忙，孩子缺少父母陪伴与关怀，缺少倾诉对象，学习上也必须自立，情绪会相对更压抑。而城市子女可以得到父母更多的帮助。

四、随迁子女日常活动需求调查与分析

4.1 出行特征对随迁子女日常活动空间需求的影响

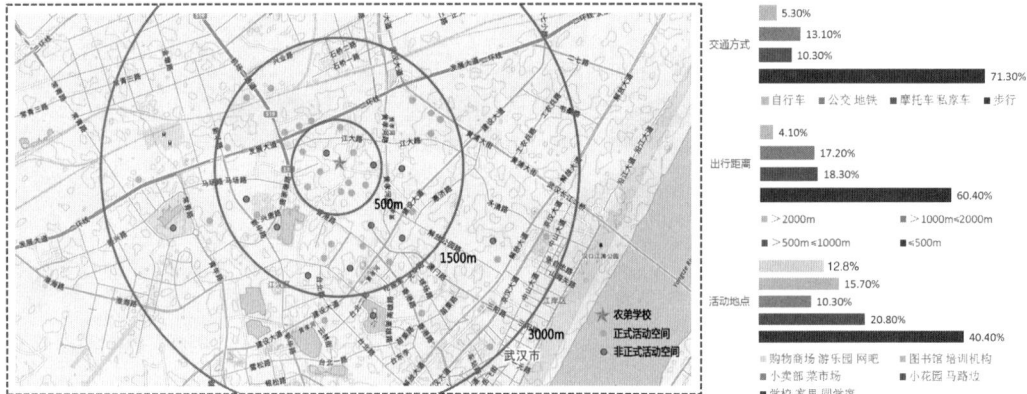

出行的交通方式、距离及目的地等都反映并限制人类行为在空间和时间上的结构，这种作用在日常活动空间上表现得尤其重要。移动将分散的活动地点连接起来形成城市活动体系并帮助我们更好地认识随迁子女日常活动空间的本质特征。

① 活动范围小：由于城市的迅速蔓延，一些学习型的知识场所、娱乐游戏场所更加边缘化，只有小汽车才能到达，然而随迁子女由于家庭较为贫困，或者父母工作较忙，只能选择简单的出行方式，那么他们的日常活动就更加倾向于离家或者学校更近的地方，且活动频率较高。

② 独立活动性高：在中短距离的活动范围内，随迁子女户外独立活动空间受到的限制较小，所以在小片区内的活动地点与场所更加丰富。

③ 活动地点多：通过对活动空间特征的调查，随迁子女更加喜欢非正式的活动空间，例如街道、社区花园、商场、电影院、网吧等没有专门的运动设施的场地。

4.2 活动特征对随迁子女空间需求的影响

随迁子女的行为特征：根据儿童行为发展与空间属性的关系以及随迁子女群体的特殊性，分析将随迁子女的行为特征概括为以下几点：

（1）好奇心强，对每样东西或事物均有兴趣　　　（2）开始理解了朋友的重要性，团队活动不断增加
（3）开始形成了隐私的观念，懂得建立人际关系　　（4）对陌生环境带有不安全感

空间影响行为发展，行为左右空间内涵。通过分析随迁子女的行为特征得出所需的空间类型：

自主活动
的空间：
独坐休息

成组活动
的空间：
交谈聊天

群体活动
的空间：
运动游戏

4.3 心理特征对随迁子女空间需求的影响

4.3.1 安全感对空间私密性的影响

人的安全感在青少年时期逐渐形成。在这个时期，青少年对外界的敏感性较高，需要更多的保护措施来维系这种安全感的培养。父母工作的繁忙、情感交流上的缺乏等，都会对随迁子女的安全感产生一定程度的消极影响。他们对于安全感的需求更为强烈，这种需求在空间上体现为私密性，不同程度的私密性会有不同类型的活动。

开敞空间　　围合空间　　半私密空间　　私密空间

4.3.2 归属感对空间尺度的影响

人作为群居性动物，渴望归属于群体，被群体所接受，这种渴望是儿童行为的基本动机。在家庭环境中，孩子需要被父母关注；在学校环境中，孩子需要被同学和老师所接受；在社区等活动场所，孩子需要被同伴所认可。对于进入城市的随迁子女来说，归属感能够有助于他们更好地融入城市生活，不同的归属感在不同的活动范围里有不同的需求，在空间上体现为空间尺度。

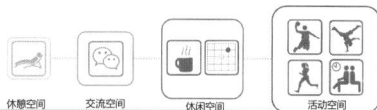

休憩空间　　交流空间　　休闲空间　　活动空间

4.3.3 心理特征对空间色彩需求的影响

根据实验心理学的研究，儿童随着年龄的变化，生理、心理结构都会发生变化。根据儿童心理的分析，简单、明亮、强烈刺激的色彩能够在儿童神经细胞发展时更具辨识度，在随迁子女的活动空间中选择较为明亮的颜色，能够促进大脑发育，同时在进行活动空间设计时要避免使用低短调、低中调、中短调等明度的弱对比，以免产生忧郁、低沉、模糊不清的视觉效果。

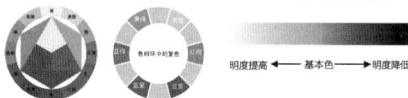

明度提高　←　基本色　→　明度降低

五、结语

5.1 随迁子女日常活动的空间策略

中小学生的活动能力有限，其活动范围也相对较小、较固定。因此在户外空间规划设计时，在一定程度上分别依照随迁子女和城市子女学生的活动圈层，500m、1000m、2000m为半径，规划相应等级的公共活动空间，使得两者能够在其能力所及的活动范围内，有相互交叉的空间，促进其互动与融合。

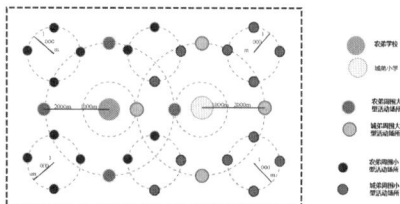

5.2 建议

（1）公共服务设施配套方面：随迁子女所在学校的电视、运动场、教学环境等硬件条件还有待提高，农民工随迁子女学校和城市学校的公共服务设施配套不应该有差异。
（2）日常交通出行方面：随迁子女相对于城市子女，日常交通出行的安全性和方便性更加需要关注，可以增设专门的校车减少安全隐患。
（3）日常活动类型方面：周末当随迁子女的生活不集中在学校时，教育资源应该继续延续，小型的图书馆、展览馆以及青少年活动能够更好的丰富其课外生活。
（4）心理状况方面：随迁子女相对于城市子女需要更多的家庭关怀，此外，在校期间的心理辅导也必不可少，需引导建立良好的行为准则和行为方式。

5.3 展望

现代城市之中虽然有许多的公共活动空间，但是对于随迁子女这一特殊的群体，它们并没有被充分利用。这些孩子虽然来到了城市，同样在这个朝气蓬勃、热情似火的城市里扎根下来，却并没有完全融入这座城市。对于孩子来说，日常生活活动是他们城市生活的更触手可及的组成部分，当社会对于这个特殊群体的关注还停留在解决户口问题和教育问题时，我们希望通过我们这次调研研究唤起大家对其活动和心理方面的关注，同时提出较好的促进融入性的办法。使随迁子女不仅能在教育资源的使用上与城市子女享有平等的权利，在社会生活活动和公共资源的利用上也能够与城市子女保持一致，让随迁子女完全融入城市，充分做到在"近城"的同时，能够"进城"。

参考文献

1.高翠丽. 当代中国农民工随迁子女社会融入状况研究[D]. 郑州大学, 2013.
2.郑安琪, 彭意, 董延芳. 农民工随迁子女业余生活影响因素探析——以武汉市两所小学调查为例[J]. 当代经济, 2012（05）：30–32.
3.祁瑞瑞. 农民工子女受教育权及义务教育法制公平研究[M]. 成都：四川大学出版社, 2008.
4.田慧生, 吴霓. 农民工子女教育问题研究——基于 12 城市调研的现状、问题与对策分析[M]. 北京：教育科学出版社, 2009.
5.中国进城务工农民子女教育研究及数据库建设课题组. 中国进城务工农民随迁子女教育研究[M]. 北京：教育科学出版社, 2010.
6.黄小萍, 龙军, 刘敏岚. 民工子女心理发展现状及对策研究[J]. 教育探索, 2006（10）：109–111.
7.刘传江, 程建林, 董延芳. 中国第二代农民工研究[M].济南：山东人民出版社, 2009.
8.简新华, 黄锟, 等. 中国工业化和城市化过程中的农民工问题研究[M].北京：人民出版社, 2008.

实例二　别让千村一面模糊了"乡愁"——南京江宁周村社区美丽乡村建设情况调查 ①

别让千村一面模糊了"乡愁"
—— 南京江宁周村社区美丽乡村建设情况调查

index

【摘要】 00
【关键词】 00
1. 绪论 **01**
　1.1 调查背景 01
　1.2 概念解析——"乡愁" 02
　1.3 调查目的 03
　1.4 调查范围及对象 03
　1.5 研究框架与调研思路 04
2. 物质：变换中真实的消亡 **06**
　2.1 舞台前台：游客感受着不真实的真实 .. 06
　2.2 舞台后台：村民承担真实背后的不真实 .. 08
　2.3 小结 13

3. 人文：变迁中亲切的消逝 **13**
　3.1 人与自然：关怀与亲密无处安放 13
　3.2 人与人：活动单调，邻里趋疏 14
　3.3 人与空间：生活习惯的无奈改变 16
4. 机制：发展中可续力的缺失 **18**
　4.1 周村片区与世凹片区的建设概况 18
　4.2 投入产出模式 18
　4.3 经营业态演替分析 19
　4.4 世凹片区机制的不可推广性分析 20
5. 结论 **20**
　5.1 结论 20
　5.2 建议 21

2014全国城乡规划专业社会综合实践调研报告

---

① 作者：陆天华、王媛、宗立、朱瑾华；指导老师：钱慧、于涛、罗小龙；获奖时间：2014 年；获奖
等级：二等。

【摘要】

　　2013 年中央城镇化工作会议上提出的"望得见山,看得见水,记得住乡愁",推动了全国的美丽乡村建设热潮。但是,与席卷全国的美丽乡村建设热潮相伴的,是许多建设问题——重物质而轻文化的开发方式使乡村人口衰退,内涵变质,原始乡村遭到破坏,"乡愁"失去存在基础。本调查以南京市江宁区周村社区内两个自然村——周村片区和世凹片区为例,以构建"乡愁"的物质、人文与机制三方面要素为调查切入点,调查其开发模式存在的问题,挖掘"乡愁"模糊根源所在。

【关键词】　美丽乡村;新农村;乡愁;南京

ABSTRACT:

　　The slogan "enjoy the scenery of the mountain, near the water, remember the nostalgia" proposed in the central working conference of urbanization in 2013 promotes the fever of constructing the beautiful country. However, accompanied by the fever is a lot of problems, for example, the development mode which emphasises on material and despises culture leads to the decrease of rural population, loseing the contents of rural, the destruction of original rural and nostalgia loseing the basis of existing. This survey takes two village community–Zhoucun and Shiwa–in Jiangning district of Nanjing as an examlpe, from three aspects, Material, the humanities and the mechanism, to investigate the problems in the current development mode, find the root cause of nostalgia's being forgotten.

KEY WORDS:　Beautiful country, new rural, nostalgia, nanjing

别让千村一面模糊了**乡愁**

2014全国城乡规划专业|社会综合实践调研报告

1. 绪论

1.1 调查背景

1.1.1 美丽乡村建设热潮卷全国

　　随着新型城镇化进程的推进,国家对新农村问题的关注度与日俱增。从 2003 年中央农村工作会议提出三农问题是全党工作"重中之重",到 2013 年中央城镇化工作会议中借用"乡愁"这样诗意的概念提出中国未来几十年内的理想城镇化模式,全国范围内掀起了美丽乡村建设热潮(图1-1)。

1.1.2 "千村一面"出现新的表现形式

　　在新型城镇化过程中对乡村的关注与保护产生缺位,使中国传统村落发生数量和质量上的全面衰退,自然宜居的传统村落变为空有物质空间的"水泥村庄"是传统的"千村一面"。

　　而在城市化水平较高的东部沿海地区,休闲旅游型的美丽乡村开发模式使得"千村一面"问题有了新的表现形式——旅游导向的开发导致村民的物质空间、生活习惯、文化习俗被作为"快餐文化"而被消费,乡村全面嬗变,进而乡村缺失其重要的内涵——乡愁。

图 1-2 新 "千村一面"形成过程

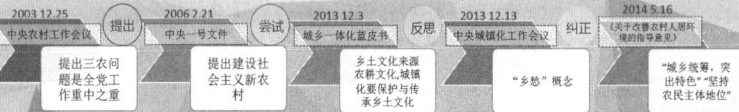

新"千村一面"形成

| 城镇化热潮席卷全国 | 人为造城千村一面 | 纠偏改错注重"特色" | 旅游开发文化嬗变 |

农村嘛就是山山水水、种种地啊。环境是要比城里好的,农村人都很热情的。
——市民采访 N1

我就是农村长大的,小时候还经常去喂喂猪、赶赶鸡,现在早就不做这些了,老家几年前就拆迁了。
——市民采访 N5

印象深的就是环境好、空气好,还有过年的时候特别热闹,家家户户人都特别多。
——市民采访 N11

2003 12.25	提出	2006 2.21	尝试	2013 12.3	反思	2013 12.13	纠正	2014 5.16
中央农村工作会议		中央一号文件		城乡一体化蓝皮书		中央城镇化工作会议		《关于改善农村人居环境的指导意见》
提出三农问题是全党工作重中之重		提出建设社会主义新农村		乡土文化来源农耕文化,城镇化要保护与传承乡土文化		"乡愁"概念		"城乡统筹,突出特色""坚持农民主体地位"

图 1-1 城镇化中农村问题关注度发展进程

1.2 概念解析——"乡愁"

　　"望得见山,看得见水,记得住乡愁"是一种对于美丽乡村所应包含物质文化核心要素的诗性概括,其关键词"山"与"水"是指乡村优质的自然环境,而"乡愁"则是村落现实物质基础在情感层面的反映。从字面理解,"乡愁"是山水等物质基础向情感方向牵性的产物。

　　关于"乡愁"的深层次内涵,不同的人群有不同的认识。

1.2.1 大众眼中的"乡愁"

　　本调查通过问卷与访谈调查,记录了南京普通市民心中的乡愁。大众眼中的乡愁基本上可以总结为**对于乡村自然环境、人文环境和生活习惯的美好回忆。**

望得见山 看得见水 记得住乡愁

绪论·调查背景·概念解析

1.2.2 专家学者眼中的"乡愁"

对于"乡愁"的内涵，许多专家学者机构也从专业角度给出了思考（表1-1）。

表1-1 专家学者对于乡愁的看法

观点来源	观点描述	核心思想	注重层面
中央城镇化工作会议	要注意保留村庄原始风貌，慎砍树、不填湖、少拆房，尽可能在原有村庄形态上改善居民生活条件。	原始面貌改善生活条件	物质
文联副主席冯骥才	屋外，青青的山脚下，篱笆上缠绕着美丽的花儿；屋旁，清澈的溪水流过，渴了可以直接掬一捧来喝；屋内，卫生间、厨房现代设施一应俱全，墙上还有艺术品画作，与城市并无区别	保留自然兼容现代化	物质
清华大学建筑学院副院长毛其智	乡愁不仅仅是留住几棵老树、几间老屋、几出家乡戏，而是要在统筹城乡进程中，传承历史，不丧失我们自己的风格，发挥城市和乡村的纽带作用，提高生态绿化面积，提升城镇宜居质量。	保留自然、历史文化、提升居住质量	物质与文化
山东省旅游规划设计院院长陈国忠	留住乡愁，首先是留住乡村文化聚落，即包含了自然的、文化的、社会的一种空间整体。"其次，乡村聚落本身就是有农民，有农业，有完整的乡村生活，这是最重要的	保护乡村整体、留住农业人口及其生活方式	物质、文化、社会

本调查通过总结普通大众与专家学者的观点，认为"乡愁"是由物质环境、人文环境与社会环境构成的"空间——情感——社会"统一体（图1-3），物质创造乡愁的基础，人文丰富乡愁的内涵，而社会运作保障乡愁的延续。

1.3 调查目的

从村民的感知与需求切入，辅以对于游客、管理人员的调查，了解美丽乡村建设前后村民的生存状态与需求。从物质、人文、机制三方面分析"乡愁"模糊的原因，并分析以世凹片区现有建设模式的优缺点，从村民需求以及村落可续角度对周村片区为代表的美丽乡村建设提出建议。

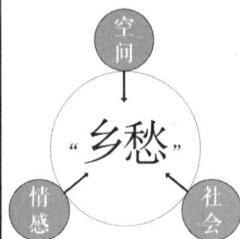

图1-3 "乡愁"包含元素

1.4 调查范围及对象

1.4.1 调查范围

调查地点：江苏省南京市江宁区谷里街道周村社区的**周村片区**与**世凹片区**两个自然村片区（表1-2）（下文简称为"周村"和"世凹"）。两片区东西向分别连接板桥新城与东山副城，南北向分别连接南京主城与谷里新市镇（图1-4、图1-5）。

地点典型性：世凹片区与周村片区同属周村社区，是美丽乡村江宁示范项目的一部分。由于美丽乡村建设项目时序不同，世凹片区已完成休闲旅游型美丽乡村建设，打造成"世凹桃源"景观；而周村片区处于待建阶段，在模拟世凹片区改造前状态方面具有代表性。

表1-2 研究区域信息

村名	人口情况		用地情况		
	户数（户）	人口数（人）	面积（平方公里）	建设用地（亩）	人均建设用地（平方米）
世凹片区	45	142	0.17	32	150.09
周村片区	150	460	0.7	260	376.44

1.4.2 调查对象

调查对象包含村民、游客以及村委会管理人员（表1-3、图1-6、图1-7）。

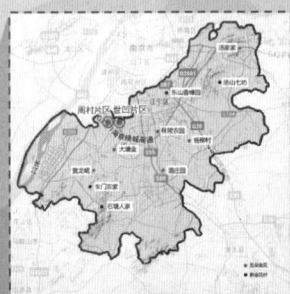

图1-4 研究范围

图1-5 研究范围

表1-3 研究对象及其属性表

调查对象	备注
村民	包括世凹和周村两个片区的村民
游客	调查其对美丽乡村建设成果的感知
村委会管理人员	周村社区村委会管理人员

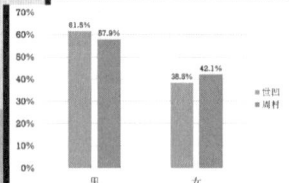

图1-6 调查村民性别统计图

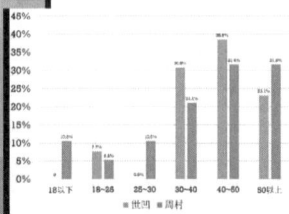

图1-7 调查村民年龄统计图

1.5 研究框架与调研思路

1.5.1 调查方法（表1-4）

调查主要采取了文献收集、资料整理、实地观察、问卷调查、人员访谈、跟踪调查等方法（图1-8、图1-9、图1-10）。

分析方法主要有SKETCH UP建立模型、SPSS定量分析、描述性统计、时空地图。

表1-4 调查对象层次方法框架

对象	获取方法	抽样、分析方法	数据
世凹桃源游客	问卷调查	抽样：区域内随机抽样 分析：定量分析、主观评价、描述性统计	80
世凹片区村民	体验观察	抽样：初步调查后选取典型对象 分析：内容分析法、定性分析	1
	个体访谈	抽样：区域内随机抽样 分析：定性分析	15
	问卷调查	抽样：按农户分层抽样 分析：定量分析、描述性统计	22
周村片区村民	体验观察	抽样：初步调查后选取典型对象 分析：内容分析法、定性分析	1
	个体访谈	抽样：区域内随机抽样 分析：定性分析	10
	问卷调查	抽样：按农户分层抽样 分析：定量分析、描述性统计	20
村委会管理人员	访谈调查	抽样：按部门与职务分层抽样 分析：定量分析、定性分析	2
城乡规划专家教授	访谈调查	分析：美丽乡村建设模式探讨分析	3

图1-8 问卷调查

图1-9 周村片区村民访谈

图1-10 世凹片区村民访谈

1.5.2 研究框架

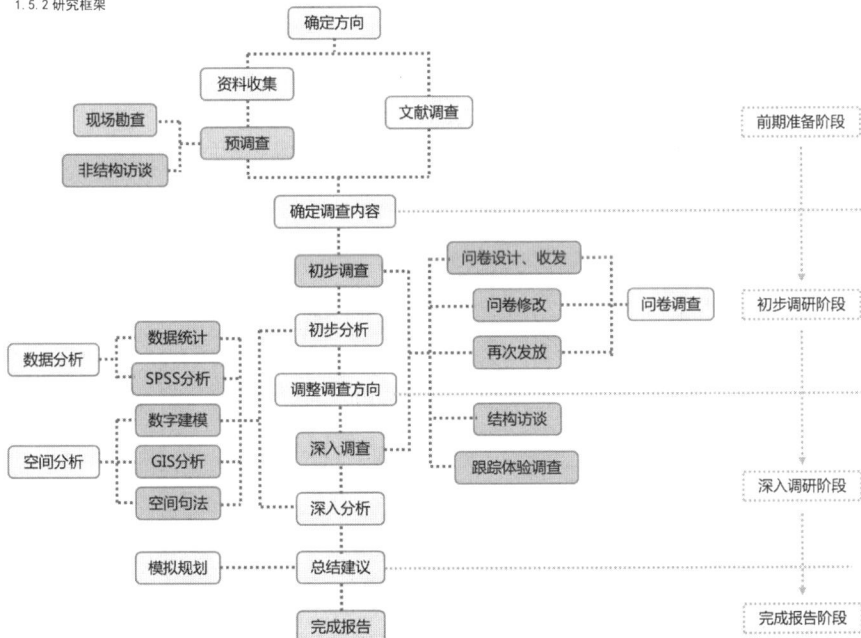
图1-11 研究框架

06 物质·变换中真实的消亡

2. 物质：变换中真实的消亡

世凹建设模式将乡土文化用作旅游开发，就如同真实被搬上了舞台，前台观众看到的是修饰过的文化，后台居民经历的是被异化的生活，美好的物质环境因其失去了真实性而无法构建起"乡愁"，**此部分调查从游客与村民两个角度探究物质变换对于乡愁基础的影响。**

2.1 舞台前台：游客感受着不真实的真实

调查表明，来到世凹游客86.1%是30岁以上高学历人群且对于世凹完全不怎么了解胡出游者（图2-1，）只是单纯地将世凹当作踏青地点，可见"美丽乡村"建设并，没有将其想要表达的乡村的核心概念传递给游客。

此外，满意度调查表明，游客对于世凹乡村氛围这一项满意度最低（图2-2、图2-3），在对于世凹毫无了解的游客的心中，世凹很难给人一种乡村的感觉。

> 这里已经不是农村了，我们只是来呼吸新鲜空气的。
> ——游客访谈 N1

> 这个叫农家乐，哪里叫农村？！
> ——游客访谈 N4

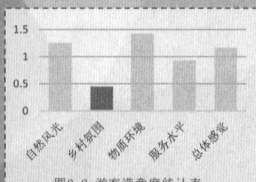

图2-2 游客满意度统计表

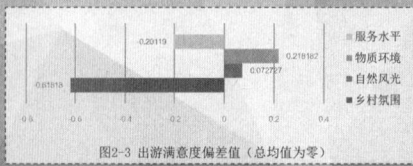

图2-3 出游满意度偏差值（总均值为零）

舞台真实理论

1973年，迈肯·尼尔(Mac Cannel)在"舞台的真实性"（Staged Authenticity）一文中首次将"真实性"的概念引入到旅游动机、旅游经历的研究中，即在旅游开发中，旅游产品被当做"真实"而搬上"前台"，向游客进行舞台化展示，也即"文化商品化"。通过对真实生活进行包装、裁剪、肢解、删减，从而使"真实性的生活场景再现（Cultural Representation of Reality）"，实现文化的再创造、满足旅游者的真实文化体验。"舞台真实"，是旅游者布置了一个旅游的真实舞台，而真正的文化场景却远离了旅游者的视线。

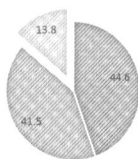

- 完全不了解 • 有些了解 • 很了解

图2-1 游客了解程度统计图

---

06 物质·变换中真实的消亡

本调查对比周村片区与世凹片区的物质环境（图2-4）、人文环境，总结了35个词语分别描述两片区的特征（图2-5），并以此为基础对游客进行美丽乡村意向调查。在选择符合心目中美丽乡村的词语的过程中，描述周村片区的词语被选择频率为351次，而描述世凹的词语被选频率仅有65次，由此可见，世凹桃源并不符合大众心中的美丽乡村（图2-6）。

图2-4 周村片区与世凹片区的物质环境

> 农村嘛，河边洗衣服啦，串门啦肯定是要有的。土菜馆马头墙倒是其次的了。
> ——游客 N12

> 美丽的乡村一定是宁静的，绿水蓝天，家家户户有个小菜地。石板路也是很漂亮的是吧。清澈的河流好是好，但是现在也没有哪里有真正清澈的河流啦！
> ——游客 N5

■周村 ■世凹

图2-6 美丽乡村意象结果统计图
（词语选择频率）

	Responses		Percent
	N	Percent	of Cases
宁静	37	8.9%	78.7%
小池塘	32	7.7%	68.1%
绿水蓝天	26	6.3%	55.3%
清澈的河流	26	6.3%	55.3%
小菜地	26	6.3%	55.3%
农田	24	5.8%	51.1%
石板路	24	5.8%	51.1%
油菜花	23	5.5%	48.9%
院子	17	4.1%	36.2%
水井	17	4.1%	36.2%
在水边洗衣服	16	3.8%	34.0%
黑瓦白墙	15	3.6%	31.9%
鸡舍	15	3.6%	31.9%
家猫家狗	13	3.1%	27.7%
小街巷	12	2.9%	25.5%
猪圈	12	2.9%	25.5%
采摘园	11	2.6%	23.4%
蔬菜大棚	9	2.2%	19.1%
邻里交流	9	2.2%	19.1%
矮房子	8	1.9%	17.0%
土菜馆	8	1.9%	17.0%
马头墙	6	1.4%	12.8%
串门	6	1.4%	12.8%
景观树	5	1.2%	10.6%
茅厕	5	1.2%	10.6%
路灯	3	0.7%	6.4%
薰衣草	3	0.7%	6.4%
拉家常	3	0.7%	6.4%
假山	1	0.2%	2.1%
柏油路	1	0.2%	2.1%
Total	416	100.0%	885.1%

图2-5 美丽乡村意象调查结果

2.2 舞台后台：村民承担真实背后的不真实

游客作为前台的观众，体验着不真实的农村，而后台的村民更承担着旅游开发热潮的副作用。

世凹桃园建筑测绘

名称	照片	SU模型	CAD	面积测算（平方米）	
珍嫂				村民自用	65.5
				游客占用	135.5
				共同使用	40
				院落空间	117
				总建筑面积	241
世凹人家				村民自用	15
				游客占用	225
				共同使用	65
				院落空间	94
				总建筑面积	305
牛首膳				村民自用	17
				游客占用	225
				共同使用	37
				院落空间	146
				总建筑面积	309

周村自然村建筑测绘

名称	照片	SU模型	CAD	面积测算（平方米）	
ZC-01				村民、亲友共同使用	132
				村民自用	109
				院落空间	89
				总建筑面积	241
ZC-02				村民自用	253
				院落空间	194
				总建筑面积	253
ZC-03				村民自用	425
				村民、亲友共同使用	85
				院落空间	196
				总建筑面积	510

图2-7 房屋生活空间对比分析图

村民对于看似美好的物质环境享有率非常低，具体体现在房屋、道路、公共设施等多方面。

2.2.1 房屋——村民生活空间压缩变形

（1）整体调查分析

通过对世凹与周村片区分别选取三户人家进行详细测绘。对比分析发现，世凹村民在自家住房内的生活空间面积明显减小（图2-7）。

同时，对比两片区的房屋细节，分析发现美丽乡村建设反而使得村民生活空间的真实性降低（图2-8）。

修缮也仅仅限于外表，很多村民表示由于屋顶的改造房屋存在漏雨的问题。

> 我们家增加了马头碰就一直漏雨，建筑质量一点也不好，面子工程罢了。
>
> ——世凹村民访谈 N8

院落：
世凹片区院落（上图）因多年被客担停车场功能以及作为经营农家乐的室外场所；周村片区院落（下图）生活气息较浓厚，更多充当生活空间的拓展。

建筑立面：
世凹片区（上图）院一额缀了马头墙，增加一定的美观性，但是由于强加的文化符号略显突兀；周村片区建筑风格（下图）黑瓦白墙，较为朴素。

储物间：
世凹因农家乐需求储物间多被挤占，杂物堆于走廊等地。

窗：
世凹统塌落金属花纹窗框；周村门窗多为旧式样陈旧木条。

图2-8 房屋细节对比分析图

（2）详细案例分析

分别选择世凹片区盛世路1号的珍嫂家和周村片区的ZC01张宅进行详细案例分析（图2-9、图2-10）。对比分析发现，改造使得村民丧失了对于房屋的主导权，大面积的生活空间变形为服务游客（图2-11）。

总体而言，有关房屋方面的物质改造虽然一定程度上增加了房屋的整洁度和美观度，但是使得村民对于房屋的享有度降低。

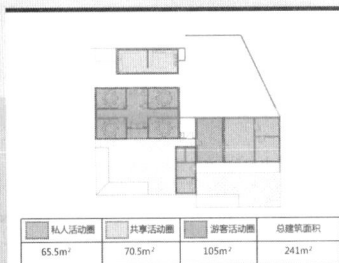

私人活动圈	共享活动圈	游客活动圈	总建筑面积
65.5m²	70.5m²	105m²	241m²

图2-9 珍嫂案例分析图（世凹片区）

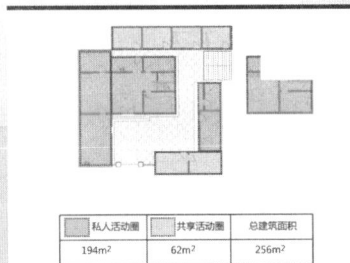

私人活动圈	共享活动圈	总建筑面积
194m²	62m²	256m²

图2-10 张宅案例分析图（周村片区）

> 原来大房子一家人住的很舒服，现在开农家乐，自家变小了住得挤也没办法。院子也都是用来搭桌子了。
>
> ——珍嫂（盛世路1号）

> 房子住的霜好哇，自己盖的当然好，我们三世同堂都住在这里，我现在是退休了没事干就在院子里和老邻居下下棋，天热了有时候也把桌子搬出来在院子里吃饭。
>
> ——张大爷（张宅）

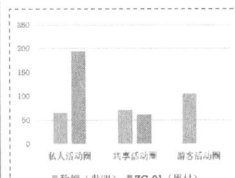

图2-11 珍嫂房屋主导权示意图

侧边竖排文字：望得见山 看得见水 记得住乡愁

2.2.2 道路修缮——属于游客的美丽建设

一方面，通过相关人员访谈以及实地调查，发现世凹片区 1200 万元的主干道改造工程使得道路状况平整宽敞（图 2-12）。

另一方面，通过问卷调查以及车流量统计（选取某周日上午 11:00-12:00 时间段，在世凹片区的两个出入口进行车流量统计），分析发现世凹片区绝大部分的交通量由游客产生：

(1) 世凹高峰小时交通量达到了 614.3 pcu/h，统计当日机动车与非机动车出行比约为 11:1（表 2-1）。

(2) 对村民的出行方式的调查结果表明采用机动车出行的村民只占到 23.1%（图 2-13）。

相比之下，周村的道路状况虽然有待修缮，但是交通情况更加符合宁静的乡村氛围。

旅游导向下的道路修缮工程脱离于村民对道路的日常需求，是典型的资源错位与资源浪费并行。村民对这种良好的道路改造成果享有度极低，后台村民生活的不真实性再次体现。

图 2-12 世凹入口道路断面示意图

表 2-13 世凹片区交通流量统计图

类别	11:00	11:30	12:00	总计	
Location A					
私家车	105	182	78	365	
渣土工程车	9	10	9	28	
旅游大巴	1	0	0	1	
非机动车	13	8	16	37	
					观察点A
Location B					
私家车	46	73	28	147	
渣土工程车	0	1	1	2	
非机动车	6	4	4	14	
					观察点B
非机动车总计	19	12	20	51	
全部车辆总计	180	278	136	594	

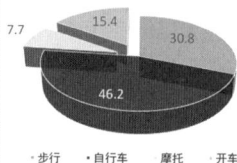

图2-13 世凹村民出行方式统计图

· 步行 · 自行车 · 摩托 · 开车

2.2.3 公共设施配建——村民参与不积极

世凹片区 670 万的公共配套设施工程和 760 万的社区中心投资并没有转化为相对应的使用率。根据问卷（图 2-14）与访谈调查，发现公共设施中，社区中心使用率极低，开敞的活动场所稍有人气，物质投资再次成为了形象工程（图 2-15）。

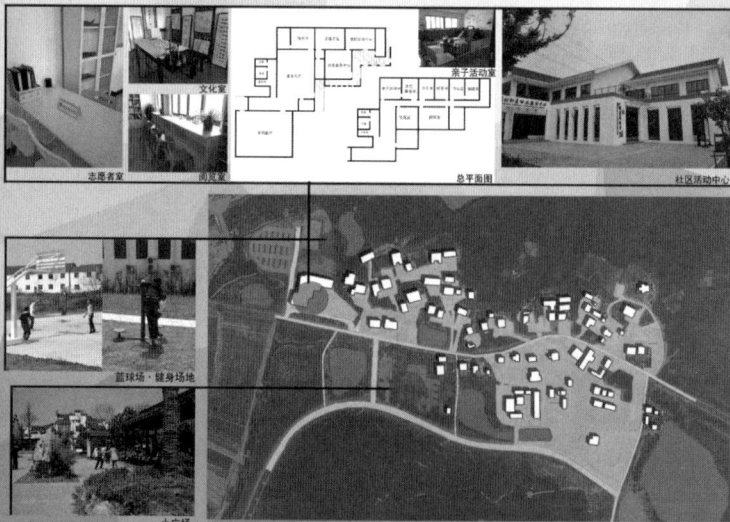

图 2-14 公共设施使用率统计图

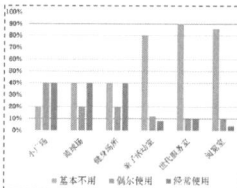

志愿者室　文化室　阅览室　社区活动中心

蓝球场·健身场地

小广场

图 2-15 世凹片区公共设施分布示意图

物质·变换中真实的消亡

望得见山 看得见水 记得住乡愁

2.2.4 村民对整体外部物质空间享有度低下

本调查将 9 至 20 时分为 5 个时间段，对游客和原住民活动分布进行观察记录，结合二者利用 gis 软件进行了分布密度可视化分析。通过分析发现村民对于村庄整体外部物质空间的享有度也是较低的（图 2-16、图 2-17）。

游客分布密度：

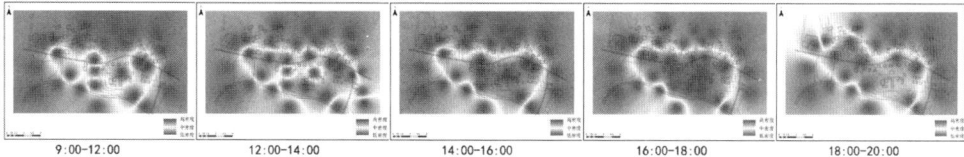

| 9:00-12:00 | 12:00-14:00 | 14:00-16:00 | 16:00-18:00 | 18:00-20:00 |

村民分布密度：

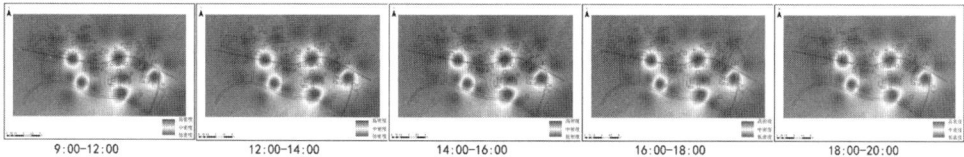

| 9:00-12:00 | 12:00-14:00 | 14:00-16:00 | 16:00-18:00 | 18:00-20:00 |

图 2-17 游客村民分布密度示意图

图 2-16 世凹片区原住民活动分布观察记录

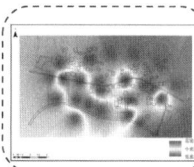

由于经营农家乐，村民生活显示出了很强的趋同性，主要外出活动时间集中在 20:00-22:00。

人文·变迁中亲切的消逝

望得见山 看得见水 记得住乡愁

2.3 小结

对于游客而言，世凹片区的美丽乡村建设项目等同于一个单纯餐饮消费场所和一次不真实的文化体验；对于村民而言，旅游导向的建设模式将物质环境与村民需求相剥离。村民对房屋、道路、公共设施，乃至整个外部物质空间的建设享有度较低。后台开发的不真实最后由村民全额承担，而不真实的物质环境无法起到构建"乡愁"存在基础的作用。

3. 人文：变迁中亲切的消逝

此部分调查从人与自然、人与人、人与空间三个角度出发关注美丽乡村建设给村民带来的改变，以及村民在人文方面的感知与需求。其中，通过问卷调查，深入访谈以及跟踪体验重点关注人文变迁中人与人之间邻里关系的变化，了解现行建设模式对于丰富乡愁内涵的人文因子的影响。

3.1 人与自然：关怀与亲密无处安放

"阡陌交通，鸡犬相闻"是诗人笔下的桃花源。从人与动物以及人与田地的关系角度入手，对美丽乡村建设前后的情况进行调查并对比分析人与自然和睦关系的变迁。

3.1.1 人与动物——亲密关系

观察（周村片区）	观察（世凹片区）

描述

周村片区的居民每家每户都饲养着家猫、家狗，住宅布局中也体现着对动物的亲密关怀（如保留着狗窝）。

世凹片区人与动物关系较为疏远，只有少量小型犬类，无饲养鸡鸭禽类的习惯，能观察到的禽类为别处购买的农家乐食材。

剖析

人与动物关系因美丽乡村建设的卫生需求以及经营农家乐环境需要而变迁。访谈中村民对此变迁多流露出无奈。

· 访谈：

您家中是否饲养猫狗，数量为多少？

您家中是否有鸟窝、鸡舍、猪圈等？

鸡鸭不自己养了，家里老人住那边村子（周村）帮我们养点，还是供应不上来，要去农贸市场买的。

——世凹村民访谈 N7

村子搞建设嘛我们也要配合，养鸡养鸭院子要搞脏。

——世凹村民访谈 N10

养鸡养鸭有的，自己养的好吃也放心。狗肯定要养的，狗窝在院子里，随便搭的。

——周村村民访谈 N5

3.1.2 人与田地

描述

世凹片区：美丽乡村建设保留下一定面积的小菜地，但不再是村民日常饮食来源，部分村开发成农家乐活动。

周村片区：村民小菜地——日常饮食的蔬菜来源。

调查

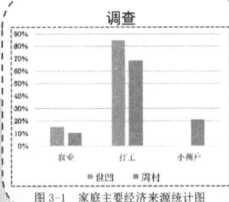

图 3-1 家庭主要经济来源统计图

剖析

虽然农业生产已经不是村民的主要谋生方式，但是乡村人仍尽可能的保留一定的小型农具，并对于小菜地有较深的感情。人与田地这种情感上的联系因为美丽乡村建设对于田地的改造而渐逝。

> 小菜地虽然少了很多，但是还有的。现在旺季就给游客来摘。城里人都喜欢这样摘，健康食品。
> ——世凹村民访谈 N11
>
> 家里也没人拿门种田了，但是弄弄小菜地自己吃。别的不说，蔬菜我们从来不买的。
> ——周村村民访谈 N6
>
> 以前还一起打打麻将什么的，现在弄农家乐比较忙也没这个空。平时见面还是会打招呼的。
> ——世凹村民访谈 N12
>
> 串门肯定有的，平时借个油盐酱醋也很正常。村里关系都挺好的。
> ——周村村民访谈 N24

3.2 人与人：活动单调，邻里趋疏

邻里关系是美丽乡村的重要内涵。通过对游客进行的美丽乡村意向调查发现，"拉家常"，"邻里交流"等词汇频繁出现。

本调查通过问卷调查、深入访谈以及跟踪体验全面了解美丽乡村建设对邻里关系带来的变化。

描述

周村片区下棋、拉家常、共同劳作等邻里活动频繁。

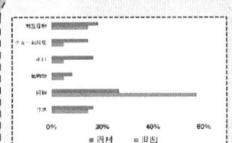

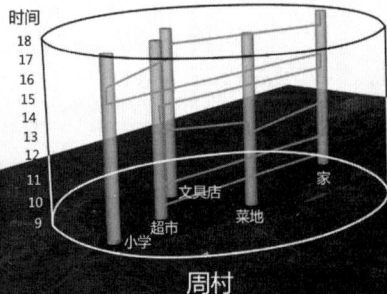

图 3-2 邻里活动形式统计图

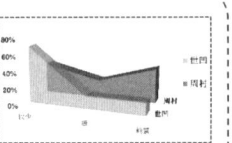

图 3-3 邻里交流频率统计图

剖析

因为美丽乡村建设改变了世凹村民生活作息，使得周村村民在邻里交流方面较世凹村民较为频繁，邻里活动形式较丰富。

对此，世凹村民表示理解这是经营农家乐的需要，但仍然有些许无奈。

从世凹片区和周村片区各选取一家典型农户进行了全天性的跟踪体验调查（表 3-1、图 3-4、图 3-5）。根据时空分析发现周村村民与世凹村民日常生活的共性与差异：

共性：日常生活圈半径较小，个人文化娱乐活动都较为单调；

差异：由于经营农家乐，珍嫂为代表的世凹村民日常生活较为忙碌，生活半径圈较周村村民更小，同时紧凑的生活节奏使得邻里活动较周村村民更少。

结论：

虽然经过美丽乡村建设，世凹片区增设了一系列公共活动场所，但是无论是个人娱乐活动形式还是邻里活动形式并没有因为美丽乡村建设而丰富。恰恰相反，因为建设改变了村民的主要生产方式，使得村民无暇参与公共活动（如广场舞），与此同时，邻里交流也被动减少，邻里关系趋向淡漠。

踏实的邻里关系，作为乡村内涵重要的一部分，随着它的消逝，"乡愁"也日益模糊。

表 3-1 跟踪体验日常活动表

时间		
9:30	洗水壶、烧水、择菜	张大爷在家烧大灶，张大妈洗衣并整理客桌的事务
9:45	整理桌椅	
10:00	开门迎客	张大妈和了客居帮忙整理小菜地
10:30	休息闲聊	张大爷洗菜、择菜
10:45	接受电视采访	
11:00	上餐具，点柱香	张大爷开始收拾柴火，烧大灶
11:05	招呼回家带回熟菜，开始炒菜	张大妈回家带回熟菜，开始炒菜
11:30	为一桌客人摆碗盛饭	
11:45	客人陆续就来，继续为客人服务	张大爷、张大妈在灶间的小桌子上吃中饭
12:00	珍嫂与一桌客人闲谈	
12:30	因为没有太多客人，开始给补女拍照	中饭结束，收拾碗筷，将剩下的菜放在灶间壁橱内
13:00	一桌客人吃完离店，开始整理餐桌、刷碗筷	张大妈午睡，张大爷的随便钱头下棋
13:30	客人陆续离开	
13:45	一位女主人进城上班，小孩开始玩滑板	
14:00	和珍嫂一起吃午饭，自家吃的饭菜很清淡	张大妈起床整理衣物
14:15	打扫结束，家里人开始打扫房间，清理桌面	
14:30	打扫结束，珍嫂休息一下陪伴子女	下完棋，张大爷去街头小店铺购买晚上的食材
15:00	珍嫂回到自己的卧室午睡	张大爷去整理菜地（浇水）
16:00		张大妈处理晚大爷买的食材，简单加工中午的剩饭
17:00	准备食材	儿子、儿媳下班回家，一家人一起吃晚饭
18:00	晚上只有一桌客人，客人离店后再次整理餐桌	
18:15	珍嫂坐在门外的院子里看着广场舞跳舞人群	晚饭结束，优哉一网整理灶间，张大爷独自散步

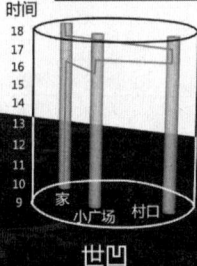

图 3-4 日常活动时空分析图

周村

世凹

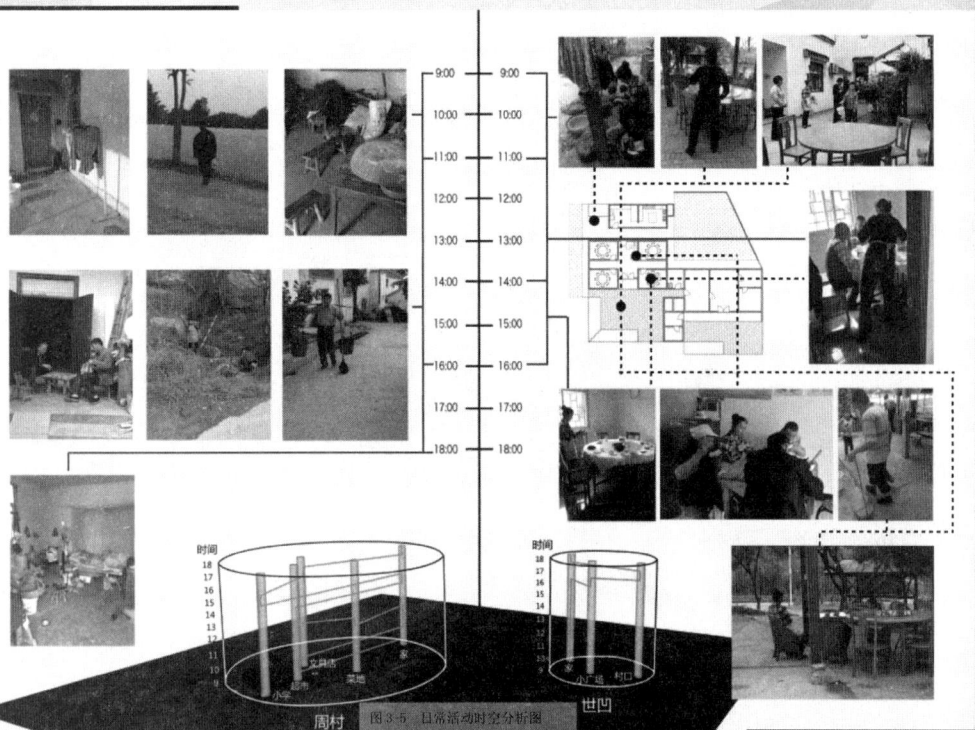

人文·变迁中亲切的消逝

望得见山 看得见水 记得住乡愁

图3-5 日常活动时空分析图

周村   世凹

3.3 人与空间：生活习惯的无奈转变

人与空间关系的改变继而给村民的生活习惯带来改变。调查结合对村民的访谈，对比分析改造前后人与空间关系的变迁。

3.3.1 公共领域——空间变迁中习惯的被迫改变

描述与剖析

经营农家乐需要，世凹的堂屋主要用于摆设吧台；而在改造前（即现周村），堂屋常用来摆放餐桌、橱柜，是会客以及日常个人休憩的重要场所。

3.3.2 劳动领域——体现习惯被迫改变的无奈

描述与剖析

餐厨空间是劳动领域的重要组成部分。美丽乡村建设出于美观，进行了灶间改造，拆去大部分大灶，进而村民长久以来保留大灶烧饭以及餐厨合一的餐饮习惯被迫改变。受调查村民对此大多感到无奈。

3.3.3 个人领域被美丽建设遗忘

描述与剖析

调查中观察到的个人生活空间，尤其是卫浴空间的整体状况较差。卫生条件有待改进。美丽乡村建设对于"表面"空间的关注之余，忽略了与村民卫生习惯息息相关的个人空间改造。

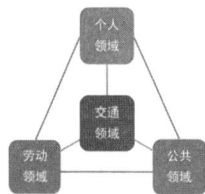

图3-6 生活领域分类图

生活领域分类
公共领域：接待客人、团聚等行为发生的领域
劳动领域：炊事、就餐等行为发生的领域
个人领域：睡觉、学习、存储等行为发生的领域
交通领域：穿过、通行等行为发生的领域

355

4. 机制：发展中可续力的缺失

4.1 周村片区和世凹片区的建设概况

经调查，周村片区呈现都市近郊基本脱离农业的乡村面貌，其90%的中青年人外出打工，留守老人以社保、农保、农田征收补助作为经济来源，个别村民从事个体工商业。而世凹片区经美丽乡村建设，形成一种政府前期投资、村民后期经营的产业运营模式，主要收入来源为农家乐餐饮服务。世凹片区原住居民从2011年10月改造前的48户减少到2014年5月的9户（图4-1）。

据此，我们分析世凹建设模式在投入产出与业态演替两方面存在的问题，了解乡愁延续的保障——社会机制的构建情况，并就其在周村片区的可推广性进行分析。

图4-1 世凹片区人口变化情况图

4.2 投入产出模式

世凹桃源的建设模式是由政府"不计成本"地包揽所有投入，除去初期运营部分的投资约合5000万元人民币，后期还将追加投资。

政府的投入包括一次性投入、设施维护投入以及对农家乐的运营补贴（80万一次性投入）。同时，在基础设施建设与运营方面以江宁区城市区域的建设运营标准为基础，这进一步提高了"农家乐运营环境"的营造成本（图4-2）。

政府扮演的包揽投入模式使其成为单纯的建设者而非引导者，没有让民众成为"美丽乡村建设"的行为主体。

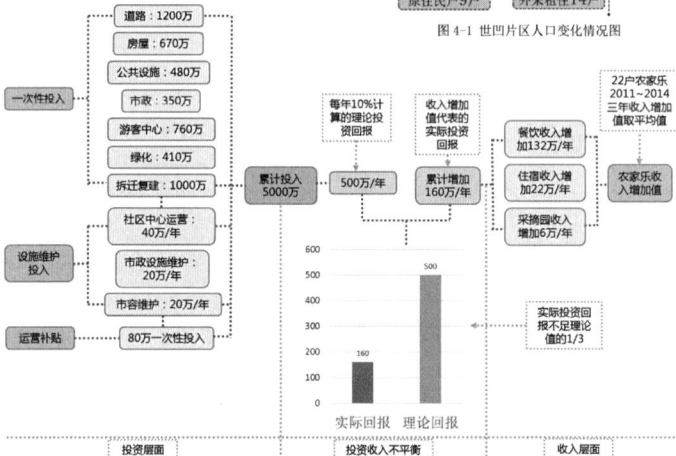

图4-2 世凹片区投入产出模式示意图

4.3 经营业态演替分析

世凹桃源采取政府统一投入、村民零散收入的发展模式，不利于缺少商业意识的本地居民形成良好的经营意识，政府的短期培训帮助也微乎其微（图4-4、图4-5），最终，无法形成有竞争力的经营意识的村民搬离世凹桃源（图4-3），这些经营区位随之就被外来的经营个体占据，导致人口减少，乡村丧失活力。

同时，这些外来经营者的进入和部分居民的迁出，使原来的乡村生活方式开始消失，原住民生活空间被侵蚀，最终将原属于乡村的生活方式和生活空间转化为"农家乐"活动进行的架构和场所。

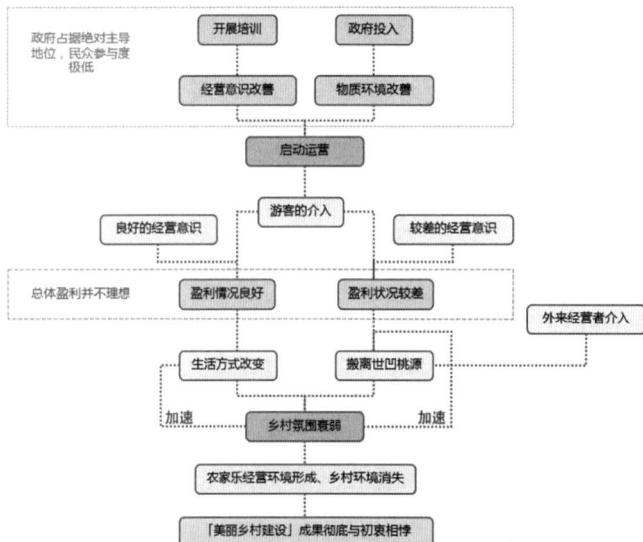

图4-3 世凹桃源经营业态演替分析

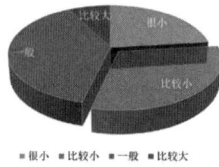

图4-4 培训重要性统计图（村民）

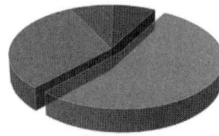

图4-5 村民受教育程度统计图

4.4 机制的不可推广性分析

综上，世凹片区的不可推广性体现在以下几点：

4.4.1 无法复制的优势资源

世凹片区依靠牛首山这一无法移植的良好旅游资源，成为美丽乡村试点，但周村片区缺乏旅游资源优势。

4.4.2 投入产出模式无力复制

世凹片区建设模式是由政府"不计成本"地包揽投入，对于规模更大的周村片区，其投入产出模式的特殊性不具有可复制性。

4.4.3 机制忽略村落可续性

整个建设机制的经营理念相对粗放，政府只是营造了基础环境和提供简单培训。民众的积极性始终没有得到足够的认知、重视乃至调动。忽视了通过居民本身的行为来长期、有效且持续地建设"美丽乡村"的重要性。周村片区如套用此模式，会造成人口流失、村落衰败。

综上所述，世凹的运行模式无法有效地吸引人口，为乡村发展提供长效动力，"乡愁"延续的保障无法构建。

5.结论

5.1 结论

5.1.1 世凹建设模式的可取之处

（1）加强基础建设，提升村民满意度

对村民的满意度调查显示，世凹村民对于基础设施的满意度普遍高于周村村民，尤其在卫生条件方面。

（2）完善物质条件，提升村民地方感

利用李克特5级量表（表5-1）对村民进行的地方感强度调查显示，世凹村民在主要取决于物质条件的地方依赖这一项上要高于周村村民（图5-1）。

表5-1 地方感强度调查5级量表

地方认同		地方依赖		地方依恋	
存在的外在	偶然的外在	代理的内在	行为的内在	移情的内在	存在的内在
如果给我相同的条件我还愿意住在这里	我喜欢在村里生活	我了解村里的历史	我认为在村子里比在其他任何地方都适合人居住	您对这个村子的喜欢程度胜过其他任何地方	我对自己的村子感到自豪
			我喜欢这个村子比其他地方更让我满意	出门在外时，您经常想起您居住过的这个小村庄	愿意向其他人介绍这个村子里
			我认为村里自然环境比城里更好	除非有必要出去办事，平时您都愿意待在村子里	我为自己生活在这个村子里感到骄傲和自豪

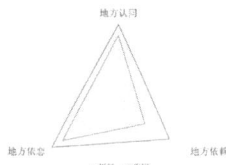

图5-1 村民地方感调查图

5.1.2 世凹建设模式的反思

经过调查，对世凹的建设模式进行三方面的反思（表5-2）。可见世凹模式虽有一定的可取之处，但并不适于大规模推广。

表5-2 世凹片区模式反思

因子层	具体问题
物质层次：乡愁基础不完善	1.旅游导向的基础设施建设致使村民建设成果**享有度低**； 2.物质改造脱离于乡村原有风貌的保护，存在**过度设计**。
人文层次：乡愁内涵空缺	1.**人与自然**：改造中并未充分考虑人与自然的关系，菜地、宠物、农具等蕴含传统乡村意向的生活元素消失，人与自然的亲密关系被动改变。 2.**人与人**：改造中忽视了人们对于公共活动的需求，同时，未考虑同生产对**邻里关系**的影响，使得乡村氛围减淡。 3.**人与空间**：生活空间的改造忽视对生活习惯的考虑，使得生活范围狭窄。
机制层次：乡愁可续力待增	1.经营理念粗放，**投入产出模式**失衡； 2.机制未能有效提高村民的**经营意识和积极性**，进而使得"乡愁"长存的动力缺失。

5.2 建议

乡村建设遵循一定的过程，调查认为真正的美丽乡村建设应包括三个过程：人与生活环境之间形成物质与心理的联系；人与人之间形成的群体与心理的联系；人与社会之间形成的组织与心理的联系——即从物质到人文再到机制的过程，最终达到改善生活环境，提高人文品质的目的，"乡愁"应运而生。

本调查对以周村片区为代表的美丽乡村建设提出三个层次的建议（表5-3）。

表5-3 美丽乡村建设模式建议

因子层	建议
物质层次：完善"乡愁"基础	1.基础设施建设应以村民为主体，努力提高村民的**享有度**； 2.充分调查了解村民需求，改造落实到村民的实际生活需求，**注重改造质量**。
人文层次：保留"乡愁"内涵	1.**人与自然**：应注重保护传统乡村意向的延续性，保留具有乡土传统特色的自然元素； 2.**人与人**：设立公共活动空间，培育富有活力的乡土文化圈层，使邻里、好友、家庭处于积极的互动状态； 3.**人与空间**：房屋改造尊重保护原有生活习惯，避免压缩村民生活范围。
机制层次：延续"乡愁"发展	形成以**提高村民人口素质**为核心的运行机制，避免"重物质，轻社会"。

5.2.1 参考案例

台湾地区兴起的"社区营造运动"，其核心观念为"营造社区共同体"，是国内大都市近郊美丽乡村建设模式重要的参考案例之一。（表5-4）。

表5-4 参考案例

富兰县苏澳城白米社区		瑠投县桃米社区	
案例介绍	案例图片	案例介绍	案例图片
白米社区赖以生存的木屐产业遭遇挫折，社区通过重新唤醒居民文化认同、加强居民参与、建立地方共识的过程不断凝聚共识，使"木屐之乡"重新成为地方引以为傲的特色，体现文化认同对社区重构的重要作用。	白米希望木屐	桃米社区原本农民收入低下，人口外流，靠务农、砂石业为生。社区以重塑社区精神、价值和凝聚力的控制，提升村民素质，加强居民对社区特色与文化的了解与认同，利用良好生态资源，打造"桃米生态村"，振兴社区。	桃米纸教堂与"青蛙老板"

5.2.2 相关设想

本调查在周村基础设施现状基础上、遵循尊重现状，防止物质建设异化的原则，对周村片区的基础设施改造提出相关设想（图5-2、图5-3）。

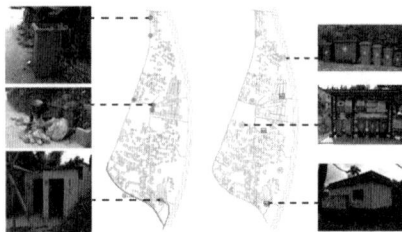

图5-2 周村片区环卫现状与设想规划图

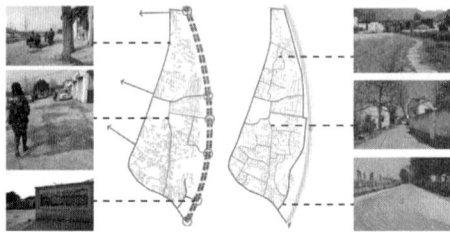

图5-3 周村片区道路现状与设想规划图

参考文献

[1] 唐文跃. 地方感研究进展及研究框架[J]. 旅游学刊, 2007, 22(11): 70-77.
[2] 张帅. "乡愁中国"的问题意识与文化自觉——"乡愁中国与新型城镇化建设论坛"述评[J]. 民俗研究, 2014(02): 157-159.
[3] 克劳斯·昆兹曼, 田姗姗. 乡愁中的中国城镇化和文化保护[J]. 中国经济报告, 2014(02): 21-25.
[4] 丁康乐, 黄丽玲, 郑卫. 台湾地区社区营造探析[J]. 浙江大学学报(理学版), 2013, 40(06): 716-725.
[5] 牛婧. 农村住宅空间和生活方式变化关系的研究——以辽南地区为例[D]. 大连理工大学, 2011.
[6] 张振鹏. 新型城镇化中乡村文化的保护与传承之道[J]. 福建师范大学学报(哲学社会科学版), 2013(06): 16-22.

附录——问卷·访谈·深入访谈农户资料

问卷A（游客）：

编号_____

江宁区谷里街道周村地区美丽乡村建设调查问卷

尊敬的先生/女士：

你好！我们是**大学城乡规划专业的学生，正在进行江宁美丽乡村建设的社会调查研究。

本次调查的目的在于全面了解江宁区美丽乡村建设情况。问卷仅限学术研究，不带任何商业、政治色彩，所有信息不会被透露给第三方，请您如实、放心地填写。谢谢！

1. 是否在出游之前具体了解过世凹桃源？
A. 很了解   B. 有些了解   C. 完全不了解

2. 您此次出游，属于_____？
A. 个人出游   B. 家庭出游   C. 朋友出游   D. 团体出游（旅行团）

3. 此次出游**最想**体验到的是什么？
A. 自然风光与良好的环境   B. 农事活动（采摘果菜、钓鱼等）
C. 吃农家菜、住农家乐   D. 与乡村人民交流，体会热情淳朴的民风
E. 其他_____

4. 请从以下几方面评价您此次出游满意度（打"√"）

	非常满意	比较满意	一般	比较不满意	非常不满意
自然风光					
乡村文化氛围					
物质环境（如建筑风貌道路建设等）					
服务水平					
总体印象					

附录

5.请您评价照片中所展示的空间环境**差异程度大小**（打"√"）（ipad照片展示）

	非常大	比较大	一般	没差异
建筑的美观程度				
道路质量				
卫生条件				
景观环境				

6. 以下哪些词与您心目中的乡村相符？（词语选择）

☐ 宁静　☐ 柏油路　☐ 石板路　☐ 小菜地　☐ 猪圈　☐ 拉家常　☐ 鸡舍　☐ 黑瓦白墙　☐ 小街巷　☐ 小池塘　☐ 土菜馆
☐ 油菜花　☐ 乡镇工业　☐ 家猫家狗　☐ 邻里交流　☐ 矮房子　☐ 休闲广场　☐ 薰衣草　☐ 游客　☐ 串门
☐ 在水边洗衣服　☐ 茅厕　☐ 景观树　☐ 清澈的河流　☐ 欧陆风情　☐ 绿水蓝天　☐ 路灯　☐ 假山　☐ 蔬菜大棚
☐ 马头墙　☐ 水井　☐ 采摘园　☐ 小轿车　☐ 院子　☐ 农田

7. 基本信息
性别：☐男　　☐女

年龄：
A.18岁以下　　B. 18-25岁　　C. 25-30岁　　D. 30-40岁　　E. 40-50岁　　F. 50岁以上

职业：
A. 国家机关、党群组织、企业、事业单位负责人　　　B. 专业技术人员　　　C. 办事人员　　　D. 商业、服务业人员
E. 农业生产人员　　　F. 生产、运输设备操作人员　　　G. 军人　　　H. 自由职业者　　　I. 其他

其他受教育程度：
A. 小学以下　　　B. 初中　　　C. 高中及中专　　　D. 大专　　　E. 大学及以上

附录

问卷B（世凹村民）：

编号_____

江宁区谷里街道周村地区美丽乡村建设情况调查问卷

尊敬的先生/女士：

你好！我们是**大学城乡规划专业的学生，正在进行关于江宁美丽乡村建设的社会调查研究。

本次调查的目的在于全面了解江宁区美丽乡村建设情况。问卷仅限学术研究，不带任何商业、政治色彩，所有信息不会被透露给第三方，请您如实、放心地填写。谢谢！

【地方感调查】请您对以下有关您居住的村落的描述进行认同度评价（打"√"）：

	非常同意	比较同意	一般	不太认同	很不认同
如果给我相同的条件我还愿意在这里居住					
我喜欢在村里生活是因为村子里自然环境比城里好					
我了解村里的历史					
我喜欢在村子里生活，比在其他地方更让我满意					
我认为这个村子比其他任何地方都适合人居住					
您对这个村子的喜欢程度胜过其他任何地方					
出门在外时，您经常想起您居住的这个小村庄					
除非外出办事，平时您更喜欢呆在村子里					
我对村子感到自豪，愿意向其他人介绍村里的情况					
我为自己生活在这个村子里感到骄傲和自豪					

【物质环境】1.请您对以下项目进行满意度评价（打"√"）：

项目	非常满意	比较满意	一般	不太满意	很不满意
自然环境					
人工环境					
建筑质量					
道路质量					
照明条件					
卫生条件					
治安管理					
购物的便利程度					
小菜地&小水塘					

望得见山 看得见水 记得住乡愁

附录

2. 以下的特色改建您是否觉得有必要?

	经常使用	偶尔使用	基本不用
小广场			
篮球场			
健身场所			
亲子活动室			
世代服务室			
阅览室			

【人文习惯】

1. 您对以下设施场所的使用频率为(打"√"):

	有必要	无所谓	完全没必要	不知道或没注意到
墙上的山水画				
马头墙				
定制的瓦片				
画着图腾的石头				
路灯上的灯笼				

2. 您平时与**邻里**之间的交流情况如何?
A. 很频繁　　　B. 一般　　　C. 较少

具体有哪些邻里活动形式:
A. 打牌、打麻将　B. 闲聊　　C. 购物出行　D. 串门吃饭　E. 修建房屋　　F. 孩子们一起玩　G. 借油盐酱醋
H. 其他

3. 您平时的**个人文化娱乐**活动有哪些?
A. 看电视　　B. 看书　　C. 读报纸　　D. 打牌、打麻将　　E. 宽带上网　　F. 手机上网

4. 平时您家中的堂屋(客厅)的功能主要有以下哪些?
A. 会客　　B. 祭祀　　C. 家庭酒宴　　D. 生产劳动　　E. 休憩　　F. 临时储藏　　G. 做生意

附录

5. . 您家中拥有以下哪些交通工具?
自行车_____辆　　　摩托车_____辆　　　汽车_____辆

6. 您日常出行方式主要为?
A. 步行　　　B. 骑自行车　　C. 骑摩托　　D. 坐公交车　　E. 开车

7. 您一天的大致时间安排是?(请在横线上填写日常活动内容)

0:00　2:00　4:00　6:00　8:00　10:00　12:00　14:00　16:00　18:00　20:00　22:00　24:00

8. 请您指出您一天的大体活动范围和进行的活动类型:
出行最常选择的路线;
邻里交流最常发生的地点;
户外活动,散步等路线、途中会选择的休息地点等。

【机制·基础信息】
1. 性别:
A. 男　　　B. 女
2. 年龄:
A. 18岁以下　B. 18-25岁　C. 25-30岁　D. 30-40岁　E. 40-50岁　F. 50岁以上

3.家庭主要经济来源：
A.农业生产 B.外出打工 C.旅游业收入（农家乐） D.政府社会保障 E.个体工商户 F.其他

4.居住时间
A.10 年以下　　B.10 到 15 年　　C.15 到 20 年　　D.20 年以上

5.您家中共有几口人？
A.1　　B.2　　C.3　　D.4　　E.5　　F.6　　G.7 及以上

6.您家中共有几个人在外打工？
A.0　　B.1　　C.2　　D.3　　E.4　　F.5　　G.6 及以上

7.从长远来看，您觉得这里能否吸除了本村居民以外的居民入住？
A.是　　B.否

8.您的受教育程度？
A.小学以下　　　　B.初中　　　　　C.高中及中专　　　　D.大专　　　　　E.大学及以上

9.政府是否对您开展过相应的技能培训？如果有，是否是定期培训？
A.没有　　　　B.有且不定期　　　　C.有且定期

10.您觉得这些技能培训对您的帮助有多少？
A.很小　　B.比较小　　C.一般　　D.比较大　　E.很大

问卷 C（周村村民）：

编号_____

江宁区谷里街道周村地区美丽乡村建设情况调查问卷

尊敬的先生/女士：

　　你好！我们是**大学城乡规划专业的学生，正在进行关于江宁美丽乡村建设的社会调查研究。

　　本次调查的目的在于全面了解江宁区美丽乡村建设情况。问卷仅限学术研究，不带任何商业、政治色彩，所有信息不会被透露给第三方，请您如实、放心地填写。谢谢！

【地方感调查】请您对以下有关您居住的村落的描述进行认同度评价（打"√"）：

	非常同意	比较同意	一般	不太认同	很不认同
如果给我相同的条件我还愿意在这里居住					
我喜欢在村里生活是因为村子里自然环境比城里好					
我了解村里的历史					
我喜欢在村子里生活，比在其他地方更让我满意					
我认为这个村子比其他任何地方都适合人居住					
您对这个村子的喜欢程度胜过其他任何地方					
出门在外时，您经常想起您居住的这个小村庄					
除非外出办事，平时您更喜欢呆在村子里					
我对村子感到自豪，愿意向其他人介绍村里的情况					
我为自己生活在这个村子感到骄傲和自豪					

【物质环境】请您对以下项目进行满意度评价（打"√"）：

项目	非常满意	比较满意	一般	不太满意	很不满意
自然环境					
人工环境					
建筑质量					
道路质量					
照明条件					
卫生条件					
治安管理					
购物的便利程度					
小菜地&小水塘					

附录

【人文习惯】

1. 您平时与**邻里之间**的交流情况如何?
A. 很频繁   B. 一般   C. 较少

具体有哪些邻里活动形式:
A. 打牌、打麻将   B. 闲聊   C. 购物出行   D. 串门吃饭   E. 修建房屋
F. 孩子们一起玩   G. 借油盐酱醋
H. 其他＿＿＿＿＿＿＿＿＿＿＿＿＿＿＿＿＿＿＿＿＿＿＿

2. 您平时的**个人文化娱乐活动**有哪些?
A. 看电视   B. 看书   C. 读报纸   D. 打牌、打麻将
E. 宽带上网   F. 手机上网

3. 平时您家中的堂屋(客厅)的功能主要有以下哪些?
A. 会客   B. 祭祀   C. 家庭酒宴   D. 生产劳动   E. 休憩
F. 临时储藏   G. 做生意

4. 您家中拥有以下哪些交通工具?
自行车＿＿＿辆   摩托车＿＿＿辆   汽车＿＿＿＿辆

5. 您日常出行方式主要为?
A. 步行   B. 骑自行车   C. 骑摩托   D. 坐公交车   E. 开汽车

6. 您一天的大致时间安排是?(请在横线上填写日常活动内容)

0:00 2:00 4:00 6:00 8:00 10:00 12:00 14:00 16:00 18:00 20:00 22:00 24:00

＿＿＿＿＿＿＿＿＿＿＿＿＿＿＿＿＿＿＿＿＿＿＿＿＿＿＿＿＿＿＿＿＿＿＿

附录

7. 请您指出您一天的大体活动范围和进行的活动类型:
出行最常选择的路线;
邻里交流最常发生的地点;
户外活动,散步等路线、途中会选择的休息地点等。

【机制·基础信息】

1. 性别:
A. 男   B. 女

2. 年龄:
A. 18岁以下   B. 18-25岁   C. 25-30岁   D. 30-40岁
E. 40-50岁   F. 50岁以上

3. 家庭主要经济来源:
A. 农业生产   B. 外出打工   C. 旅游业收入(农家乐)
D. 政府社会保障   E. 个体工商户   F. 其他

4. 居住时间
A. 10 年以下   B. 10 到 15 年   C. 15 到 20 年   D. 20 年以上

5. 您家中共有几口人?
A. 1   B. 2   C. 3   D. 4   E. 5   F. 6   G. 7 及以上

6. 您家中共有几个人在外打工?
A. 0   B. 1   C. 2   D. 3   E. 4   F. 5   G. 6 及以上

7. 从长远来看,您觉得这里能否吸除了本村居民以外的居民入住?
A. 是   B. 否

8. 您的受教育程度?
A. 小学以下   B. 初中   C. 高中及中专   D. 大专   E. 大学及以上

访谈稿

访谈稿A（村委会）：

1. 政府在以下项目上前期投入的金额为多少？

道路、房屋改造及硬件景观、公共配套设施、市政设施、绿化、游客接待中心、拆迁复建

2. 世凹桃源内以下维护年投入为多少？

社区中心及游客服务中心运营、市政设施运营与维护、市容维护费用

3. 政府给农家乐的运营补贴的形式与金额为多少？

4. 是否能提供世凹桃源与周村的人口结构现状资料？（包括人口年龄构成资料以及受教育程度资料）

5. 您认为世凹桃源的行业竞争力水平体现在哪里？是否具有独特吸引能力？是否拥有独特的竞争优势？

6. 政府在美丽乡村建设过程中进行过哪些针对村民的职业培训？进行的次数以及形式？今后在针对村民的职业培训方面有何计划和打算？

7. 在美丽乡村试点建设过程中是否有通过评比吸引到各项建设投资或者文化设施的入驻？

访谈稿B（世凹桃源村民）：

1. 生活习惯

1.1 您家中是否饲养猫狗，数量为多少？您家中是否有鸟窝、鸡舍、猪圈等？能否带领我们参观一下他们的生活空间？

1.2 您家中人员是否继续从事农活？是否还有小型农具？是否还有大型农具（柴油机、抽水机、打稻机、拖拉机、耕种机等）？

1.3 您是否知道村中平时有哪些公共文化活动？（比如广场舞、文艺团体、集体电影）您是否知道村中在特殊节日期间有哪些特殊的集体庆祝活动？您对这些活动的参与情况如何？

1.4 生活空间方面

在家中院落中平时都进行怎样的活动？（接待客人、劳作、纳凉休憩、晒太阳、晒被子、晒衣服……）

在家中厅堂一般进行什么活动？是否还在厅堂中进行祭祀婚丧的礼俗？

平时的炊事能源是什么？您家中的厨房功能是单纯的炊事还是餐厨合一？

家中是否还有仓储间、劳作间？

改造前后对您的这些活动是否有影响？您如何看待这种改变？

是否方便带领我们参观一下您的家？

1.5 房屋营造方面

您家中房屋营造工作由谁来承担？（自家人、政府、邻里、雇佣工）

您曾因什么原因修缮过的房屋？（功能、美观、嫁娶习俗）

修缮的程度如何？（若是自己修的话，修缮了哪里；若是政府修的话，你认为他们的注重点在哪里，修缮的质量如何？）

2. 机制

2.1 政府的农家乐运营补贴政策的具体内容是哪些？补贴数额以及期限为多少？

2.2 您家中农家乐投入成本为多少？每月的人工成本（雇佣），水电杂费，采购成本各为多少？

2.3 您家中的运营年收入约为多少？

访谈稿C（周村村民）：

1. 您家中是否饲养猫狗，数量为多少？您家中是否有鸟窝、鸡舍、猪圈等？能否带领我们参观一下它们的生活空间？

2. 您家中人员是否还继续从事农活？是否还有小型农具？是否还有大型农具（柴油机、抽水机、打稻机、拖拉机、耕种机等）？

3. 您是否知道村中平时有哪些公共文化活动？（比如广场舞、文艺团体、集体电影）您是否知道村中在特殊节日期间有哪些特殊的集体庆祝活动？您对这些活动的参与情况如何？

4. 生活空间方面

在家中院落中平时都进行怎样的活动？（接待客人、劳作、纳凉休憩、晒太阳、晒被子、晒衣服……）

在家中厅堂一般进行什么活动？是否还在厅堂中进行祭祀婚丧的礼俗？

平时的炊事能源是什么？您家中的厨房功能是单纯的炊事还是餐厨合一？

家中是否还有仓储间、劳作间？

是否方便带领我们参观一下您的家？

5. 房屋营造方面

您家中房屋营造工作由谁来承担？（自家人、政府、邻里、雇佣工）

您曾因什么原因修缮过的房屋？（功能、美观、嫁娶习俗）

修缮的程度如何？（若是自己修的话，修缮了哪里；若是政府修的话，你认为他们的注重点在哪里，修缮的质量如何？）

附录

深入访谈与测绘农户统计

世凹片区：

农家乐名称	桃源人家	荷塘人家	庆和居	珍嫂	十五天
照片	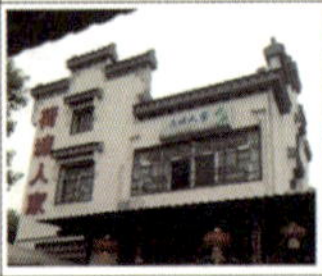	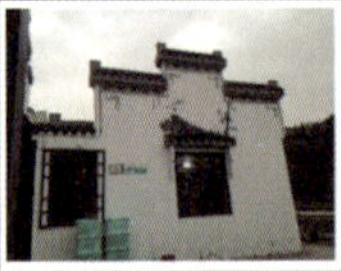	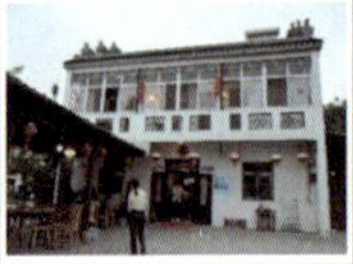	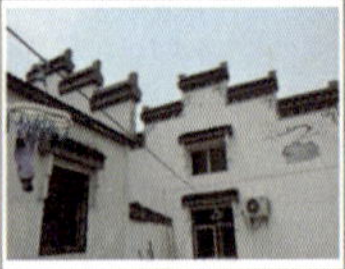	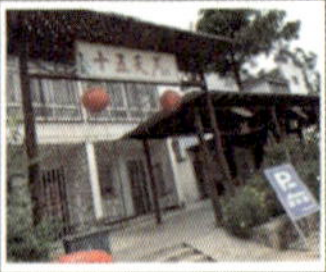
位置	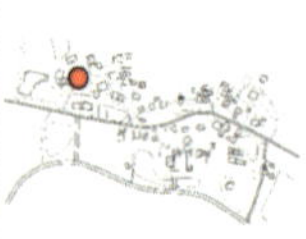	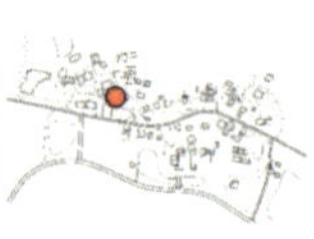	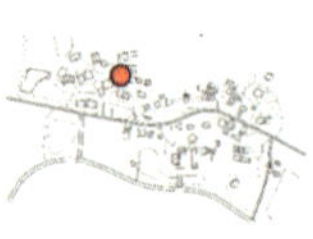	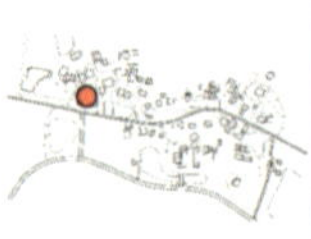	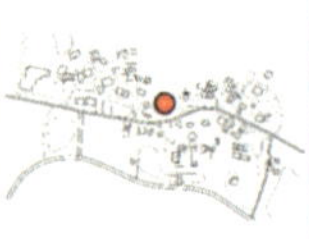
农家乐名称	归园田居	小放牛	兵马营	牛首土菜馆	
照片	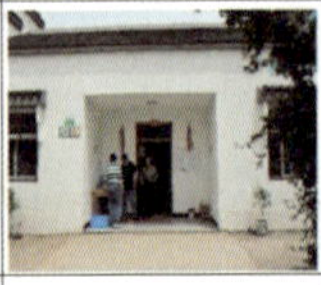	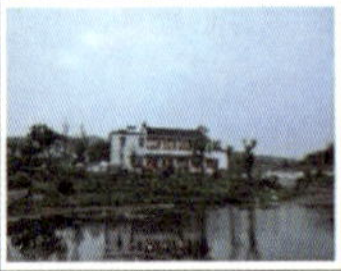	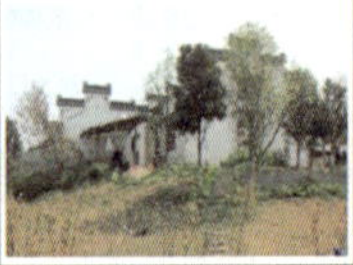	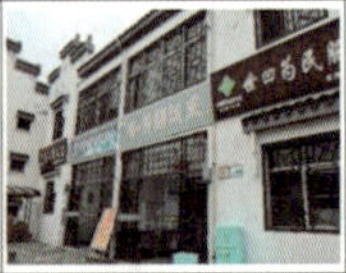	
位置	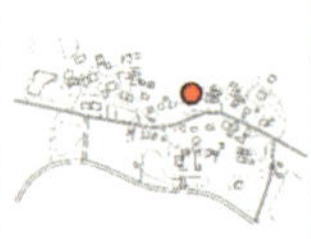	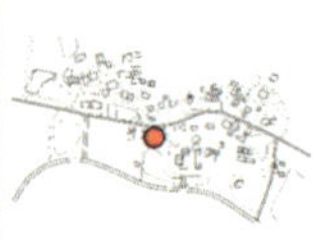	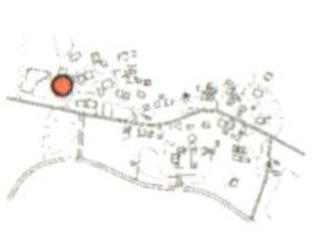	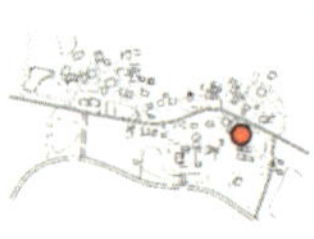	

附录

周村片区：

住宅编号	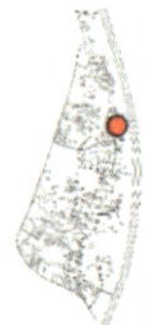 ZC-01	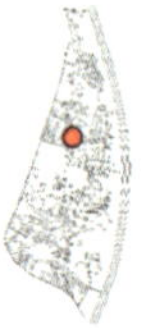	ZC-02	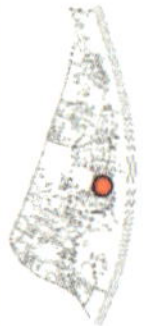	ZC-03	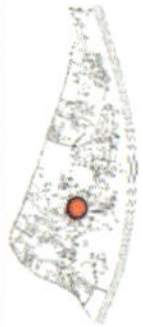	ZC-04
照片 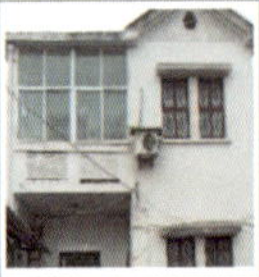 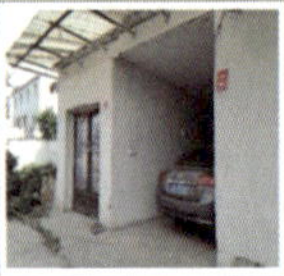 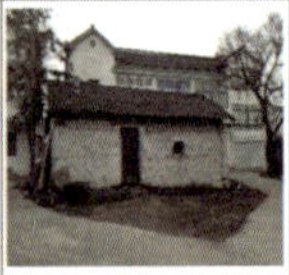 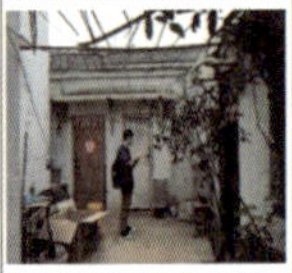							
住宅编号	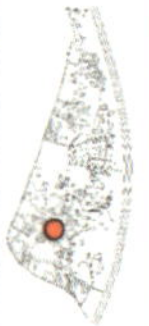 ZC-05	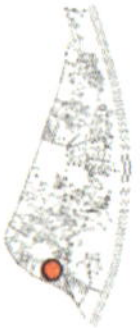	ZC-06	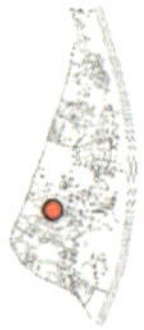	ZC-07	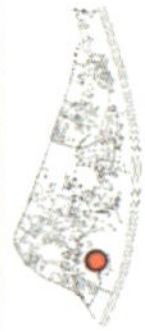	ZC-08

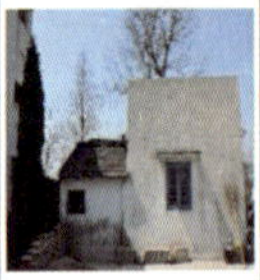

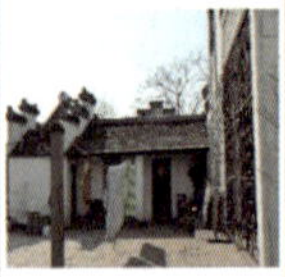

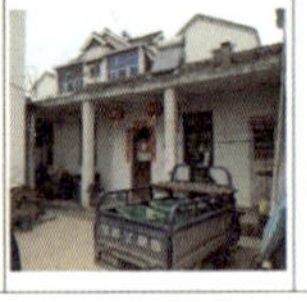

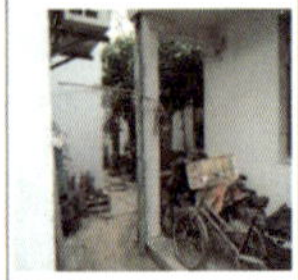

实例三　"游"哉"忧"哉？谁动了村民的奶酪？
　　　　——苏州不同发展模式下旅游型村庄村民获益情况调查 ①

"游"哉"忧"哉？谁动了村民的奶酪？

——苏州不同发展模式下旅游型村庄村民获益情况调查

"游"哉"忧"哉？谁动了村民的奶酪？
——苏州不同发展模式下旅游型村庄村民获益情况调查

目录

【正文】

1. 见利思义——立足城乡聚焦乡村旅游 1
1.1 调查背景 1
1.2 调查目的与意义 1
1.3 调查对象与范围 1
1.4 调查方法与框架 2
2. 皆为利来——苏州旅游村庄发展特点 2
2.1 调查对象基本情况 3
　　2.1.1 政府主导型——陆巷·含山村 3
　　2.1.2 市场主导型——树山·树山头村 3
　　2.1.3 村社主导型——杨湾·西巷村 3
2.2 各村旅游总体获益 3
3. 利之所在——空间是利益产生的来源 4
3.1 各村获益资源开发现状 4
3.2 各村获益项目发展状况 5
3.3 各村利益空间内在特质 6
4. 追"民"逐利——旅游发展村民获益几何 8
4.1 各村村民获益基本特征 8
　　4.1.1 各村村民获益总量多寡 8
　　4.1.2 各村村民获益份额高低 8
　　4.1.3 各村村民人均获益情况 8
　　4.1.4 各村村民获益要素相关性 8
4.2 各村村民内部获益分异 9
4.3 不同发展模式下村民获益综合评价 10
5. "民"利增收——乡村旅游发展理应为民 10
5.1 做大利益蛋糕，促进总量提升 10
5.2 保证村民利益，提高分享份额 10
5.3 构建协调机制，形成共赢格局 10
5.4 合理优化空间，实现民利最大 10

---

① 作者：刘盼、杨紫悦、杨锦涛、白玉；指导老师：范凌云、彭锐、周静；获奖时间：2016；获奖等级：二等。

"游"哉"忧"哉？谁动了村民的奶酪？
——苏州不同发展模式下旅游型村庄村民获益情况调查

【摘要】

在经济发展步入新常态、资本下乡成为大潮的背景下，"乡村旅游"成为新一轮发展热点。"乡村旅游"以惠及村民利益为出发点，但在发展过程中，大部分乡村旅游地由于利益主体多元、利益关系复杂，加上缺乏适当引导，易使乡村成为城市文明的侵蚀地和消费文化的冲击场，最终损害村民的利益，有悖于乡村旅游的发展初衷。

本次调查着眼"村民利益"，对苏州不同发展模式旅游型村庄村民获利情况展开调研，以获益空间为依托，从村民获益的基本特征、村民内部获利分异两个层面比较不同发展模式下村民获利情况的差异性。最后，针对村民获利的现存问题从利益总量、份额、空间及机制方面提出策略与建议，使乡村旅游的出发点和目的地都是惠及村民利益。

【关键词】

乡村旅游；村民利益；获益空间

"游"哉"忧"哉？谁动了村民的奶酪？
——苏州不同发展模式下旅游型村庄村民获益情况调查

1. 见利思义——立足城乡聚焦乡村旅游

1.1 调查背景

1.1.1 宏观政策背景

2016 年中央一号文件首次明确提出"大力发展休闲农业和乡村旅游"，这标志着乡村旅游已经上升到国家战略层面。文件中首次提出引导和鼓励资本下乡，该政策使资本的趋利性走向合理运作，有益于更多社会资本投入到农村发展，促进美丽乡村建设。但若未能进行合理引导则很容易使村民利益受损，与一号文件"惠及村民利益"的出发点相悖。

1.1.2 社会现实背景

在旅游发展的过程中，村民利益容易受到挤压，分配不均的现象时有发生。

1.2 调查目的与意义

本次调研以村民视角切入，关注乡村旅游中村民的获益情况，基于不同发展模式中的村民获益利益情况进行调研，探究村民获益的最优模式，为乡村旅游规划如何合理组织空间，全面惠及村民利益提出新思路。

1.3 调查对象与范围

1.3.1 调查范围

苏州开发乡村旅游具有得天独厚的区位优势和资源优势。通过预调研与文献研究得出：苏州大市范围内共有 300 多个旅游村庄。

根据部门访谈和实地调研，旅游型村庄发展可以分为以下三种类型：

（1）政府主导型。即国家或地方政府为了给本地区乡村经济发展注入新的活力，在政府规划指导下，由政府主导旅游发展。

（2）市场主导型。即主要由市场组织开发，但在自然生态保护方面政府往往进行规制和干预。

（3）村社主导型。即村集体通过建立旅游公司或者合作社的形式，鼓励村民参与，形成村社主导型。

可以看出政府主导型占大部分，市场主导型约占三成，而村社主导型占少数（图 1.3-1）。

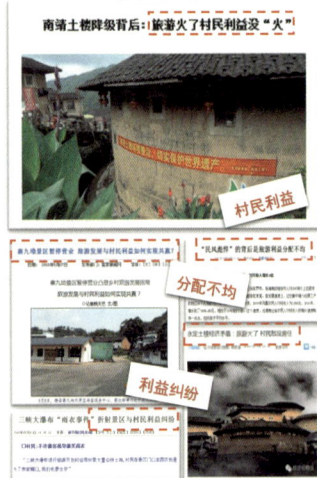

图 1.3-1 苏州旅游型村庄分布及构成比例

村民利益

分配不均

利益纠纷

乡村旅游促进乡村发展的背后，亦不乏旅游利益分配不均、村民利益受损的现象。

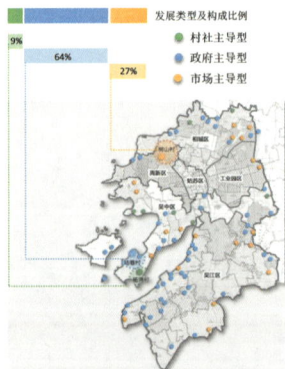

1

"游"哉"忧"哉？谁动了村民的奶酪？
——苏州不同发展模式下旅游型村庄村民获益情况调查

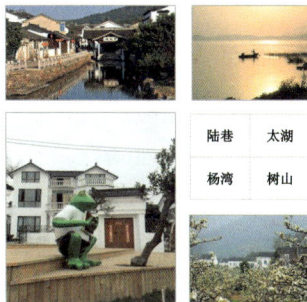

1.3.2 调查对象

经过比较筛选，选取苏州市陆巷含山村，树山树山头村和杨湾西巷村三个发展模式不同的典型村庄展开调查。

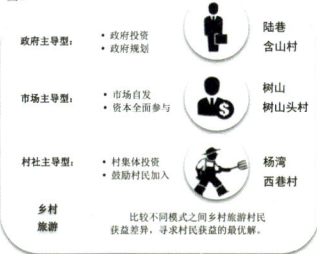

图1.3-2　三类旅游村庄发展模式的差异

1.4 调查方法与框架

1.4.1 调查方法

（1）文献调查法：查阅相关课题及研究成果，分析历年统计数据，对研究现状有较为直观的初步认识。

（2）实地访谈法：实地对苏州多个乡村旅游村庄进行调研，了解其差异性和共同性，广泛全面地认知研究对象。

（3）问卷调查法：从村民旅游获益情况的角度对旅游地村民进行问卷分析，三个村庄共发放 300 份问卷，回收287份。

1.4.2 调查框架（图1.4-1）

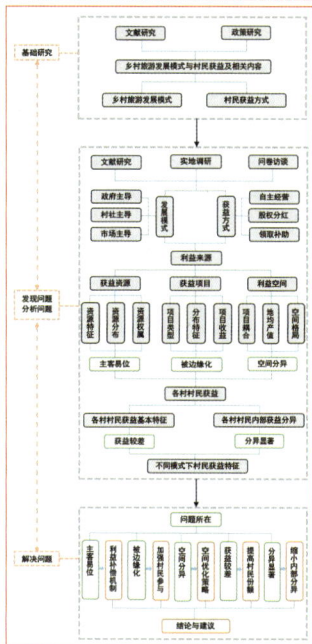

图1.4-1　调查框架示意图

表2.1-1　含山村旅游概况一览表

类型	政府主导型	陆巷含山村		
地理位置	陆巷村临太湖的西部			
开发时间	2002 年			
旅游资源	陆巷古村；守溪街历史街区；枇杷、杨梅农作物			
利益主体	政府、村集体、村民			
旅游项目	民宿	采摘园	农家乐	景区
	28 家	6 家	20 家	11 处

"游"哉"忧"哉？谁动了村民的奶酪？
——苏州不同发展模式下旅游型村庄村民获益情况调查

表2.1-2　树山头村旅游概况一览表

类型	市场主导型	树山树山头村		
地理位置	树山村的西北部			
开发时间	2006 年			
旅游资源	大阳山、鸡笼山；年兽等农作物；杨梅等农作物			
利益主体	外来旅游公司、政府、村集体、村民			
旅游项目	民宿	酒店	农家乐	采摘园
	6 家	2 家	30 家	5 家

表2.1-3　西巷村旅游概况一览表

类型	村社主导型	杨湾西巷村	
地理位置	杨湾村临太湖西南部		
开发时间	2013 年		
旅游资源	61 种青蛙；杨梅等农作物		
利益主体	村集体（旅游公司）、村民		
旅游项目	民宿	农家乐	采摘园
	6 家	3 家	2 家

2. 皆为**利**来——苏州旅游村庄发展特点

2.1 调查点基本概况

2.1.1 政府主导型——陆巷含山村

含山村是东山镇陆巷村的一个自然村，在该村的旅游发展推动过程中，政府占据主导地位。政府通过搭建平台，发展古村文化，加大投入改善村庄基础设施、旅游设施，吸引游客（图 2.1-1）。调研得现今村域内旅游项目数量及位置等见表2.1-1。

2.1.2 市场主导型——树山树山头村

树山头村是通安镇树山村的一个自然村，在该村的旅游发展推动过程中，市场占据主导地位。新灏公司是树山村目前最大的旅游公司，另外田园东方等外来资本也从住宿、休闲等多个方面打造树山（图 2.1-2）。调研得现今村域内旅游项目数量及位置等见表 2.1-2。

2.1.3 村社主导型——杨湾西巷村

西巷村是东山镇杨湾村的一个自然村，在旅游开发过程中，村集体占主导地位。该村为自己量身定制了以"蛙鸣"为特色的乡村旅游名片，将闲置民房改造成高端民宿（图 2.1-2）。调研得现今村域内旅游项目数量及位置等见表 2.1-3。

2.2 各村旅游总体获利情况

对调查数据整理得表 2.2-4，从利益总量来看，市场主导型最多，村社主导型最少；从利益份额来看，谁主导谁获益最多，整体维持在一半左右，体现开发主体的主要诉求为利益。

图2.1-1　政府主导含山村旅游发展历程

图2.1-2　市场主导树山村旅游发展历程

图2.1-3　村社主导西巷村旅游发展历程

表 2.2-4　三个利益总量及开发主体份额情况

旅游村庄	利益总量	开发主体	主体利益份额
陆巷含山村	1798 万	政府	47.35%
树山树山头村	1970 万	资本	58.88%
杨湾西巷村	295 万	村社	64.41%

数据来源：三个村村委会访谈整理所得

3.利之所在——空间是价值产生的来源

3.1 各村资源开发现状

3.1.1 各村获利资源特征

调研过程中发现，各村的获益资源主要分为人文资源和自然资源两种。从资源的开发程度上来看，各类资源的特征和潜力还未得到很好利用。资源禀赋上，同样是人文资源，陆巷古村落资源开发较完善成熟，相反树山村的年兽资源则需要挖掘；自然资源上，陆巷和树山村的自然资源都缺乏产品的包装，而西巷的青蛙资源则只是进行了初步提取。

因此，未来三个村的资源开发方向：陆巷主要是进行资源开发的创新；树山主要是抓住资源有潜力的部分，如年兽；西巷主要是资源要引入新的增长点，更加丰富。

图 3.1-1 陆巷含山村获益资源分布图

图 3.1-2 树山树山头村获益资源分布图

图 3.1-3 杨湾西巷村获益资源分布图

资源类别	陆巷含山村		树山树山头村			杨湾西巷村
	自然资源	人文资源	自然资源	人文资源		自然资源
	果园	古村落	温泉	梨田	年兽	青蛙
资源禀赋						
开发程度	需要包装	开发完善	适度开发	需要包装	需要挖掘	经过提取
	▲▲▲	▲▲▲▲▲	▲▲▲	▲▲▲	▲	▲▲
开发潜力	潜力较小	潜力较大	潜力较大	潜力较小	潜力一般	潜力一般
开发模式	政府主导		市场主导			村社主导

3.1.2 各村获益资源分布

空间分布上，陆巷古村落资源呈连片分布，而果园等自然资源则呈块状散布在村内；树山梨田呈长条状分布在村庄中心，而温泉则只集中在两个点；杨湾获益资源由于其特殊性，虽然也呈块状分布，但主要与河塘水田相关联分布在村庄周边。

3.1.3 各村获益资源权属

调研发现，三个村主要资源的所有权和经营权分离现象严重，三个村主要资源的所有权一致，但经营权出现差异，三个村的村民只在果园、梨田等自然资源上拥有经营权，在较优质的人文资源上经营权则属于政府和市场，村民难以获益。

主要资源	陆巷含山村		树山树山头村			杨湾西巷村
主要资源	古村落	果园	温泉	梨田	年兽	青蛙
所有权	村民和村集体	村民	村民和村集体	村民和村集体	村民和村集体	村民和村集体
经营权	政府	村民	市场	村民	市场	村集体

小结：**获益资源是旅游开发的前提**，不同类型旅游资源拥有不同的开发难度，政府主导型和市场主导型倾向于资源类型丰富，优势突出，方便开发的村庄；**不同村庄的资源呈现出不同的空间分布特征**，陆巷含山村和杨湾西巷村呈现块状分布，而树山头村则呈现连片集中分布；**资源权属上**，三个村主要资源的所有权和经营权分离现象严重，拥有主要资源所有权的村民很少拥有经营权，造成主客易位的现象。

3.2 各村获益项目发展状况

3.2.1 各村获益项目类型

通过调研可知，获益项目主要分为四大类：餐饮类项目、住宿类项目、采摘类项目、观光类项目。其中餐饮类项目包括农家乐、咖啡厅；住宿类项目包括民宿和酒店；采摘类项目包括各种农产品采摘；观光类项目主要指古村各种景点。三个村的获益项目总计119项，其中住宿类42项、餐饮类53项、采摘类13项、观光类11项。虽然开发模式不同，但各村的开发项目趋同，含山村、树山头村、西巷村获益项目都包含餐饮类、住宿类和采摘类项目。其中，餐饮类项目中含山村、树山头村和西巷村占比为66%、19%、15%，宿类项目中各村比例为38%、57%和5%，采摘类项目中各村的为46%、38%和16%。

3.2.2 各村获益项目空间分布特征

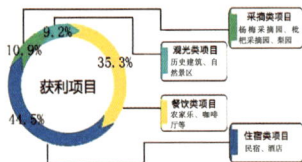
图 3.2-1 获益项目分类情况

图 3.2-2 三个村各类旅游项目所占比例

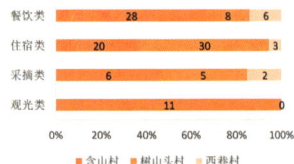
图 3.2-3 三个村各类旅游项目数量

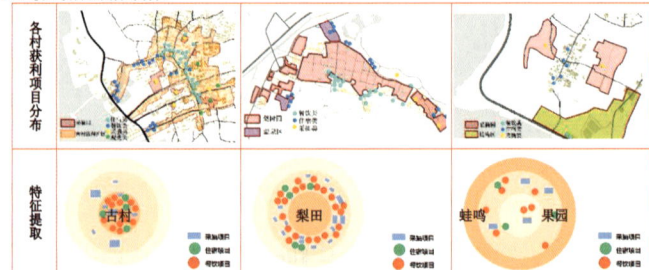

根据三个村获益项目的空间分布情况，提取其分布特征：

含山获益项目为中心集聚型，各类获益点紧密围绕古村景区分布，获益项目数量从集聚中心向周围递减。
树山头获益项目为外围环绕型，树山村的项目围绕中心的梨田资源分布。
西巷村获益项目为整体分散型，西巷村由于资源的特殊性，获益项目呈现分散型分布

"游"哉"忧"哉？谁动了村民的奶酪？
——苏州不同发展模式下旅游型村庄村民获益情况调查

	获益总量 （单位：万元）	所占旅游总收益比例
餐饮类项目	1245	30.67%
住宿类项目	1915	47.17%
采摘类项目	400	9.85%
观光类项目	500	12.32%
总和	4060	100%

表 3.2-1 各项目获益项目收益

调研村庄	获益项目	收益（万元/年）	收益份额
陆巷含山村	餐饮类	675	37.60%
	观光类	500	27.86%
	住宿类	450	25.07%
	采摘类	170	4.74%
	总收入	1795	100.00%
树山树山头村	住宿类	1400	71.07%
	餐饮类	420	21.32%
	采摘类	150	7.61%
	总收入	1970	100.00%
杨湾西巷村	餐饮类	150	50.85%
	采摘类	80	27.12%
	住宿类	65	22.03%
	总收入	295	100.00%

表 3.2-2 各村获益项目收益　　　数据来源：各村村委会

3.2.3 各村获益项目收益

由上表可以发现，在餐饮类、住宿类、采摘类和观光类四类项目的获益总量中，住宿类的获益总量最多，达到 1915 万元，所占的份额也最大；餐饮类获益份额以 1245 万元紧随其后，占整个旅游项目总收益的30.67%；采摘类和观光类所占比例最小，比例总和只有 22.17%。因此乡村旅游发展需要进一步提升内涵，深入挖掘特有资源和传统文化，开发一定的观光项目。并设置住宿类项目，延长游客停驻时间，提升餐饮、住宿和观光的获益（表 3.2-1）。

不同发展模式的村表现存在差异：如树山头村的获益总量为 1970 万元，住宿类所占比例为 71.07%，住宿类的收益额高达 1400 万；相反，西巷村的住宿类只有 65 万，旅游获益总量也只有 295 万，旅游总收入相较于树山头村偏小（表 3.2-2）。

村民在各村各项目中的获益

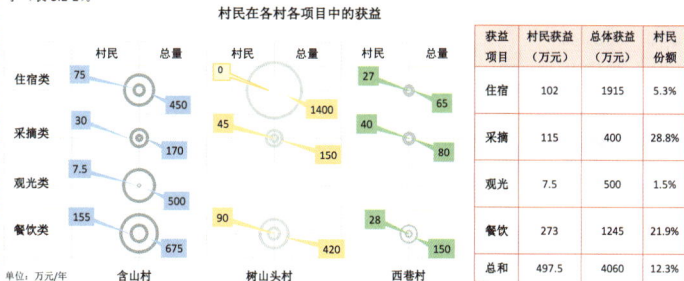

单位：万元/年

获益项目	村民获益（万元）	总体获益（万元）	村民份额
住宿	102	1915	5.3%
采摘	115	400	28.8%
观光	7.5	500	1.5%
餐饮	273	1245	21.9%
总和	497.5	4060	12.3%

小结：从项目来看，采摘类和餐饮类村民的份额较高，住宿类和观光类份额较低。村民的主要获益项目为农家乐和采摘园。

3.3 利益空间内在特质
3.3.1 各村获益项目耦合

调查发现，由于各村获利项目的数量、种类和资源分布的差异，三个村各获利项目之间的空间关系存在异同：

陆巷含山村：获益项目数量较多，但为了保护古村的整体风貌，古村内限制餐饮类住宿类项目的开发，许多住宿类项目只能选择沿外部主要道路布置，周边没有餐饮类和采摘类项目，无法实现合作共赢。但古村内各类项目相互穿插布置，有利于整体利益的增加（图 3.3-1）。

"游"哉"忧"哉？谁动了村民的奶酪？
——苏州不同发展模式下旅游型村庄村民获益情况调查

图 3.3-1 陆巷含山村地均产值图

图 3.3-2 树山树山头村地均产值图

图 3.3-3 杨湾西巷村地均产值图

树山树山头村：由于梨田资源的广泛分布，其他项目都与采摘类有着良好的互动，但西北向于企业的几家住宿类项目有一定的排他性，周边没有其他项目，不利于村的长期发展（图 3.3-2）。

杨湾西巷村：获益项目较少，两个采摘类项目与其他项目的关系一般，但村庄内部的民宿和农家乐分布较为平均，项目间互为补充，关系良好（图 3.3-3）。

3.3.2 各村地均产值情况

调查并计算三个村的地均产值可以发现其既有共性的方面也存在一定的差异（图 3.3-1-图 3.3-3）：

（1）从各村总体情况来看，含山村>树山村>西巷村。

	资源条件	开发程度	项目类数	地均产值
陆巷含山村	最佳	比较成熟	四类	★★★
树山树山头村	较好	适度开发	三类	★★
杨湾西巷村	一般	经过提取	三类	★

含山村高地均产值空间面积大、分布广，树山头村高地均产值空间面积一般，西巷村高高地均产值空间面积最小。

（2）从各村获益项目来看，三个村具有一致性，住宿类>餐饮类>观光类>采摘类。

住宿类本来就是获益最多的项目类型，而且其占地面积在四种类型中较小，因此地均产值最高。

餐饮类与住宿类相似，都是获益多、占地小，但住宿类存在酒店这一高端业态，因此餐饮低于住宿类。

观光类虽然获益不少，但由于其占地面积较大，因此地均产值较低，仅高于获益少、占地多的采摘类。

3.3.3 各村利益空间格局

根据地均产值总结出三个村的利益空间特征：

陆巷含山村：交通干道型。开发较为成熟，获益项目数量较多且大多沿路布置，因此主要利益空间沿主要道路呈带状分布（图 3.3-4）。

树山树山头村：沿线组团型。有一定沿路分布的特性，但由于还未充分开发，尚未形成沿线条带，因此沿道路呈组团状分布（图 3.3-5）。

杨湾西巷村：散点分布型。现状开发程度较低，只有相互独立的获益项目，且项目间相互联系程度弱，所以呈散点分布（图 3.3-6）。

图 3.3-4 交通干道型　　图 3.3-5 沿线组团型　　图 3.3-6 散点分布型

小结：项目分布与资源密切相关，但利益空间格局却是与项目类型有关，地均产值最高的住宿类主导利益空间格局。从项目耦合性上看，两类以上项目叠加的同一类型对立分布所获得的利益更高，有利于村庄的发展。

表 4.1-1 三个村各利益主体的利益总量情况

利益主体情况		主体利益总量（万元）	主体利益份额（%）
陆巷含山村	东山镇政府	950	52.92%
	含山村外来资本	330	18.38%
	陆巷村村集体	247.5	13.79%
	含山村村民	267.5	14.90%
	获利总和	1795	100.00%
树山树山头村	通安镇政府	580	29.44%
	树山外来资本	1100	55.84%
	树山村村集体	155	7.87%
	树山头村村民	135	6.85%
	获利总和	1970	100.00%
杨湾西巷村	杨湾村村集体	190	64.41%
	东山镇政府	10	3.39%
	西巷村村民	95	32.20%
	获利总和	295	100.00%

图 4.4-1 村民获益各要素相关性分析

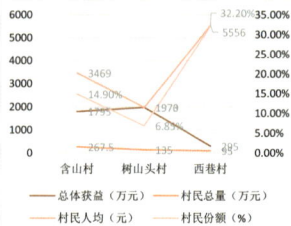

4. 追"民"逐利——旅游发展村民获益几何

4.1 各村村民获益基本特征

4.1.1 各村村民获益总量多寡

根据调查统计数据，整理绘制出三个各村利益主体的利益总量情况（表 4.1-1），从而比较村民在三种模式下的利益总量多寡。三个村中，政府主导模式下的含山村村民获益 267.5 万，为三个村最多；市场主导模式下的树山头村村民获益 135 万，其次；村社主导的西巷村村民获益 95 万，为总量最少。

4.1.2 各村村民获益份额高低

调查数据计算可得，三种模式下村民分享利益份额情况，其中西巷村村民利益份额最大，为 32.2%；含山村其次，为14.9%；树山头村最少，为 6.85%。

4.1.3 各村村民人均获益情况

根据调查所得资料可知，含山村有 255 户 771 人，树山头村有 228 户 685 人，西巷村有 57 户 171 人。将村民获益总量除以村民总人数即可得出村民人均获益数额。三个村中，村社主导的西巷村村民人均获益最多达 5556 元，政府主导的含山村其次，为人均 3469 元，市场主导的树山头村村民人均最低，仅 1973 元。

4.1.4 各村村民获益要素相关性分析

表 4.1-2 村民获益各要素相关性分析

	陆巷含山村	树山树山头村	杨湾西巷村	政府主导	市场主导	村社主导
总体获益	1795 万	1970 万	295 万	★★	★★★	★
村民总量	267.5 万	135 万	95 万	★★★	★★	★
村民人均	3469 元	1973 元	5556 元	★★	★	★★★
村民份额	14.90%	6.85%	32.20%	★★	★	★★★

由已得调查数据绘制表 4.1-2，得出村民利益在总量、份额与人均获益的相关性。

村民的人均收益=村民总量/村民人数=总体获益×村民份额/村民人数

从左边的图 4.4-1 可以看出，村民的人均收益与村民的获益份额正相关，符合人均获益的计算公式，同样，根据公式，村民人均收益应该与总体获益呈正相关，但图上村民的人均收益与总体获益却呈负相关。

通过比较不难发现，这一反常现象是各村村民份额间的巨大差距导致的，西巷村的村民收益是含山村的 2 倍，是树山头村的 4.7 倍，正是份额的巨大差距才产生了西巷村虽然总体获益最少但村民人均获益最多、树山头村总体获益最多但村民人均获益最少的反常结果。

小结：不同发展模式下的村民获益情况各有优势和劣势，要实现村民获益的最大化就要吸取各种模式的优势所在，充分发挥资本的逐利能力和政府的协调能力来做大利益蛋糕，提高村民份额。

标准差计算公式：

将调查样本设为 $X_1, X_2, X_3, \ldots X_n$（皆为村民收入），其平均值（算术平均值）为 μ，公式如下图。

$$\sigma = \sqrt{\frac{1}{N}\sum_{i=1}^{N}(x_i-\mu)^2}$$

方差计算公式：

公式中 M 为调查样本数据的平均数，n 为数据的个数，s^2 为方差。

$$s^2 = \frac{(x_1-M)^2+(x_2-M)^2+(x_3-M)^2+\cdots+(x_n-M)^2}{n}$$

含山村村民：

（抓住机会）开办农家乐的人都赚到钱了，现在不行了，政府不给敞开开（农家乐），抓不下来。房子占地什么翻建、补助之类多不少。有几户人家申请（翻建改造农宅）好几年了也没批下来，我本来也想开，现在也不好改造房子，找了其他工作。

树山头村村民：

我以前去（酒店）那边工作的，不清楚他们收入。唉，我这没什么文化，也没接受过什么专门的旅游培训，估计也赚不进去。

西巷村村民：

村委会带头，搞了这个（蛙鸣特色）发展旅游业。靠着干的这几户收入比以前提高了，我也想参与了，家里有小孩，做这个也有钱挣，想想还是算了，安稳上班的踏实。

图 4.2-3 村民没有发展旅游产业原因访谈实录

4.2 各村村民内部获益分异

根据问卷结果整理，发现村民是否参与旅游相关产业对其收入有很大影响。根据人口比例提取 160 个（陆巷 60 个、杨湾 50 个、树山 50 个）有效样本，定量分析三种不同发展模式下村民收入的标准差和方差，比较收入之间的差异性大小。

表 4.2-1 描述统计量

	N	均值	标准差	方差
陆巷含山村	60	7.6617	9.12874	83.334
树山树山头村	50	3.6160	5.57353	31.064
杨湾西巷村	50	5.1980	8.78548	77.185
有效的 N（列表状态）	50			

由表可知差异性显著，对样本进行近一步分析，借助 spss 软件绘制三村村民收入分布散点图（图 4.2-1）并进行聚类分析（图 4.2-2）。

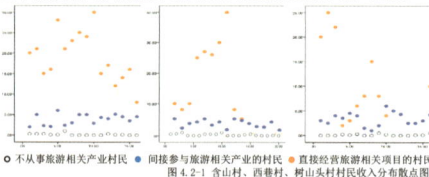

○ 不从事旅游相关产业的村民　　● 间接参与旅游相关产业的村民　　● 直接经营旅游项目的村民
图 4.2-1 含山村、西巷村、树山头村村民收入分布散点图

由图可知，村民收入可以分为"高收入"、"中等收入"、"低收入"三个层次，高层次的一般为直接经营旅游产业的村民，营有农家乐、民宿等；中等层次一般为间接参与旅游产业，如季节性售卖农产品等；低收入的村民几乎不参与旅游产业，只是略享有发展分红而已。

图 4.2-2 含山村、西巷村、树山头村村民收入聚类分析图

高收入村民账单（收入/万元）

时间：2016.6.2　地点：陆巷含山村
人物：刘女士（农家乐老板）年龄：43

收入	餐饮类	观光类	采摘类	住宿类	其他
	20	0.05	25	0	0
支出	门店装修	食材采购	雇佣帮手	种植成本	其他
	4	2	1.5	2	0.45
总计	旅游收入约为 35 万				

中等收入村民账单（收入/万元）

时间：2016.6.2　地点：陆巷含山村
人物：陆奶奶（个体宠物）年龄：67

收入	采摘类	观光类	其他
	2.5	0.2	0.8
支出	种植成本	纪念品成本	其他
	0.3	0.05	0.1
总计	旅游收入约为 3 万		

低收入村民账单（收入/万元）

时间：2016.6.2　地点：陆巷含山村
人物：陈爷爷（本地居民）年龄：61

收入	土地出租		其他
	0.2		0.1
支出			其他
总计	旅游收入约为 0.3 万		

表 4.2-2 三个层次代表性村民的旅游收支账单

小结：各村村民在旅游发展中的参与方式和参与程度存在差异，村民内部获益存在分层现象。如何减小村民间的获益分异，实现旅游发展利益共享是实现乡村旅游和谐发展关键所在。

"**游**"哉"**忧**"哉？谁动了村民的**奶酪**？
——苏州不同发展模式下旅游型村庄村民获益情况调查

表4.3-1　各村村民获益情况综述

	政府主导	市场主导	村社主导
总体获益	★★	★★★	★
村民总量	★★★	★★	★
村民人均	★★	★	★★★
村民份额	★★	★	★★★
内部分异	★	★★★	★★

4.3 不同发展模式下村民获利的综合评价

政府主导模式下，村民获益总量大，内部分异也大。 由于政府统筹兼顾，考虑到对方方面面的平衡，所以此模式下的综合总体评价较好，保证了村庄的总体利益较大，也使村民获得的利益总量最大。由于发展较为成熟，经营性村民多，收益高，内部分异反而最大。

市场主导模式下，获益总量大，但村民人均和份额少。 各要素在利益的推动下价值被充分挖掘，村庄的总体获利最大，但由于资本的趋利性，大部分的利益都流到资本的所有者开发商手上，分配到村民的部分总量虽然不是最少，但村民获利份额和人均获益都是最低。

村社主导模式下，虽然获益总量小，但村民份额和人均大。 村民对旅游的发展也起到推动作用，但由于村庄自主发展，开发运营能力有限，所以整体水平不高，总体利益最小，但村民获利情况最佳，村民份额和村民人均都高于另两种模式。

5. "**民**"**利**增**收**——乡村旅游发展究竟为谁

5.1 做大"利益蛋糕"，促进总量提升

从资源角度，需要对资源进行进一步挖掘和包装，发挥其附加价值，做出文化的延伸产品，改变旅游产品单一的现状；从开发项目角度，根据调查发现住宿类的比例较大，获益较多，可以考虑增加住宿类的项目，同时开发新观光类的项目；从开发主体角度，要提高村社开发管理水平，扩大旅游规模，促进乡村旅游总量的增加。

5.2 保证村民利益，提高分享"份额"

在资源的开发经营过程中，充分考虑村民生产要素的得失，在要素使用权、经营权流转过程中，应向村民提供优厚的经济补偿或利益分红，促进村民的二次获益；鼓励和提高村民参与度，为扩大村民对资源的经营权创造机会，调动村民内生的发展积极性，提高村民在旅游总收益中的获益占比。

5.3 构建协调机制，形成共赢格局

政府主导型、市场主导型和村社主导型的三种发展模式各有利弊，在实际的发展中，需构建多方共赢的协调机制，政府充当"引导者"的作用进行宏观调控，村社积极参与，资本高效运营。在利益主体与村民之间建立一种多方合作、互利共赢的开发机制。以市场为发展引擎，以政策为调控砝码，在协调机制下，按照一定的原则调控利益主体相互间的利益进行综合协调，最终形成村民与其他主体多方合作、互利共赢的乡村旅游发展格局。

5.4 合理优化空间，实现民利最大

乡村旅游依照利益协调的开发机制合理优化空间。规划引导空间进行合理优化，使旅游项目形成整体体系，同时增加农民的获益空间，如茶室等，普遍增加村民利益，在实现空间利益的最大化的同时也实现村民利益最大化。

"**游**"哉"**忧**"哉？谁动了村民的**奶酪**？
——苏州不同发展模式下旅游型村庄村民获益情况调查

参考文献：

[1] 保继刚, 孙九霞. 旅游规划的社区参与研究——以阳朔遇龙河风景旅游区为例[J]. 规划师, 2003(07): 32-38.

[2] 周荣华,向银,张学兵. 基于IPA分析的乡村旅游对农民收入影响的实证研究——以四川省都江堰市为例[J]. 农村经济,2012 (08) :39-43.

[3] 巩胜霞. 皖南乡村旅游农民利益最大化经营模式研究[D].安徽大学,2012.

[4] 杨荣彬,车震宇,李汝恒. 社区居民视角下乡村旅游发展模式比较研究——以环洱海地区喜洲、双廊为例[J]. 农业现代化研究,2015,(36) 06:1050-1054.

[5] 袁智慧. 海南省旅游业发展与农民收入问题研究[D].中国农业科学院,2014.

[6] 王翔宇,翁时秀,彭华. 旅游地乡村社区居民利益诉求归类与差异化表达——以广东南昆山核心景区为例[J]. 旅游学刊,2015,(30) 05:45-54.

[7] 汪德根,王金莲,陈田,章鋆. 乡村居民旅游支持度影响模型及机理——基于不同生命周期阶段的苏州乡村旅游地比较[J]. 地理学报,2011,66(10)10:1413-1426.

[8] 高军波. 我国乡村旅游发展中农户利益分配问题与对策研究[J]. 桂林旅游高等专科学校学报,2006(05) :577-580.

[9] 周绍健. 乡村旅游开发中农民利益保障及机制构建探微——以浙江省为例[J]. 乡镇经济,2009,25(04) :63-66.

"游"哉"忧"哉？谁动了村民的奶酪？
——苏州不同发展模式下旅游型村庄村民获益情况调查

附录1：调查问卷

尊敬的先生/女士：

我们是 xx 大学学生，进行"村旅游发展与当地村民获益情况"调查，诚恳希望得到您所提供的信息。本次调查结果仅供学习使用，不记名、不公开，保证您的隐私安全。请根据您本人的真实意愿，在您认为最合适的选项上划"√"。耽误您的宝贵时间，非常感谢您的协助！

一、乡村旅游景区基本情况

1.您在本地居住时间--------
A.5 年以下 B.5-10 年 C.10-30 年 D.30 年以上

2.您对旅游业是从年开始的?--------您认为景区(点)名称是--------?

3.您认为本地区(景区)最吸引人的地方是(可多选，不要超过三个)--------
A. 农业观光，欣赏山水田园风光 B. 民风民俗、观看民间老行当表演(如手工艺制作等)
C. 休闲轻松的氛围，休闲度假 D. 历史人文知识厚重，值得人学习了解
E. 特色农产品出售 F. 特色项目设置(采摘新鲜水果、垂钓等)
G.其他

4.您认为当地乡村旅游的类型是?--------
A.大城市近郊农家乐 B.古村落 C. 民俗文化 D.自然景观

5. 您认为当地乡村旅游开发中都有谁参与其中?--------
A.政府 B.村集体(村社) C.旅游公司 D.村民

6 您认为在旅游发展中，哪一方占主导地位? ---------
A.政府 B.村集体(村社) C.旅游公司 D.村民

二、村民参与旅游及获利基本情况

7.您家离该景区(点)的距离为--------
A.0-1 公里 B.1-3 公里 C.3-5 公里 D.5 公里以上

8.您家处在常规旅游线路的何处?--------
A.在旅游路线上，有很多游客经过 B.在边缘，游客不多 C.不在旅游路线上，几乎没有游客

9.您的家庭是否从事相关旅游经营--------
A. 是 B.否【此题中，若选"B.否"，则直接跳到第16题，若选择"A. 是"，请您继续下一题。】

10.您从事有关旅游的工作时间 --------
A. 1 年以下 B.1-3 年 C.3-5 年 D.5 年以上

11.您旅游投资金额--------元，资金来源主要有--------
A. 自筹资金 B. 银行或民间信贷 C. 国家基金或政府补助 D. 其他--------

12.您每年因从事旅游经营而交纳的税费为--------
A. 200 元以下 B.200-500 元 C.600-1000 元 D. 1000 元以上

13.. 您的家庭主要从事那些旅游经营活动(可以多选)--------
A. 开农家乐餐厅 B.做民宿 C. 开店销售小商品、土特产 D.棋牌歌舞厅
E.从事景区清洁和卫生 F.提供导游服务和景区检票 G.出租相机、服装 H.从事民俗文化表演
I.作为司机驾驶车/船游览景区 J. 在景区初期建设中打工 K.其他--------

14.您认为从事旅游经营活动能改善自家状况吗--------
A. 能够 B. 不能够

15.您有考虑要扩大经营吗--------
A. 有扩大经营的打算 B.看情况 C. 不想扩大 D.没有考虑过

16.您认为您参与旅游业最大的障碍是(可以多选，但总共不要超过 5 项)--------
A. 文化水平太低，能力不够 B. 没有社会关系，无人参与 C. 对旅游业缺乏认识 D. 信心不足，旅游业有风险 E. 满足现有的生活方式不愿意改变 F. 缺少资金与信贷的机会 G. 缺乏相关组织的引导，如村民旅游合作 H.规章制度，手续繁琐 I.外来商家的竞争压力 J.没有房屋、土地等资源的所有权和使用权 K.其他--------

17.您觉得在旅游发展中，您收益程度大概如何呢--------
A. 获益很多 B.获益一般 C. 没有收益 D.利益受损

18.旅游开发前，您的家庭年收入(毛收入)是--------，旅游开发后的家庭年收入增加了多少--------
A.5 千以下 B.5 千-2 万 C.2 万-10 万 D.10 万以上

19.自从当地乡村旅游开发以来，您感觉本村居民的收入差距是--------
A.变大 B. 不变 C. 缩小 D.说不清

20.您觉得自乡村旅游开发以来自己生产、生活中最大的变化是什么(多选)--------
A. 生产条件改善，收入增加 B. 生产条件改善，收入没有增加
C. 自己生产、生活没有任何变化 D. 对市场、政策的关注程度提高

21.为进一步搞好您所在村的乡村旅游建设，您认为目前还需改进的地方是(可以多选，但总共不要超过 5 项)--------
A. 提高旅游服务水准 B. 合理分配好旅游经营所得 C.保护乡村民俗民风文化 D.保护好特色建筑和自然风光环境 E. 规范章程管理，避免大家恶性竞争 F.合理规划，有序开发 G. 加强培训，让村民都有一定技能 H. 提供更多的政策支持 I.要鼓励每个村人都参与到旅游开发中来 J.改善旅游接待设施和基础设施建设 K.增加宣传 L. 其他--------

22.您认为还有什么因素影响了您家从旅游开发中受益?--------

23.您对您村的旅游发展还有哪些建议?--------

"游"哉"忧"哉？谁动了村民的奶酪？
——苏州不同发展模式下旅游型村庄村民获益情况调查

附录2：访谈提纲

	旅游公司	村社	村民
含山村	副经理、大厅接待	村书记、村会计	外来务工2人、本地农家乐老板8人、民宿老板5人、农产品销售商贩4人、本地未参与农家乐的村民5人
西巷村	副经理	村书记、村会计	外来务工4人、本地农家乐老板3人、本地未参与农家乐的村民4人
树山村	温泉酒店副经理	村书记、村会计	外来务工1人、本地农家乐老板13人、农产品销售商贩5人、本地未参与农家乐的村民3人

1 旅游公司访谈提纲

1. 该地块是通过怎样的方式实现商业化运转的，该村有什么吸引人、可利用的资源？有什么有利的政策？
2. 大概投资了多少？(多少钱投入基础设施建设、多少钱投资旅游项目包装)与政府、村集体相比自己获益占得比例？
3. 公司集团和村民委员会是怎么进行合作的？(政府政策引导？还是村集体意见上报？你们公司的人员是聘请外来经验人才，还是雇佣的本地村民？
4. 贵公司主打的共提供哪些服务，年总支出是多少？
5. 公司每年收益多少，不同项目分别获益多少？每年有多少利益分成给村委会或者村民？占总产值的比例？
6. 未来是否考虑将整个地区纳入服务的范围？

2 村委会访谈提纲

1. 村中土地是否进行土地流转，对村民有什么补偿？
2. 全村多少户农宅，多少户长期闲置(闲置时间半年以上、一年以上、两年以上)闲置中有多少户是整户闲置，多少户是部分房屋闲置？闲置中有多少变更了其用途(如租给外来人口)？农宅为何闲置(外出打工，城镇定居，缺少流转途径，村民不愿流转)？
3. 如果闲置的很少，那农宅现在的作用是？是村民个体出租？或者村委会进行收集出租或者外来公司？本地村民住哪里？从事什么工作，居住、工作地点是哪里？村民是否有意愿流转闲置农宅(想要自己流转还是通过集体或其他机构统一经营)？
4. 是否成立专门的合作社，管理(闲置)农房，还是引进专门的公司、企业进行统一管理经营？
5. 在开发过程中资金来源(村集体、企业、村民)，资金投入项目有哪些？村集体、企业、政府如何协调分工的？
6. 村年收入是多少，旅游收益占比多少，收益中有多少分给村民？
7. 村委会对参与旅游发展村民有什么优惠扶助？村委会在旅游发展中扮演什么角色？

3 村民访谈提纲

1. 从土地所有权到土地使用权，产权的转变，转为集体土地还是被收归国有？
2. 在流转中，转移的是所有权还是使用权？
3. 农宅转换成集体用地，这些村民都去了哪里？
4. 如果村民失去了土地，那人均失去了多少平米的宅基地，是否分得房子，分多少平米？
5. 如果得到了商品房，分配的政策是怎样的？商品房归集体所有还是归个人？商品房是否有产权？房子能否出租，租金多少，是用作店面还是居住，平均每户收益多少？租金收入与原来的宅基地收入对比差距？
6. 在分配中是否得到了其他补偿，如给现金？
7. 旅游开发中，有哪些项目是村民参加的？
8. 您或家人是否从事和旅游相关的行业？
9. 收入情况怎么样，是否满意，旅游发展带来的收益怎么样？
10. 开发旅游是否影响了您的生活，是正面的还是负面的？
11. 年轻人是否愿意在村里创业工作？
12. 旅游公司是否对本地居民优先录用？
13. 景区的开发是否伤害了本村居民的利益和权利？体现在哪些方面？
14. 旅游开发中，别的获益主体分得了几成收益？
15. 对现有的开发模式是否觉得满意，或者有什么诉求，在"政府主导"、"市场主导"、"村社主导"三种模式中更支持哪种发展模式？
16. 您觉得在发展中政府应该扮演什么角色？
17. 您觉得在接下来您和村集体应该做些什么？
18. 您对开发公司有什么诉求？
19. 对本村未来的发展有什么建议？

第8章　城市交通出行创新实践竞赛获奖作品

　　本章遴选了全国高等学校城乡规划学科专业指导委员会举办的城市交通出行创新实践竞赛高等级获奖作品。根据专指委倡导通过"软性"（组织管理）来提高"城市机动性"的作品要求进行筛选，并兼顾不同院校风格、不同选题类型、不同交通出行方式，结合网络新技术，例举了热门的共享电单车、定制公交、低碳出行 APP、过江渡船、出租车智能调度等选题，获奖院校涵盖了同济大学、华中科技大学、中山大学、苏州科技大学，供读者参考借鉴（图 8-1）。

城市交通出行创新实践竞赛		
	共享电单车	2017年一等奖 共享电单，助力"郊"通
	定制公交	2015年一等奖 "私人订制，不再囧途"——武汉市定制公交运营现状调查与优化
	低碳出行APP	2017年二等奖 全民碳路，益心随行——深圳"全民碳路"低碳出行平台构建方案研究
	过江渡船	2014年二等奖 江城留舫——武汉轮渡使用现状调研（以中华路—武汉关路线为例）
	出租车智能调度	2012年二等奖 "约"然"智"上——苏州市出租车智能调度提案及优化

图 8-1　城市交通出行创新实践竞赛获奖作品框架图

实例一 共享电单，助力"郊"通 [1]

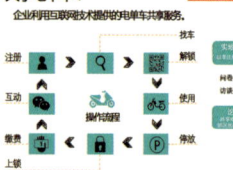

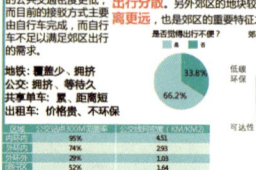

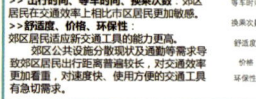

摘要 不同于其他门类的共享项目，共享电单车一经出现，就引发了针对其安全和管理方面的诸多担忧。部分地方政府甚至对其出台禁令。但是经过调研，在郊区中，共享电单车具备存在的必要性和可操作性。它不仅在提高通勤效率、提升出行体验、降低出行成本方面发挥了重要作用，还在抑制购车自购电单车、优化电单车管理、带动郊区发展等方面具备潜能。对于共享电单车，不应"一禁了之"，而应破除成见、因地制宜，便其发挥最大效益。

Abstract The scooter-sharing schemes once appeared-different from other categories of shared travel projects-it triggered a number of concerns for its safety and management. Some local governments even introduced a ban on it. However, according to this study, in the suburbs of the City, the sharing of motorcycles has the necessity and maneuverability. It not only plays an important role on improving the commute efficiency, enhancing travel experience and reducing travel costs, but also has potential on restraining the purchase of electric vehicles, optimizing the management of scooters and driving the suburbs development. For the sharing of motorcycles, we should get rid of stereotypes, focus on specific conditions, rather than forbid thoroughly, to maximize the benefits of it.

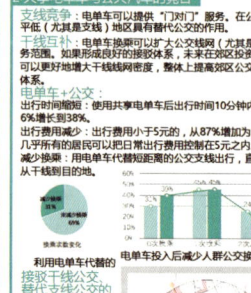

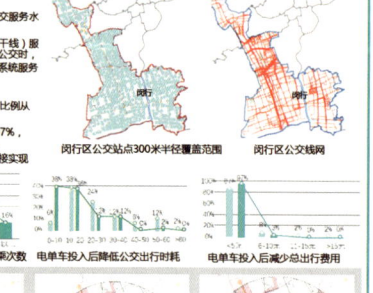

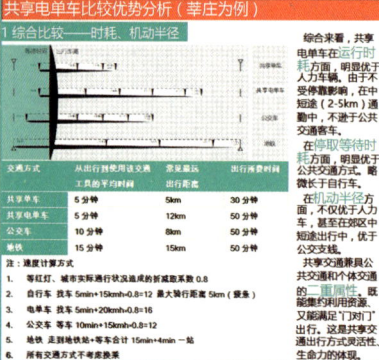

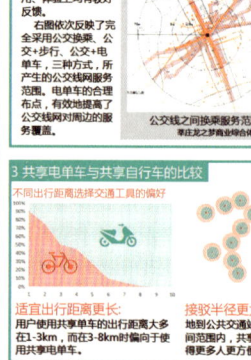

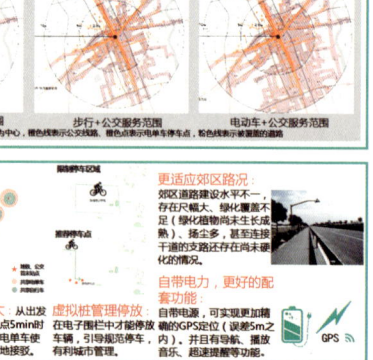

---

① 作者：陈薪、赵一夫、李潇天、王宜儒、王嘉欣；指导老师：刘冰、汤宇卿、卓健；获奖时间：2017；获奖等级：一等。

共享电单 助力"郊"通

助力一：提高郊区区位竞争力和居民生活便利性

步行　4-7KM/H
- 5分钟步行范围
- 10分钟步行范围
- 20分钟步行范围

共享单车10-15KM/H
- 5分钟骑行范围
- 10分钟骑行范围
- 20分钟骑行范围

共享电单车 20KM/H
- 5分钟骑行范围
- 10分钟骑行范围
- 20分钟骑行范围

- 学校/公园/绿地
- 商业/娱乐场所
- 大型居住区
- 地铁/公交站点

是否会因为有共享电单车而去未曾去过的地方？
- 是 40%
- 否 60%

在以友之梦为中心的片区内，根据每种出行方式的5分钟、10分钟、20分钟的出行距离进行研究比较。共享电单车极大的延展了出行的广度，以20分钟为研究范围，步行可覆盖7处设施，共享单车可覆盖26处设施，而共享电单车可覆盖52处设施，是单车的两倍，增加了使用者使用不同地方出行的可能性。

此外，根据问卷调研，有60%的人因为有共享电单车而尝试新去处，这说明共享电单车能够更好带动周边发展。

优势二：提高郊区居民使用公共服务设施便利性

郊区医院等公共服务设施相比市区数量少，发展慢、覆盖差，共享电单车可以让郊区居民便利地获取公共服务。

助力二：增强区域间联系，提高来访者的便利性

闵行区属于上海大都市圈，其交通不仅供居民自区域内使用，同时也为跨区域的出行提供服务。而共享电单车，其适于中短途出行且灵活方便的特点会进一步有利于跨区域出行者的出行需求。

优势一：提高郊区区位竞争力促进形成产业区

以大学校区为例，共享电单车使得教职工和学生到达外部公交站点设施的时间缩短，间接降低了郊区学校对公共服务设施的需求，增加了校区区位的选择自由。共享电单车的出现使得郊区的发展了更多有利条件。
共享电单车使得同种功能设施更便利地共享资源，提高了运营便利性。

借助于共享电单车未来可形成学校、企业、政府等多种区域功能集聚圈，有助于郊区设施的良好布局和高效运行。

优势三：有助于上门服务等对郊区的覆盖

郊区生活条件提高、服务需求多样化，而共享电单车让多服务更快覆盖郊区。

随着郊区产业迅速发展，未来将有更多的地来访者来到郊区办事、休闲等，也将有更多的居民去往周边区域，而共享电单车可以成为郊区良好的代步工具，便于外地来访者们，提高郊区竞争力。

助力三：提高郊区交通体系服务时间范围

时段	形式	班次数量（班次数量）
白天	区内公交	32
	跨区公交	10
	地铁	2
夜间	公交	1

夜间出行需求不能得到满足

> 白天经过莘庄的跨区公交线路，有10条，可覆盖松江、金山、奉贤、浦东、徐汇等9个区域
> 夜间（服务时间覆盖0:00-5:00时间段）经过莘庄的线路仅一条可到达徐汇区

莘庄居民夜间出行需求
- 否 85.4%
- 是 14.6%

> 有夜间出行需求的莘庄居民比例超过八成，夜间出行有较大的需求
> 从夜间出行之目的看，工作加班目的占50%，赶火车、飞机等需三成，整体刚性需求较大

以局部区域（大学城）为例

巴士运营时间
- 夜间巴士
- 正常巴士
- 穿梭巴士

一天订单数变化

夜间巴士停运后（22:00之后），仍有一部分人在使用共享电单车。而从夜间OD图可以看出，平日夜间出行多于周末夜间出行，说明学生夜间还是会到宿舍以及去比较近的商业点的需求。因此，共享电单车项目使得学生的夜间出行更加便利，弥补了封闭式区域内夜间交通的不足之处。

共享电单 助力"郊"通

郊区共享电单车发展主要问题

问题一：共享电单车供给量低与区域分散不匹配

1.现状共享电单车供给量远低于共享单车

	共享电单车	企业单轮融资最高金额
共享电单车	共享电单车造价300元/辆	30-40亿元
共享单车	上海共享单车保有量100万辆	
	共享电单车造价3000元/辆	企业单轮融资最高金额
	上海共享电单车10万辆	1亿元左右

共享电单车由于造价高，其像共享单车一样大规模投放，其管理难度大，收回成本周期长的特点为企业初创型金融压缩制约，造成共享电单车供给量较低。

2.郊区需求量整体分散，少部聚集造成车辆服务能力

	人口密度	公共服务设施密度
市区（以闵口区为例）	35000人/km²	42000m²/km²
郊区（以宝山区为例）	7000人/km²	8400m²/km²

与市区相比，郊区人口密度低，需求整体分散；由于干区设施小、服务范围大，共享电单车往往投放地集聚，降低了郊区的整体服务能力。

3.郊区车辆分布随机性大，难以通过使用者调节

问题二：共享电单车运营与用地规划不匹配

1.道路用地上并未留出足够停车空间

目前共享电单车的停放主要是倚靠路边停放，扩大了大量的人行道路体味，造成行人行走的不便，后续建设应该考虑留有更多的空间位置，以容纳新中自行车、电单车等放的需求。

2.道路划分上未留出电单车专属通道

电单车既不属于机动车道，也不该走非机动车道，目前的路划分让其处于尴尬的位置，不利与两边车辆的行驶。应该完善路级的划分，为其留出单独通道，让机动车、电动车和不电动的自行车和行人各行其道，互不干扰。

问题三：企业和行业管理的不足与急切需求不匹配

1.共享电单车企业后勤管理能力不足

共享电单车对于管理要求较高，而目前共享电单车企业的竞争人员数量较少，人均管理车辆多，管理效率低下，服务管理的成本高，系统不完善，随着共享电单车的发展面临的问题日益突显，这些导致使用者的安全得不到保障。

2.共享电单车行业缺乏准入机制和发展规范

目前共享电单车行业处于初级发展阶段，企业自行制定发展模式，存在恶性竞争现象，企业和使用者的利益得不到保障。

郊区共享电单车改进建议

改进一：完善郊区共享电单车发展模式建构

共享电单车的发展基于对于郊区需求的预测分析及与其他交通系统的综合考虑而设定发展模式布局。

改进二：与其他交通方式竞合发展、协同服务

共享电单车应与其他交通方式协同共享服务效益。

| 3-10公里中程途 快速高效 | 3公里以内短途 慢速健康 |

改进三：主动引导用户调配车辆布局

针对郊区出行需求分散、共享电单车投放较少的客观现状，通过使用者对未来的动调整共享电单车布局予以引导，解决共享电单车分布不合理的问题。

可通过"红包点"、"红包车"的设立，来主动引导用户调配车辆的位置，使电单车的布局更为合理，减小郊区域的影响。

改进四：合理布置站点密度，平衡活性和效率

郊区共享电单车站点布局目前主要追求覆盖范围的广泛性，但车辆配置的侧重性使现有车数不能匹配密集站点的需求，又导致大量站点失效。

思路：合理控制站点密度，减小不必要站点，为活跃的使用能让上提高车辆站点保有量。

STEP 1 主要设施、交通站点原密度覆盖式站点需要，并按照一调查的3min时距离度进行精确服务调整

STEP 2 范围外的现状站点密置留多余的站点覆盖尽量大的区域记录，对站点进行精确

STEP 3 精简站点减少充电维护管理成本，取消站点使用不充分低效站点或满足充电资源优先设置

改进五：停车站点综合设计

停车站点与共享电单车和公交等协同设计时应考虑车辆环境影响。

改进六：路权优化

郊区的道路密度要小于中心区，可以细部路级，单独为电单车/电动车设置专用道。

实例二 "私人订制，不再囧途"——武汉市定制公交运营现状调查与优化 [1]

---

[1] 作者：李杜若、袁俊杰、吴恩彤、张哲琳；指导老师：陈征帆；获奖时间：2015 年；获奖等级：一等。

"私人订制 不再囧途" 02
——武汉市定制公交运营现状调查与优化

通过对各条线路的分析，定制公交的通勤费用相比于公交基本持平，波动在正负三元之内，但大多数都畅费且持平，其价格定位符合公交的公共服务性与惠价性。但对于民营公司的盈利问题来说，"这个价位是个不小的难题"。在通勤时间方面，由于定制公交相比于正常公交而言，停靠少，免换乘，且在高峰时段路径选择路程更加通畅的城市环境与快速度，使得通勤时间大幅度的降低。

2.2.2 通勤时间与价格成本比较

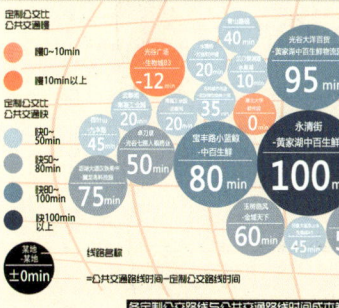

各定制公交路线与公共交通路线时间成本差示意图

各定制公交路线与公共交通路线价格成本差示意图

2.2.3 定制公交与公共交通排污量比较

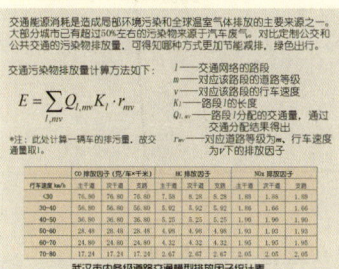

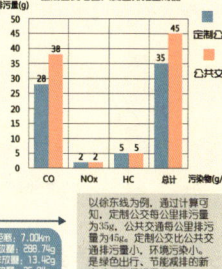

交通能源消耗是造成局部环境污染和全球温室气体排放的主要来源之一。大部分城市已再起过50%左右的污染物来源于汽车废气。对比定制公交和公共交通的污染物排放量，可得知哪种方式更加节能减排、绿色公交。

交通污染物排放量计算方法如下：

$$E = \sum_{l,mv} Q_{l,mv} K_t \cdot r_{mv}$$

*注：此处计算一辆车的排污量，故交通量取l。

武汉市内各级道路交通模型排放因子统计表

"私人订制 不再囧途" 03
——武汉市定制公交运营现状调查与优化

2.3 乘客特征

2.3.1 基本信息

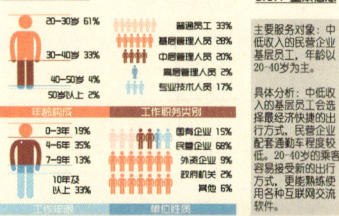

主要服务对象：中低收入的民营企业基层员工，年龄以20-40岁为主。

具体分析：中低收入的基层员工选择经济快捷的出行方式。定制企业配套选最行年龄层次低。20-40岁的乘客接受最新的出行方式，更能熟练使用手机和互联网交流软件。

2.3.2 信息获取与推荐程度

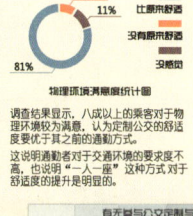

信息获取：多数乘客是通过"定制公交"的宣传广告和传单得知"定制公交"，说明宣传效果较好。通过朋友介绍和公司推荐等得手了解"定制公交"的人数不足四成，宣传力度有待加强。

推荐程度：指乘坐过定制公交的乘客对其推荐的比例，其中几乎所有乘客对都有其的其他人推荐其定制公交。推荐程度高达96%说明定制公交切实满足了人民需求，值得推广。

2.3.3 使用状况调查

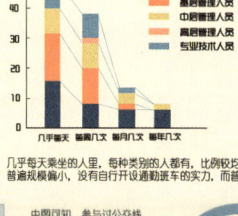

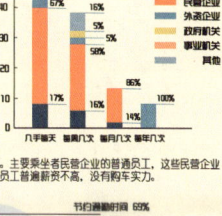

调查结果显示，八成以上的乘客对于物理环境较为满意，认为定制公交的舒适度要优于其之前的通勤方式。

这说明通勤者对于交通环境的要求不高，也说明"一人一座"这种方式对于舒适度的提升有明显的。

几乎每天乘坐的人里，每种类别的人都有，比例较均衡。主要乘坐者是民营企业的普通员工，这些民营企业普通规模小，没有自行开设通勤班车的实力，而普通员工普通薪资不高，没有购车实力。

由图可知，参与过公交线路定制的人数略高于未参与定制的人数，且从通勤频率上看，超过八成以上的乘客乘坐频率高于每周1次，且其中参与人数比与总参与人数比基本持平，可以看出，定制公交在线路设计上较为合理。

从分析图表来看，定制公交给几乎所有的通勤者带来了生活上积极的变化，其中通勤时间的缩短和乘车环境的改善是定制公交给乘客带来的主要变化，只有小部分乘客通过定制公交为的了通勤费用以及通过交流平台给结交了新的朋友。

2.3.4 线上交流平台评价

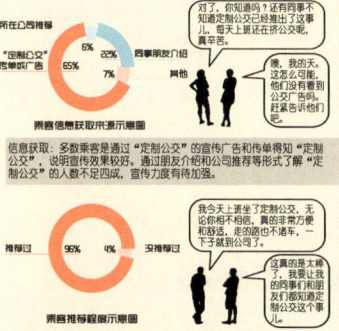

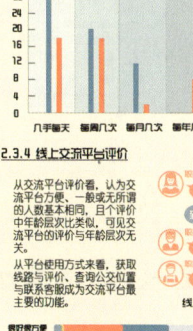

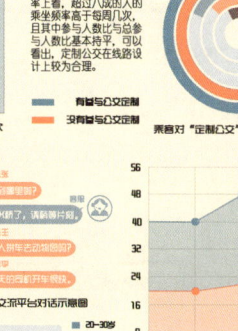

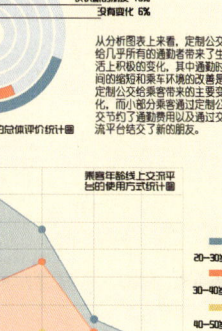

从交流平台评价看，认为交流平台方便、一般或无所谓的人数基本相同，且个评价中年龄层次比例相同，可见交流平台的评价与年龄层次无关。

从平台使用方式来看，获取线路与评价、查询公交位置与联系客服是该交流平台主要的功能。

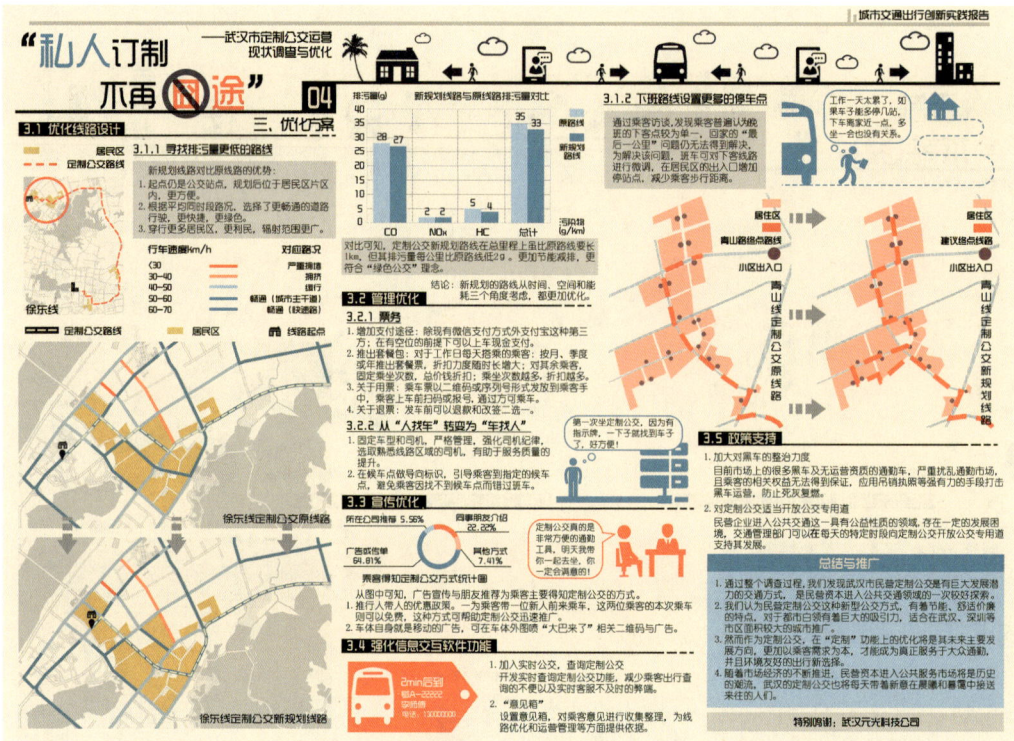

实例三　全民碳路，益心随行——深圳"全民碳路"低碳出行平台构建方案研究 [1]

----

① 作者：廖伊彤、秦一平、孙若溪、文志平、刘定昊；指导老师：周素红、李秋萍；获奖时间：2017 年；
获奖等级：二等。

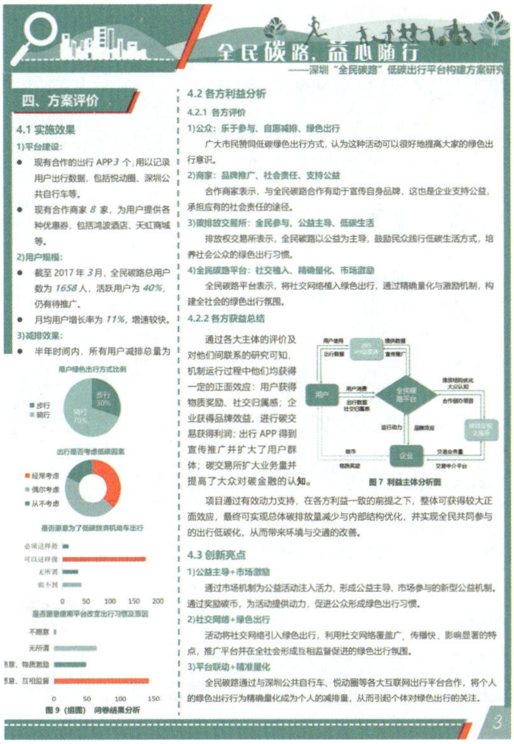

全民碳路，益心随行
——深圳"全民碳路"低碳出行平台构建方案研究

四、方案评价

4.1 实施效果
1）平台建设
2）用户指标
3）提醒改善

图8（插图）用户绿色出行方式占比
图9（插图）问卷结果分析

4.2 各方利益分析

4.2.1 各方评价
1）公众
2）合作商家
3）网络数据交易所

4.2.2 各方获益总结

图7 利益主体分析图

4.3 创新亮点
1）公益主导+市场调动
2）社交网络+绿色出行
3）平台联动+精准整合

4.4 不足之处
1）技术问题——数据记录与共享
2）运营风险——碳币兑换与流通平衡

五、方案优化与推广

5.1 方案优化

5.2 方案推广

图10 方案优化图

实例四　江城留舫——武汉轮渡使用现状调研（以中华路—武汉关路线为例）①

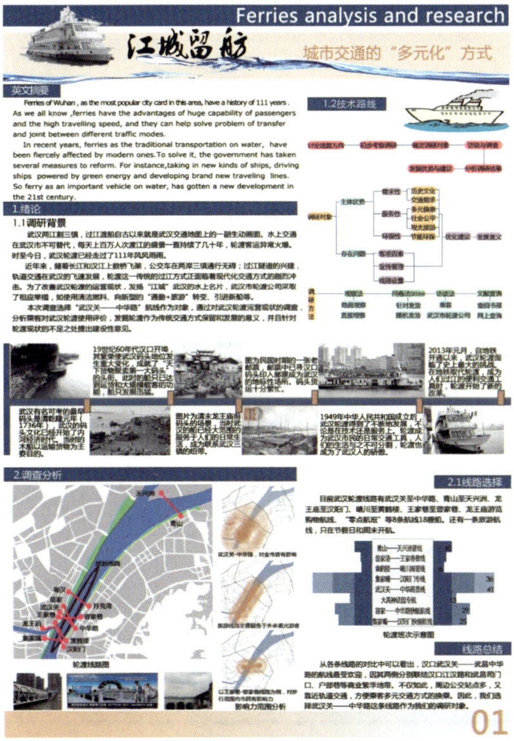

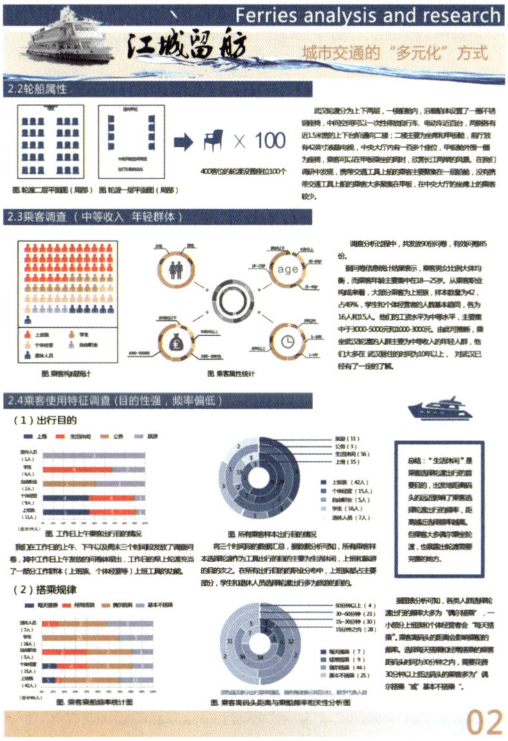

Ferries analysis and research
江城留舫　城市交通的"多元化"方式

英文摘要
1.绪论
1.1 调研背景
2.调查分析
2.1 线路选择

1.2 技术路线

2.2 轮船属性
2.3 乘客调查（中等收入　年轻群体）
2.4 乘客使用特征调查（目的性强，频率偏低）
（1）出行目的
（2）搭乘规律

01　02

---

① 作者：严晓瑜、毛晓舒、孙楠、周子荷；指导老师：李新延、戴菲；获奖时间：2014 年；获奖等级：二等。

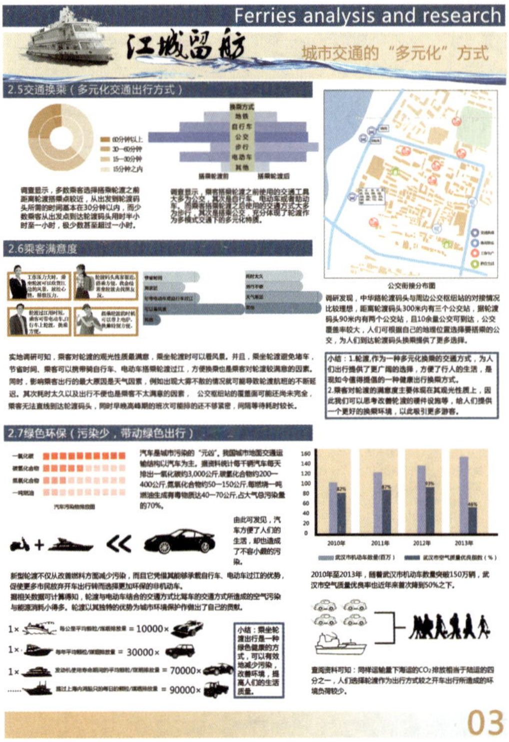
Ferries analysis and research
江城留舫
城市交通的“多元化”方式
2.5交通换乘（多元化交通出行方式）
2.6乘客满意度
2.7绿色环保（污染少，带动绿色出行）
03

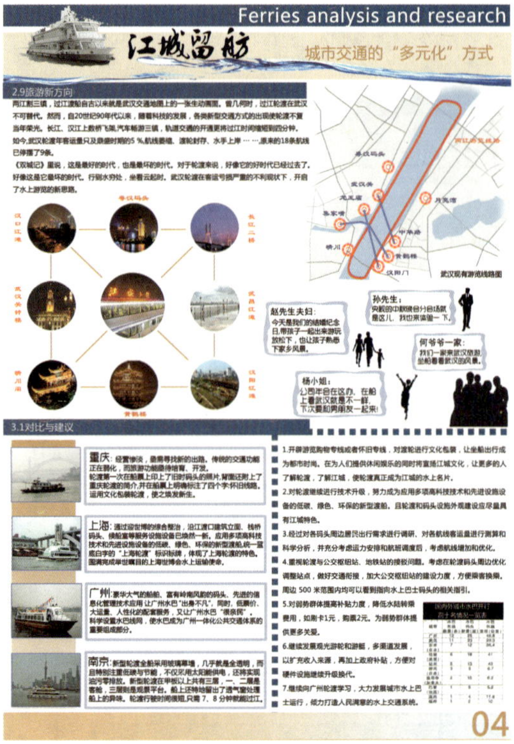
Ferries analysis and research
江城留舫
城市交通的“多元化”方式
2.9旅游新方向
3.1对比与建议
04

实例五　“约”然“智”上——苏州市出租车智能调度提案及优化 ①

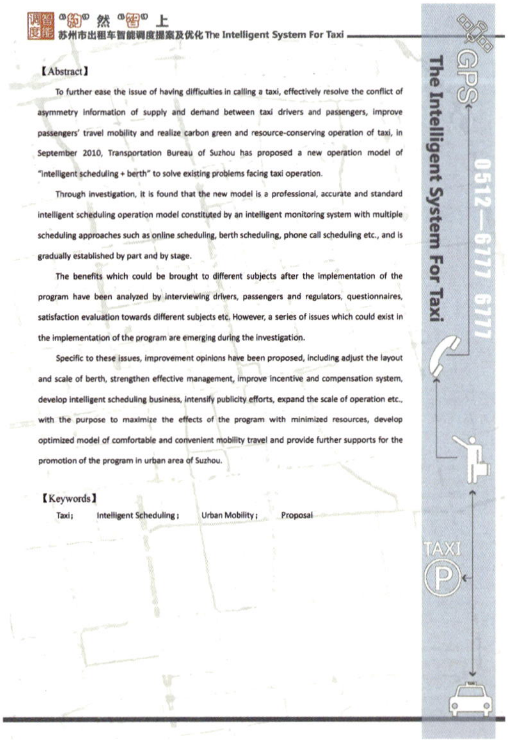
调度智能 约然智上
苏州市出租车智能调度提案及优化 The Intelligent System For Taxi
【Abstract】
To further ease the issue of having difficulties in calling a taxi, effectively resolve the conflict of asymmetry information of supply and demand between taxi drivers and passengers, improve passengers' travel mobility and realize carbon green and resource-conserving operation of taxi, in September 2010, Transportation Bureau of Suzhou has proposed a new operation model of "intelligent scheduling + berth" to solve existing problems facing taxi operation.
Through investigation, it is found that the new model is a professional, accurate and standard intelligent scheduling operation model constituted by an intelligent monitoring system with multiple scheduling approaches such as online scheduling, berth scheduling, phone call scheduling etc., and is gradually established by part and by stage.
The benefits which could be brought to different subjects after the implementation of the program have been analyzed by interviewing drivers, passengers and regulators, questionnaires, satisfaction evaluation towards different subjects etc. However, a series of issues which could exist in the implementation of the program are emerging during the investigation.
Specific to these issues, improvement opinions have been proposed, including adjust the layout and scale of berth, strengthen effective management, improve incentive and compensation system, develop intelligent scheduling business, intensify publicity efforts, expand the scale of operation etc., with the purpose to maximize the effects of the program with minimized resources, develop optimized model of comfortable and convenient mobility travel and provide further supports for the promotion of the program in urban area of Suzhou.
【Keywords】
Taxi; Intelligent Scheduling; Urban Mobility; Proposal
GPS
The Intelligent System For Taxi
0512—6777 6777
TAXI

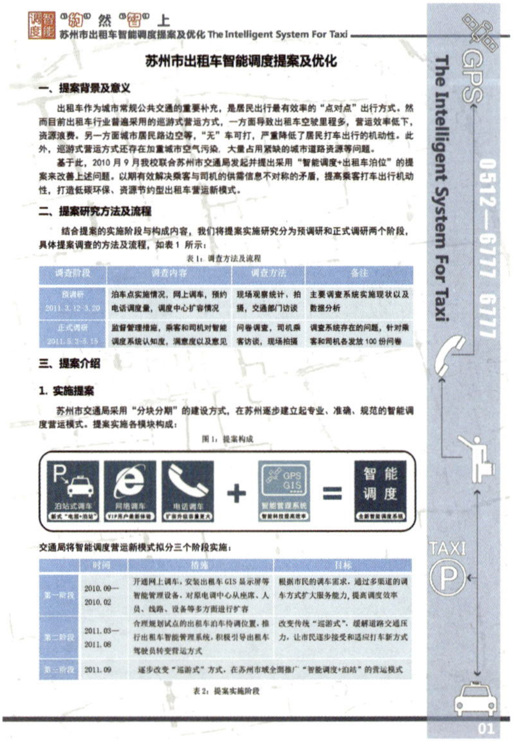
调度智能 约然智上
苏州市出租车智能调度提案及优化 The Intelligent System For Taxi
苏州市出租车智能调度提案及优化
一、提案背景及意义
出租车作为城市常规公共交通的重要补充，是居民出行最有效率的“点对点”出行方式。然而目前出租车行业普遍采用的巡游式营运方式，一方面导致出租车空驶里程多，营运效率低下，资源浪费。另一方面城市居民路边空等，“无”车可打，严重降低了居民打车出行的机动性。此外，巡游式营运方式还存在加重城市空气污染、大量占用紧缺的城市道路资源等问题。
基于此，2010 月 9 月我校联合苏州市交通局发起并提出采用“智能调度+出租车泊位”的提案来改善上述问题。以期有效解决乘客与司机的供需信息不对称的矛盾，提高乘客打车出行机动性，打造低碳环保、资源节约型出租车营运新模式。
二、提案研究方法及流程
结合提案的实施阶段与构成内容，我们将提案实施研究分为预调研和正式调研两个阶段，具体提案调查的方法及流程，如表 1 所示：
表 1：调查方法及流程
调查阶段 | 调查内容 | 调查方法 | 备注
预调研 2011.3.12-3.20 | 泊车点实施情况，网上调车，预约电话调度量，调度中心扩容情况 | 现场观察统计、拍摄，交通部门访谈 | 主要调查系统实施现状以及数据分析
正式调研 2011.5.3-5.15 | 监督管理措施，乘客和司机对智能调度系统认知度，满意度以及意见 | 问卷调查，司机乘客访谈，现场拍摄 | 调查系统存在的问题，针对乘客和司机各发放 100 份问卷
三、提案介绍
1. 实施提案
苏州市交通局采用“分块分期”的建设方式，在苏州逐步建立起专业、准确、规范的智能调度营运模式。提案实施各模块构成：
图 1：提案构成
泊站式调车
网络调车
电话调车
GPS GIS
智能管理系统
智能调度
交通局将智能调度营运新模式拟分三个阶段实施：
时间 | 措施 | 目标
第一阶段 | 2010.09—2010.02 | 开通网上调车，安装出租车 GIS 显示屏等智能管理设备，对原电调中心从座席、人员、线路、设备等多方面进行扩容 | 根据市民的调车需求，通过多渠道的调车方式扩大服务能力，提高调度效率
第二阶段 | 2011.03—2011.08 | 合理规划试点的出租车泊车待调位置，推行出租车智能管理系统，积极引导出租车驾驶员转变营运方式 | 改变传统“巡游式”，缓解道路交通压力，让市民逐步接受和适应打车新方式
第三阶段 | 2011.09 | 逐步改变“巡游式”方式，在苏州市域全面推广“智能调度+泊站”的营运模式
表 2：提案实施阶段
GPS
The Intelligent System For Taxi
0512—6777 6777
TAXI
01

① 作者：孙颖、陆丽、胡云飞、陈默、丛光浩；指导老师：范凌云、彭锐、曹恒德；获奖时间：2012 年；获奖等级：二等。

调度"的"然"睿"上
苏州市出租车智能调度提案及优化 The Intelligent System For Taxi

2. 调车方式多元化

（1）"驻站泊车+电话招车"

苏州市交通局结合城市的区域结构，依据商贸中心、旅游景点、大型社区、医院和学校等功能性质，设置出租车泊车待调点，提案中的30处待调点，其中已建成29处，共76个车位，涵盖市区较以四大服务集散中心。

表3：泊车位现状分布情况

商贸中心	旅游景点	大型社区	医院学校	公交车站	事业单位	总计
18	4	40	4	3	5	74

同时，对电话调度的中心地、人员、线路等进行扩充。电调业务量由扩容前的5000笔增大到8000笔，提高了84%，电调成功率提高到80%，电调服务能力提升显著。

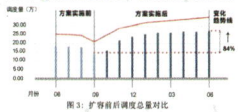
图3：泊车前后调度总量对比

（2）"网上调车+VIP服务"

针对出租车需求群体对电调管理电调热线叫车且倡导良好的用户开通网上"VIP通道"。凡使用"VIP通道"的用户通过网上叫车时，系统会自动识别该用户并自动下发调度信息，出租汽车驾驶员收到即可与该用户直接对定有关事项完成调度。

"网上调车+VIP服务"的运用开拓了订车新渠道，建立客户与出租车之间的紧密联系，减少了电调服务耗时，缓解了电调接通率低的矛盾，提高了出租车出行的便捷性。

3. 管理系统智能化

（1）智能出租车载平台

增设出租车智能车载平台，该平台具有GIS电子地图的导航功能、GPS 定位报告车辆营运状态信息功能以及接受指挥系统的调度指令功能。

通过智能车载平台，可在车载电子地图中动态显示泊车点的当前状态以及泊车点的使用情况，方便出租车司机选择并作为泊车参考。

（2）智能调车优先模式

出车调车中心增加在泊车点周围停车待调车辆予以优先服务的内容，设定1000米内指令优先的程序。调度中心利用GIS地图显示功能，直观、详细地确定车辆的具体车位置，并调用GIS最大的空间分析模块寻找到距用户1000米的泊点出租，优先向这些车辆发出调度指令与客户的位置信息，鼓励停车待调的营运方式。

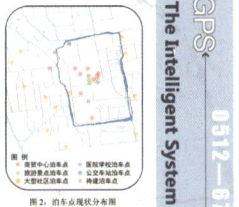

调度"的"然"睿"上
苏州市出租车智能调度提案及优化 The Intelligent System For Taxi

（3）智能诚信监管模式

苏州市交通局制定了针对失约乘客和司机的惩罚措施和补偿办法，若出租车司机失约，通过GPS系统确定失约情况，乘客可以进行投诉。若乘客失约，招车时使用的电话号码即会被列入"黑名单"，并暂停享受电话招车服务2个月，交通局间对司机进行补偿。

4. 效益评价

提案的实施涉及不同的主体，包括乘客、司机和管理部门，从三个不同主体的角度提案实施前的优势，实现不同主体的共赢，进一步说明推广出租车智能调度营运模式的重要性。

表4：不同主体利益分析

主体	乘客	司机	管理部门
收益	①增加了乘客多渠道成功招车的可能性，方便了乘客出行②提高了乘客电话调度车辆的成功率，信息传递更便捷③提早的等车时间，提高了乘客的出行机动性	①方便了旅游景、楼盘空驶率，缩短空驶距离，降低损耗油车本②失约补偿和优先待调模式③激发其对智能调度系统的积极响应	①增加企业总量②利于加强管理③有效解决原本缺乏的道路资源问题，实现有限资源的最合理配置，建立良好的交通秩序
综合社会效益	①有效解决乘客与司机的供需信息不对称的矛盾②有利于出租车的节能减排，减少资源浪费和空气污染，提高城市环境		

四、提案优化与建议

目前出租智能调度营运模式还不够成熟，因而在实施过程中，同时存在一系列的问题，针对这些现状问题，提出以下的改善意见，以期最大限度地发挥苏州现有出租车的服务效益，使居民出行更舒适便捷，为提案在苏州市域范围内的推广提供依据。

1. 调整泊点布局规模

（1）空间布局

由图2泊车点分布图可以看出，泊车点的分布在古城区内相对较为密集，西部多东部少，分布不均匀，而在园区和新区较为稀疏。另一方面，根据问卷调查，在不同能性的区域，出租车需求依次排名为医院、商贸中心、旅游景点、社区单位（图7），而调查中这几个区域的实际设置很小，乘客常分散打车，引发交通困难。建议在上述区域增设出租车泊车点，同时将泊车点空间布局拓展到苏州市域范围，形成泊点空间网络，更好地服务城市，

（2）等级规模

根据现场勘察，现有泊车点车位大多为2-3个，未根据需求来设定车位数量。应当建设起星级的站点网络，建议按照交通需求设置3个等级车位的泊车站点。

一是城市的重大人群聚集地单独划分点，可以设立独立的出租车服务中心，主要在火车站、长途汽车站、城际铁路车站等重要的大客客运枢纽。

二是中小型出租车泊车点，主要设置在商贸中心、大型医院、社区、企业等人流密集场所。

三是出租车招手停靠点，设置在人行道路过慢车道一侧的道路、出租车即停即走。

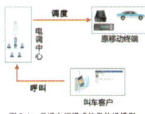
图8：泊车点等级示意图

调度"的"然"睿"上
苏州市出租车智能调度提案及优化 The Intelligent System For Taxi

2. 加强泊点有效管理

根据实地勘察和访谈发现泊车点经常被社会车辆占用，有些地面标志不清，尚未形成完善的管理系统，应设置专门的管理人员或管理设备，实施监管，确保泊车点地有效利用。

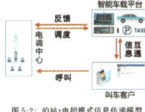
正确使用　　正常使用　　违章使用　　违章使用

3. 拓展智能调度业务

根据问卷，有95%的乘客愿意使用出租车智能调度，说明智能调度存在巨大的市场需求，因此拓展智能调度业务势在必行。建议以优化网络中，增加"网上拼车"模块，在高峰时段建立起固定的预约团队。乘客可提前在网上组成拼车团预约司机，这样能更有效地节省乘客等车时间，实现有限资源的最优配置。

建议进一步完善智能调度系统，在智能出租车车载平台和调度指挥中心的基础上建立"智能交通手机平台"。通过手机App开发及QQ和微信调车，增加手机网上调车服务功能，减少电调服务所需时间，提高乘客预约的成功率，同时可以通过"智能交通手机平台"开通手机预付费、电子账单、失物请求和失物招领等一系列有利于乘客便捷出行的服务功能，提高乘客打车出行的机动性。

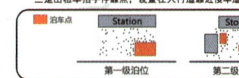
图9：您愿意使用出租车智能调度吗？

4. 完善奖励补偿制度

现有制度以惩罚的消极措施为主，建议以积极的奖励补偿方式更大程度地激发司机的积极响应。针对出租车司机不愿进入古城区接客的问题，通过智能出租车车载平台将营运状态信息更新调度中心，对在古城区泊车待召车时调车主动进入古城区固定招车电话的出租车司机，给予一定的经济奖励，例如多收2-3元的营业业务费，收入归司机所有，对于被乘客"放鸽子"的出租车司机，给予一定的经济补偿。

图10：您是否愿意多出2-3元调车费鼓励司机进入古城接客？

5. 加强提案宣传力度

根据问卷调查，发现有7%的乘客没听说过电话招车，而高达56%的乘客没有听说过诚信行为的奖惩措施。至于对于泊位招车和网上招车的认知度仅有24%和29%，甚至很多出租车司机都未听说过泊位招车和网上招车。

管理部门应加强智能调度系统的宣传，鼓励供需双方的积极响应。应采取多样化的宣传手段如发放宣传单和投放类媒体广告等，促使市民主动去了解使用。

图11：新招车模式认知度

6. 扩大营运数量规模

出租车智能调度系统在一定程度上可以实现交通的供给和需求的有效匹配满足市场需求，提高城市居民出租车出行的机动性，但是根据调查苏州市区现有客运出租汽车3603辆，按市区户籍人口计算每万人拥有量13.6台，尚未达到《城市道路交通规划设计规范》(GB 50220-95) 大城市每万人拥有20台出租车的指标，应当对出租车进行扩容，实现数量规模上的硬件匹配。

主要参考文献

[1] （美）肯尼思·D·贝利. 现代社会研究方法 [M]. 许真, 译. 上海：上海人民出版社, 1986.

[2] （英）G. 邓肯·米切尔. 新社会学辞典 [M]. 蔡振扬, 译. 上海：上海译文出版社, 1987.

[3] （美）艾尔·巴比. 社会研究方法 [M]. 邱泽奇, 译. 北京：华夏出版社, 2009.

[4] （瑞士）A·爱因斯坦, L·英费尔德. 物理学的进化 [M]. 周肇威, 译. 上海：上海科技学技术出版社, 1962.

[5] （美）德尔伯特·C. 米勒, （美）内尔·J. 萨尔金德. 研究设计与社会测量导引 [M]. 风笑天, 等译. 重庆：重庆大学出版社, 2004.

[6] （美）凯文·林奇. 城市意象 [M]. 方益萍, 何晓军, 译. 北京：华夏出版社, 2001.

[7] （美）克莱尔·库珀·马库斯, （美）卡罗琳·弗朗西斯. 人性场所：城市开放空间设计导则 [M]. 俞孔坚, 孙鹏, 王志芳, 等译. 北京：中国建筑工业出版社, 2001.

[8] （丹麦）扬·盖尔. 交往与空间 [M]. 何人可, 译. 4版. 北京：中国建筑工业出版社, 2002.

[9] （美）约翰·弗里德曼, 刘佳燕. 社会规划：中国新的职业身份 ?[J]. 国际城市规划, 2008（01）：93-98.

[10] 曹锦清. 黄河边的中国 [M]. 上海：上海文艺出版社, 2000.

[11] 陈前虎, 武前波, 吴一洲, 等. 城乡空间社会调查——原理、方法与实践 [M]. 北京：中国建筑工业出版社, 2015.

[12] 陈胜. 浅谈案例教学法在《社会调查研究方法》课中的应用 [J]. 中国科技信息, 2005（17）：420.

[13] 达古拉, 韩柱. 实践教学体系及实施中存在的问题——以农村区域发展专业社会调查为例 [J]. 内蒙古师范大学学报（教育科学版）, 2012, 25（01）：142-144.

[14] 杜智敏. 社会调查方法与实践 [M]. 北京：电子工业出版社, 2014.

[15] 段华平, 卞新民. 社会调查与农村区域发展专业实践教学改革 [J]. 高等农业教育, 2011（02）：59-61.

[16] 范凌云, 雷诚. 地方城乡规划法制化体系建设思考 [J]. 规划师, 2015, 31（12）：19-24.

[17] 范凌云, 毋志云, 雷诚. 城镇化进程中农村宅基地置换问题及对策——以苏州为例 [J]. 规划师, 2015, 31（11）：41-47.

[18] 范凌云, 杨新海, 王雨村. 社会调查与城市规划相关课程联动教学探索 [J]. 高等建筑教育, 2008, 17（05）：39-43.

[19] 范凌云. 城乡关系视角下城镇密集地区乡村规划演进及反思——以苏州地区为例 [J]. 城市规划学刊, 2015（06）：106-113.

[20] 范凌云. 社会空间视角下苏南乡村城镇化历程与特征分析——以苏州市为例 [J]. 城市规划学刊, 2015（04）：27-35.

[21] 范伟达，范冰 . 社会调查研究方法 [M]. 上海：复旦大学出版社，2010.

[22] 范伟达 . 现代社会研究方法 [M]. 上海：复旦大学出版社，2001.

[23] 费孝通 . 江村经济 [M]. 北京：商务印书馆，2001.

[24] 风笑天 . 社会调查方法还是社会研究方法？——社会学方法问题探讨之一 [J]. 社会学研究，1997（02）：
23-32.

[25] 风笑天 . 如何把社会调查做得更好 [J]. 青年研究，1993（12）：36-40.

[26] 风笑天 . 社会调查中的问卷设计 [M]. 北京：中国人民大学出版社，2014.

[27] 风笑天 . 什么是社会调查 [J]. 青年研究，1993（02）：45-48+16.

[28] 风笑天 . 有关问卷设计的几个问题 [J]. 统计与决策，1987（Z1）：6-10.

[29] 风笑天 . 社会学研究方法 [M]. 北京：中国人民大学出版社，2001.

[30] 风笑天 . 现代社会调查方法 [M]. 武汉：华中理工大学出版社，1996.

[31] 冯炎红 . 珠三角学校体育设施开放情况的调查报告 [J]. 沈阳师范大学学报（自然科学版），2007（03）：
401-403.

[32] 高等学校城乡规划学科专业指导委员会 . 高等学校城乡规划本科指导性专业规范(2013 年版)[M]. 北京：
中国建筑工业出版社，2013.

[33] 顾朝林 . 城市社会学 [M]. 南京：东南大学出版社，2002.

[34] 郝大海 . 社会调查研究方法 [M].3 版 . 北京：中国人民大学出版社，2015.

[35] 黄强 . 定性资料的数量分析—— Logistic 方法在社会问卷调查中的应用 [J]. 统计与决策，1997（03）：
12-14.

[36] 黄怡 . 社区与社区规划的时间维度 [J]. 上海城市规划，2015（04）：20-25.

[37] 蒋光灯 . 谈调查报告写作的基本步骤和方法 [J]. 黔东南民族师范高等专科学校学报，2004（05）：94-95.

[38] 康等银 . 关于调查问卷设计应注意几个问题的研究 [J]. 科技信息，2009（23）：608+622.

[39] 李浩，赵万民 . 改革社会调查课程教学，推动城市规划学科发展 [J]. 规划师，2007（11）：65-67.

[40] 李浩 . 城市规划社会调查课程教学改革探析 [J]. 高等建筑教育，2006（03）：55-57.

[41] 李和平，李浩 . 城市规划社会调查方法 [M]. 北京：中国建筑工业出版社，2004.

[42] 李京生，王学兰 . 关于上海市嘉定区社区划分的研究 [J]. 上海城市规划，2007（04）：16-19.

[43] 李丽红 . 社会调查方法 [M]. 大连：大连理工大学出版社，2012.

[44] 李沛良 . 社会研究的统计分析 [M]. 武汉：湖北人民出版社，1987.

[45] 梁思成 . 蓟县独乐寺观音阁山门寺 . 载《凝动的音乐》，天津：百花文艺出版社，2006：1.

[46] 林竹 . 社会调查中的定性研究方法浅析 [J]. 社会工作下半月（理论），2009（08）：53-55.

[47] 刘冬 . 基于"规范"与"评选"的城乡社会综合调查课程建构 [J]. 教育教学论坛，2015（27）：35-36.

[48] 刘合智，霍红 . 共性寻求与个性解释:民族传统体育个案研究范式探究 [J]. 山东体育科技,2017,39（01）：
1-5.

[49] 刘云 . 我国社会调查研究历史的回顾 [J]. 新疆大学学报（哲学社会科学版），1994（04）：48-53.

[50] 刘占勇 . 新农村"养老金"发放现状的社会学调查研究——以 S 省某村为例[J]. 信访与社会矛盾问题研究，
2015（02）：116-125.

[51] 陆费逵 . 辞海 [M]. 北京：中华书局 .1936.

[52] 论文摘要的写法 [J]. 西安建筑科技大学学报（社会科学版），2014，33（05）：37.

[53] 孟杰，李岩."城乡社会综合调查"课程在社会实践中的拓展与应用——以应用技术大学城乡规划专业为例 [J]. 黑龙江科学，2018，9（08）：96-97.

[54] 权英，吴士健. 失地农民就业影响因素分析——基于青岛市失地农民的调查 [J]. 经济研究导刊，2009(11)：51-52.

[55] 全国高校城市规划指导委员会. 全国大学生城市规划社会调查获奖作品（2005）[M]. 北京：中国建筑工业出版社，2006.

[56] 石楠，韩柯子. 包容性语境下的规划价值重塑及学科转型 [J]. 城市规划学刊，2016（01）：9-14.

[57] 水延凯，鲁长安. 必须创建中国特色社会调查学——兼与风笑天教授商榷 [J]. 云梦学刊，2017，38（04）：87-92.

[58] 宋亚亭. 中部地区"非主流院校"城市规划社会调查课程教学方法探索——以华北水利水电大学城市规划专业为例 [J]. 河南科技，2013（16）：274-275.

[59] 孙际平. 调查技能系列讲座之二 确定并细化调查目标 [J]. 北京统计，2002（02）：44-45.

[60] 索雯雯. 体验型书店吸引力评价——以北京"单向空间"书店为例 [J]. 中国房地产业，2015（09）：236.

[61] 汪芳，朱以才. 基于交叉学科的地理学类城市规划教学思考——以社会实践调查和规划设计课程为例[J]. 城市规划，2010，34（07）：53-61.

[62] 王娟，杨贵庆. 上海城市社区类型谱系划分及重点社区类型遴选的研究 [J]. 上海城市规划，2015（04）：6-12+25.

[63] 王颖，杨贵庆. 社会转型期的城市社区建设 [M]. 北京：中国建筑工业出版社，2009.

[64] 王振东. 韦伯：社会法学理论 [M]. 哈尔滨：黑龙江大学出版社，2010.

[65] 吴缚龙. 中国城市社区的类型及其特点 [J]. 城市问题，1992（05）：24-27.

[66] 吴志强，李德华. 城市规划原理 [M]. 4 版. 北京：中国建筑工业出版社，2010.

[67] 杨辰. 城乡社区发展与住房建设 [J]. 城市规划学刊，2016（05）：122-123.

[68] 杨发祥，罗兴奇. 乡村调查与郑杭生农村社会学思想研究——基于理论自觉的视角 [J]. 甘肃社会科学，2016（05）：13-18.

[69] 杨新海，洪亘伟，赵剑锋. 城乡一体化背景下苏州村镇公共服务设施配置研究 [J]. 城市规划学刊，2013（03）：22-27.

[70] 杨新海，殷辉礼. 城市规划实施过程中公众参与的体系构建初探 [J]. 城市规划，2009，33（09）：52-57.

[71] 杨新海. 历史街区的基本特性及其保护原则 [J]. 人文地理，2005（05）：54-56.

[72] 袁方. 社会研究方法教程（重排本）[M]. 北京：北京大学出版社，1997.

[73] 张丽. 问卷设计中应注意的几个问题 [J]. 科技经济市场，2011（04）：110-111+113.

[74] 赵春容. 浅析社会调查在城乡规划专业教学中的理论及实践 [J]. 佳木斯职业学院学报，2014（08）：208.

[75] 赵亮，吕学昌，秦怀鹏. 城市规划三年级社会调查报告选题特征分析——对选题及其选题意识培养的教学思路探讨 [J]. 全国高等学校城市规划专业指导委员会年会，2008.

[76] 赵亮. 城市规划社会调查报告选题分析及教学探讨 [J]. 城市规划，2012，36（10）：81-85.

[77] 赵胜楠. 怎样撰写研究性学习调查报告 [J]. 新课程学习（学术教育），2010（12）：13-14.

[78] 赵延东，张娟娟，薛姝. 我国科技政策研究中社会调查方法应用的回顾 [J]. 科学学研究，2017，35（01）：16-24.

[79] 中国社会调查简史 [J]. 教学与研究，2017（11）：113.

[80] 中华人民共和国建设部. 城市规划基础术语标准：GB/T 50280—98. 北京：中国建筑工业出版社，1998.

[81] 周平儒. 如何撰写研究性学习调查报告 [DB/OL].https：//www.fanwenq.cn/html/2009-1-6/d5d08d62460 bceef.html.

[82] 朱朝枝. 农村社会调查原理与方法 [M]. 福州：福建人民出版社，2001.

[83] 邹德慈，马武定，陈秉利，等. 论城市规划的科学性与科学的城市规划 [J]. 城市规划，2003，27（02）：77-79.